职业教育农业农村部“十四五”规划教材（审定编号：NY-2-0004）
江苏省高等学校重点教材（编号：2021-2-209）

植物与植物生理

郭正兵　顾立新　主编

教材简介

中国农业出版社
北　京

内容简介

本教材坚持以习近平新时代中国特色社会主义思想为指导，坚持正确的政治方向和价值导向，将马克思主义立场、观点、方法贯穿于教材之中，体现党和国家对职业教育的基本要求，体现人类文化知识积累和创新成果，弘扬劳动光荣、技能宝贵的时代风尚。

本教材主要介绍植物细胞和组织，植物器官的形态、构造和功能，植物的主要类群和分类方法，植物水分代谢、矿质营养、光合作用、呼吸作用、生长生理、生长物质、逆境生理。每个模块设有学习目标、基础知识、实验实训、拓展知识、思政园地、思考与练习等学习栏目，对于重要的知识点均配备了数字化资源。

本教材适用于职业院校现代农业技术、园林技术、园艺技术、作物生产技术、农业生物技术、休闲农业经营与管理等相关专业学生使用，也可供农业科技人员参考。

编审人员

主　编　郭正兵　顾立新

副主编　陈　曦　赵艳岭

参　编　（以姓氏笔画排序）

王会全　王丽敏　王其传　王韬远　吉　彪

任学坤　刘　敏　汤慧敏　李袭杰　杨逢玉

吴　红　余海波　宋　刚　张　旭　张宏平

张英瞳　周宏胜　赵　庆　段彦丽　常　宁

靳　然　谭卫萍　魏世平

审　稿　王媛花

前　言

本教材根据《国家职业教育改革实施方案》（国发〔2019〕4号）、《“十四五”职业教育规划教材建设实施方案》（教职成厅〔2021〕3号）等有关文件精神，在中国农业出版社的组织下，由高等职业院校教师、科学研究院及行业、企业一线专家等共同编写完成。教材从高等职业教育人才培养目标和教学改革的实际出发，教学内容翔实、新颖，知识结构科学、合理。在编写的过程中参考了国内外同类教材的编写经验，同时吸收了一些新知识、新理念及新技术。突出了教材内容和生产实际相结合、理论知识和实验实训相结合、专业基础课和专业课的相互衔接，形成了涵盖专业能力培养所应知应会的知识和技能体系，同时对于重要的知识点、技能点均配套了视频、动画等数字化资源，以尽可能满足高素质技术技能型人才培养的需求。

同时，为深入贯彻党的二十大精神，落实立德树人根本任务，培养德智体美劳全面发展的社会主义建设者，教材在编写的过程中，一是聘请王其传等全国著名劳模工匠为教材的参编人员，他们在编写教材的同时将“农业工匠精神”“农业生态文明建设”等内容巧妙融入知识体系之中；二是在教材编排上，专设思政园地这一栏目，在此栏目中既有我国著名植物学家吴征镒院士孜孜以求、勤奋用功的感人事迹，又有我国乡村振兴战略的专题介绍，从而使本教材实现了知识技能传授和价值品德引领同向同行。

本教材共分11个模块，每个模块下设学习目标、基础知识、实验实训、拓展知识、思政园地、思考与练习等学习栏目。内容上由浅入深，循序渐进，学以致用，着重加强实践技能和学生智力开发的培养。将高等职业教育“必需、够用、实用”的原则贯穿于教材编写的全过程。围绕技能实训进行理论知识阐述，内容结构上力求通俗易懂、简明扼要、条理清晰，突出实际应用，使教材尽量能反映出高等职业教育的特点，同时扩展学生的知识面。

参加本教材编写的人员都是从事本门课程教学多年的骨干教师、科研单位的科研人员及企业的技术骨干，大家集思广益，互相磋商，结合教学实践，共同研究编写大纲，对编写的内容进行悉心的构思和润色，力求使教材更好地适应职业教育人才培养层次的教学需要。教材编写的具体分工是郭正兵（江苏农林职业技术学院）负责本教材的总体设计、数字化资源开发及思政元素挖掘和凝练；顾立新（江苏农林职业技术学院）负责统稿及每个模块内容修改和完善；赵艳岭（江苏农林职业技术学院）负责编写绪论及前4个模块内容的修改和完善；陈曦（江苏农林职业技术学院）负责后7个模块内容的修改和完善；王韬远（芜湖职业技术学院）和段彦丽（北京农业职业学院）负责编写模块一植物细胞和组织；王其传（淮安柴米河农业科技股份有限公司）和刘敏（聊城职业技术学院）负责编写模块二植物器官解剖结构；任学坤（黑龙江农业职业技术学院）和李袭杰（江苏农林职业技术学院）负责编写模块三植物器官形态；余海波（江苏农林职业技术学院）和汤慧敏（广东农工商职业技术学院）负责编写模块四植物分类；吴红（江苏农牧科技职业学院）和张旭（江苏农林职业技术学院）负责编写模块五植物的水分代谢；张英曈（江苏农业科学院）和杨逢玉（新疆应用职业技术学院）负责编写模块六植物的矿质营养；谭卫萍（广东科贸职业学院）和常宁（山西林业职业技术学院）负责编写模块七植物的光合作用；靳然（南阳农业职业学院）和魏世平（江苏农林职业技术学院）负责编写模块八植物的呼吸作用；王会全（福建农业职业技术学院）和吉彪（江苏农林职业技术学院）负责编写模块九植物的生长物质；宋刚（江苏农林职业技术学院）和周宏胜（江苏农业科学院）负责编写模块十植物的生长生理；张宏平（晋城职业技术学院）、赵庆（江苏农林职业技术学院）和王丽敏（山西林业职业技术学院）负责编写模块十一植物的逆境生理。本教材由王媛花（江苏农林职业技术学院）审稿。

本教材的数字化资源开发由上海慧凝信息科技有限公司提供技术支持。同时在编写的过程中编者参阅了许多国内外文献，在此也向有关作者表示诚挚的谢意。

由于编者水平有限，新编写体系的缺点和不妥之处在所难免，恳切希望专家以及使用本教材的读者批评指正，以便进一步修订。

编　者

2022年2月

目　录

绪　论

(一) 什么是植物

自然界的物体分为非生物与生物两大类。非生物是没有生命的物体，如岩石、钢铁；生物是有生命活力的物体，如花、草、树木、鸟、兽等。生物具有生长、发育、繁殖、遗传等生命现象，在生命活动过程中能不断与外界进行物质交换，即进行新陈代谢。

生物通常分为动物界与植物界，常见的花、草、树木是植物。什么是植物？回答这个问题，要从植物的特征及其在自然界的位置谈起。绝大多数的植物都具有绿色的质体，能进行光合作用合成有机养料供自身生长，具有自养能力，而动物不能进行光合作用；植物的细胞具有细胞壁，动物的细胞没有细胞壁，只有细胞膜；植物的生长可以不断产生新的组织与器官，动物的器官在胚胎时期已经分化完成，它的生长主要是体积的增大与成熟；此外，植物通常固定在一个地方生长，动物通常能移动。

但是，上述的这些特征只能用来说明什么是高等的植物与动物，因为低等的动物、植物并不完全具备这些特征，它们之间没有明显的分界。例如低等植物中的黏菌，它的营养体构造和生活方式都与低等动物中的变形虫一样，只是生殖能产生具有纤维素细胞壁的孢子，因而被列入植物界。生长在淡水池塘中的低等植物衣藻和低等动物草履虫，都是由一个具有鞭毛的细胞构成的，能在水中游动，但衣藻具有绿色的质体，被列入植物界。这都说明动物和植物同出一源，在低等的动物和植物之间有着相似的结构、特征，有些甚至很不容易区分。

为了把复杂的生物划分为自然的类群，不少动植物学家曾提出过多种生物分界系统。20 世纪 70 年代，又提出将生物分为五界，即除植物界与动物界以外，将低等植物中无细胞核结构的细菌及蓝藻列入原核生物界，真菌列为真菌界，滤过性病毒列为病毒界，成为生物的五界系统。但是，目前仍然普遍沿用两界系统，即动物界与植物界，因此本书也按两界系统叙述。

(二) 植物界的多样性和我国的植物资源

在自然界中，植物种类繁多，目前已知的植物总数有 50 多万种，其中包括低等植物的藻类、菌类、地衣和高等植物的苔藓、蕨类、种子植物。这些植物在形态、结构、生活习性以及对环境的适应性上各不相同。在不同的环境中生长着不同的植物种类。

我国作物种质资源保护重要性

植物分布在地球上几乎所有的地方，从热带到寒带以至地球的两极，从平原到高山，从海洋、湖泊到陆地，到处都分布着各种各样的植物。有的植物体形态微小，结构简单，仅有一个细胞，如衣藻；比较复杂的有多细胞的群体，继而出现丝状体，逐步演化出具有根、茎、叶的高等植物体，其中最高级的裸子植物和被子植物，还能产生种子繁殖后代。从营养方式看，绝大多数植物种类，其细胞中都具有叶绿体，能够进行光合作用，自制养分，它们被称为绿色植物或自养植物。但也有部分植物其体内无叶绿体，不能自制养分，而是从其他植物上吸取现成的营养物质，寄生生活，称为寄生植物。许多菌类生长在腐朽的有机体上，通过对有机物的分解作用而摄取养分，称为腐生植物。非绿色植物中也有少数种类，如硫细菌、铁细菌，可以借氧化无机物获得能量而自行制造食物，属于化学自养植物。

种子植物是现今地球上种类最多，形态结构最为复杂，以及和人类经济生活最密切的一类植物。农作物、大多数园林绿化植物和经济植物都是种子植物。它们中有多年生的高大干直的乔木，低矮丛生的灌木，缠绕它们的藤本植物，一、二年生和多年生的草本植物等。我国是世界上植物种类最多的国家之一，仅种子植物就有3万种以上，其中不少具有重要经济价值。

我国幅员辽阔，跨越热带、亚热带、暖温带、温带、寒温带，地形错综多样，孕育出森林、灌丛、草原、草甸、沼泽、水生等多种植被类型。许多植物不但原产于我国，并且多引种到国外。例如，裸子植物全世界共有13科，约700种，我国就有12科，近300种，它们多是经济用材树种。我国的银杏、水杉、水松等被称为活化石。还有许多特产树种，如金钱松、油松、红豆杉、榧树、福建柏等。被子植物中，粮食作物如水稻、谷子早在数千年前已有栽培，大豆原产于我国。果树中的桃、杨梅、梨、枇杷、荔枝、柑橘等皆原产于我国。原产于我国的特种经济植物有茶、桑、油桐、苎麻等。我国是蔬菜种类最多的国家，观赏植物之多更是闻名于世，被誉为世界园林之母，如牡丹、芍药、茶花等均为我国特产。我国药用植物种类有数千种，是非常宝贵的植物资源。

（三）植物在自然界和国民经济中的作用

太阳光能是一切生命活动过程用之不竭的能量来源，但必须依赖绿色植物的光合作用，将光能转变成化学能贮存于光合产物中才能被利用。绿色植物经光合作用制造的糖类，以及在植物体内进一步同化形成的脂类和蛋白质等物质，除了少部分是本身生命活动消耗或转化为组成植株体的结构材料之外，大部分贮存于细胞中。当人类、动物食用绿色植物时，或异养生物从绿色植物体上（或死亡的植物上）摄取养分时，贮藏物质被分解利用，能量再度释放出来，为生命活动提供能源。

人类与植物的关系

非绿色植物如细菌、真菌、黏菌等具有矿化作用，把复杂的有机物分解成简单的无机物，再为绿色植物所利用。植物在自然界通过光合作用和矿化作用，即进行合成、分解的过程，促进了自然界物质循环。

此外，植物在净化环境、减少污染、防风固沙、水土保持等方面具有特异能力。因此，大规模的绿化造林，城市进行园区绿化，将有助于改善人类的生活环境，维持自然界的生态平衡。

植物是人们赖以生存的物质基础，是发展国民经济的主要资源。粮、棉、油、菜、果等直接来源于植物，肉类、毛皮、蚕丝、橡胶、造纸等也多依赖于植物提供原料。存在于地下的煤炭、石油、天然气，也是数千万年前由于地壳变迁，被埋藏在地层中的古代动植物所形成的，这些都是人类生活的重要能源物资。

在工业生产和人类生活过程中，人类不断索取利用植物资源，忽视生态环境的发展规律，从而导致自然环境严重恶化。如全球性的臭氧层破坏、温室效应、酸雨、沙尘暴、河流海洋毒化和水资源短缺，以致遭受全球性生态危机的威胁。面对生态环境恶化的严重挑战，人类应科学地正视环境，处理好人与自然、经济发展与生态环境之间的关系。绿化造林、保护植物资源有助于改善人类生存环境，保持自然界的生态平衡。

（四）植物与植物生理的研究内容和应用

植物与植物生理是研究植物的形态结构、分类、生命活动规律及植物与环境相互关系的科学。植物与植物生理总体分为植物的形态结构、植物分类、植物生理三大部分。其目的和任务是用科学的方法去认识植物的形态类型与解剖结构，阐明植物的生命活动过程，介绍植物分类的基本知识和常见的植物类型，从而科学利用植物和保护植物，满足人类生产和生活需要，实现植物资源的可持续利用。植物与植物生理是园艺技术、园林技术、作物生产技术等专业的一门专业基础课程。在内容安排上以常见园林花卉植物、农作物和蔬菜作物为主线，简明扼要地论述植物形态结构特点、植物生长发育过程和代谢生理要领、植物分类的基本知识。在内容的阐述上紧密联系园林、园艺和农业生产实践，结合实际需要选择和设定实验实训内容，着重加强学生智力开发和实践能力的培养。做到能运用植物与植物生理的理论和实践知识去指导生产实际，更好地利用和改造植物，科学地开发植物资源，提高农产品的产量和品质，使植物更好地为人类服务。

（五）学习本课程的方法

学习本课程首先要有积极、主动的态度。在学习过程中不断培养对自然界的热爱，要有探索生命奥秘的兴趣、实事求是的作风、丰富的想象力、创造性的思维等良好素质，这是学好植物与植物生理课程的前提。

学习植物与植物生理需要掌握辩证的观点和方法。植物体的各个部分在整个生命活动中既相互联系、相互协调，又相互制约。在植物与环境之间，同样是既有矛盾、斗争，又有协调、统一。学习本课程需要用联系的、发展的观点综合地观察、分析问题，不停留于个别的现象上。各式各样的植物是在不同环境中有规律地演化而来的，各有一部长期演化的历史。

学习植物与植物生理必须理论联系实际。植物种类繁多，形态特征、生理特性各不相同，所以在学习理论的基础上，必须加强观察，增强感性认识。要加强基本技能训练，熟练地应用有关设备和掌握技术，如放大镜、显微镜、各种切片染色技术、生物绘图技术等，掌握基本的实验技能。学会借助实验仪器设备测定植物的各种生理过程，用实验的方法去探索植物生命现象的本质。同时还要增强自学意识，提高自学能力，使植物与植物生理的学习能在掌握知识的广度和深度方面，分析、解决生产实际问题的能力方面及技能的掌握方面得到提高，以达到学以致用的目的。

思政园地

植物文化的时代价值

中国传统文化植物

植物渗透在人类物质和精神生活中，植物文化是人类文化的重要组成部分。中国人民自古崇尚自然、热爱植物，中华文明包含博大精深的植物文化。植物文化背后深藏中华文化基因，有的揭示规律、制订规则，有的敬畏生命、感恩自然，有的托物寓意、阐释哲理，有的向上向善、君子比德，成为传统文化的载体。它们忠实无声地记录着祖先的历史过往、情感好恶、兴趣倾向，具有丰富的文化内涵，在精神层面传承先人的思想和生活方式，形成生态的、审美的、人格的、信仰的、艺术的精神享受和价值认同，在人的精神世界建构与人格魅力养成方面发挥着极其重要的作用。

（一）植物的生命进化让人类领悟“懂感恩、知敬畏”的伦理道德

人与天地相参，与日月相应，与草木同归。在植物、动物和微生物三位同源一体的生态系统中，植物是初级生产者，为人类的生存和发展提供了必备的环境条件，是人类生存和进化的物质基础。因此，感恩大自然是人类情感最原始的集中体现，是人类社会道德伦理的基础。回首祖先对古树神木的崇拜及常见植物演绎的神话故事，植物文化的根源都离不开感恩、敬畏的哲学基础。植根于农耕文明的中华传统文化正是通过对大自然的深情歌颂、对植物的古朴吟唱，在天人合一的思维模式和尊重自然的生态智慧影响下，自然生发出了儒家思想倡导的“天地与我并生，万物与我为一”“与天地合德”“仁民爱物”等一系列传统的质朴情感与哲学思维。植物文化用“懂感恩、知敬畏”为每个人涂抹了厚重的伦理底色，指引着社会普遍认同的价值追求和道德标准。只有用感恩心、敬畏心提升生命修为，温润高尚人性，才能折射出人格魅力的精神光芒。

（二）植物的生命轮回为人类演绎了“勇担责、乐奉献”的生命特质

“落红不是无情物，化作春泥更护花”表达了诗人的报国之志，抒情和议论的依据是自然界中植物的生命轮回和发生在植物身上的无私奉献。人类的情感认知和哲学思想是在向自然和植物的学习、模仿中逐渐发展进步。植物的叶片、花瓣永远按着一定的角度规则排列，交错生长，为的是最大限度地接受阳光，保证种群均衡发展。植物善于用花香、颜色吸引昆虫帮助其授粉，扩大种群；无性繁殖的植物利用根、茎、叶等营养器官创造新生，完整地保留母体的基因，代代相传。一年四季，或春暖花开，或夏荫无限，或瓜熟蒂落，或枝叶飘零，植物一定是季节变化的忠实表现者，也是节气转换的推进者和参与者。不管所处之地多么干旱贫瘠，植物根系永远深扎入地，为枝干输送营养和水分；植物用生物学意义上的责任和奉献，让我们看到了坚守使命、履行责任的精神实质。从感恩、敬畏到责任、奉献，是一种自然的社会心理过渡，是一种淳朴的道德情感递进。植物的生物学特征与社会文化现象之间的内在联系，让人类在生态文明和人文关怀相统一中享受着植物的物质供给，同时还得到了精神层面的愉悦和提升。中国文化的这种花草树木情结成为植物文化的精神归属和道德标尺，指引我们借植物抒情、托植物言志，用植物的特征、习性及其他相关内涵唤起人们的审美意识以及对高尚人格的追求，描绘人生的情感色彩与使命价值。

（三）植物的生长繁殖向人类表达了“怀天下、求真知”的胸怀气度

50多万种植物在地球的不同纬度地带、地质环境、温度湿度等条件下，全力以赴、竭尽所能，生长成了森林、草原、荒漠、冻原、苔原、水生等若干植物群落或植被类型。植物的每一片叶片都在尽力向上向外舒展，努力吸收阳光；每一朵鲜花都在努力开放，全力孕育新生；每一粒种子都在努力发芽，力争长成参天大树。如果从植物文化角度欣赏大自然，可以看到植物有着忘我的觉悟和伟大的认知，它们在“无意苦争春”的生命旅程中心系天下，每一棵植株无论大小，都在昂扬向上中壮大集体的力量、壮大植物的群落。将植物世界的精神承托、志向引领和天下襟怀转化为人生态度，正是中国传统人生哲学中轻个人、重整体的思想体现。

（四）植物的生命升华为人类诠释了“尚守正、善创新”的价值导向

“我是你的一片绿叶，我的根在你的土地”，歌曲《绿叶对根的情意》唱出了游子对故土的深深眷恋，歌词借物抒情，借助的意象是绿叶与根的血脉相连。从某种意义上来说，中国文化的发展就是自然景物不断意象化的过程。“苟日新，日日新，又日新”，自然世界和人类世界一样需要通过创新来适应新环境。为了生存，有的植物叶片变细变窄甚至变成针形以减少水分蒸发，有的植物根系演变成粗大的贮藏根以储存营养，有的枝条萌生出针刺或分泌出毒液以自我保护，有的植物会在皮孔吐露水珠以降低温度，有的植物会生出茎卷须、叶卷须甚至吸盘以攀缘生长等。

守正不是保守固执，是坚守正道本源，创新不是标新立异，是维护宗旨道义。坚持守正和创新相统一，是我们党领导社会革命的制胜法宝之一，也是我们党推进自我革命的历史自觉。为培育和弘扬“尚守正、善创新”精神，每个人都应当利用自己的学识和品行塑造美好人生，并在锻造自己人格魅力，修炼信念、品德、气度、本领的过程中，坚持以守正为根本宗旨，以创新为前进方向。

观察植物背后的内在生命逻辑，探寻人与植物的精神联系，学会敬畏自然、感恩生活、热爱生命、忠诚担当，坚持自我净化、自我完善、自我革新、自我提高的道德自觉和精神养成，在哲学层面实现“学以成人”。一个具备了“懂感恩、知敬畏，勇担责、乐奉献，怀天下、求真知，尚守正、善创新”层层精神底色和闪亮人格魅力的人，最终将用“同生命、共成长”的植物文化精神培养德行品质、涵养人格魅力，推动个人道德养成向社会群体道德发展，从而实现人的全面发展，实现全社会的共同进步。

思考与练习

1. 植物在自然界和国民经济中有何重要作用？
2. 明确植物与植物生理研究的内容和应用。
3. 学习本课程时采用什么方法？如何提高自己的实践动手能力？

模块一　植物细胞和组织

学习目标

知识目标：

- 了解植物细胞的概念和植物细胞的基本结构及相应的功能。
- 理解原生质的胶体特性、化学组成和主要有机物的生理功能。
- 掌握植物细胞的繁殖方式及过程。
- 掌握植物组织的类型及相应的生理功能、维管束的概念及种类。

技能目标：

- 学会光学显微镜使用及保养技术、植物制片技术、植物绘图技术。
- 能熟练地运用显微镜观察各种植物切片并正确地识别各部分。

素养目标：

- 具备积极反思的素养和勇于探究的精神。
- 能够感悟生命的意义，树立正确的人生观和价值观。

基础知识

一、植物的细胞

细胞是构成生物有机体形态结构和生理功能的基本单位。生物有机体除了病毒和类病毒外，都是由细胞构成的。最简单的生物有机体仅由一个细胞构成，各种生命活动都在一个细胞内进行。复杂的生物有机体可由几个到亿万个形态和功能各异的细胞组成，例如海带、蘑菇等低等植物以及所有的高等植物。多细胞生物体中的所有细胞，在结构和功能上密切联系，分工协作，共同完成有机体的各种生命活动。植物的生长、发育和繁殖都是细胞不断地进行生命活动的结果。因此，掌握细胞的结构和功能，对于了解植物体生命活动的规律有着重要的意义。

（一）植物细胞的形状

植物细胞的形状是多种多样的。细胞的形状主要取决于它们的遗传性、生理机能和所处的位置及其对环境的适应性，常见的有长纺锤形、长柱形、球形、多面体形、细管形、不规则形、长筒形、长棱形、星形（图 1－1）。

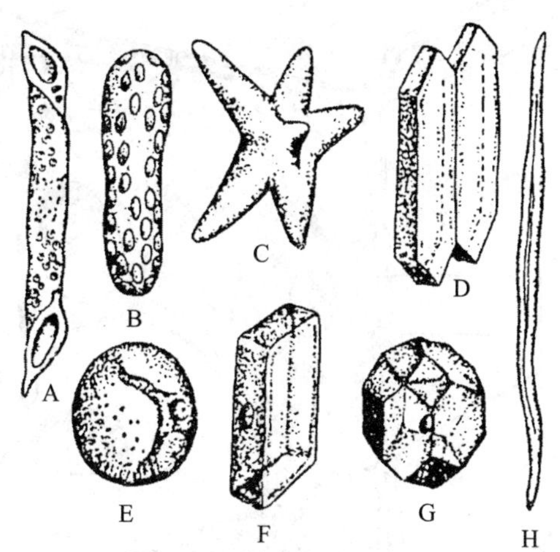

图 1－1　植物细胞的形状

A. 长筒形　B. 长柱形　C. 星形　D. 长棱形

E. 球形　F. 长方体形　G. 多面体形　H. 长纺锤形

单细胞的藻类植物，如小球藻、衣藻，因其生活在水中，细胞处于游离状态，相互之间不挤压，故多为球形。多细胞的植物体，因细胞之间相互挤压，大部分呈多面体形，如分生组织细胞。种子植物的细胞，因分工精细，其形状常与细胞执行的功能相适应，如导管细胞和筛管细胞呈长筒形，与其运输作用相适应，纤维细胞呈长棱形，与其支持作用相适应，某些薄壁细胞疏松排列呈多面体形，与其贮藏作用相适应等，都体现了功能决定形态，形态适应功能的规律，即体现了细胞形态与功能相适应的规律。

植物细胞的大小差异很大，直径一般为 10～100μm，必须用显微镜才能观察到。现在已知最小的细胞是细菌状的有机体，叫支原体，直径为 0.1μm，肉眼看不到。有人粗略估计，一片叶片可含有 4 000 万个细胞，由此可知细胞的体积十分微小。但也有少数大型细胞，肉眼可见，如西瓜、番茄的成熟果肉细胞，直径约 1mm；棉花种子的表皮毛，长可达 75mm；苎麻的纤维细胞长度达 550mm。

细胞的体积较小，其表面积相对较大，这对细胞与外界进行物质交换及完成其他生命活动具有重要意义。一般来讲，同一植物体不同部位的细胞，其体积越小，代谢越活跃，如根尖、茎尖的分生组织细胞；体积越大，代谢越微弱，如某些具有贮藏作用的薄壁组织细胞。

（二）植物细胞的结构

高等植物细胞虽然形状多样、大小不一，但一般都具有相同的基本结构，即都是由细胞壁和原生质体两部分构成（图 1－2），细胞壁包在原生质体的外面。

植物细胞结构

植物细胞中还含有一些贮藏物质或代谢产物，叫后含物。一般所说的细胞结构，是指在光学显微镜下能看到的结构。人们把在光学显微镜下看到的细胞结构，称为显微结构；把在电子显微镜下看到的更为精细的结构，称为亚显微结构或超微结构。

1. 原生质体　细胞内具有生命活性的物质称为原生质。原生质是细胞生命活动的物质基础，故称作植物细胞内的生命物质。原生质是一种无色、半透明、具有黏性和弹性的

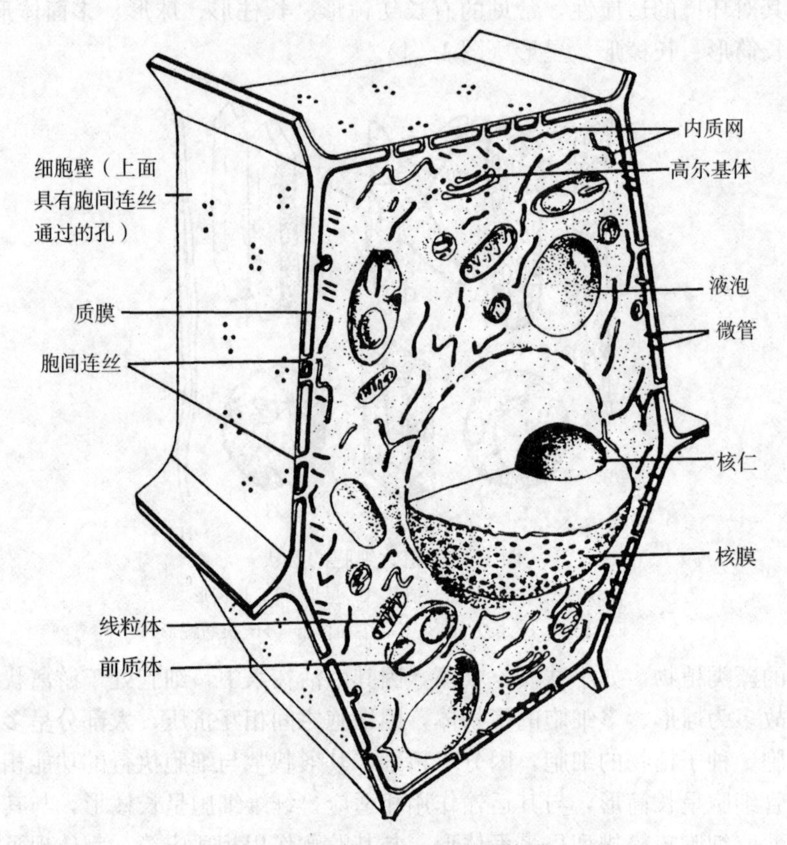

图 1-2　植物细胞亚显微结构立体模式示意

胶体状物质。它的主要成分有蛋白质、核酸、脂类和糖类，此外还含有无机盐和水分。原生质体是细胞内所有有生命活动部分的总称，是分化了的原生质。原生质体是指活细胞中细胞壁以内各种结构的整个部分，细胞内的代谢活动主要在这里进行。原生质体在完成生命活动过程中产生细胞壁、液泡和后含物。在高等植物细胞内，原生质体包括细胞膜、细胞核和细胞质三部分。细胞壁是植物细胞特有的结构，位于植物细胞的最外层，主要起保护作用。

（1）细胞膜。植物细胞的细胞质外方与细胞壁紧密相连的一层薄膜，称为细胞膜或质膜（图 1-3）。质膜和细胞内的所有膜统称为生物膜。

植物细胞膜结构

①膜的结构（流动镶嵌模型）。细胞膜主要由脂类中的磷脂分子（膜脂）和蛋白质分子（膜蛋白）组成，另外还含有少量的糖类、无机离子和水。膜脂呈双分子排列，疏水性尾部向内，亲水性头部向外。膜蛋白并非均匀地排列在膜脂两侧，而是有些位于膜的表面（外在蛋白），以静电相互作用的方式与膜脂亲水性头部相结合；有些嵌入膜脂之间甚至穿过膜的内外表面（内在蛋白）；在膜脂的疏水区，蛋白质以表面的疏水基团与烃链形成较强的疏水键而结合。在电子显微镜下可以看到质膜的横断面上呈现“暗-明-暗”三条平行带，总厚度约 8nm，这种以“暗-明-暗”三层结构为单位构成的膜，称为单位膜。

关于单位膜中各成分的组合方式，人们提出了许多假说，目前普遍被接受的是单位膜

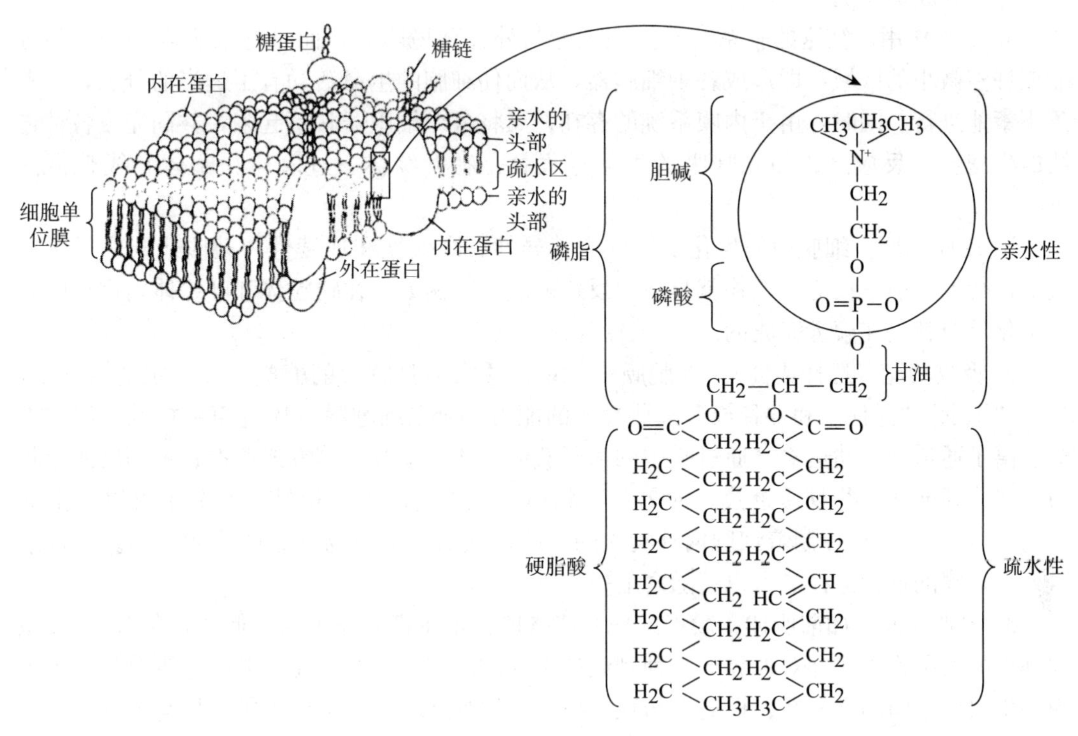

图 1-3 细胞膜的结构

的“流动镶嵌模型”，即在膜的中间是磷脂双分子层，它实际上包括两层磷脂分子，这是细胞膜的基本骨架，由它支撑着许多蛋白质分子。组成膜的蛋白质分子可分成两类，一类排列在磷脂双分子层的外侧，即膜的表面；另一类镶嵌或贯穿在磷脂双分子层中。在电子显微镜下看到的“暗-明-暗”带状结构中，暗带是由磷脂分子亲水的头部和蛋白质分子组成，而明带则是由磷脂分子疏水的尾部组成。

该模型强调构成质膜的蛋白质分子和磷脂分子大都不是静止的，而是在一定范围内自由移动，使膜的结构处于不断的变化状态。它们的运动方向总是平行于质膜的表面，而不做上下垂直于质膜的运动。这种特点对于质膜完成各种生理活动十分重要，其中包括膜结构的不断代谢、更新。膜的这种镶嵌结构具有流动性，所以称作流动镶嵌模型。

膜的流动镶嵌模型有两个基本特征：一是膜的不对称性。主要表现在膜脂和膜蛋白分布的不对称性。膜脂在膜脂的双分子层中外半层以磷脂酰胆碱为主，而内半层则以磷脂酰丝氨酸和磷脂酰乙醇胺为主，不饱和脂肪酸主要存在于外半层。膜蛋白在膜脂内外半层所含外在蛋白与内在蛋白的种类及数量不同，膜蛋白分布的不对称性是膜功能具有方向性的物质基础。膜糖为糖蛋白，与糖脂只存在于膜的外半层，而且糖基暴露于膜外，呈现出分布的绝对不对称性，这是膜具有对外感应与识别等能力的基础。二是膜的流动性。膜的不对称性决定了膜的不稳定性，即具有流动性。膜蛋白可以在膜脂中自由侧向扩散。膜脂的磷脂分子小于蛋白质分子，也具有流动性，且比蛋白质的扩散速度大得多，这是因为膜内磷脂的凝固点较低，通常呈液态。膜脂流动性的大小取决于脂肪酸的不饱和程度，不饱和程度愈高，流动性愈强。

②细胞膜的功能。

a. 分室作用。细胞的膜系统不但把细胞与外界环境隔开，而且把细胞内部的空间分隔成许多微小的区域，即形成各种细胞器，从而使细胞的生命活动有了适当的分工，并有条不紊地进行。同时，由于内膜系统的存在，又将各个细胞器联系起来，共同完成各种连续的生理生化反应。比如光呼吸的生化过程就是在叶绿体、过氧化物酶体和线粒体内进行。

b. 反应场所。细胞内的生化反应具有特异性、高效性和连续性。某些代谢途径是在膜上进行的，前一反应的产物就是下一反应的底物。例如，在线粒体和叶绿体内进行的某些生化反应就是在膜上完成的。

c. 吸收功能（选择透性）。细胞膜中的蛋白质大多是特异的酶类，在一定的条件下，具有“识别”“捕捉”和“释放”某些物质的能力。所以细胞膜可通过简单扩散、促进扩散、离子通道、主动运输（通过膜中的离子载体、离子泵等）等方式调控各种物质的吸收与转移。即能让一些物质透过，而另一些物质不能透过的选择透性（水分子可以自由通过）。这种选择透性控制着细胞内外物质的交换，从而影响植物细胞的代谢过程。一旦细胞死亡，膜的这种选择能力也就随之消失。

d. 识别功能。如前所述，膜糖的残基严格地分布在膜的外表面，似“触角”，能够识别外界的某种物质，并对外界的某种刺激产生反应。例如，花粉粒外壁的糖蛋白与柱头质膜的蛋白质之间的亲和性、根瘤菌与豆科植物根细胞之间的相互识别等，均与膜有关。

除上述功能外，质膜还具有保护作用，同时与细胞识别、信号转换、分泌等生理活动密切相关。

细胞核结构

（2）细胞核。细胞核是细胞内最重要的结构，呈球形或椭圆形，埋藏在细胞质内。低等植物细胞核较小，直径一般在1～4μm。高等植物细胞核的直径在5～20μm。一般植物的细胞通常只有一个细胞核，但在某些真菌和藻类的细胞里，常有两个或数个核。此外，还有缺少细胞核的，如细菌和蓝藻，它们的细胞内没有明显的细胞核结构，只有呈分散状的核物质。因此，对于具有细胞核结构的生物，称为真核生物，无明显的细胞核结构的生物，称为原核生物。在光学显微镜下可看到细胞核由核膜、核仁和核质三部分构成（图1-4），细胞核的结构随细胞周期的改变而发生相应的变化。

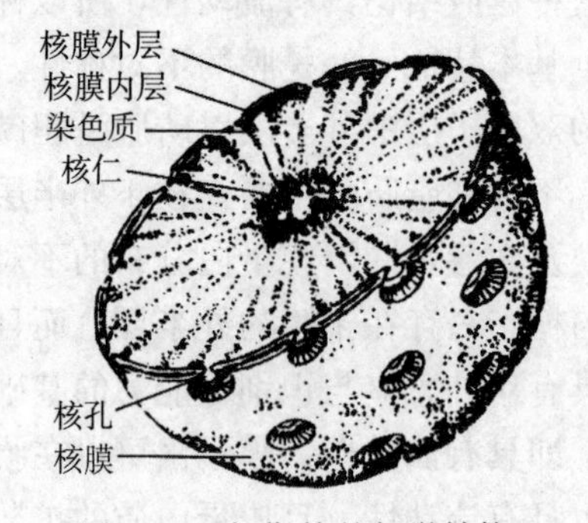

图1-4　间期核的超微结构

①核膜。又叫核被膜，在电子显微镜下可以看到核膜为双层膜，它包被在细胞核的外

面，把细胞质与核内物质分开，这对稳定细胞核的形状和化学成分具有一定作用，同时可让小分子物质，如氨基酸、葡萄糖等透过。核膜上有许多小孔，叫核孔，它是细胞质和细胞核之间物质交换的通道，大分子物质，如核糖核酸（RNA）可通过核孔进出细胞质。核孔具有精细的结构，可随细胞生理状况开放或关闭，细胞的新陈代谢越旺盛，核孔开放度越高，反之越低。

②核仁。核质内有一个或数个球状小体，叫核仁。活细胞中常含一个或几个核仁，核仁主要由核糖核酸（RNA）和脱氧核糖核酸（DNA）及蛋白质等成分组成，它的折光性很强，电子显微镜下可看到它为无被膜的球体。核仁的主要功能是合成核糖体核糖核酸（rRNA），并与蛋白质结合经核孔输送到细胞质，再形成核糖体。核仁的大小常随细胞的生理状况而变化，代谢旺盛的细胞中常含较大的核仁，如分生区的细胞；代谢缓慢的细胞，往往核仁较小。

③核质。核仁以外、核膜以内充满的物质称为核质，它包括染色质和核液两部分。其中易被碱性染料染成深色的物质叫染色质，它主要由 DNA 和蛋白质构成，也含少量的 RNA。不能被染色的部分叫核液。核液是细胞核内没有明显结构的基质。在光学显微镜下，染色质呈极细的细丝状或交织成网状分散悬浮在核液中。当细胞分裂时，染色质浓缩成较大的不同形状的棒状体，叫染色体。核液中含有蛋白质、RNA［包括信使 RNA（mRNA）和转运 RNA（tRNA）］和多种酶，这些物质保证了 DNA 的复制和 RNA 的转录。研究证明，核液内充满着一个主要由纤维蛋白组成的立体网络，该网络的基本形态与细胞骨架相似，且与细胞骨架有一定的联系，也称核骨架。核骨架为细胞核内各组分提供一个结构支架，使核内各项活动得以顺利进行。

细胞核的主要成分是核蛋白，此外还有类脂和其他成分。核蛋白由蛋白质和核酸组成。核酸分为两类：核糖核酸（RNA）和脱氧核糖核酸（DNA）。细胞核的核酸主要是脱氧核糖核酸，也有少量的核糖核酸。脱氧核糖核酸是生物的遗传物质，能控制生物的遗传性，染色体是遗传物质的载体。可见，细胞核是遗传物质存在的主要部位，也是遗传物质复制的主要场所，并由此决定蛋白质的合成，从而控制细胞整个生命过程。因此，细胞核被认为是细胞的控制中心，在细胞的遗传和代谢方面起主导作用。

（3）细胞质。质膜以内、细胞核以外的原生质叫细胞质，细胞质充满在细胞壁和细胞核之间，活细胞中的细胞质在光学显微镜下呈均匀透明的胶体状态。伴随着活细胞成熟，细胞内渐渐出现大液泡后，细胞质便被挤成紧贴细胞壁的一薄层。细胞质包括胞基质和细胞器两部分。

①胞基质。胞基质存在于细胞器的外围，是一种具有弹性和黏滞性的透明胶体溶液。胞基质的化学成分很复杂，含有水、无机盐和溶于水中的气体、葡萄糖、氨基酸、核苷酸等小分子，以及脂类、糖类、蛋白质、酶和核糖核酸等生物大分子。胞基质构成一个细胞内的液态环境，是活细胞进行各种生化活动的场所，同时还不断地为细胞器行使功能提供必需的营养原料。活细胞中胞基质总处于不断的定向运动状态，它还可以带动其中的细胞器在细胞内作有规律的持续的流动，这种运动称为细胞质的环流运动。在细胞内的这种不断进行的缓慢环形流动可促进营养物质的运输、气体的交换、细胞的生长和创伤的恢复等，所以胞基质是细胞进行新陈代谢的主要场所。细胞核以及各种细胞器都分布在胞基质内。

②细胞器。所谓细胞器，一般是指细胞质内具有一定形态结构和特定功能的亚细胞单位“小器官”。细胞质内有许多细胞器，进行着各种各样的代谢活动。它悬浮在胞基质中，其中有的用光学显微镜可以看到，如质体、线粒体、液泡等，有的必须借助电子显微镜才能观察到，如核糖体、内质网、高尔基体、溶酶体、微体、微管等。

a. 质体。质体只存在于绿色植物的细胞内，通常呈颗粒状分布在细胞质里，在光学显微镜下即可看到。质体主要由蛋白质和类脂组成，是一类合成和积累同化产物的细胞器。根据色素的有无和种类，可将质体分为白色体、叶绿体和有色体三种类型（图 1-5）。

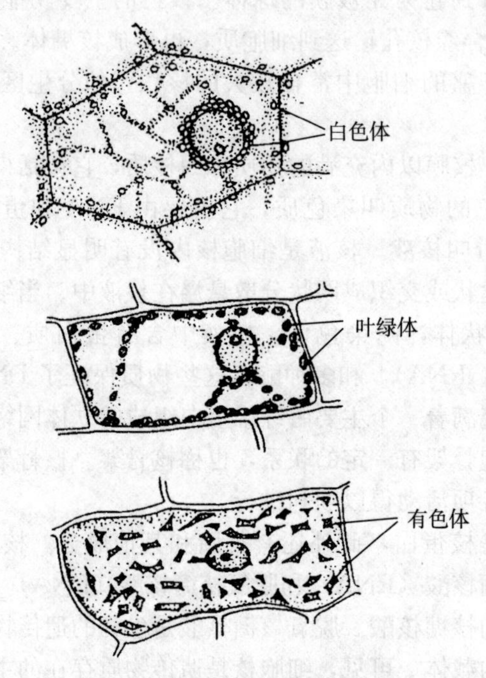

图 1-5　含有不同类型质体的细胞

叶绿体：叶绿体存在于植物所有绿色部分的细胞里，含有绿色的叶绿素（叶绿素 a 和叶绿素 b）和黄色、橙黄色的类胡萝卜素（胡萝卜素和叶黄素），叶绿素的含量往往占总量的 2/3，掩盖着其他色素，故叶绿体常呈绿色。当营养条件不良、气温降低或叶片衰老时，叶绿素含量下降，类胡萝卜素含量上升，叶片变黄。秋季有些植物叶片变红，是由于叶片中花青素和类胡萝卜素含量占优势。一个细胞中可含十几个到几百个叶绿体，叶肉细胞中最多。例如，菠菜叶肉的一个栅栏组织细胞内有 300～400 个叶绿体。

叶绿体结构

光学显微镜下叶绿体一般呈扁平的球形或椭圆形。在电子显微镜下，可以看到叶绿体表面由双层膜（两层单位膜）包被，双层膜内是基质和分布在基质中的类囊体。类囊体是由单层膜围成的扁平小囊，也叫片层，常 10～100 个垛叠在一起形成柱状的基粒，一个叶绿体内可含有 40～60 个基粒。组成基粒的类囊体叫基粒类囊体（基粒片层）。基粒与基粒之间也有类囊体相连，叫基质类囊体（基质片层）。它们悬浮在液态的基质中，组成一个复杂的类囊体系统（图 1-6），叶绿体的色素就分布在类囊体膜上。叶绿体的基质中含有 DNA、核糖体及酶等。叶绿体是高等植物进行光合作用的场所。

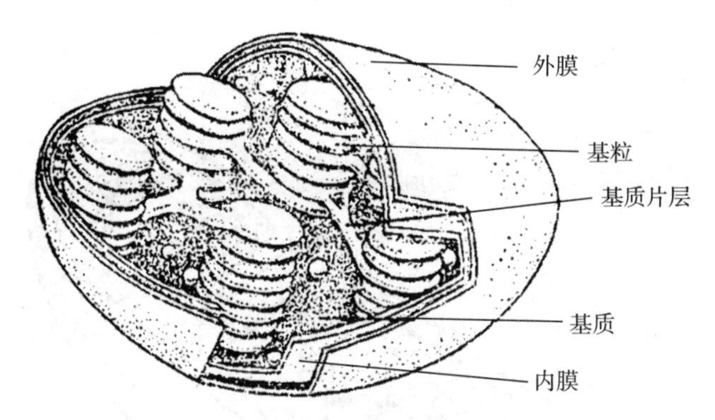

图 1-6　叶绿体立体结构

有色体：有色体含有胡萝卜素和叶黄素，由于二者的比例不同，可分别呈现黄色、橙色或橙黄色，它存在于植物的花瓣、成熟的果实、衰老的叶片、胡萝卜的贮藏根等部位。如番茄、辣椒的果实。有色体形状多样，有球形、椭圆形、多边形及其他不规则形状。其结构比较简单，外面由双层膜包被，膜内是简单的片层和基质。有色体能积累淀粉和脂类，还能使花和果实呈现不同的颜色，吸引昆虫利于传播花粉或种子。

白色体：白色体不含色素，呈无色颗粒状，多存在于幼嫩细胞和根、茎、种子等无色的细胞中及一些植物的表皮中。白色体多呈球形或纺锤形，常聚集在细胞核附近。白色体结构简单，由双层膜包被着不发达的片层和基质。白色体的功能是合成和贮藏营养物质。不同类型组织中的白色体功能有所不同，可分为合成淀粉的造粉体、合成脂肪的造油体及合成贮藏蛋白质的造蛋白体。

质体是一类合成和积累同化产物的细胞器。在一定条件下，三种质体可以相互转化。例如萝卜的根和马铃薯块茎中的前质体（质体的前身）在见光后变绿，发育成叶绿体，就是白色体转变为叶绿体。番茄果实在发育过程中，颜色由白变青再变红，是由于最初含有白色体，以后转变为叶绿体，后期叶绿体失去叶绿素而转变成有色体。胡萝卜根在光下变为绿色，是由于有色体转变为叶绿体。若将在光下生长的植物移到暗处，植物的颜色就由绿变黄，出现黄化现象。

b. 线粒体。线粒体普遍存在于高等植物的细胞中。在光学显微镜下经特殊染色，可看到它呈粒状、线形或杆形，直径 0.2～1μm，长 1～2μm，故称线粒体。在电子显微镜下可看到线粒体是由双层膜围成的囊状结构（图 1-7），外膜平展完整，内膜的某些部位向腔内折叠，形成许多隔板状或管状的突起，称为嵴，嵴的周围充满了液态的基质。在线粒体内有许多与有氧呼吸有关的酶，还含有少量的 DNA。

线粒体结构

线粒体是细胞进行有氧呼吸的主要场所。细胞生命活动所需的能量，大约 95%来自线粒体，因此，有人将其称为细胞内的“动力源”。线粒体的数量及分布与细胞新陈代谢的强弱有密切关系，代谢旺盛的细胞内线粒体的数量较多，代谢较弱的细胞内线粒体的数量较少。

c. 内质网。内质网是充满在细胞质中的一个膜系统。它是由单层膜（一层单位膜）围成各种形状的管、泡或池，并延伸和扩展交织成相互沟通的网状系统。内质网的一些分枝与核膜相连，另一些和原生质膜相连，有

内质网

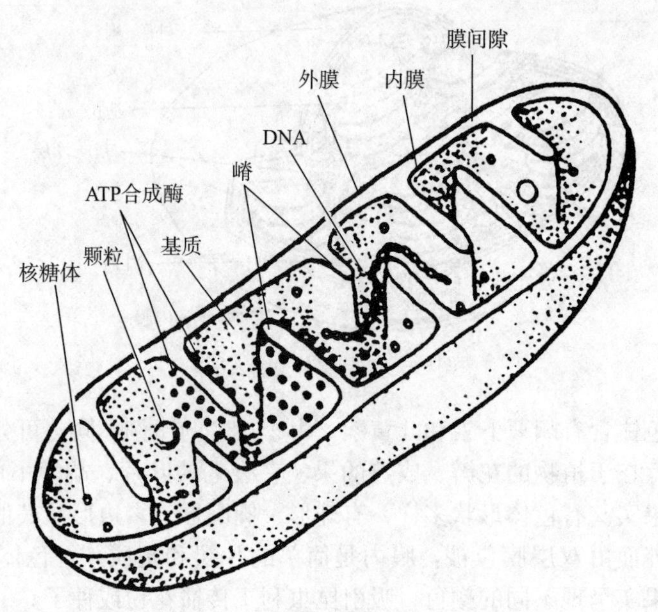

图 1-7　线粒体的立体结构

的还能与相邻细胞的内质网发生联系。这样，核膜、质膜和内质网在细胞质中甚至与相邻细胞间形成一个连续统一的膜系统，为物质的运输提供了一个连续的通道。

内质网有两种形式。一种是在膜的外表面附着有许多核糖体颗粒（合成蛋白质的细胞器）的粗糙型内质网，另一种是在膜的外表面没有核糖体颗粒的光滑型内质网。细胞中两种类型内质网的比例及它们的总量，因细胞的发育时期、细胞种类、细胞的功能以及外界条件不同而改变。细胞代谢旺盛，内质网含量多。在细胞分化过程中，内质网的数量显著增多，同时其外膜表面上附着的核糖体颗粒的数量也由少变多。

内质网功能：由于内质网系统的分布，在细胞质内形成了大量的内表面，利于复杂生命活动的进行。粗糙型内质网能合成和转运蛋白质，光滑型内质网能合成和转运脂类、多糖（图 1-8）。

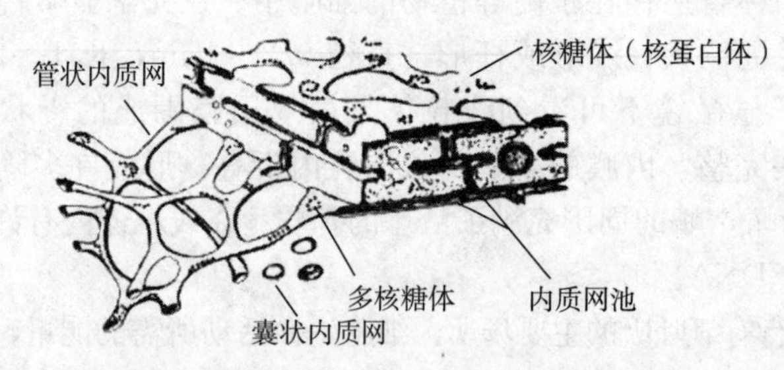

图 1-8　粗糙内质网池和管状结构的相互交织情况的立体示意

高尔基体

d. 高尔基体。高尔基体是由单层膜围成的扁平圆盘状的囊（又称泡囊，其直径 0.5～1μm，厚 0.014～0.02μm）相叠而成，囊的中央似盘底，边缘或多或少出现穿孔，当穿孔扩大时，囊的边缘似网状结构。在网状部分的外侧，可以不断有小泡形成，形成的小泡脱离高尔基体后，游离到胞基质中。

高尔基体的主要功能是对粗糙型内质网运来的蛋白质进行加工，再由高尔基体的小泡把它们携带转运到所需要的部位或以分泌物形式排出细胞。也就是说高尔基体以合成纤维素、半纤维素等构成细胞壁物质的方式参与细胞壁的形成；以分泌黏液形式参与细胞的分泌（图1-9）。

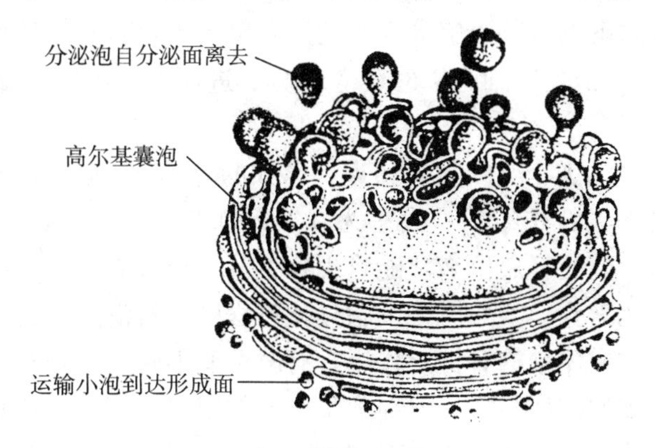

图1-9 高尔基体的立体模式
（胡宝忠等，2012. 植物学.2版）

e. 液泡。液泡是植物细胞的显著特征之一，在植物幼小的细胞中，液泡很小，数量多而分散。随着细胞的生长，液泡逐渐增大，并且彼此联合，最后成为一个大的中央液泡（图1-10）。在成熟的植物细胞中，中央液泡可占据细胞体积的90%左右，这时，细胞质和细胞核便被液泡推移，挤成薄薄的一层紧贴在细胞壁上，扩大了细胞质与环境之间的接触面，有利于物质的交换及各种代谢活动的进行。

液泡

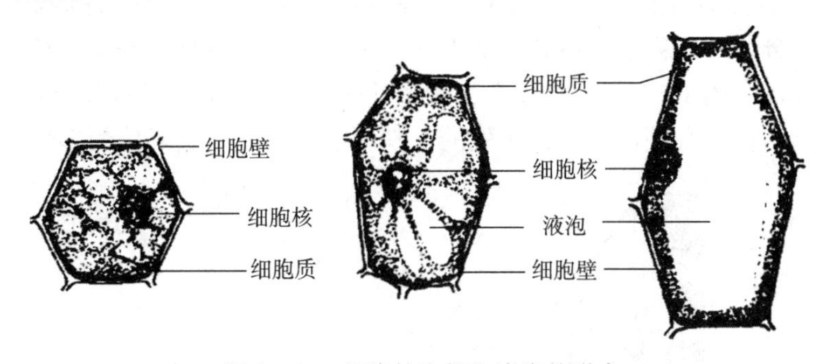

图1-10 细胞的生长和液泡的形成

液泡是由单层膜围成的细胞器。液泡的膜称为液泡膜，液泡内的汁液称为细胞液。细胞液的主要成分是水，其中溶有各种无机盐（如硝酸盐、磷酸盐）、糖类、有机酸、水溶性蛋白、有机物、植物碱、单宁、色素（如花青素）等，因此，可使细胞具有酸、甜、苦、涩等味道。如柿子、石榴果皮的细胞液中含有大量单宁而具有涩味，未成熟的水果细胞液中含有较多的有机酸而具有酸味。许多植物的细胞液中含有一种叫花青素的色素，它在酸性、中性和碱性的环境中分别呈现红色、紫色和蓝色，加之有色体的颜色，从而使植物的叶、花和果实呈现多种颜色，五彩缤纷。液泡中含有的物质大多是可溶性物质，有时也含有结晶体，如草酸钙结晶等。也就是说液泡是贮藏各种养料和生命活动产物的场所，如甜菜根的细胞液中含大量蔗糖，罂粟果实的细胞液中含较多的吗啡等。

除了贮藏作用外，液泡还有重要的生理功能。液泡与细胞的吸水有关。液泡膜的选择透性对液泡内溶物质的积累起调节作用，可通过控制物质的出入而使细胞维持一定的渗透压和膨压，使细胞保持紧张状态，并具有适宜的吸水能力，也有利于各种生理活动的进行。

液泡中含有多种水解酶，能分解液泡中的贮藏物质以重新参加各种代谢活动，也能通过膜的内陷来“吞噬”“消化”细胞中的衰老部分，进而参与细胞分化、结构更新等生命活动过程。

f. 溶酶体。溶酶体的大小与线粒体相近，已知的有 60 余种，呈球形或长圆形。溶酶体由单层膜围成，内部无特殊结构，大小为 0.25～0.3μm。溶酶体里面含有许多水解酶类。当它的膜破裂时，酶便释放出来，能将生物大分子分解为小分子物质，供细胞内物质的合成或线粒体的氧化需要。溶酶体在细胞分化过程中，对消除不必要的结构，以及在细胞衰老过程中破坏原生质体结构有特定作用，有时可使细胞内含物破坏，如导管细胞和纤维成熟时，其原生质体的破坏与消失就和溶酶体的作用密切相关。它们可以分解所有的生物大分子，使细胞解体。由此可见，溶酶体的功能是消化作用。它可以把进入细胞的病毒、细菌及细胞内原生质的其他组分吞噬掉，在溶酶体内进行消化；也可以通过本身膜的分解，把酶释放到细胞质中起作用。这样，溶酶体对于细胞内贮藏物质的利用，以及消除细胞代谢中不必要的结构和异物都有很重要的作用，所以被誉为细胞内的“消化器官”。

g. 圆球体。圆球体是由膜包被的圆球状小体，在电子显微镜下发现它的膜只有一层不透明带（暗带），而不像其他正常的单位膜具有两层暗带，因此可能只是单位膜的一半。圆球体含有脂肪酶，是积累脂肪的场所。当大量脂肪积累后，圆球体就变成透明的油滴，在油料作物的种子中常含有很多圆球体。在一定条件下，脂肪酶能将脂肪水解成甘油和脂肪酸。

h. 微体。微体是直径在 0.2～1.5μm 的圆球形小体，由单层膜所围成。由于所含酶系统的不同，可分为过氧化物酶体和乙醛酸循环体两种。过氧化物酶体常存在于绿色细胞中，并紧靠叶绿体（图 1-11），它的功能和光呼吸有关。乙醛酸循环体也紧靠叶绿体和线粒体，它与脂肪代谢有关，所以在萌发的油料种子中乙醛酸循环体较多。

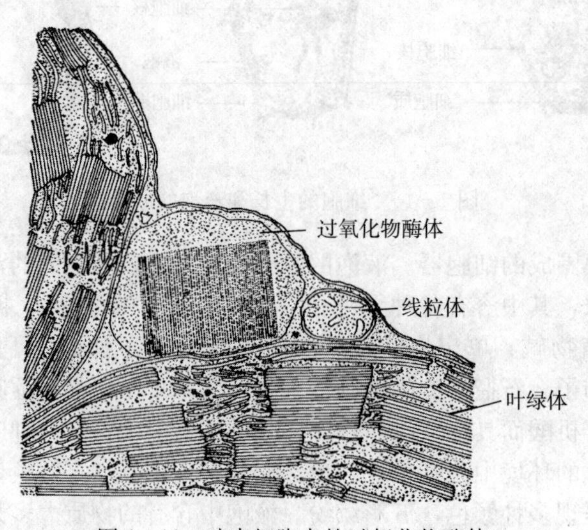

图 1-11　叶肉细胞内的过氧化物酶体

i. 核糖体。活细胞中都含有核糖体，也称作核糖核蛋白体、核蛋白体。核糖体是直径大约为 0.02μm 椭圆形颗粒状的非膜结构细胞器。核糖体多分布于细胞质中，也可附着在细胞核、线粒体、叶绿体、粗糙型内质网上以及核仁、核质内。它大约由 40%的蛋白质和 60%的核糖核酸所组成。核糖体是细胞内合成蛋白质的主要场所，因此有人把它比喻为蛋白质的“装配机器”和生命活动的“基本粒子”。蛋白质合成旺盛的细胞，尤其是在快速增殖的细胞中，往往含有更多的核糖体。

核糖体

在细胞中还分布着一个复杂的、由蛋白质纤维组成的支架，称为细胞骨架。细胞骨架包括微管、微丝和中间纤维，是细胞内呈管状或纤维状的非膜结构的细胞器，其成分主要是蛋白质。微管主要分布在靠近质膜的细胞质中，为细长、中空的管状结构，外径约 25nm，其功能与细胞分裂时纺锤丝的形成、细胞壁的形成、细胞内物质的运输等有关。微丝比微管更细，直径 6～8nm，它们在植物细胞中常成束出现，长可达几微米。在一个细胞中常有几束微丝与细胞长轴或细胞质流动的方向平行，微丝与细胞内物质运输和细胞质流动有密切关系。中间纤维的直径约 10nm，是柔韧性很强的蛋白质丝，中空，管状。目前对其功能的认识尚不充分，一般认为，中间纤维可加固细胞骨架，与微管、微丝一起维持细胞形态和参加胞内运输，并可固定细胞核，在细胞分裂时可能对纺锤体有空间定向与支架作用。微管、微丝和中间纤维在细胞内共同形成错综复杂的立体网络，起着支架作用，并与细胞内的运动和物质运输有关。

2. 细胞壁 细胞壁是植物细胞所特有的结构，由原生质体分泌的物质所构成，包围在原生质体外面，有一定的硬度和弹性，有保护原生质体、巩固细胞的作用，并在很大程度上决定了细胞的形状和功能。细胞壁还与植物吸收、运输、蒸腾、分泌等生理活动有密切的关系。

高等植物细胞壁的主要化学成分是多糖，包括纤维素、果胶质和半纤维素。植物体不同部位细胞的细胞壁成分有所不同，这是由于细胞壁中还渗入了其他各种物质。常见的物质有角质、木栓质、木质素和矿质等。

根据细胞壁形成的先后和化学成分的不同，可将细胞壁分为三层，由外向内依次为胞间层、初生壁和次生壁。所有植物细胞都具有胞间层和初生壁，不一定都具有次生壁（图 1－12）。

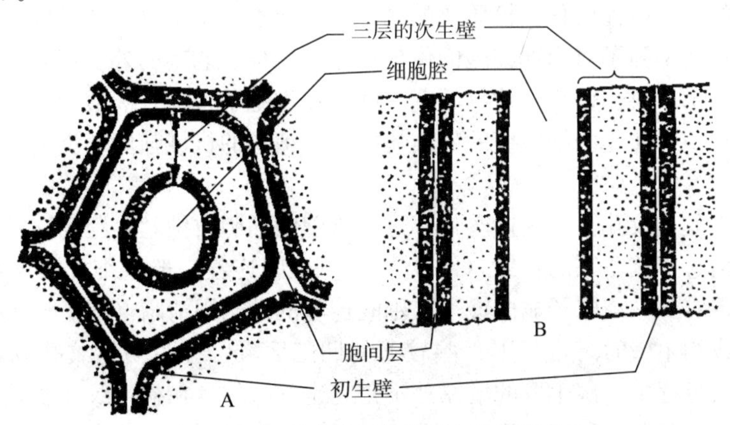

图 1－12 具次生壁细胞的细胞壁结构
A. 横切面 B. 纵切面

（1）胞间层。胞间层又称作中胶层或中层，是相邻的两个细胞之间共有的一层，位于细胞壁的最外侧，能将相邻的细胞粘连在一起，具有一定的可塑性，能缓冲细胞间的挤压。主要成分是果胶质。果胶质是一种无定形的胶质，具有很强的亲水性和黏性。果胶质易被酸、碱或酶分解，使相邻细胞彼此分离，如番茄、西瓜的果实成熟时，依靠果胶酶将部分胞间层分解，使果肉变软。

（2）初生壁。初生壁是在细胞的生长过程中，原生质体分泌少量的纤维素、半纤维素和果胶质，在细胞内侧和胞间层所形成的结构。初生壁一般很薄，质地柔软，有较大的可塑性，可随细胞的生长而延长。另外初生壁上还含有少量的结构蛋白，这些蛋白与壁上的多糖紧密结合，对细胞的生命活动有一定的作用。许多类型的细胞（如分生组织细胞）只有初生壁而不再产生次生壁。

（3）次生壁。次生壁是细胞在停止生长后，于初生壁内侧继续积累原生质体的分泌物而产生的新壁层。在植物体中，只有那些生理上分化成熟后原生质体消失的细胞，才在分化过程中产生次生壁。

植物细胞在生长分化的过程中，细胞壁不但可以扩展和加厚，原生质体还可以分泌一些不同性质的化学物质添加到细胞壁，使细胞壁加厚，细胞腔变小，因而较坚韧。次生壁的主要成分是纤维素及少量的半纤维素，还往往积累木质素等其他物质，使细胞次生壁的成分发生特种变化，从而适应一定的功能，直至死亡。这些变化主要有角质化、木质化、栓质化、矿质化。例如各种纤维细胞、导管、管胞等。

①角质化。叶和幼茎等的细胞外壁中渗入一些角质（脂类化合物）的过程叫角质化。角质一般在细胞壁的外侧呈膜状或堆积成层，称为角质层。角质化的细胞壁透水性降低，可减少水分的散失，因此降低水分的蒸腾；但可透光，不影响植物的光合作用；还能有效防止微生物的侵袭，增强对细胞的保护作用。

②木质化。根、茎等器官内部许多起输导和支持作用的细胞，其细胞壁中渗入木质素（几种醇类化合物脱氢形成的一种酚类聚合物）的过程叫木质化。木质素是亲水性的物质，还具有很强的弹性和硬度，因此，木质化后的细胞壁硬度加大，机械支持能力增强，但仍能透水透气。

③栓质化。根、茎等器官的表面老化后，其表皮细胞的细胞壁中渗入木栓质（脂类化合物）而发生的变化叫栓质化。栓质化的细胞壁不透水、不透气，常导致原生质解体，仅剩下细胞壁，从而增强了对内部细胞的保护作用。老根、老茎的外表都有木栓细胞覆盖。

④矿质化。禾本科、莎草科植物的茎、叶表皮细胞壁常渗入碳酸钙、二氧化硅等矿物质而引起的变化叫矿质化。细胞壁的矿质化能增强植物的机械强度，提高植物抗倒伏和抗病虫害的能力。

（4）胞间连丝和纹孔。胞间连丝是穿过细胞壁的细胞质细丝，胞间连丝是细胞原生质体之间物质和信息直接联系的桥梁（图 1－13）。胞间连丝一般很细，需经特殊处理才能在光学显微镜下看到，在电子显微镜下，胞间连丝的结构很清晰（图 1－14）。

细胞在形成初生壁时，常留下一些较薄的凹陷区域，称为初生纹孔场，上有许多小孔，细胞在生长过程中，次生壁的增厚并不是完全均一的，在初生纹孔场处不增厚。初生壁上完全不被次生壁覆盖的区域称为纹孔。相邻两个细胞上的纹孔常相对存在，称作纹孔对（图 1－15）。

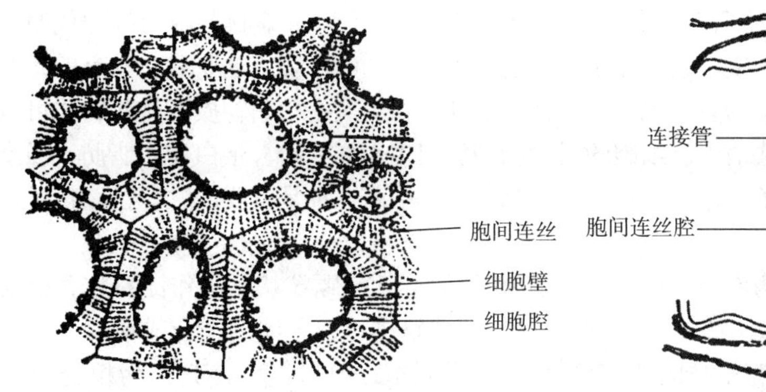

图 1－13 光学显微镜下的胞间连丝

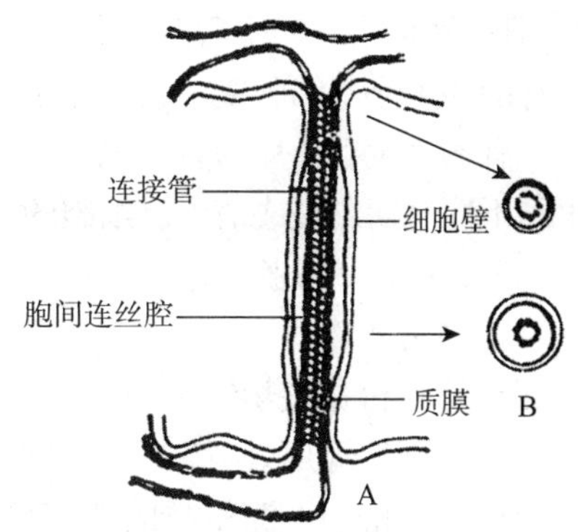

图 1－14 胞间连丝的超微结构

A. 纵切面 B. 横切面

纹孔对之间的胞间层和初生壁合称纹孔膜。纹孔对周围由次生壁围成的腔称作纹孔腔。纹孔分为单纹孔和具缘纹孔两种类型。单纹孔是次生壁在沉积时，于纹孔形成处终止而不延伸。具缘纹孔是次生壁在沉积时，于纹孔形成处向内延伸，形成弓形拱起物（图 1－15）。

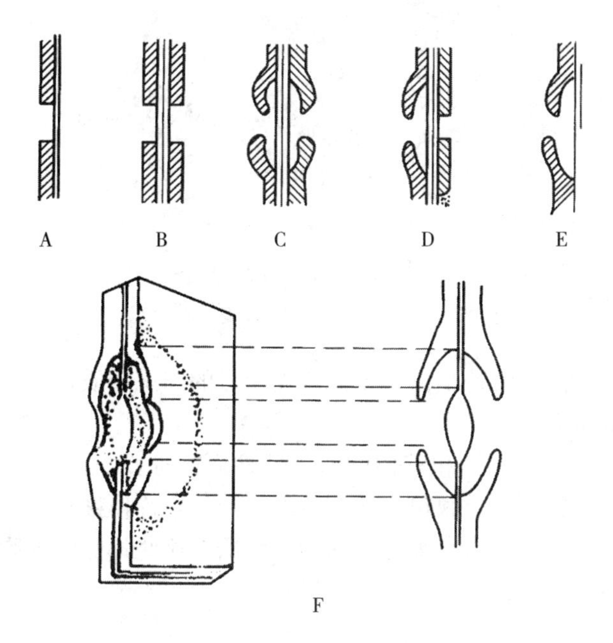

图 1－15 纹孔的类型及纹孔对

A. 单纹孔 B. 单纹孔对 C. 具缘纹孔对 D. 半具缘纹孔对

E. 具缘纹孔 F. 两个管胞相邻壁的一部分三维结构

细胞壁上的初生纹孔场、纹孔和胞间连丝的存在，有利于细胞与细胞、细胞与环境之间的物质交流和信息传递，尤其是胞间连丝，它把所有活细胞的原生质体连接起来，从而使多细胞的植物体在结构上形成一个统一的有机整体，即共质体。

以上是细胞各部分的结构和功能，必须指出：细胞的各个部分不是彼此孤立的，而是相互联系的，实际上一个细胞就是一个有机的统一体，细胞只有保持结构的完整性，才能够正常完成各种生命活动。

3. 细胞后含物 细胞后含物是指存在于细胞质、液泡以及细胞器内的各种代谢产物及废物，有的还填充于细胞壁，它是原生质体进行生命活动的产物。这些后含物有的是贮藏营养物质，有的是生理活性物质，也有一些是废物和植物的次生代谢物质。这些物质可以在细胞一生的不同时期出现或消失。细胞的后含物种类很多，如淀粉、蛋白质、脂肪、激素、维生素、单宁、树脂、橡胶、色素、草酸钙结晶等，其中前三种是重要的贮藏营养物质。

（1）贮藏营养物质。

①淀粉。淀粉是植物细胞中最常见的贮藏物质，常呈颗粒状，称作淀粉粒。植物光合作用的产物以蔗糖等形式运输到贮藏组织后，在造粉体（白色体）中合成淀粉。

不同种类的植物，淀粉粒的形态、大小不同（图 1－16），可将其作为植物种类鉴别的依据之一。

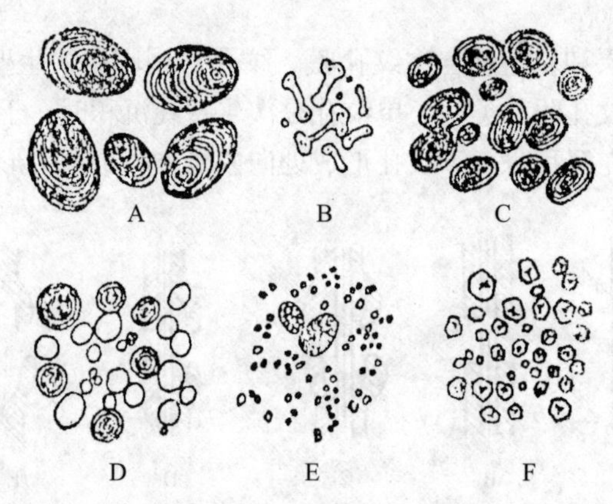

图 1－16　几种植物的淀粉粒

A. 马铃薯　B. 大戟　C. 菜豆　D. 小麦　E. 水稻　F. 玉米

②蛋白质。植物体内的贮藏蛋白是结晶或无定形的固态物质，不表现出明显的生理活性，呈现比较稳定的状态。

结晶的贮藏蛋白因具有晶体和胶体的双重特性而被称作拟晶体，以区别于真正的晶体。无定形的贮藏蛋白常被一层膜包裹成圆球形的颗粒，称作糊粉粒，它主要分布在种子的胚乳或子叶中，有时集中分布在某些特殊的细胞层，这些特殊的细胞层称作糊粉层，如禾谷类种子胚乳的最外面常含有一层或几层糊粉层（图 1－17）。

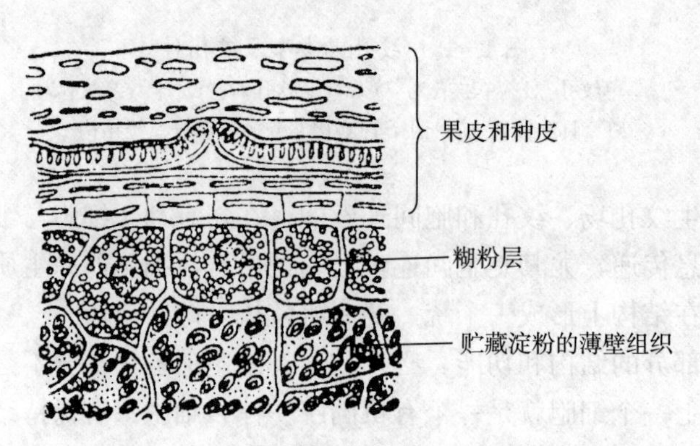

图 1－17　小麦颖果的横切面，示糊粉层

有些糊粉粒结构比较复杂，除含有无定形的蛋白质外，还含有蛋白质的拟晶体和非蛋白质的球状体（图 1-18）。

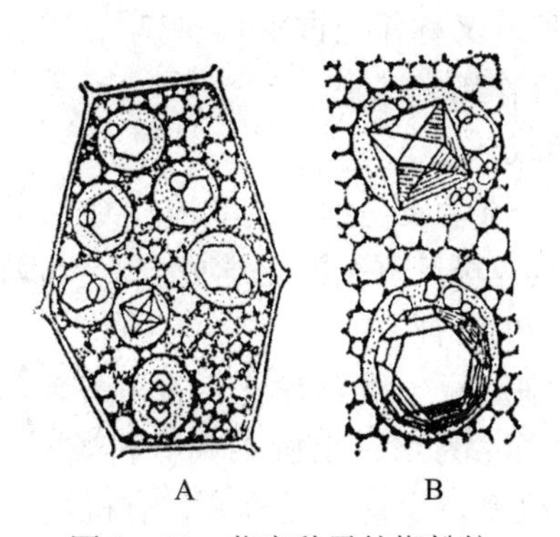

图 1-18　蓖麻种子的糊粉粒

A. 一个薄壁细胞　B. A 中一部分的放大，示两个含有拟晶体和磷酸盐球状体的糊粉粒

③脂肪和油类。脂肪和油类是后含物中含能量最高而体积最小的贮能物质，常温下呈固态的叫脂肪，呈液态的叫油类，它常作为种子或分生组织中的贮藏物质，以固体或液体形式分散于细胞质中，有时在叶绿体中也可看到。由于脂肪和油所含热量高，所以是最经济的贮藏物质。它们遇到苏丹Ⅲ或苏丹Ⅳ呈橙红色，据此检验脂肪和油是否存在。

（2）代谢废弃物。在植物细胞的液泡中，无机盐常因过多而形成单晶、簇晶和针晶等形状（图 1-19）。从其成分来看，以草酸钙晶体、碳酸钙晶体和禾本科植物的二氧化硅晶体最为常见。植物体内代谢的废物，在液泡中形成晶体后可减轻或避免对细胞的毒害。如草酸是代谢的废物，对细胞有害，形成草酸钙晶体后降低了草酸的毒害作用。

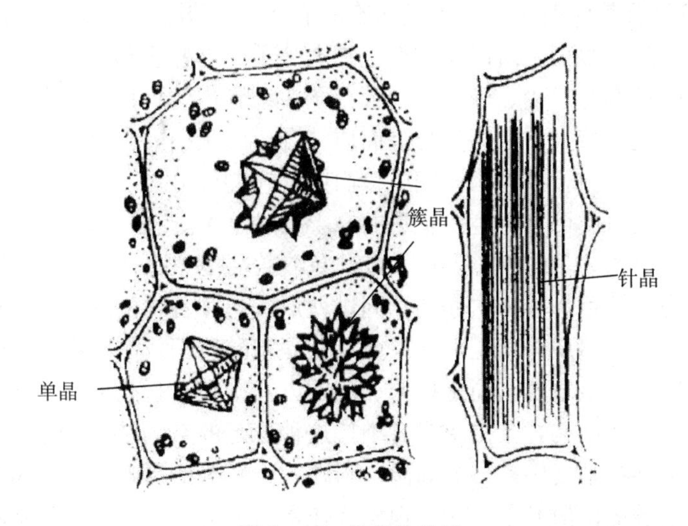

图 1-19　晶体的类型

（3）次生代谢物质。植物体内合成的、在细胞的基础代谢活动中没有明显和直接作用的一类化合物，主要包括以下几种。

①酚类化合物。如酚、单宁（又称作鞣酸）、木质素等，具有抑制病菌侵染、吸收紫外线的作用。

②类黄酮。如黄酮、黄酮苷以及在不同 pH 条件下显示不同颜色的花青素等，具有吸引昆虫传粉、防止病原菌侵入等功能。

③生物碱。如奎宁、烟碱（又称作尼古丁）、吗啡、阿托品、小檗碱等，具有抗生长素、阻止叶绿素合成和驱虫等作用。

（三）植物细胞的化学组成

1. 原生质及其化学组成 原生质是细胞内具有生命活动的物质。它是细胞结构和生命活动的物质基础。原生质具有极其复杂的化学成分，物理性质和生物学性质都很特别，所以它才具有一系列生命活动的特征。

植物的生命活动与植物细胞原生质具有复杂的相关性，植物细胞原生质的化学组成很复杂，概括地说，有三大类，为水、无机物和有机物。水可占 80%以上，其余为干物质。干物质包括大量的有机物及少量的无机物，有机物可占干重的 90%～95%，无机物占 5%～10%。有机物的种类很多，其中最主要的是蛋白质、核酸、脂类和糖类。水可使细胞中的各种物质处于水合状态，并为它们的各种生理生化反应提供一个良好的环境。水以两种形式存在，一部分水与原生质体中的大分子物质（如蛋白质等）紧密结合，不易自由流动，称作束缚水或结合水；另一部分水处于自由流动状态，称作自由水。这两种水含量比例的大小与生命活动的强弱有密切关系。换句话说，当原生质体内自由水含量相对高时，生命活动旺盛，但这时也比较容易遇旱脱水，遇冷结冰，抗逆性弱；当束缚水含量相对高时，生命活动速率降低，抗逆能力增强。细胞原生质中的无机物能以离子态存在，如 K^+、Na^+、Cl^-、PO_4^{3-}、Ca^{2+}、Mg^{2+}、Cu^{2+}、Fe^{3+} 等。这些离子也可以与蛋白质、糖等大分子结合成具有特殊功能的物质，如铁和某些蛋白质结合构成了一种呼吸酶，磷酸根与糖结合后在物质转化和能量转化中起重要作用。

2. 主要有机物及其生理功能 组成细胞的有机物如蛋白质、核酸、脂类和糖类，这些物质的分子量一般都很大，所以又称作生物大分子。这些生物大分子的基本组成元素是碳、氢、氧，此外还有氮、磷、硫。生物大分子在细胞内又可彼此结合，因而它们的结构就更复杂，功能也就更特殊。如脂类与蛋白质结合成脂蛋白，它是构成生物膜的成分；核酸和蛋白质结合成核蛋白，成为构成细胞核内染色体的成分。

（1）蛋白质。蛋白质可占原生质干重的 60%以上。组成蛋白质的基本单位是氨基酸，目前发现它有 20 余种。一个蛋白质分子的氨基酸数目少则几十个，多则几千或上万个。由于氨基酸的种类、数目和排列次序的不同，就形成各种各样的蛋白质，所以蛋白质的种类是非常多的。一个蛋白质分子是由一条或几条氨基酸链组成的。组成蛋白质分子的氨基酸链不是简单地成为一条直线，而是按照一定的方式旋转、折叠成一定的空间结构。每种蛋白质都有特定的空间结构，蛋白质只有维持这种稳定的空间结构，才能表现出特有的生理功能。一旦由于某些不良因素，如高温、强酸、强碱等的影响，蛋白质的空间结构就会破坏，从而使氨基酸链松散开来，这种现象称作蛋白质的变性。变性的蛋白质会失去其生理活性。因此，蛋白质结构和功能的关系是十分密切的。蛋白质的多样性，正是生物界多样性的基础。

在植物细胞中，一些蛋白质是组成细胞的结构成分，如构成细胞膜、细胞核、线粒体、叶绿体、内质网等；一些蛋白质是贮藏蛋白质，它是作为养料而贮存；还有一些蛋白质是起生物催化剂——酶的作用，正由于酶的作用，新陈代谢才能沿着一定的途径有条不紊地进行。

酶由活细胞产生，不均匀地分布在细胞中。大部分酶分布在原生质体的各种结构上，也有少部分酶分布在液泡及细胞壁中。由于细胞的各个部分结合的酶不相同，生理功能也不相同。如在叶绿体中具有催化光合作用的全套酶系统，因此它能进行光合作用；线粒体具有催化呼吸作用的酶系，因此成为细胞呼吸作用的中心。随着细胞年龄的变化和组织的分化，不同的组织和器官亦分布着不同的酶。

由于酶在细胞内有严格的活动区域，因而使代谢活动能有秩序地协调进行。若内膜体系被破坏，则结构蛋白质、氧化还原体系、代谢产物和酶的位置发生改变，原来被溶酶体包含的酶，也因溶酶体膜的破坏而释放出来起水解作用。这样，原生质的机能发生紊乱，结构被破坏。

(2) 核酸。核酸是植物细胞中另一类重要的基本组成物质，普遍存在于活细胞内，无细胞结构的病毒也含有核酸，它担负着贮存和复制遗传信息的功能，对蛋白质合成起特别重要的作用，所以说核酸是重要的遗传物质。

核酸也是大分子化合物，构成核酸的基本单位是核苷酸。每个核苷酸又由一个磷酸、一个五碳糖和一个含氮碱基组成。碱基分为嘌呤碱和嘧啶碱两类，常见的有五种，分别为腺嘌呤（A）、鸟嘌呤（G）、胞嘧啶（C）、胸腺嘧啶（T）和尿嘧啶（U）。由于所含碱基的不同，就有不同种类的核苷酸。许多核苷酸分子以一定的顺序脱水而结合成的长链，称作多核苷酸。核酸就是一种多核苷酸。

核酸根据所含五碳糖的不同可分为两大类，五碳糖为核糖的称作核糖核酸（RNA），五碳糖为脱氧核糖的称作脱氧核糖核酸（DNA）。核酸除所含五碳糖不同外，其所含碱基也有个别不同。RNA 所含的碱基主要是腺嘌呤、鸟嘌呤、胞嘧啶、尿嘧啶四种；DNA 所含的碱基主要是腺嘌呤、鸟嘌呤、胞嘧啶、胸腺嘧啶四种。

从结构上看，RNA 分子是由一条多核苷酸链组成的（图 1-20）。RNA 主要存在于细胞质中，在细胞核的核仁里也有少量分布。RNA 与细胞内蛋白质的合成有着极为密切的联系。

DNA 由两条多核苷酸链组成。DNA 的空间结构特点（图 1-20）：两条多核苷酸链以相反的走向排列，并右旋成双螺旋结构，形状好像一架螺旋状的梯子。每条多核苷酸链中的磷酸和脱氧核糖互相连接，构成梯子的骨架；和脱氧核糖连接的碱基则朝向梯子的内侧，两条链上相对应的碱基通过氢键结合成对，形似梯子的踏板，称作碱基对。碱基对具有特异性，只能是 A 和 T，G 和 C 相结合。这样，当一条链上的碱基排列顺序确定了，另一条链上必定有相对应的碱基排列顺序。

DNA 主要存在于细胞核中，是染色体的主要成分，是生物的主要遗传物质。生长旺盛细胞中 RNA 含量比衰老细胞中多，主要存在于细胞质中，除少量呈游离状态外，多数与蛋白质结合成核蛋白体，在蛋白质的形成过程中起重要作用。

(3) 脂类。植物细胞中所含的脂类有脂肪和类脂。类脂包括磷脂、糖脂和硫脂等。植物体内的脂肪作为贮藏物质以小油滴的状态存在于种子和少数果实中。植物体所含的磷脂主要是卵磷脂，它在细胞里和蛋白质结合而构成膜的结构。磷脂分子的结构式见图 1-3。

由图 1-3 可知，磷脂分子由一分子甘油、两分子硬脂酸、一分子磷酸和一分子含氮有机碱（如胆碱或胆胺）组成。这种分子结构具有一个特点，既含有非极性的疏水性基团

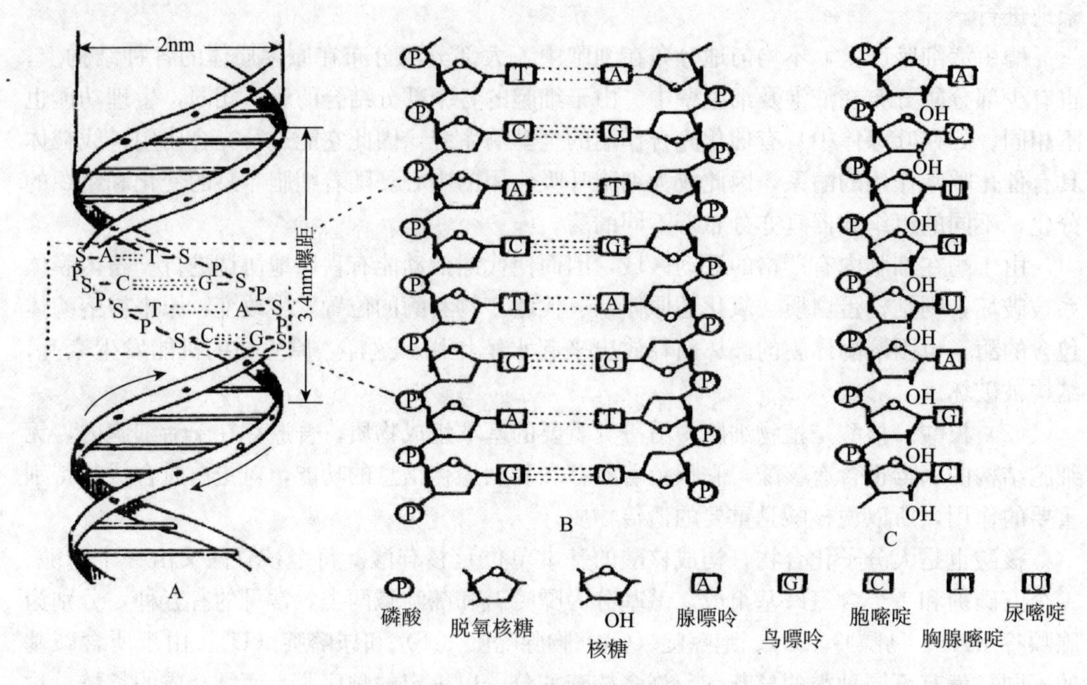

图 1-20 核酸结构示意

A. DNA 双螺旋结构示意 B. DNA 分子结构一部分 C. RNA 分子结构一部分

(指硬脂酸一端) 为疏水的"尾部"，又含有极性的亲水性磷脂基团 (指与含氮有机碱结合的磷酸根一端) 为亲水的"头部"。磷脂分子的这种结构特点，使得它在生物膜的形成中起着独特的作用，即两层磷脂单分子层以疏水端的"尾部"相对排列，而亲水端的"头部"排列在膜的内外表面构成膜的骨架。

除磷脂外，植物体内还有糖脂和硫脂，它们常与蛋白质结合形成脂蛋白。脂蛋白也是生物膜的成分，称作膜蛋白。

(4) 糖类。植物细胞中含有的糖类为单糖、双糖和多糖三类。植物细胞所含有的单糖主要是五碳糖 (戊糖) 和六碳糖 (己糖)，此外还有三碳糖、四碳糖。戊糖如核糖和脱氧核糖，它们是核酸的成分，己糖 (如葡萄糖) 和果糖是细胞代谢活动中提供能量的主要物质。植物细胞内重要的双糖是蔗糖，它是植物体内碳水化合物运输的主要形式。植物体内重要的多糖是淀粉和纤维素，淀粉是植物的主要贮藏物质，纤维素则是细胞壁的主要成分。此外，组成细胞壁的果胶质、半纤维素也是多糖。

3. 原生质的胶体特性 组成原生质的蛋白质、核酸、磷脂等，都是大分子的颗粒，其颗粒直径恰好与胶体颗粒的直径相当。这些颗粒具有极性基，如—NH_2、—OH、—COOH等，能吸附水分子，所以按物理性质来说，原生质是一种复杂的亲水胶体。

(1) 带电性。原生质胶体主要由蛋白质组成，蛋白质的氨基酸链中，仍然存在着游离的羧基和氨基。因此蛋白质和氨基酸一样，是一种两性物质，它既能以两性离子存在，又能以阳离子和阴离子状态存在，随着溶液 pH 的变化，它们之间可以相互转变。即原生质在不同的 pH 环境中带有不同的电荷，这就使得它能更好地和环境进行物质交换及新陈代谢活动。

（2）吸附性。任何物质的分子间都具有吸引力，但是物质表面的分子同该物质内部的分子所处的情况不相同。内部分子与其周围的分子互相吸引，因此各方面的引力是相等的。表面分子只与内部分子互相吸引，因而有多余的吸引力，可与其他物质的分子互相作用，这就是吸附力，所以吸附现象都发生在界面上。物质的表面积越大，吸附力就越大。原生质胶体是一种分散度高的多相体系，它的总面积大，界面也大，因而能吸附多种物质；吸附水分子而表现出亲水性，吸附酶、矿物质和生理上的活跃物质而进行复杂的生命活动。

（3）黏性和弹性。原生质胶体能够吸附水分，而胶粒外围的水分子所受吸附力的大小是不相同的。离胶粒近的水分子受胶粒的吸附力大而不易自由移动，称作束缚水；远离胶粒的水分子因受胶粒的吸附力小或无吸附力，能够自由移动，称作自由水。这两层水含量的多少影响原生质的黏滞性。束缚水相对多，自由水相对少，则黏性大；反之，黏性小。

若用显微操作法将原生质从植物细胞中拉出后，细胞质被拉成长丝，去掉这种拉力之后，细胞质就收缩成小滴，这种现象说明原生质有弹性。

原生质的黏性和弹性随植物生长的不同时期以及外界环境条件的改变而经常发生变化。原生质的黏性增加，则代谢降低，与环境的物质交换减少，受环境的影响也减弱；若原生质黏性降低，则代谢增强，生长旺盛。如植物在开花和生长旺盛时期，原生质的黏性低，代谢强；而成熟种子的原生质黏性高，代谢弱。

细胞原生质弹性越大，则忍受机械压力的能力越大，对不良环境的适应性也较强。因此，凡原生质黏性和弹性强的植物，其抗旱性和抗寒性也较强。

（4）凝胶化和凝聚作用。溶胶在一定条件下可转变成一种具弹性的半固体状态的凝胶，这个过程称作凝胶化作用，凝胶和溶胶是一种胶体系统的两种存在状态，它们之间是可以互变的。

引起这种变化的主要因素是温度。当温度降低时，胶粒的动能减小，胶粒两端互相连接起来以致形成网状结构，水分子则被包围在网眼之中，这时胶体呈凝胶态。随着温度的升高，胶粒的动能增大，分子运动速度增快，胶粒的联系消失，网状结构不再存在，胶粒呈流动的溶胶态。如果温度再次降低，又可发生上述变化过程。

植物的生活状态不同，原生质胶体的状态也不同。如种子成熟时，水分减少，种子细胞内的原生质则由溶胶转变为凝胶；种子萌发时又可因吸水及酶的活动而使种子细胞的原生质由凝胶转变为溶胶。

原生质胶体的亲水性使胶粒有水层的保护，原生质胶体的带电性使得具有相同电荷的胶粒彼此相斥，带相反电荷的胶粒因有水层的保护彼此不能接触，呈分散态。因此，原生质胶体的带电性和亲水性，是原生质胶体稳定的因素。当这种稳定因素受到破坏时，胶体粒子合并成大的颗粒而析出沉淀，这种现象称作凝聚。

大量的电解质既能使胶粒失去水膜的保护，又可因相反电荷的作用而使胶粒的电荷中和。这样，胶粒就会凝聚而沉淀，若时间增长，原生质的胶体结构就会破坏，植物就会死亡。由于原生质胶体主要是由蛋白质组成，因此，凡能影响蛋白质变性的因素，也是原生质胶体产生凝聚以致死亡的因子。贮藏过久的种子，往往丧失萌发力，这与其中的蛋白质发生变性有关。

（四）植物细胞的繁殖

植物的生长是通过细胞数目的增多和细胞体积的增大来实现的，而细胞数目的增多是通过细胞的繁殖来实现的。细胞繁殖以分裂方式进行。细胞分裂具有周期性。细胞分裂主要分为有丝分裂、无丝分裂和减数分裂三种方式。

1. 细胞周期 细胞周期是指连续分裂的细胞，完成一次分裂后，所产生的新细胞经过生长又进入下一次分裂，这个过程可以不断反复进行，成为一种周期性的现象。因此，从结束上一次细胞分裂时开始，到下一次细胞分裂完成时为止，其间所经历的全部过程，称为细胞周期。它包括分裂间期和分裂期。

（1）分裂间期。分裂间期是从上一次分裂结束到下一次分裂开始的一段时间，它是细胞分裂前的准备时期，主要变化是完成遗传物质（DNA）的复制、RNA 的合成和有关蛋白质的合成。间期细胞核明显增大，出现细丝状的染色质丝，因 DNA 已经复制，此时的每条染色质丝实际上由两条缠绕在一起的细丝组成。在整个间期，细胞表面上看不出明显的变化，似乎是静止的。而实际上，细胞内经过了 DNA 合成前期、DNA 合成期和 DNA 合成后期这三个时期的物质和能量的积累，以供分裂时需要。

①DNA 合成前期（G_1期）。指从上一次分裂结束到下一次分裂 DNA 合成前的时期。该期物质代谢活跃，主要是进行 RNA、蛋白质和磷酸等的合成，但 DNA 的复制尚未开始。

进入G_1期的细胞可选择三条途径之一发展：一是进入 DNA 合成期，产生两个子细胞，如分生组织细胞；二是暂时停留在G_1期，条件适宜时再进入 DNA 合成期，如薄壁组织细胞；三是终生处于G_1期不再进行分裂，沿着生长、分化、成熟、衰老、死亡的途径进行，如多数成熟组织的细胞。

②DNA 合成期（S 期）。指细胞核内 DNA 复制开始到 DNA 合成结束的时期。该期主要完成 DNA 的复制和组成染色体的蛋白质的合成，并装配成一定结构的染色质。

③DNA 合成后期（G_2期）。指从 S 期结束到分裂期开始前的时期。此期 RNA 和蛋白质的合成继续进行，同时合成微管蛋白，并且储备能量。此期每条染色体已进一步被装配，由两条完全相同的染色单体组成，但这两条染色单体并不完全分开，中间仍有一个连接点，称作着丝点。

（2）分裂期（M 期）。细胞经过分裂间期后即进入分裂期，也就是细胞有丝分裂时期，将已经复制的 DNA 平均分配到两个子细胞中，每个子细胞可得到与母细胞相同的一组遗传物质。分裂期包括核分裂和细胞质分裂两个过程。

植物细胞的一个细胞周期所经历的时间，一般在十几个小时到几十个小时不等，其中分裂间期所经历的时间较长，而分裂期较短，如有人测得蚕豆根尖细胞的细胞周期共30h，其中分裂间期为 26h，而分裂期仅为 4h。

细胞周期的长短与细胞中 DNA 含量和环境条件有关：DNA 含量越高，细胞周期所经历的时间越长；环境条件适宜，细胞分裂快，细胞周期所经历的时间就短。一般来说，在细胞周期中，以 S 期最长，M 期最短，G_1和G_2期的长短因细胞的不同变化较大。

植物细胞有丝分裂

2. 有丝分裂 有丝分裂也称作间接分裂，是植物细胞最常见、最普遍的一种分裂方式。如根、茎尖端分生区的细胞以及根、茎内形成层的细胞，都是以这种方式进行分裂。有丝分裂的主要变化是细胞核中的遗传物质的复制及平均分配，这些可见的形态学变化是一个比较复杂的连续过程，为叙述方便，我们把有丝分裂的核分裂分成前期、中期、后期和末期（图 1－21）。

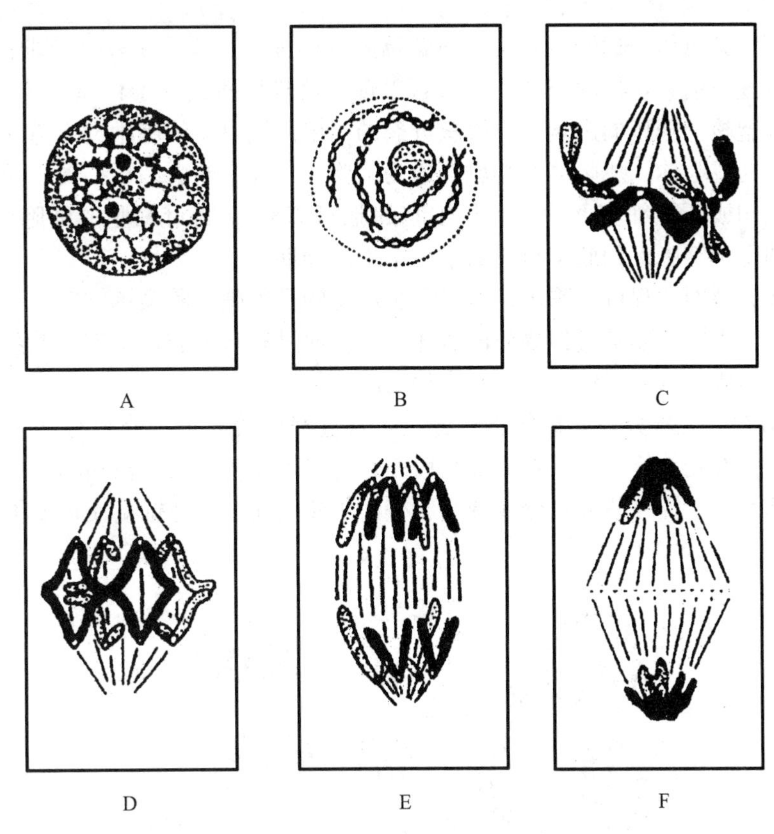

图 1－21 植物细胞有丝分裂

A. 间期 B. 前期 C. 中期 D、E. 后期 F. 末期

(1) 前期。细胞分裂开始时，染色质丝进行螺旋状卷曲，并且逐渐缩短变粗，成为具有一定形状的棒状体，称作染色体。由于染色质丝在间期进行了复制（染色质丝的复制通常也称作染色体的复制），所以这时的染色体每条都是双股的，每一股称作染色单体，两个染色单体中间由着丝点相连。着丝点是染色体上一个染色较浅的缢痕，在光学显微镜下可明显看到。之后，核膜、核仁逐渐消失，并开始从细胞的两极出现许多细长的纺锤丝。纺锤丝的两端集中在细胞两极的一点，中间和染色体着丝点相连，细胞内形成了纺锤形结构，称作纺锤体。

(2) 中期。细胞内所有的纺锤丝都参与纺锤体的形成，纺锤体在此时更加明显。一些纺锤丝牵引着每条染色体的着丝点，向细胞中央与纺锤体垂直的平面——赤道板移动，并使所有染色体都排列在纺锤体中央的赤道板上，同时染色体进一步缩短变粗，最后染色体的着丝点整齐排列到赤道板上，而染色体的其余部分在两侧任意浮动。由于此时染色体已缩短到比较固定的形状，所以此期是观察染色体形态、数目和结构的最佳时期。

（3）后期。每条染色体的着丝点一分为二，每对染色单体就成为两个独立的染色体，并在纺锤丝收缩的牵引下，分别从赤道板移向细胞两极。此时细胞内的染色体平均分成完全相同的两组。这样，在细胞的两极就各有一套与母细胞形态、数目相同的染色体。

（4）末期。染色体到达两极，又逐渐解螺旋变得细长，成为细丝状盘曲的染色质丝。这时纺锤丝也逐渐消失，核膜与核仁又重新出现。核膜把两极的染色质丝分别包围起来，形成两个新细胞核。子核的出现标志着核分裂的结束。同时，细胞中央赤道板区域纺锤丝逐渐密集，成为成膜体。成膜体互相融合成为细胞板，并不断向四周扩展，最后与原来的细胞壁连接，构成新的细胞壁（两个子细胞的胞间层），并将母细胞的细胞质分隔为二。于是形成了两个子细胞，到此可再进入下一个细胞周期。

通过有丝分裂的过程可以看出：有丝分裂产生的子细胞，其染色体数目、类型与母细胞完全一致。由于染色体是遗传物质的载体，所以通过有丝分裂，子细胞就获得了与母细胞相同的遗传物质，从而保证了子代与亲代之间遗传的稳定性。

3. 无丝分裂 无丝分裂又称作直接分裂，其过程比较简单，分裂时核膜和核仁不消失。一般是核仁首先伸长，中间发生缢裂后一分为二，并向核的两极移动。随后细胞核伸长，核的中部变细，缢缩断裂，分成两个子核。子核之间形成新壁，便形成了两个子细胞（图 1－22）。

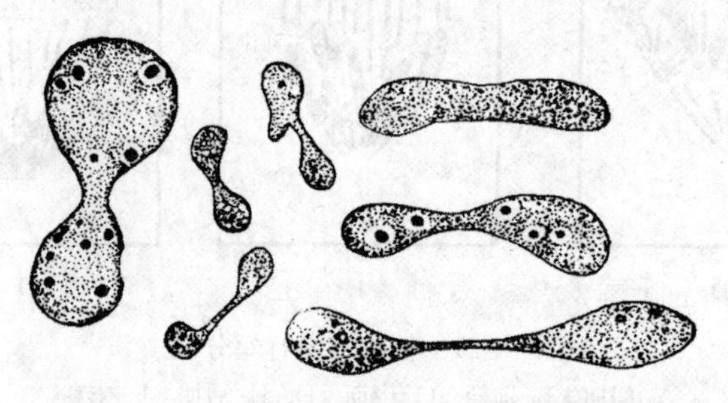

图 1－22 棉花胚乳游离核时期细胞核的无丝分裂

无丝分裂在低等植物中普遍存在，其分裂过程简单，分裂速度快，能量消耗少，分裂过程中细胞仍能执行正常的生理功能。在高等植物未发育到成熟状态的细胞中也较常见。如小麦茎的居间分生组织、甘薯块根的膨大、不定根的形成、马铃薯块茎的生长、胚乳的发育、愈伤组织的形成和分化等均有无丝分裂发生。无丝分裂不出现纺锤丝，遗传物质不能均等地分配到两个子细胞中，因此，其遗传性是不太稳定的。

植物细胞
减数分裂

4. 减数分裂 减数分裂又称作成熟分裂，它是有丝分裂一种独特的形式，是植物在有性生殖过程中形成性细胞前所进行的一种特殊的细胞分裂。例如在被子植物中，花粉母细胞产生花粉粒和胚囊母细胞产生胚囊的时候，都要经过减数分裂。减数分裂的过程和有丝分裂相似，它包括两次连续的分裂。但两次分裂时，遗传物质只复制一次，所以产生的子细胞和母细胞相比，染色体的数目减半，减数分裂由此得名。

减数分裂也有间期，称作减数分裂前的间期，其主要变化和有丝分裂的间期相同，也是 DNA 分子的复制和相关蛋白质的合成。经过间期的复制及相应的准备后，细胞即开始进行两次连续的分裂（图 1 - 23）。

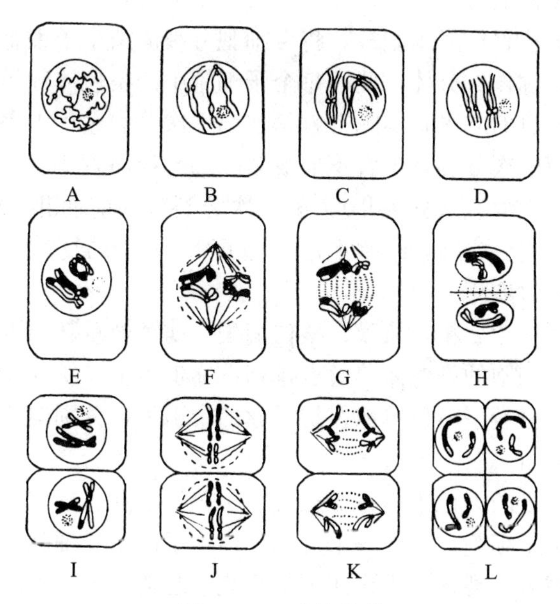

图 1 - 23 减数分裂

A. 细线期 B. 偶线期 C. 粗线期 D. 双线期 E. 终变期 F. 中期Ⅰ
G. 后期Ⅰ H. 末期Ⅰ I. 前期Ⅱ J. 中期Ⅱ K. 后期Ⅱ L. 末期Ⅱ

（1）减数分裂第一次分裂（分裂Ⅰ）。

①前期Ⅰ。与有丝分裂的前期相比，减数分裂前期Ⅰ的变化比较复杂，且经历的时间较长，根据其变化特点，可分为以下五个时期。

a. 细线期。细胞核内出现细长、线状的染色体，细胞核与核仁增大。

b. 偶线期（又称作合线期）。同源染色体（一条来自父方、一条来自母方，形态、大小相似的两条染色体）逐渐两两成对，称作联会。由于在分裂前的间期，每条染色体中的DNA已经复制，形成了两条染色单体，这两条染色单体仍由着丝点相连，没有完全分开，所以，联会后每对同源染色体实际上包含有四条染色单体。

c. 粗线期。染色体进一步缩短、变粗，这时的每一条染色体都为两个相同的组成部分，称作姊妹染色单体，它们仅在着丝点处相连。联会的两条同源染色体间的染色单体互称非姊妹染色单体，非姊妹染色单体间可发生交叉及片段的交换，交换后染色体有了遗传物质的变化，含有同源染色体中另一染色体上的部分遗传基因。这种交换现象对生物的变异具有重要意义。

d. 双线期。染色体继续缩短变粗，同时联会的同源染色体开始分离，但在染色单体交叉处仍然相连，从而使染色体呈现 X、V、O、S 等形状。

e. 终变期。染色体进一步缩短变粗，此期是观察与计算染色体数目的最佳时期。之后核仁、核膜消失，开始出现纺锤丝。

②中期Ⅰ。在纺锤丝的牵引下，配对的同源染色体的着丝点等距分布于赤道板的两侧，同时由纺锤丝形成很明显的纺锤体。

③后期Ⅰ。纺锤丝牵引着染色体的着丝点，使成对的同源染色体各自发生分离，分别

向两极移动。此时每一极染色体的数目只有原来的一半。

④末期Ⅰ。到达两极的每一组染色体又聚集起来，重新出现核膜、核仁，形成两个子核，同时，在赤道板的位置形成细胞板，将母细胞分裂成两个子细胞。新形成的子细胞并不分开，相连在一起，称作二分体。此时每个子细胞中的染色体数目是母细胞的一半。减数分裂过程中染色体数目的减半，实际上就是在第一次分裂过程中完成的。新的子细胞形成后即进入减数分裂第二次分裂，也有不形成新的细胞板而直接进入第二次分裂的。

（2）减数分裂第二次分裂（分裂Ⅱ）。第二次分裂分为前期Ⅱ、中期Ⅱ、后期Ⅱ、末期Ⅱ。在减数分裂第二次分裂前，细胞不再进行 DNA 分子的复制，染色体也不加倍，其分裂过程与有丝分裂各时期相似。

①前期Ⅱ。染色体缩短变粗，核膜、核仁消失，纺锤丝重新出现。

②中期Ⅱ。每一子细胞的染色体着丝点排列在赤道板上，纺锤体形成。

③后期Ⅱ。着丝点分裂，染色单体在纺锤丝的牵引下，分别向两极移动。每极各有一套完整的单倍的染色体组。

④末期Ⅱ。到达两极的染色单体各形成一个子核，核膜、核仁出现。同时在赤道板上形成细胞板，产生两个子细胞。这样一个母细胞产生了四个子细胞。

一个母细胞经过减数分裂，形成了四个子细胞。起初四个子细胞是连在一起的，称作四分体，以后分离成四个单独的子细胞，每个子细胞的染色体数目为母细胞的一半。通过这种分裂方式产生的有性生殖细胞（雌、雄配子）相结合成合子后，恢复了原有染色体倍数，使物种的染色体数保持稳定，保证了物种遗传上的相对稳定性。同时由于非姊妹染色单体间的互换和重组，又丰富了物种的变异性，这对提高生物适应环境的能力、延续种族十分重要，也是人们进行杂交育种的理论依据。

二、植物的组织

（一）植物组织的概念

植物组织

植物的个体发育是细胞不断分裂、生长和分化的结果。一般植物细胞分裂后产生的子细胞，其体积和重量在不可逆地增加，称为细胞的生长；当细胞生长到一定程度时，其形态和功能就逐渐出现了差异，称为细胞的分化，细胞分化会导致植物体中形成多种类型的细胞群。

人们常常把在植物的个体发育中，具有相同来源的（即由同一个或同一群分生细胞生长、分化而来的）同一类型或不同类型的细胞群组成的结构和功能单位称作组织。由同一类型的细胞群构成的组织称作简单组织，由多种类型、但执行同一个生理功能的细胞群构成的组织称作复合组织。

植物的每类器官都含有一定种类的组织，其中每一种组织都有一定的分布规律，并执行一定的生理功能。同时各组织之间又相互协调，共同完成其生命活动。

（二）植物组织的类型

种子植物的组织结构是植物界中最为复杂的，依其生理功能和形态结构的分化特点，植物组织分为分生组织和成熟组织两大类型。

1. 分生组织 分生组织是指种子植物中具有持续性或周期性分裂能力的细胞群。它存在于植物体的特定部位，这些部位的细胞在植物体的一生中持续地保持着强烈的分裂能力。一方面不断增加新细胞到植物体中，另一方面自己继续存在下去。分生组织的特点是细胞体积小而等径，排列紧密，细胞壁薄、细胞质浓、细胞核大，无大液泡或没有液泡，细胞分化不完全，具有较强的分裂能力。植物的其他组织都是由分生组织产生的。

依据分生组织在植物体内存在的位置，可将其分为顶端分生组织、侧生分生组织和居间分生组织三种类型（图 1-24）。

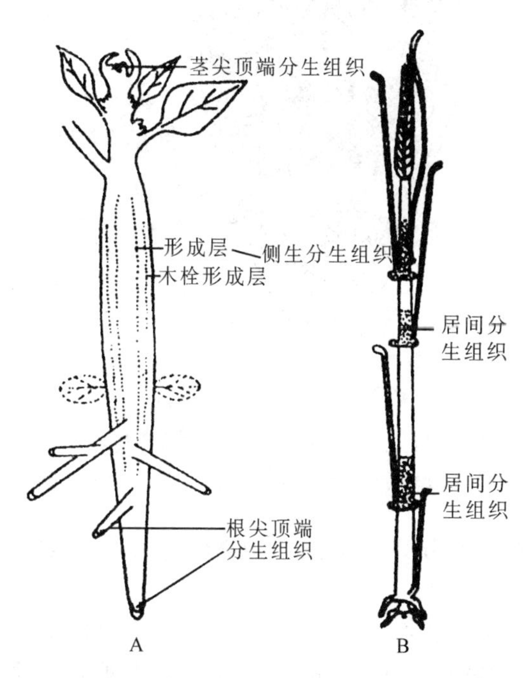

图 1-24　分生组织在植物体内的分布示意图
A. 顶端分生组织和侧生分生组织的分布　B. 居间分生组织的分布

（1）顶端分生组织。顶端分生组织位于根、茎主轴和侧枝的顶端，如根尖、茎尖的分生区，其分裂活动使根和侧根、茎和侧枝不断伸长，并在茎上形成叶，茎的顶端分生组织还将产生生殖器官（图 1-25）。

（2）侧生分生组织。侧生分生组织主要存在于裸子植物及木本双子叶植物中，它位于根和茎外周的内侧、靠近器官的边缘部分（图 1-24）。侧生分生组织包括形成层和木栓形成层。形成层的活动使根和茎不断加粗，以适应植物营养面积的扩大；木栓形成层的活动可使增粗的根、茎表面或受伤器官的表面形成新的保护组织。单子叶植物中一般没有侧生分生组织，故不会进行加粗生长。

（3）居间分生组织。居间分生组织分布在成熟组织之间，是顶端分生组织在某些器官的局部区域保留下来的、在一定时间内仍保持有分裂能力的分生组织。如小麦、水稻等禾谷类作物，依靠茎节间基部的居间分生组织活动，使节间伸长，进行抽穗和拔节（图 1-24）；韭菜叶在割后仍能依靠叶基部的居间分生组织活动长出新叶；花生雌蕊柄基部居间分生组织的活动能把开花后的子房推入土中。居间分生组织的细胞分裂持续活动时间较短，分裂一段时间后即转变为成熟组织。

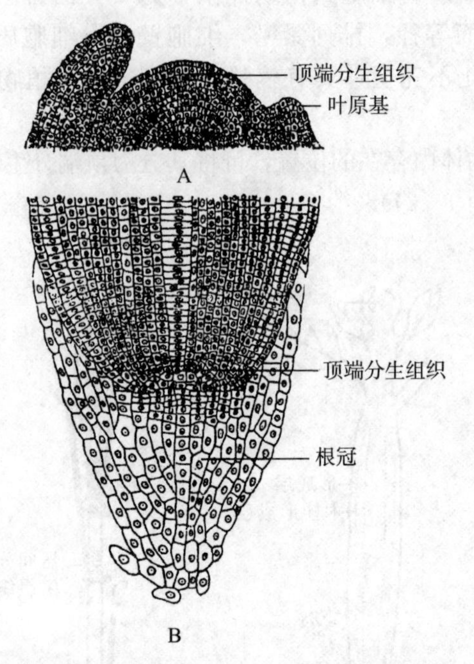

图 1-25　菜豆茎尖、根尖分生组织

A. 茎尖纵切，示顶端分生组织部位　B. 根尖纵切，示顶端分生组织部位

根据分生组织来源和性质分类，可划分为原分生组织、初生分生组织和次生分生组织三种类型。

(1) 原分生组织。原分生组织是直接由胚细胞保留下来的，一般具有持久而强烈的分裂能力，位于根尖、茎尖分生区内的前端部位，是形成其他组织的来源。

(2) 初生分生组织。初生分生组织由原分生组织衍生的细胞组成，这些细胞在形态上已经出现了最初的分化，但细胞仍具有很强的分裂能力，是一种边分裂边分化的组织，是发育形成初生成熟组织的主要分生组织。根尖、茎尖分生区的稍靠后部位的原表皮、原形成层和基本分生组织都属于初生分生组织。

(3) 次生分生组织。次生分生组织是由成熟组织的细胞（如薄壁细胞、表皮细胞等），经过生理和形态上的变化，脱离原来的成熟状态（即脱分化），重新恢复分裂能力转变成的分生组织。

如果把这两种分类方法联系起来，则广义的顶端分生组织包括原分生组织和初生分生组织，两者共同组成根、茎的分生区。而侧生分生组织一般属于次生分生组织，其中形成层和木栓形成层是典型的次生分生组织。

2. 成熟组织（永久组织）　分生组织分裂所产生的大部分细胞经过生长和分化逐渐丧失了分裂能力，转变为具有特定形态、结构和生理功能的成熟组织。多数成熟组织在一般情况下不再进行分裂，有些完全丧失了分裂的潜能，而有些分化程度较浅的组织在一定条件下可恢复分裂。因此，由分生组织分裂、生长和分化逐渐转变而成的，不再进行分裂（或完全丧失了分裂潜能）的细胞群组成的组织，就是成熟组织。成熟组织依形态、结构和功能的不同，可分为保护组织、基本组织、机械组织、输导组织和分泌组织。

(1) 保护组织。保护组织是对植物起保护作用的组织，覆盖在植物体表面，由一层或数层细胞构成。保护组织具有防止植物体水分过度蒸腾、机械损伤和病虫侵害等作用。保护组织包括表皮和周皮。

①表皮。又称表皮层。表皮一般只有一层细胞，通常含有多种不同特征和功能的细胞，其中以表皮细胞为主体，其他细胞分散于表皮细胞之间。植物的叶、花、果实及幼嫩的根、茎，最外面一层细胞都是表皮。表皮细胞形状扁平，排列紧密，无细胞间隙。表皮细胞是活细胞，含有较大的液泡，一般不具叶绿体，无色透明。表皮细胞的细胞壁外侧常角质化、蜡质化（图 1－26），有些植物的表皮上还具有表皮毛或腺毛，这些结构都增强了表皮的保护作用。

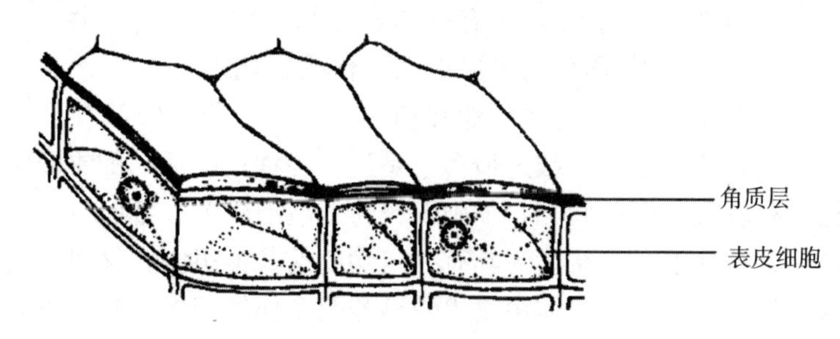

图 1－26 表皮细胞及角质层

根的表皮细胞的外壁常向外延伸，形成许多管状的突起，称作根毛。根毛的作用主要是吸收水和无机盐，因此根的表皮属于吸收组织，不属于保护组织。

在植物体的地上部分（主要是叶），其表皮上具有气孔器，气孔器是由两个被称作保卫细胞的特殊细胞组成的，禾本科植物的保卫细胞两侧还有一对副卫细胞（图 1－27、图 1－28）。

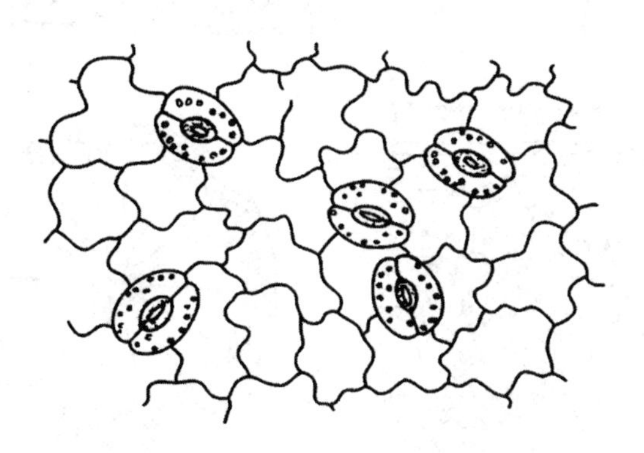

图 1－27 双子叶植物叶的表皮细胞和气孔器

在表皮细胞中，只有保卫细胞含有叶绿体，能进行光合作用。保卫细胞通常因为吸水或失水引起气孔的开放或关闭，从而调节水分蒸腾和气体交换。

②周皮。周皮是一种由多种简单组织（木栓层、木栓形成层和栓内层）组合而成的具有较强保护功能的次生保护组织。木栓层是由木栓形成层向外分裂的几层细胞分化而成，木栓形成层向内分裂还分化成栓内层。木栓层由几层细胞壁已木栓化的死细胞

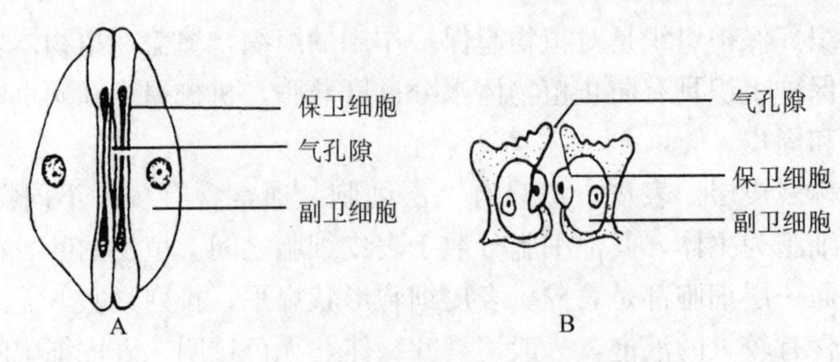

图 1-28　水稻的气孔器

A. 顶面观　B. 侧面观

所组成。此层具有高度的不透水性，并有抗压、绝缘、耐腐蚀等特性。加粗生长的根、茎外面就是由木栓层包围，它具有比表皮更强的保护作用。

（2）基本组织（薄壁组织）。基本组织在植物体内各种器官中都有，是构成植物体各种器官的基本成分，它分布最广、数量最多，是进行各种代谢活动的主要组织。基本组织的细胞排列疏松，有较大的细胞间隙，细胞壁较薄、液泡较大；细胞分化程度低，有潜在的分裂能力，在一定条件下既可特化为具有一定功能的其他组织，又可恢复分裂能力而成为分生组织，这对扦插、嫁接、离体植物组织培养及愈伤组织形成具有重要作用。薄壁组织担负着吸收、同化、贮藏、通气和传递等功能（图 1-29）。

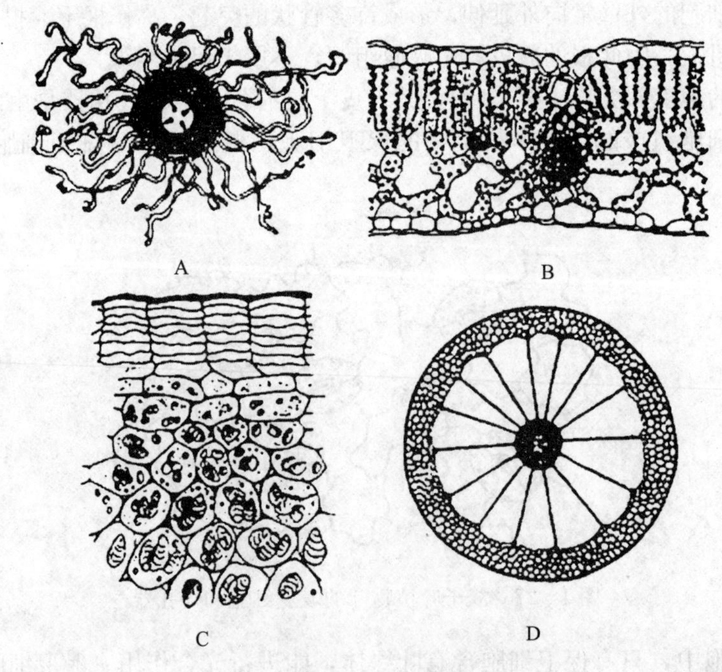

图 1-29　几种薄壁组织

A. 根表皮层的吸收组织　B. 糖槭叶片中的同化组织

C. 马铃薯块茎中的贮藏组织　D. 金鱼藻叶中的通气组织

①吸收组织。吸收组织具有吸收水分和营养物质的生理功能。例如，根尖的根毛区，

通过根毛和根的表皮细胞行使吸收的功能。

②同化组织。同化组织细胞中含有大量叶绿体，行使通过光合作用制造有机物的生理机能。叶肉为典型的同化组织。茎的幼嫩部分和幼果也有这种组织。

③贮藏组织。贮藏组织具有贮藏营养物质的功能。这种组织主要存在于果实、种子、块根、块茎以及根茎的皮层和髓中。贮藏的物质主要有淀粉、蛋白质及油类等。如甘薯的块根、马铃薯的块茎、种子的胚乳和子叶等处的薄壁组织，贮藏有大量的营养物质（淀粉、脂类、蛋白质等）；旱生肉质植物，如仙人掌的茎、景天和芦荟的叶，其薄壁组织里含有大量的水分，称作贮水组织。

④通气组织。通气组织是具有大量细胞间隙的薄壁组织，其功能为贮存和通导气体。例如，水生或湿生植物的水稻、莲等的根和茎，以及叶中的薄壁组织，细胞间隙特别发达，形成较大的气腔，在体内形成一个相互贯通或连贯的通气系统。

⑤传递细胞。传递细胞是一类特化的薄壁细胞，细胞壁一般为初生壁，胞间连丝发达，细胞核形状多样。这种细胞最显著的特征是细胞壁向内突入细胞腔内，形成许多指状或鹿角状或不规则的多褶突起。这样增大了细胞质膜的表面积，有利于细胞与周围进行物质交换和物质的快速传递。传递细胞在植物体内主要行使物质短途运输的生理功能，它普遍存在于叶脉末梢、茎节及导管或筛管周围等。

（3）机械组织。机械组织是对植物起支持、加固作用的组织。它有很强的抗压、抗曲张能力。植物能够枝叶挺立，有一定的硬度，可经受狂风暴雨的侵袭，都与机械组织有关。机械组织的特征是细胞壁厚。根据增厚特点的不同，可分为厚角组织和厚壁组织两类。

①厚角组织。厚角组织是正在生长的茎、叶的支持组织，其细胞多为长棱柱形，含叶绿体，为活细胞，细胞壁（属初生壁）不均匀加厚，通常在细胞相邻的角隅处增厚特别明显，不含木质素（图1-30）。因此厚角组织既有一定的坚韧性，又有一定的可塑性和伸展性。它常分布于正在生长或经常摇动的器官中，如幼茎、叶柄、叶片、花柄、果柄等部位的外围或表皮下。例如薄荷、南瓜、芹菜等具棱的茎和叶柄中厚角组织特别发达。

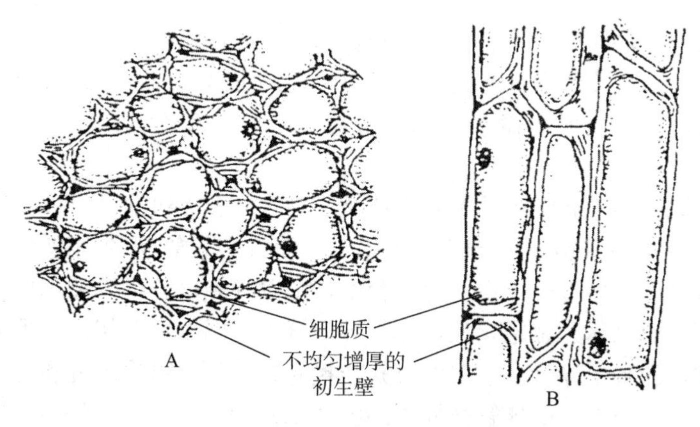

图1-30 薄荷茎的厚角组织

A. 横切面 B. 纵切面

②厚壁组织。厚壁组织和厚角组织不同，厚壁组织的细胞具有均匀增厚的次生壁，常常木质化。细胞成熟时，壁内仅剩下一个狭小的空腔，成为没有原生质体的死细胞。它包括石细胞和纤维两种类型。

a. 石细胞。石细胞是细胞形状不规则，细胞壁木质化程度高，腔极小，常单个或成簇包埋在薄壁组织中的厚壁组织。它广泛分布于植物的茎、叶、果实和种子中，起增加器官的硬度和支持作用。如梨果肉中坚硬的颗粒就是成团的石细胞。水稻的谷壳等部分主要是由石细胞构成。胡桃（核桃）、桃果实中坚硬的核，也是由多层连续的石细胞组成的内果皮（图 1－31）。

b. 纤维。纤维是细胞呈两端尖细的细长形，细胞壁木质化程度不一致，并且常相互重叠、成束排列的厚壁组织。木质纤维的木质化程度很高，支持力很强；韧皮纤维的木质化程度较低，韧性强，是纺织的原料（图 1－31）。纤维广泛分布于成熟植物体的各部分，其成束的排列方式增强了植物体的硬度、弹性及抗压能力，是成熟植物体主要的支持组织。

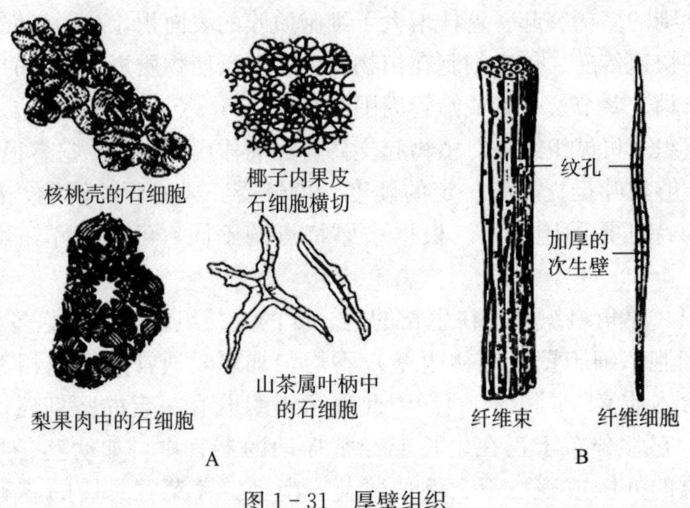

图 1－31　厚壁组织

A. 石细胞　B. 纤维

（4）输导组织。输导组织是植物体中担负物质长途运输的主要组织，其细胞呈管状并上下连接，形成一个连续的运输通道。输导组织常和机械组织一起组成束状，上下贯穿在植物体各个器官内。它包括运输水分和无机盐的导管、管胞，以及运输有机物的筛管、筛胞。

①导管和管胞。导管和管胞的主要功能是输导水分和无机盐。

a. 导管。导管是被子植物主要的输水组织，由许多长管状的细胞上下连接而成，每个细胞称为导管分子。导管分子在发育过程中，随着细胞壁的增厚和木质化，端壁溶解形成穿孔，最后原生质解体、细胞死亡，上下导管分子之间以穿孔相连，形成一个中空的导管管道。植物体内的多个导管以一定的方式连接起来，就可以将水分和无机盐等从根部运输到植物体的顶端。当中空的导管被周围细胞产生的物质填充后，就逐渐失去了运输能力而被新导管所取代。

导管分子的次生壁增厚不均匀，因导管分子的侧壁增厚的方式不同，导管可分为环纹导管、螺纹导管、梯纹导管、网纹导管和孔纹导管五种类型（图 1－32）。

b. 管胞。管胞是绝大多数蕨类植物和裸子植物的输水组织，同时兼有支持作用。管胞是两端呈楔形、壁厚腔小、端部不具穿孔的长棱柱形死细胞。管胞与管胞间以楔形的端部紧贴在一起而上下相连，水溶液主要通过相邻细胞侧壁的纹孔对而传输。和导管相比，管胞的运输能力较差。管胞侧壁的增厚方式及类型同导管分子（图 1－33）。

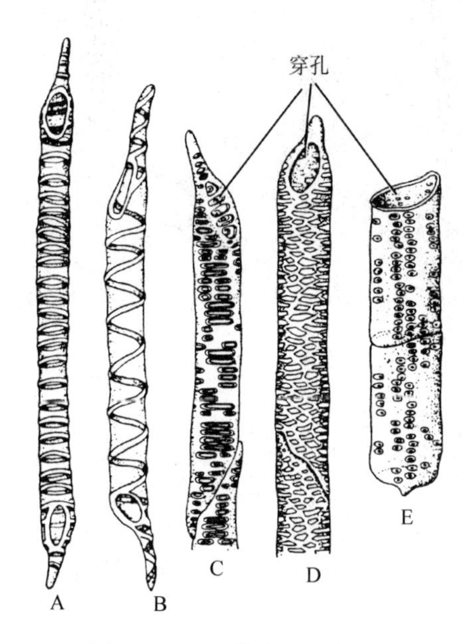

图 1－32 导管分子的类型

A. 环纹导管 B. 螺纹导管 C. 梯纹导管

D. 网纹导管 E. 孔纹导管

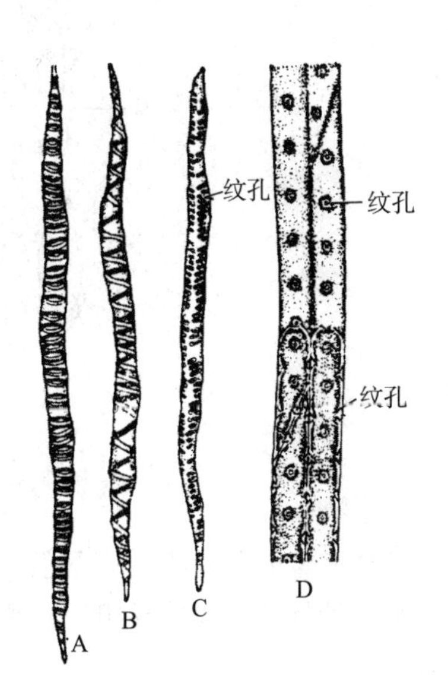

图 1－33 管胞的主要类型

A. 环纹管胞 B. 螺纹管胞 C. 梯纹管胞

D. 孔纹管胞（邻接细胞的壁上成对存在具缘纹孔）

②筛管、伴胞和筛胞。筛管、伴胞和筛胞是输送有机物质的输导组织。

a. 筛管、伴胞。输导有机物的筛管和导管相似，也是由许多长管形的细胞纵连而成，每个筛管细胞称为一个筛管分子。

导管和筛管

成熟的筛管分子仍然是薄壁的活细胞，但细胞核已经消失，许多细胞器（如线粒体、内质网等）退化，液泡被重新吸收，原生质体中出现特殊的含蛋白质的黏液，成为一种特殊的无核活细胞。上下相连的两个筛管分子其横壁穿孔状溶解形成许多小孔，称作筛孔。具有筛孔的横壁称作筛板。穿过筛孔的原生质丝比胞间连丝粗大，称作联络索。筛管分子通过筛孔由联络索相连，成为有机物运输的通道（图 1－34）。多数被子植物中，筛管分子旁边有一个或几个狭长细尖的薄壁细胞，称作伴胞。它与筛管分子是由一个细胞分裂而来的。伴胞细胞结构完整，有明显的细胞核，细胞质浓，有多种细胞器和小液泡，还具有筛板，这有利于筛管分子间有机物的运输。伴胞与筛管相邻的侧壁之间有胞间连丝相贯通，协助筛管分子完成有机物的运输；随着筛管分子的老化，一些黏性物质（碳水化合物）沉积在筛板上，堵塞筛孔，其运输能力也逐渐丧失。

b. 筛胞。筛胞是一种比较细长、末端尖斜的单个活细胞。和筛管相比，筛胞无筛板的分化，仅在端壁及侧壁形成小孔，孔间有较细的原生质丝通过，其输导能力不如筛管分

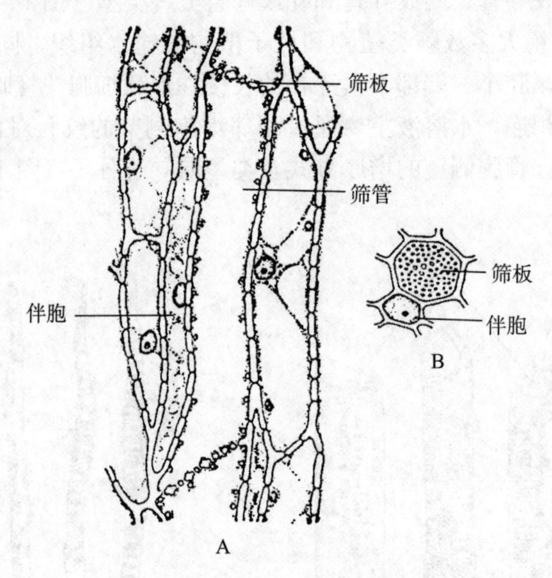

图 1-34 筛管与伴胞

A. 筛管、伴胞纵切面 B. 筛管、伴胞横切面

子。从系统发育的角度来看，导管和筛管是较进化的输导组织，它们只存在于被子植物中，是被子植物的主要输导组织，蕨类植物和裸子植物中一般没有导管和筛管，只有管胞和筛胞。

（5）分泌组织。植物体表或体内能产生、积累、输导分泌物质的单个细胞或细胞群，称为分泌组织。有的分泌组织分布于植物体的外表面，并将分泌物排出体外，称为外分泌组织。如具有分泌功能的表皮上的毛状附属物——腺毛，能分泌糖液的蜜腺，能将植物体内过剩的水分排出到体表的排水器等（图 1-35）。有的分泌组织及其分泌物均存在于植物体内部，称为内分泌组织。如贮藏分泌物的分泌腔、分泌道，能分泌乳汁的乳汁管等（图 1-36）。

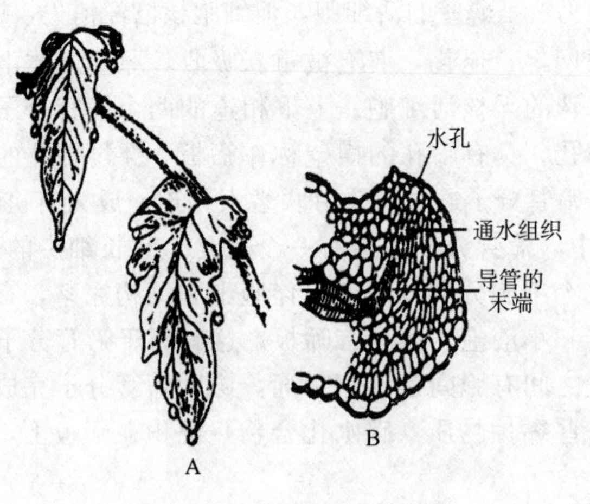

图 1-35 番茄叶上的排水器

A. 番茄叶缘的吐水现象 B. 叶缘排水器切面观

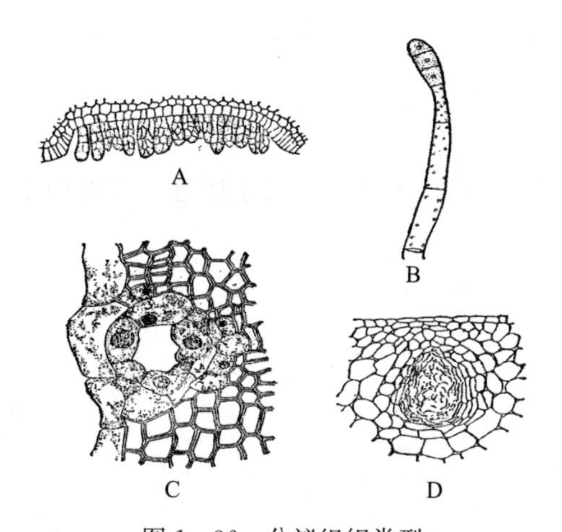

图 1－36　分泌组织类型

A. 棉叶中脉的蜜腺　B. 烟草的腺毛　C. 松树的树脂道　D. 甜橙果皮的分泌腔

植物的分泌组织能分泌多种类型的分泌物，如糖类、挥发油、树脂、有机酸、生物碱、单宁、蛋白质、酶、杀菌素、蜜汁、乳汁、生长素、维生素以及多种无机盐等，这些分泌物在植物的生活中起着重要作用。油菜、桃等的花中，棉花叶背中脉处、柑橘叶及果皮上均有蜜腺，分泌蜜汁和芳香油，能吸引昆虫，利于植物传粉；棉茎皮层有分泌腔，甘薯、无花果、桑树、橡胶树等具有乳汁管；松树分泌道（树脂道）分泌松脂，还可以提取松香和松节油；某些植物分泌杀菌素，能杀死或抑制病菌等。植物的分泌物也具有重要的经济价值，如橡胶、生漆、芳香油、蜜汁等。

3. 植物体内的维管系统

（1）维管组织。在高等植物的器官中，有一种以输导组织为主体，与机械组织和薄壁组织共同构成的复合组织，称作维管组织。如运输水分和无机盐的木质部，由导管、管胞、木纤维和木质薄壁细胞构成；运输有机物的韧皮部由筛管、伴胞、韧皮纤维和韧皮薄壁细胞构成。我们说的维管组织就是指木质部和韧皮部，或二者其一。

（2）维管束。在蕨类植物和种子植物中，由木质部、韧皮部和形成层（有或无）共同组成的起输导和支持作用的束状结构，称作维管束。凡植物体分化有维管束的植物称作维管植物，如蕨类植物和种子植物。维管束贯穿于维管植物的各部分，如切开白菜、芹菜、向日葵、甘蔗的茎，看到里面丝状的“筋”，就是许多个维管束。

根据维管束中形成层的有无，可将维管束分为有限维管束和无限维管束两种。

①有限维管束。维管束中无形成层，不能产生新的木质部和韧皮部，因而植物的器官增粗能力有限，这种维管束称作有限维管束，如大多数单子叶植物的维管束属于这种类型。

②无限维管束。维管束中有形成层，能持续产生新的木质部和韧皮部，因而植物的器官能不断增粗，这种维管束称作无限维管束，如裸子植物和大多数双子叶植物茎中的维管束属于这种类型。

根据维管束中初生木质部和初生韧皮部排列方式的不同，可分为以下几种类型（图 1－37）。

①外韧维管束。韧皮部在外、木质部在内，呈内外并生排列。一般种子植物茎中具有

这种维管束。

②双韧维管束。韧皮部在木质部的两侧，中间夹着木质部。如瓜类、茄类、马铃薯、甘薯等茎中的维管束。

③同心维管束。韧皮部环绕着木质部，或木质部环绕着韧皮部，呈同心圆排列，它包括周韧维管束和周木维管束。

④周韧维管束。中央为木质部，韧皮部环绕在木质部外侧包围着木质部。这种类型在蕨类植物中比较常见。

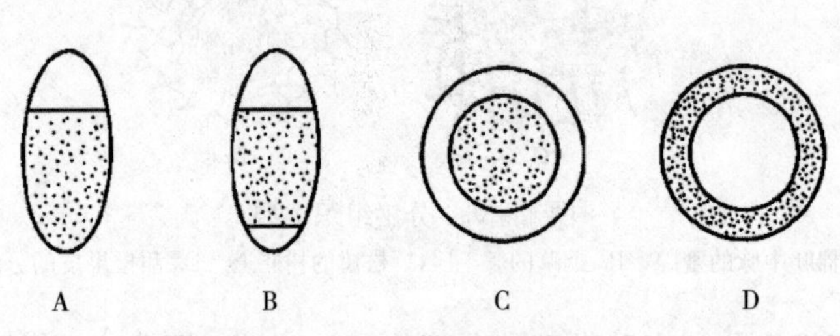

图 1-37　维管束类型

A. 外韧维管束　B. 双韧维管束　C. 周韧维管束　D. 周木维管束

⑤周木维管束。中央为韧皮部，木质部环绕在韧皮部外侧包围着韧皮部。如单子叶植物中的莎草、铃兰地下茎的维管束，双子叶植物中的蓼科、胡椒科部分植物的维管束。

(3) 维管系统。一个植物体或植物体的一个器官中，一种或几种组织在结构和功能上组成的一个单位，称作组织系统。植物体内的组织系统可分为维管组织系统、皮组织系统和基本组织系统三种类型。

一个植物体或一个器官内所有的维管组织，称作维管组织系统，简称维管系统（图 1-38），它包括木质部和韧皮部。维管系统连续贯穿于整个植物体，主要起运输和支持作用。皮组织系统包括表皮和周皮，覆盖于整个植物体的外表面，主要起保护作用。基本组织系统主要包括各类薄壁组织、厚角组织、厚壁组织，是植物体基本成分，它包埋着维管系统。

总之，不论是植物的一个细胞、一个器官或一个个体，都具有各种复杂的结构，这些结构都有其特定的功能，保持着相对独立性；同时，它们之间又相互依赖、密切配合，共同完成植物体的各项生命活动。

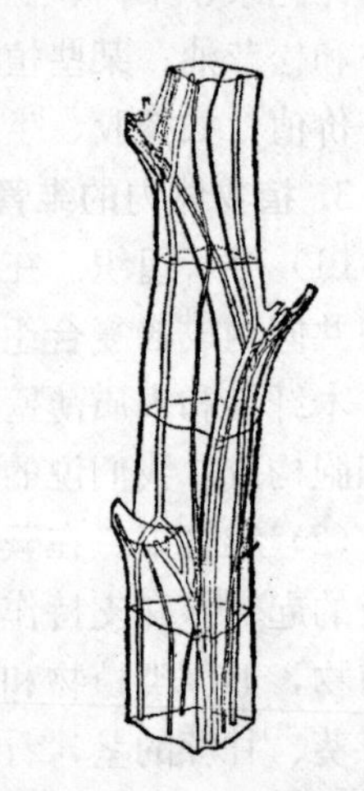

图 1-38　马铃薯茎部维管系统

实践知识

一、光学显微镜的使用及保养

（一）光学显微镜的结构

虽然显微镜的种类很多，但基本结构大致相同，可分为机械系统、光学系统两大部分（图 1-39）。

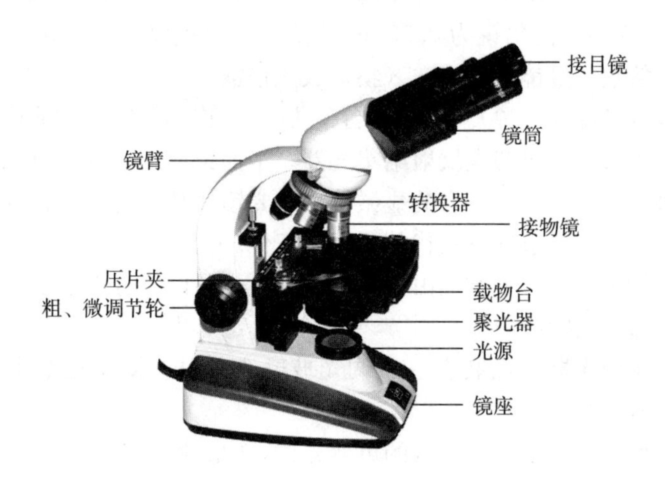

图 1-39 XSP 型显微镜的构造

1. 机械系统

(1) 镜座。显微镜的底座，位于显微镜的基部，呈马蹄形或方形，用以稳固和支持镜体，使之放置平稳。

(2) 镜臂（镜架）。多数显微镜镜臂直接连在镜座上，形呈弯臂状，是拿取显微镜时手握的部位。有的显微镜还在其基部有一个限位器，用以防止物镜与载玻片相碰。

(3) 镜筒。为两个金属圆筒（单目镜为一个镜筒），上端装目镜，下接转换器或与棱镜室相连。一般它的长度为 160mm，也有的长为 170mm。

(4) 载物台（工作台）。为方形的平台，供放置观察材料。中央有一圆孔，称为通光孔，用来通光线。通光孔两侧各有一个压片夹，供固定切片（载物片），它在纵向、横向移动手轮的驱动下，推动切片移动，故称移片器。

(5) 物镜转换器。安装在镜筒或棱镜室的下方，是一个能旋转的圆盘，其上可安装 2～4 个接物镜。转动转换器，可以换用放大率不同的接物镜。

(6) 粗准焦螺旋。具有较快调节焦距的作用，通过转动，调节焦距。旋转时可以使工作台（或镜筒）上升或下降。转动一周可使工作台（或镜筒）升或降 10mm。在调节低倍镜时使用。

(7) 细准焦螺旋。在粗准焦螺旋外侧有一个小螺旋，通过转动调节焦距。它用于调节高倍镜，使物像更清晰。它转动一周，可使工作台（或镜筒）升或降 0.1mm。

2. 光学系统

(1) 接目镜。也称作目镜，是安插于镜筒顶部的镜头，具有放大作用。上面写有放大倍数，从“5×”到“10×”等，因显微镜的型号不同而异。放大倍数越低，其镜头越长。从目镜中观察到的范围称作视野。

(2) 接物镜。也称作物镜，安装在转换盘的孔上，上写有放大倍数。“10×”及以下为低倍镜，“20×”为中倍镜，“40×”到“65×”为高倍镜，“100×”是放大倍数更高的油镜。使用油镜时，先在要观察部位的载玻片上滴一滴香柏油，将油镜头接触油滴后进行观察。放大倍数越低，物镜镜头越短。物镜下端的透镜称作前透镜，前透镜越小，放大率越高。前透镜与试验材料（试材）间的距离称作工作距。各物镜的工作距大小有明显的差异，低倍镜为 9mm 左右，高倍镜为 0.55mm 左右，而油镜仅为 0.15mm。

显微镜的放大倍数＝目镜放大倍数×物镜放大倍数

（3）反光镜或电光镜（光源）。在工作台下方，安在镜座上，为圆形双面镜，分平面及凹面。其作用是将来自光源的光反射给集光器。平面镜适用于以直射光为主的光源；凹面镜适用于以闪射光为主的光源。有的显微镜用电光镜代替反光镜，它可以通过亮度调节钮调节光的强弱，在有电的条件下它代替反光镜工作。

（4）聚光器。位于工作台下方，由一组透镜组成，可以集合由下面反光镜投射来的光线，使其增强并全部射入物镜内。

（5）滤光镜。在聚光器下面装有一个调光玻璃架，用于装置滤光片。可调节光的强度，增加分辨率或增大明暗反差。

（6）光圈。它是在聚光器下部装有的可变光栏，中心形成圆孔。可通过使用聚光镜架手轮和可变光栏来调节光线强弱。

（二）显微镜的使用方法

1. 取镜 将显微镜箱打开，拿取显微镜。拿取显微镜时，必须一手紧握镜臂，一手平托镜座，镜体竖直不可倾斜。然后，镜臂向后轻轻放在镜座后边距实验台沿 6～7cm 的偏左位置上。检查镜的各部分是否完好。镜体上的灰尘可用绸布擦拭。镜头只能用擦镜纸擦拭，不准用其他东西接触镜头。

2. 对光 原则是将自然光或灯光的光源，通过反光镜反射到聚光器中，再通过通光孔到达物镜和目镜，使视野达到适宜的亮度。

（1）旋转粗准焦螺旋使物镜转换器下端与载物台距离为 5cm 左右，然后转动物镜转换器让低倍接物镜头转到载物台中央卡住，正对通光孔。

（2）调节聚光器，使聚光器上升到稍低于载物台平面。

（3）拨动光圈手柄，将光圈打开。

（4）用左眼接近接目镜观察，同时用手调节反光镜（使其对向光源）和集光镜，或打开电源，调节亮度调节钮使镜内光亮适宜、均匀一致。这时在镜内所见光亮的圆面就是前面提到的视野。一般用低倍镜或观察透明物体及未经染色的活体材料时，光线调暗些。

3. 放片 切片的盖玻片向上放在工作台上，用压片夹固定切片，对准接物镜头和正对通光孔。

4. 观察

（1）低倍接物镜的使用。转动粗准焦螺旋，并从侧面注目使工作台缓慢提升，至物镜接近切片时为止。再用左眼接近目镜进行观察，并转动粗准焦螺旋使工作台缓慢下降，直至看到物像时为止（显微镜下的物像是倒像）。再转动细准焦螺旋，将物像调至最清楚。如看不到物像，可再使工作台提升到物镜几乎贴近切片，然后再转动调焦螺旋，使工作台下降，至看到物像为止。

观察时，若物像不在视野中央，可调节纵向、横向移动手轮使要观察的试材出现。

（2）高倍接物镜的使用。使用高倍接物镜时，首先用低倍接物镜，按上法调好，然后将要放大观察的部分移至视野中央，再把高倍接物镜转至中央，一般便可粗略看到物像，再用细准焦螺旋调至物像清晰为止。

在使用高倍接物镜时应注意：不能直接用高倍接物镜观察。不能用粗准焦螺旋调节。如光线不亮，需加强亮度。使用高倍接物镜观察完毕，应立即转开镜头，因为工作距离很小，以免碰碎切片。

(3) 油浸镜的使用。首先按低倍接物镜的使用方法调好，将要放大观察的部分移至视野中央，将一滴香柏油滴在盖玻片表面，然后将油镜头缓慢下降，使镜头浸入油滴中，但尚未与玻片表面接触，再缓慢转动细准焦螺旋，调至物像清晰为止。

观察结束后，立刻将油镜头移开光轴，及时用镜头纸将油镜头和盖玻片上的香柏油擦去，再用二甲苯擦一遍，最后用镜头纸再擦一遍。

使用单目显微镜要练习双眼同时张开，用左眼观察，右眼照顾绘图。

5. 还镜 显微镜使用完毕，应先将接物镜移开，再取下切片。把显微镜擦拭干净，各部分恢复原位。使低倍接物镜转至中央通光孔，下降工作台，使接物镜远离工作台。将反光镜转直，或切断电源，镜体盖上绸布，套上棉布袋，放回箱内并上锁。

(三) 显微镜的保养

光学显微镜乃是最常用的精密贵重仪器，使用时要细心爱护，妥善保养。

(1) 使用时必须严格执行上述使用规程。

(2) 保持显微镜和室内的清洁、干燥。避免灰尘、水、化学试剂及其他物质沾污显微镜，特别是镜头部分。

(3) 不得任意拆卸或调换显微镜的零部件。

(4) 防止震动。在转动调焦螺旋时双手同时轻轻用力，转动要慢，转不动时不可强行用力转动，以免磨损齿轮或导致工作台自行下滑。

(5) 使用过的油镜头或镜头上有不易擦去的污物时，可先用擦镜纸蘸少许二甲苯擦拭，再换用洁净的擦镜纸擦拭干净。

二、临时标本片的制作

临时制片是使用显微镜观察物体时最基本的技术之一，适用于观察新鲜材料。对不宜保存的材料多用临时制片观察，通常观察后不再保存，临时制片方法常有以下几种。

1. 整体装片法 整体装片方法适用于植物形体小或扁平的材料，如真菌的菌丝、孢子囊，单细胞藻类、苔藓类、蕨类植物的原叶体等。

在载玻片上滴一滴蒸馏水，用小镊子取下少量材料浸入水滴内，并用小镊子尖将材料摊平，再加盖玻片。加盖玻片的方法是先从一边接触水滴，另一边必须慢慢放下，以免产生气泡。如果盖玻片内有气泡可用小镊子尖轻轻敲打直至无气泡；如果盖玻片内的水未充满，可用滴管吸水从盖玻片的一侧滴入；若水分过多，溢出盖玻片外的水可用吸水纸吸去（图 1-40）。

2. 撕片法 撕片法适用于某些茎、叶容易撕下表皮的植物，如菠菜、天竺葵的叶片表皮，洋葱、百合鳞茎的表皮。

用镊子挑破表皮，夹住膜质的表皮轻巧地撕下，置于载玻片的水滴内，展平加盖玻片观察。

3. 涂抹法 涂抹法适用于极小的植物体或组织，如细菌、酵母、花粉粒等，以及离

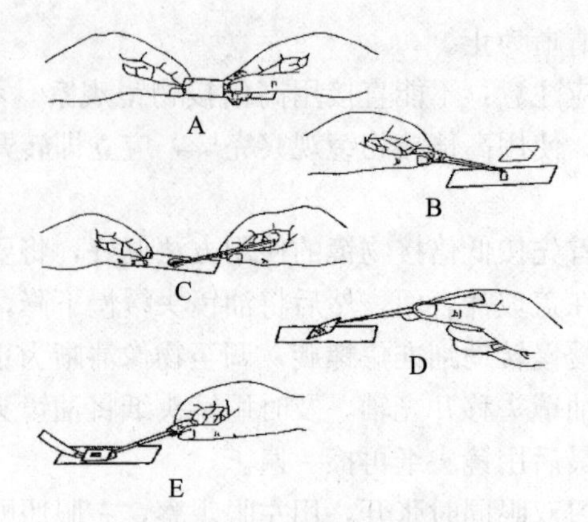

图 1-40 临时装片的制作

（张乃群等，2006. 植物学实验及实习指导）

A. 擦拭载玻片 B. 在载玻片中央加一滴水 C. 把材料浸在水中 D. 加盖玻片 E. 加染液

体的细胞后含物（如淀粉、晶体等）。

用解剖针挑取少量材料，或用小刀刮取，或用镊子将材料置载玻片上挤压出液汁，然后用解剖针均匀涂成一薄层，加入一滴清水，加盖玻片观察。细菌的涂片还须在火焰上固定。

4. 压片法 压片法适用于幼嫩组织中单个细胞的观察，如根尖生长点细胞的有丝分裂以及花粉细胞的染色体观察等。

发芽的种子取根尖部分，用乙醇（酒精）、冰醋酸固定液固定 0.5～1h，取出置于载玻片上，用解剖刀及解剖针将根尖切开取出生长点组织，然后在玻片上研散，加入一滴醋酸洋红液，加上盖玻片，用手轻轻加压，使组织散成一薄层，然后观察，可看到散开的生长点细胞，其中有不同时期的有丝分裂。这种方法比石蜡切片简易可行，但不宜保存。

三、徒手切片技术

徒手切片技术是直接用手拿刀（双面刀、单面刀或剃刀）将新鲜材料切成薄片，然后染上颜色，做成临时标本片的方法。徒手切片是观察植物体内部构造时最简单和最常用的切片制作技术，适用于制作尚未完全木质化的器官切片，如一年生和二年生的根、茎、叶或变态的贮藏组织。

1. 材料修整 将胡萝卜或萝卜（夹持物）切成 0.5cm×0.5cm、1～2cm 长的长方条，再纵向切切口，切口长度应小于长方条长度的一半。把菠菜叶或白菜叶（试材）切成 0.5cm 宽的窄条，夹在胡萝卜或萝卜长方条的切口内。

2. 切片 胡萝卜或萝卜长方条的上端和刀刃先蘸些水，并使材料呈直立方向，刀片呈水平方向，自外向内把材料上端切去少许，使切口成光滑的断面，并在切口蘸些水；接着用左手的拇指和食指夹住夹持物，中指顶住下端，并在拇指与夹持物之间垫层薄平的橡皮（也可在拇指上套一小段大的乳胶管）作为切垫，把材料切成极薄的薄片。切时注意用臂力，不要用腕力及指力；刀片切割方向由左前方向右后方拉切；拉切的速度宜快不宜慢，不得中途停顿。切时材料的切面经常蘸水，起润滑作用。

材料切面不平时要及时修平，切片完毕，切片刀应擦干，擦凡士林防锈保存。

3. 制片 把切下的切片用毛笔（或小镊子）拨入培养皿的清水中。

如需染色，可把薄片放入盛有染色液（染色液通常为1%番红、龙胆紫或碘液）的培养皿内，染色约1min；轻轻取出放入另一盛有清水的培养皿内漂洗，之后，即可装片观察。也可以在载玻片上直接染色，即先将薄片放在载玻片上，滴一滴染色液，约1min，倾去染色液，再滴几滴清水，稍微摇动，再把清水倾去，然后再滴一滴清水，盖上盖玻片，便可镜检。

徒手切片方法简单，不需药品处理，也不需要机械设备。用徒手切片法切成的标本片，可以看到组织的天然颜色，细胞中的原生质体也未发生太大的变化，可以看到原生质体的原来面目，是教学和科研中常用的方法，但是要有熟练操作技巧才能切出比较理想的切片，要在实践中反复练习，领会操作要领。

四、植物绘图技术

植物绘图是形象描述植物外部形态、内部结构的一种重要的科学记录方法。绘图有助于对植物形态、结构特征的认识和理解，是学习植物与植物生理必须掌握的技能，也是从事植物形态解剖以及分类学研究必备的常用技能之一。

植物绘图要求所绘的图既要有科学性和真实性，又要形象、生动、美观。因此认真细致观察，并熟练掌握绘图的技术和方法，才能达到生物绘图的目的和要求。绘图要注意以下几个方面。

（1）布局要合理。首先安排好图的位置，在一张纸的左前方绘图，右侧留出拉引线和写说明的空间，从宏观上把握整张纸的内容安排，力求平衡、稳定、美观。

（2）先绘草图。用细铅笔勾画出轮廓，线条要轻细，尽量少改不擦。

（3）大小比例恰当，点线分布均匀，清晰流畅，从左到右，接头紧密，不露痕迹，不可有深浅和虚实的区别。

（4）一律用铅笔绘图，一般选用的铅笔以2H为宜。

（5）对微小结构无法给出形状时，必须用铅笔尖点点表示。“点点衬阴”法可显示图像的立体感，更富有形象性和生动性。粗密点用来表示背光、凹陷或色彩浓重的部分，细疏点用来表示受光面或色彩淡的部位。植物绘图对点的要求为点点要圆，大小一致，分布均匀。用笔尖垂直向下打点，根据明暗需要掌握点的疏密变化，切忌乱点或用铅笔涂抹，这是植物绘图区别于美术绘图的要点之一。

（6）文字说明。图画好后要对各个部分做简要图注。图注一般在图的右侧，注字应用楷书横写，所有引线右端要在同一垂直线上。每一幅图要有一个图题，说明所绘的植物、器官、组织的某个部位或切面。实验项目应写在绘图纸上方，图题一般写在图的下方。注字和引线都要用黑色铅笔，不要用钢笔、圆珠笔或彩色铅笔。

实验实训

实训一　植物细胞基本结构观察

（一）实训目标

1. 学会显微镜的使用方法。

2. 学习临时装片的方法。

3. 认识植物细胞的结构。

4. 初步学习生物绘图技术。

（二）实训材料与用品

显微镜、载玻片、盖玻片、小镊子、刀片、培养皿、吸水纸、蒸馏水、碘液、擦镜纸或小绸布、二甲苯等。

洋葱鳞叶、水生黑藻（或紫鸭跖草雄蕊花丝上的表皮毛）。

（三）实训方法与步骤

1. 植物细胞结构的观察 取洋葱鳞叶，按临时装片法装好片，为使细胞观察得更清楚，可用碘液染色，即在装片时于载玻片上滴一滴稀碘液，将表皮放入碘液中，盖上盖玻片，即可用低倍接物镜（以下简称低倍镜）观察到许多长形的细胞。再换用高倍接物镜（以下简称高倍镜）观察细胞的详细结构，可看到以下结构。

（1）细胞壁。包在细胞的最外面。

（2）细胞质。幼小细胞的细胞质充满整个细胞，形成大液泡时，细胞质贴着细胞壁成一薄层。

（3）细胞核。在细胞质中有一个染色较深的圆球状颗粒，这就是细胞核。

（4）液泡。把光调暗一些，可见细胞内较亮的部分，这就是液泡。幼小细胞的液泡小，数目多；成熟细胞通常只有一个大液泡，占细胞的大部分。

2. 植物细胞原生质运动和液泡的观察 取水生黑藻枝条，用小镊子从茎的顶端取下一片小叶，放在载玻片上的水滴中，并用盖玻片盖好。在低倍镜下观察可看见叶内每个细胞含有许多叶绿体。再换成高倍镜观察，就可找出叶绿体在运动的细胞，实际是整个原生质在运动。若装片的温度适当提高，这种运动会更明显。

取紫鸭跖草雄蕊花丝上的表皮毛，放在载玻片上的水滴中，并用盖玻片盖好，制成装片。在镜下可以看出细胞中有几个大液泡把细胞质分隔成细条状，原生质的流动明显可见。

由于紫鸭跖草雄蕊花丝上表皮毛细胞的液泡呈紫色，所以同时可清晰地观察到液泡。

（四）实训报告

绘制几个洋葱鳞叶内表皮细胞图，并注明细胞壁、细胞质、细胞核、液泡。

实训二　细胞质体、淀粉粒和晶体的观察

（一）实训目标

1. 学会徒手切片法。

2. 了解细胞的三种质体、淀粉粒和晶体的形态特征。

（二）实训材料与用品

显微镜、载玻片、盖玻片、小镊子、刀片、毛笔、培养皿、滴管、吸水纸、蒸馏水、碘液、10%～20%糖液等。

碘液的配制：碘化钾 3g、蒸馏水 100mL、碘 1g。先将碘化钾溶于蒸馏水中，待全部

溶解后再加碘，振荡溶解即可。

菠菜叶、白菜叶或天竺葵茎叶（新鲜的）、辣椒果实（红的、新鲜的）、吊竹梅嫩叶、马铃薯块茎（大的）、紫鸭跖草茎叶。

（三）实训方法与步骤

1. 质体的观察

（1）叶绿体的观察。在载玻片上先滴一滴10%～20%糖液，再取菠菜叶、白菜叶或天竺葵叶，先撕去下表皮，再用刀片刮取少量叶肉，放入载玻片糖液中均匀散开，盖好盖玻片。先用低倍镜观察，可见叶肉细胞内有很多绿色的颗粒，这就是叶绿体。再换用高倍镜观察，注意观察叶绿体的形状。

（2）有色体的观察。取辣椒果实进行徒手切片或用刀片取辣椒果肉组织装片。在显微镜下观察，可见细胞内含有许多橙红色的颗粒，这就是有色体。

（3）白色体的观察。取吊竹梅较幼嫩的叶，绕在左手食指上，使叶背向外，并用拇指和中指夹住叶片，用刀片削切其表皮，注意不能切到叶肉。用毛笔或小镊子将其表皮从刀片上取下，放在载玻片的水滴中，加上盖玻片。在显微镜的低倍镜下观察，找到细胞核，然后换用高倍镜观察，注意在核的周围有许多白色圆球形的小颗粒，这就是白色体。

2. 淀粉粒的观察 取马铃薯块茎一小块，用刀片刮取少许马铃薯块茎组织或徒手切片（切取薄片），放入载玻片上的清水中，用小镊子尖将其均匀散开，盖好盖玻片。先用低倍镜观察，可见到有很多卵形发亮的颗粒，这就是淀粉粒。再换用高倍镜观察，可见到淀粉粒呈现轮纹状。淀粉粒上这些轮纹的形成是昼夜形成淀粉的量和淀粉含水量的不同导致的。如用碘液染色，则淀粉粒都变成蓝色。

3. 晶体的观察 草酸钙是植物体中最普遍存在的晶体，有单晶、针晶和簇晶。

（1）单晶和针晶的观察。取紫鸭跖草叶或茎，做成装片或切片。在显微镜下观察，能在表皮细胞或基本组织中看到针形的针晶；也能看到正八面体形的、正方体形的、立方体形的单晶。

（2）簇晶的观察。可用天竺葵茎做切片。在显微镜下观察，能看到簇晶和单晶。

（四）实训报告

1. 分别绘制4～5个含叶绿体、有色体、白色体的细胞图。

2. 绘制几个马铃薯含淀粉粒的细胞图。

实训三 植物细胞有丝分裂的观察

（一）实训目标

识别植物细胞有丝分裂各时期的主要特征，观察染色体的形状。

（二）实训材料与用品

显微镜、单面刀片、小镊子、载玻片、盖玻片、滴管、吸水纸、蒸馏水、醋酸洋红液、紫药水（甲紫溶液）、20%的乙酸（醋酸）等。

醋酸洋红液的配制：取45%的醋酸溶液100mL，煮沸约30s，移去火苗，徐徐加入

1～2g洋红，再煮5min，冷却后过滤并贮存于棕色瓶中备用。

洋葱根尖纵切片、洋葱幼根、油菜（或小葱）幼根。

（三）实训方法与步骤

1. 用洋葱根尖纵切片观察细胞有丝分裂 取洋葱根尖纵切片用显微镜观察。先用低倍镜观察，找出靠近尖端的分生区（生长点部分），可见许多排列整齐的细胞，这就是分生组织。换用高倍镜观察，可见有些细胞正处在分裂过程中的不同分裂时期，分别辨认各处在哪一时期（前期、中期、后期或末期）。

2. 制作洋葱幼根压片观察细胞有丝分裂

（1）材料的培养与处理（课前准备）。

①幼根的培养。于课前3～4d，将洋葱鳞茎置于广口瓶上，瓶内盛满清水，使洋葱底部浸入水中，置温暖处，每天换水，3～4d后可长出嫩根。

②材料的固定和离析。剪取根端0.5cm，立即投入盛有一半浓盐酸和一半95%酒精的混合液中，10min后，用镊子将材料取出放入蒸馏水中。

（2）染色与压片。取（1）中的根尖，切取根顶端（生长点部分）1～2mm，置于载玻片上，加一滴醋酸洋红液染色5～10min，染色后盖上盖玻片，将一小块吸水纸放在盖玻片上。左手按住载玻片，右手拇指在吸水纸上对准根尖部分轻轻挤压（在用力过程中不要移动盖玻片），将根压成均匀的薄层。用力要适当，不能将根尖压烂。

（3）镜检。将制成的压片置于显微镜下，并按上述1. 方法操作，即可观察到处在有丝分裂不同时期的细胞。

3. 观察油菜（或小葱）幼根细胞的染色体 取油菜的根尖1～2mm，置于载玻片上，用镊子压碎，滴2滴紫药水（医用紫药水与蒸馏水按1∶5配制而成）染色1min后，加一滴20%的醋酸，盖好盖玻片，用镊子尖端轻轻敲击，使材料压成均匀的单层细胞的薄层。用吸水纸吸去溢出的染液，可在显微镜下看到紫色清晰的染色体。

（四）实训报告

绘出正在进行有丝分裂的细胞，每个时期绘一个，并注明各分裂时期。

实训四　植物组织的观察

（一）实训目标

1. 认识植物各种组织的类型。

2. 熟悉植物成熟组织的各种细胞特征。

（二）实训材料与用品

显微镜、载玻片、盖玻片、小镊子、刀片、毛笔、培养皿、滴瓶、滴管、吸水纸、蒸馏水、1%番红液、盐酸-间苯三酚、碘液等。

蚕豆（或芹菜）茎和叶，玉米（或小麦）幼茎和叶，油菜（或蚕豆）幼根，柑橘，洋葱根尖纵切片，天竺葵茎和叶，南瓜茎纵切片，松树脂道横切片。可根据实际情况选择材料。

（三）实训方法与步骤

1. 观察分生组织 取洋葱根尖纵切片，在低倍镜下观察，可见根尖尖端根冠后面较暗的部分，这就是顶端分生组织。其细胞形状近乎等径，细胞壁薄，核大，细胞质浓稠，液泡很小，细胞排列紧密，具有分裂能力。

2. 观察成熟组织

（1）保护组织。撕取蚕豆（或天竺葵）叶下表皮，制成装片，在显微镜下观察，可见下表皮是由形状不规则、凸凹嵌合、排列紧密的细胞所组成。在表皮细胞之间还分布着一些由两个半月形保卫细胞组成的气孔器。

撕取小麦叶上表皮制片观察，可见表皮结构是由许多长形细胞组成。转换高倍镜观察，可见气孔器是由两个哑铃形保卫细胞组成，在保卫细胞两旁还有一对菱形的副卫细胞。在有些植物的表皮上还可看到表皮毛和腺毛。

（2）基本组织。取芹菜茎或玉米茎徒手横切制片观察，可见到茎中部有大量薄壁细胞，细胞内具有一薄层，紧贴着淡黄色的原生质体和液泡，细胞间隙较大，这就是基本组织。

（3）机械组织。取蚕豆（或芹菜）茎徒手横切制片观察，可见表皮细胞下方的一些细胞，其角隅处细胞壁加厚。若用1%番红液染色，则加厚部分染成淡暗红色。此为厚角组织。

取蚕豆茎徒手横切制片，用盐酸-间苯三酚染色，用显微镜观察，可见每个维管束的外方都有一束细胞壁加厚的组织着色。此即厚壁组织中韧皮纤维。

（4）输导组织。取油菜幼根一小段，置于载玻片上，用镊子柄部将其压扁，压散后用盐酸-间苯三酚染色制片，在显微镜下观察，可见多条着红色的各种导管旁边夹杂着一些薄壁细胞。调节显微镜细准焦螺旋，可清楚看到导管次生壁不均匀加厚的各种花纹。

用显微镜观察南瓜茎纵切片，在导管的两侧即为韧皮部。韧皮部一般着蓝色，有许多纵向连接的管状细胞，为筛管。两个筛管连接处的横隔叫筛板。筛管旁是伴胞，伴胞常与筛管相近，但直径较小。

（5）分泌组织。

①分泌腔。取柑橘果皮徒手切片，装片后用显微镜观察，可见许多薄壁细胞围拢成圆形的腔状结构，其中有挥发油存在，这是分泌组织中的一种。

②树脂道。取松树脂道横切片，置显微镜下观察，可看到一个个树脂道。

（四）实训报告

1. 绘制基本组织、输导组织、机械组织图，注明各部位名称。

2. 绘制柑橘分泌腔和松树脂道图，注明各部位名称。

拓展知识

植物细胞的全能性

植物细胞全能性的概念是1902年由德国著名植物学家Haberlandt首先提出的。他认为，高等植物的器官和组织可以不断分割直至单个细胞，每个细胞都具有进一步分裂和发育的能力。他提出一个大胆的设想：从一个体细胞可以得到人工培养的胚。

细胞全能性

植物细胞的全能性是指体细胞（植物组织或器官的体细胞，或花粉等性细胞）可以像胚胎细胞那样，经过诱导能分化发育成为一株植株，并且具有母体植物的全部遗传信息。植物体的所有细胞都来源于一个受精卵的分裂。当受精卵均等分裂时，染色体进行复制，这样分裂形成的两个子细胞里均含有和受精卵同样的遗传物质——染色体。因此，经过不断的细胞分裂所形成的千千万万个子细胞，尽管它们在分化过程中会形成根、茎、叶等不同器官或组织，但它们有相同的基因组成，都携带着亲本的全套遗传信息，即在遗传上具有全能性。因此，只要培养条件适合，离体培养的细胞就有发育成一株植株的潜能。

为了验证自己的设想，Haberlandt 对一些单子叶植物的叶肉细胞进行了培养。遗憾的是，他在培养中连植物分裂的现象都没有观察到。此后，有不少人在继续做类似组培的工作。但由于当时的科学技术水平有限，人们的细胞生理等知识贫乏，并且受到试剂、药品等种种条件的限制，实验均未能达到预期的效果。

随着细胞和组织培养技术的不断发展，在细胞悬浮培养的实验基础上，1958 年 Steward 等用打孔器从胡萝卜肉质根中取出一块组织，放在加有各种植物激素的培养基上诱导产生愈伤组织，以后又将愈伤组织转入液体培养基内，并把培养瓶放在缓慢旋转的转床上进行旋转培养，使培养瓶内的细胞分裂增殖并游离出大量的单个细胞，由这些单个细胞再进一步分裂增殖，形成了一种类似于自然种子中胚的结构，称作胚状体或类胚体。将胚状体种在试管内的琼脂培养基上，胚状体进行下一步发育长成胡萝卜植株，移栽后可开花结实，地下部分长出肉质根。这一重大突破有力地论证了 Haberlandt 提出的细胞全能性的设想。至今，大约已有上千种植物根、茎、叶、花、果经培养形成了植株。这些成就从广泛的实验基础上有力地验证了植物细胞全能性的理论。

思政园地

从小小细胞中品味生命的伟大

从小小细胞中品味生命的伟大

人生的意义到底是什么？活着到底为了什么？现实生活中，这个问题往往让人想不透，但是如果我们将自己放到人类的大群体中，再把人类放到生命进化的过程中，通常就能看得更明白一些。

地球上的生命大约出现于 30 多亿年前，最早的能称之为生命的生物体只是一些单细胞生物。正是细胞的出现，揭开了生命演化的序章。回首生命的演变历程，会发现细胞是极其伟大的。在地球不断变换的生态环境中，细胞面对挫折和艰苦的环境从未气馁，它总是有办法战胜一切困难，为了活着，它几乎可以千变万化。为了更好地战胜环境，变得强大，单细胞生物变成多细胞生物，这些细胞又演化出不同的功能，这些功能都可以实现某种能力，在应对困难时独当一面，进而形成了各种复杂的生命体。以人类为例，人体的一切都是细胞形成的，然而这些细胞的功能大不相同，皮肤主要保护人体，骨骼用来支撑身体，血管负责运输血液，神经负责运算、储藏信息和传递信号……，可以说人体中不同部位的器官、组织，各有各的功能，但都以完美的协调能力构成了人的机体，而它们又都是由细胞形成的。

以一种不可见的微小去挑战永恒的时间，细胞是不是很伟大呢？在几十亿年的时间长河中，细胞在地球上进行了艰苦卓绝的奋斗，在今天，它的努力造就了丰富的成果，其中最伟大的成就，就是进化出了人类。因此，人类的出现不是偶然的，人类有着远超其他动物的思想，也有着远超其他动物的能力，已经初步掌握了科技的力量，并且会在科技的帮助下变得越来越强大，有其能尽其责，人类的出现承载着细胞演变的寄托，肩负着生命进一步发展的使命。

现实生活中，我们常会因为这样那样的事不胜烦忧，个人、集体和国家之间也都充满了竞争与合作，其实这些也都是生命行为的一种展现。每个人都需要做好自己的事，每个组织和国家也需要做好自己的事，当我们明白细胞的努力和生命的追求之时，想必我们也都对自身有了更深一步的了解，生而为人，我们也肩负着一种寄托和使命，而我们的存在，正体现着生命的意义！那么我们该如何发展？这是极考验人类智慧的事情，由于我们已经掌握了其他物种所不具备的能力，在创造力增强的同时，破坏力也一样在增强，因此，我们更应该谨小慎微，合作要大于竞争，人类才会变得更强大、更安全、更和谐、更符合生命的追求。不然，如果人类走向自我毁灭，那既是我们的失败，也是生命发展的一种失败。若不想失败，那么我们就不能太自私，不能太放纵。人类已经是拥有独特思想的物种，我们可以为自己的未来做出谋划，很多时候都需要放下私利，顾全大局，不能只看中小我，而应该站到全人类和生命的角度上看重大我。可是我们每一个人又都有自己独特的思想，每一个集体、组织、机构、国家和民族又有着自己的利益打算，彼此间的合作与协调并不容易达成，所以人类的未来发展，将不断地考验全人类的智慧以及合作的能力。当我们无法抉择的时候，一定要想一想细胞的寄托，人类的使命，生命的追求，存在的意义。

思考与练习

1. 名词解释：原生质体、胞间连丝、生物膜、有丝分裂、减数分裂、细胞周期、同源染色体、植物组织、分生组织、维管束、维管系统。
2. 为什么说细胞是生物生命活动的基本单位？
3. 原生质、细胞质和原生质体三者有什么区别？
4. 植物体中每个细胞所含有细胞器的种类是否相同？为什么？举例说明。
5. 质体在一定条件下能否相互转化？举例说明。
6. 生物膜具有哪些主要功能？
7. 举例说明细胞壁特化的种类及其作用。
8. 什么是后含物？主要有哪些类型的物质？
9. 液泡是怎样形成的？它有哪些重要的生理功能？
10. 植物体各部分的颜色及其变化主要与细胞中的哪些物质有关？举例说明。
11. 简述植物细胞有丝分裂和减数分裂的主要过程、特点及意义。
12. 说明植物体内分生组织类型和特点。
13. 说明成熟组织的类型、细胞特点和功能。
14. 植物有哪几类组织系统？它们在植物体内如何分布？简述其生理作用。

模块二　植物器官解剖结构

学习目标

知识目标：

- 了解高等植物根、茎、叶、花、果实等器官的解剖结构。
- 了解生活环境对植物器官结构的影响。

技能目标：

- 能够在光学显微镜下识别植物器官根、茎、叶、花的初生和次生结构。
- 能区分双子叶植物与单子叶植物的结构差异。

素养目标：

- 具备认真仔细观察的素养和勤于动手的能力。
- 养成良好的工作习惯和具有谦虚好学的态度。

基础知识

一、根的结构

被子植物具有庞大的根系，其分布范围和入土深度与地上部分相适应，以支持高大、分枝繁多的茎叶系统，并把它牢牢地固着在陆生环境中，根也是植物重要的吸收器官，能够不断地从土壤中吸收水和无机盐，并通过输导作用，满足地上部分生长、发育的需要。如生产1kg的稻谷需要800kg的水，生产1kg小麦需要300～400kg水，这些水绝大部分是靠根系从土壤中吸收。此外，根还能吸收土壤溶液中离子状态的矿质元素以及少量含碳有机物、可溶性氨基酸和有机磷等有机物，还有溶于水中的CO_2和O_2。根又可接受地上部分合成的有机物，以供根的生长和各种生理活动所需，或者将有机物贮藏在根部的薄壁组织内。根还能合成多种有机物，如氨基酸、植物碱及激素等物质；当病菌等异物入侵植株时，根亦和其他器官一样，能合成被称为“植物保卫素”的一类物质，起一定的防御作用。根能分泌近百种物质，包括糖类、氨基酸、有机

植物根系

酸、固醇、生物素、维生素以及核苷酸、酶等。这些分泌物有的可以减少根在生长过程中与土壤的摩擦力；有的使根形成促进吸收的表面；有的对他种生物是生长刺激物或毒素，如寄生植物列当，其种子要在寄主根的分泌物刺激下才能萌发，而苦苣菜属（*Sonchus*）、顶羽菊属（*Acroptilon*）一些杂草的根能释放生长抑制物，使周围的植物死亡，这就是“异株克生”现象；有的可抗病害，如抗根腐病的棉花的根分泌物中有抑制该病菌生长的水氰酸，不抗病的品种则无；根的分泌物还能促进土壤中一些微生物的生长，它们在根际和根表面形成一个特殊的微生物区系，这些微生物在植株的代谢、吸收、抗病性等方面起作用。

（一）根尖及其分区

根尖是指从根的顶端到着生根毛的部分。不论是主根、侧根还是不定根都具有根尖，根尖是根生理活性活跃的部分，根的伸长生长、分枝和吸收作用主要是靠根尖来完成的。因此，根尖的损伤会影响到根的继续生长和吸收作用的进行。根尖从顶端起，可依次分为根冠、分生区、伸长区和成熟区（根毛区）四个部分。各区的生理功能不同，其细胞形态、结构也相应不同（图 2-1）。

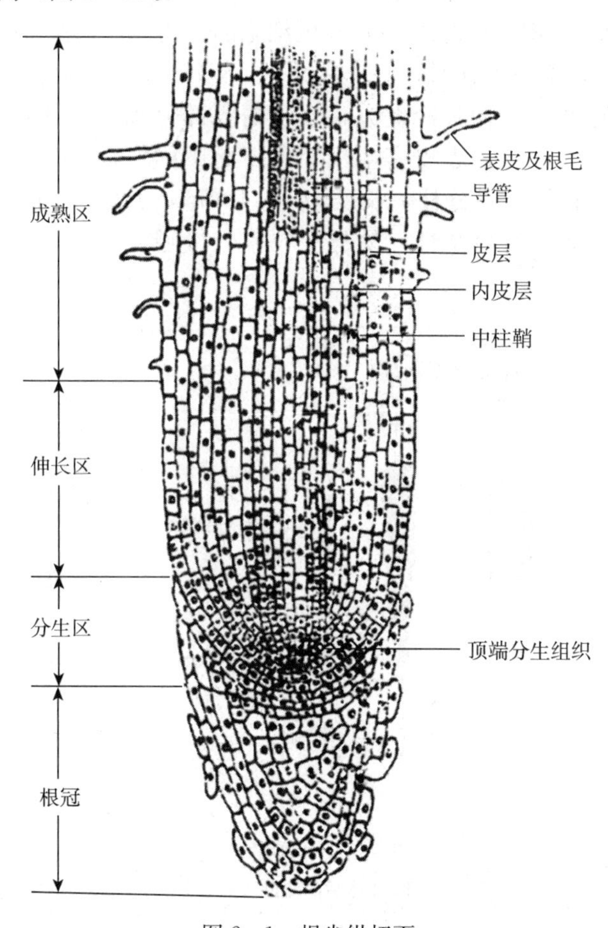

图 2-1 根尖纵切面

（陈忠辉，2001. 植物与植物生理）

1. 根冠 根冠位于根尖的最前端，像帽子一样套在分生区外面，保护其内幼嫩的分生组织，使其不直接暴露在土壤中。根冠由许多薄壁细胞组成，外层细胞排列疏松，常分泌黏液，使根冠表面光滑，减小根向土壤中生长时的摩擦和阻力。随着根系的生长，根冠外层的薄壁细胞与土壤颗粒摩擦而不断脱落死亡。但由于分生区的细胞不断地分裂产生新细胞，其中一部分补充到根冠，因而使根冠始终保持一定的形状和厚度。根冠可以感受重力，参与控制根的向地性反应。根冠感觉重力的地方是在中央部分的细胞，其中含有较多的淀粉粒，能起到平衡石的作用。在自然情况下，根垂直向下生长，平衡石向下沉积在细胞下部，水平放置后根冠中平衡石受重力影响改变了在细胞中的位置，向下沉积，这种刺激引起了生长的变化，根尖细胞的一侧生长较快，使根尖发生弯曲，从而保证根正常的向地性生长。

2. 分生区 分生区位于根冠内侧，全长 1～2mm，是分裂产生新细胞的主要部位，称作生长点。分生区细胞的特点是体积较小，排列整齐，胞间隙不明显，壁薄，核大，质浓，具有较强的分裂能力，有少量的小液泡。分生区连续分裂不断增生新的细胞，其中一部分补充到根冠，以补充根冠中损伤脱落的细胞，大部分细胞经生长、分化进入根后方的伸长区。

3. 伸长区 伸长区位于分生区的上方，细胞多已停止分裂，突出的特点是细胞显著伸长，圆筒形，细胞质成一薄层，紧贴细胞壁，液泡明显，体积增大并开始分化，细胞伸长的幅度可为原有细胞的数十倍。由于伸长区细胞的迅速伸长，使得根尖不断向土壤深处延伸。因此，伸长区是根向土壤深处生长的动力。

4. 成熟区 成熟区位于伸长区上方，该区的各部分细胞停止伸长，分化出各种成熟组织。成熟区突出的特点是表皮密生根毛，因此又称作根毛区。根毛由部分表皮细胞外壁突出而成，呈管状，不分枝，长度为 1～10mm，其数目因植物的种类而异。根毛的细胞壁薄软而胶黏，有可塑性，易与土粒紧密接触，因此能有效地进行吸收作用（图 2-2）。

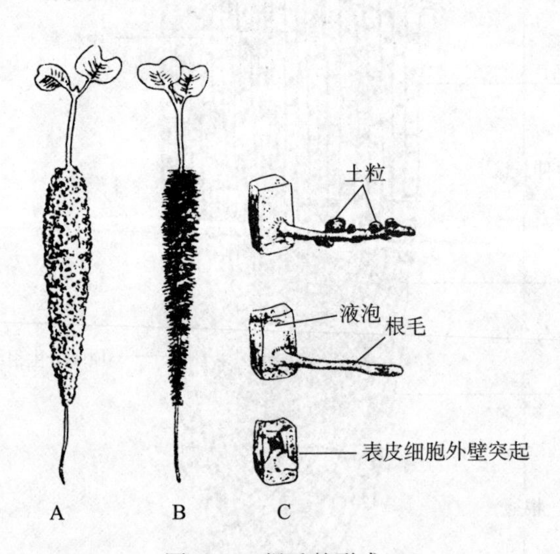

图 2-2 根毛的形成

A. 带土的白菜幼苗 B. 洗净后的幼苗，根毛明显 C. 根毛的发育

根毛的生长速度较快，但寿命很短，一般生活 10～20d 即死亡。然而随着幼根的向前生长，伸长区的上部又产生新根毛，所以根毛区的位置不断向土层深处推移，使根毛能与新土层接触，大大提高了根的吸收效率。生产实践中，对植物进行移栽，纤细的根毛和幼根难免受损，因而吸收水分能力大大下降。因此，移栽后必须充分灌溉和修剪枝叶，以减

少植株内水分的散失，提高植株的成活率。

（二）双子叶植物根的结构

1. 初生生长与初生结构 由根尖的分生区，即顶端分生组织，经过细胞的分裂、生长和分化而形成根的成熟结构，这种生长过程称作初生生长。在初生生长过程中所产生的各种成熟组织都属于初生组织，它们共同组成根的结构，就称作根的初生结构。因此，在根尖的成熟区做一横切面，就能看到根的初生结构，从外至内可划分为表皮、皮层、维管柱（中柱）三个明显的部分（图 2－3）。

双子叶植物根的初生结构

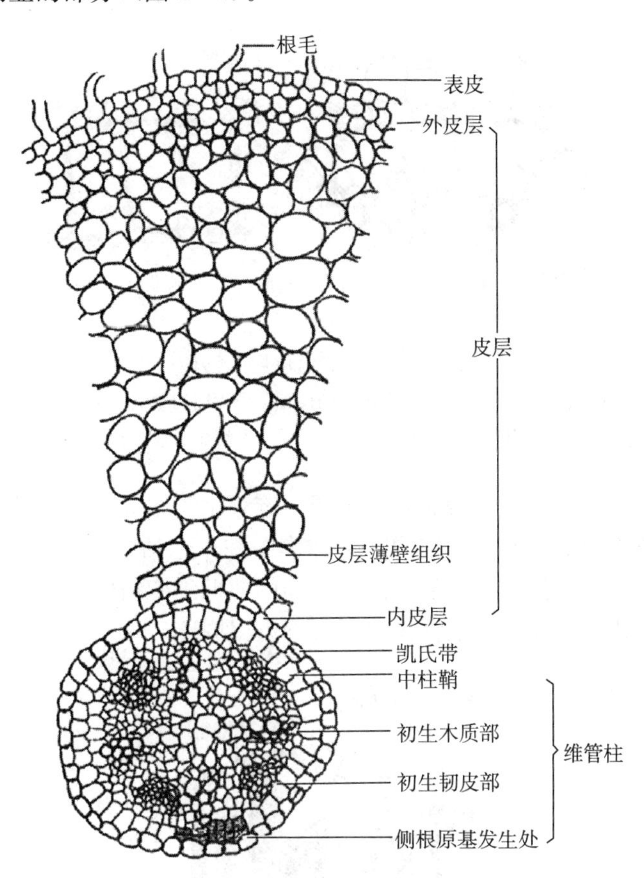

图 2－3 棉根幼根横切面

（王全喜等，2004. 植物学）

（1）表皮。是根的最外一层细胞，由原表皮发育而来，细胞呈长方柱形，其长轴与根的纵轴平行，在横切面上近方形。表皮细胞的细胞壁薄，由纤维素和果胶质构成，水和溶质可以自由通过，许多表皮细胞的外壁向外突出伸长，形成根毛，扩大了根的吸收面积。所以，根毛区的表皮属于保护组织。

（2）皮层。表皮以内，维管柱以外的部分称为皮层。皮层来源于基本分生组织，由多层薄壁细胞组成，占幼根横切面的比例很大，是水分和溶质从根毛到维管柱的输导途径，也是幼根贮藏营养物质的场所，并具有一定的通气作用。

皮层的最外一至数层细胞，形状较小，排列紧密，称作外皮层。当根毛死亡，表皮细胞破坏后，外皮层细胞壁加厚并栓化，代替表皮细胞起保护作用。皮层最内一层特化的细胞为内皮层，内皮层细胞排列整齐紧密，无细胞间隙，在各细胞的径向壁和上下横壁的局部具有带状木质化和木栓化加厚区域，称作凯氏带。电镜观察表明，在紧贴凯氏带的地方，内皮层细胞的质膜较厚，并且牢固地附着于凯氏带上，甚至发生质壁分离时，质膜仍和凯氏带连接在一起。这种特殊结构对根的吸收有重要的意义：它阻断了皮层与维管柱间通过细胞壁、细胞间隙的运输途径，使进入维管柱的溶质只能通过内皮层细胞的原生质体，从而使根能进行选择性吸收，同时防止维管柱里的溶质倒流至皮层，以维持维管组织内的流体静压力，使水和溶质源源不断地进入导管（图 2-4）。

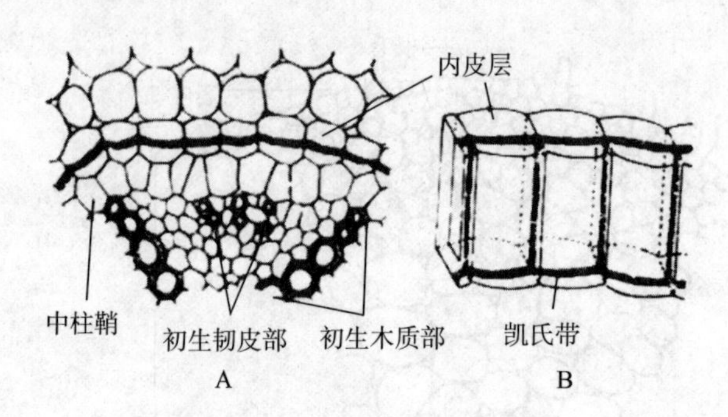

图 2-4　根的内皮层的结构

A. 根的部分横切面，示内皮层的位置，内皮层的壁上可见凯氏带

B. 三个内皮层细胞的立体结构，示凯氏带在细胞壁上的位置

（3）维管柱。由原形成层发展而来，主要由维管组织组成，执行输导作用，因此称作维管柱；因其为位于根中央的柱状结构，又称作中柱；包括中柱鞘、维管束和髓三部分。维管束是由初生木质部、初生韧皮部和两者之间的薄壁细胞组成，初生木质部与初生韧皮部相间排列呈辐射状，这种维管束称作辐射维管束（图 2-5）。

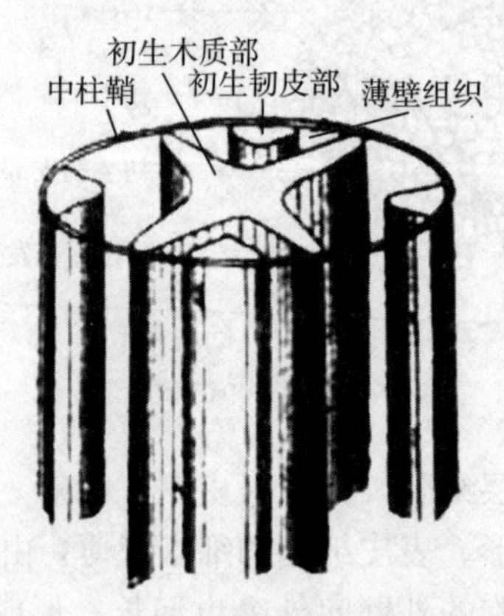

图 2-5　根的维管柱初生结构的立体结构

①中柱鞘。由维管柱的外围与内皮层紧接的一或几层细胞组成。细胞体积较大，细胞壁薄，排列紧密，分化水平较低，具有潜在的分生能力，在特定的生长阶段和适当的条件下能形成侧根、不定芽以及木栓形成层和形成层的一部分。

②初生木质部。位于中柱鞘的内方，在横切面上呈星芒状或辐射状，辐射状的尖端称作辐射角。双子叶植物初生木质部辐射角的数目通常为 2～7 束，分别称作二原型、三原型、

四原型。如萝卜、油菜为2束，称作二原型；豌豆、柳树是3束，称作三原型；棉花、向日葵属于四原型；犁、苹果属于五原型。此外，初生木质部束数也常常发生变化，同种植物的不同品种或同株植物的不同根上，可出现不同束数的木质部，如茶树品种不同，就有5束、6束、8束甚至12束之分。一般认为主根中的原生木质部束数较多，其形成侧根的能力较强。初生木质部组成比较简单，主要是导管和管胞，有的还含有木纤维和木薄壁细胞。

根的初生木质部是向心分化成熟的。辐射角的尖端最早分化成熟，故它的口径较小，壁较厚，为环纹导管和螺纹导管，这部分木质部称作原生木质部；接近中心部分的木质部，分化成熟较迟，导管口径较大，多为梯纹、网纹和孔纹导管，这部分木质部称作后生木质部。根的初生木质部由外向内逐渐分化成熟的发育方式称作外始式，这是根初生木质部在发育上的特点。

③初生韧皮部。位于两个木质部辐射角之间，与初生木质部呈相间排列。因此，其束数与初生木质部的束数相同。它分化成熟的发育方式也是外始式。初生韧皮部由筛管、伴胞和韧皮薄壁组织组成，有时存在有韧皮纤维，如锦葵科、豆科植物等。

此外，在初生韧皮部和初生木质部之间有一至多层薄壁细胞，在双子叶植物根中，这部分细胞可以进一步转化为维管形成层的一部分，由此产生次生结构。

④髓。少数双子叶植物根的中央为薄壁细胞，称作髓，如蚕豆、落花生等。大多数双子叶植物根的中央部分常常发育为后生木质部而无髓。

2. 次生生长与次生结构 大多数双子叶植物和裸子植物的根，在完成初生生长后，由于次生分生组织——维管形成层和木栓形成层的产生和分裂活动，使根不断地增粗，这种生长过程称作增粗生长，也称作次生生长，由它们产生的次生维管组织和周皮共同组成的结构，称作次生结构。

双子叶植物根的次生结构

（1）维管形成层的发生及活动。

①维管形成层的发生和波浪状形成层环的形成。根部维管形成层产生于幼根的初生韧皮部的内方，即由两个初生木质部脊之间的薄壁组织开始。当次生生长开始时，这部分细胞开始进行分裂活动，形成维管形成层的一部分。最初的维管形成层是片段的。这些片段形成层的数目与根的原数有关，即几原型的根就有几条形成层的片段。以后随着细胞的分裂，各段维管形成层逐渐向其两端扩展，并向外推移，直达中柱鞘细胞。此时，与初生木质部辐射角相对的中柱鞘细胞也恢复分裂能力，将片段的形成层连接成完整的、连续的、呈波浪状的维管形成层环，包围着初生木质部（图2-6）。

②维管形成层的发生和圆环状形成层环的形成。维管形成层发生后，主要进行平周分裂，由于形成层发生的时间及分裂速度不同。通常位于初生韧皮部内侧的维管形成层最早发生，最先分裂，分裂速度快，产生的次生维管组织较多，而在初生木质部辐射角处的形成层活动较慢，所以形成的次生维管组织较少。这样，初生韧皮部内侧的维管形成层被新形成的次生组织推向外方，最后使波浪状的维管形成层环变成圆环状的维管形成层环。圆环状维管形成层环形成后，形成层各部分的分裂活动趋于一致，向内向外添加次生组织，并把初生韧皮部推向外方。维管形成层环的活动，主要是进行平周分裂，向内分裂产生的细胞分化出新的木质部，加在初生木质部的外方，称作次生木质部；向外分裂产生的细胞分化出新的韧皮部，加在初生韧皮部的内方，称作次生韧皮部，次生木质部和次生韧皮部合称次生维管组织，这是次生结构的主要部分。另外，在次生木质部和次生韧皮部内，还

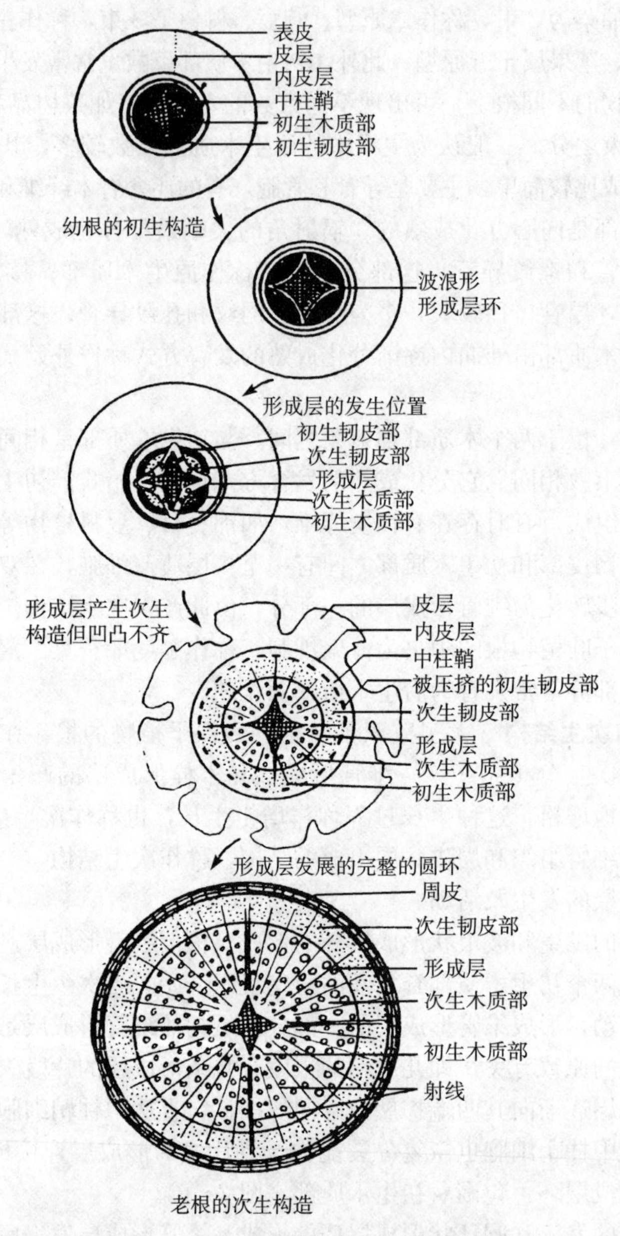

图 2-6　根由初生结构到次生结构的转变

有一些径向排列的薄壁细胞群，统称维管射线，其中贯穿于次生木质部中的射线称作木射线，贯穿于次生韧皮部中的射线称作韧皮射线。维管射线是次生结构中新产生的组织，具有横向运输水分和养料的功能。根在增粗过程中，形成层的分裂活动以及所产生的次生组织主要有两方面的特点：一是在次生维管组织内，次生木质部居内，次生韧皮部居外，为相对排列。这与初生维管组织中初生木质部与初生韧皮部二者相间排列是完全不同的。二是在维管形成层不断进行平周分裂过程中，向内产生的次生木质部比向外产生的韧皮部多，随着根的不断增粗，维管形成层的位置也不断地向外推移，所以形成层除进行平周分裂使根的直径加大外，也进行少量的垂周分裂和侵入生长，使维管形成层本身的周径不断增大，以适应根的增粗。

(2) 木栓形成层的发生及活动。维管形成层的活动使根内增加了大量的次生组织，使维管柱外围的皮层及表皮被撑破。在皮层破坏之前，中柱鞘细胞恢复分裂能力，形成木栓形成层。木栓形成层进行平周分裂，向外分裂产生木栓层，向内分裂产生栓内层，三者共同组成周皮。木栓层由数层木栓细胞组成，细胞扁平，排列紧密而整齐，无细胞间隙，细胞壁栓化，不透气，不透水，最后原生质体死亡，成为死细胞。木栓层以外的皮层和表皮因得不到水分和养料而死亡脱落，于是周皮代替表皮对老根起很好的保护作用，这是根增粗生长后形成的次生保护组织。

多年生木本植物的根，维管形成层随季节进行周期性活动使根不断增粗。而木栓形成层的活动通常有限，活动一个时期便失去再分裂的能力而本身栓化为木栓细胞。随着根的不断增粗，木栓形成层可由内侧的薄壁细胞恢复分裂重新产生。因此，木栓形成层发生位置可逐年向根的内方推移，最终可深入到次生韧皮部，由次生韧皮部的薄壁组织发生，继续形成新的木栓形成层。

由于两种形成层（次生分生组织）的活动，形成了根的次生结构。自外而内依次为周皮（木栓层、木栓形成层、栓内层）、成束的初生韧皮部（常被挤毁）、次生韧皮部（含径向的韧皮射线）、形成层、次生木质部（含木射线）、初生木质部（辐射状）。辐射状的初生木质部仍保留在根的中央，成为识别老根的重要特征（图 2－7）。

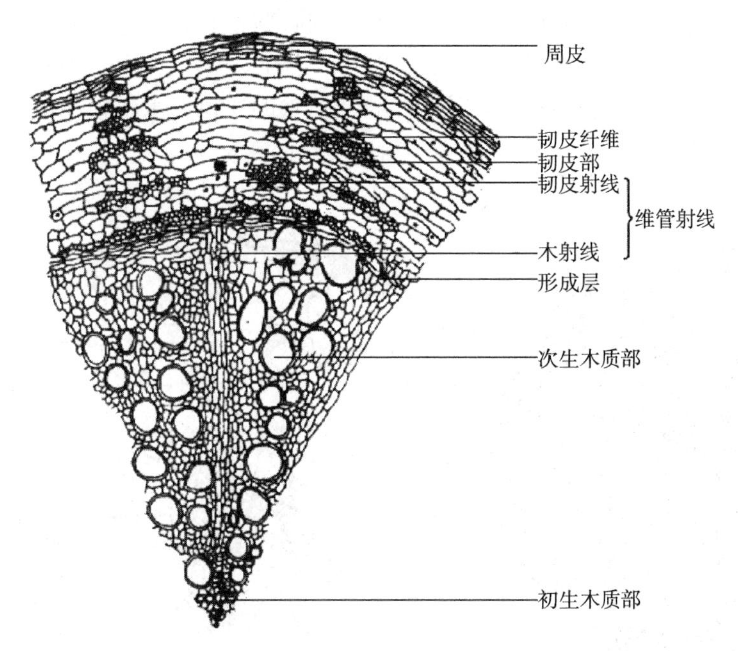

图 2－7 棉老根的次生结构
（王全喜等，2004. 植物学）

(三) 禾本科植物根的结构

水稻根的结构

禾本科植物属于单子叶植物，其基本结构与双子叶植物一样，亦分为表皮、皮层、维管柱三部分（图 2－8）。但禾本科植物在下列几方面有所不同。

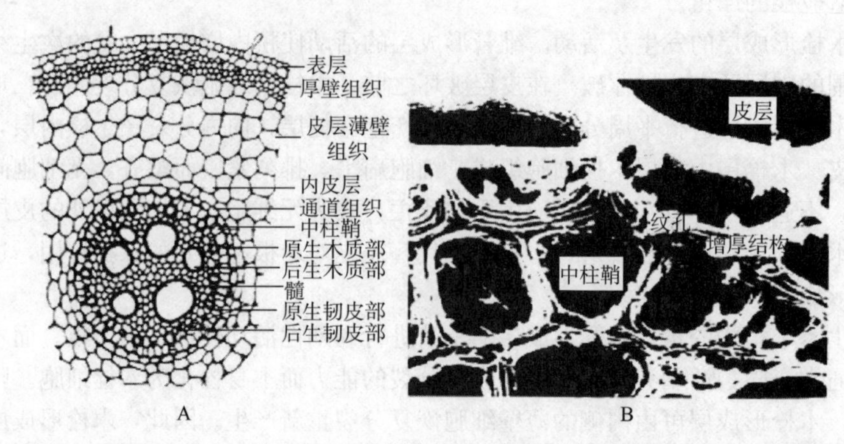

图 2-8　小麦老根横切面（A）及黑麦草内皮层细胞（B），B 图示内皮层细胞五面加厚的壁及其中的纹孔
（郑湘如等，2001. 植物学）

（1）在植物一生中只具初生结构，一般不再进行次生的增粗生长，即不形成次生分生组织和进行次生生长。

（2）外皮层在根发育后期常形成木栓化的厚壁组织，在表皮和根毛枯萎后，替代表皮起保护作用。内皮层细胞在发育后期其细胞壁常呈五面壁加厚，在横切面上呈马蹄形，但与初生木质部相对位置的内皮层细胞不增厚，保持薄壁状态，称作通道细胞。一般认为它们是禾本科植物根的内外物质运输的唯一途径，但大麦根中无通道细胞，在电镜下发现其内皮层栓化壁上有许多胞间连丝，认为是物质运输的通道。水稻根在生长后期皮层的部分细胞解体形成通气组织（图 2-9）。

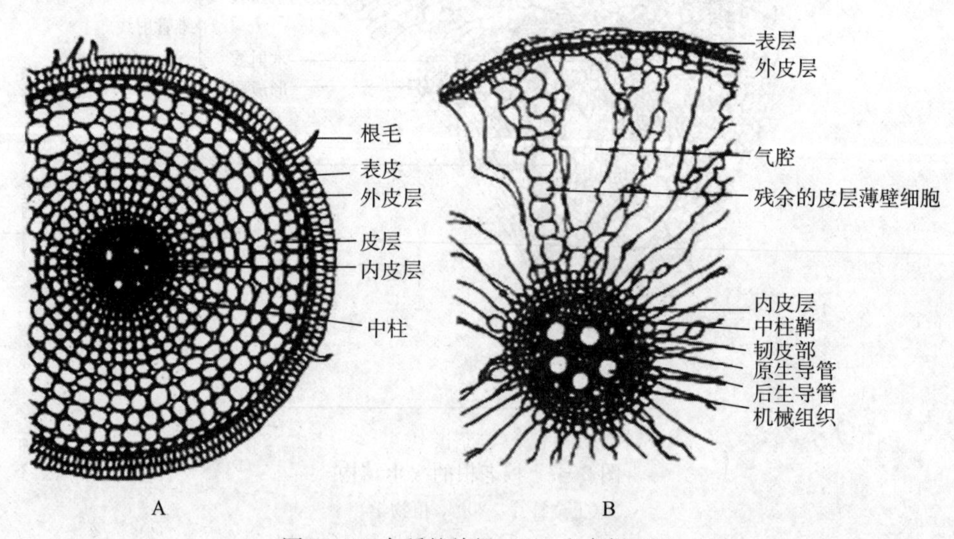

图 2-9　水稻的幼根（A）和老根（B）

（3）中柱鞘在根发育后期常部分（如玉米）或全部（如水稻）木化。维管柱为多原型(初生木质部束数多为 7 束以上)。中央有发达的髓，由薄壁细胞组成，有的种类如水稻等发育后期可转化为木化的厚壁组织，以增强支持作用。

（四）侧根的形成

侧根起源于根毛区内中柱鞘的一定部位，侧根在维管柱鞘上产生的位置，常随植物种类而不同，在二原型根中，侧根发生于初生木质部和初生韧皮部之间或正对初生木质部的中柱鞘细胞。在前一种情况下，侧根行数为原生木质部辐射角的倍数，如胡萝卜为二原型，侧根有4行；在后一种情况下，则侧根只有2行，如萝卜。在三原型或四原型根中，侧根多发生于正对初生木质部的中柱鞘细胞，在这种情况下，初生木质部辐射角有几个，常产生几行侧根。在多原型根中，侧根常产生于正对原生韧皮部的中柱鞘细胞（图2-10）。

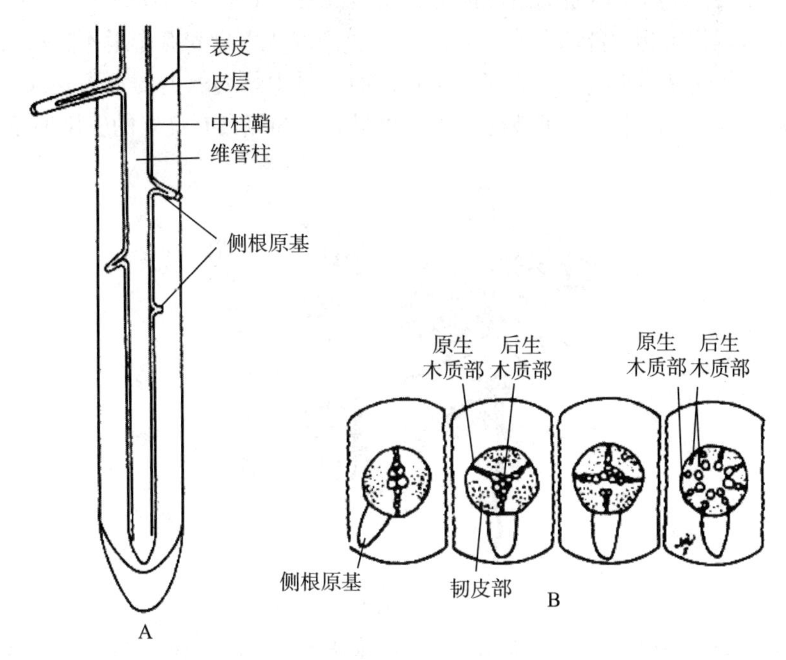

图2-10 根尖纵剖面（A）和根的初生结构横剖面（B），B图示侧根原基发生部位
（徐汉卿，1994. 植物学）

当侧根开始发生时，中柱鞘的某些细胞开始分裂，最初为几次平周分裂，使细胞层数增加，并向外突起，之后再进行包括平周分裂和垂周分裂在内的各个方向的分裂，这就使原有的突起继续生长，形成侧根的根原基，这是侧根最早的分化阶段。以后随着侧根原基的分裂、生长，逐渐分化出生长点和根冠。最后，生长点的细胞继续分裂、增大和分化，逐渐深入到皮层。此时，根尖细胞能分泌含酶的物质，将部分皮层和表皮细胞溶解，因而能够穿破表皮，顺利地伸入土壤之中形成侧根。

由于侧根起源于中柱鞘，因而发生部位接近维管组织，当侧根维管组织分化后，就会很快和母根的维管组织连接起来。侧根的发生在根毛区就已开始，但突破表皮，露出母根外，却在根毛区以后的部分。这样，就使侧根的产生不会破坏根毛而影响吸收功能。

（五）根瘤与菌根

有些土壤微生物能侵入某些植物的根部，与之建立互助互利的并存关系，这种关系称作共生。被侵染的植物称作宿主，其被侵染的部位常形成特殊结构，根瘤和菌根便是高等植物的根部所形成的这类共生结构。

固氮作用

1. 根瘤 根瘤是由固氮细菌或放线菌侵染宿主根部细胞而形成的瘤状共生结构。自然界中有数百种植物能形成根瘤，其中与生产关系最密切的是豆科植物的根瘤，如图2-11。豆科植物的根瘤是由一种称作根瘤菌的细菌入侵后形成的。它与宿主的共生关系表现为宿主供应根瘤菌所需的碳水化合物、矿物盐类和水，根瘤菌则将宿主不能直接利用的分子氮在其固有的固氮酶的作用下，形成宿主可吸收利用的含氮化合物。这种作用称作固氮作用。氮是植物必需的大量元素，由于氮是生命物质蛋白质的组成成分，所以又被称作“生命元素”。虽然空气中的含氮量达78%左右，但植物不能吸收利用，通过人工合成或生物固氮作用才能被植物利用。

有人估计，全世界年产氮肥0.5亿t左右，而通过生物固氮的氮素可达1.5亿t，生物固氮不但量大，不产生污染，并可节能，由此可见生物固氮具有良好的应用前景。

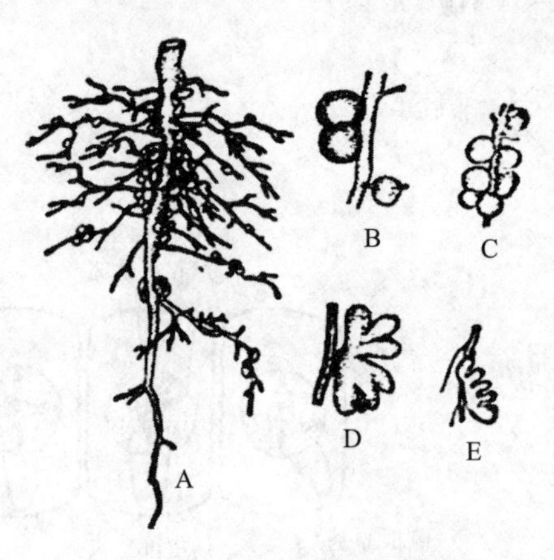

图2-11 几种豆科植物的根瘤

A. 具有根瘤的大豆根系 B. 大豆的根瘤 C. 蚕豆的根瘤 D. 豌豆的根瘤 E. 紫云英的根瘤

豆科植物的根瘤的形成过程如图2-12所示。豆科植物苗期根部的分泌物吸引了在其附近的根瘤菌，使其聚集在根毛附近大量繁殖。随后，根瘤菌产生的分泌物使根毛卷曲、膨胀，并使部分细胞壁溶解，根瘤菌即从细胞壁被溶解处侵入根毛，在根毛中滋生管状的侵入线。其余的根瘤菌便沿侵入线进入根部皮层并在该处繁殖，皮层细胞受此刺激也迅速分裂，致使根部形成局部突起，即为根瘤。根瘤菌居于根瘤中央的薄壁组织内，逐渐破坏其核与细胞质，本身变为拟菌体；同时该区域周围分化出与根部维管组织相连的输导组织。拟菌体通过输导组织从皮层吸收营养和水，进行固氮作用。现已发现自然界中有一百多种非豆科植物也可形成能固氮的根瘤或叶瘤，可用于固沙改土。此外，通过遗传工程的手段使谷类作物和牧草具备固氮能力，已成为世界性的研究课题。

2. 菌根 菌根是高等植物根部与某些真菌形成的共生体。可分为外生菌根、内生菌根和内外生菌根三种。

菌根

(1) 外生菌根。与根共生的真菌菌丝大部分长在幼根外表，形成菌丝鞘，少数侵入表皮和皮层的细胞间隙。菌根一般较粗，顶端二叉，根毛稀少或无。只有少数植物如杜鹃花科、松科、桦木科等植物形成这类菌根（图2-13）。

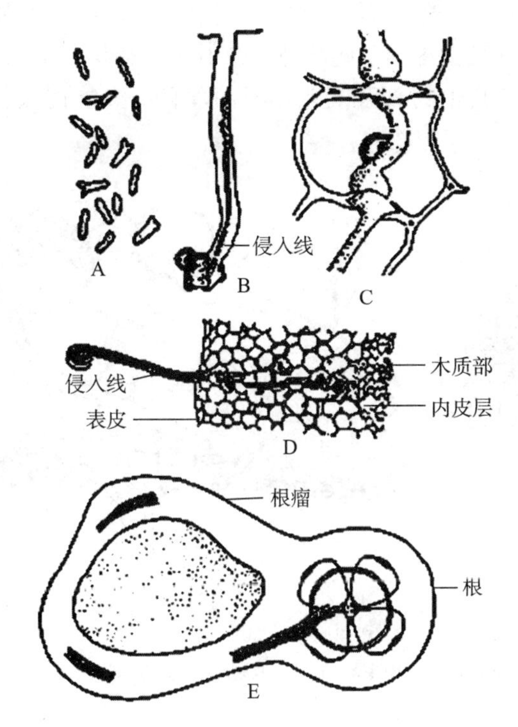

图 2-12 根瘤形成过程

A. 根瘤菌 B. 根瘤菌侵入根毛 C. 根瘤菌穿过皮层细胞
D. 根横切面的一部分，示根瘤菌进入根内 E. 蚕豆根瘤的切面

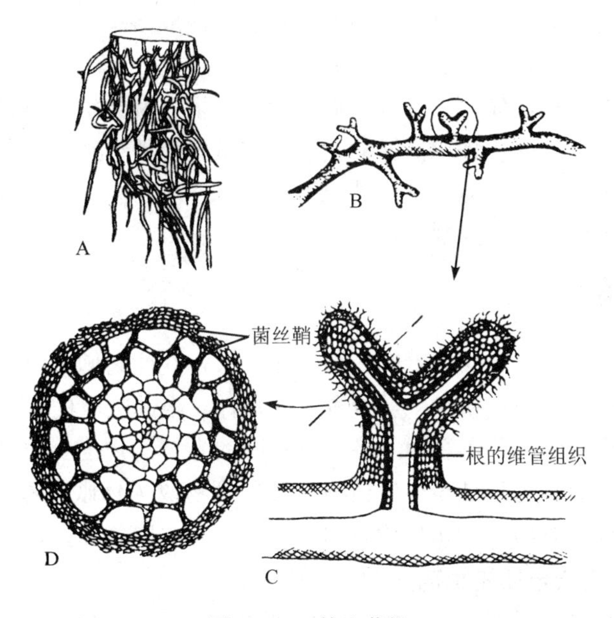

图 2-13 外生菌根

（郑湘如等，2001. 植物学）

A. 栎树的外生菌根外形 B. 成为菌根的一些侧根端部为分叉状 C. 为B圈中部分放大 D. 外生菌根的横切面

（2）内生菌根。真菌侵入根的皮层细胞内，并在其中形成一些泡囊和树枝状菌丝体，故又名泡囊-丛枝菌根。大多数菌根属于此类型，如小麦、银杏等植物的菌根（图2-14）。

（3）内外生菌根。指共生的真菌既能形成菌丝鞘，又能侵入宿主根细胞内的一类菌根，如草莓的菌根。

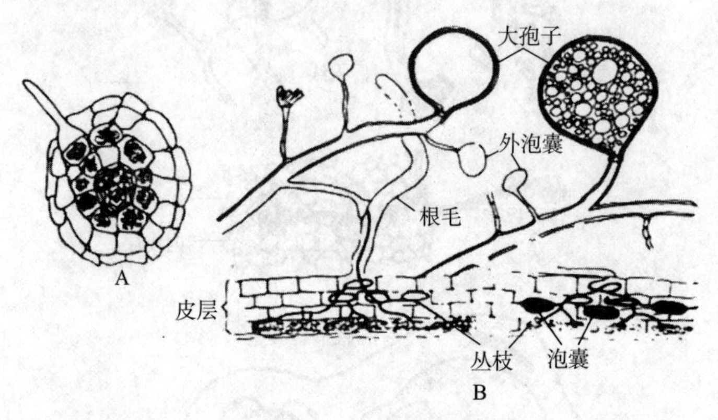

图2-14　内生菌根

（郑湘如等，2001. 植物学）

A. 小麦根横切面，示内生真菌　B. 泡囊-丛枝状的真菌在宿主根中的分布

菌根中的菌丝从寄主组织中获取营养，同时也有利于寄主的生长发育。一是可提高根的吸收能力。二是能分泌水解酶，促进根际有机物分解以便于根吸收。三是产生如维生素B类的生长活跃物质，增加根部细胞分裂素的合成，促进宿主的根部发育。四是对于一些药用植物，能提高药用成分。五是提高苗木移栽、扦插成活率等。另外，兰科菌根是兰科植物种子萌发的必要条件。

有些具有菌根的树种，如松、栎等，如果缺乏菌根，就会生长不良。所以在荒山造林或播种时，常预先在土壤内接种所需要的真菌，或事先让种子感染真菌，以使这些植物菌根发达，保证树木生长良好。但在某些情况下二者也产生矛盾，如真菌过旺生长会使根的营养消耗过多，树木生长受到抑制。

二、茎的结构

茎是地上部分的主轴，它支持着叶、芽、花、果，并使它们形成合理的空间布局，有利于叶的光合作用以及花的传粉、果实或种子的传播。根部吸收的水、矿物质，以及在根中合成或贮藏的有机物通过茎运往地上各部分；叶的光合产物也要通过茎输送到植株各部分。另外茎有贮藏功能，尤其是多年生植物，其贮藏物成为休眠芽春季萌动的营养来源；有些植物的茎还具有繁殖功能，如马铃薯的块茎、杨树的枝条等。

（一）茎的伸长生长与初生结构

1. 茎尖分区及结构　茎的尖端称为茎尖。茎尖自上而下可分为分生区、伸长区和成熟区三部分（图2-15）。

（1）分生区。位于茎尖前端，由原分生组织和初生分生组织组成。原分生组织呈半球形结构，即芽中的生长锥，这部分细胞是一群具有强烈而持久分裂能力的细胞群。

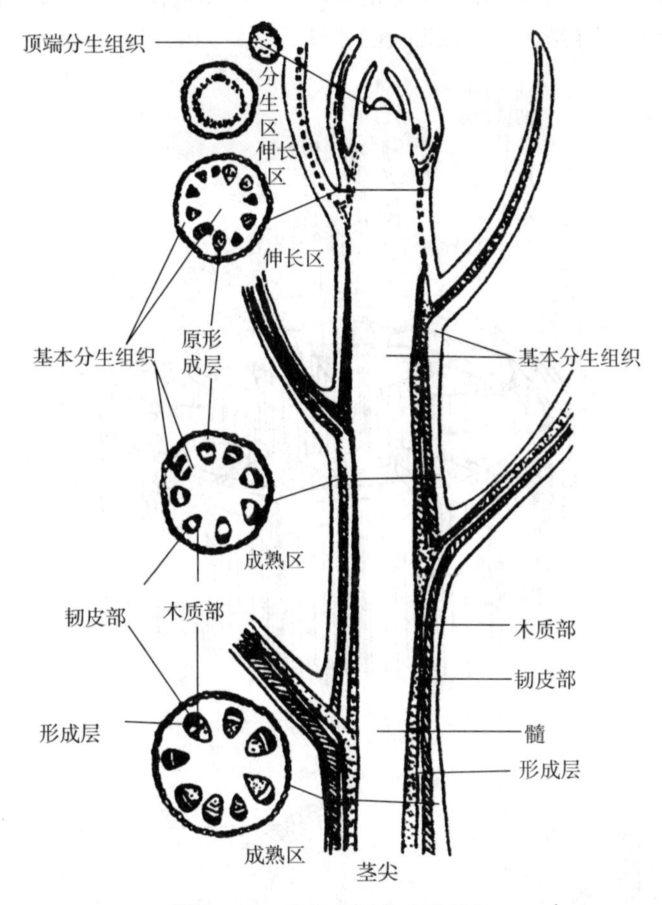

图 2-15 茎尖各区的大致结构

(2) 伸长区。茎伸长区的细胞学特征基本同根，但该区常包含几个节与节间，远长于根的伸长区。其长度可随环境改变，二年生和多年生植物在进入休眠期时，伸长区逐渐变为成熟区而短至难以辨认。

(3) 成熟区。与根相同，此处各种成熟组织已分化完成，成为茎的初生结构。

2. 茎的伸长生长 茎的伸长生长方式比较复杂，可分为顶端生长和居间生长。

(1) 顶端生长。茎的顶端生长是指茎尖进行的初生生长。通过顶端生长可不断增加茎的节数和叶数，同时使茎逐渐延长。

(2) 居间生长。茎的居间生长是指遗留在节间的居间分生组织所进行的初生生长。禾本科、石竹科、蓼科、石蒜科植物在进行顶端生长时，开始所形成的茎的节间不伸长，而是在节间遗留下居间分生组织，待植株生长发育到一定阶段，这些居间分生组织才进行伸长生长，并逐渐全部分化为初生结构，使茎节间迅速伸长。例如小麦、水稻等禾本科植物的拔节就是居间生长的结果。有些植物在茎以外的部位，如韭菜的叶基、花生的子房柄，也存在这种生长方式。

双子叶植物茎的初生结构

3. 茎的初生结构

(1) 双子叶植物茎的初生结构。茎通过初生伸长生长所形成的构造称作初生结构。与根相同，茎的初生结构也是由表皮、皮层和维管柱三大部分组成，但两者因功能与所处环境的不同，在结构上存在很大的差异（图 2-16、图 2-17）。

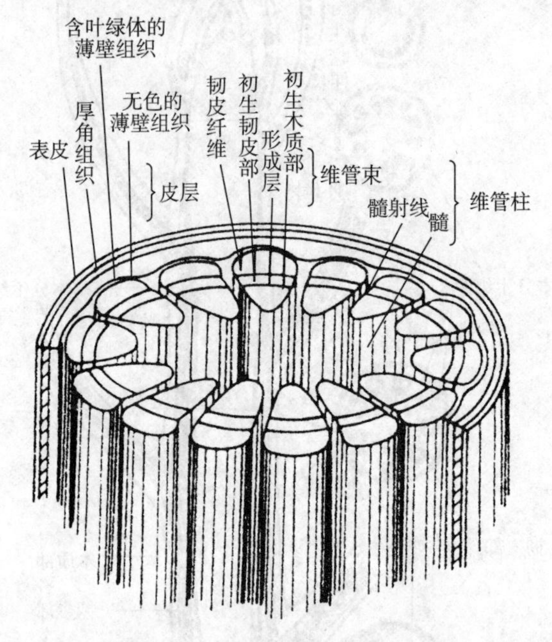

图 2-16　双子叶植物茎初生结构

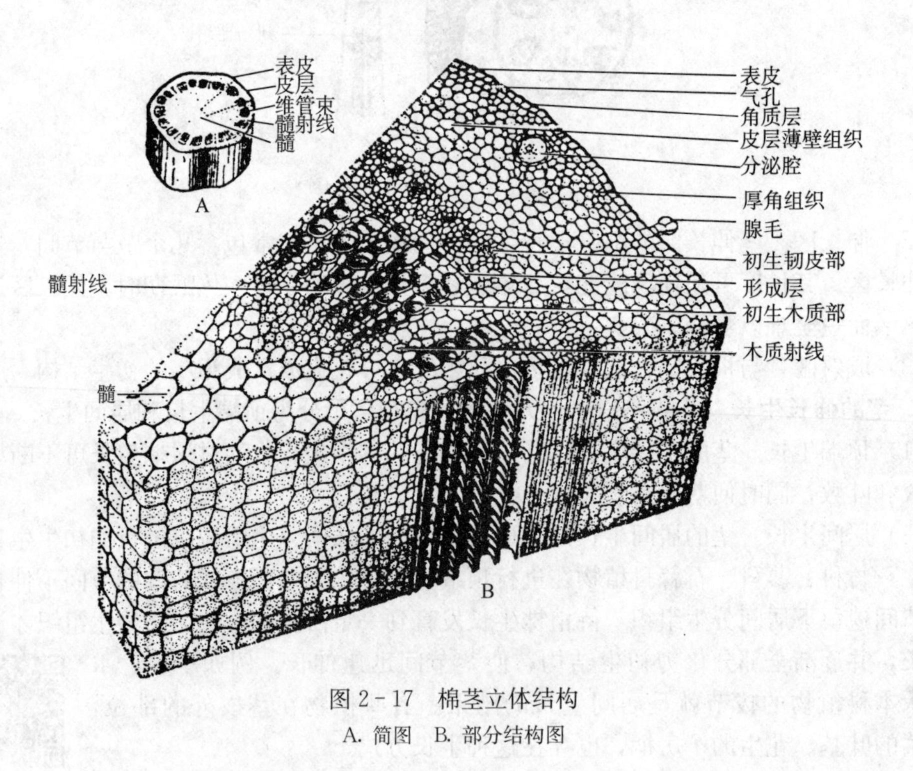

图 2-17　棉茎立体结构

A. 简图　B. 部分结构图

①表皮。表皮是幼茎最外面的一层细胞，为典型的初生保护组织。在横切面上表皮细胞为长方形，排列紧密，没有细胞间隙，细胞外壁较厚形成角质层，有的植物还具有蜡质

(如蓖麻)，能控制蒸腾作用并增强表皮的坚固性。在表皮上存在有气孔器、表皮毛、腺毛等附属结构，表皮毛和腺毛能增强表皮的保护功能。

②皮层。位于表皮的内方，整体远较根的皮层薄，主要由薄壁组织组成。细胞排列疏松，有明显的细胞间隙。靠近表皮的几层细胞常分化为厚角组织。薄壁组织和厚角组织细胞中常含有叶绿体，故使幼茎呈绿色。有些植物茎的皮层中还分布有分泌腔（棉、向日葵）、乳汁管（甘薯）或其他分泌结构；有的含有异形细胞，如晶细胞、单宁细胞（桃、花生），木本植物则常有石细胞群。

茎的内皮层分化不明显，皮层与维管柱无明显分界，只有一些植物的地下茎或水生植物的茎存在内皮层。少数植物如蚕豆，茎的内皮层细胞富含淀粉粒，故称作淀粉鞘。

③维管柱。皮层以内的中央柱状部分称作维管柱。双子叶植物茎的维管柱包括维管束、髓和髓射线三部分。

a. 维管束。茎的维管束是由初生木质部与初生韧皮部共同组成的分离的束状结构。茎内各维管束作单环状排列，多数植物的维管束属于外韧维管束类型，即初生韧皮部（由筛管、伴胞、韧皮纤维和韧皮薄壁细胞组成）在外方，初生木质部（由导管、管胞、木纤维和木薄壁细胞组成）在内方，在木质部与韧皮部之间普遍有由原形成层保留下来的束内形成层，这种侧生分生组织能继续产生维管组织，因而这种维管束又称作无限维管束或外韧无限维管束。甘薯、马铃薯、南瓜等植物的维管束，外侧和内侧都是韧皮部，中间是木质部，内外两侧的韧皮部和木质部之间有形成层，这种维管束称作双韧维管束。

b. 髓。位于维管柱中央的薄壁组织称作髓，具有贮藏养料的作用。有的植物髓中含有如石细胞、晶细胞、单宁细胞等异形细胞；有的植物的髓在生长过程中被破坏形成髓腔，如南瓜；有些植物形成髓腔时还留有片状的髓组织，如胡桃、枫杨属植物。

c. 髓射线。位于各维管束之间的薄壁组织，内连髓部，外接皮层，在横切面上呈放射状。具有横向运输养料的作用，同时也是茎内贮藏营养物质的组织。

(2) 禾本科植物茎的结构。禾本科植物茎的结构在横切面上大体可分为表皮、基本组织和维管束三部分（图 2-18）。与双子叶植物茎的初生结构比较，禾本科植物茎的维管束数目多，并散生在基本组织中，所以没有皮层和维管柱之分；维管束内无形成层，属有限维管束，因此禾本科植物不能进行次生加粗生长，终生只有初生结构，没有次生结构。

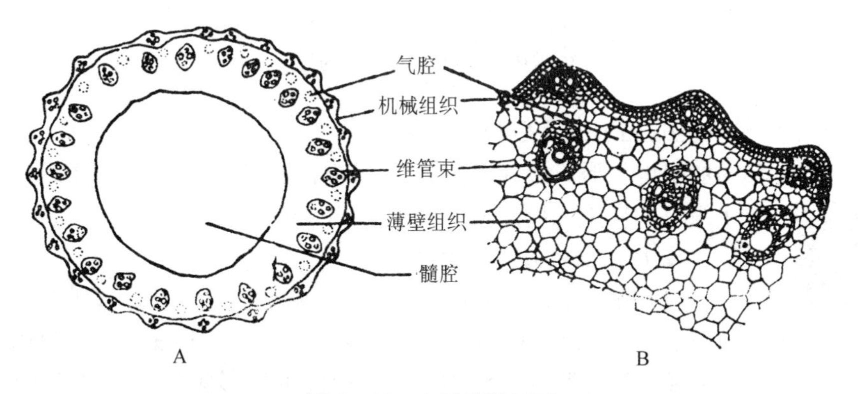

图 2-18 水稻茎横切面

A. 横切面 B. 横切面的部分放大

①表皮。是一层活细胞，排列整齐，由长细胞、短细胞和气孔器有规律地交替排列而成。长细胞是角质化细胞，为表皮的基本组成成分；短细胞排列在长细胞之间，包括具栓化壁的栓化细胞和具硅化细胞壁、细胞腔内有硅质胶体的硅细胞。

②基本组织。表皮以内为基本组织，主要由薄壁细胞组成。在靠近表皮处常有几层厚壁组织，彼此相连成一环，呈波浪形分布，具有支持作用。厚壁组织以内为薄壁组织，充满在各维管束之间。水稻、小麦、竹等茎的中央薄壁组织解体形成髓腔；水稻茎的维管束之间还有裂生通气道。禾本科植物的茎幼嫩时，在近表面的部分薄壁细胞中含有叶绿体，呈绿色，能进行光合作用。

③维管束。维管束散生于基本组织中，整体亦呈网状。在具髓腔的茎（小麦、水稻）中，维管束大体分为内、外两环。外环的维管束较小，大部分分布在表皮内侧的机械组织中；内环的较大，为薄壁组织包围。在为实心结构的茎中（如玉米），维管束散生于整个茎的基本组织中，由外向内维管束直径逐渐增大，各束间的距离则愈来愈远。

玉米茎的结构

禾本科植物茎中的维管束外围均被由厚壁组织组成的维管束鞘包围。初生木质部在横切面上呈 V 形，其基部为原生木质部，包括一或两个环纹、螺纹导管和少量木薄壁细胞。在生长过程中这些导管常遭破坏，四周的薄壁细胞互相分离，形成气腔；V 形的两臂处各有一个属于后生木质部的大型孔纹导管，之间或为木薄壁细胞，或有数个管胞。初生韧皮部在初生木质部外方。发育后期原生韧皮部常被挤毁，后生韧皮部由筛管和伴胞组成（图 2-19）。

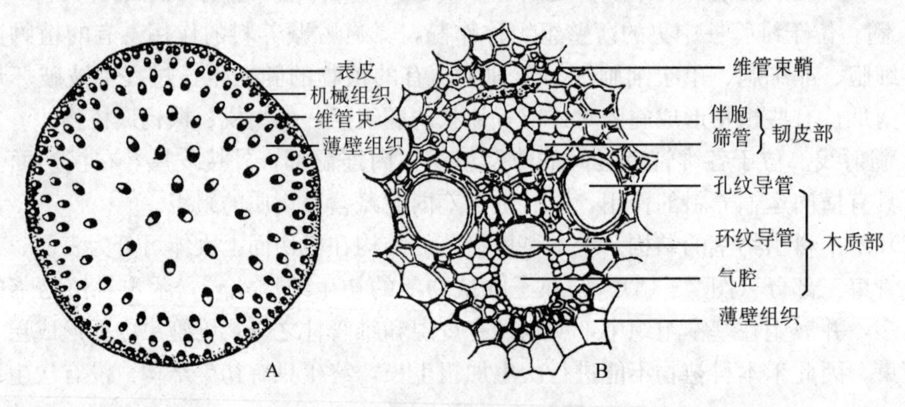

图 2-19　玉米茎横切面

A. 横切面　B. 一个维管束的放大

（二）双子叶植物茎的加粗生长与次生结构

与根相同，茎的加粗也是形成层和木栓形成层进行次生生长的结果，但这两种次生分生组织的发生和所形成的次生结构的某些特征，茎与根存在不同之处。

双子叶植物茎的次生生长及次生结构

1. 形成层的发生与活动

（1）维管形成层的发生。茎的初生结构形成后，在维管束中保留有束内形成层，随着束内形成层活动的影响，使相邻维管束束内形成层之间的髓射线细胞恢复分裂能力，形成束间形成层。束间形成层的产生，将片段的束内形成层连接成完整的圆筒状形成层，在横切面上呈圆环状（图 2-20），称作维管形成层，简称形成层。

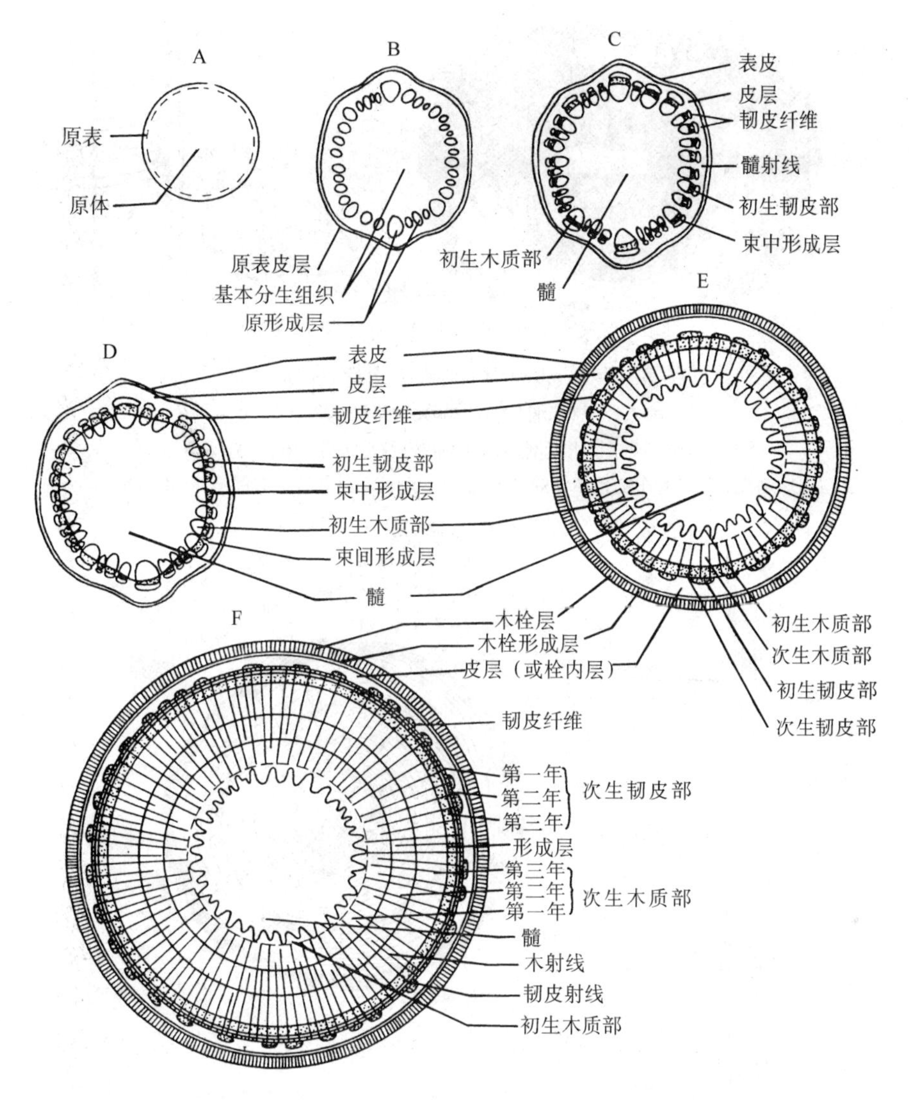

图 2-20　多年生双子叶植物茎的初生与次生生长

（郑湘如等，2001. 植物学）

A. 茎生长锥原分生组织部分的横切面　B. 生长锥下方初生分生组织部分

C. 初生结构　D. 形成层环形成　E、F. 次生生长和次生结构

（2）形成层的活动。维管形成层产生后通过细胞分裂、生长和分化而进行次生生长，形成次生维管组织。生长的方式和产物与根基本相同，向内分裂形成次生木质部（导管、管胞、木纤维、木薄壁细胞）和木射线，向外分裂形成次生韧皮部（筛管、伴胞、韧皮纤维、韧皮薄壁细胞）和韧皮射线。两种射线合称维管射线，维管射线与髓射线具有相同的功能（横向运输与贮藏养料的功能）。位于髓射线部位的射线原始细胞向内向外都产生薄壁细胞，使髓射线不断延长。在次生生长过程中，由于次生木质部的不断增加，形成层随之向外推移，通过本身细胞的径向分裂扩大周径而保持形成层的连续性。

（3）年轮的形成及心材、边材。多年生木本植物形成层活动所产生的次生木质部就是木材。在形成过程中可出现年轮、心材、边材等特征，如图 2-21、图 2-22。

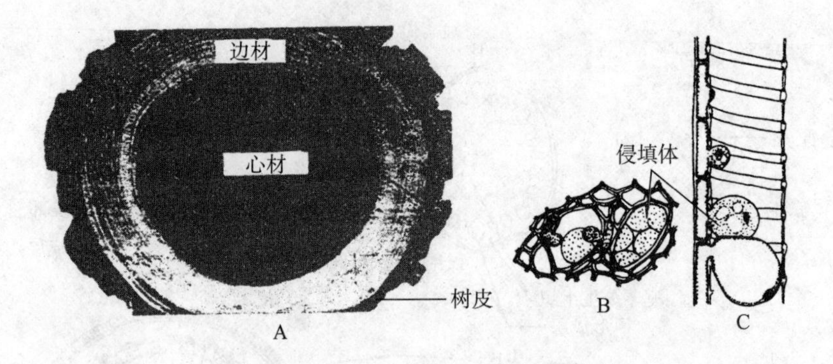

图 2-21　木材中的心材、边材和侵填体

（郑湘如等，2001. 植物学）

A. 桑树树干横剖面，示心材（深色部分）和边材

B. 刺槐心材导管中的侵填体的横剖面　C. 刺槐心材导管中的侵填体的纵剖面

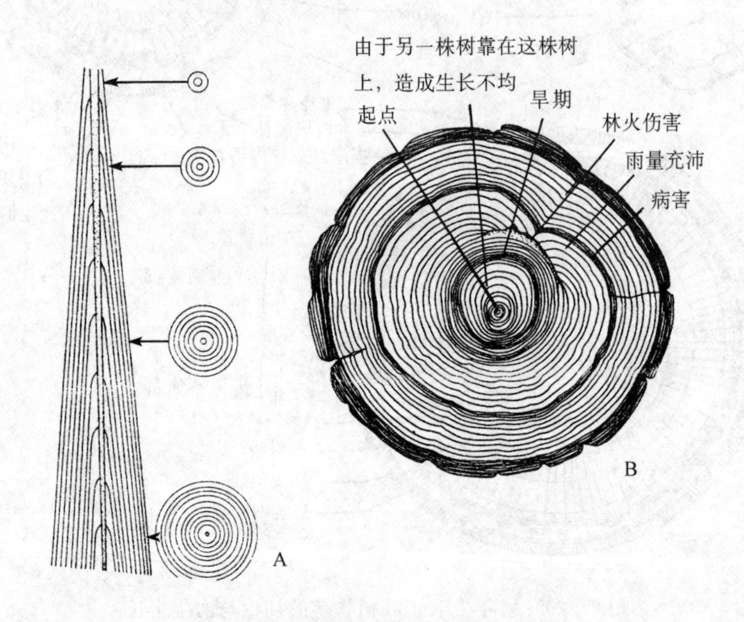

图 2-22　树木的生长轮

A. 具有 10 年树龄茎干的纵、横剖面，示不同高度生长轮数目的变化——基部是最早出现形成层进行次生生长处，因而其生长轮数代表了树龄，由下向上生长轮数目依次减少

B. 树干的横剖面，示生态条件对生长轮生长状况的影响

在多年生木本植物茎的次生木质部中，可以见到许多同心圆环，这就是年轮，年轮的产生是形成层活动随季节变化的结果。在四季气候变化明显的温带地区，春季温度逐渐升高，形成层解除休眠恢复分裂能力，这个时期水分充足，形成层活动旺盛，细胞分裂快，生长也快，形成的次生木质部中导管和管胞大而多，管壁较薄，木材质地较疏松，颜色较浅，称作早材或春材；夏末秋初，气温逐渐降低，形成层活动逐渐减弱，直至停止，产生的木材中导管和管胞少而小，细胞壁较厚，木材质密色深，称作晚材或秋材。同一年的早材和晚材之间的转变是逐渐的，没有明显的界线，但经过冬季休眠，前一年的晚材和第二年的早材之间形成了明显的界线，称作年轮界线，同一年内产生的早材和晚材就构成了一

个年轮。没有季节性变化的热带地区，树木没有年轮的产生。而温带和寒带的树木，通常一年只形成一个年轮。因此，根据年轮的数目可推断出树木的年龄。很多树木，随着年轮的增多，茎干不断增粗，靠近形成层部分的木材颜色浅，质地柔软，具有输导功能，这部分木材称作边材。木材的中心部分，常被树胶、树脂及色素等物质所填充，因而颜色较深，质地坚硬，这部分称作心材。心材已经失去输导能力，但对植物体具有较强的支持作用。由于心材水分含量少，不易腐烂，所以材质较好。心材与边材不是固定不变的，形成层每年可产生新的边材，同时靠近心材的部分边材继续转变为心材，因此边材的量比较稳定，而心材则逐年增加。各种树木边材与心材的比例及明显程度不同。

2. 木栓形成层的发生与活动 茎在次生生长过程中，除形成层活动产生次生维管组织外，还形成木栓形成层，产生周皮和树皮等次生保护结构，代替表皮起保护作用，以适应茎的不断增粗。茎中木栓形成层的来源比根复杂，最初的起源处因植物而异，有的起源于表皮（苹果、李等）；多数起源于皮层，如近表皮处皮层细胞（桃、马铃薯等），或皮层厚角组织（花生、大豆等），或皮层深处（棉等）；茶则由初生韧皮部中的韧皮薄壁细胞产生。木栓形成层产生后主要进行平周分裂，向外分裂产生的细胞经生长分化形成木栓层，向内产生的细胞发育成栓内层。木栓层层数多，其细胞形状与木栓形成层类似，细胞排列紧密，成熟时为死细胞，细胞壁栓质化，不透水、不透气；栓内层层数少，多为1～3层薄壁细胞，有些植物甚至没有栓内层。木栓层、木栓形成层和栓内层三者合称周皮。

木栓层形成后，由于木栓层不透水、不透气，所以木栓层以外的组织因水分和营养物质的隔绝而死亡并逐渐脱落。在表皮上原来气孔的位置，由于木栓形成层向外分裂产生大量疏松的薄壁细胞，向外突出形成裂口，称作皮孔。皮孔是老茎进行气体交换的通道（图2-23）。

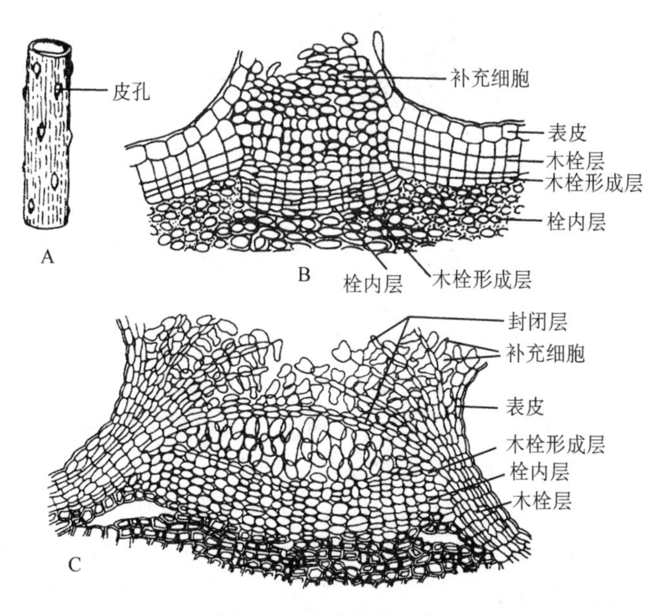

图2-23 皮孔的结构

A. 一段茎，示皮孔的外形与分布 B. 皮孔的剖面，示结构 C. 李属植物茎的外周横剖面，示封闭层

木栓形成层的活动期有限，一般只有一个生长季，第二年由其里面的薄壁细胞再转变成木栓形成层，形成新的周皮，这样多次积累，就构成了树干外面的树皮。植物学上将历年产生的周皮和夹于其间的各种死亡组织合称树皮或硬树皮。生产上习惯把形成层以外的部分称作树皮，而植物学上称作软树皮。

3. 双子叶植物茎的次生结构 双子叶植物由于形成层和木栓形成层的产生与活动，在茎内形成大量的次生组织，形成次生结构。茎的次生构造自外向内依次为周皮（木栓层、木栓形成层、栓内层）、皮层（有或无）、初生韧皮部（有或脱落）、次生韧皮部、形成层、次生木质部、初生木质部、维管射线和髓射线、髓（图 2-24、图 2-25）。

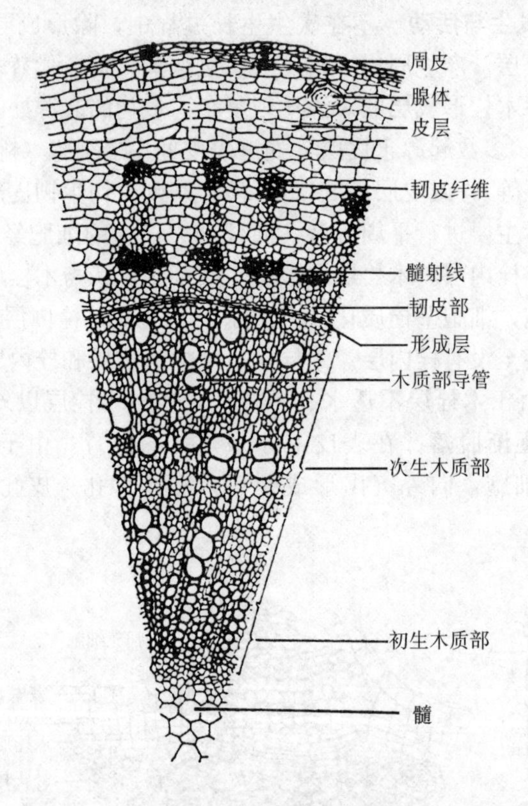

图 2-24 棉花老茎横切面

在双子叶植物茎的次生结构中，次生韧皮部的组成成分与初生韧皮部基本相同，但后者没有韧皮射线。在横切面上，次生韧皮部的量比次生木质部少得多，这是因为形成层向外产生次生韧皮部的量要比向内产生次生木质部少；筛管的输导作用只能维持 1～2 年，以后随着内侧次生木质部逐渐向外扩张而逐渐被挤毁，并被新产生的次生韧皮部所代替；在多年生木本植物中，次生韧皮部又是木栓形成层发生的场所，此处周皮一旦形成，其外方的韧皮部就因水分、养料被隔绝而死亡，成为硬树皮的一部分。由此说明次生韧皮部随着形成层的连续活动在不断更新。

三、叶片的结构

叶是绿色植物进行光合作用的主要器官，通过光合作用，植物合成本身生长发育所

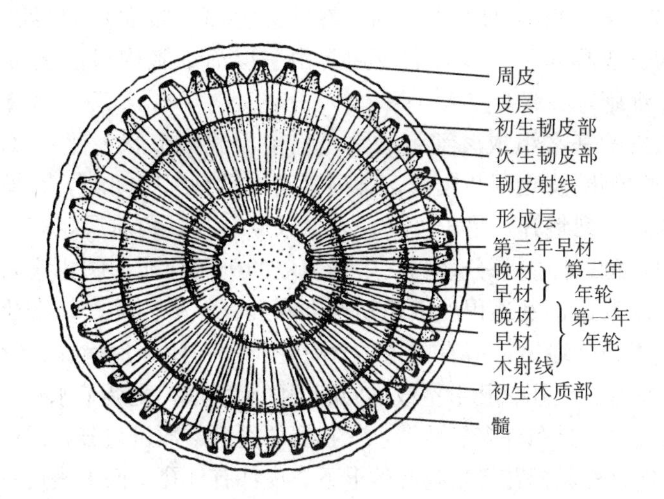

图 2-25 木本植物三年生茎横切面

需的葡萄糖，并以此为原料合成淀粉、脂肪、蛋白质、纤维素等。对人和动物界而言，光合作用的产物是直接或间接的食物来源，该过程释放的氧气又是生物生存的必要条件之一。叶也是蒸腾作用的主要器官，蒸腾作用是根系吸水的动力之一，并能促进植物体内无机盐的运输，还可降低叶表温度，使叶免受过强日光的灼伤。因此，蒸腾作用可以协调体内各种生理活动，但过于旺盛的蒸腾对植物不利。叶还具有一定的吸收和分泌能力。此外，有些植物的叶还具有特殊的功能，如落地生根、秋海棠等植物的叶具有繁殖能力；洋葱、百合的鳞叶肥厚，具有贮藏养料的作用；猪笼草、茅膏菜的叶具有捕捉与消化昆虫的作用。

（一）双子叶植物叶片的结构

双子叶植物的叶片多具有背面（远轴面或下面）和腹面（近轴面或上面）之分，在横切面上可分为表皮、叶肉和叶脉三部分（图 2-26）。

双子叶植物叶的结构

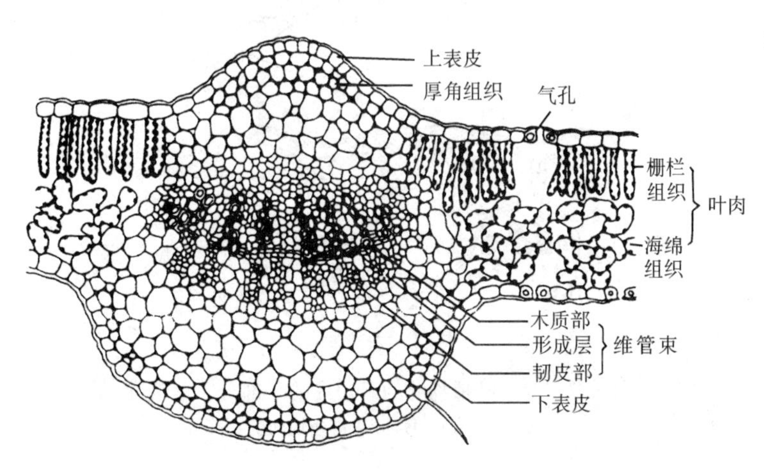

图 2-26 双子叶植物叶片横切面

1. 表皮 表皮覆盖于叶片的上下表面，在叶片上面（腹面）的表皮称作上表皮；叶片下面（背面）的表皮称作下表皮。表皮通常由一层活细胞构成，包括表皮细胞、气孔器、表皮毛、异形细胞等。

表皮细胞是表皮的基本组成。细胞通常呈扁平不规则形状，侧壁（垂周壁）为波浪形，相邻表皮细胞的侧壁彼此凹凸镶嵌，排列紧密，没有细胞间隙。在横切面上，表皮细胞的形状比较规则，排列整齐，呈长方形，外壁较厚，常具角质层，有的还具有蜡质。角质层具有保护作用，可以控制水分蒸腾、增强表皮的机械性能，防止病菌侵入。上表皮的角质层一般较下表皮发达，发达程度因植物种类和发育年龄而异，幼嫩叶常不如成熟叶发达。表皮细胞一般不含叶绿体，但有些植物含有花青素，使叶片呈红、紫等颜色。

气孔器由保卫细胞、气孔、孔下室或连同副卫细胞组成，是调节水分蒸腾和进行气体交换的结构。在叶的表皮上分布许多气孔器，气孔器的类型、数目与分布因植物种类不同而有差异，如马铃薯、向日葵、棉花等植物叶的上下表皮都有气孔，而下表皮一般较多。但也有些植物，气孔只限于下表皮，如苹果、旱金莲；或限于上表皮，如睡莲、莲；还有些植物的气孔只限于下表皮的局部区域，如夹竹桃的气孔仅在凹陷的气孔窝内。多数双子叶植物气孔多分布于下表皮，这与叶片的功能及下表皮空间位置紧密相关。叶表皮气孔分布密度比茎表皮大，大多数植物每平方毫米下表皮有 100～300 个气孔。双子叶植物的气孔是由两个肾形的保卫细胞围合而成的小孔（图 2-27），保卫细胞内含叶绿体，这与气孔的张开及关闭有关。当保卫细胞从邻近细胞吸水而膨胀时，气孔就张开；当保卫细胞失水而收缩时，气孔就关闭。

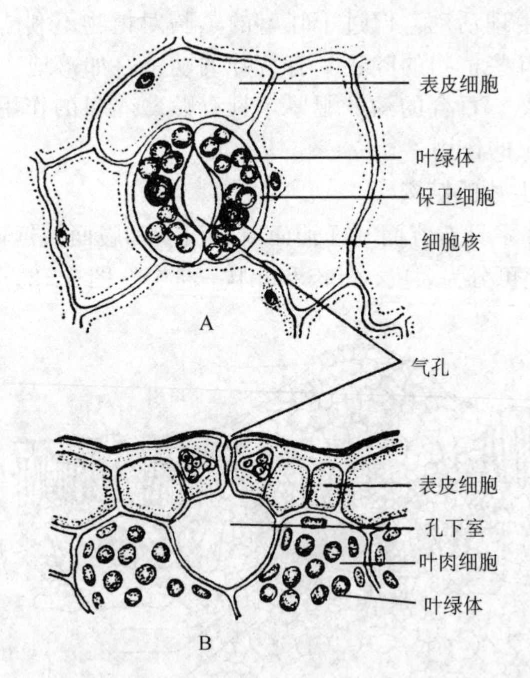

图 2-27 双子叶植物叶的下表皮的一部分，示气孔

A. 叶表皮顶面观 B. 叶表皮横切面的一部分

叶的表皮上着生有数量不等、单一或多种类型的表皮毛，不同植物表皮毛的种类和分布状况也不相同。表皮毛的主要功能是减少水分的蒸腾，加强表皮的保护作用。此外有的

植物还有晶细胞（属于异形细胞）；有的在叶缘具有排水器。

2. 叶肉 上下表皮之间的同化组织称作叶肉，其细胞内富含叶绿体，是叶进行光合作用的主要场所。双子叶植物的叶肉一般分化为栅栏组织和海绵组织（图 2-26）。

（1）栅栏组织。由一层或几层长柱形细胞组成，紧接上表皮，其长轴垂直于叶片表面，排列整齐而紧密如栅栏状，故称作栅栏组织。细胞内叶绿体较多，因此叶片的上表面绿色较深。栅栏组织的功能主要是进行光合作用。

（2）海绵组织。靠近下表皮，细胞形状不规则，排列疏松，细胞间隙大。细胞内叶绿体较少，故叶片背面颜色一般较浅。海绵组织的主要功能是进行气体交换，同时也能进行光合作用。

大多数双子叶植物的叶片有上下面的区别，上面深绿色，下面淡绿色，这样的叶为异面叶。单子叶植物叶片在茎上基本呈直立状态，两面受光情况差异不大，叶肉组织中没有明显的栅栏组织和海绵组织的分化，叶片上下两面的颜色深浅基本相同，这种叶为等面叶，如小麦、水稻等禾本科植物。

3. 叶脉 叶脉贯穿于叶肉之中，是叶片中的维管束。叶脉的结构因叶脉的大小不同而存在差异。粗大的主脉，通常在叶背隆起，维管束外围有机械组织分布，所以叶脉不但有输导作用，而且有支持叶片的作用。维管束由木质部、韧皮部和形成层三部分组成。木质部在上方，由导管、管胞、薄壁细胞和厚壁细胞组成。韧皮部在下方，由筛管、伴胞、薄壁细胞组成。形成层在木质部和韧皮部之间，其活动期短而微弱，因而产生的次生组织不多。叶脉愈分愈细，其结构也愈简单，先是机械组织和形成层逐渐减少直至消失，其次是木质部和韧皮部也逐渐简化直至消失，最后韧皮部只剩下短而狭的筛管分子和增大的伴胞，木质部只有1～2个管胞而终断在叶肉组织中。

叶脉的输导组织与叶柄的输导组织相连，叶柄的输导组织又与茎、根的输导组织相连，从而使植物体内形成一个完整的输导系统。

（二）禾本科植物叶片的结构

禾本科植物叶的结构

禾本科植物叶片也分为表皮、叶肉和叶脉三部分。

1. 表皮 表皮也具有上表皮和下表皮之分，但与双子叶植物相比，上下表皮除具有角质层、蜡质外，各细胞还发生高度硅化，水稻形成硅质乳突，因而使叶片较坚硬（图 2-28）。

表皮细胞的形状比较规则，排列成行，常包括两种细胞，即长细胞和短细胞。长细胞为长方形，外壁角质化并含有硅质；短细胞为正方形或稍扁，插在长细胞列之间，短细胞可分为硅细胞和栓细胞两种类型。禾本科植物叶脉之间的上表皮中，分布着数列大型细胞，称作泡状细胞，泡状细胞的细胞壁较薄，细胞内有较大的液泡，在横切面呈扇形排列。泡状细胞能贮积大量水分，在干旱时，这些泡状细胞因失水而缩小，使叶片向上卷曲成筒状，以减少水分蒸腾；当天气湿润，蒸腾减少时，泡状细胞吸水胀大，使叶片展开恢复正常，因此也称作运动细胞。如在玉米、水稻等植物上表现得非常明显（图 2-29）。

禾本科植物气孔器由两个保卫细胞、两个副卫细胞及气孔组成，气孔在上下表皮的分布数量近似相等，没有差异。保卫细胞呈哑铃形，两端膨大而壁薄，中部壁增厚。副卫细胞位于保卫细胞两旁，近似于菱形（图 2-30）。

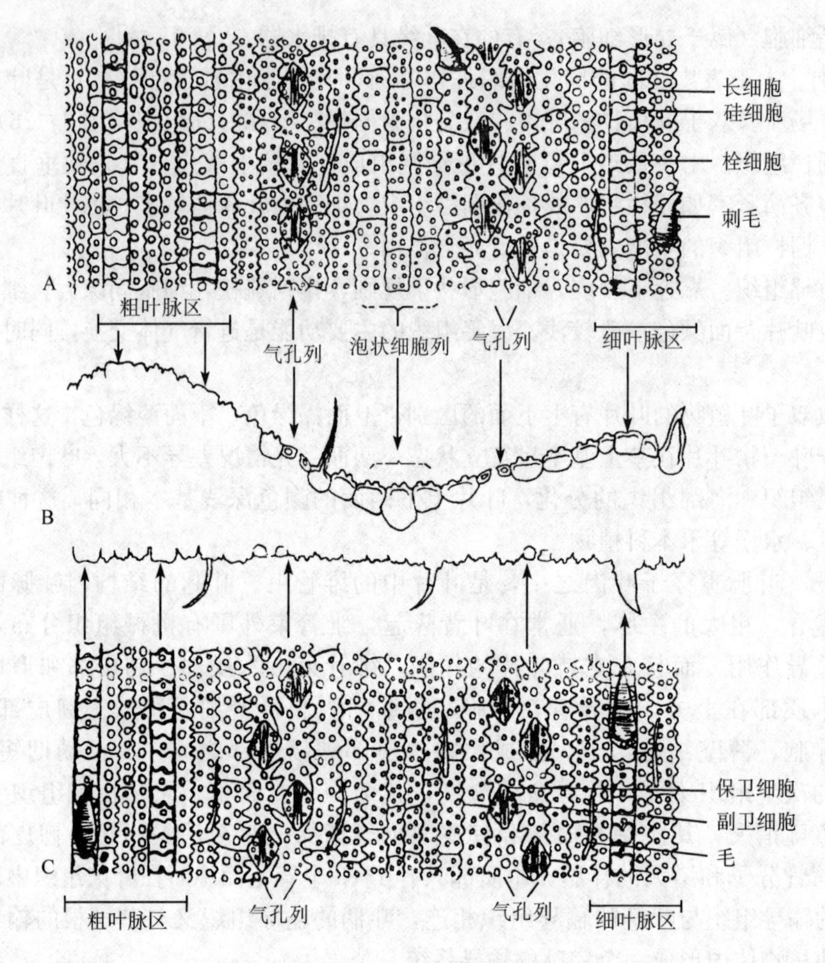

图 2-28　水稻叶表皮的结构

A. 上表皮顶面观　B. 上、下表皮横剖面　C. 下表皮顶面观

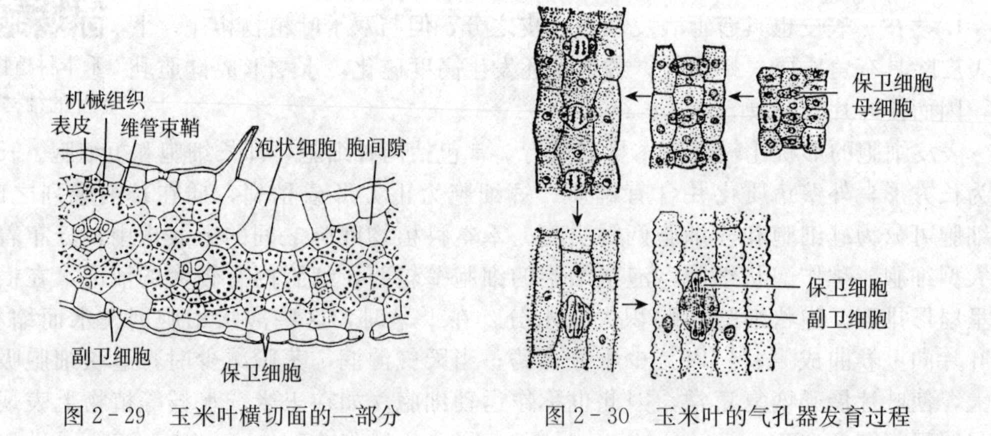

图 2-29　玉米叶横切面的一部分

图 2-30　玉米叶的气孔器发育过程

2. 叶肉　禾本科植物的叶肉没有栅栏组织和海绵组织的分化，为等面叶。叶肉细胞排列紧密，胞间隙小，但每个细胞的形状不规则，其细胞壁向内皱褶，形成了“峰、谷、腰、环”结构（图 2-31），有利于更多的叶绿体排列在细胞的边缘，易于接受二氧化碳

和光照，进行光合作用。当相邻叶肉细胞的“峰”“谷”相对时，可使细胞间隙加大，便于气体交换。

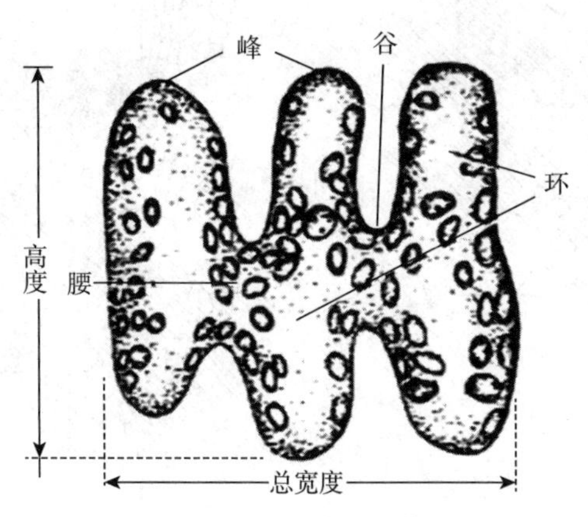

图 2－31 小麦叶肉细胞

3. 叶脉 叶脉由木质部、韧皮部和维管束鞘组成。木质部在上，韧皮部在下，维管束内无形成层。在维管束外面有维管束鞘包围，维管束鞘有两种类型：一类由单层薄壁细胞组成，如玉米、高粱、甘蔗等，其细胞壁稍有增厚，细胞较大，排列整齐，含有较大的叶绿体，而且在维管束周围紧密排列着一圈叶肉细胞，这种结构在光合碳同化过程中具有重要作用。另一类由两层细胞组成，如小麦、水稻等，其外层细胞壁薄，细胞较大，含有叶绿体；内层细胞壁厚，细胞较小，不含叶绿体。

（三）落叶和离层

植物的叶是有一定寿命的，生长到一定时期，叶便衰老脱落。叶的寿命长短因植物种类而不同。多年生木本植物如杨、榆、桃、李、苹果等的叶，生活期为一个生长季，春、夏季长出新叶，冬季来临时便全部脱落，这种现象称作落叶，这类树木称作落叶树；也有的植物叶能生活多年，如松树的叶能生活 3～5 年，由于叶的寿命长，叶的脱落不是同时进行，每年不断有新叶产生，老叶脱落，就全树来看，四季常绿，这类树木称作常绿树，如松、柏等。实际上，落叶树和常绿树都是要落叶的，只是落叶的情况有差异。多数草本植物，叶随着植株而死亡，但依然残留在植株上而不脱落。

落叶是植物正常的生命现象，是对环境的一种适应，对植物提高抗性具有积极意义。随着冬季的来临，气温持续下降，叶的细胞中发生各种生理生化变化，许多物质被分解运输到茎中；叶绿素被降解，而不易被破坏的叶黄素、胡萝卜素显现，叶片逐渐变黄。有些植物在落叶前形成大量花青素，叶片因而变成红色。与此同时，靠近叶柄基部的某些细胞，由于细胞生物化学性质的变化，产生了离区。离区包括两个部分，即离层和保护层（图 2－32），在叶将落时，离区内薄壁细胞开始分裂，产生几层小型薄壁细胞，这几层细胞胞间层中的果胶酸钙转化为可溶性果胶和果胶酸，导致胞间层溶解，细胞彼此分离，有的还伴有细胞壁甚至整个细胞的解体，支持力量变得异常薄弱，这个区域称作离层。离层产生后，叶在外力的作用下便自离层处折断脱落。脱落后，伤口表面的几层细胞木栓化，成为保护层。之后保护层又被下面发育的周皮所代替，并与茎的周皮相连。

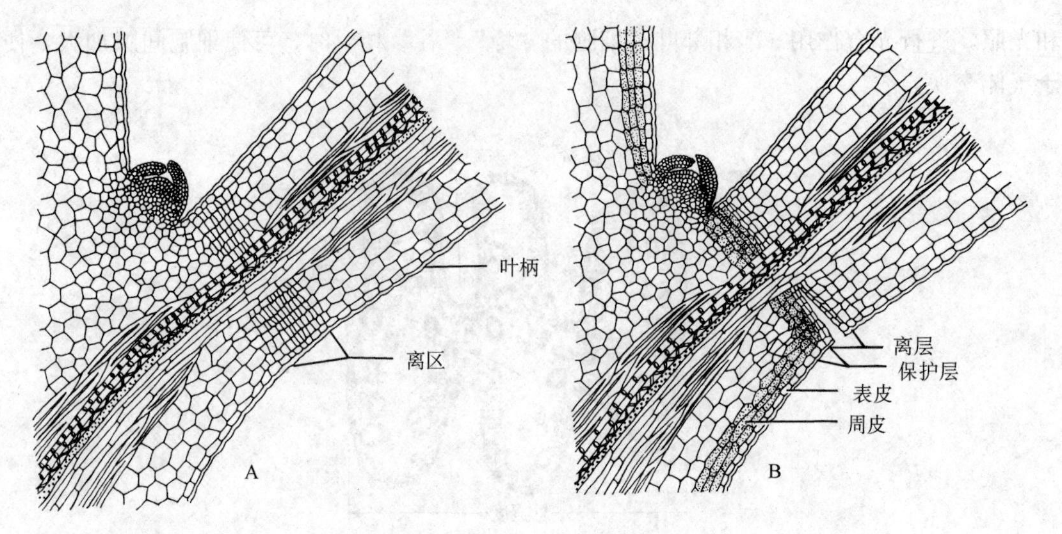

图 2-32　棉叶柄基部纵切面，示离区结构
A. 离区形成　B. 离区处折断，保护层出现

四、雄蕊的发育与结构

雄蕊是被子植物的雄性生殖器官，由花药和花丝两部分组成。花丝一般细长，由一层角质化的表皮细胞包围着花丝的薄壁组织，其中央是维管束。花丝的功能是支持花药，使花药在空间伸展，有利于花药的传粉，并向花药转运营养物质。花药是雄蕊的主要部分，通常有4个花粉囊，分为左右两半，中间由药隔相连。药隔中央有维管束，它与花丝维管束相通。花粉囊是产生花粉粒的场所。花粉粒成熟时，花药壁开裂，花粉粒散出进行传粉。

（一）花药的发育与结构

花药及花粉的发育

幼小的花药由一团具有分裂能力的细胞组成（图 2-33）。随着花药的发育，逐渐形成四棱形，其外为一层表皮细胞，在四角处的表皮以内形成 4 组孢原细胞。孢原细胞细胞核较大，细胞质浓。孢原细胞进行平周分裂，形成两层细胞，外层为周缘细胞（也叫壁细胞），内层为造孢细胞。周缘细胞再经分裂，由外向内形成纤维层、中层和绒毡层，与表皮共同组成花粉囊的壁。之后，随花粉母细胞和花粉粒的发育，中层和绒毡层会逐渐解体，成为营养物质被吸收。在周缘细胞分化的同时，造孢细胞也进行分裂，形成大量花粉母细胞（小孢子母细胞），每个花粉母细胞经过减数分裂产生四个子细胞，每个子细胞染色体数目是花粉母细胞的一半。这四个子细胞起初是连在一起的，称作四分体。不久，这四个细胞分离，最后发育成单核花粉粒（小孢子）。单核花粉粒进一步发育为成熟的花粉粒。

（二）花粉粒的发育与形态结构

经过减数分裂产生的单核花粉粒，壁薄、质浓，核位于中央。它们从绒毡层细胞中不断吸取营养而增大体积，随着体积逐渐增大，细胞中产生液泡并逐渐形成中央大液泡，使核由中央移向一侧。接着进行一次有丝分裂，形成大小不同的 2 个细胞，大的为营养细胞，小的为生殖细胞。在营养细胞中含有部分细胞质和淀粉、脂肪等贮藏物质。生殖细胞为纺锤形，核大，只有少量的细胞质。被子植物约有 70%左右在花粉粒成熟时只有营养细胞和生殖细

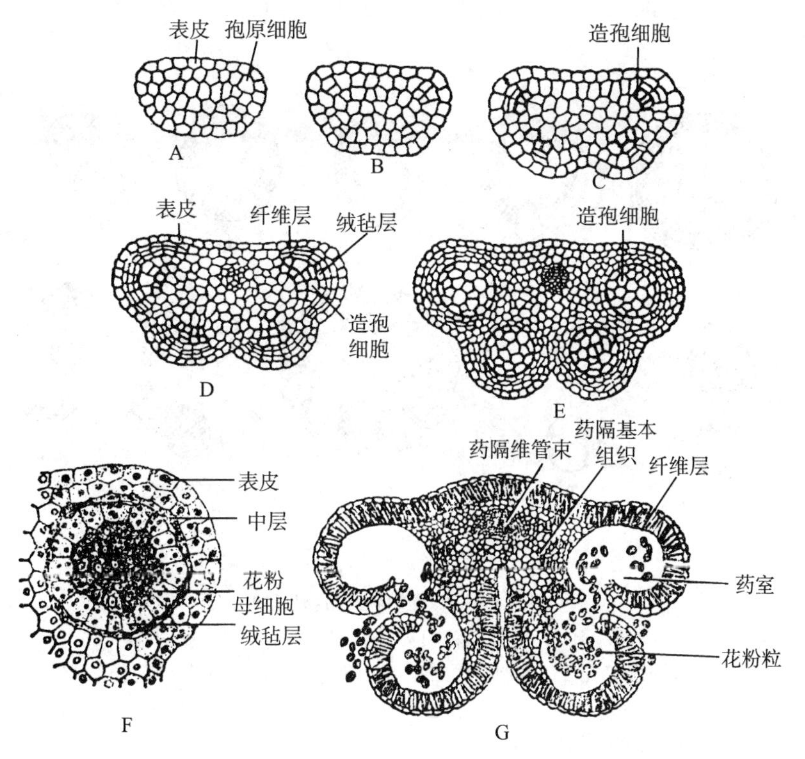

图 2-33 花药的发育与构造

A～E. 花药的发育过程 F. 放大的一个花粉囊，示花粉母细胞 G. 已开裂的花药及构造

胞，如大豆、百合，此时称作二核期花粉粒。还有一些被子植物花粉内形成生殖细胞后，接着又进行一次有丝分裂，由一个生殖细胞产生 2 个精细胞（雄配子）后成熟、散粉，如玉米、小麦、向日葵等，此时称作三核花粉粒（图 2-34）。

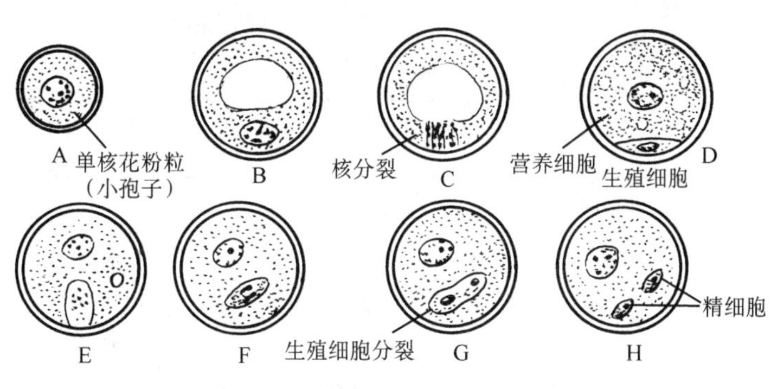

图 2-34 花粉粒的发育（图中字母表示花粉粒发育顺序）

成熟的花粉粒有两层壁，内壁较薄软而具有弹性，外壁较厚，一般不透明，缺乏弹性而较硬。不同植物花粉外壁表层常呈固定的形状和花纹。由于花粉粒外壁增厚不是均匀的，因此，没有加厚的地方常形成萌发孔或萌发沟，当花粉粒萌发时，花粉管由此伸出。

花粉粒的形状、大小、颜色、花纹和萌发孔的数目与排列各不相同（图 2-35），可作为鉴别植物的特征。如水稻、玉米等禾谷类作物的花粉粒为圆形或椭圆形，黄色，其上一般具有 1 个萌发孔；棉花花粉粒为球形，乳白色，其上有 8～10 个萌发孔，外壁具有钝刺状突起等。

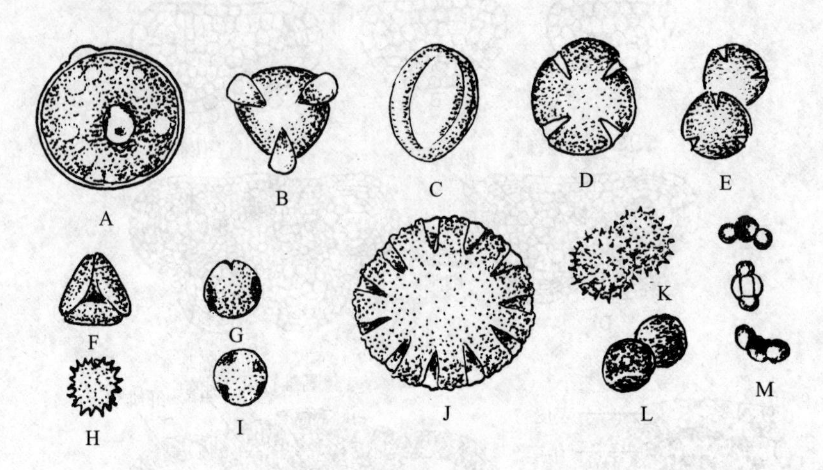

图 2-35　花粉粒的各种形状

（陈忠辉，2001. 植物与植物生理）

A. 水稻　B. 苹果　C. 梨　D. 柑橘　E. 枣　F. 桉　G. 荔枝

H. 一枝黄花　I. 水柳　J. 芝麻　K. 葫芦属　L. 西番莲　M. 松

花药与花粉发育过程如图 2-36。

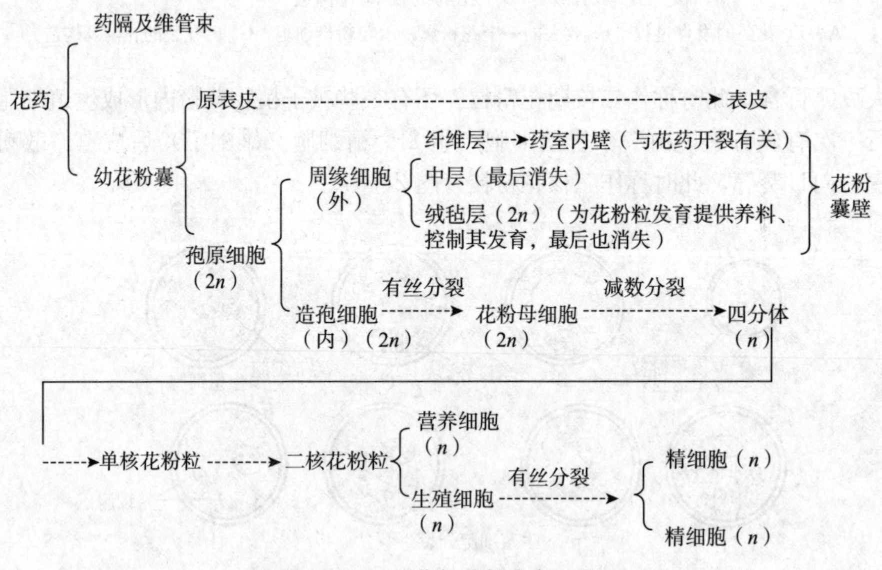

图 2-36　花药与花粉发育过程

五、雌蕊的发育与结构

（一）雌蕊发育

雌蕊可以由一个或几个心皮构成，心皮卷合成雌蕊，位于花的中央。每一雌蕊由柱头、花柱和子房三部分组成。

1. 柱头 柱头位于雌蕊的顶端，多有一定的膨大或扩展，是接受花粉的部位。柱头表皮细胞呈乳突状毛状或其他形状。柱头有湿型和干型两类。湿型柱头在传粉时表面有柱头分泌液，含有水分、糖类、脂类、酚类、激素和酶等，可黏附花粉，并为花粉萌发提供水分和其他物质，如烟草、棉、苹果等植物的柱头。干型柱头表面无分泌液，其表面亲水的蛋白质膜能从膜下的角质层中断处吸取水分，供花粉萌发需要，如油菜、石竹、禾本科植物的柱头。

2. 花柱 花柱是连接柱头与子房的部分，分为空心和实心。空心花柱中空，中央是花柱道，实心花柱中央充满着一种具有分泌功能的引导组织，花粉管在引导组织的胞间隙中伸长。

3. 子房 子房是雌蕊基部膨大的部分，由子房壁、子房室、胚珠和胎座等部分组成。子房壁内外均有一层表皮，表皮上常有气孔或表皮毛，两层表皮之间有多层薄壁细胞和维管束。胚珠是种子植物在进化过程中产生的适应有性生殖的独特结构，被子植物的胚珠常着生于子房内的腹缝线上。胚珠着生的部位称作胎座。子房内的子房室数和胚珠数因植物种类而异，如桃是 1 个心皮、1 室、2 个胚珠，亚麻是 5 个心皮、5 室、每室具 2 个胚珠，而棉花则由 3～5 个心皮构成。

（二）胚珠的发育与结构

胚珠着生于子房内壁的胎座上，受精后的胚珠发育成种子。一个成熟的胚珠由珠心、珠被、珠孔、珠柄及合点等部分组成（图 2－37）。

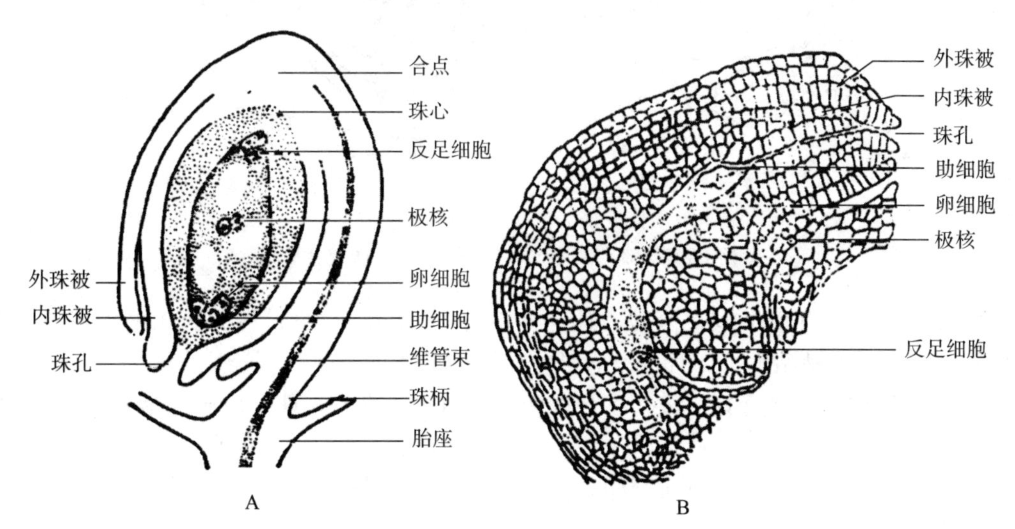

图 2－37 成熟胚珠的结构

A. 胚珠结构 B. 油菜的成熟胚珠，示胚囊的结构

随着雌蕊的发育，在子房内壁的胎座上产生一团突起，称作胚珠原基，其前端发育形成珠心，基部发育成珠柄。之后，由于珠心基部的细胞分裂较快，产生一环状突起，逐渐向上扩展将珠心包围，这一组织即为珠被，珠被仅在顶端留一小孔，称作珠孔，如向日葵、胡桃、辣椒等仅具有一层珠被，而小麦、水稻、油菜、百合等为两层珠被，内层为内珠被，外层为外珠被。在珠心基部，珠被、珠心和珠柄连合的部位称作合点。

植物胚珠及胚囊的发育

胚珠在发育的过程中，由于珠柄和其他各部分的生长速度不均等，使胚珠在珠柄上着生方式也不同，因而形成了不同的胚珠类型（图 2-38）。

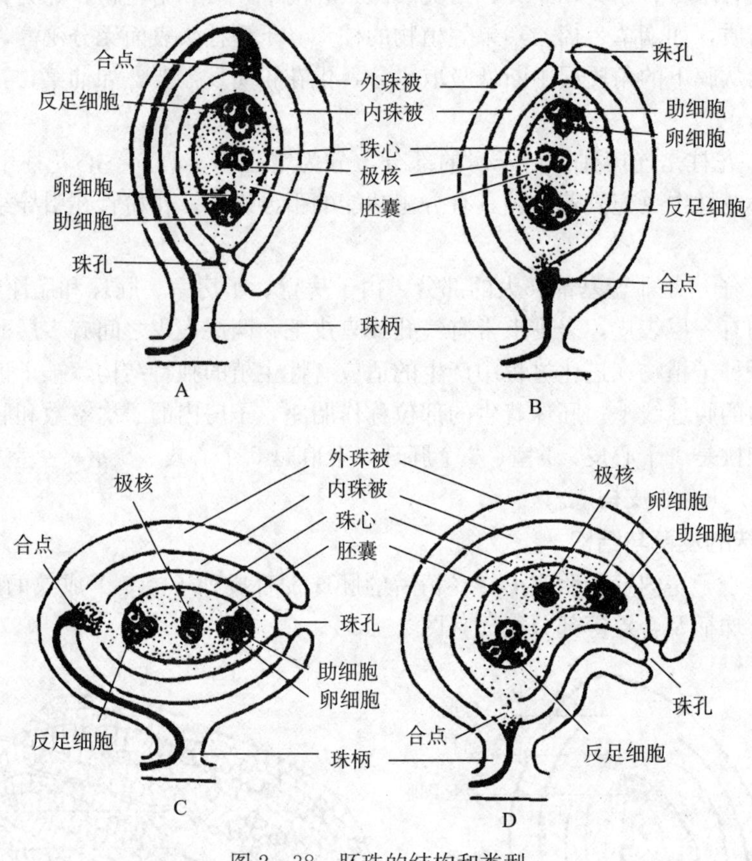

图 2-38　胚珠的结构和类型

A. 倒生胚珠　B. 直生胚珠　C. 横生胚珠　D. 弯生胚珠

1. 倒生胚珠　胚珠呈 180°倒转，珠孔向下，接近胎座，珠心与珠柄几乎平行，并且珠柄与靠近它的珠被贴生，如百合、向日葵、稻、瓜类等。

2. 直生胚珠　胚珠直立，珠孔、合点和珠柄列成一直线，珠孔位于珠柄对立的一端，如荞麦、胡桃等。

3. 横生胚珠　胚珠全部横向弯曲，合点与珠孔在一条直线上，二者的连接线与珠柄垂直，如锦葵。

4. 弯生胚珠　珠孔向下，合点和珠孔的连线呈弧形，珠心和珠被弯曲，如油菜、柑橘、蚕豆等。

（三）胚囊的发育与结构

胚囊发生于珠心组织中。胚珠发育的同时，珠心内部也发生变化。最初珠心是一团相似的薄壁细胞，之后，靠近珠孔端内的珠心表皮下，有一个迅速增大的细胞，核大、细胞质浓，称作孢原细胞。孢原细胞的发育形式因植物而异。棉花等植物的孢原细胞经分裂成为两个细胞，靠近珠孔的是周缘细胞，内侧的是造孢细胞；周缘细胞继续进行平周分裂，以增加珠心细胞层次；造孢细胞长大形成胚囊母细胞（又称作大孢子母细胞）。而水稻、小麦、百合等，其孢原细胞直接长大形成胚囊母细胞。胚囊母细胞接着进行减数分裂，形成四分体，其染色体数目减半。四分体排成一纵行，其中靠近珠孔的三个子细胞逐渐退化消失，仅合点端的一个发育为单核胚囊。然后单核胚囊连续进行三次有丝分裂，第一次分裂形成两个子核，分别移向胚囊两极，再各自分裂两次，结果胚囊两端各有四个核。接着，两极各有一个核向胚囊中部靠拢，这两个核称作极核。近珠孔端的三个核，形成三个细胞，中间较大的一个是卵细胞（雌配子），两边较小的两个是助细胞，靠近合点端的三个核也形成三个细胞，称作反足细胞。至此，由单核胚囊发育成为具有 7 个细胞或 8 核的成熟胚囊（雌配子体）（图 2－39）。

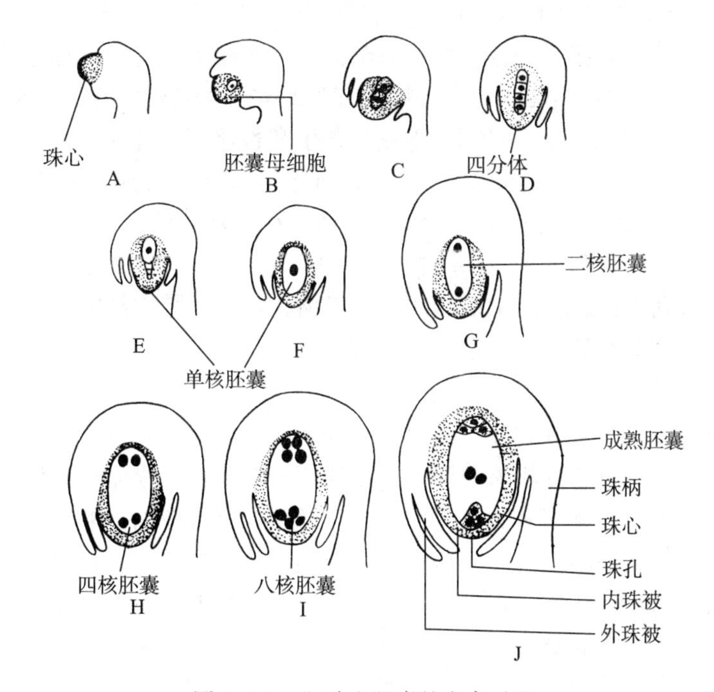

图 2－39　胚珠和胚囊的发育过程

A. 内珠被逐渐形成　B. 外珠被出现　C～E. 胚囊母细胞经过减数分裂成为四个细胞，其中三个开始消失，一个成为胚囊　F. 单核胚囊　G. 二核胚囊　H. 四核胚囊　I. 八核胚囊　J. 成熟胚囊

胚囊的发育过程如图 2－40。

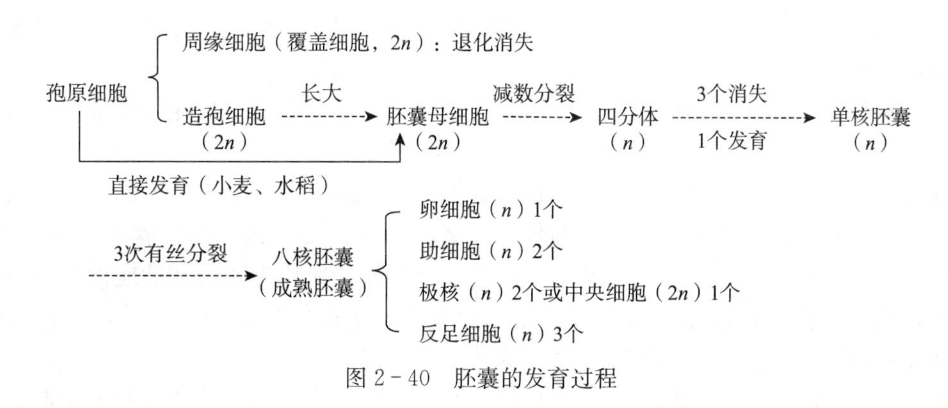

图 2－40　胚囊的发育过程

六、开花、传粉与受精

（一）开花

当雄蕊中的花药和雌蕊中的胚囊已经成熟，或者二者之一已经成熟时，花萼和花冠即开放，露出雄蕊和雌蕊的现象称作开花。各种植物的开花习性各不相同。一般一、二年生植物，生长几个月后即能开花，一年中仅开花一次，花后结实产生种子，植株就枯萎死亡。多年生植物在达到开花年龄后，能每年按时开花，延续多年。一般多年生草本植物的开花年龄小，木本植物则比较大，如桃树要3～5年，桦属植物需10～12年，椴属植物为20～125年。竹子虽是多年生植物，但一生往往只开一次花，花后便死亡。

一株植物，从第一朵花开放直至最后一朵花开完所经历的时间，称作开花期。各种植物的开花期长短不同，这与植物本身的特性和所处的环境条件有关。如小麦为3～6d，梨、苹果为6～12d，油菜为20～40d，棉花、花生和番茄等的开花期可持续一至几个月。

一朵花开放的时间长短，也因植物的种类而异。如小麦只有5～30min，水稻为1～2h，番茄为4d。大多数植物开花都有昼夜周期性。在正常条件下，水稻在上午7—8时开花，小麦在上午9—11时和下午3—5时开花，玉米在上午7—11时开花等。研究掌握植物的开花习性，有利于在栽培上采取相应的技术措施，提高其产品的数量和质量，也有助于进行人工杂交，创造新的品种类型。

（二）传粉和受精

1. 传粉 成熟的花粉粒从雄蕊的花粉囊借助外力传到雌蕊柱头上的过程称作传粉。

（1）自花传粉。成熟的花粉落到同一朵花的柱头上的过程称作自花传粉。在农业生产上，作物同株异花间传粉和果树同品种异株间的传粉，也被称作自花传粉。如小麦、水稻、棉花、大豆、番茄等都以自花传粉为主，豌豆、花生是典型的自花传粉，花未开放时就已经完成受精作用，其花粉粒直接在花粉囊中萌发，产生花粉管，穿过花粉囊的壁，经柱头、花柱进入子房，完成受精。

果树传粉受精

自花传粉植物具有以下特点：第一是两性花，花的雄蕊常常围绕着雌蕊，而且二者挨得很近，所以花粉易于落在本花的柱头上。第二是雄蕊的花粉囊和雌蕊的胚囊必须同时成熟。第三是雌蕊的柱头对于本花的花粉萌发和花粉管中雄配子的发育没有任何阻碍。

（2）异花传粉。一朵花的花粉粒落在另一朵花的柱头上的过程称作异花传粉。它是一种普遍的传粉方式。异花传粉可发生在同一植物的各花之间，也可发生在不同植株的各花之间，如油菜、向日葵、苹果、玉米、瓜类等。

在自然界中，异花传粉植物比较普遍，而且在生物学意义上比自花传粉优越。因为异花传粉的精、卵细胞分别来自不同的花朵或不同的植株，它们所处的环境条件差异较大，遗传性差异也较大，相互融合后，其后代具有较强的生活力和适应性。所以，在长期的进化过程中，异花传粉成为大多数植物的传粉方式。自花传粉的精、卵细胞来自同一朵花，它们产生的条件基本相似，其遗传性差异较小，所形成的后代生活力和适应性都较差。栽培作物长期连续地进行自花传粉，将衰退成为毫无栽培价值的品种。可见，自花传粉有害，异花传粉有益，这是自然界的一个较为普遍的规律。

异花传粉与自花传粉相比，虽是一种进化的传粉方式，但往往受自然条件的限制。如遇到长期低温，久雨不晴，大风和暴风雨等天气，风媒或虫媒传粉都会受到不利影响；再如雌雄蕊的成熟期不一致时，会造成花期不遇，减少传粉机会，从而影响结实。自花传粉是一种原始的传粉方式，不利于后代的生长繁殖，但在自然界仍被保留下来，这是植物在不具备异花传粉的条件下长期适应的结果，使其繁衍后代，种族得以延续。因此，自花传粉在某种情况下，仍然具有一定的优越性。况且自花传粉和异花传粉只是相对而言，异花传粉植物在不具备异花传粉条件时，可进行自花传粉；而自花传粉植物也常有一部分进行异花传粉，如通常认为小麦、水稻是自花传粉植物，但常有1%～3%的花朵进行异花传粉。当自花传粉植物的花朵，其异花传粉率达到5%～50%时，称作常异花传粉植物，如棉花、高粱等。

异花传粉植物的花在结构和生理上形成了许多适应异花传粉的特点。

①单性花。具有单性花的植物必然是异花传粉。如雌雄同株的玉米、瓜类，雌雄异株的桑、菠菜、杨、柳等。

②雌雄蕊异熟。有些植物的花虽为两性花，但花中的雌蕊与雄蕊成熟时间不一致，有先有后，花期不遇。如油菜、苹果、向日葵等。

③雌雄蕊异长。花虽为两性花，但同一株上的花中雌雄蕊的长度互不相同，造成自花授粉困难。如荞麦有两种花，一种是雌蕊花柱高于雄蕊，另一种是花柱短而雄蕊长，传粉时，常是长花丝的花粉传到长柱头上或短花丝的花粉落到短花柱的柱头上才能受精，这样减少或避免自花传粉的机会（图2-41）。

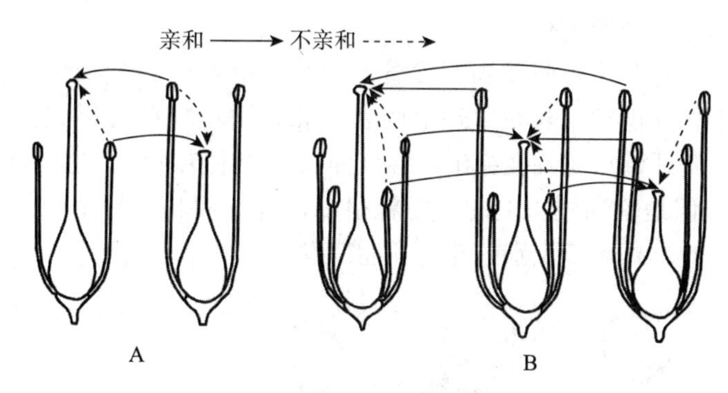

图2-41 雌雄蕊异长花的种内传粉

A. 二型花柱 B. 三型花柱

④雌雄蕊异位。花虽为两性，但雌雄蕊的空间排列不同，也可避免或减少自花传粉的机会。

⑤自花不孕。指花粉粒落到同一朵花的柱头上不能结实。自花不孕有两种情况，一种是花粉粒落到同一朵花柱头上根本不萌发，如向日葵、荞麦等；另一种是花粉粒虽能萌发，但花粉管生长缓慢，不能到达子房进行受精，如番茄。

植物进行异花传粉，必须依靠各种外力的帮助才能把花粉传播到其他花的柱头上。传送花粉的媒介有风、昆虫、鸟和水，最为普遍的是风和昆虫。依靠不同传粉媒介传粉的花，产生了各种特殊的适应性结构，使传粉得到保证。

异花传粉植物根据传粉媒介分类有以下几种。

①风媒花。靠风力传送花粉的方式称作风媒。借助这类方式传粉的花，称作风媒花。如大部分禾本科植物、杨、桦木等都是风媒植物。

风媒花一般花被小或退化，颜色不鲜艳，也无香味，但常具柔软下垂的花序或雄蕊花丝细长，易被风吹动散布花粉。花粉粒多，小而轻，外壁光滑干燥，适于随风远播。雌蕊的柱头大，呈羽毛状，有利于接受花粉粒。

②虫媒花。靠昆虫进行传粉的花称作虫媒花。多数被子植物依靠昆虫传粉。如油菜、向日葵和各种瓜类等。常见的传粉昆虫有蜂类、蝶类、蛾类等。这些昆虫来往于花丛之间，或是为了在花中产卵，或是采食花粉、花蜜，因而不可避免地与花接触，同时也把花粉传送出去。

虫媒花一般具有鲜艳的色彩和特殊的气味，常具有蜜腺，能产生蜜汁，花粉粒较大，外壁粗糙而有花纹，有黏性，容易黏附在昆虫身体上。虫媒花的大小、结构及蜜腺位置一般与传粉昆虫的体型、行为都十分吻合，有利于传粉。

根据植物传粉规律，在农业生产上有效地利用和控制传粉，可大幅度提高作物产量和品质。如在花期不遇或雌雄异熟的情况下，通过人工辅助授粉弥补授粉不足，提高结实率。另外，根据自花传粉虽引起后代衰退，但可使基因型纯合的特点，在育种工作中利用自花传粉培育两个自交系，进而配制杂交种，具有显著的增产效益。

油菜的开花与受精

2. 受精 精细胞与卵细胞相互融合的过程称作受精。被子植物的卵细胞位于子房内胚珠的胚囊中，而精细胞在花粉粒中，因此，精细胞必须依靠花粉粒在柱头上萌发形成花粉管向下传送，经过花柱进入胚囊后，受精作用才有可能进行。

(1) 花粉粒萌发和花粉管的生长。成熟的花粉粒落在柱头上，首先与柱头相互识别，若在生理上两者亲和，则花粉粒可得到柱头的滋养并吸收水分和分泌物，内壁开始从萌发孔突出，继续伸长，产生花粉管，这个过程称作花粉粒的萌发（图 2-42）。但是落到柱头上的花粉粒很多，有本种和异种植物的花粉，这些花粉不会全部萌发，一般只有雌蕊识别的花粉才能萌发。

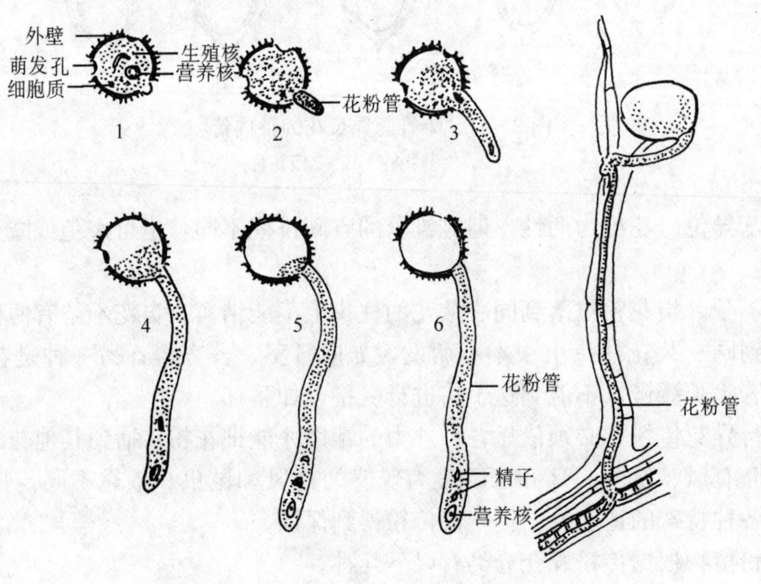

图 2-42　花粉粒的构造和萌发

（图中数字表示花粉粒萌发过程，右图为花粉管在花柱的组织中伸长生长）

花粉管在生长中无论取道哪一条途径，最后总能准确地伸向胚珠和胚囊。这一现象产生的原因，一般认为是在雌蕊的某些组织如珠孔道、花柱道、胎座、子房内壁和助细胞等，存在着某些化学物质，能诱导花粉管的定向生长。

(2) 双受精过程及其特点。当花粉管进入胚囊后，花粉管先端破裂，两个精细胞进入胚囊，这时，营养核已经逐渐解体，其中一个精细胞与卵细胞结合成为合子（受精卵），合子将来发育成胚，另一个精细胞与极核结合形成三倍体的初生胚乳核，将来发育成胚乳。花粉管中的两个精细胞分别和卵细胞及极核融合的过程称作双受精作用（图 2-43）。

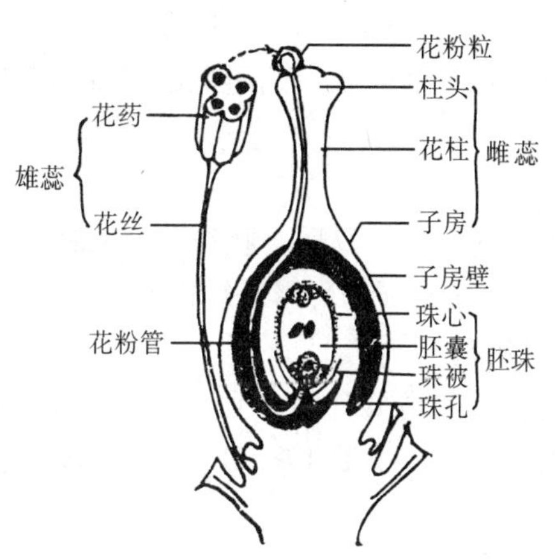

双受精

图 2-43 被子植物的受精过程

双受精是被子植物的共同特点，在生物学上具有重要意义。首先，精细胞与卵细胞融合形成一个二倍体的合子，恢复了各种植物体原有的染色体倍数，保持了物种的相对稳定性。其次，精卵融合将父母本具有差异的遗传物质重新组合，形成具有双重遗传性的合子。所以，合子发育的新一代植株往往会发生变异，出现新的遗传性状，如对优良性状进行选择、培育使其稳定，即可育成新的品种。另外，精细胞与极核融合形成三倍体的初生胚乳核，同样兼有父母本的遗传性，生理活性更强，形成胚乳后为胚的发育提供营养物质，播种后利于出苗和苗期生长。双受精是植物界有性生殖中最进化、最高级的形式。

植物有性生殖

(三) 影响传粉和受精的外界条件

在自然条件下，植物的生长情况与外界环境条件密切相关，尤其在开花、传粉和受精的过程中，对外界条件更为敏感，只要在其中的某一环节遇到不良的条件，都对传粉和受精不利，致使子房不能发育，导致空粒、秕粒增多或落花落果，从而降低产量。因此，了解外界条件对传粉和受精的影响具有重要的实践意义。

1. 温度 温度对各种植物传粉和受精的影响很大，一般来说，最适温度为 25～30℃。例如水稻传粉和受精的最适温度为 26～30℃，如果日平均气温低于 20℃，最低气温在 15℃以下，就会妨碍它的传粉和受精。因为低温会加剧卵细胞和中央细胞的退化，会使花粉粒的萌发和花粉管的生长速度减慢，致使受精作用不能进行。所以在我国双季稻产区，无论是早稻还是晚稻，如果在此期间受低温影响，都会产生大量的空粒、秕粒。同样，高温干旱对传粉也是不利的，在 38℃高温，水稻的花药开裂少，花粉粒不能在柱头萌发，同样会形成空粒、秕粒。

2. 湿度 湿度对授粉的影响是多方面的，例如玉米开花时遇上阴雨天气，雨水冲去柱头上的分泌物，花粉粒吸水过多膨胀破裂，花柱及柱头得不到花粉，将继续伸长。由于花柱下垂，以致雌穗下侧面的花柱被遮盖，不易得到花粉，造成下侧面穗轴整行不结实。另外，在湿度低于30%或有风的情况下，如果此时温度超过32～35℃，则花粉在1～2h内就会失去生活力，雌穗花柱也会很快干枯不能接受花粉。水稻开花的最适湿度为70%～80%，否则将影响授粉。

此外，光照强度、土壤肥料等也都对传粉和受精有直接或间接的影响。所以生产上的一个重要措施是要根据当地的气候条件选用生育期合适的良种，适当调整栽培季节，加强田间管理，以保证各种植物在传粉和受精期间避免或减少不良环境条件的影响。

七、种子的发育

植物的种子

被子植物经过双受精以后，胚珠发育成种子。种子包括胚、胚乳和种皮三部分。不同植物的种子虽然形态结构上差异很大，但发育过程基本相似。

（一）胚的发育

受精后的合子通常要经过一段休眠期才开始分裂，合子休眠期长短因种而异。有的较短，如水稻4～6h，小麦16～18h；有的较长，如苹果5～6d，茶树则长达5～6个月。

胚的发育是从合子的分裂开始（图2-44）。合子横分裂为两个异质细胞，近珠孔端的一个较大，称作基细胞（柄细胞），近合点端的一个较小，称作顶细胞（胚细胞）。顶细胞进行多次分裂形成胚体。基细胞分裂主要形成胚柄，或者部分也参加胚体的形成。胚柄能将胚体推入胚乳，有利于从胚乳中吸收养分，它也能从外围组织中吸收养分和加强短途运输，此外胚柄还能合成激素。

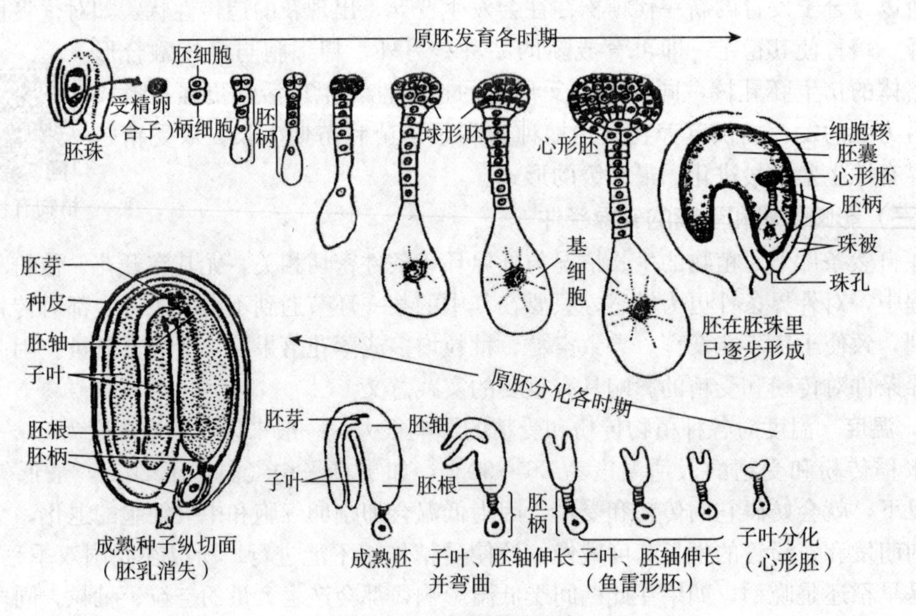

图2-44 荠菜胚的发育

顶细胞首先进行两次相互垂直的纵分裂，形成四个细胞。然后每个细胞又各自进行一次横分裂，产生八分体。此后，八分体经各方面连续分裂，形成了多细胞的球形原胚。球形胚以后的发育特点是顶端部分两侧细胞分裂快，形成两个突起，使胚呈心形，称作心形胚期。这两个突起以后发育成两片子叶，两片子叶中间凹陷部分逐渐分化成胚芽。与此同时，球形胚体基部细胞和与它相接的胚柄细胞，不断分裂共同分化为胚根。胚根与子叶间的部分为胚轴。此时完成幼胚分化。随着幼胚不断发育，胚轴伸长，子叶沿胚囊弯曲，最后形成马蹄形熟胚，胚柄逐渐退化消失。这样，一个具有子叶、胚芽、胚轴和胚根的胚就形成了。

单子叶植物和双子叶植物胚的发育有共同之处，也有很多不同之外。以小麦为例说明（图 2-45）。

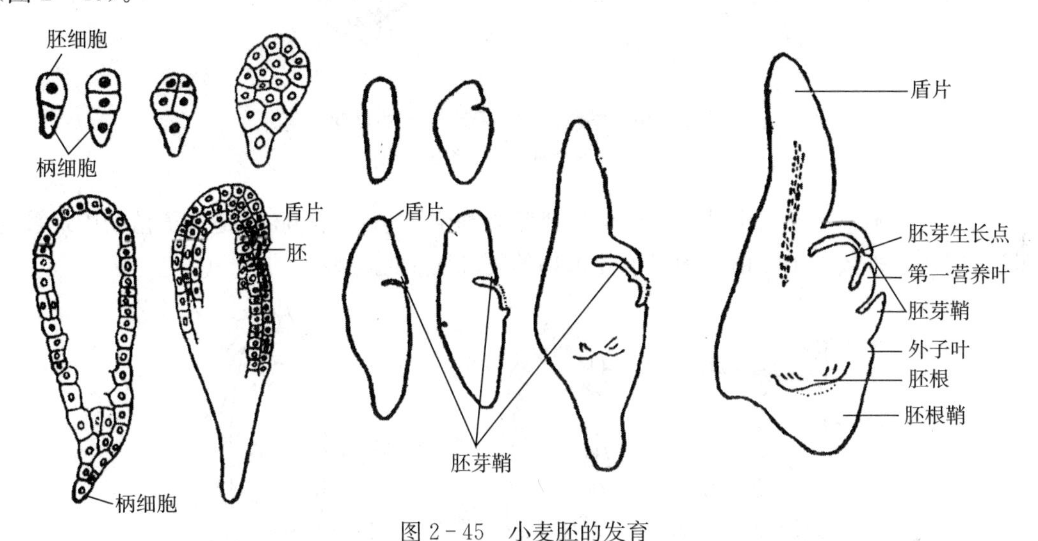

图 2-45　小麦胚的发育

小麦合子休眠后第一次分裂，常为倾斜的横分裂，形成顶细胞和基细胞。接着，各自再分裂一次，形成四细胞原胚。以后四个细胞又各自不断地从各个方向分裂，增大了胚体的体积，进一步形成棒槌状，称作棒槌状胚。以后由棒槌状胚的一侧出现一个凹陷，此凹陷处形成胚芽。胚芽上面的一部分发育成盾片（内子叶），由于这一部分生长较快，所以很快突出在胚芽之上。在以后的发育中，胚分化形成胚芽鞘、胚芽（它包括茎端原始体和几片幼叶）、胚根鞘和胚根。在胚上还有一外胚叶（外子叶），位于与盾片相对的一面。有的禾本科植物如玉米的胚，不存在外胚叶。

（二）胚乳的发育

被子植物的胚乳是由初生胚乳核发育而来，常具三倍染色体。初生胚乳核一般不经休眠很快开始分裂和发育，比胚的发育要早一些，为胚的发育供应养分。胚乳主要分为核型、细胞型两种。

1. 细胞型胚乳　细胞型胚乳的特点是初生胚乳核分裂后，随即产生细胞壁，形成胚乳细胞。所以，胚乳自始至终没有游离核时期。如番茄、烟草、芝麻等大多数双子叶合瓣花植物的胚乳（图 2-46）。

2. 核型胚乳　初生胚乳核第一次分裂和以后的核分裂均不伴随形成细胞壁，胚乳核呈游离状态分布在胚囊中。随着核的增加和液泡的扩大，胚乳核常被挤到胚囊的周缘成一薄层。游离核的数目随植物种类而异。待胚乳发育到一定阶段，在胚囊周围的胚乳核之

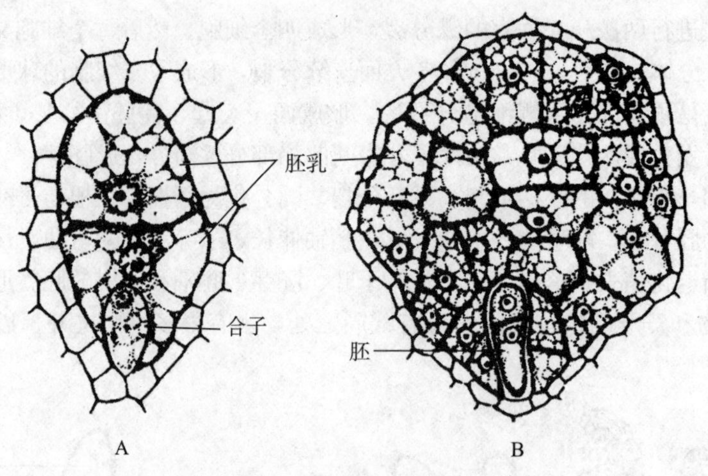

图 2-46　番茄细胞型胚乳形成的早期

A. 二细胞时期　B. 多细胞时期

间，先出现细胞壁，此后由外向内逐渐形成胚乳细胞。这种核型胚乳是被子植物中最普遍的发育形式，多数单子叶植物和双子叶植物的胚乳属于此类型（图 2-47）。

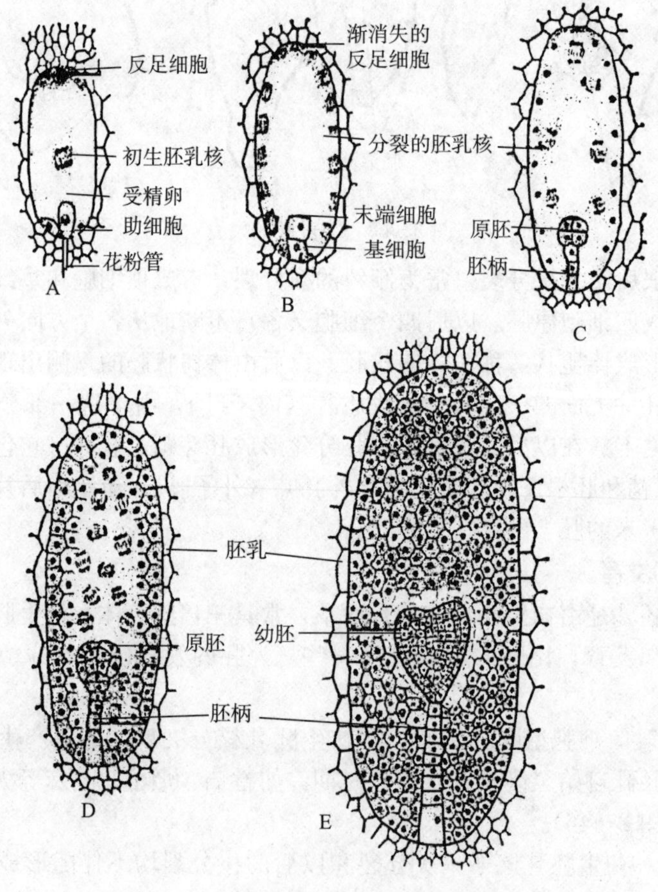

图 2-47　双子叶植物核型胚乳的发育过程

（图中字母表示发育顺序）

（三）种皮的发育

在胚与胚乳发育过程中，胚珠的珠被发育成种皮，位于种子外面，起保护作用。具有两层珠被的胚珠，常形成两层种皮，即外种皮和内种皮，如油菜、蓖麻。也有一层珠被的，形成一层种皮，如向日葵、胡桃、番茄等。有的植物虽有两层珠被，在形成种皮时仅由一层形成，另一层被吸收，如大豆、南瓜的种皮主要由外珠被发育而来；小麦、水稻等主要由内珠被发育而来。有些植物的种皮外面还有假种皮。假种皮由珠柄或胎座等部分发育而来，如荔枝、龙眼的可食部分是珠柄发育而来的假种皮。

（四）无融合生殖及多胚现象

1. 无融合生殖现象 在正常情况下，被子植物的有性生殖是经过卵细胞和精细胞的融合而发育成胚，但是有些植物不经过精卵融合也能直接发育成胚，这类现象称作无融合生殖。无融合生殖可以是卵细胞不经受精直接发育成胚，如蒲公英、早熟禾等，这类现象称作孤雌生殖。或是由助细胞、反足细胞、极核等非生殖细胞发育成胚，如葱、鸢尾、含羞草等，这类现象称作无配子生殖。也有的是由珠心或珠被细胞直接发育成胚，如柑橘属，称作无孢子生殖。

2. 多胚现象 一般被子植物的胚珠中只产生一个胚囊，种子内有一个胚，但有的植物种子中有一个以上的胚，称作多胚现象。产生多胚的原因很多，可能是胚珠中产生多个胚囊，或由珠心、助细胞、反足细胞等产生不定胚，这些不定胚还可以与合子胚同时存在，此外受精卵也可能分裂成为几个胚。在柑橘中，多胚现象常见，多由珠心形成不定胚。

八、果实的形成与结构

植物经开花、传粉和受精后，在种子发育的同时，花的各部分都发生显著的变化。由花发育至果实和种子的过程如图 2-48 所示。

被子植物经开花、传粉和受精后，花的各部分随之发生显著变化。花萼、花冠枯萎或宿存，柱头和花柱枯萎，剩下来的只有子房。这时，胚珠发育成种子，子房也随着长大，发育成果实。花柄变为果柄。果实包括由胚珠发育的种子和由子房壁发育的果皮。由子房发育的果实称作真果，如桃、杏、小麦、大豆、柑橘等。也有些植物的果实，除子房外，还有花的其他部分参与果实形成，如黄瓜、苹果、菠萝、梨等的果实，大部分是花托、花序轴参与发育形成的，这类果实称作假果。

植物果实分类

油菜角果的结构

真果的结构比较简单，外为果皮，内含种子。果皮可分为外果皮、中果皮和内果皮三层。外果皮上常有角质、蜡质和表皮毛，并有气孔分布。中果皮很厚，占整个果皮的大部分，在结构上各种植物间差异很大。如桃、李、杏的中果皮肉质，刺槐的中果皮革质等。内果皮各种植物间差异也很大，有的内果皮细胞木化加厚，非常坚硬，如桃、李、胡桃；有的内果皮变为肉质化的汁囊，如柑橘；有的内果皮分离成单个的浆汁细胞，如葡萄、番茄等。

假果的结构比较复杂，除子房外，还有其他部分参与果实的形成。如苹果、梨的可食部分主要是由花托发育而来，而真正的果皮位于果实中央托杯内，仅占很少部分，其内为种子。

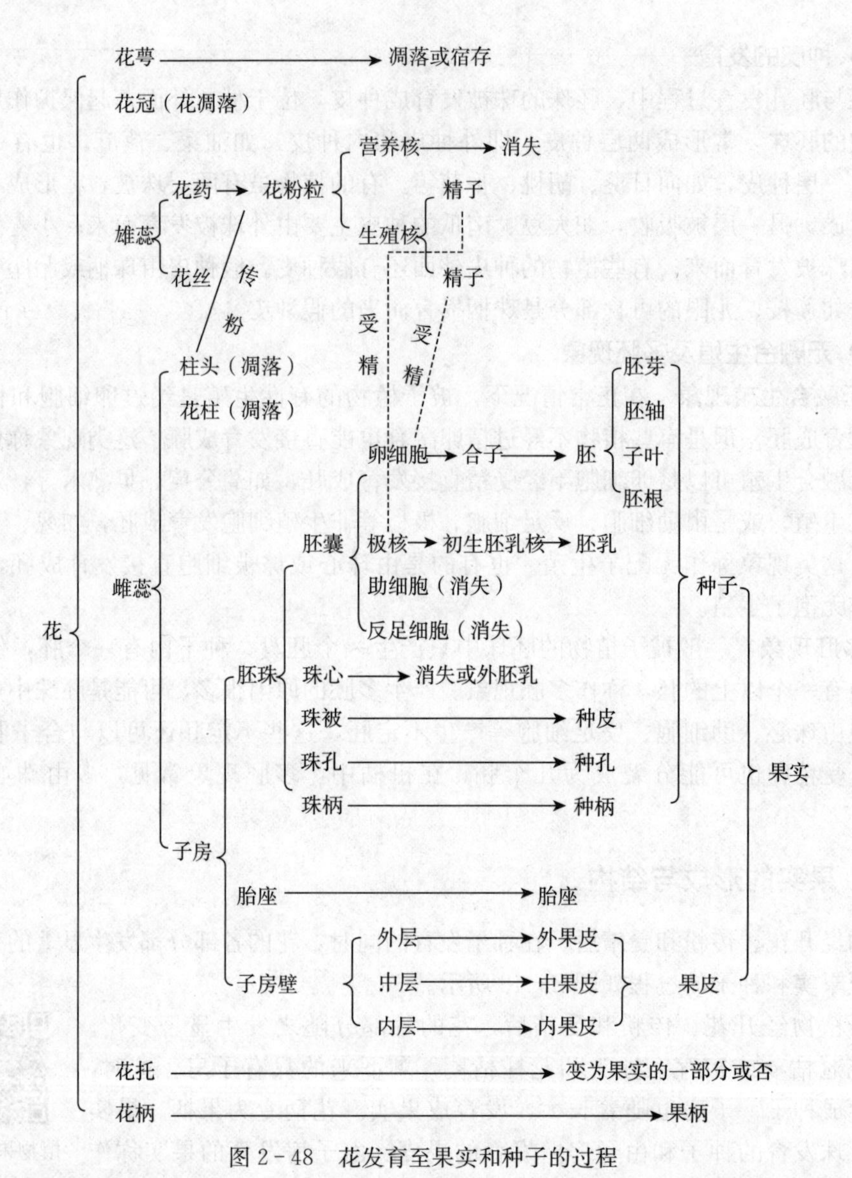

图 2-48　花发育至果实和种子的过程

实践知识

本模块中的实践知识与模块一中的实践知识相同，利用前面掌握的技能进行下面的实际操作。

实验实训

实训一　植物根解剖结构的观察

（一）实训目标

1. 通过观察，进一步掌握根尖各区、根的初生和次生结构的特点。

2. 认识侧根的发生部位和形成过程。认识豆科植物根上的根瘤。

（二）实训材料与用品

显微镜、载玻片、盖玻片、擦镜纸、解剖刀、剪刀、镊子、培养皿、蒸馏水、1%番红溶液、盐酸、5%间苯三酚（用95%酒精配制）等。

小麦（或洋葱）根尖永久切片，大豆（或向日葵、油菜、苹果、棉花）幼根永久切片和老根横切片，小麦（或水稻）幼根永久切片，小麦和棉花幼根，大豆（或绿豆）带根植株。玉米（或小麦、水稻）籽粒，蚕豆（或大豆、棉花）的种子，蚕豆侧根横切片。

（三）实训方法与步骤

1. 根尖及其分区

（1）材料的培养。在实验前5～7d，在培养皿（或搪瓷盘）内铺滤纸，将吸胀的玉米（或小麦、水稻）籽粒，蚕豆（或大豆、棉花）的种子均匀地排在潮湿滤纸上，并加盖。然后放入恒温箱中或温暖的地方，温度保持15～25℃，使根长到1～2cm，即可观察。

（2）根尖及其分区的观察。选择生长良好且直的幼根，用刀片从有根毛处切下，放在载玻片上（载玻片下垫一黑纸），不要加水，用肉眼或放大镜观察它的外形和分区。

（3）根尖分区的内部结构。取小麦（或洋葱）根尖永久切片，在显微镜下观察。由根尖向上辨认各区，比较各区的细胞特征。

2. 根的初生结构

（1）双子叶植物根的初生结构。取大豆（或向日葵、油菜、苹果、棉花）幼根永久切片，或在实验前10d左右，将蚕豆（或大豆、棉花）种子按照上面材料培养方法进行处理，待幼根长到5～10cm时，用根毛区做横切面徒手切片，加一滴1%番红溶液染色，制成简易装片，在显微镜下观察初生结构特征。

①表皮。为最外一层排列紧密、无细胞间隙的细胞，细胞略呈长方形，细胞壁薄，有些细胞外壁向外突出形成根毛。

②皮层。占幼根横切面的大部分，由许多大型薄壁细胞组成，具细胞间隙。皮层从外向内可分为外皮层、皮层薄壁细胞和内皮层三部分。注意内皮层细胞壁一定位置上有无点状增厚。

③维管柱。是内皮层以内的中央部分，包括中柱鞘、初生木质部、初生韧皮部和薄壁细胞四部分，少数双子叶植物根的中央具髓。

（2）单子叶植物根的初生结构。取小麦（或水稻）幼根永久切片，或用玉米根毛区的上部做横切面徒手切片，加一滴1%番红溶液染色，制成简易装片，先在低倍镜下区分出表皮、皮层和维管柱三大部分，再用高倍镜由外向内观察。注意识别表皮、皮层、维管柱的结构特征，并与双子叶植物根的初生结构比较。

3. 根的次生结构　取大豆（或向日葵、油菜、苹果）老根横切片，先在低倍镜下观察，然后转换高倍镜详细观察其各部分结构，周皮、韧皮部、形成层、木质部等。

（1）周皮。位于根的最外面，横切面细胞呈扁平长方形，排列整齐，无细胞间隙，注意周皮由哪几部分组成。

（2）次生韧皮部。位于周皮以内，维管形成层以外。有许多大型的薄壁细胞，在横切面上排列成漏斗状，这是射线扩大的部分，其中可见分泌腔。小而壁厚被染成蓝色的细胞是韧皮纤维，其他薄壁细胞为筛管、伴胞和韧皮薄壁细胞。还有放射状排列的细胞，为韧皮射线。

（3）维管形成层。位于次生木质部和次生韧皮部之间，为数层扁平的砖形薄壁细胞，排列紧密。

（4）次生木质部。位于维管形成层以内，占横切面的大部分。其中许多口径大而被染成红色的细胞是导管。导管常成束存在，壁较厚，口径较小的细胞为木纤维。其中还有辐射排列、由2～3列细胞组成的木射线，其细胞充满营养物质。

（5）初生木质部。位于次生木质部以内，切片的中央部分，也被染成红色，导管的口径较小，排列成辐射状。

4. 侧根的形成

（1）肉眼观察。观察棉花或大豆幼苗的根，主根周围有4～5行侧根，萝卜和胡萝卜肉质根上的侧根为2或4行。

（2）显微镜观察。取蚕豆侧根横切片，在显微镜下观察，有的切片中可见从维管柱鞘向外产生一个或两个圆锥形的突起的原始组织，即为侧根的原基，有的切片中，侧根已突破皮层和表皮。注意侧根的发生处是否对着原生木质部辐射角。

5. 根瘤 观察蚕豆、落花生、大豆等豆科植物根上的瘤状突起（根瘤）。注意各种植物根瘤的形状和大小。

（四）实训报告

1. 绘制一种双子叶植物幼根（蚕豆）或单子叶植物根横切面结构图，并注明各部分的名称。

2. 绘制一种植物老根次生结构横切面简图，并注明各部分的名称（约1/4扇形图）。

实训二　植物茎解剖结构的观察

（一）实训目标

1. 掌握茎的初生和次生结构的特点。

2. 了解禾本科植物茎的结构特征。

（二）实训材料与用品

显微镜、载玻片、盖玻片、擦镜纸、解剖刀、剪刀、镊子、培养皿、蒸馏水、1%番红溶液、盐酸、5%间苯三酚（用95%酒精配制）等。

大豆（或向日葵、椴树、苹果、棉花）老茎横切片和幼茎，小麦（或水稻）茎横切片和幼茎，玉米幼茎，椴树三年生茎横切片。

（三）实训方法与步骤

1. 双子叶植物茎的结构

（1）初生结构。取向日葵（或大豆、棉花）幼茎做横切面徒手切片，用1%番红溶液染色（在培养皿中滴入一滴蒸馏水，放入切好的材料后滴入一滴1%番红溶液染色），盖上盖玻片制成简易装片，或用红墨水染色（在载玻片中央滴一滴红墨水，放入切好的材料，盖上盖玻片），在显微镜低倍镜下可观察到茎的初生构造。

①表皮。茎的最外一层细胞的细胞外壁可见有角质层，有的表皮细胞转化成表皮毛（有单细胞或多细胞）。

②皮层。皮层由厚角组织及薄壁组织组成，若用新鲜的向日葵幼茎做徒手切片，可观察到厚角组织细胞内有叶绿体。厚角组织内侧是数层薄壁细胞，其中还可看到分泌腔（属分泌组织）。

③维管柱。包括维管束、髓射线和髓三部分。

（2）次生结构。取向日葵（或大豆、棉花）老茎横切片和椴树三年生茎横切片，置于显微镜下观察，由外向内可观察到下列各部分。

①周皮。可分为木栓层、木栓形成层、栓内层。栓内层在有些切片中不易区分。

②皮层。为薄壁组织，其外面数层常为厚角组织。

③韧皮部。略呈梯形排列在形成层的外面，包括初生韧皮部、次生韧皮部、韧皮射线。

④形成层。位于韧皮部与木质部之间，为一圆环，细胞较小而扁平，排列较整齐。

⑤木质部。形成层以内，包括次生木质部、初生木质部、木射线。椴树三年生茎的次生木质部可看到年轮，注意早材与晚材的区别。

⑥髓及髓射线。髓射线贯穿在维管束之间，沟通皮层与髓。髓大部分由薄壁细胞组成。

2. 单子叶植物茎的结构

（1）玉米茎的结构。取玉米幼茎，在节间做横切面徒手切片，将切片材料置于载玻片上，加一滴盐酸，2～3min 后，吸去多余盐酸，再加一滴 5%间苯三酚，几秒钟后，可见材料中有红色出现，盖上盖玻片，在显微镜低倍镜下观察。用间苯三酚染色分色清楚，木质化细胞被染成红色，其余部分均不着色。玉米茎的横切面可分为表皮、厚壁组织、薄壁组织、维管束（散生）等部分。

（2）小麦（或水稻）茎的结构。取小麦（或水稻）茎横切片，置于显微镜下观察。也可选择拔节后的小麦茎，取正在伸长节间以下的一个节间，自它的上部（最先分化成熟部分）做横切，方法同上，用 5%间苯三酚染色并制作简易装片。将切片置于显微镜下可观察到表皮、厚壁组织、薄壁组织、维管束、髓腔等部分。

（3）玉米茎结构与小麦（或水稻）茎结构的区别。

①表皮。玉米表皮有明显的角质层。

②基本组织。表皮以内为数层厚壁组织，厚壁组织以内为薄壁组织。

③维管束。小麦（或水稻）维管束排列成近似的二环，外环维管束较小，分布于厚壁组织中，内环维管束较大，分布于薄壁组织中。每个维管束中，靠近维管束的外方是韧皮部，内方是木质部。木质部呈 V 形，可见到两个大型的孔纹导管，基部是 1～2 个较小的环纹和螺纹导管及气腔。玉米的维管束则散生在薄壁组织中。

（四）实训报告

1. 绘制双子叶植物幼茎横切面结构图，并注明各部分结构名称（约 1/4 扇形图）。

2. 绘制玉米茎横切面简图及一个维管束详图，并注明各部分结构名称。

3. 绘制双子叶植物茎次生结构横切面简图，并注明各部分结构名称（约 1/4 扇形图）。

实训三　植物叶片解剖结构的观察

（一）实训目标

1. 识别双子叶植物、单子叶植物的叶片表皮结构。

2. 了解双子叶植物和单子叶植物叶片的结构特点，进一步理解叶片结构与功能的关系。

（二）实训材料与用品

显微镜、载玻片、盖玻片、擦镜纸、剪刀、解剖刀、镊子、培养皿、蒸馏水、1%番红溶液、吸水纸等。

大豆（或棉花、甘薯）叶片，小麦（或水稻、玉米）叶片，大豆（或棉花、丁香）叶片横切片，水稻和小麦（或玉米）叶片横切片。

（三）实训方法与步骤

1. 观察表皮和气孔　撕取大豆（或棉花）叶下表皮一部分，做成简易装片，置于显微镜下观察。可看到表皮细胞不规则，细胞之间凸凹镶嵌，互相交错，紧密结合，其中有许多由两个半月形的保卫细胞围合成的气孔。取小麦（或水稻）叶片，在载玻片上用解剖刀轻轻刮掉叶片的上表皮及叶肉，保留叶的下表皮并做成简易装片，置于显微镜下观察，可观察到表皮细胞分为长细胞和短细胞两种类型，表皮上的气孔由两个哑铃形的保卫细胞围合成，存在副卫细胞。

2. 双子叶植物叶片的结构　取大豆（或棉花）的叶片，沿主脉做横切面徒手切片，用1%番红稀释液（蒸馏水与1%番红溶液1∶5混合）染色，做成简易装片；或取大豆及其他双子叶植物叶片横切片，置于显微镜下观察，可依次观察到表皮、叶肉、叶脉三部分。

（1）表皮。有上下表皮之分，通常各由一层排列紧密的细胞所组成，下表皮分布有较多的气孔器。

（2）叶肉。由薄壁细胞组成，可分为栅栏组织和海绵组织，内含叶绿体。

（3）叶脉。由木质部和韧皮部组成，木质部在上，韧皮部在下。在主脉中有的有形成层。

3. 单子叶植物叶片的结构　取小麦（或水稻、玉米）叶做徒手切片，方法同上；或取水稻和小麦（或玉米）叶片横切片，在显微镜下观察，并与双子叶植物叶的结构比较。单子叶植物叶片也分为表皮、叶肉、叶脉三部分。

（1）表皮。由上下表皮组成，上表皮有运动细胞，呈扇形排列。注意气孔器的特征。

（2）叶肉。栅栏组织和海绵组织的分化程度是否明显。观察叶片上下的颜色深浅。

（3）叶脉。由木质部（在上）和韧皮部（在下）组成，外有维管束鞘。玉米叶脉外有一圈维管束鞘，水稻和小麦叶脉外有两圈维管束鞘，观察有无形成层。

（四）实训报告

1. 绘制大豆（或棉花）叶片横切面结构图，注明各部分结构的名称。

2. 绘制小麦（或水稻）叶片横切面结构图，注明各部分结构的名称。

3. 绘制双子叶植物、单子叶植物的叶片表皮顶面观图，注明各部分结构的名称。

实训四 花药和子房结构的观察

(一) 实训目标

1. 观察认识花药的构造特征，掌握花药的结构及发育过程。

2. 观察认识子房和胚珠的构造特征，掌握子房、胚珠的结构。

(二) 实训材料与用品

显微镜、擦镜纸等。

百合幼嫩花药横切片、百合成熟花药横切片、百合子房横切片。

(三) 实训方法与步骤

1. 百合花药结构的观察 取百合幼嫩花药横切片，先在低倍镜下观察。可见花药呈蝶状，其中有四个花粉囊，分左右对称两部分，其中间有药隔相连，在药隔处可看到自花丝通入的维管束。换高倍镜仔细观察一个花粉囊的结构，由外至内为表皮、纤维层、中层与绒毡层，内有花粉母细胞。

取百合成熟花药横切片，在低倍镜下观察，可看到每侧两个花粉囊之间的花粉囊壁已经开裂，花粉囊壁由表皮、纤维层组成，中层与绒毡层消失，花药内有许多二核或三核花粉粒（部分散出）。

2. 百合子房结构的观察 取百合子房横切片，在低倍镜下观察，可看到由 3 个心皮围合形成 3 个子房室，胎座为中轴胎座，在每个子房室里有 2 个倒生胚珠，它们背靠背生在中轴上。移动载玻片，选择一个完整而清晰的胚珠进行观察，可以看到胚珠具有内、外两层珠被，以及珠孔、珠柄、珠心等部分，珠心内为胚囊，胚囊内可见到 1 或 2 个核或 4 个核或 8 个核（成熟的胚囊有 8 个核，由于 8 个核不是分布在一个平面上，所以在切片中不易全部看到）。

(四) 实训报告

1. 绘制百合花药横切面结构图，注明各部分结构名称。

2. 绘制百合子房横切面结构图，注明各部分结构名称。

拓展知识

花粉粒的寿命

花粉粒的生活力，通常是指花粉在贮藏过程中维持受精能力的时限。花粉粒生活力的长短，一方面由遗传基因决定，另一方面也与环境因素有关。

大多数植物的花粉粒，在自然条件下只能存活几个小时、几天或几个星期，一般木本植物比草本植物长。亲缘关系相近的植物，花粉寿命的长短也较接近。在凉爽的条件下，苹果的花粉能存活 10～70d，柑橘为 40～50d，棉花的花粉粒在采下 24h 内，存活的有 65%，超过 24h，存活的就很少。禾本科植物花粉的生活力最短，如水稻花粉粒在田间条件下 3min 就有 50%失去生活力，5min 后几乎全部丧失生活力。

花粉粒的生活力除与植物类型、种类有关外，还与花粉粒的类型有关。通常三核花粉粒的生活力比二核花粉粒低，对外界不良条件抵抗力较差，故不耐贮藏。

影响花粉粒生活力的环境因素主要是温度、相对湿度和空气质量。通常采用低温

(0～10℃)、低湿（25%～50%相对湿度)、低氧分压等条件来保存花粉粒，以延长花粉粒的寿命。禾本科植物的花粉粒有些特殊，一般要求较高的相对湿度（70%～100%)，如水稻的花粉粒在2℃和85%相对湿度下可以存活24h，玉米和甘蔗的花粉粒在4～5℃和90%相对湿度下可存活8～10d。

近年来，利用超低温、真空和冷冻干燥等技术保存花粉，大大延长了花粉粒的寿命。所谓超低温，通常是把花粉粒保存在真空瓶内的液态氮（－196℃）或液态空气（－192℃）里，贮藏前要先降低花粉的含水量。如桃、梨的花粉在液态氮（－196℃）贮藏365d后，离体萌发率和授粉结实率均接近新鲜花粉的水平；苜蓿的花粉粒在－21℃和真空下，贮存11年尚有一定的生活力。

保存和延长花粉粒寿命的方法很多，但有一个基本原则，即最大限度地降低代谢水平而又不损伤原生质，促使花粉粒进入休眠状态。

思政园地

我国乡村振兴战略

一、乡村振兴战略实施背景

乡村振兴战略是习近平同志2017年10月18日在党的十九大报告中提出的战略。十九大报告指出，农业农村农民问题是关系国计民生的根本性问题，必须始终把解决好“三农”问题作为全党工作的重中之重，实施乡村振兴战略。

我国乡村振兴战略意义

中共中央、国务院连续发布中央一号文件，对新发展阶段优先发展农业农村、全面推进乡村振兴作出总体部署，为做好当前和今后一个时期“三农”工作指明了方向。2018年3月5日，国务院总理李克强在《政府工作报告》中讲到，大力实施乡村振兴战略。2018年5月31日，中共中央政治局召开会议，审议《国家乡村振兴战略规划（2018—2022年)》。2018年9月，中共中央、国务院印发了《乡村振兴战略规划（2018－2022年)》，并发出通知，要求各地区各部门结合实际认真贯彻落实。2021年2月21日，《中共中央国务院关于全面推进乡村振兴加快农业农村现代化的意见》，即中央一号文件发布，这是21世纪以来第18个指导“三农”工作的中央一号文件；2月25日，国务院直属机构国家乡村振兴局正式挂牌。2021年3月，中共中央、国务院发布了《关于实现巩固拓展脱贫攻坚成果同乡村振兴有效衔接的意见》，提出重点工作；2021年4月29日，十三届全国人大常委会第二十八次会议表决通过《中华人民共和国乡村振兴促进法》。

二、乡村振兴战略实施原则

实施乡村振兴战略，要坚持党管农村工作，坚持农业农村优先发展，坚持农民主体地位，坚持乡村全面振兴，坚持城乡融合发展，坚持人与自然和谐共生，坚持因地制宜、循序渐进。巩固和完善农村基本经营制度，保持土地承包关系稳定并长久不变，第二轮土地承包到期后再延长三十年。确保国家粮食安全，把中国人的饭碗牢牢端在自己手中。加强农村基层基础工作，培养造就一支懂农业、爱农村、爱农民的“三农”工作队伍。

三、乡村振兴战略实施意义

乡村是具有自然、社会、经济特征的地域综合体，兼具生产、生活、生态、文化等多重功能，与城镇互促互进、共生共存，共同构成人类活动的主要空间。乡村兴则国家兴，乡村衰则国家衰。我国人民日益增长的美好生活需要和不平衡不充分发展之间的矛盾在乡村最为突出，我国仍处于并将长期处于社会主义初级阶段，它的特征很大程度上表现在乡村。全面建成小康社会和全面建设社会主义现代化强国，最艰巨最繁重的任务在农村，最广泛最深厚的基础在农村，最大的潜力和后劲也在农村。实施乡村振兴战略，是解决新时代我国社会主要矛盾、实现中华民族伟大复兴中国梦的必然要求，具有重大现实意义和深远历史意义。

思考与练习

1. 什么叫根尖？根尖自顶端向后依次分为哪几部分？各部分的生理功能和细胞形态、结构有何不同？

2. 说明双子叶植物根的次生加粗生长及次生构造。

3. 侧根是怎样形成的？

4. 举例说明禾本科植物根的结构特点。

5. 什么叫根瘤？豆科植物的根瘤是怎样产生的？它与寄主植物的共生关系表现在哪些方面？

6. 什么叫菌根？菌根可分为哪几种类型？菌根中的菌丝对寄主植物有何益处？菌根与根瘤有何区别？

7. 绘制双子叶植物茎初生构造的简图，说明各部分的结构。

8. 什么叫年轮？年轮是怎样形成的？

9. 比较周皮、硬树皮、软树皮的区别。

10. 简述叶的一般生理功能。

11. 利用显微镜观察双子叶植物和禾本科植物的叶片解剖结构，比较两者在结构上的异同。

12. 叶是怎样脱落的？落叶对植物有何意义？

13. 说明花药和花粉粒的发育与结构。

14. 说明胚珠与胚囊的发育与结构。

15. 什么是传粉？为什么异花传粉具有优越性？植物对异花传粉具有哪些适应特点？为什么自花传粉植物仍能在自然界存在？

16. 说明双受精过程及双受精的生物学意义。

17. 什么叫无融合生殖？无融合生殖有哪些方式？

18. 掌握植物的开花习性在生产上有何意义？

19. 花是如何发育成果实和种子的？

模块三　植物器官形态

学习目标

知识目标：

- 了解高等植物根、茎、叶、花、果实等器官的形态类型及外部特征。
- 了解生活环境对植物器官形态结构的影响。

技能目标：

- 能够用科学的术语正确描述各器官形态特征与类型，具备对正常器官与变态器官、变态器官与病变器官的识别能力。
- 能够掌握种子植物外部形态的多样性从而认识植物。

素养目标：

- 具备坚持不懈的探索素养和积极有效解决问题的职业精神。
- 理解植物多样性的意义，感悟我国农耕文明的伟大。

基础知识

在高等植物体（除苔藓植物外）中，由多种组织组成，具有显著形态特征和特定功能且易于区分的部分称作器官。植物的器官可分为营养器官和生殖器官，营养器官包括根、茎和叶，它们共同担负着植物体营养功能，包括水分和无机盐的吸收、有机物质的合成、物质的运输与分配等，为植物生殖器官的分化提供物质基础；生殖器官包括花、果实和种子，担负着植物体的生殖功能。营养器官是构成植物体的主要部分，在整个生活史中始终存在；而生殖器官的存在时间短暂，只出现在生殖阶段。

一、植物器官的发生

由于被子植物的器官是由种子发育而来的，多数植物的生长一般也是从播种开始。种子萌发后，形成具有根、茎、叶的植物体，继而开花结实产生新的种子。营养器官的产生和发育是从幼苗开始的，下面首先介绍幼苗的形成和类型。

（一）幼苗的形成

种子萌发后，胚开始生长，由胚所长成的幼小植物体称作幼苗。种子在萌发形成幼苗的过程中，仍然以种子内的储藏物质为养分，因此生产上要选粒大饱满的种子，以使幼苗肥壮。

植物幼苗的形成

种子在萌发过程中，通常是胚根首先突破种皮向下生长，形成主根。这一特性具有重要的生物学意义，因根发育较早，可以使早期幼苗固定在土壤中，及时从土壤中吸收水分和养料，使幼苗能很快独立生长。之后，胚芽突出种皮向上生长，伸出土面形成茎和叶，逐渐形成幼苗。

水稻种子萌发与幼苗生长过程

（二）幼苗的类型

不同植物有不同形态的幼苗，常见的幼苗主要有两种类型：子叶出土幼苗和子叶留土幼苗。

子叶能否出土，主要取决于胚轴的生长特性。从子叶着生处到第一片真叶之间的一段胚轴称作上胚轴；子叶着生处到根之间的一段胚轴称作下胚轴。下胚轴能否伸长，决定子叶能否出土。

1. 子叶出土幼苗 双子叶植物如大豆、花生、棉花、瓜类、蓖麻、向日葵、苹果及葡萄等种子萌发时，胚根首先伸入土中形成主根，接着下胚轴伸长，将子叶和胚芽推出土面，这类幼苗是子叶出土幼苗（图 3－1）。幼苗子叶下的一部分主轴由下胚轴伸长而成；子叶以上和第一真叶之间的主轴由上胚轴形成。通常子叶出土后见光变为绿色，可以暂时进行光合作用。以后胚芽发育成地上部分的茎和真叶，子叶内营养物质耗尽后即枯萎脱落。

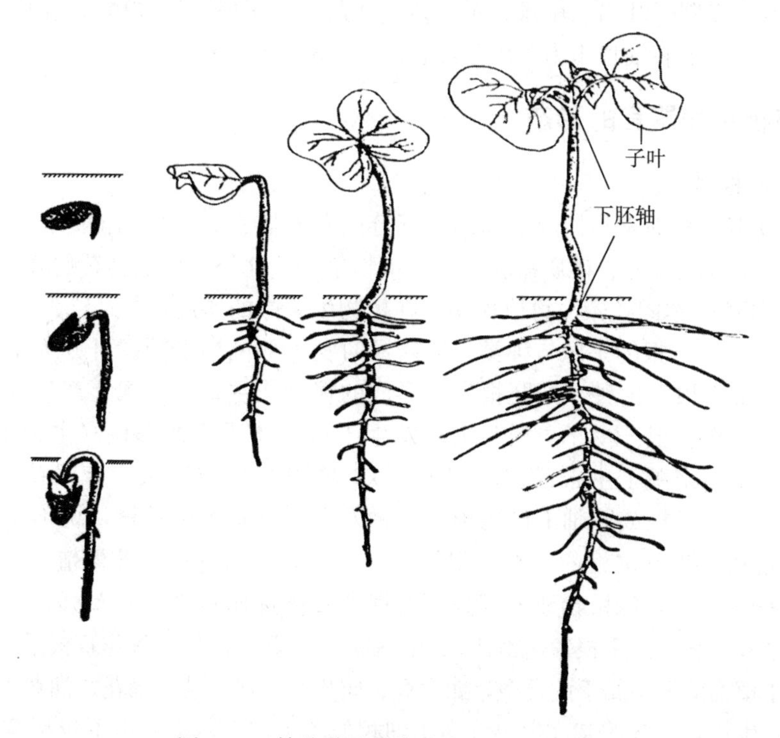

图 3－1 棉花种子萌发过程，示子叶出土

2. 子叶留土幼苗 双子叶植物无胚乳种子如豌豆、蚕豆、柑橘和单子叶植物的小麦、

水稻、玉米等有胚乳种子萌发时，下胚轴并不伸长，子叶留在土中，上胚轴和胚芽伸出土面，这类幼苗是子叶留土幼苗（图3-2）。

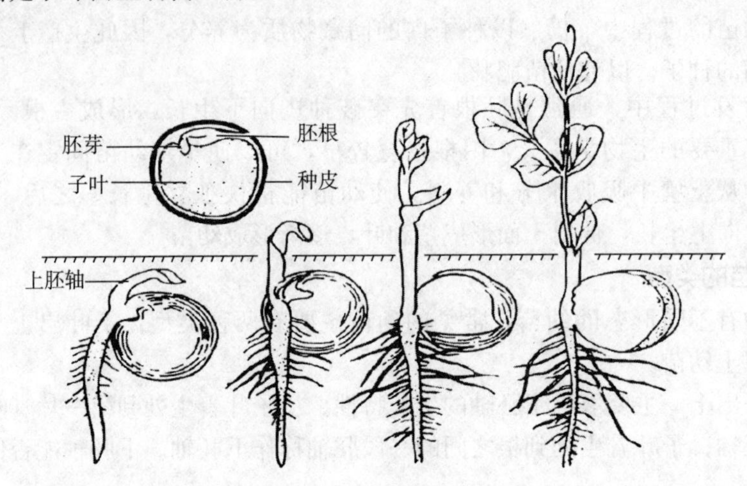

图3-2 豌豆种子萌发过程，示子叶留土

花生种子的萌发，兼有子叶出土和子叶留土的特点。它的上胚轴和胚芽生长较快，同时下胚轴也能伸长，但有一定的限度。所以，播种较深时，则不见子叶出土；播种较浅时，则可见子叶露出土面。这种情况也可称作子叶半出土幼苗。

在农业生产上要注意不同幼苗类型种子的播种深度。一般来讲，子叶出土幼苗的种子播种要浅一些，否则子叶出土困难；子叶留土幼苗的种子播种可以稍深。但还要根据种子大小、土壤湿度、下胚轴顶土力等因素综合决定播种深浅。

二、植物营养器官的形态

（一）植物根系

1. 根的功能 根通常是构成植物地下部分的营养器官。主要功能是使植物体固定在土壤中，从土中吸收水分、矿质盐和氮素供植物生长。此外，根还具有贮藏、分泌和繁殖作用。“根深叶茂，本固枝荣”可以说明根在植物生长中的作用。

植物根系

2. 根的来源与种类 根据根的发生部位的不同，可分为主根、侧根和不定根。由种子的胚根发育形成的根称作主根，主根上产生的各级分枝都称作侧根。由于主根和侧根发生于植物体固定的部位（主根来源于胚根，侧根来源于主根或上一级侧根），所以又称作定根。有些植物可以从茎、叶、老根或胚轴上产生根，这种发生位置不固定的根，统称作不定根。生产中常利用植物产生不定根的特性，用扦插、压条等方法进行营养繁殖。

3. 根系的种类 一株植物地下部分所有根的总体称作根系。根系分为直根系和须根系两种类型（图3-3）。主根发达粗壮，与侧根有明显区别的根系称作直根系。大部分双子叶植物和裸子植物的根系属于此类型，如大豆、向日葵、蒲公英、棉花、油菜等。主根不发达或早期停止生长，由茎的基部生出许多粗细相似的不定根，主要由不定根群组成的根系称作须根系。如禾本科的稻、麦以及鳞茎植物葱、韭、蒜、百合等单子叶植物的根系。

4. 根系在土壤中的生长与分布 根系在土壤中的分布状况和发展程度对植物地上部分

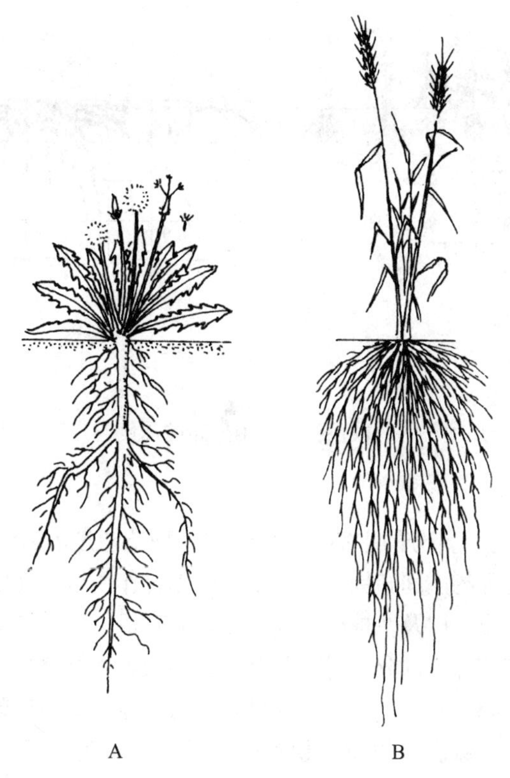

图 3-3 根系

A. 直根系（蒲公英） B. 须根系（小麦）

的生长、发育极为重要。植物地上部分必需的水分和矿质养料几乎完全依赖根系供给，枝叶的发展和根系的发展常常保持一定的平衡。一般植物根系和土壤接触的总面积，通常超过茎叶面积的 5～15 倍。果树根系在土壤中的扩展范围，一般都超过树冠范围的 2～5 倍。

依据根系在土壤中的分布深度，可分为深根系和浅根系两类。深根系主根发达，向下垂直生长，深入土层可达 3～5m，甚至 10m 以上，如大豆、蓖麻、马尾松、薄壳山核桃（美国山核桃）等。浅根系主根不发达，侧根或不定根向四面扩张，并占有较大面积，根系主要分布在土壤的表层。如小麦、水稻、刺槐及悬铃木等（图 3-4）。

根系在土壤中的分布深浅取决于植物遗传性，还受环境条件的影响。同一作物的根系，生长在地下水位较低、通气良好、肥沃的土壤中，根系就发达，分布较深；反之，根系就不发达，分布较浅。此外，人为影响也能改变根系的深度。如植物苗期的灌溉、苗木的移栽、压条和扦插等易形成浅根系。种子繁殖、深层施肥易形成深根系。因此，在农林工作中应掌握各种植物根系的特性，并为根系的发育创造良好的环境，促使根系健全发育，为地上部分的繁茂和稳产高产打下良好基础。

树种的根系特性也是选择造林树种的依据之一。营造防护林带的树种，一般应选深根性树种，才能具有较强的抗风力；营造水土保护林，一般宜用侧根发达，固土能力强的树种；营造混交林时，除考虑地上部分的相互关系外，要选择深根性与浅根性树种合理配置，以利于根系的发育及水分、养分的吸收利用。

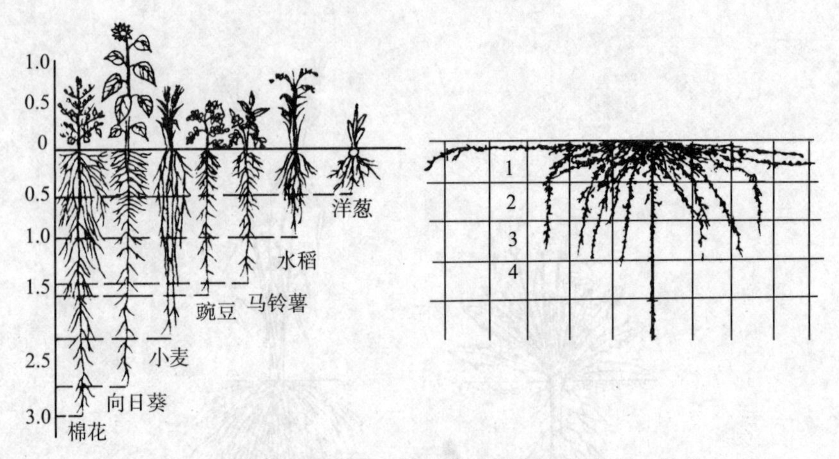

图 3-4 几种作物的根系在土壤中分布的深度与广度（单位：m）

（二）植物的茎

1. 茎的功能 茎是地上部分的主轴，它的主要生理功能是运输和支持。它支持着叶、芽、花、果，并使它们形成合理的空间布局，有利于叶的光合作用以及花的传粉、果实或种子的传播；根部吸收的水、矿物质，以及在根中合成或贮藏的有机物通过茎运往地上各部分；叶的光合产物也要通过茎输送到植株各部分。另外茎有贮藏功能，尤其是多年生植物，其贮藏物成为休眠芽春季萌动的营养来源；有些植物的茎还具有繁殖功能，如马铃薯的块茎、杨的枝条等。

芽

2. 芽的概念及类型 植物的枝条和花都是由芽发育形成的，因此，芽是枝条、花或花序的原始体。根据芽的着生位置、性质、结构、生理状态等，可将芽分为以下各种类型。

（1）定芽和不定芽。定芽是指着生在枝条上固定位置的芽，又可以分为顶芽和侧芽两种。着生在枝条顶端的芽称作顶芽；着生在叶腋的芽称作侧芽，又称作腋芽。大多数植物一个叶腋内只有一个腋芽，但也有植物一个叶腋内生有数个腋芽。如桃有三个腋芽并生，中间的称作主芽，一般较小，为叶芽；两边的称作副芽，较大，为花芽。悬铃木的芽被叶柄基部所覆盖，叶落后芽才显露，这种芽称作柄下芽，也属于定芽。

不定芽是指在根、叶、老茎上或创伤部位产生的芽。如枣、苹果、刺槐的根上产生的芽，甘薯的块根上产生的芽，秋海棠、大叶落地生根等植物的叶上产生的芽，桑、柳受伤或被砍伐后在伤口周围能够形成不定芽。

（2）叶芽、花芽和混合芽。萌发后形成枝条的芽称作叶芽（枝芽）；形成花或花序的芽称作花芽；既能形成枝条又能形成花或花序的芽称作混合芽。例如，苹果、梨都具有混合芽。一般情况下，花芽和混合芽较叶芽肥大。

（3）鳞芽和裸芽。外面有芽鳞包被的芽称作鳞芽；没有芽鳞包被的芽称作裸芽。木本植物秋冬季节形成的芽多为鳞芽，而草本植物的芽一般都是裸芽。芽鳞是一种变态叶，包在芽的外面，可起到保护芽的作用。

（4）活动芽和休眠芽。在生长季节能够萌发的芽称作活动芽；虽保持萌发能力，但暂时甚至长期不萌发的芽称作休眠芽。一般来说，顶芽的活动力最强，即最容易萌发。离剪口较近的一些腋芽容易转变为活动芽。果树修剪和树木整形就是根据这一原理。

3. 枝条及形态特征 着生叶和芽的茎称作枝条。枝条是以茎为主轴，其上生有多种侧生器官——叶、芽、侧枝、花或果，此外，还有以下形态特征。

（1）节和节间。茎上着生叶的部位为节，节与节之间的部位为节间。一般植物的节不明显，只在叶着生处略有突起，而禾本科植物的节比较显著，如甘蔗、玉米和竹的节形成环状结构。节间的长短因植物种类和植株的不同部位、生长阶段或生长条件而异。如水稻、小麦、萝卜、油菜等在幼苗期各个节间很短，多个节密集植株基部，使其上着生的叶呈丛生状或莲座状。进入生殖生长时期，上部的几个节间才伸长，如禾本科植物的拔节和萝卜、油菜的抽薹。

（2）长枝和短枝。银杏、苹果、梨等的植株上有两种节间长短不一的枝——长枝和短枝（图 3-5）。节间较长的枝称作长枝。节间极短，各节紧密相接的枝条称作短枝。银杏长枝上生有许多短枝，叶簇生在短枝上。苹果、梨长枝上多着生叶芽，又称作营养枝，短枝上多着生混合芽，又称作结果枝。因此，在果树修剪中可根据长枝与短枝的数量及发育状况来调节树体的营养生长和生殖生长，达到优质高产的目的。

（3）皮孔。皮孔是遍布于老茎节间表面的许多稍稍隆起的微小疤痕状结构，是茎与外界进行气体交换的通道。皮孔的形状常因植物种类而不同，在果树栽培中是鉴别果树种类的依据之一。

（4）叶痕、叶迹、枝痕、芽鳞痕。侧生器官脱落后留下的各种痕迹。叶痕是多年生木本植物的叶脱落后在茎上留下的痕迹；在叶痕中有茎通往叶的维管束断面，称作叶迹；枝迹是花枝或小的营养枝脱落留下的痕迹；芽鳞痕是鳞芽展开生长时，芽鳞脱落后留下的痕迹（图 3-6）。

图 3-5　长枝和短枝

A. 银杏的长枝　B. 银杏的短枝

C. 苹果的长枝　D. 苹果的短枝

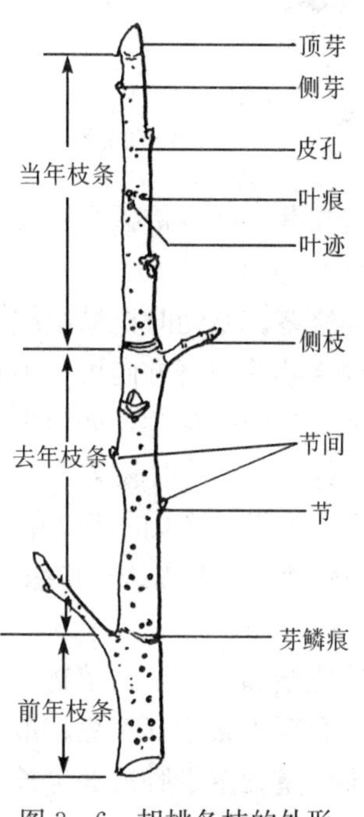

图 3-6　胡桃冬枝的外形

根据上述枝的一些形态特征，可对枝龄和芽的活动状况进行推断。图 3-6 所示的枝，它是从主茎截下的一个完整的分枝，是由主茎的一个腋芽伸长生长所形成。第一年腋芽活动形成前年枝，进入休眠季节前，随气温的逐渐降低，生长速度逐渐放慢，形成的节间愈来愈短，顶部靠近生长锥的几个幼叶也因此渐渐聚拢，最后，外方又发育出几片芽鳞将它们紧紧包住成为休眠芽。翌年春季，该芽再次成为活动芽，活动开始时芽鳞脱落，在茎上留下第一群芽鳞痕，继而生长形成第二段枝，即去年枝，秋末冬初又形成休眠芽。第三年这个芽再次活动，留下第二群芽鳞痕，继续生长形成第三段枝，即当年枝。所以，根据这个枝条上两群芽鳞痕和以其分界而成的三段茎，可推断这段枝条已生长了三年，或者说这段枝条的最下方的一段已生长了三年，依次向上为生长两年和一年的茎段。枝与芽特征对农林生产的整枝、修剪技术具有重要的指导意义。

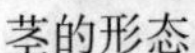
茎的形态

4. 茎的生长习性 不同植物的茎在长期进化过程中进化出各自的生长习性，以适应各自的环境条件。按照茎的生长习性，可分为直立茎、缠绕茎、攀缘茎、平卧茎、匍匐茎五种（图 3-7）。

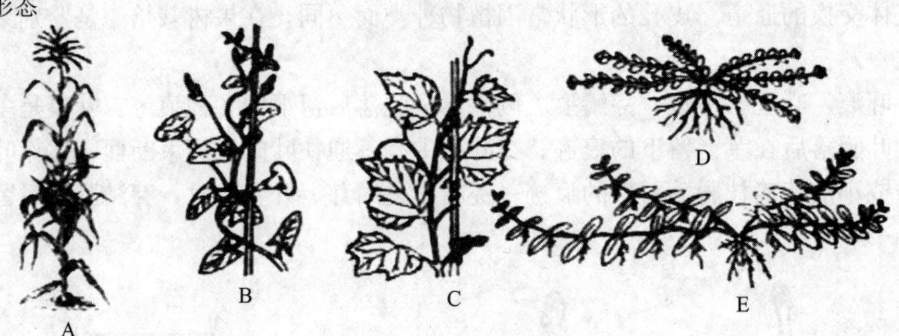

图 3-7 茎的生长习性

A. 直立茎 B. 缠绕茎 C. 攀缘茎 D. 平卧茎 E. 匍匐茎

（1）直立茎。茎内机械组织发达，茎本身能够直立生长，这种茎称作直立茎。如杨、蓖麻、向日葵等。

（2）缠绕茎。茎幼时机械组织不发达，柔软，不能直立生长，但能够缠绕其他物体向上生长。缠绕茎的缠绕方向可分为右旋或左旋。按顺时针方向缠绕为右旋缠绕茎，按逆时针方向缠绕为左旋缠绕茎，如牵牛花、菟丝子、菜豆等。

（3）攀缘茎。茎幼时较柔软，不能直立生长，以特有的结构攀缘在其他物体上向上生长。如黄瓜、葡萄、丝瓜的茎以卷须攀缘，常春藤、络石、薜荔的茎以气生根攀缘，白藤、拉拉藤（猪殃殃）的茎以钩刺攀缘，爬山虎（地锦）的茎以吸盘攀缘，旱金莲的茎以叶柄攀缘等。

具有缠绕茎和攀缘茎的植物，统称作藤本植物。藤本植物又可分为木质藤本（葡萄、猕猴桃等）和草质藤本（菜豆、瓜类）两种类型。

（4）平卧茎。茎平卧地面生长，节上一般不能产生不定根，如蒺藜、地锦草等。

（5）匍匐茎。茎细长柔弱，只能沿地面蔓延生长。匍匐茎一般节间较长，节上能产生不定根，芽会生长成新的植株，如草莓、甘薯等。栽培甘薯和草莓就是利用这一习性进行营养繁殖。

5. 茎的分枝 分枝是茎生长时普遍存在的现象，植物通过分枝来增加地上部分与周围环境的接触面积，形成庞大的树冠。园林树木通过分枝及人工定向修剪，可形成造型别致的园林景观。每种植物都有一定的分枝方式，这种特性取决于遗传性，有时还受环境的影响。种子植物常见的分枝方式有单轴分枝、合轴分枝和假二叉分枝三种类型（图3-8）。

茎的分枝类型

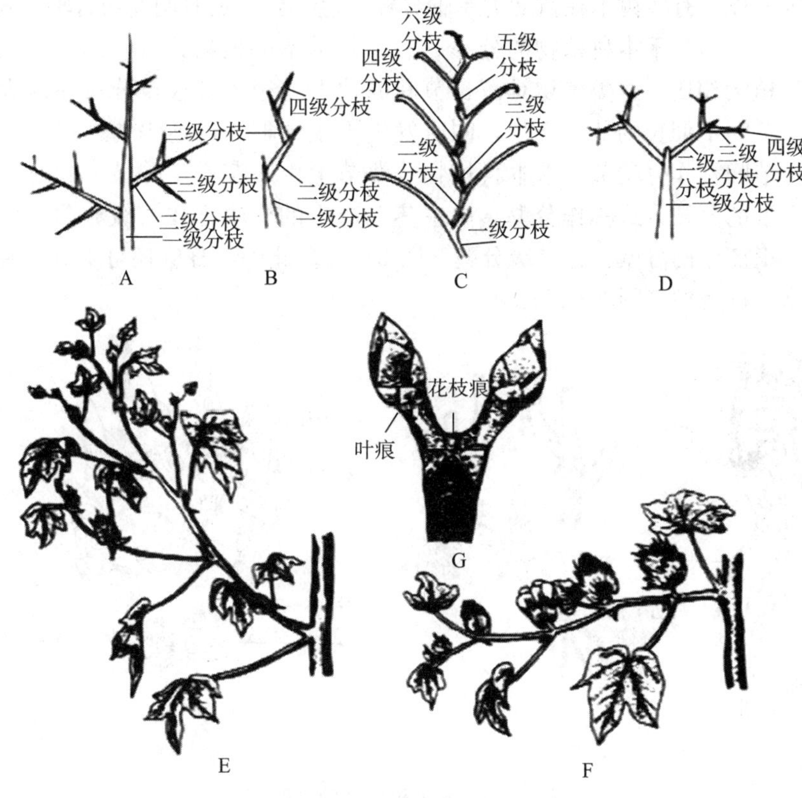

图3-8 种子植物的分枝方式
A. 单轴分枝 B、C. 合轴分枝 D. 假二叉分枝
E. 棉单轴分枝方式的营养枝 F. 棉合轴分枝方式的果枝 G. 七叶树的假二叉分枝

（1）单轴分枝。又称作总状分枝，具有明显的顶端优势，植物自幼苗开始，主茎顶芽的生长势始终占优势，形成一个直立而粗壮的主干，主干上的侧芽形成分枝，各级分枝生长势依级数递减，这种分枝方式称作单轴分枝。如松、椴、杨等属于这种分枝类型，因主干粗大、挺直，是有经济价值的木材；一些草本植物如黄麻，也是单轴分枝，因而能长出长而直的纤维。

（2）合轴分枝。合轴分枝没有明显的顶端优势，主茎上的顶芽只活动很短的一段时间后便停止生长或形成花、花序而不再形成茎段，这时由靠近顶芽的一个腋芽代替顶芽向上生长，生长一段时间后依次被下方的一个腋芽所取代，这种分枝方式称作合轴分枝。这种分枝类型使主茎与侧枝呈曲折形状，而且节间很短，使树冠呈开展状态，一方面有利于通风透光，另一方面能够形成较多的花芽，有利于繁殖，因此合轴分枝是比较进化的分枝方式。合轴分枝在植物中普遍存在，如马铃薯、番茄、柑橘、苹果及棉花的果枝等。茶树在幼年时为单轴分枝，成年时出现合轴分枝。

(3) 假二叉分枝。具有对生叶的植物，当顶芽停止生长或分化形成花、花序后，由其下方的一对腋芽同时发育成一对侧枝。这对侧枝的顶芽、腋芽的生长活动又和之前一样，这种分枝方式称作假二叉分枝，如丁香、梓树、泡桐等。

有些植物在同一种植株上有两种不同的分枝方式，如玉兰、木莲、棉花，既有单轴分枝，又有合轴分枝。有些树木在苗期为单轴分枝，生长到一定时期变为合轴分枝。

禾本科植物的分蘖

(4) 禾本科植物的分蘖。分蘖是禾本科植物特有的分枝方式，与其他植物相比，这类植物具有长节间的地上茎很少分枝，分枝在地表附近几个节间不伸长的节上产生，同时发生不定根群。近地表的这些节和未伸长的节间称作分蘖节。禾本科植物分蘖节上由腋芽产生分枝，同时形成不定根群的分枝方式称作分蘖。由主茎上产生的分蘖称作一级分蘖，由一级分蘖上产生的分蘖称作二级分蘖（图 3-9）。此外，分蘖还可细分为密集型、疏蘖型、根茎型三种类型（图 3-10）。

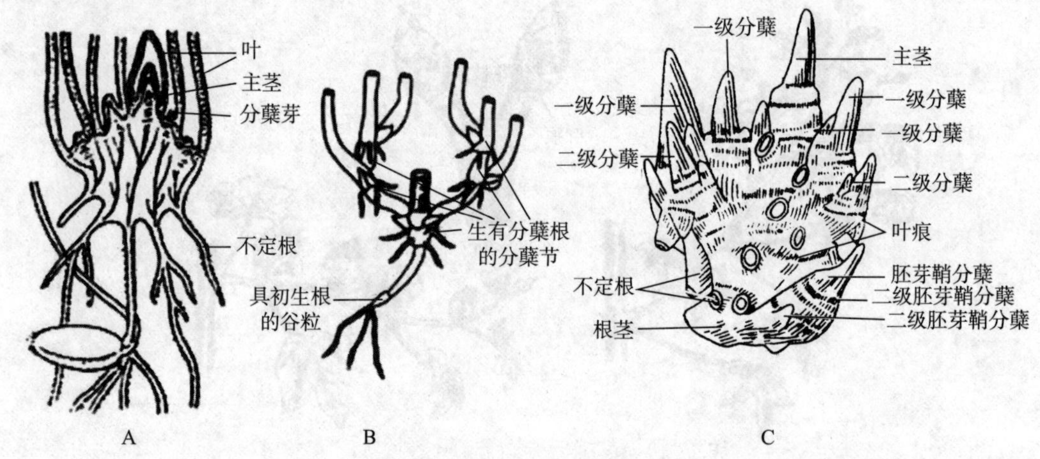

图 3-9　禾本科植物的分蘖

A. 小麦分蘖节纵切面　B. 分蘖图解　C. 有 8 个分蘖节的幼苗，示剥去叶的分蘖节

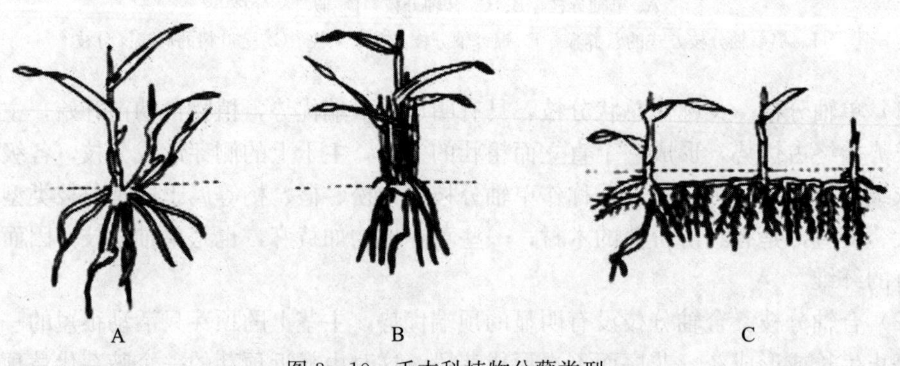

图 3-10　禾本科植物分蘖类型

（郑湘如等，2001. 植物学）

A. 疏蘖型　B. 密集型　C. 根茎型

分蘖有高蘖位和低蘖位之分，所谓蘖位是指发生分蘖的节位。蘖位高低与分蘖的成穗密切相关，蘖位越低，分蘖发生越早，生长期越长，成为有效分蘖的可能性越大；反之高蘖位的分蘖生长期较短，一般不能抽穗结实，成为无效分蘖。根据分蘖成穗的规律，植物

生产上常采用合理密植、巧施肥料、控制水肥、调节播种期等措施来促进有效分蘖的生长发育，抑制无效分蘖的发生，使营养集中，保证穗多、粒重，提高产量。

（三）植物的叶

1. 叶的功能 叶的主要功能是光合作用、蒸腾作用。绿色植物通过光合作用合成本身生长发育所需的葡萄糖，并以此为原料合成淀粉、脂肪、蛋白质、纤维素等。对人和动物界而言，光合作用的产物是直接或间接的食物来源，该过程释放的氧气又是生物生存的必要条件之一。叶也是蒸腾作用的主要器官，蒸腾作用是根系吸水的动力之一，并能促进植物体内无机盐的运输，还可降低叶表温度，使叶免受过强日光的灼伤，因此，蒸腾作用可以协调体内各种生理活动，但过于旺盛的蒸腾对植物不利。

此外，叶还具有一定的吸收和分泌能力；有些植物的叶还具有特殊的功能，如落地生根、秋海棠等植物的叶具有繁殖能力；洋葱、百合的鳞叶肥厚，具有贮藏养料的作用；猪笼草、茅膏菜的叶具有捕捉与消化昆虫的作用。

2. 叶的组成 植物典型叶由叶片、叶柄和托叶三部分组成（图 3－11）。具有叶片、叶柄和托叶的叶称作完全叶，如桃、梨、月季等。缺少其中一部分或两部分的叶称作不完全叶，如丁香、茶等缺少托叶，荠菜、莴苣等缺少叶柄和托叶，又称作无柄叶。不完全叶中只有个别种类缺少叶片，如我国台湾的相思树（台湾相思），除幼苗期外，全树的叶都不具叶片，但它的叶柄扩展成扁平状，能够进行光合作用，称作叶状柄。叶片通常为绿色，宽大而扁平，是叶的重要组成部分，叶的功能主要由叶片来完成。

植物叶

叶柄是叶片与茎的连接部分，是两者之间的物质交流通道。叶柄支持着叶片，并通过自身的长短和扭曲使叶片处于光合作用有利的位置。托叶是叶柄基部两侧所生的小型的叶状物，通常成对着生，形态因植物种类而异。

禾本科植物叶的组成与典型叶比相比存在显著的差异，叶由叶片和叶鞘两部分组成（图 3－12），有些植物还存在有叶舌、叶耳。叶片为带形；叶鞘包裹茎秆，具有保护作用和加强茎的支持作用；叶舌是叶片与叶鞘交界处内侧的膜状突起物；叶耳是叶舌两旁、叶片基部边缘处伸出的两片耳状的小突起。叶舌和叶耳的有无、形状、大小和色泽等特征，是鉴别禾本科植物的依据，如水稻与稗在幼苗期很难辨别，但水稻的叶有叶耳、叶舌，而稗的叶没有叶耳、叶舌。

小麦叶片和叶组结构

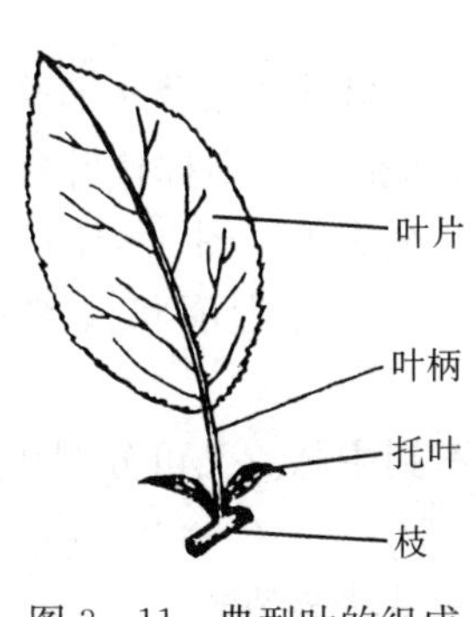

图 3－11 典型叶的组成

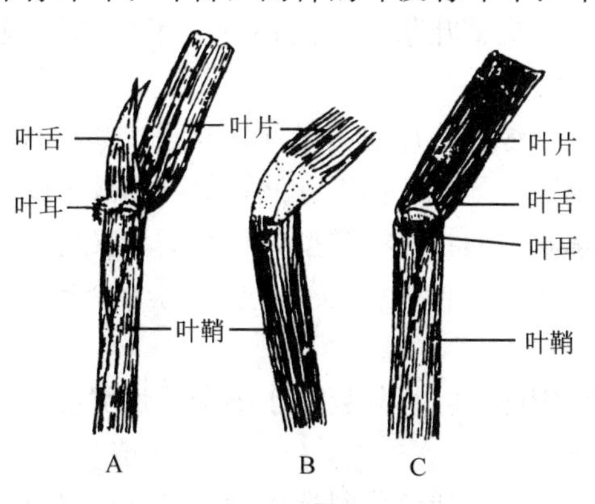

图 3－12 禾本科植物的叶
A. 水稻叶 B. 稗叶 C. 小麦叶

3. 叶片的形态 叶片的形态在很大程度上取决于植物遗传特性，所以叶片是识别植物的主要依据之一。叶片的形态包括叶形、叶尖、叶基、叶缘、叶裂、叶脉等。

(1) 叶形。叶形是指叶片的形状（图 3-13）。叶片的形状通常根据叶片的长度和宽度的比值及最宽处的位置来确定（图 3-14），也可根据叶的几何形状来确定。如松为针形叶，细长、尖端尖锐；麦、稻、玉米、韭菜等为线形叶，叶片狭长，全部的宽度略相等，两侧叶缘近平行；银杏叶为扇形；桃、柳叶是披针形；唐菖蒲、射干的叶为剑形；莲的叶为圆形等。

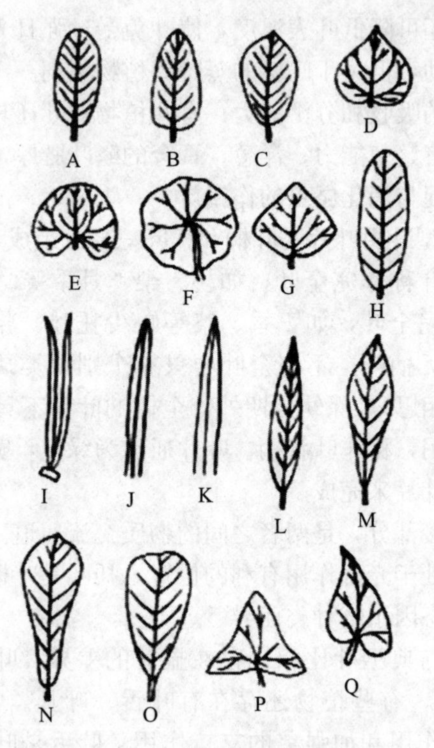

图 3-13　叶形（全形）的类型

A. 椭圆形　B. 卵形　C. 倒卵形　D. 心形　E. 肾形　F. 圆形（盾形）　G. 菱形　H. 长椭圆形　I. 针形　J. 线形　K. 剑形　L. 披针形　M. 倒披针形　N. 匙形　O. 楔形　P. 三角形　Q. 偏斜形

(2) 叶尖、叶基。因植物种类不同而呈现各种不同的类型，如图 3-15、图 3-16 所示。

(3) 叶缘。叶片的边缘称作叶缘，其形状因植物种类而异。叶缘主要类型有全缘、锯齿、重锯齿、牙齿、钝齿、波状等（图 3-17）。如果叶缘凹凸很深，则称作叶裂，叶裂可分为掌状、羽状两种类型，每种类型又可分为浅裂、深裂、全裂等（图 3-18）。

①浅裂叶。叶片分裂深度不到半个叶片宽度的一半。又可分为羽状浅裂和掌状浅裂。

②深裂叶。叶片分裂深于半个叶片宽度的一半以上，但不到主脉。又可分羽状深裂和掌状深裂。

③全裂叶。叶片分裂达中脉或基部。又可分为羽状全裂和掌状全裂。

(4) 叶脉。叶片上分布的粗细不等的脉纹称作叶脉，实际上是叶肉中维管束形成的隆起

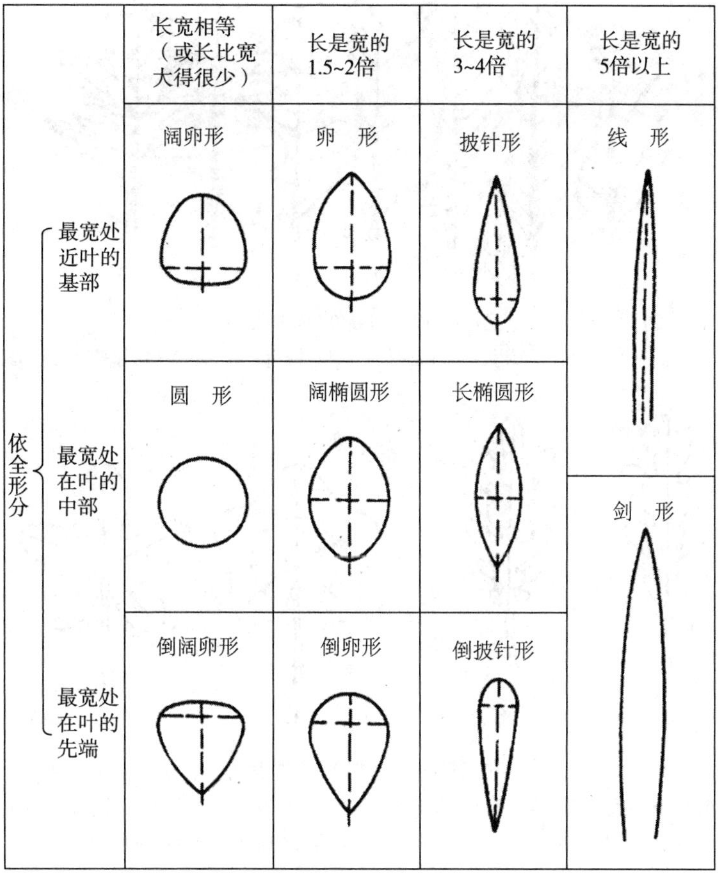

依全形分	长宽相等（或长比宽大得很少）	长是宽的1.5~2倍	长是宽的3~4倍	长是宽的5倍以上
最宽处近叶的基部	阔卵形	卵 形	披针形	线 形
最宽处在叶的中部	圆 形	阔椭圆形	长椭圆形	
最宽处在叶的先端	倒阔卵形	倒卵形	倒披针形	剑 形

图3-14 叶片整体形状确定依据

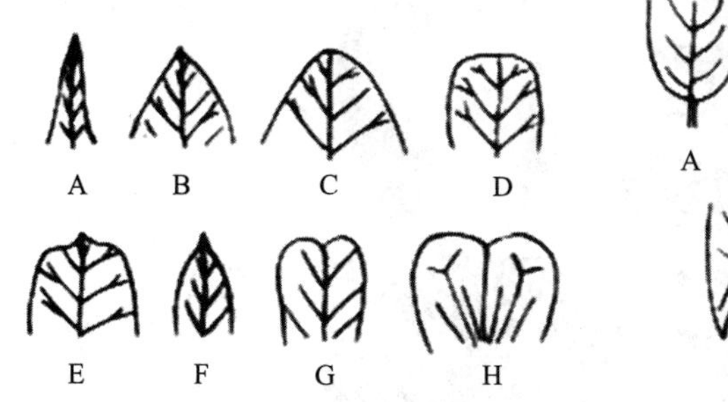

图3-15 叶尖的类型

A. 渐尖 B. 急尖 C. 钝形 D. 截形
E. 具短尖 F. 具骤尖 G. 微缺形 H. 倒心形

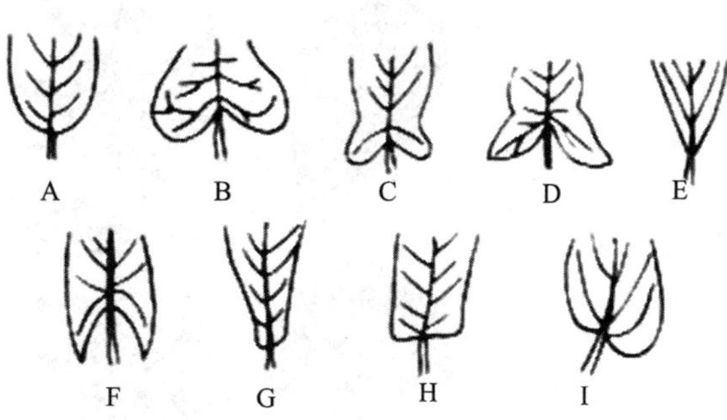

图3-16 叶基的类型

A. 钝形 B. 心形 C. 耳形 D. 戟形 E. 渐尖
F. 箭形 G. 匙形 H. 截形 I. 偏斜形

线。其中最粗大的叶脉称作主脉，主脉的分枝称作侧脉。叶脉在叶片上的分布方式称作脉序，主要有网状脉和平行脉、叉状脉三种类型（图3-19）。

①网状脉。叶片上有一条或数条主脉，由主脉分出较细的侧脉，由侧脉分出更细的小脉，各小脉交错连接成网状，这种叶脉称作网状脉。网状脉是双子叶植物的典型特征之一，又分为羽状网脉和掌状网脉。叶片具有一条主脉的网状脉称作羽状网脉，如

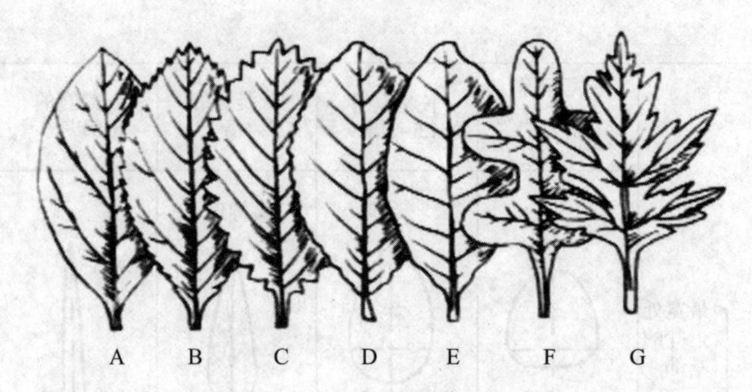

图 3-17 叶缘的基本类型

A. 全缘 B. 锯齿 C. 牙齿（齿端向外） D. 钝齿 E. 波状 F. 深裂 G. 全裂

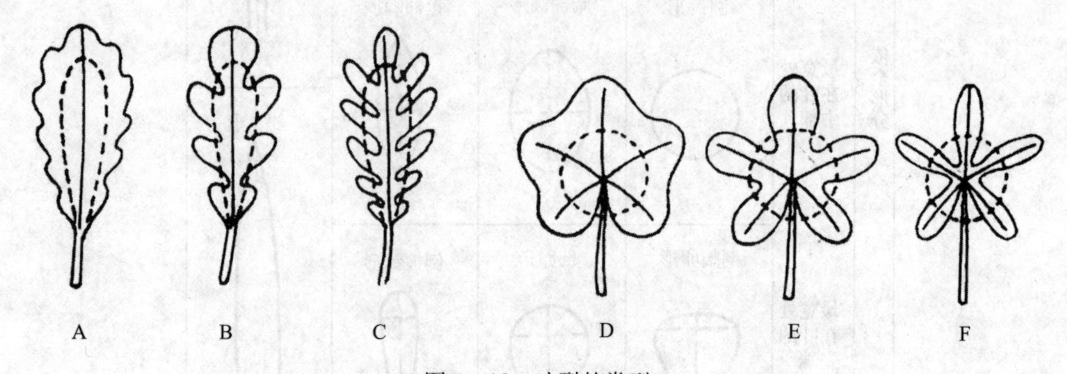

图 3-18 叶裂的类型

A. 羽状浅裂 B. 羽状深裂 C. 羽状全裂 D. 掌状浅裂 掌状深裂 掌状全裂

（虚线为叶片一半的界线，可作为衡量缺刻深度的依据，裂至虚线处即为半裂）

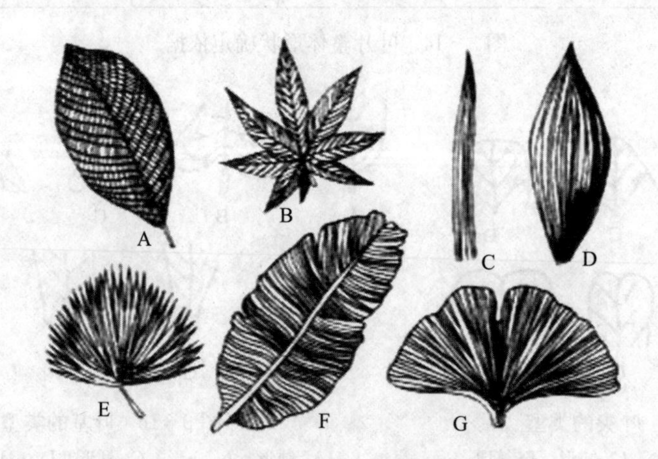

图 3-19 叶脉的类型

A. 羽状网脉 B. 掌状网脉 C. 直出平行脉

D. 弧形平行脉 E. 射出平行脉 F. 侧出平行脉 G. 叉状脉

榆、桃、苹果等；叶片具数条主脉，呈掌状射出的网状脉称作掌状网脉，如棉、瓜类等。

②平行脉。叶片上主脉和侧脉之间彼此平行或近于平行分布，这种叶脉称作平行脉。

平行脉是单子叶植物的典型特征之一，平行脉又分为直出平行脉（水稻、小麦）、弧形平行脉（车前、玉簪）、侧出平行脉（香蕉、美人蕉）和射出平行脉（棕榈、蒲葵）等类型。

③叉状脉。叶脉二叉状分枝，为较原始的叶脉，如银杏和蕨类植物。

4. 单叶与复叶 一个叶柄上所着生叶片的数目因植物种类而不同，可分为单叶和复叶两类。

（1）单叶。在一个叶柄上生有一个叶片的叶称作单叶，如桃、玉米、棉等。

（2）复叶。在一个叶柄上生有两个及以上叶片的叶称作复叶，如月季、槐等。复叶的叶柄称作总叶柄（叶轴），总叶柄上着生的叶称作小叶，小叶的叶柄称作小叶柄。根据小叶在总叶柄上的排列方式可分为羽状复叶、掌状复叶、三出复叶、单身复叶四种类型（图 3 - 20）。

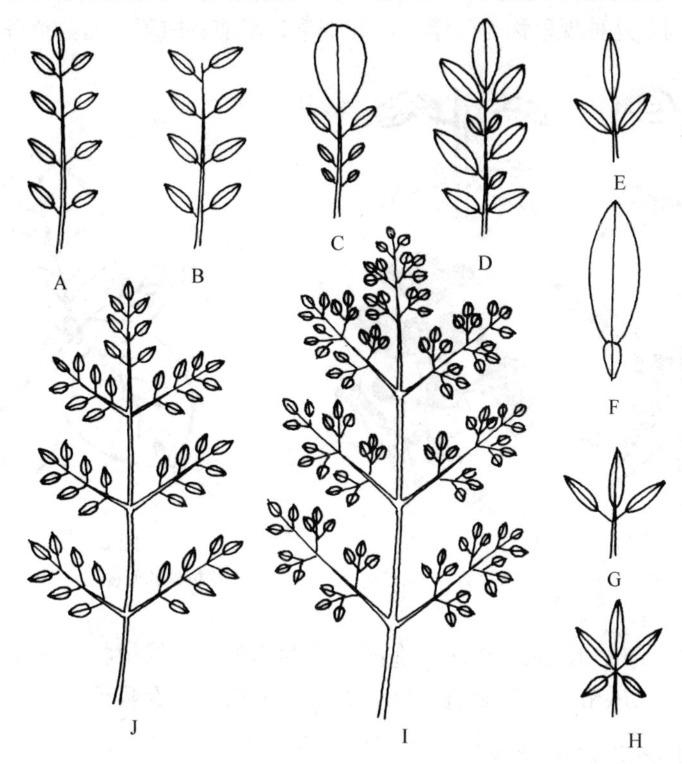

图 3 - 20 复叶的类型

A. 奇数羽状复叶 B. 偶数羽状复叶 C. 大头羽状复叶 D. 参差羽状复叶 E. 三出羽状复叶 F. 单身复叶 G. 三出掌状复叶 H. 掌状复叶 I. 三回羽状复叶 J. 二回羽状复叶

①羽状复叶。小叶着生在总叶柄的两侧，呈羽毛状，称作羽状复叶。根据羽状复叶中小叶的数目可分为奇数羽状复叶（如月季、刺槐、紫云英等）和偶数羽状复叶（如花生、蚕豆等）。根据羽状复叶总叶柄分枝的次数，又可分为一回羽状复叶（月季）、二回羽状复叶（合欢）和三回羽状复叶（楝树）。

②掌状复叶。在总叶柄的顶端着生多枚小叶，并向各方展开而呈掌状，如七叶树、刺五加等。

③三出复叶。总叶柄上着生三枚小叶，称作三出复叶。如果三个小叶柄是等长的，称作三出掌状复叶（草莓）；如果顶端小叶较长，称作三出羽状复叶（大豆）。

④单身复叶。总叶柄上两个侧生小叶退化，仅留下顶端小叶，总叶柄顶端与小叶连接

处有关节，如柑橘、柚等。

5. 叶序和叶镶嵌

（1）叶序。叶在茎上的排列方式称作叶序。叶序有四种基本类型，即互生、对生、轮生和簇生（图3-21）。每个节只生一个叶的称作互生，如向日葵、桃、杨等；每个节上相对着生两个叶的称作对生，如丁香、芝麻、薄荷等；每个节上着生三个或三个以上叶的称作轮生，如夹竹桃、茜草等；有些植物，其节间极度缩短，使叶成簇生于短枝上，称作簇生叶序，如银杏和落叶松等植物短枝上的叶。

（2）叶镶嵌。叶在茎上的排列方式，不论是互生、对生还是轮生，相邻两个节上的叶片都不会重叠，它们总是利用叶柄长短变化或以一定的角度彼此相互错开排列，使同一枝上的叶以镶嵌状态排列，这种现象称作叶镶嵌，如烟草、车前、白菜、蒲公英等（图3-22）。

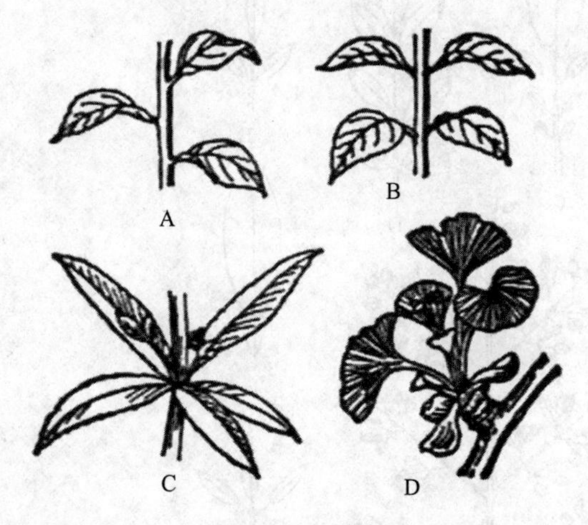

图3-21 叶序

A. 互生叶序 B. 对生叶序 C. 轮生叶序 D. 簇生叶序

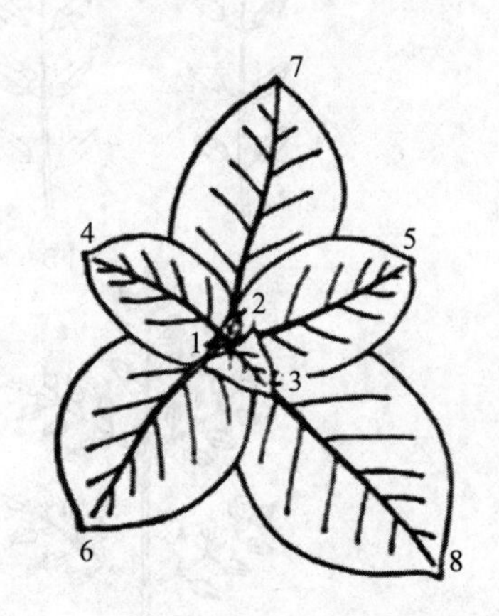

图3-22 叶镶嵌

（烟草植株的俯视图，图中数字表示叶的顺序）

叶的镶嵌有利于植物的光合作用。在园林中利用某些攀缘植物叶的镶嵌特性，可在墙壁或竹篱上形成独具风格的绿色垂直景观，如五叶地锦、常春藤等。

三、植物生殖器官的形态

（一）花的发生与组成

1. 花芽分化 花和花序来源于花芽，花芽和叶芽一样，也是由茎的生长锥逐渐分化而来。当植物生长发育到一定阶段，在适宜光周期和温度条件下，由营养生长转入生殖生长，茎尖的分生组织不再产生叶原基和腋芽原基，而分化成花原基或花序原基，进而形成花或花序，这一过程称作花芽分化（图3-23）。

当花芽分化开始时，生长锥伸长，横径加大，逐渐由尖变平，这时可决定芽向花发展。在花芽分化过程中，首先在半球形的生长锥周围的若干点上，由第二、第三层细胞进行分裂，产生一轮小的突起，即为花萼原基。以后依次由外向内再分化形成花瓣原基，在花瓣原基内侧相继产生2～3轮小突起，即为雄蕊原基。这些突起继续分化、生长，最后在花芽中央产生突起形成雌蕊原基。各原基逐渐长大，最外一轮分化为花萼，向内依次分化出花冠、雄蕊和雌蕊。

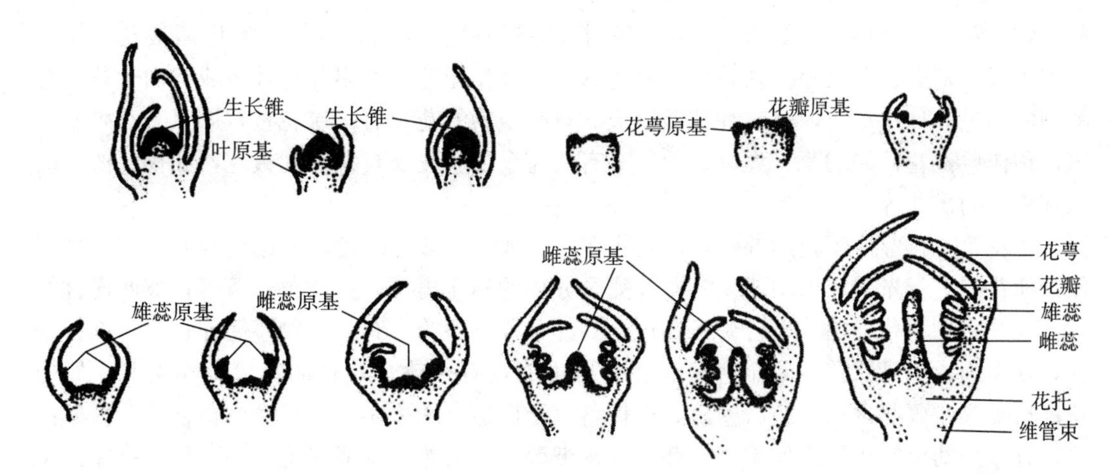

图 3-23 桃的花芽分化

果树花芽分化

植物的花

花芽分化要求适宜的外界条件，充足的养分、适宜的温度和光照都有利于花芽的形成。在栽培管理过程中，通过修剪、水肥控制、生长调节剂的使用等技术措施为花芽分化创造有利条件，这是最终获得优质、高产的基础。

2. 花的组成部分 一朵完整的花可以分成五个部分：花柄、花托、花被、雄蕊群和雌蕊群。花的各部分着生在花柄顶部膨大的花托上。由于花中的各组成部分为变态叶，花托为节间极短的变态茎，因而，植物学家认为花是节间极短而不分枝的、适应生殖的变态枝条（图 3-24）。

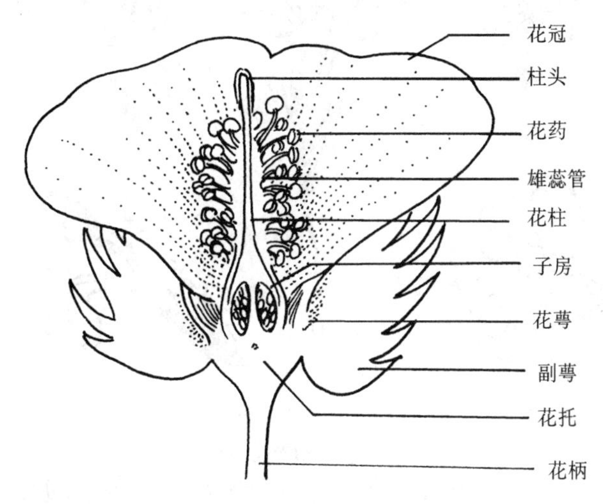

图 3-24 棉花花的组成（纵切面）

（1）花柄。又称作花梗，是着生花的小枝，使花位于一定的空间，同时又是茎向花输送营养物质的通道。花柄有长有短，因植物种类不同而有差异。

（2）花托。花柄的顶端部分为花托，花托的形状因植物种类不同有多种，有的呈圆柱状，如木兰、含笑；有的凸起呈圆锥形，如草莓；也有的凹陷呈杯状，如桃、梅；还有的膨大呈倒圆锥形，如莲。

（3）花被。花被是花萼和花冠的总称。花被着生于花托边缘或外围，有保护作用，有些植物的花被还有助于传送花粉。很多植物的花被分化成内外两轮，称作两被花，如木槿、豌豆、番茄、海棠等。外轮花被多为绿色，称作花萼，由多片萼片组成；内轮花被有鲜艳的颜色，称作花冠，由多片花瓣组成。有些植物的花只有一层花被，即只有花萼或花冠，称作单被花，如甜菜、大麻、桑等。有的完全没有花被，称作无被花，如杨、柳、胡桃和板栗的雄花等。

①花萼。花萼位于花的外侧，由若干萼片组成。一般呈绿色，其结构与叶相似，具有保护幼花和进行光合作用功能。各萼片完全分离的称作离萼，如油菜、茶等；彼此连合的称作合萼，如丁香、棉等。合萼下端连合的部分称作萼筒。有些植物萼筒伸长为一细长空管，称作距，如凤仙花、旱金莲等。花萼也可能具有两轮，外轮的花萼称作副萼，如棉花、扶桑等。萼通常在开花后脱落，称作落萼。但也有随果实一起发育而宿存的，称作宿萼，有保护幼果的作用，如番茄、茄子、辣椒等。有的萼片变成冠毛，如菊科植物蒲公英萼片变成毛状，称作冠毛。冠毛有利于果实、种子借风力传播。

植物花冠和雄蕊的类型

②花冠。花冠位于花萼的内侧，由若干花瓣组成，排列成一轮或数轮，多数植物的花瓣由于细胞内含有花青素和有色体而使花冠呈现不同颜色，有的还能分泌蜜汁和产生香味。由于花冠呈现不同颜色和能分泌挥发油类，因此具有招引昆虫传粉的功能，还有保护雌雄蕊的作用。

花冠可分为离瓣花冠与合瓣花冠两类（图 3-25）。

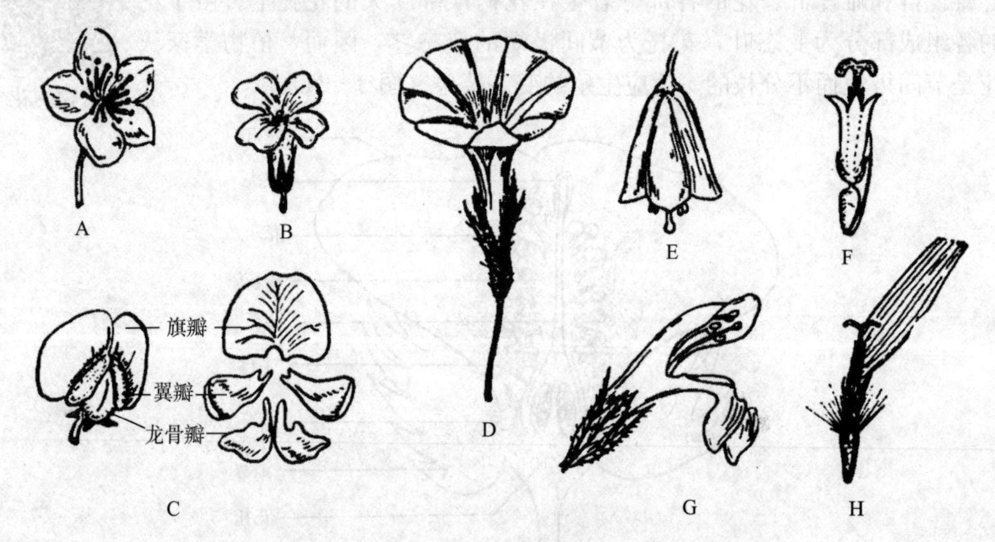

图 3-25　花冠的类型

A. 蔷薇形花冠　B. 十字形花冠　C. 蝶形花冠　D. 漏斗状花冠
E. 钟状花冠　F. 筒状花冠　G. 唇形花冠　H. 舌状花冠

油菜的花器结构

a. 离瓣花冠。花瓣基部彼此完全分离，这种花冠称作离瓣花冠，常见有以下几种。

蔷薇形花冠：由 5 个（或 5 的倍数）分离的花瓣排列成五星辐射状，如月季、桃、李、苹果、樱花等。

十字形花冠：由 4 个分离的花瓣排列成“十”字形，是十字花科植物的特征之一，如油菜、白菜、萝卜、甘蓝等。

蝶形花冠：花瓣5片离生，花形似蝶，最外面的一片最大，称作旗瓣，两侧的两瓣称作翼瓣，最里面的两瓣顶部稍连合或不连合，称作龙骨瓣，如刺槐、大豆、花生、蚕豆等。

假蝶形花冠：花瓣也是5片离生，最上一片旗瓣最小，位于花的最内方，侧面两片翼瓣较小，最下面两片龙骨瓣最大，位于花的最外方，如紫荆等。

b. 合瓣花冠。花瓣全部或基部合生的花冠称作合瓣花冠，常见有以下几种。

漏斗状花冠：花瓣连合成漏斗状，如牵牛、甘薯等。

钟状花冠：花冠较短而广，上部扩大成钟形，如南瓜、桔梗等。

唇形花冠：花冠裂片是上下二唇，如芝麻、薄荷、一串红等。

筒状（管状）花冠：花冠大部分成一管状或圆筒状，花冠裂片向上伸展，如向日葵花序的盘花。

舌状花冠：花冠筒较短，花冠裂片向一侧延伸成舌状，如向日葵花序周边的边花，莴苣花序的花。

轮状花冠：花冠筒极短，花冠裂片由基部向四周辐射状扩展，如茄、常春藤、番茄等。

根据花被片的排列情况，凡是花中花被片的大小、形状相似，通过花的中心可以切成两个及以上对称面的花称作整齐花，如蔷薇形花冠、漏斗状花冠的花。如果花被片的大小、形状不同，通过花的中心最多可以切成一个对称面的花称作不整齐花，如蝶形花冠、舌状花冠的花。

（4）雄蕊群。雄蕊群是一朵花中雄蕊的总称，由多数或一定数目的雄蕊组成，是花的重要组成部分之一。雄蕊由花丝和花药两部分组成。花丝细长，顶端呈囊状，花药位于花丝顶端，常分为两个药室，每个药室具一个或两个花粉囊，花粉成熟时，花粉囊开裂，散出大量花粉粒。

雄蕊的数目及类型是鉴别植物的标志之一。雄蕊可分为离生雄蕊和合生雄蕊两类（图3-26）。

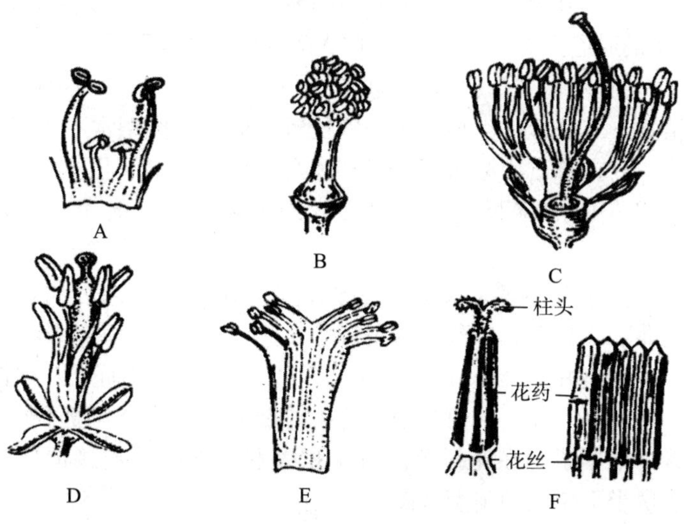

图3-26 雄蕊的类型

A. 二强雄蕊 B. 单体雄蕊 C. 多体雄蕊 D. 四强雄蕊
E. 二体雄蕊 F. 聚药雄蕊（花药相连，包围花柱，下部花丝分离）

①离生雄蕊。花中雄蕊各自分离，如蔷薇、石竹等。其中含有特殊的雄蕊，数目固定，长短悬殊，典型的有以下两种。

a. 二强雄蕊。花中雄蕊 4 枚，2 长 2 短，如芝麻、益母草等。

b. 四强雄蕊。花中雄蕊 6 枚，4 长 2 短，如萝卜、油菜等十字花科植物。

②合生雄蕊。花中雄蕊全部或部分合生，重要的有以下几种。

a. 单体雄蕊。花丝下部连合成筒状，花丝上部或花药仍分离，如木槿、蜀葵等。

b. 二体雄蕊。花丝 10 枚，连合成两组，其中 9 枚花丝连合，1 枚单生，如大豆。

c. 多体雄蕊。雄蕊多数，花丝基部合生成多束，如蓖麻、金丝桃等。

d. 聚药雄蕊。花丝分离，花药合生，如向日葵、菊花和南瓜等。

(5) 雌蕊群。雌蕊位于花的中央，由柱头、花柱和子房三部分组成。一朵花中所有的雌蕊称作雌蕊群。

雌蕊由心皮卷合而成。心皮是具有生殖作用的变态叶，心皮的边缘互相连接处称作腹缝线，在心皮背面的中肋处也有一条缝线，称作背缝线（图 3－27）。

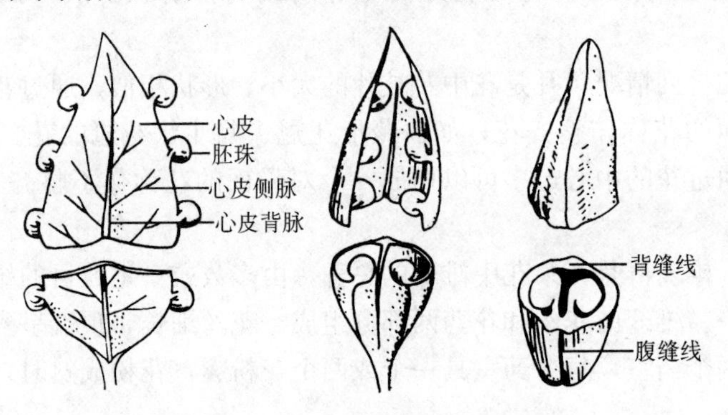

图 3－27　心皮卷合成雌蕊

雌蕊的柱头位于雌蕊的顶部，是接受花粉粒的地方。花柱位于柱头和子房之间，是花粉萌发后花粉管进入子房的通道。子房是雌蕊下部膨大的部位，外部为子房壁，内具一至多个子房室，各室内着生胚珠，受精后，子房发育为果实，子房壁发育成果皮，胚珠发育成种子。

不同种类的植物，其雌蕊的类型、子房的位置、胎座的类型常不相同。

①雌蕊的类型。根据雌蕊中心皮的数目和离合，可分为以下几种。

a. 单雌蕊。一朵花中的雌蕊仅由一个心皮组成，称作单雌蕊，如大豆、豌豆、蚕豆等。

b. 离生雌蕊。一朵花中的雌蕊由几个心皮组成，但心皮彼此分离，每一心皮成为一个雌蕊，称作离生雌蕊，如莲、草莓、八角等。

c. 合生雌蕊。一朵花中的雌蕊由 2 个或 2 个以上心皮连合而成，称作合生雌蕊，属复雌蕊，如棉花、番茄等。在不同植物中，合生雌蕊心皮的连合程度不同（图 3－28）。

②子房的位置。根据子房在花托上的着生位置和与花托的连接情况，可分为子房上位、子房下位和子房半下位三种类型（图 3－29）。

a. 子房上位。子房仅以底部与花托相连，称作子房上位。子房上位分为两种情况，如果子房仅以底部与花托相连，而花被、雄蕊着生位置低于子房，称作子房上位下位花，如油菜、玉兰等。如果子房仅以底部与杯状花托的底部相连，花被与雄蕊着生于杯状花托

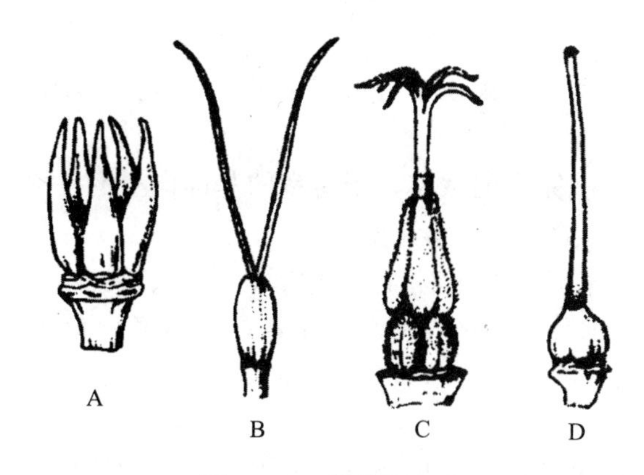

图 3-28 雌蕊的类型
A. 离生雌蕊 B. 合生雌蕊（子房连合，柱头和花柱分离）
C. 合生雌蕊（子房和花柱连合，柱头分离）
D. 合生雌蕊（子房、花柱和柱头全部连合）

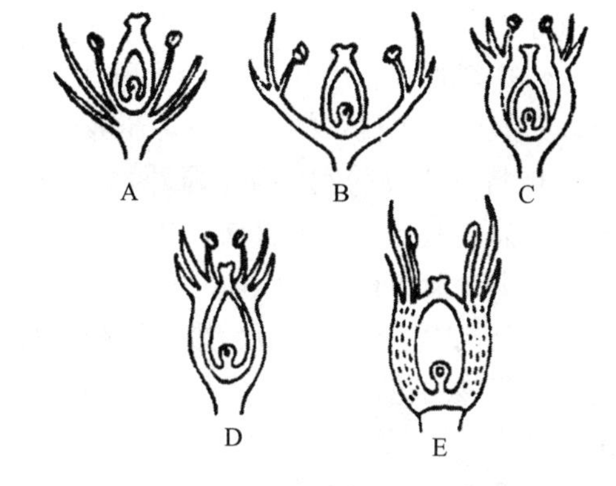

图 3-29 子房在花托上着生的位置
A. 子房上位（下位花） B、C. 子房中位（周位花）
D、E. 子房下位（上位花）

的边缘，即子房的周围，称作子房上位周位花，如桃、李等。

b. 子房下位。子房埋于下陷的花托中，并与花托愈合，称作子房下位，花的其余部分着生在子房的上面花托的边缘，称作子房下位上位花，如苹果、梨、南瓜、向日葵等。

c. 子房半下位。又称作子房中位，子房的下半部陷于杯状花托中，并与花托愈合，上半部外露，花被和雄蕊着生于花托的边缘，称作子房中位周位花，如甜菜、马齿苋、菱角等。

③胎座的类型。胚珠通常沿心皮的腹缝线着生于子房内，着生胚珠的部位称作胎座，胎座有以下几种类型（图 3-30）。

植物的胎座类型

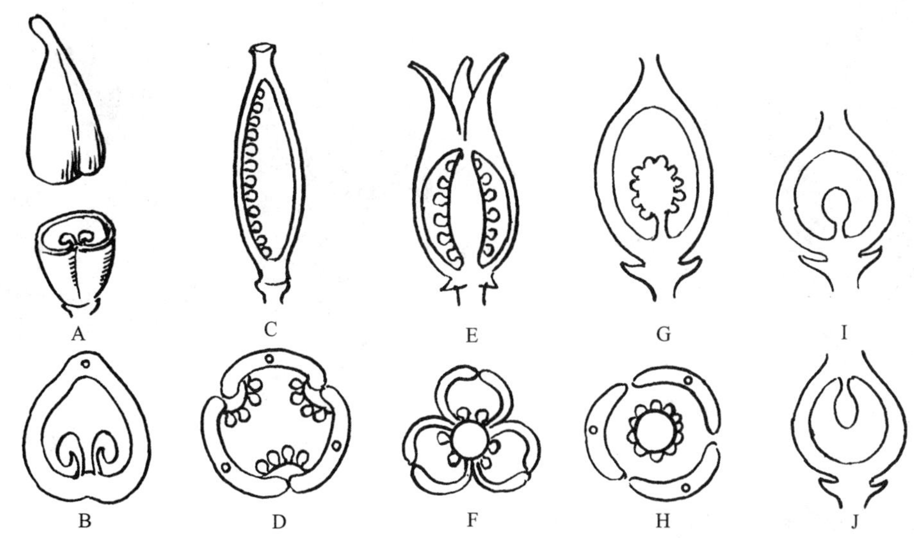

图 3-30 胎座的类型
A. 边缘胎座 B. 边缘胎座（横切） C. 侧膜胎座 D. 侧膜胎座（横切） E. 中轴胎座 F. 中轴胎座（横切）
G. 特立中央胎座 H. 特立中央胎座（横切） I. 基生胎座（纵切） J. 顶生胎座（纵切）

a. 边缘胎座。单雌蕊，子房一室，胚珠生于心皮的腹缝线上，如豆类。

b. 侧膜胎座。合生雌蕊，子房一室或假数室，胚珠生于心皮的边缘，如油菜、黄瓜、西瓜等。

c. 中轴胎座。合生雌蕊，子房数室，各心皮边缘聚于中央形成中轴，胚珠生于中轴上，如苹果、柑橘、棉、茄、番茄等。

d. 特立中央胎座。合生雌蕊，子房一室或不完全的数室，子房室的基部向上有一个短的中轴，但不到达子房顶，胚珠生于此轴上，如石竹、马齿苋等。

e. 基生胎座和顶生胎座。胚珠生于子房室的基部（如菊科植物）或顶部（如桃、桑、梅）。

一朵花中花萼、花冠、雄蕊群和雌蕊群四部分齐全的花称作完全花，如油菜、海棠、桃、番茄等的花，缺少其中任何一部分或几部分的花称作不完全花，如桑、南瓜、柳、胡桃等的花。

3. 禾本科植物的花 禾本科属于被子植物中的单子叶植物，花的形态和结构比较特殊，与上面所叙述的典型花的结构显著不同。现以小麦、水稻为例说明。

禾本科植物小麦、水稻的花，和上述的典型花不同，花的最外面有外稃及内稃各一枚，外稃中脉明显，并常延长成芒，外稃的内侧有 2 枚鳞片（或称作浆片），里边有 3 枚（小麦）或 6 枚（水稻）雄蕊，中间是一枚雌蕊（图 3 - 31）。外稃是花基部的苞片，内稃和鳞片是由花被退化而成，开花时，鳞片吸水膨胀，撑开内外稃，使花药和柱头露出稃外，有利于借助风力传播花粉。

水稻的花

禾本科植物的小花集生形成小穗，每个小穗的基部有一对颖片（护颖），颖片相当于花序外面的总苞片，下面的一片称作外颖，上面的一片称作内颖，许多小穗再集中排列为花序（穗）（图 3 - 32）。

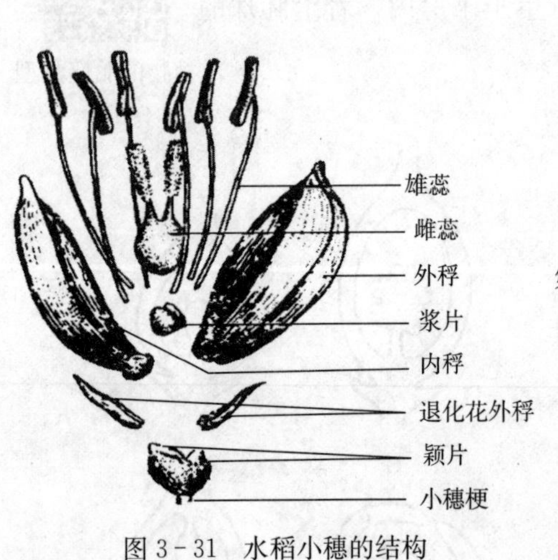

图 3 - 31　水稻小穗的结构

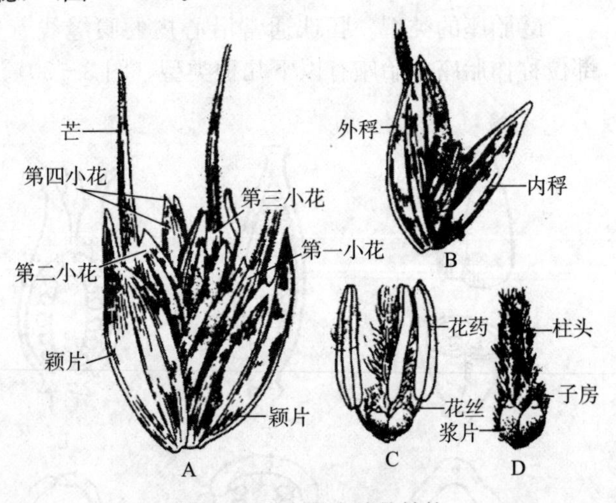

图 3 - 32　小麦小穗的结构

A. 小穗　B. 小花　C. 雄蕊　D. 雌蕊和浆片

（二）花与植物的性别

1. 花的性别 一朵花中同时具有雌蕊、雄蕊称作两性花，如小麦、苹果、桃、油菜等的花。只有雄蕊或雌蕊的花称作单性花，如杨、柳、桑等，其中只有雄蕊的花称作雄花，只有雌蕊的花称作雌花。雄蕊和雌蕊都没有的花称作无性花或中性花，如向日葵花序边缘的舌状花。

2. 植物的性别 单性花植物，雌花和雄花生在同一植株上的称作雌雄同株，如玉米、南瓜、蓖麻等；雌花和雄花分别生在不同植株上的称作雌雄异株，如银杏、杨、柳、菠菜等，其中只有雄花的植株称作雄株，只有雌花的植株称作雌株。如果同一植株上，既有两性花，又有单性花或无性花，称作杂性同株，如柿、荔枝、向日葵等。

3. 花序 有些植物的花单独着生于叶腋或枝顶，称作单生花，如桃、芍药、荷花等。但多数植物的花是按照一定的方式和顺序着生在分枝或不分枝的花序轴上，花在花序轴上有规律的排列方式称作花序，花序轴亦称花轴。根据花轴长短、分枝与否、有无花柄及开花顺序，将花序分为无限花序和有限花序（图 3 - 33、图 3 - 34）。

植物花序

（1）无限花序。花序轴的下部先开花，渐及上部，花序轴顶端可以继续生长；或花序轴较短，自外向内逐渐开放的均属无限花序。常见有以下几种。

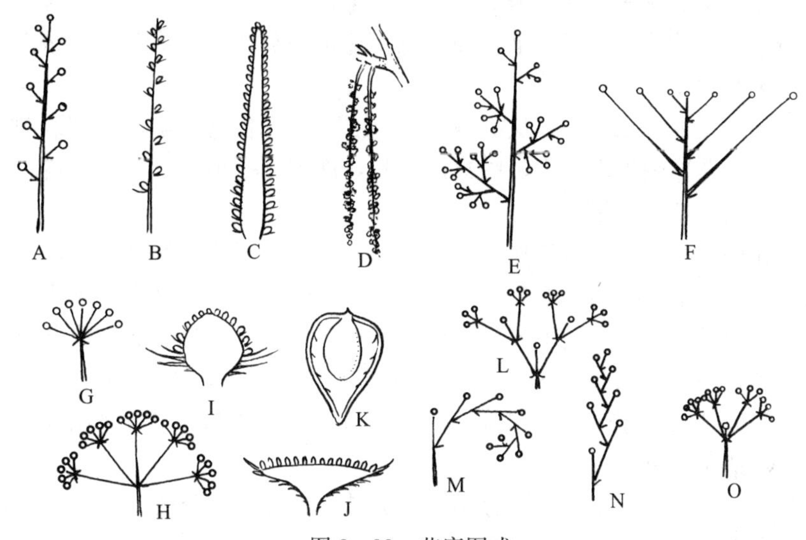

图 3 - 33 花序图式

A. 总状花序 B. 穗状花序 C. 肉穗花序 D. 柔荑花序 E. 复总状花序 F. 伞房花序 G. 伞形花序 H. 复伞形花序 I、J. 头状花序 K. 隐头花序 L～O. 聚伞花序

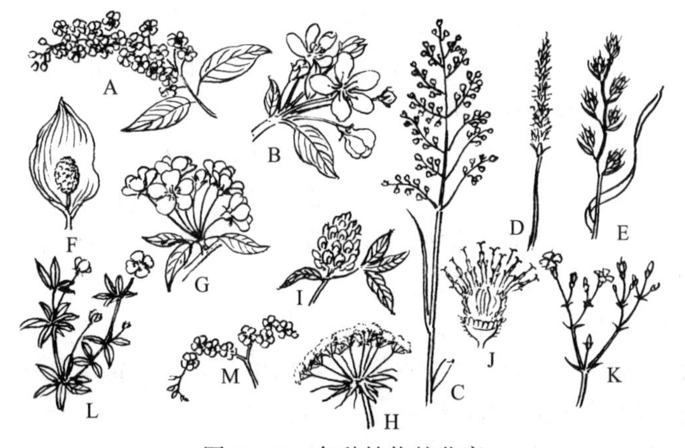

图 3 - 34 各种植物的花序

A. 稠李 B. 梨 C. 早熟禾 D. 车前 E. 黑麦草 F. 水芹 G. 樱桃 H. 胡萝卜 I. 三叶草 J. 牛蒡 K. 石竹 L. 委陵菜 M. 勿忘草

①总状花序。花轴单一，较长，自下而上依次着生有柄的花朵，各花的花柄长短相等，如油菜、萝卜、荠菜等。有些植物的花轴具有若干次分枝，如果每个分枝构成一个总状花序，称作复总状花序，又称作圆锥花序，如水稻、丁香、烟草、葡萄等。

②穗状花序。花序长，花轴直立，其上着生许多无柄的两性花，如车前、马鞭草等。如果花轴分枝，每小枝均构成一个穗状花序，称作复穗状花序，如小麦、大麦等。若穗状花序的花轴膨大呈棒状，称作肉穗花序，花穗基部常为总苞所包围，如玉米的雌花序。

③伞房花序。花有柄但不等长，下部的花柄长，上部的花柄渐短，全部花排列近于一个平面，如梨、苹果、山楂等。

④伞形花序。花轴顶端集生很多花柄近等长的花，全部花排列成圆顶状，形如张开的伞，开花顺序由外向内，如常春藤、人参、葱、韭等。如果花轴顶端分枝，每一分枝为一伞形花序，称作复伞形花序，如胡萝卜、小茴香等。

⑤柔荑花序。单性花排列于一细长而柔软下垂的花轴上，开花后整个花序一起脱落。如杨、柳、板栗和胡桃的雄花序等。

⑥头状花序。花轴极度缩短而膨大，扁形铺展或隆起，各苞叶常集成总苞，如菊科植物。

⑦隐头花序。花序轴顶端膨大，中央凹陷状，许多无柄小花着生在凹陷的腔壁上，几乎全部隐藏于囊内，如无花果。

(2) 有限花序。有限花序也称作聚伞花序，不同于无限花序的是有限花序的花轴顶端的花先开放，花轴顶端不再向上产生新的花芽，而是由顶花下部分化形成新的花芽，因而有限花序的花开放顺序是从上向下或从内向外。有限花序可分为以下几种类型。

①单歧聚伞花序。主轴顶端先生一花，其下形成一侧枝，在枝端又生一花，如此反复，形成一合轴分枝的花序轴。根据分枝排列的方式，分为蝎尾状聚伞花序，如唐菖蒲；螺状聚伞花序，如勿忘草等。

②二歧聚伞花序。主轴顶端花下分出两个分枝，如此反复分枝。

③多歧聚伞花序。主轴顶花下分出3个以上分枝，各分枝又形成一小的聚伞花序，如大戟、猫眼草等。

(三) 果实的类型

果实可分为三大类型，即单果、聚合果和聚花果。

1. 单果 由一朵花中的单雌蕊或复雌蕊形成的果实称作单果。根据果皮的性质与结构，单果又可分为肉质果与干果两大类。

(1) 肉质果。果实成熟后，肉质多汁，又分为下列几种（图3-35)。

植物果实分类

①浆果。果皮除最外层以外都肉质化，通常由多心皮的雌蕊发育形成，含数枚种子，葡萄、番茄、柿等都属于浆果。在番茄中，除中果皮与内果皮肉质化外，胎座也肉质化。

②柑果。由复雌蕊发育形成，外果皮革质，有挥发油腔，中果皮疏松，分布有维管束，内果皮薄膜状，分为若干室，室内生有多个汁囊，为可食部分，每瓣内有多枚种子，如柑橘、柚、柠檬、橙等。

③核果。一般由单心皮的雌蕊发育形成，内有一枚种子。成熟的核果果皮明显分为三层：外果皮膜质，中果皮肉质多汁，内果皮木质化、坚硬。如桃、杏、李、樱桃等。

④梨果。由合生雌蕊的下位子房和花筒共同发育而成的假果。在形成果时，果的外层

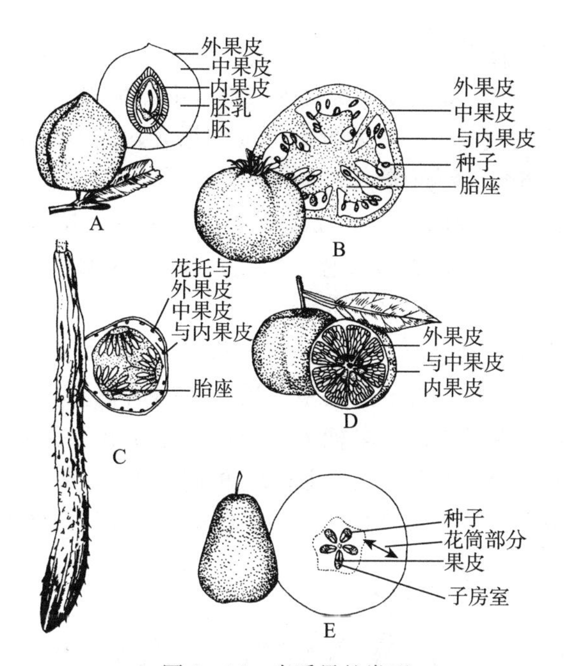

图 3-35 肉质果的类型

A. 核果（桃） B. 浆果（番茄） C. 瓠果（黄瓜） D. 柑果（橘子） E. 梨果（苹果）

是花托发育而成，果内大部分由花筒发育而成，子房发育的部分位于果实的中央。花筒发育的部分和外果皮、中果皮肉质，内果皮木质化较硬，如苹果、梨、山楂等。

⑤瓠果。瓜类植物的果实，也属于浆果。这种浆果是由合生雌蕊下位子房形成的假果。花托和外果皮结合成坚硬的果壁，中果皮和内果皮肉质，胎座发达、肉质化。南瓜、冬瓜的可食部分主要是果皮，西瓜可食部分主要为肉质化的胎座。

（2）干果。果实成熟后，果皮干燥，又分裂果和闭果两类。

①裂果。果皮成熟开裂，散出种子。因心皮数目和开裂方式，又分为以下几种（图 3-36）。

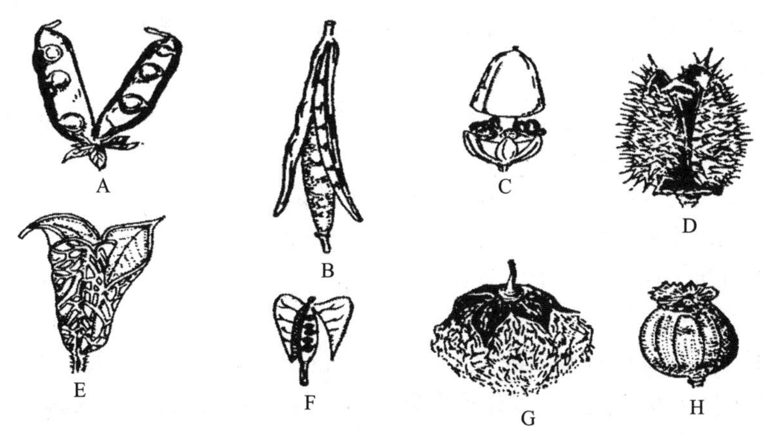

图 3-36 裂果的类型

A. 荚果（豌豆） B. 长角果（油菜） C. 蒴果（车前） D. 蒴果（曼陀罗）
E. 蓇葖果（飞燕草） F. 短角果（荠菜） G. 蒴果（棉花） H. 蒴果（罂粟）

a. 荚果。由单心皮发育形成，子房一室，成熟的果实多数开裂，其开裂方式是沿心皮背缝线和腹缝线同时开裂，如大豆、豌豆等。也有不开裂的，如花生、合欢等。

b. 蓇葖果。由单心皮或离生心皮发育而形成的果实，成熟时沿心皮背缝线或腹缝线纵向开裂，如飞燕草、芍药、牡丹等。

c. 蒴果。由两个以上心皮的合生雌蕊发育而成。子房一室或多室，每室多枚种子。成熟果实具多种开裂方式。如背裂（百合、棉花）、腹裂（烟草、牵牛）、孔裂（罂粟）、齿裂（石竹）和周裂（马齿苋、车前）等。

油菜角果的结构

d. 角果。由两心皮组成，侧膜胎座，由心皮边缘子房室内生出一隔膜，称作假隔膜，将子房分成两室，果实成熟后，果皮沿两侧腹缝线开裂成两片脱落，假隔膜仍留在果柄上。角果是十字花科植物特有的果实，长角果细长，如白菜、萝卜、油菜等；短角果宽短，如荠菜、独行菜等。

②闭果。果实成熟后不开裂，有下列几种类型（图 3－37）。

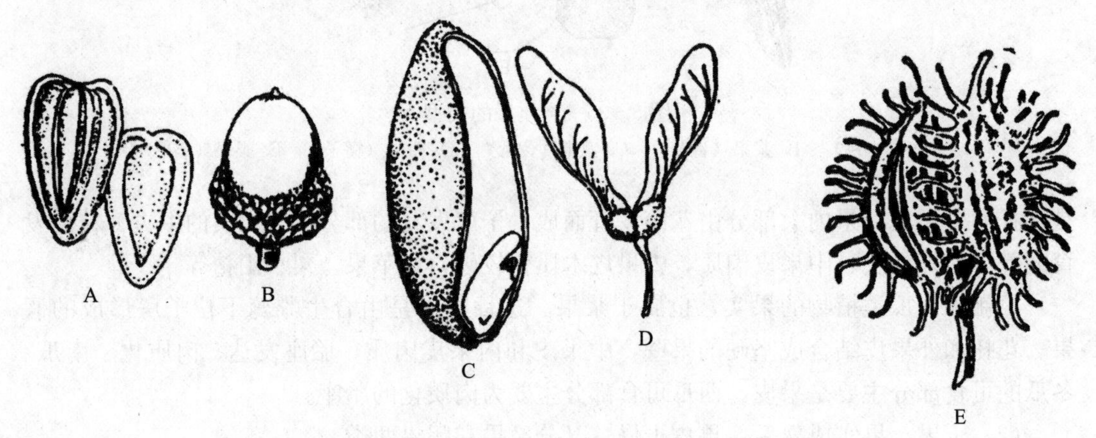

图 3－37　闭果的主要类型

A. 向日葵的瘦果　B. 栎的坚果　C. 小麦的颖果　D. 槭的翅果　E. 胡萝卜的分果

a. 瘦果。果实内含一枚种子，果皮与种皮分离。如 1 个心皮的白头翁、2 个心皮的向日葵、3 个心皮的荞麦等。

b. 颖果。由 2～3 个心皮组成，一室含一枚种子，果皮与种皮紧密愈合不易分离。如小麦、玉米等禾本科植物的果实。

c. 翅果。果皮向外延伸成翅，如榆、槭树、枫杨等。

d. 坚果。果皮木质化而坚硬，含 1 枚种子，如榛、栗、蒙古栎等。

e. 分果。由两个或两个以上心皮组成，各室含一枚种子，成熟时，各心皮沿中轴分开，如芹菜、胡萝卜等伞形科植物的果实。

2. 聚合果　一朵花中具有多数聚生在花托上的离生雌蕊，以后每一个雌蕊形成一个小果，许多小果聚生在花托上，称作聚合果，如草莓、莲、悬钩子等（图 3－38）。

3. 聚花果　由整个花序形成的果实称作聚花果（复果），如凤梨（菠萝）、桑、无花果等（图 3－39）。

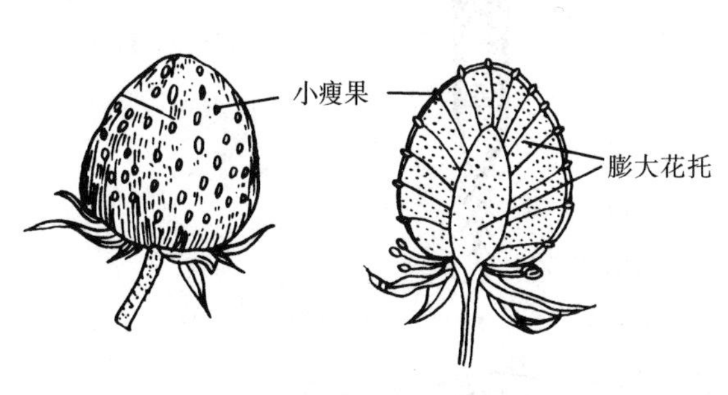

图 3-38 聚合果（草莓）

图 3-39 聚花果
A. 桑葚 B. 凤梨 C. 无花果

四、营养器官的变态

有些植物的营养器官在长期进化过程中，由于功能的改变，引起了形态、结构的变化，这种变化已经成为该植物的特征特性，并能遗传给下一代，植物器官的这种变化称作变态，该器官称作变态器官。器官的这种变态与器官病理上的变化存在根本的区别，前者是健康有益的变化，是植物主动适应环境的结果，能正常遗传；而后者是有害的变化，是在有害生物或不良环境影响下植物产生的被动反应，不能遗传。因此，不能把变态理解为不正常的病变。营养器官变态的类型很多，主要存在以下几种类型。

（一）根的变态

主要有贮藏根、气生根和寄生根三种类型。

1. 贮藏根 贮藏根是贮藏大量营养物质的变态根。根据贮藏根的来源不同可以分为肉质直根和块根两类。

（1）肉质直根。由主根和下胚轴膨大而形成的肉质肥大的贮藏根称作肉质直根。如胡萝卜、萝卜、甜菜等（图 3-40、图 3-41）。

（2）块根。植物的侧根或不定根因异常的次生生长，增生大量薄壁组织，形成肥厚块状的贮藏根，称作块根。一个植株上可以形成多个块根。块根的组成不含下胚轴和茎，完全由根构成。如甘薯、木薯和大丽花等。

2. 气生根 生长在空气中的根称作气生根。气生根因作用不同，又可分为支持根、呼吸根和攀缘根等类型（图 3-42）。

（1）支持根。一些禾本科植物，如玉米、高粱，在拔节至抽穗期，近地面的几个节上可产生几层气生的不定根，向下生长深入土壤，形成能够支持植物体的辅助根系，这种起支持作用的不定根称作支持根。此外，榕树等热带植物，其侧枝上常产生很多须状不定根，垂直向下生长，到达地面后伸入土中，形成强大的木质支柱，犹如树干，起支持作用，这种不定根也称作支持根。

（2）攀缘根。一些攀缘植物，茎上生出无数短的不定根，能分泌黏液固着于其他物体表面使茎向上攀缘生长，这种根称作攀缘根，如常春藤。

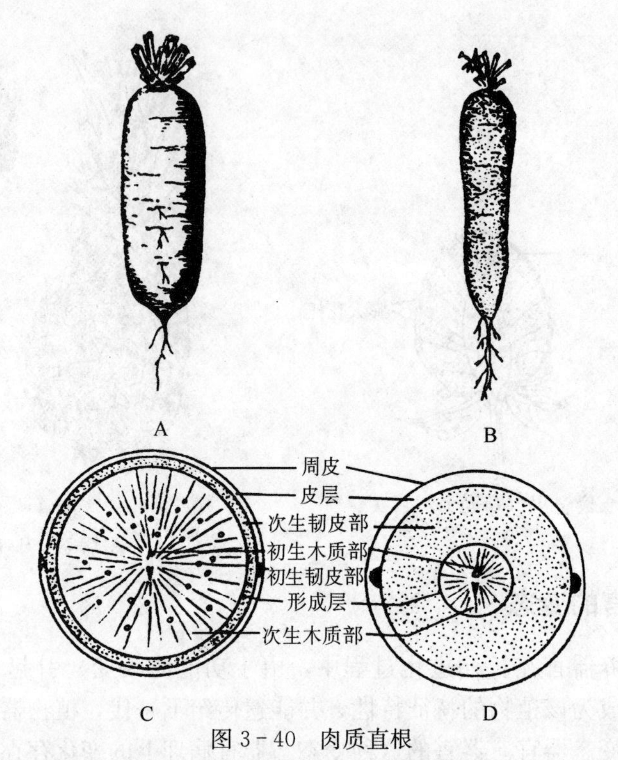

图 3-40 肉质直根

A. 萝卜贮藏根的外形 B. 胡萝卜贮藏根的外形 C. 萝卜根的横切面 D. 胡萝卜根的横切面

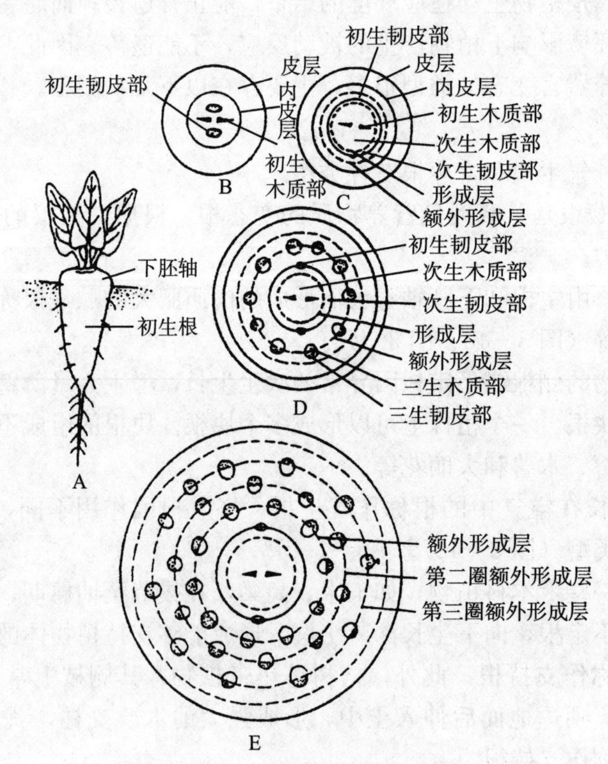

图 3-41 甜菜根的加粗过程

A. 甜菜贮藏根的外形 B. 具有初生结构的幼根 C. 具有次生结构的根

D. 发展成三生结构的根 E. 发展成多层额外形成层的根

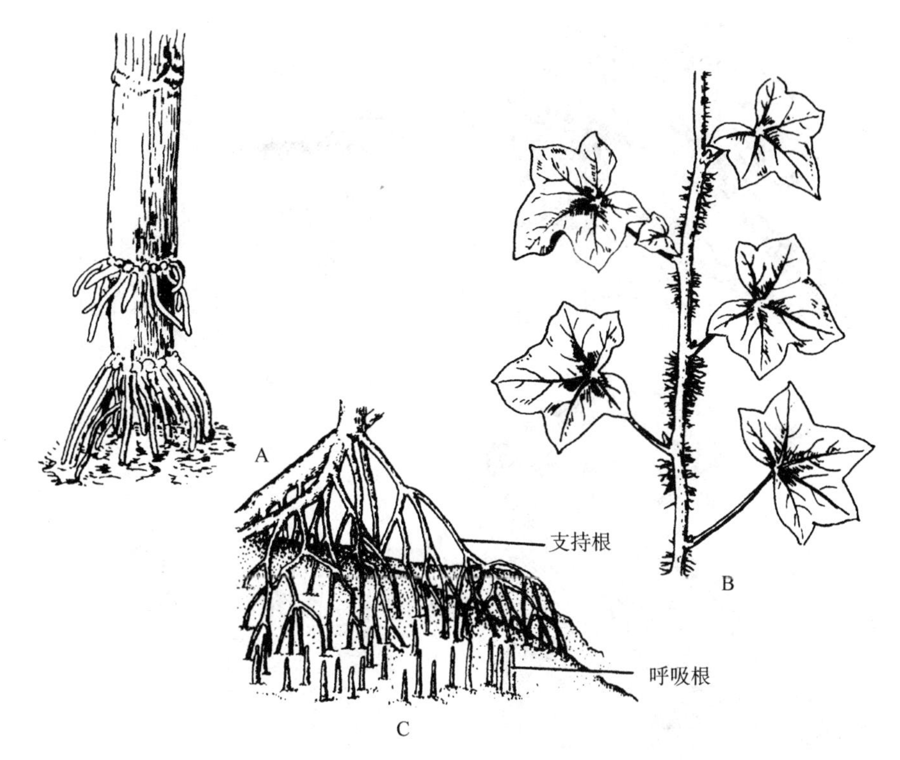

图 3-42 几种植物的气生根

A. 玉米的支持根 B. 常春藤的攀缘根 C. 红树的支持根和呼吸根

(3) 呼吸根。一些生长在沼泽或热带海滩地带的植物，如水松、红树等，由于土壤缺少氧气，部分根垂直向上生长，伸出土面暴露于空气中进行呼吸，这种根称作呼吸根。

3. 寄生根 寄生植物如菟丝子、列当等，叶退化为鳞片状，不能进行光合作用制造营养，茎上产生的不定根伸入到寄主植物体内形成吸器，吸取寄主的养料和水分供自身生长发育的需要，这种根称作寄生根（图 3-43）。

（二）茎的变态

1. 地上茎的变态 地上茎是指生活在地表以上的茎，生产上常见的主要有以下几种变态类型（图 3-44）。

(1) 肉质茎。指肥大肉质多汁的地上茎。常为绿色，能进行光合作用，肉质部分贮藏大量的水分和养料，如莴苣、擘蓝、仙人掌的茎。

(2) 茎卷须。有些植物的茎或枝变态成卷须，称作茎卷须，如黄瓜、南瓜、葡萄等植物的卷须。茎卷须着生的位置与叶卷须不同，通常生于叶腋（黄瓜、南瓜）或与花序的位置相同（葡萄）。

(3) 茎刺。茎变态成具有保护功能的刺，称作茎刺。如山楂、柑橘、枸杞着生于叶腋处的单刺，皂荚叶腋处分枝的刺都属于茎刺。蔷薇、月季茎上的刺是由表皮形成的，与维管组织无联系，称作皮刺，它不是器官的变态。

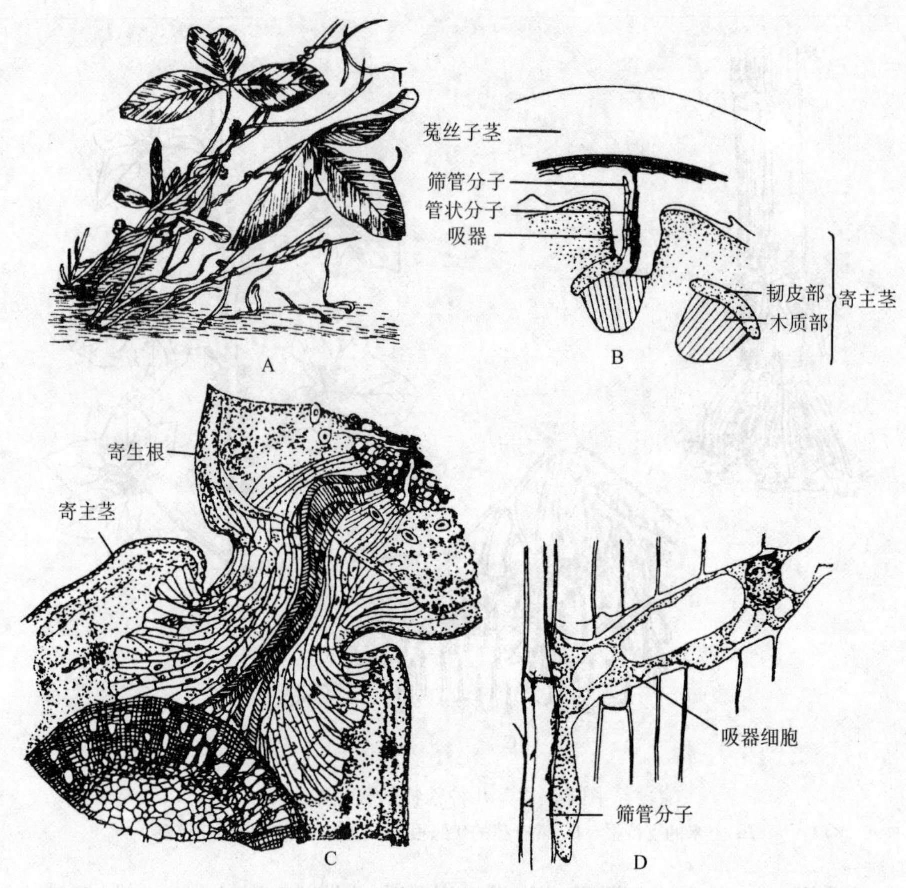

图 3-43　菟丝子的寄生根（吸器）

A. 菟丝子寄生于三叶草上　B. 菟丝子与寄主之间的结构关系，示吸器伸达寄主维管束
C. 菟丝子产生寄生根伸入寄主茎内结构　D. 吸器细胞伸达寄主筛管时形成“基足”结构

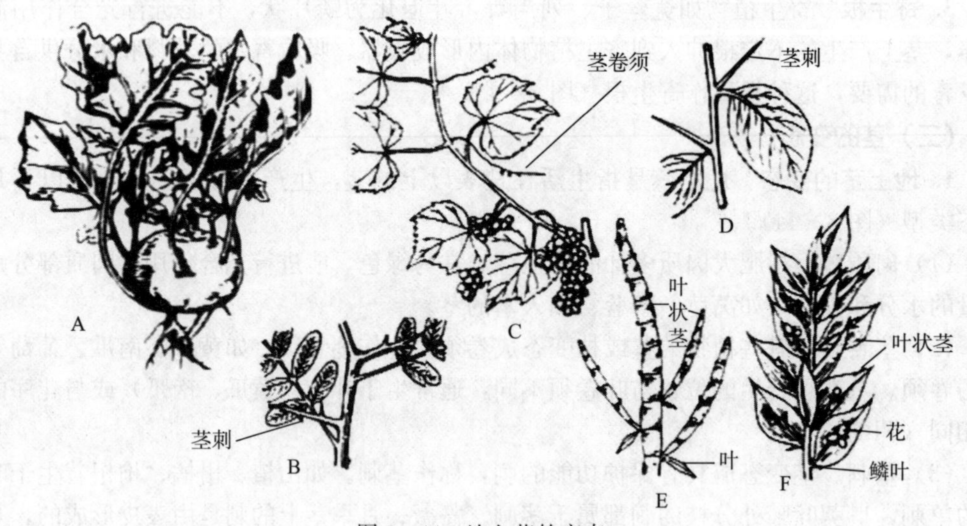

图 3-44　地上茎的变态

A. 肉质茎（球茎甘蓝）　B. 茎刺（皂荚）　C. 茎卷须（葡萄）
D. 茎刺（山楂）　E. 叶状茎（竹节蓼）　F. 叶状茎（假叶树）

（4）叶状茎。茎变态成叶状，扁平，呈绿色，称作叶状茎或叶状枝，如假叶树、竹节蓼。假叶树的侧枝叶片状，而侧枝上的叶退化为鳞片状不易识别，叶腋内可生小花，故人们常误认为“叶”上开花。

除以上类型外，有些植物还存在有小鳞茎（百合叶腋内）、小块茎（薯蓣、秋海棠叶腋内）等。

2. 地下茎的变态

（1）根状茎。外形与根相似的地下茎称作根状茎，简称根茎。如莲、竹、芦苇以及白茅等许多农田杂草都具有根状茎。根状茎具有节和节间，在节上生有膜质退化的鳞叶和不定根，鳞叶的叶腋处着生有腋芽，顶端着生有顶芽。这些特征表明根状茎是茎，而不是根。根状茎贮存丰富的养料，腋芽可以发育成新的地上枝。竹鞭就是竹的根状茎，笋就是由竹鞭叶腋内伸出地面的腋芽。藕是莲的根状茎中先端较肥大、具有顶芽的部分。农田中具有根状茎的杂草，繁殖力很强，除草时杂草的根状茎如被割断，每一小段都能独立发育成新的植株，因而不易根除（图 3-45）。

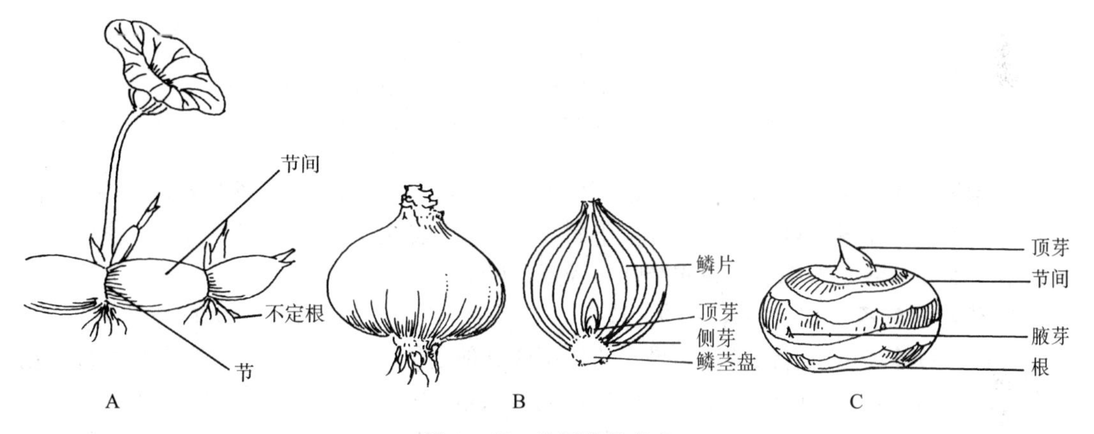

图 3-45 地下茎的变态

A. 莲的根状茎 B. 洋葱的鳞茎 C. 荸荠的球茎

（2）块茎。地下茎的先端膨大成块状，称作块茎。如马铃薯、菊芋、甘露子等。马铃薯块茎上有许多螺旋状排列的凹陷部分，称作芽眼，它相当于节的部位，幼时有退化的鳞叶，后脱落。芽眼内有腋芽，块茎先端也具有顶芽。

（3）鳞茎。节间极短，节上着生肉质或膜质鳞叶的扁平或圆盘状的地下茎称作鳞茎。如百合、洋葱、蒜等。洋葱的鳞茎呈圆盘状，又称鳞茎盘。在鳞茎盘上着生肉质鳞叶，鳞叶中贮藏着大量的营养物质。肉质鳞叶之外具有膜质鳞叶，起保护作用。肉质鳞叶的叶腋处有腋芽，鳞茎盘下端产生不定根（图 3-45）。

（4）球茎。地下茎先端膨大成球形，并贮存大量营养物质，称作球茎，如荸荠、慈姑、芋等。球茎有明显的节和节间，节上具褐色膜质退化叶和腋芽，顶端具顶芽（图 3-45）。

（三）叶的变态

叶的变态常见的有鳞叶、苞片和总苞、叶卷须、捕虫叶、叶刺以及叶状柄等类型（图 3-46）。

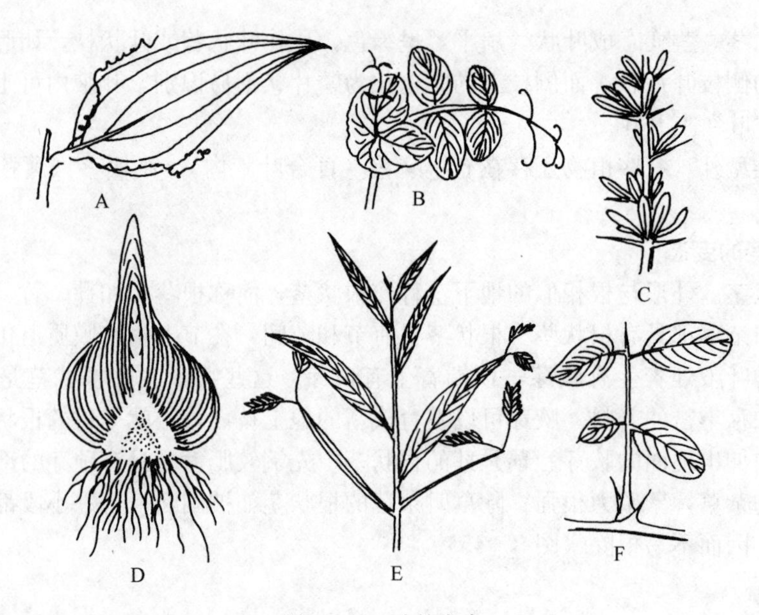

图 3-46 叶的变态

A. 叶卷须（菝葜） B. 叶卷须（豌豆） C. 叶刺（小檗）
D. 鳞叶（风信子） E. 叶状柄（金合欢属） F. 叶刺（刺槐）

1. 鳞叶 叶的功能特化或退化成鳞片状称作鳞叶。如木本植物鳞芽外面的芽鳞片，具有保护作用；洋葱、百合、大蒜着生于鳞茎上的肉质鳞叶，贮藏丰富的营养；藕、竹的根状茎及荸荠、慈姑球茎上的膜质鳞叶，为退化叶。

2. 苞片和总苞 着生在花下的变态叶，称作苞片。苞片数多而聚生在花序外围的，称作总苞。苞片和总苞有保护花和果实的作用或其他功能。如向日葵花序外围的总苞在花序发育的初期包着花序中的小花，起保护作用；珙桐、马蹄莲等具有白色花瓣状的总苞，具有吸引昆虫进行传粉的作用；苍耳的总苞在果实成熟后包裹果实，并生有许多钩刺，易附着于动物体上，有利于果实的传播。

3. 叶卷须 由叶的一部分变成卷须状，称作叶卷须。如豌豆的卷须是羽状复叶上部的小叶变态而成。

4. 叶刺 由叶或叶的某一部分（如托叶）变态成刺状，称作叶刺。如小檗长枝上的刺、仙人掌肉质茎上的刺等是叶变态而成；刺槐的刺是托叶变态而成，又称作托叶刺。

5. 叶状柄 有些植物的叶，叶片不发达，而叶柄转变为叶片状，并具有叶的功能，称作叶状柄。我国广东、台湾的台湾相思树，只在幼苗时出现几片正常的羽状复叶，以后产生的叶，其小叶完全退化，仅存叶片状的叶柄。澳大利亚干旱区的一些金合欢属植物，初生的叶是正常的羽状复叶，以后产生的叶，叶柄发达，仅具少数小叶，最后产生的叶，小叶完全消失，仅具叶柄，叶柄叶片状。

6. 捕虫叶 有些植物具有能捕食小虫的变态叶，称作捕虫叶，具有捕虫叶的植物称作食虫植物或肉食植物。捕虫叶的形态有囊状（狸藻）、盘状（茅膏菜）、瓶状（猪笼草）等（图 3-47）。

狸藻是多年生水生植物，生于池沟中，叶细裂，和一般沉水植物相似，但它的捕虫叶膨大成囊状，每囊有一开口，并由一活瓣保护。活瓣只能向内开启，外表面具硬毛。小虫

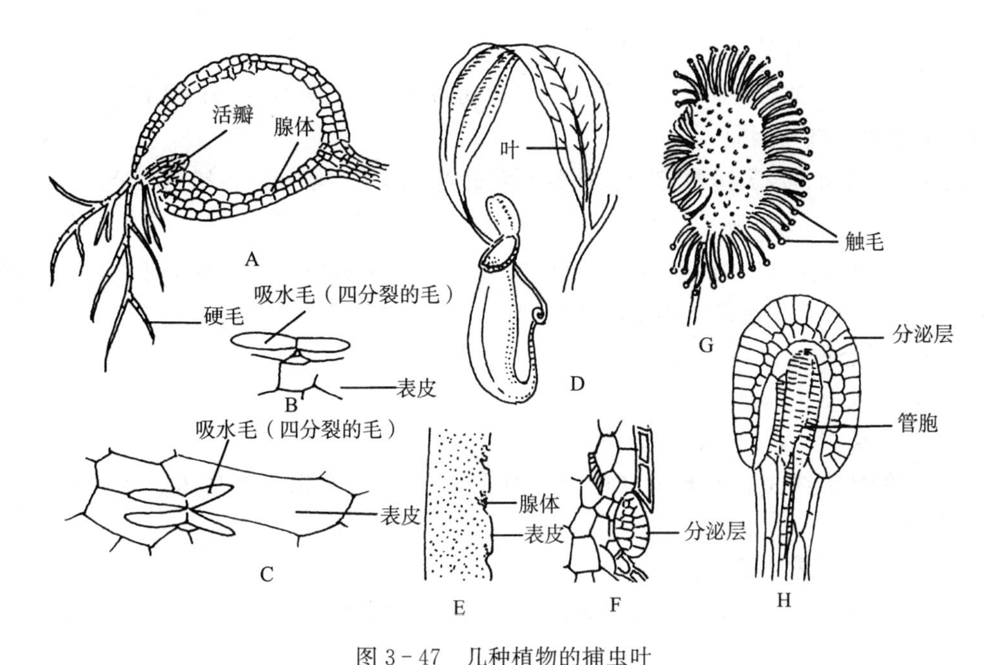

图 3-47 几种植物的捕虫叶

A～C. 狸藻（A. 捕虫囊切面 B. 囊内四分裂的毛侧面观 C. 毛的顶面观）
D～F. 猪笼草（D. 捕虫瓶外观 E. 瓶内下部分的壁，具腺体 F. 壁的部分放大）
G、H. 茅膏菜（G. 捕虫叶外观 H. 触毛放大）

触及硬毛时活瓣开启，小虫随水流入，活瓣关闭。小虫等在囊内经腺体分泌的消化液消化后，由囊壁吸收。

茅膏菜的捕虫叶呈半月形或盘状，上表面有许多顶端膨大并能分泌黏液的触毛，能黏住昆虫，同时触毛能自动弯曲，包裹虫体并分泌消化液将虫体消化吸收。

猪笼草的捕虫叶呈瓶状，结构复杂，顶端有盖，盖的腹面光滑而具蜜腺。通常瓶盖敞开，当昆虫爬至瓶口采食蜜液时，极易掉入瓶内，遂为消化液消化而被吸收。

食虫植物一般具有叶绿体，能进行光合作用。在未获得动物性食料时仍能生存，但有适当动物性食料时，能结出更多的果实和种子。

以上植物变态器官，就来源和功能而言，可分为同源器官和同功器官。凡是来源相同，而形态和功能不同的变态器官称作同源器官。如茎刺和茎卷须，支持根和贮藏根等都属于同源器官。而形态相似，功能相同，但来源不同的变态器官则称作同功器官。如茎刺和叶刺，块根和块茎等属于同功器官。

实验实训

实训一　植物营养器官的形态特征观察

(一) 实训目标

通过观察不同种子植物的有关实物、标本或图片：

1. 掌握种子植物营养器官基本形态。

2. 能识别常见的营养器官变态。

3. 提高学生对植物形态的观察能力和对植物与环境相互适应关系的认识。

(二) 实训材料与用品

不同种子植物、放大镜、刀片、枝剪、采集袋、镊子、解剖针、铅笔、笔记本等。

(三) 实训方法与步骤

在校园、实验室和实习基地观察不同种子植物的营养器官实物、标本或图片，了解种子植物营养器官外部形态的基本组成和类型。

1. 根的形态观察内容

(1) 根的类型。主根、侧根、不定根。

(2) 根系类型。直根系、须根系。

(3) 根的变态类型。贮藏根（块根、肉质直根)、气生根（支持根、攀缘根、呼吸根)、寄生根。

2. 茎的形态观察内容

(1) 茎的分类。木本植物（乔木、灌木)、草本植物（一年生草本、二年生草本、多年生草本)。

(2) 茎的生长习性。直立茎、攀缘茎、缠绕茎、匍匐茎、平卧茎。

(3) 茎的变态。地上茎的变态（肉质茎、茎卷须、茎刺、叶状茎)、地下茎的变态（根状茎、块茎、鳞茎、球茎)。

3. 叶的形态观察内容

(1) 叶形。卵形、圆形、椭圆形、肾形、披针形、线形、针形、三角形、心形、扇形等。

(2) 叶尖。急尖、渐尖、钝形、截形、具短尖、具骤尖、微缺形、倒心形等。

(3) 叶基。钝形、心形、耳形、戟形、渐尖、箭形、匙形、截形、偏斜形等。

(4) 叶缘。全缘、锯齿、牙齿、钝齿、波状等。

(5) 叶裂。浅裂（掌状、羽状)、深裂（掌状、羽状)、全裂（掌状、羽状)。

(6) 叶脉。网状脉（掌状、羽状)、平行脉（直出、侧出、射出、弧形)、叉状脉。

(7) 复叶。羽状复叶、掌状复叶、三出复叶、单身复叶。

(8) 叶序。互生、对生、轮生、簇生。

(9) 叶的变态。鳞叶、苞片和总苞、叶卷须、叶刺、叶状柄、捕虫叶。

(四) 实训报告

观察校园内外植物，用植物形态术语记录植物营养器官的形态。

实训二　植物生殖器官的形态特征观察

(一) 实训目标

通过观察不同种子植物的有关实物、标本或图片：

1. 掌握种子植物生殖器官基本形态。

2. 提高学生对植物形态的观察能力和对植物与环境相互适应关系的认识。

（二）实训材料与用品

不同种子植物、放大镜、刀片、枝剪、采集袋、镊子、解剖针、铅笔、笔记本等。

（三）实训方法与步骤

在校园、实验室和实习基地观察不同种子植物的生殖器官实物、标本或图片，了解种子植物生殖器官外部形态的基本组成和类型。

1. 花的形态观察内容

（1）花冠类型。蔷薇形花冠、十字形花冠、蝶形花冠、漏斗状花冠、钟状花冠、唇形花冠、筒状花冠、舌状花冠、轮状花冠等。

（2）雄蕊类型。单体雄蕊、二体雄蕊、多体雄蕊、聚药雄蕊、二强雄蕊、四强雄蕊等。

（3）雌蕊类型。单雌蕊、离生雌蕊、合生雌蕊。

（4）胎座类型。边缘胎座、侧膜胎座、中轴胎座、特立中央胎座、顶生胎座、基生胎座。

（5）子房位置类型。子房上位（子房上位下位花、子房上位周位花）、子房半下位（周位花）、子房下位（上位花）。

（6）花的性别。两性花、单性花、中性花。

（7）花被种类。双被花、单被花、无被花（裸花）。

（8）花序类型。

①无限花序。总状花序、穗状花序、柔荑花序、肉穗花序、伞房花序、伞形花序、头状花序、隐头花序、圆锥花序、复穗状花序、复伞形花序。

②有限花序。单歧聚伞花序、二歧聚伞花序、多歧聚伞花序。

2. 果实的形态观察内容

（1）单果。

①肉质果。浆果、柑果、核果、梨果、瓠果。

②干果。

裂果：蓇葖果、荚果、角果、蒴果。

闭果：瘦果、颖果、坚果、翅果、分果。

（2）聚合果。

（3）聚花果。

（四）实训报告

1. 观察校园内外植物，用植物形态术语记录植物生殖器官的形态。

2. 根据所提供的果实，填写表格（见表 3－1 中举例的番茄）。

表 3－1 果实生殖器官形态特征

植物种类	真果或假果	肉质果	干果	胎座类型	果实主要结构特征
番茄	真果	浆果		中轴胎座	外果皮薄，中果皮、内果皮及胎座均肉质化，并充满汁液

实训三　种子植物的形态学术语描述

(一) 实训目标

通过观察不同种子植物的有关实物、标本或图片：

1. 掌握种子植物外部形态的基本组成和多样性。
2. 掌握种子植物各器官基本形态的描述方法。
3. 提高学生对植物形态的观察能力和对植物与环境相互适应关系的认识。

(二) 实训材料与用品

不同种子植物、放大镜、刀片、枝剪、采集袋、镊子、解剖针、铅笔、笔记本等。

(三) 实训方法与步骤

1. 形态观察和测量　植物形态描述建立在对实物实际观察的基础上。对数量性状要进行测量，肉眼不能分辨的性状要借助体视显微镜观察。为了更好地了解植物的形态变异，可能要对该植物的居群进行考察，或者要查阅多份植物标本。

2. 描述的次序　高等植物都有着复杂的形态特征，形态描述要按一定的次序进行。总的顺序是先整体后局部，自上而下，由外向内。先描述生活型和株高，再自下而上地依次叙述其根、茎、叶；先描述花的总体特征，再由外向内叙述其萼片、花瓣、雄蕊、雌蕊；描述雄蕊，先陈述雄蕊的数目、排列方式、连合与否，然后说明其花丝和花药的特征。

3. 形态术语的运用　描述植物的形态特征只能运用科学语言，不能使用俗语，一般情况下也不应该使用自创的术语。

4. 句式的规范　描述植物要用最简洁的句子。对每一性状的描述，都要把性状（器官）名称放在句首，后面直接加上表示状态的形容词或数词。例如，叙述花的颜色为白色的句式为“花白色”，而不是“白花”，叙述雄蕊数目为5枚的句式为“雄蕊5”，而不是“5枚雄蕊”。

5. 形态变异的处理　要正确把握形态变异的性质，区分正确的变异和畸变。描述植物尤其是描述数量性状时要充分体现其正常的变化幅度。

(四) 实训报告

观察校园内外植物，用植物形态术语记录植物各器官的形态。

拓展知识

种子植物的营养繁殖

(一) 营养繁殖在林业及园林生产中的意义

植物营养繁殖

营养繁殖通常也称作无性繁殖，是利用植物营养器官的再生能力繁殖新植株，在自然界中有不少植物的根、茎、叶都具有再生能力，以根、茎、叶来繁殖植株的现象比较常见。例如，有些植物的根可以产生不定芽，形成地上部分，在母株四周产生大量植株，桑树、杨树都具有这种特性。番薯的块根产生不定芽和不定根，形成新植株。竹类的根状茎，马铃薯的块茎，葱、蒜、水仙的鳞茎以及一些植物的枝条，在节部与土壤接触后可以形成不定根，生根抽芽，形成新植株。有些植物能落地生根，如秋海棠的叶，能产生不定芽和不定根，形成新植株。营养繁殖是植物长期适应自然环境所产生的一种生物学特性。营养繁殖产生的新植株，具有亲本的遗传特性，可以用此法保持优良品种的特性，并可提早开花结实，对有性繁殖困难的植物，营养繁殖具有扩大种源、选育优良无性系的作用。因此，无性繁殖在生产上具有特殊意义。在林木、果树、园艺植物的栽培中，是一种重要的繁殖方法。

（二）常用的营养繁殖方法

营养繁殖的方法很多，用根来繁殖的有根插和根蘖，用茎来繁殖的有扦插、压条、嫁接等，不论哪一种方法，成活的基础是植物的再生能力。

1. 根插和根蘖 根插和根蘖是利用某些植物的根能产生不定芽和不定根的特性进行的营养繁殖。通常用于枝插不易成活或种源太少，或具有其他生物学特性的树种。例如楸树常常华而不实，种源缺乏，泡桐实生苗生长慢，用根插繁殖生长迅速，干形通直。根插后不久，一般根段的后端（近茎的一端）产生不定芽，前端产生不定根。

2. 枝插 枝插是利用植物的枝条能产生不定根的特性进行繁殖的一种方法，除扦插外，常用的压条、埋条法都是利用这种特性进行繁殖。枝插繁殖是从母树上截取一至二年生带芽的枝条，把下端插入土中，枝条上原有的芽萌发为茎，枝条的下端产生不定根。枝插是否成活，除管理等外因外，还与树种特性、枝条年龄有关。一般情况下，嫩枝扦插比老枝扦插容易生根。枝插是林业生产中常用的营养繁殖法，因为可以大量从母树上截取枝条，丰富了种源。

3. 嫁接 嫁接是利用植物创伤愈合的特性而进行的一种营养繁殖法。嫁接通常用于果树良种的繁育。例如果树栽培时，为了保持某种果树的品质特性，常取其枝条或芽作接穗，嫁接于同种植物的实生苗上或他种植物的苗木上，愈合为一植株。或以结果枝作接穗嫁接于实生苗上，以提早结果年龄。嫁接愈合的过程和创伤愈合一样，在接穗与砧木的切口上产生愈伤组织，填充在接穗与砧木之间的缝隙中，使砧木与接穗的组织结合在一起，成为一新株。嫁接成功与否，一方面取决于嫁接技术，另一方面取决于接穗与砧木间细胞内物质的亲和性，这种亲和性取决于植物的亲缘关系。因此选用砧木时，通常用同属植物，但也有少数在不同属的情况下嫁接愈合的。在林业生产中，嫁接是某些树种的重要繁殖法，例如毛白杨扦插成活率低，可用加拿大杨（加杨）作砧木进行繁殖。

果树嫁接-切接法

果树嫁接-劈接法

（三）组织培养技术在种子植物营养繁殖方面的应用

组织培养技术是实验形态学的重要研究方法。近年来用组织培养方法，揭示和阐明了植物形态发生及建成方面的许多问题，同时在快速繁殖生产实践方面进展很快。大量研究结果表明：植物的器官、组织或细胞经过培养都有可能通过不同途径形成新个体。例如葡萄用常规方法繁殖，一个单株或一个小枝每年只能繁殖几株到几十株苗，而用茎尖或茎段离体培养，在已做实验的几个品种中，可获得几十万到二百多万株苗；非洲菊的一个花蕾培养 3 个月可获 1 000 株苗。据不完全统计，全世界组培成功的植物已有数百种，投入大规模生产的有几十种，如兰花、康乃馨、百合等。20 多年来，应用组培技术进行工厂化育苗在许多国家有很大发展。组培技术在繁育良种、快速大量繁殖种苗、获得无病毒植株、苗木生产工厂化等方面均取得显著的效果，已成为农业、林业等研究和生产的一种重要手段。

思政园地

中国农耕文明

中国农耕文明

农耕文明是农民在长期农业生产中形成的一种适应农业生产和生活需要的国家制度、礼俗制度、教育制度等文化的集合。农耕文明是人类史上的第一种文明形态。原始农业和原始畜牧业、古人类的定居生活等的发展，使人类从食物的采集者变为食物的生产者，是第一次生产力的飞跃，人类进入农耕文明。

中国的农耕文明集合了儒家文化及各类宗教文化为一体，形成了独特文化内容和特征，其主体包括国家管理理念、人际交往理念和语言、戏剧、民歌、风俗及各类祭祀活动等，是世界上存在最为广泛的文化集成。

中国几千年的乡土生产、生活方式，孕育了悠久厚重的古代农耕文明。在农耕文明的内部，蕴藏着知识、道德、习俗等文化，它们自成体系，维持着传统农业社会的有序运行。

农耕文明决定了中华文化的特征。聚族而居、精耕细作的农业文明孕育了自给自足的生活方式、文化传统、农政思想、乡村管理制度等，与今天提倡的和谐、环保、低碳的理念不谋而合。历史上，游牧式的文明经常因为无法适应环境的变化以致突然消失。而农耕文明的地域多样性、历史传承性和乡土民间性，不仅赋予中华文化重要特征，还是中华文化之所以绵延不断、长盛不衰的重要原因。

以渔樵耕读为代表的农耕文明是千百年来中华民族生产生活的实践总结，是华夏儿女以不同形式延续下来的精华浓缩并传承至今的一种文化形态，应时、取宜、守则、和谐的理念已广播人心，所体现的哲学精髓正是传统文化核心价值观的重要精神资源。从思想观念方面来看，农耕文明所蕴含的精华思想和文化品格都是十分优秀的，例如培养和孕育出爱国、团结统一、独立自主、爱好和平、自强不息、集体至上、尊老爱幼、勤劳勇敢、吃苦耐劳、艰苦奋斗、勤俭节约、邻里相帮等文化传统和核心价值理念，值得充分肯定和借鉴。中国传统文化中理想的家庭模式是“耕读传家”，即既要有“耕”来维持家庭生活，又要有“读”来提高家庭的文化水平。这种培养式的农耕文明推崇自然和谐，契合中华文化对于人生最高修养的乐天知命原则，乐天是知晓宇宙的法则和规律，知命则是懂得生命的价值和真谛。崇尚耕读生涯，提倡合作包容，而不是掠夺式利用自然资源，这符合今天的和谐发展理念。

在工业时代、后工业时代乃至信息时代的今天，要振兴乡村文化，我们就应传承延续数千年的农耕文明。在农耕社会的背景下，我国古代人民集体创造了神农文化，并使这种文化适应不同的社会阶段，转化出各种新的形态，从而推动农耕文明的传承和传播。事实上，神农文化以农业本身为出发点，立足于解决农业生产和农民生活，意在满足农业生产和民众精神的双重需要，对民众的精耕细作和日常生活有较强的指导意义。作为农业经济和社会文化共同作用的产物，神农文化曾在传统社会中起着非常重要的作用。

思考与练习

1. 常见幼苗的类型有哪些？举例说明。

2. 如何区分主根、侧根和不定根？植物的根系可分为几种类型，它们有何区别？说明根系在土壤中的分布与环境之间的关系。

3. 观察当地果树及园林树木的枝条，根据芽在枝上的着生位置、性质和芽鳞的有无等将芽分为哪几种类型？不同类型的芽各有何特点？

4. 如何识别长枝和短枝、叶痕和芽鳞痕？了解这些内容在生产上有何意义？

5. 单轴分枝与合轴分枝有何区别？这两种分枝方式在生产上有何意义？

6. 植物典型的叶由哪几部分组成？举例说明完全叶与不完全叶。

7. 比较根与根茎、块根与块茎、叶刺与茎刺的区别。

8. 花的组成包括哪几部分？各有何特点？

9. 说明花冠的类型。

10. 举例说明雄蕊有哪些类型？

11. 举例说明雌蕊有哪些类型？

12. 以小麦、水稻为例，说明禾本科植物花的结构特点。

13. 什么叫雌雄同株、雌雄异株、杂性同株？

14. 什么叫花序？举例说明花序的类型及特点。

15. 果实有哪些类型？各有何特点？

16. 填写表 3－2 中所列植物各自具有的器官变态类型。

表 3－2　一些植物的器官变态类型

植物	器官变态类型	植物	器官变态类型
葡萄		猪笼草	
马铃薯		小檗	
竹		荸荠	
黄瓜		玉米	
球茎甘蓝		莴苣	
向日葵		甘薯	
皂荚		五叶地锦	
豌豆		菟丝子	
洋葱		假叶树	

模块四　植物分类

学习目标

知识目标：

- 掌握植物常见的分类方法和分类等级单位。
- 了解植物的命名规则和植物的基本类群。
- 掌握被子植物主要科的特征及代表植物。

技能目标：

- 能应用植物检索表检索主要科的代表植物，会鉴别常见植物类型。
- 能应用学到的操作方法进行植物标本的采集制作。
- 能区分双子叶植物与单子叶植物的形态结构差异。

素养目标：

- 具备孜孜不倦、勤奋用功的职业素质。
- 了解植物对人类生存的意义，增强对我国植物种质资源的保护意识。

基础知识

植物分类学是在人类认识植物和利用植物的社会实践中发展起来的一门古老的科学，它的任务不仅是识别物种、鉴定名称，还要阐明物种之间的亲缘关系并建立自然的分类系统。地球上的植物有50多万种，面对如此浩瀚的植物种类，对其进行科学系统的分类是应用植物的基础或前提。

植物分类

一、植物分类的基础知识

植物分类学是植物科学中历史最为悠久的学科，它的内容包括植物的调查采集、鉴定、分类、命名以及对植物进行科学描述，探究植物的起源与进化规律等。

（一）植物分类的方法

在植物学的发展历史中，植物分类的方法归纳起来可分为两种：人为分类法和自然分类法。

1. 人为分类法 人为分类法是人们按照自己的目的和方法，选择植物的一个或几个特征进行分类，根据一些人为的标准，将植物类群顺序排列形成分类系统，依这种方法建立的分类系统称作人为分类系统。如我国明代李时珍所著《本草纲目》，依照植物外形和用途，把植物分为草、木、谷、果、菜5个部。又如现今经济植物学将植物分为淀粉类植物、脂肪类植物、纤维类植物、单宁类植物等。

这种分类方法和所建立的分类系统都是人为的，它不能反映出植物间的亲缘关系和进化的次序，但因比较实用，现在还常被采用。

2. 自然分类法 自然分类方法及其所形成的分类系统，是以植物进化过程中亲缘关系的远近程度作为分类依据。判断亲疏程度，通常主要是根据植物形态结构异同的多少。例如，大豆、豌豆彼此间的相同点较多，在分类上属于同一个科；而油菜、小麦与它们相同点较少，在分类上分别隶属于不同的科。但以上这些植物都能产生种子，都归属于种子植物门，而与不产生种子的苔藓类、蕨类的亲缘关系则较疏远。

随着学科的发展，现代植物分类学还综合运用细胞学、植物化学、植物胚胎学、植物地理学、遗传学、生态学等其他学科的研究成果，研究植物间的进化和亲缘关系，使自然分类系统的研究水平提高了一大步，更能准确反映彼此间的亲缘关系。

（二）植物分类的单位

根据生物进化学说，一切生物均起源于共同的祖先，彼此之间都有亲缘关系，并经历从低级到高级、由简单到复杂的系统演化过程。植物分类学将数量繁多的植物种类，按类似的程度和亲缘远近，把那些相近的种归纳为属，相近的属组合成科，相近的科合并为目，以此类推，以至组成纲、门、界等不同的等级。因此，植物分类的等级主要包括界、门、纲、目、科、属、种，有时在各阶层之下分别加入亚门、亚纲、亚目、亚科、族、亚属等。现以玉兰为例说明各级分类单位：

界（kingdom）：植物界（Regnum Plantae）
门（phylum）：被子植物门（Angiospermae）
纲（class）：双子叶植物纲（Dicotyledoneae）
目（order）：毛茛目（Ranales）
科（family）：木兰科（Magnoliaceae）
属（genus）：木兰属（*Magnolia*）
种（species）：玉兰（*Yulania denudata*）

植物的种或物种是植物最基本的分类单位。种的概念及定种的标准一直是令科学家困惑的难题，关于种的概念大致有两种。一是形态学种，强调物种间形态方面的差别。二是生物学种，强调的是物种间的生殖隔离。这两种观念均有其合理之处，从目前来看，还难以统一，但作为植物分类学习者来说，应掌握以下几种观念：一是物种是客观存在的。二是物种既有变化的一面，又有不变的一面。种可代代遗传，也正因为某些形态特征相对稳定，才可区分不同的物种，决定其分类归属；但物种的变异是绝对的，没有变异，就不会有进化，新种也不会产生。三是物种是由很多形态类似的群体所组成，来源于共同的祖先并能正常地繁育后代，不同的种具明显的形态上的差异或生殖上的隔离（杂交不育或能育性降低）。

种内群体往往具不同的分布区，由于分布区生境条件的差异会导致种群分化为不同的生态型、生物型及地理宗，分类学家根据其表型差异划分出种下等级。

亚种（subspecies，subsp.）是那些在形态上已有比较大的变异且具不同分布区的变异类型。

变种（varietas，var.）为使用最广泛的种下等级，一般是指具不同形态特征的变异居群，常用于已分化的不同的生态型。

变型（forma，f.）多是在群体内形态上发生较小变异的一类个体。

此外，在园林、园艺及农业生产实践中，还存在着一类由人工培育而成的栽培植物，它们在形态、生理、生化等方面具相异的特征，这些特征可通过有性和无性繁殖得以保持，当这类植物达到一定数量而成为生产资料时，则可称作该种植物的“品种（cultivar，cv.）”。如圆柏的栽培品种“龙柏”，由于品种是人工培育出来的，植物分类学家均不把它作为自然分类系统的对象。

（三）植物的命名法则

每一种植物，在不同地区、不同的民族往往具有不同的名称；不同的国家由于语言文字上的差异，一种植物的名称更是多种多样。这就造成了“同物异名”和“同名异物”的混乱，不利于学术交流及生产实践上的应用。因此，每种植物必须有世界上统一的、共同遵守的名称，此名称被称作植物的学名。

1867 年，在巴黎召开的第一次国际植物学会即颁布了简要法规，规定以林奈在其《植物种志》中首创并倡用的双名法作为植物学名的命名法。双名法规定，植物的种名由两个拉丁化的词组成。第一个词为所在属属名，第一个字母要大写，用名词单数第一格；第二个词为种加词，多为形容词，采用名词单数第二格，书写时均为小写。此外还要求在种加词之后加上该植物命名人姓氏的缩写。若命名人为两人，则在两人名间用“et”相连，如银杉（*Cathaya argyrophylla* Chun et Kuang）；若由一人命名，另一人发表，则前一人为命名人，后一人为发表该种的作者，中间用“ex”相连，如白皮松（*Pinus bungeana* Zucc. ex Endl.）。

种下级单位中，亚种名是在种名之后加亚种拉丁词 subspecies 的缩写“subsp.”或“ssp.”，再加上亚种加词，最后写亚种命名人缩写。变种名是在种名后加变种的拉丁词 varietas 的缩写“var.”，再加变种加词，最后写变种命名人缩写。变型名则在种名后加变型拉丁词 forma 的缩写“f.”，再加上变型加词，最后写变型命名人缩写。栽培变种的种名后直接写品种名称，需加上单引号，不附命名人的姓名。

（四）植物分类检索表

检索表是用来鉴别植物种类的不可缺少的工具。检索表的编制是根据法国人拉马克（Lamarck）的二歧分类原则，把各植物类群的相对特征（性状）分成相对应的两个分支，再把每个分支中的相对性状分成相对应的两个分支，依次下去直到编制到科、属或种检索表的终点为止。鉴别植物时，利用检索表从两个相互对立的性状中选择一个相符的，放弃一个不符的，依序逐条检索，直到查出植物所属科、属、种。

常用的检索表有定距检索表和平行检索表两种。

1. 定距检索表 把相对的两个性状编为同样的号码，并且从左边同一距离处开始，下一级两个相对性状向右缩进一定距离开始，逐级下去，直到最终。如对木兰科某几个属编制定距检索表如下：

1. 叶不分裂；聚合蓇葖果。
   2. 花顶生。
      3. 每心皮具4～14胚珠，聚合果常球形 …………………… 木莲属 *Manglietia*
      3. 每心皮具2胚珠，聚合果常为长圆柱形 …………………… 木兰属 *Magnolia*
   2. 花腋生 …………………………………………………………… 含笑属 *Michelia*
1. 叶常4～6裂，聚合小坚果具翅 ………………………… 鹅掌楸属 *Liriodendron*

2. 平行检索表 主要特点是左边的数字及每一对性状的描写均平头排列。如上述检索表可编制如下：

1. 叶不分裂；聚合蓇葖果 ……………………………………………………… 2
1. 叶常4～6裂；聚合小坚果具翅 ………………………… 鹅掌楸属 *Liriodendron*
2. 花顶生 ……………………………………………………………………… 3
2. 花腋生 …………………………………………………………… 含笑属 *Michelia*
3. 每心皮具4～14胚珠，聚合果常球形 …………………………… 木莲属 *Manglietia*
3. 每心皮具2胚珠，聚合果常为长圆柱形 ………………………… 木兰属 *Magnolia*

编制检索表过程中，选用相对性状时，应选择那些容易观察的表型性状，最好是仅用肉眼及手持放大镜就能看到的性状。相对性状最好有较大的区别，不要选择那些模棱两可的特征。编制时，应把某一性状可能出现的情况均考虑进去，如叶序为对生、互生或轮生。在所编制植物中，每一组相对的特征必须是真正对立的，事先一定要考虑周全。

二、植物界的主要类群

最原始的植物大约在太古代的34亿年前出现，在以后漫长的时间里，这些最原始植物的一部分经遗传保留下来，另一部分则逐渐演化成新的植物。随着地质的变迁和时间的推移，新的植物种类不断产生，但也有一部分老的植物由于各种因素消亡，这样经过不断的遗传、变异和演化就形成了今天地球上丰富多样的植物。

根据植物构造的完善程度、形态结构、生活习性、亲缘关系将植物分为高等植物和低等植物两大类。每一大类又可分为若干小类（图4-1）。

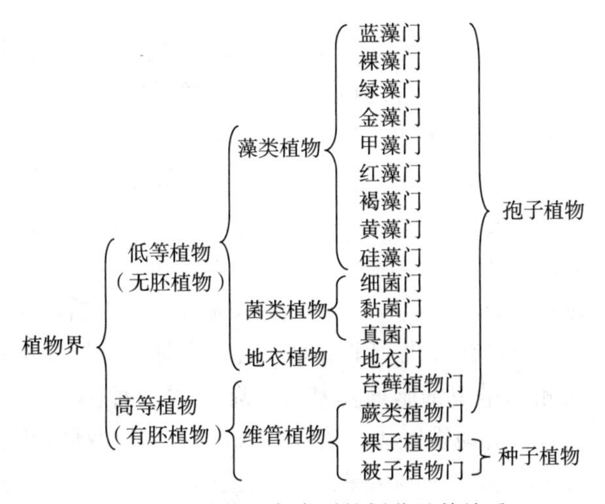

图4-1 植物界各类群的划分及其关系

(一) 低等植物

低等植物是植物界起源较早，构造简单的一群植物，主要特征是水生或湿生，没有根、茎、叶的分化，生殖器官是单细胞，有性生殖的合子不形成胚直接萌发成新植物体。低等植物可分为藻类植物、菌类植物和地衣植物。

1. 藻类植物 藻类植物是细胞内含有光合色素，能进行光合作用的低等自养植物的统称，是植物界中形态和结构最简单的类群。目前已经发现和记载的藻类植物近3万种，包括蓝藻门、金藻门、甲藻门、绿藻门等9种。绝大多数藻类植物的细胞中含有叶绿素与其他色素，由于各种色素的成分与比例的差异，使它们呈现出不同的颜色。藻类植物形态结构差异很大，小球藻、衣藻等要用显微镜才能看到，而巨藻长度可达100m以上。藻类植物的分布和生态习性也是极其多样的，90%以上的种类生活在海水或淡水中，少数种类生活在潮湿的土壤、岩石、墙壁、树干等表面，一些种类能生长在水温高达80℃的温泉中，还有一些种类可以生活在雪峰、极地等零下几十摄氏度的环境中。藻类植物繁殖方式多样，有营养、孢子、配子繁殖等。衣藻的生殖及生活史见图4-2。

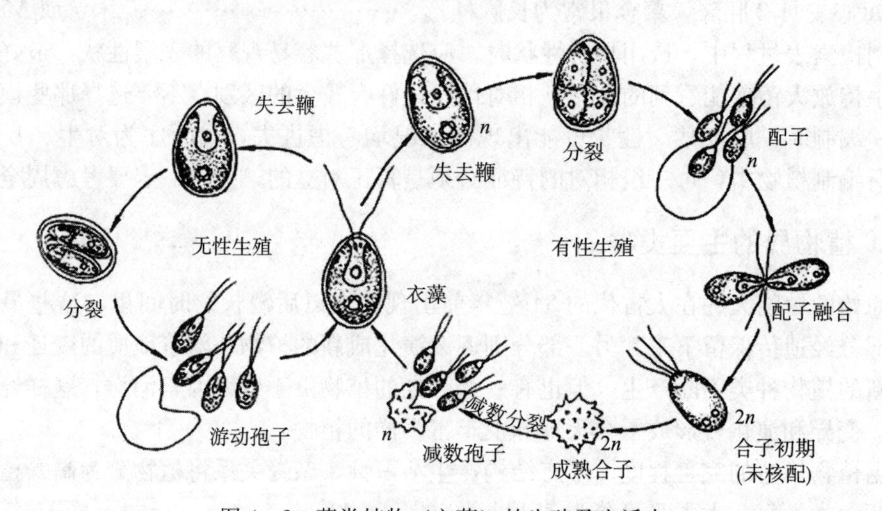

图4-2 藻类植物（衣藻）的生殖及生活史

许多藻类可供食用，如地木耳（葛仙米）、发菜（已被列为国家重点保护野生植物）、海带、紫菜等。有些藻类有助于岩石的风蚀，其胶质能黏合沙土。有些藻类具有药用价值，如褐藻含有大量的碘（代表植物为海带），可治疗和预防甲状腺肿大。近年来开发利用的螺旋藻，是一种优良的保健食品。也有一些藻类有固氮作用，可增加土壤肥力。水生藻类有的能吸收和积累某些有毒物质，起到净化污水、消除污染的作用。藻类还可作工业原料，提取藻胶质、琼胶、酒精、碘化钾等。有的藻类可作为鱼类、家畜或家禽的饲料。但有的藻类对栽培植物和鱼类、贝类有危害，如水绵可危害水稻，绿球藻可附生在鱼和贝的鳃部，使其生病死亡，裸藻在有机质丰富时，可以大量繁殖形成水华，污染水体。

2. 菌类植物 菌类植物是单细胞或丝状体，除极少数种类外一般无光合色素，不能进行光合作用，靠现成的有机物质生活，营养方式为异养，包括寄生和腐生。目前已被定名的菌类有10万余种，菌类植物分为细菌门、黏菌门、真菌门。菌类植物在形态、结构、繁殖和生活史上差异很大。

（1）细菌门。已经发现的细菌有2 000多种，细菌是一群个体微小（其直径一般在1μm左右）的单细胞原核生物，分布极广，水中、空气中、土壤及动植物体表或内部，都有细菌存在。

从形态上看，细菌分为球菌、杆菌和螺旋菌三种基本类型（图4－3）。

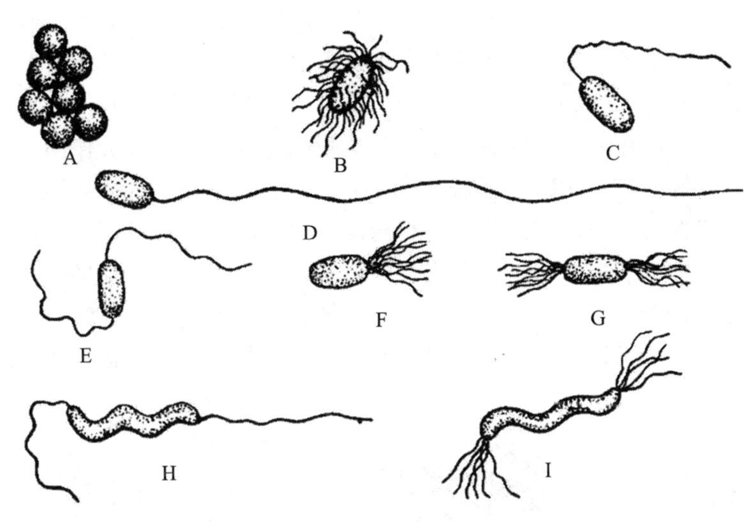

图4－3 细菌的三种常见类型
A. 球菌 B～G. 杆菌 H～I. 螺旋菌

细菌结构简单，具有细胞壁、细胞膜和细胞质等，有核质但无核结构。有些细菌还生有鞭毛和荚膜，有利于运动和保护。有些细菌在环境不良时，如干旱、低温或高温时，可以通过细胞壁加厚形成芽孢，以度过不良环境，待环境适宜时其细胞壁溶解消失，再形成一个正常的细菌，所以芽孢是细菌抵抗不良环境条件的休眠体。有的芽孢在－253℃或100℃下30min不死，故对医疗、生产和科研的灭菌、消毒要求比较严格。

大多数细菌不含叶绿体，异养生活，少数细菌含有细菌叶绿素，如硫细菌、铁细菌等可进行自养。细菌通常以裂殖的方式进行繁殖，其繁殖速度很快，在适宜环境下，每20～30min可以分裂繁殖1代，理论上24h可以繁殖47～71代，故由细菌引起的疾病传播速度很快，有时难以控制。

大多数细菌对人类是有益的，如利用乳酸杆菌制乳酸。细菌能使有机质分解，所以在自然界物质循环中起重要作用，在工农业上的利用也很广泛，如制药、纺织、化工、固氮等都与细菌的作用分不开。但细菌也是许多动植物致病的病原菌，如人类的结核、伤寒，家畜的炭疽，白菜的软腐病等均由细菌引起。

（2）黏菌门。一群介于动物和植物之间的真核生物，它们在生活史的营养期是一团裸露的、没有细胞壁的多核原生质体团，能不断变形运动和吞食小的固体食物，与动物相似。在繁殖期能产生具有纤维素壁的孢子，所以又表现出植物的性状。黏菌有500多种，多数生长在阴暗潮湿的地方。

（3）真菌门。真菌种类很多，已知道的1万余属，7万余种，是不含色素、异养生活的真核植物。多数植物体由一些分隔或不分隔的丝状体组成；其繁殖方式多样，可由菌丝断裂进行营养繁殖，也可产生各种孢子进行无性繁殖，还可进行多种多样的有性繁殖。

真菌分布极广，尤以土壤中最多。根据营养体的形态、生殖方式不同，可将真菌分为藻菌纲（代表真菌为黑根霉、白锈菌）、子囊菌纲（代表真菌为酵母菌、黄曲霉）、担子菌纲（代表真菌为猴头）和半知菌纲（代表真菌为稻瘟病菌）。

真菌与人类关系密切（图4-4），很多真菌具有药用价值，如灵芝、冬虫夏草、茯苓等均可药用，抗生素中的青霉素、灰黄霉素也取自真菌。近年来还发现有100多种真菌具有抗癌作用，如香菇等。一些真菌是美味的山珍，如口蘑、香菇、平菇、松茸、猴头、木耳、银耳等。同时真菌在酿造、皮革软化、羊毛脱脂等方面起着重大作用，酵母菌能将糖类在无氧条件下分解为二氧化碳与酒精，在发酵工业上应用广泛，如常用于制造啤酒。但真菌对生物也有有害的一面，如某些伞菌有剧毒，误食后会中毒或死亡。很多真菌可使动植物致病，如稻瘟病、水稻纹枯病、棉花黄枯萎病、玉米黑粉病、苹果腐烂病等。真菌中的黑根霉常使蔬菜、水果等腐烂。皮肤上的癣也是由真菌引起的。真菌中的黄曲霉产生的黄曲霉素，毒性很大，能致死动物和引起肝癌，所以被其感染的食物不能食用。

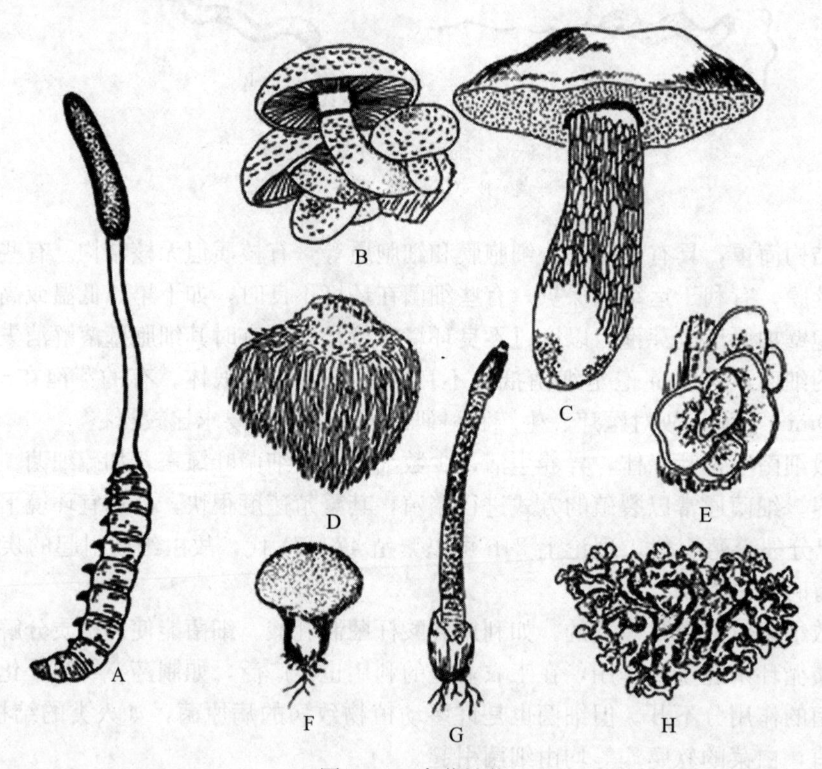

图4-4　真菌植物

A. 冬虫夏草　B. 香菇　C. 牛肝菌　D. 猴头　E. 木耳　F. 网纹马勃　G. 红鬼笔　H. 银耳

3. 地衣植物　地衣是真菌和藻类共生复合体，两者关系密切，并有专一性关系。地衣中的菌类多为子囊菌，少数为担子菌；藻类则为单细胞或丝状体的蓝藻或绿藻。一般菌类在地衣中占大部分，藻类则在共生体内成一层或若干团，数量较少。藻类为整个复合体制造养分，而菌类则吸收水和无机盐，为藻类提供原料，并围裹藻类防止其干燥。

地衣约15 500种，分布极广，从平地到高山，热带到寒带都有。它们生长在岩石、树皮、树叶、土壤和沙漠上。按照外部形态，地衣可分为三种类型。

（1）壳状地衣。生长在岩石、砖瓦、树皮或土壤上，形成薄层的壳状物，紧贴基物，难以分开。

（2）叶状地衣。扁平叶片状，只下面假根伸入基物，易于采下。

（3）枝状地衣。植物体向上起立，具分枝，类似一株小树，或倒悬在空中（图 4－5）。

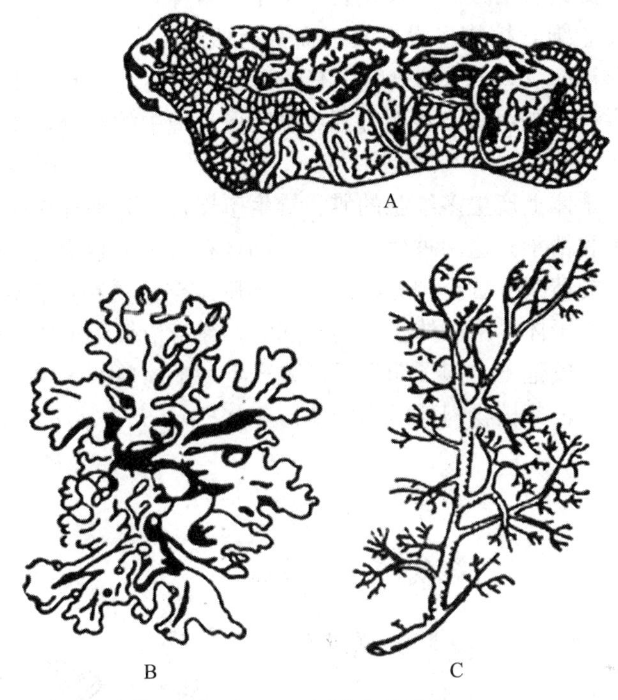

图 4－5 不同形态的地衣
A. 壳状地衣 B. 叶状地衣 C. 枝状地衣

地衣可进行营养繁殖，繁殖时叶状体断裂，或在体表形成一种粉末状的“粉芽”和“珊瑚芽”，它们脱离母体后再形成新个体。地衣也可进行有性生殖，以其共生的真菌独立进行，产生孢子后放出，在适宜的基质上，遇到一定的藻细胞便萌发为菌丝，二者反复分裂，便形成新的地衣。

地衣是多年生植物，对土壤、营养和水湿条件要求很低，能忍受长期的干旱和低温。地衣在岩石的表面生长后，对岩石风化、土壤形成有促进作用，是植被形成的先锋植物。有些地衣可药用，如松萝、石蕊等。有的地衣具有抗菌的作用，还有的可作饲料，如著名的滇金丝猴的主要食物就是地衣。地衣对 SO_2 气体反应敏感，可作为大气污染的监测指示植物。在工业上，地衣可制作化妆品、染料等。但地衣也可危害茶树、柑橘等植物。

（二）高等植物

高等植物较低等植物而言，具有如下主要特征：植物体结构复杂，具有根、茎、叶的分化；具有由多细胞组成的生殖器官；卵受精后先形成胚，再由胚形成新个体；生活史具有明显的世代交替（即有性世代和无性世代相互更迭的过程）；多为陆生；除苔藓植物外，都具有适应陆生环境的维管系统。高等植物包括苔藓植物门、蕨类植物门、裸子植物门和被子植物门。

1. 苔藓植物门 苔藓植物是高等植物中最简单、最低等的一类，大多数生活在水边和阴暗之处。它们属过渡性的陆生植物，由于没有维管组织，缺乏长距离输送物质和水分的能力，所以植物体矮小。植物体有假根和类似茎、叶的分化。现有的苔藓植物约有4 000种。我国约有2 100种，可分为苔纲、藓纲和角苔纲三个纲。

苔藓植物的生活史具有明显的世代交替。配子体自养，为小型多细胞绿色组织，体内无维管组织分化，属非维管植物，没有真根而只有假根，有的是叶状体的形态，如地钱（*Marchantia polymorpha* L.）（图4-6）。有的具有类似茎、叶的分化，称作茎叶体或拟茎叶体，但是基本没有保护组织，各部分都可以吸取环境中的水分，也没有形成输导组织和机械组织。

有性生殖时，配子体上产生多细胞的雌、雄生殖器官，分别称作颈卵器和精子器，其内部分别产生卵细胞和精子。这两种生殖器官，都具有由多细胞构成的外壁。精子上有鞭毛，能游动，在有水的情况下游至颈卵器内与卵细胞结合。受精卵在颈卵器中发育成胚，由胚再发育成小型的孢子体。孢子体生活的时间短，终身依赖配子体生活。孢子体中孢子母细胞通过减数分裂形成孢子，孢子萌发后，先产生一个简单的丝状体，称作原丝体，原丝体上再产生配子体。苔藓植物门藓纲中的葫芦藓（*Funaria hygrometrica* Hedw.）是常见的藓类植物（图4-7）。

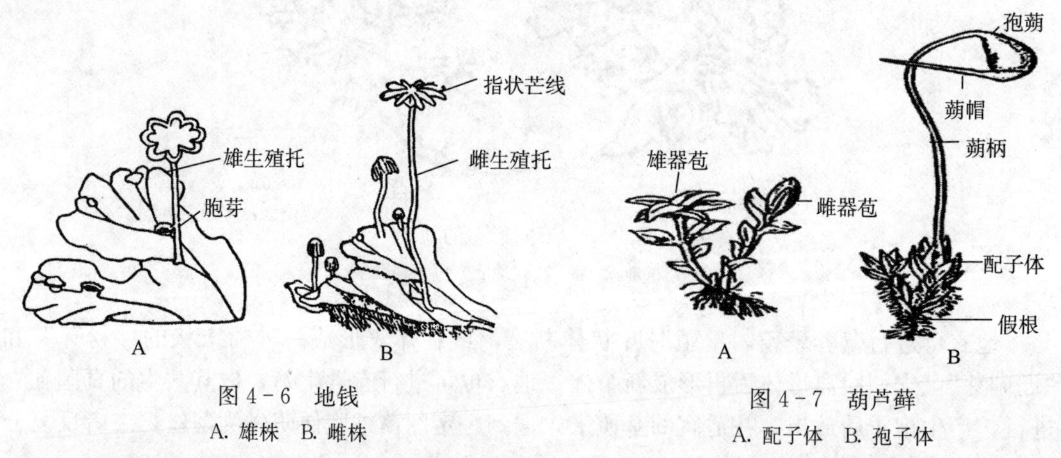

图4-6 地钱
A. 雄株 B. 雌株

图4-7 葫芦藓
A. 配子体 B. 孢子体

2. 蕨类植物门 蕨类植物门是高等植物的一大类群，也是高等植物中较低级的一类。现有12 000种，我国约有2 600种，一般为陆生。有根、茎、叶的分化，并有维管系统，既是高等的孢子植物，又是原始的维管植物。配子体和孢子体皆能独立生活，而且孢子体占优势。我们经常见到的蕨类植物都是孢子体，并有明显的世代交替。配子体产生颈卵器和精子器；孢子体产生孢子束。蕨类可分五纲：裸蕨纲、石松纲、真蕨纲、楔叶纲、水韭纲。

蕨类植物是高等植物中比较原始的一大类群，也是最早的陆生植物。这种植物是生长在山野的草本，有着顽强而旺盛的生命力，遍布于全世界温带和热带。蕨类植物曾是地球上十分繁茂的植物类群，在地质大变动的时代有许多被埋入地下，经过长期的演变转变为煤炭。直至今日，蕨类植物仍然是森林植被的重要组成部分，不少种类可以作为土壤指示植物。蕨类植物对植被环境的形成、水土保持和生态平衡具有重要作用。

3. 裸子植物门 裸子植物是介于蕨类和被子植物之间的一群维管植物。裸子植物的孢子体很发达。均为木本，而且多为常绿乔木。叶多为针形、条形、线形、鳞形；解剖构造为茎中维管束排成环状，具有形成层和次生结构。木质部中无导管和纤维而只有管胞，韧皮部中只有筛胞而无筛管和伴胞。主根发达。裸子植物无子房构造，胚珠裸露，生在大孢子叶上，因而种子也裸露，不形成果实，故名裸子植物。

裸子植物出现于古生代，中生代最为繁盛，后来由于地史的变化，逐渐衰退。现裸子植物约有 800 种，隶属 5 纲，即苏铁纲、银杏纲、松柏纲、红豆杉纲和买麻藤纲。常见的裸子植物见图 4-8。

图 4-8 常见的裸子植物

A. 苏铁（雌株） B. 苏铁（雄株） C. 银杏（叶） D. 银杏（果） E. 银杏（花枝） F. 银杏（整株）

裸子植物干直枝少，木材坚硬，大多为重要用材树种以及生产纤维、树脂、单宁等的重要原料。麻黄、银杏种子可药用；红松、香榧的种子可食用；圆柏、侧柏、南洋杉、雪松等因树型优美，叶常青，可作园林绿化观赏树种。银杏、水杉为中生代孑遗的、我国特有的活化石树种。

4. 被子植物门 被子植物是植物界最高级的一类，是地球上最完善、出现得最晚的植物。自新生代以来，它们在地球上占绝对优势。现已知被子植物共 1 万多属，20 多万种，占植物界的一半，中国有 2 700 多属，3 万余种。被子植物能有如此众多的种类，有极其广泛的适应性，这和它的结构复杂化、完善化分不开，特别是繁殖器官的结构和生殖过程的特点，提供了它适应、抵御各种环境的内在条件，使它在生存竞争、自然选择的矛盾斗争过程中不断产生新的变异，产生新的物种。其主要特征如下。

（1）被子植物最显著的特征是具有真正的花，由花被（花萼、花冠）、雄蕊群和雌蕊群等部分组成。雄蕊是由小孢子叶转化而来，分化为花丝和花药两部分。雌蕊是大孢子叶特化为子房、花柱和柱头，是花中最重要的部分。

（2）被子植物的胚珠包藏在心皮构成的子房内，经受精作用后，子房形成果实，种子又包被在果皮之内。果实的形成使种子不但受到特殊保护，免遭外界不良环境的伤害，而且有利于种子的散布。

（3）被子植物的孢子体（植物体）高度发达，在它们的生活史中占绝对优势，木质部是由导管分子所组成，并伴随有木纤维，使水分运输畅通无阻。

（4）被子植物的配子体进一步简化。被子植物的配子体达到了最简单的程度。小孢子即单核花粉粒发育成的雄配子体只有2个细胞或者3个细胞。大孢子发育为成熟的雌配子体，称作胚囊，胚囊通常只有7个细胞：3个反足细胞、1个中央细胞（包括2个极核）、2个助细胞、1个卵细胞。颈卵器消失。可见，被子植物的雌、雄配子体均无独立生活能力，终生寄生在孢子体上，结构上比裸子植物更加简化。

（5）出现双受精现象和新型胚乳。被子植物生殖时，一个精子与卵结合发育成胚（$2n$），另一个精子与两个极核结合形成三倍体的胚乳（$3n$）。所以不仅胚融合了双亲的遗传物质，胚乳也具有双亲的特性，这与裸子植物的胚乳直接由雌配子体（n）发育而来不同。

裸子植物和被子植物总称作种子植物，两者共同的特征是能够产生种子，以度过不良环境，这有利于物种的繁衍，所以种子植物得以在当今植物界中占优势，是全球植被最主要的组成部分。

三、被子植物的主要分科简介

我国已知的被子植物有3万余种，可分为双子叶植物纲和单子叶植物纲。

（一）双子叶植物纲

双子叶植物种子的胚具有2枚子叶，茎内的维管束在横切面上常排列成圆环形，有形成层和次生组织，叶脉常为网状脉，花多以5或4为基数，一般主根发达，为直根系。

1. 木兰科（Magnoliaceae）

形态特征：落叶或常绿乔木或灌木。茎、叶含油细胞。单叶互生，全缘，罕分裂，托叶大，包被幼芽，脱落后常留有明显的环形托叶痕。花常两性，单独顶生或腋生，辐射对称；萼片与花瓣常相似，多数，离生，排成数轮；雄蕊多数，离生，螺旋状排列在柱状花托的下部；雌蕊有多数离生心皮，螺旋状排列在柱状花托的上部，子房1室，含1至多数胚珠。果实多为聚合蓇葖果，稀为蒴果或翅果。种子具胚乳。

识别要点：木本，具油细胞。萼片、花瓣不分，雄、雌蕊多数，螺旋状排列于柱状的花托上，花托于果时延长。果为聚合蓇葖果。

本科是双子叶植物中最原始的科。其原始性状有木本；花两性，萼片、花瓣不分；雄蕊和心皮多数，螺旋状排列于柱状花托上；种子有丰富的胚乳。

本科约有15属250多种，主要分布于热带和亚热带。我国有12属130种。

2. 毛茛科（Ranunculaceae）

形态特征：一年生或多年生草本，稀攀缘藤本。叶基生或互生，稀对生，叶为单叶分裂（常为三数）或羽状复叶，托叶不发达或无。花两性，少单性，辐射对称或两侧对称；萼片5至多数；花瓣5至多数或退化。雄蕊多数；心皮多数，离生或一部分合生；子房1室，胚珠1至多个。果为瘦果或蓇葖果，少为浆果或蒴果。

识别要点：草本，叶分裂或复叶。萼片、花瓣各 5 枚，或无花瓣，萼片花瓣状；雌、雄蕊多数，离生。果为瘦果或蓇葖果。

本科与木兰科相似，具两性花，花各部多数、离生，呈螺旋状排列等。双子叶草本植物即由本科保留了草本性质演化而来。与木兰科是两个平行发展的科。

毛茛科植物含有各种生物碱，不少种类为药用或有毒植物。花大，色泽艳丽，因而有些为观赏植物。

本科有 40 余属 1 500 多种，主产于北温带。我国有 36 属 600 多种。

3. 十字花科（Brassicaceae）

形态特征：一年生、二年生或多年生草本。单叶互生，基生叶常呈莲座状，无托叶，全缘或羽状深裂。花两性，辐射对称，常排成总状花序；萼片、花瓣各为 4 枚，花冠“十”字形；雄蕊 6 枚，4 长 2 短，为四强雄蕊；雌蕊由 2 心皮组成，被假隔膜分成 2 室，侧膜胎座，子房上位。果实为角果。种子无胚乳。

识别要点：总状花序，“十”字形花冠，四强雄蕊，角果，侧膜胎座，具假隔膜。

本科有 375 属 3 000 种，分布于世界各地。我国有 96 属 411 种，全国分布。

4. 石竹科（Caryophyllaceae）

形态特征：草本，茎节部膨大。单叶全缘、对生，常在基部连成一横线。花两性，辐射对称，多为聚伞花序；萼片 4～5 枚，宿存、分离或合生；花瓣 4～5 枚，分离；雄蕊 2 轮，8～10 枚，花粉球形；雌蕊 2～5 心皮，子房上位，1 室，特立中央胎座（稀基生或中轴胎座）。蒴果，顶端齿裂。胚珠多数或为 1 个，种子内无胚乳，胚弯生。

识别要点：节膨大，叶对生，基部连成一条线；雄蕊为花瓣的 2 倍；特立中央胎座；蒴果。

本科有 55 属 1 300 种，分布全球，尤以北温带最多。我国有 32 属 367 种，全国均有分布。有的供观赏，有的药用，也有的是田间杂草。

5. 蓼科（Polygonaceae）

形态特征：草本，稀木本。茎的节部常膨大，单叶互生，全缘；托叶膜质鞘状，抱茎，花两性，稀单性；花序穗状或圆锥状。花小，整齐；花被片 3～6 枚，常排成 2 轮，分离或合生，花瓣状，宿存；雄蕊 3～6 枚，有时 9 枚，与花被片对生；雌蕊由 2～3 心皮组成，子房上位，1 室，花柱 2～3 裂，分离或下部连合。果实为瘦果或坚果，两面凸起或三棱形，一部分或全部包于宿存的花被内。种子有胚乳。

识别要点：具膜质托叶鞘，花被不分化。茎节部膨大。基底胎座，瘦果或坚果。

6. 苋科（Amaranthaceae）

形态特征：一年生或多年生草本，有时为小灌木或攀缘植物。单叶互生或对生，无托叶。花小，两性或单性，单被，辐射对称，常密集簇生，萼片 3～5 枚，干膜质。雄蕊 1～5 枚，与萼片对生，基部连合成管。子房上位，由 2～3 心皮组成，1 室，胚珠 1 个，稀多数，花柱 2～3 裂。果为胞果。

识别要点：草本。无托叶。花小，单被，萼片膜质，雄蕊与之对生。胞果常盖裂。

本科约有 65 属 850 种，分布于热带和温带。我国有 13 属 50 种，南北均有。

7. 葫芦科（Cucurbitaceae）

形态特征：一年生或多年生草质藤本，植株被毛，粗糙，常有卷须。单叶，互生，常掌状分裂。花单性，同株或异株；萼片、花瓣5枚，合瓣或离瓣；雄蕊5枚，常两两连合，一枚单独，成为3组，或完全连合；花药常折叠弯曲成S形；雌蕊3心皮合成，子房下位。瓠果。

识别要点：具卷须的草质藤本。叶掌状分裂。花单性，花药折叠，子房下位，侧膜胎座，瓠果。

本科约有90属700种，大部分产于热带地区。我国有22属100多种，主要分布于南北各地。

8. 椴树科（Tiliaceae）

形态特征：木本，稀草本，具星状毛，茎皮富含纤维。单叶互生，偶对生，基部常具小裂片或偏斜，有托叶，且往往早落，脉多三出。花两性，整齐，聚伞或圆锥花序，有时花序柄与舌状苞叶合生；萼片5枚，镊合状排列，花瓣5枚；雄蕊多数，分离或连合成束，有时有花瓣状的假雄蕊；上位子房，2～10室。蒴果、核果状果或浆果。种子有胚乳。

识别要点：叶基部常具小裂片或偏斜。萼片、花瓣各5枚，雄蕊多数；花序柄可与苞叶合生。蒴果、核果状果或浆果。

本科约35属400多种，主要分布在热带和亚热带。我国有8属80多种。

9. 锦葵科（Malvaceae）

形态特征：草本或木本，常被星状毛或鳞片状毛。单叶互生，全缘或浅裂，有托叶。花两性，辐射对称，萼片5枚，常有副萼（苞片）形成的总苞；花瓣5枚，旋转状排列；雄蕊多数，花丝连合成单体雄蕊，花药1室纵裂，花粉球形，大而被刺；上位子房，2至多室，彼此连合，花柱上部分枝，每室有1至多数倒生胚珠；果实为蒴果或分果。

识别要点：单叶。单体雄蕊，花药1室。蒴果或分果。

本科约50属1 000多种，分布于温带和热带。我国有15属80多种。本科中许多种类是著名的纤维作物，如棉花、苘麻等，亦有极具观赏价值的花卉植物。

10. 大戟科（Euphorbiaceae）

形态特征：草本、灌木或乔木，多含乳汁。单叶互生，少复叶，常有托叶，叶基部常有腺体。花单性，同株，稀异株。常有聚伞花序或杯状聚伞花序。萼片3～5枚，常无花瓣，有花盘或腺体。雄蕊1至多数；雌蕊由3心皮合成，子房上位，3室。果为蒴果，稀核果。种子具胚乳。

识别要点：常具乳汁。单叶互生，基部常有2个腺体。花单性，子房上位，3心皮，3室，中轴胎座，种子有种阜。蒴果。

本科约300属8 000种，广布世界各地，主产于热带。我国有60属364种，主产于长江流域以南各省。

11. 蔷薇科（Rosaceae）

形态特征：灌木、乔木或草本，有刺或无刺。单叶或复叶，多互生，常有托叶。花两性，偶单性（如假升麻属 *Aruncus*），辐射对称；单生或排成伞房、圆锥花序；花托有各种类型，有的突起成圆锥形，有的下陷成壶状、杯状或盘状，有的扩大成肉质，有的不显著；花萼基部多与花托愈合成蝶状或坛状萼管，有的有副萼；萼片与花瓣常5枚，覆瓦状排列；雄蕊5至多数，着生于花托或萼管的边缘；雌蕊1至多心皮，离生或合生。果实有核果、梨果、瘦果和蓇葖果。

识别要点：有托叶。花为5基数。雄蕊多数，心皮合生或离生，子房上位或下位。核果、梨果、瘦果或蓇葖果，少有蒴果。

本科是一个大科，有4个亚科，约124属3 300多种，广布世界各地，主产于北温带。我国有55属1 000种，分布于全国各地。

12. 杨柳科（Salicaceae）

形态特征：乔木或灌木。单叶互生，有托叶。花单性异株，柔荑花序；常于初春先叶开放；每花有一苞片，无花被，有花盘或腺体；雄蕊2至多数；雌蕊由2心皮组成，子房1室，上位，侧膜胎座，花柱2～4裂。蒴果2～4瓣裂，种子小，多数，基部有长毛。

识别要点：木本。单叶互生，有托叶，柔荑花序，花单性，无花被，雌雄异株；有花盘或腺体。蒴果。种子小，基部有丝状长毛。

本科3属约540种，分布于北温带和亚热带。我国有3属80种。多为速生用材树种和绿化用树种。

13. 壳斗科（Fagaceae）

形态特征：落叶或常绿乔木或灌木。单叶互生；托叶早落。花单性，雌雄同株；雄花为柔荑花序或头状花序，花萼4～8裂，雄蕊4～20裂；下位子房，3～7室，每室有胚珠1～2个，仅有1个发育；花柱3～7个。坚果部分或全部包藏于一个有鳞片（或刺）的碗状或封闭的总苞中。

识别要点：木本。单叶互生。花单性，雌雄同株。雄花为柔荑花序或头状花序，雌花单生或簇生。坚果位于壳斗中。

本科约有8属9 000种，主要分布于热带及北半球亚热带。我国有6属300种，分布于全国。

14. 桑科（Moraceae）

形态特征：木本。常有乳汁，具钟乳体，叶互生，托叶明显、早落。花小、单性，雌雄同株或异株；聚伞花序常集成头状、穗状、圆锥状花序；花单被；雄花萼4裂，雄蕊4枚；雌花萼4裂，雌蕊由2心皮连合；子房上位，1室，花柱1～2个。坚果或核果，有时被宿存萼所包被，并在花序中集合成聚花果，如桑葚、构果、榕果等。

识别要点：木本，常有乳汁。单叶互生。花小，单性，集成各种花序，单被花，4基数。坚果、核果集合为各式聚花果。

本科约40属1 000种，主要分布在热带、亚热带。我国有16属160余种，主产于长江流域以南各省。

15. 大麻科（Cannabaceae）

形态特征：直立或缠绕草本。单叶互生或对生，常掌状分裂。单性异株，雄花有柄，排成圆锥花序；雌花无柄，有显著的苞片，集生成头状或穗状花序。雄花萼片5裂，雄蕊5枚；雌花萼膜质，紧包子房，子房1室，有一下垂胚珠。瘦果，包于宿存萼内。

识别要点：草本。单叶掌状分裂。单性异株。雄花萼5深裂，雄蕊5枚；雌花萼膜质，紧包子房。果为瘦果。

本科只有2属3种，分布于北温带，我国东北均产。

16. 鼠李科（Rhamnaceae）

形态特征：乔木或灌木，直立或攀缘状，稀草本。常有刺。单叶，通常互生，托叶小，脱落。花小，辐射对称，两性，少数单性，成聚伞、穗状、伞形、总状或圆锥花序；萼4～5裂，花瓣4～5枚或无；雄蕊4～5枚，与花瓣对生，花盘肉质，子房上位或一部分在花盘内，2～4室，每室有1个胚珠，花柱2～4裂。果为蒴果或核果。

识别要点：通常为木本，有刺。单叶；花两性，花瓣4～5枚或无，雄蕊与花瓣对生，有花盘，子房上位。蒴果或核果。

本科约58属900种，广布全球。我国有15属约135种，南北均产。

17. 葡萄科（Vitaceae）

形态特征：藤本，常具与叶对生的卷须，稀为直立灌木。叶互生，单叶或复叶，有托叶。花小，两性或单性，通常为聚伞花序或圆锥花序。萼片4～5枚，分离或基部连合；花瓣与萼片同数，分离或有时帽状黏合而整体脱落；花盘杯状或分裂；雄蕊4～5枚，与花瓣对生；上位子房，2至多室，每室有胚珠2个。果实为浆果。

识别要点：藤本，卷须与叶对生。花瓣及萼片4～5枚，有花盘，子房上位，2至多室。浆果。

本科约12属700种，多分布于热带和温带地区。我国有7属约109种，南北均产。

18. 胡桃科（Juglandaceae）

形态特征：落叶乔木，稀灌木。奇数羽状复叶，互生，无托叶，常具片状髓。花单性，雌雄同株；雄花为柔荑花序，雄蕊3至多枚，雄花被与苞片合生；雌花单生或成总状、穗状花序，雌花被裂片3～5枚，与子房合生，雌蕊由2心皮合生，子房下位，1室，1胚珠。果实为核果或坚果，种子无胚乳。

识别要点：木本，奇数羽状复叶。花单性，雄花为柔荑花序。核果或坚果。常具片状髓。

本科有8属约60种，分布于北温带及亚洲的热带地区。我国有7属约27种，南北各省均有分布。

19. 伞形科（Apiaceae）

形态特征：草本，茎常中空，有纵棱，常含有挥发油而有香气。叶互生，大部分为复叶，叶柄基部膨大成鞘状，抱茎。伞形或复伞形花序，常有总苞；花小，两性，辐射对称，萼微小或缺。花瓣5枚；雄蕊5枚，着生于上位花盘的周围，雌蕊由2心皮组成，子房下位，2室。果实为双悬果。种子胚乳丰富，胚小。

识别要点：草本。茎常中空。叶柄基部成鞘状抱茎。伞形或复伞形花序。双悬果。

本科约250属2 000种，多产于北温带。我国有57属500种。

20. 菊科（Asteraceae）

形态特征：多数草本，稀灌木或乔木。有的具乳汁或具芳香油。单叶，无复叶，互生，稀对生或轮生，全缘、具齿或分裂，无托叶。花两性或单性，少有中性；头状花序，花序外被1至多列叶状总苞片围绕；头状花序中有的全为管状花或舌状花，亦有的中央为管状花，外围的边花为舌状花；萼片退化成冠毛或鳞片状；雄蕊5枚，花药连合成聚药雄蕊，花丝分离；雌蕊由2心皮合生，子房下位，1室，柱头2裂。果实为瘦果。种子无胚乳。

识别要点：头状花序，聚药雄蕊。瘦果顶端常有冠毛或鳞片。

菊科是被子植物中最大的一个科，约1 000属25 000～30 000种，广布于世界各地，主产于北温带。我国有230属2 300多种，分布于全国各地。

21. 茄科（Solanaceae）

形态特征：草本或灌木，稀乔木。单叶互生，无托叶。花两性，常辐射对称，单生、簇生或组成聚伞花序；花萼常5裂，果时常增大，宿存；花冠常5裂，下部合生成钟状、轮状或漏斗状；雄蕊5枚，着生在花冠筒基部，与花冠裂片互生，花药2室，纵裂或孔裂；雌蕊由2心皮合生，子房上位，2室或由假隔膜分成多室，中轴胎座，每室含多数胚珠。果实为浆果或蒴果。

识别要点：花萼宿存。花冠轮状、钟状或漏斗状。雄蕊5枚，生于花冠筒基部，与花冠裂片互生，花药常黏合和孔裂。

本科有85属2 500种，主要分布于热带及温带。我国有26属约107种，各地均有分布。

22. 唇形科（Lamiaceae）

形态特征：草本，稀灌木，茎四棱形，常含有芳香性挥发油。单叶对生或轮生。花轮生于叶腋，形成轮伞花序，常再组成穗状或总状花序。花两性；花萼4～5裂或二唇裂，宿存；花冠唇形，上唇2裂，下唇3裂；雄蕊4枚，2长2短，二强雄蕊，或退化成2枚，生于花冠管上；雌蕊由2心皮组成，裂为4室，每室1个胚珠，子房上位，花柱1枚，插生于分裂子房基部。果实为4枚小坚果。

识别要点：茎四棱形，单叶对生或轮生，唇形花冠，二强雄蕊，4枚小坚果。

本科约有220属3 500种，分布于世界各地。我国有99属800余种。

本科植物几乎都含有芳香油，可提取香精，其中有许多著名的药材和香料。

（二）单子叶植物纲

1. 泽泻科（Alismataceae）

形态特征：水生或沼生草本，有根状茎。叶常基生，基部有开裂的鞘，叶形变化很大。花两性或单性，辐射对称；常轮生于花茎上；总状或圆锥状花序；萼片3枚，绿色，宿存；花瓣3枚，脱落；雄蕊6至多数，稀3枚，分离；子房上位，1室，果为聚合瘦果。

识别要点：水生或沼生草本，叶常基生，花在花轴上轮状排列，雌、雄蕊均6至多数，果为聚合瘦果。

本科约有13属90种，分布于全球。我国有5属13种，分布于全国。

2. 百合科（Liliaceae）

形态特征：多年生草本，具根茎、鳞茎或球茎。茎直立或攀缘状。单叶互生，少数对生或轮生，或常基生，有时退化为膜质鳞片，以枝行使叶的作用。花单生或排成总状、穗状、圆锥状或伞形花序，少数为聚伞花序；花两性，辐射对称，少有单性者；花被片花瓣状，6枚，排成2轮；雄蕊通常6枚，与花被片对生；雌蕊常由3心皮组成，子房上位，3室。蒴果或浆果。

识别要点：草本，具鳞茎、根茎或球茎。花被片6枚，花瓣状，排列成2轮；雄蕊6枚，与花被片对生；子房3室。蒴果或浆果。

本科约有175属2 000种，广布于全球。我国有54属334种，分布于全国。

百合科是单子叶植物纲中的一个大科，有的系统将百合科分为若干个不同的科或把一部分植物归入其他的科。

3. 莎草科（Cyperaceae）

形态特征：多年生草本，稀为一年生草本。常具根状茎，少有块茎或球茎。茎常三棱形，少圆柱形，实心，花序以下不分枝。叶常3列，狭长，有时退化为仅有叶鞘，叶鞘闭合。花小，两性，少有单性；雌雄同株或异株，排列成很小的穗状花序，称作小穗；1朵花具1苞片，称作鳞片或颖片；花被完全退化，或为鳞片状、刚毛状、毛状，少有花瓣状；有时雌花为囊苞所包被；雄蕊1～3枚，通常为3枚；雌蕊1个，子房上位，柱头2～3裂。果为小坚果。

识别要点：茎常三棱形，实心。叶常3列，或仅有叶鞘，叶鞘闭合。小穗组成各种花序。小坚果。

本科约有800属4 000余种，广布于世界各地。我国有31属670种，分布于全国各地。

4. 禾本科（Poaceae）

形态特征：一年生、二年生或多年生草本，少有木本（竹类）。通常具有根状茎，地上茎称作秆，常于基部分枝，节明显，节间常中空。单叶互生，排成2列；叶鞘包围茎秆，边缘常分离而覆盖，少有闭合；叶舌膜质，或退化为一圈毛状物；叶耳位于叶片基部的两侧或缺；叶片常狭长，叶脉平行。花两性，稀单性，由1至多朵花组成穗状花序，称作小穗；由许多小穗再排成穗状、总状、圆锥状等花序。小穗由1至数朵小花和两个颖片组成；每小花基部有外稃与内稃，外稃常有芒，相当于苞片，内稃无芒，相当于小苞片，外稃的内方有两个退化为半透明的肉质鳞片，称作浆片；雄蕊3枚，稀1、2或6枚；雌蕊由2心皮组成，上位子房，1室1胚珠，花柱2枚，柱头常为羽毛状。果实多为颖果。

识别要点：秆常圆柱形，有节，节间常中空。叶2列，叶鞘边缘常分离而覆盖。由小穗组成各种花序。颖果。

本科是被子植物中大科之一，约有660属近10 000种，广布于世界各地。我国有225属1 200种，分布于全国。

5. 兰科（Orchidaceae）

形态特征：多年生草本，陆生、附生或腐生。陆生及腐生的常有根状茎或块茎，附生的常具假鳞茎以及气生根。单叶互生，2列，稀对生或轮生，基部常有鞘。花两性，两侧对称；单生或排成总状、穗状、伞形或圆锥花序；花被片6枚，排成2轮；外轮3枚萼状或呈花瓣状，位于中央的（上方的）1枚称作中萼片，下方两侧的2枚称作侧萼片；内轮3枚，两侧的呈花瓣状，中央1枚称作唇瓣，常特化成各种形状；雄蕊与花柱合生，称作合蕊柱，合蕊柱半圆柱形，与唇瓣对生，雄蕊通常1枚，生于合蕊柱顶端，稀具2枚，生于合蕊柱两侧；花药2室，具由花粉粒黏结成的花粉块2～8个；子房下位，1室，侧膜胎座，稀3室而具中轴胎座；胚珠倒生，多数；蒴果，种子细小，无胚乳。

识别要点：陆生、附生或腐生草本。叶互生，稀对生或轮生。花两性，两侧对称，形成唇瓣；雄蕊和花柱连合成合蕊柱；花粉黏合成花粉块；子房下位，1室，侧膜胎座。蒴果，种子细小，无胚乳。

实验实训

实训一 检索表的编制与使用方法

检索表是识别和鉴定植物的常用工具，检索表的编制原理是基于对植物形态特征的比较，按照划分科、属、种的标准和特征，选择一对明显不同的特征，将植物分为两类，然后在每类中再根据其他相对应的特征作同样的划分，如此下去，直至最后分出科、属、种。例如，我们可以首先把植物分成木本和草本两大类，然后再根据叶的类型、雄蕊的特点或子房的位置等，依次把植物分成若干互不相容的两类，如此反复编制下去，直到把所有植物都归入不同的分类等级中。

（一）实训目标

1. 了解植物检索表的类型和用途。
2. 学习使用和编制植物检索表。

（二）实训内容

1. 根据教科书中有关检索表的介绍，参考其他常用的工具书，了解植物检索表的常见类型和式样。
2. 运用检索表鉴定 2～3 种植物，掌握使用检索表的基本方法。
3. 编制 10 种不同植物的检索表。

（三）实训步骤

1. 植物检索表的使用 检索表有两种常见的形式，即定距（二歧）检索表和平行检索表。在定距检索表中，相对应的特征编为同样号码，并书写在距书页左边同样距离处，下一项特征比上一项特征向右缩进一定距离，如此下去，直到出现科、属、种。在平行检索表中，每一对相对的特征紧紧相接，便于比较，每一行描述之后为一学名或数字，如是数字，则另起一行。

在使用植物检索表时，首先要能用科学规范的形态术语对待鉴定植物的形态特征进行准确描述，然后根据待鉴定植物的特点，对照检索表中所列的特征，一项一项逐次检索，首先鉴定出该种植物所属的科，再用该科的分属检索表查出其所属的属，最后利用该属的分种检索表检索确定其为哪一种植物。

注意：

（1）待鉴定植物要尽可能完整，不仅要有茎、叶部分，最好还要有花和果实，特别是花的特征对准确鉴定尤其重要。

（2）在鉴定时，要根据看到的特征，从头按次序逐项检索，不允许跳过某一项而去查另一项，并且在确定待查标本属于某个特征两个对应状态中的哪一类时，最好把两个对应状态的描述都看一看，然后再根据待查标本的特点，确定属于哪一类，以免发生错误。从指导教师处取 2～3 种植物材料，按照上述要求进行鉴定，确定其为何种植物。

2. 植物检索表的编制 在学会使用检索表后，从指导教师处取 10 种植物材料，编制一个用以区分这 10 种植物的检索表，在编制检索表之前，可用列表的方式对这 10 种植物的主要形态特征做比较，然后根据比较结果，确定各级检索性状，编制检索表。

在编制过程中要注意：

（1）在检索表中只能有两种性状状态相对应，而不能有三种或更多种并列。

（2）最好选择那些性状本身比较稳定、不同类群之间又有明显间断的性状作为检索性状，避免使用诸如叶的大小这类不稳定、不同类群之间主要表现为数量差异的性状。

（3）对性状状态进行描述时，要把器官名称放在前面，把表示性状状态的形容词或数字放在器官名称的后面。比如，描写花的颜色要写成“花白色”，而不是“白花”；描写雄蕊的数目要写成“雄蕊5”，而不是“5枚雄蕊”。要尽可能正确使用专业术语。

（四）实训报告

在校园中选取10种常绿植物，并将这10种植物编成一个分种检索表。

实训二　植物标本的采集技术

（一）实训目的

通过本实验，掌握野外植物标本的采集方法。

（二）实训材料与用品

不同种子植物、标本夹、吸水纸、采集袋、枝剪、高枝剪、台纸、铅笔、小刀、镊子、采集记录表、采集号牌、剪刀等。

（三）实训方法与步骤

种子植物的野外观察、采集与记录。

1. 野外观察　我们在野外观察种子植物时，要了解它们的形态特征和所处的环境，以及它们与环境之间的相互关系。

在野外观察一种植物时，可以从以下几方面入手。

（1）了解植物所处的环境。植物生长地的环境包括地形、坡度、坡向、光照、水湿状况、同生植物以及动物的活动情况等。尽量做到观察全面细致。

（2）植物习性。野外观察时要看该种植物是草本还是木本。如果是草本，是一年生、二年生还是多年生，是直立草本还是草质藤本；如果是木本，是乔木还是灌木或半灌木，是常绿植物还是落叶植物。同时要注意它们是肉质植物还是非肉质植物，是陆生植物、水生植物还是湿生植物，是自养植物还是寄生或附生植物、腐生植物。同时还要注意看它是直立还是斜依、平卧、匍匐、攀缘、缠绕。

（3）典型的种子植物包括根、茎、叶、花、果实和种子六部分。我们在观察植物各部分时要养成开始于根、结束于花和果的良好习惯，应先用肉眼观察，然后再用放大镜帮助观察，要注意植物各部分所处的位置，它们的形态、大小、质地、颜色、气味，其上有无附属物以及附属物的特征，折断后有无浆汁流出等，尽量做到观察全面细致。特别是花、果，它们是高等植物分类的基础，对于花的观察要从花柄开始，然后是花萼、花瓣和雄蕊，直到柱头的顶部，一步一步、从外向内进行观察。

观察根、茎、叶、花、果实时要注意以下几方面。

①根。观察根时要注意是直根系还是须根系，是块根还是肉质根，是气生根还是寄生根。

②茎。观察茎时要注意是圆茎、方茎、三棱形茎还是多棱形茎，是实心还是空心，茎的节和节间是否明显，匍匐茎还是平卧茎、直立茎、攀缘茎、缠绕茎。是否具根状茎或具块茎、鳞茎、球茎、肉质茎。

③叶。观察叶要注意是单叶还是复叶。复叶是奇数羽状复叶、偶数羽状复叶、二回偶数羽状复叶还是掌状复叶，是单身复叶还是三出掌状复叶、三出羽状复叶等。叶是对生、互生、轮生、簇生还是基生。叶脉是羽状网脉、掌状网脉、直出平行脉、弧形平行脉、侧出平行脉还是射出脉。叶的形状怎样（如圆形、心形等），叶基的形状怎样，叶尖的形状怎样，叶缘、托叶怎样以及有无附属物等。要全面观察。

④花。观察花首先观察花是单生还是组成花序，花序是什么花序。然后观察花是两性花、单性花还是杂性花，如果是单性花则要看是雌雄同株还是异株。花被的观察看花萼与花瓣有无区别，是单被花还是双被花，是合瓣花还是离瓣花。雄蕊是由多少枚组成，排列怎样，是否合生，与花瓣的排列是互生还是对生，有无附属物或退化雄蕊，是单体雄蕊、四强雄蕊、二强雄蕊、二体雄蕊还是聚药雄蕊等都要观察清楚。对于雌蕊应观察心皮数目，合生还是离生，什么胎座、胚珠数、子房的形状，子房是上位还是下位、半下位。花柱、柱头等都要细致观察。

⑤果实。观察果实主要是分清果实所属的类型，其次是大小、附属物的有无、果实的形状。

以上所述是对种子植物观察的一般方法，对于木本和草本的特殊之处还需要注意下面（4）（5）两点。

（4）观察木本类型时，要注意树形（主要是决定树冠的形状）。由于树种不同，或同一树种由于年龄或所处的环境条件不同，树冠的形状也不相同，一般可分为圆锥形、圆柱形、卵圆形、阔卵形、圆球形、倒卵形、扁球形、伞形、茶杯形、不规则形等。观察树形能帮助我们识别树种。

树皮的颜色、厚度，是否平滑和开裂，开裂的深浅和形状等都是识别木本植物的特征。

树皮上的皮孔的形状、大小、颜色、数量及分布情况等，因树种不同亦有差异，可帮助我们识别树种。

同时，还要注意观察木本植物枝条的髓部，了解髓的有无、形状、颜色及质地等。

茎或枝上的叶痕形状，维管束痕（叶迹）的形状及数目，芽着生的位置或性质等，也是识别树种的依据。

（5）在观察草本植物时，要注意植物的地下部分，有些草本植物具地下茎，一般地下茎在外表上与地上茎不同，常与根混淆。在观察草本植物的地下部分时，要注意地下茎和根的特殊变化。

总的来说，在野外观察一种植物时，观察应从植物所处的环境到植物的个体，由个体的外部形态到内部结构，既要注意植物种的一般性、代表性，又要能处理个别的和特殊的特征。

2. 植物标本的采集 以往我们所用的植物标本（或腊叶标本）是由一株植物或植物的一部分经过压制干燥后制成的。将植物制成标本的目的是为了便于保管，以便今后学习、研究及对照之用。因此，我们在野外采集时，选材、压制及对植物的记录等应尽量符合要求和完备。

(1) 应该采什么样的标本，取决于采集的目的，对于学习、研究用的标本，一般来说，采集时应注意下列几点。

①我们选到一株植物需要采集时，首先要考虑需要哪一部分或哪一枝和要采多大最为理想，标本的尺度是以台纸的尺度为准，若植物体过小，而个体数又极稀少时，因种类奇特少见，就是标本小也要采。每种植物应采若干份，具体依植物种类的性质视野外情况和需要数量来决定。一般至少采两份，对于我们来说，一份可作学习观察之用，一份送交植物标本室保存，以便将来学习、研究之用；同时，采集时可多采些花，以作室内解剖观察之用。在采集复份标本时，必须采同种植物，采集草本植物复份标本时更要小心，否则不能当作复本。

②植物的花、果是目前种子植物在分类学上鉴定的依据，因此，采集时须选多花多果的枝来采，若一枝上仅有一花或数花时，可多采同株植物上一些短的花果枝，经干制后置于纸袋内，附在标本上，如果是雌雄异株植物，力求两者皆能采到，才能有利于鉴定。

③一份完整的标本，除有花、果外，还需有营养体部分，故要选择生长发育好的，最好是无病虫害的，有代表性的植物体部分作为标本。同时，标本上要具有二年生枝条，因为当年生枝尚未定型，变化较大，不易鉴别。

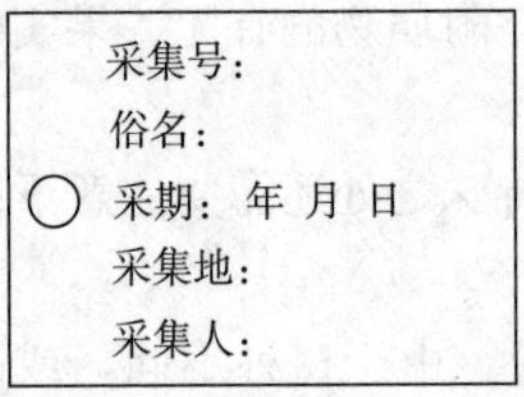

采集号：
俗名：
○ 采期：年 月 日
采集地：
采集人：

图 4-9 采集标牌式样
（“○”为穿线孔）

④采集草本植物时要采全株，要有地下部分的根状茎和根。若有鳞茎、块茎，必须采集，这样才能显示出该植物是多年生或一年生，才有助于鉴定。

⑤每采好一种植物标本后，应立即牢固地挂上号牌。号牌是用硬纸做成，长 3～5cm，宽 1.5～3cm，有的号牌上还印有填写的项目（图 4-9）。号牌必须用铅笔填写，其编号必须与采集记录表上的编号相同。

(2) 采集特殊植物的方法。

①棕榈类植物。棕榈类植物有大型的掌状叶和羽状复叶，可只采一部分（这一部分要恰好能容纳在台纸上），不过，必须把全株的高度、茎的粗度、叶的长度和宽度、裂片或小叶的数目、叶柄的长度等记在采集记录表上。叶柄上如有刺，也要取一小部分。棕榈类的花序也很大，不同种的花序着生的部位也不同，有生在顶端的，有生在叶腋的，有生在由叶基形成的叶鞘下面的。如果不能全部压制，也必须详细地记下花序的长度、宽度和着生部位。

②水生有花植物。水生有花植物有的种类有地下茎，有的种类叶柄和花柄随着水的深度增加而增长。因此，要采一段地下茎来观察叶柄和花柄着生的情况。另外，有的水生植物茎叶非常纤细、脆弱，一露出水面枝叶就会粘贴重叠，失去原来的形状，因此，最好成束地捞起来，用湿纸包好或装在布袋里带回来，放在盛有水的器具里，等它恢复原状后，将一张报纸放在浮水的标本下面，把标本轻轻地托出水面，连纸一起用干纸夹好压起来，压好后要勤换纸，直到把标本的水分吸干为止。

③寄生植物。高等植物中有很多是寄生植物，如列当、槲寄生、桑寄生等，采集这类植物的时候，必须连它所寄生的部分同时采下，并且要把寄主植物的种类、形状、同寄生植物的关系记录下来。

3. 野外记录 在野外采集时，要求每个同学必须记录。记录的方式有两种：一种为日记，另一种为填写已印好的表格。日记适用于观察记载，表格适用于采集记录。野外每采集一种植物标本需填写一份采集记录表。

同学们在填写采集记录表时，应注意下列几点。

(1) 填写时要认真负责，填写的内容要求正确、精简扼要。

(2) 记录表上的采集号必须与标本上挂的号牌的号码相同。

(3) 填写植物的根、茎、叶、花、果时，应尽量填写一些在经过压制干燥后易于失去的特征（如颜色、气味、是否肉质等）。

(4) 将填写好的表格按采集号的次序集中成册，不得遗失、污损。

（四）实训报告

在校园中采集 20 种以上常见的植物。

实训三　植物腊叶标本的制作技术

（一）实训目的

1. 掌握植物腊叶标本的压制和制作方法。

2. 掌握植物标本保存方法。

（二）实训材料与用品

各种植物标本、标本夹、吸水纸、乳白胶、标签纸、各种杀虫剂等。

（三）实训方法与步骤

1. 整理标本　把标本上多余的枝叶疏剪去一部分，以免遮盖花、果。较长的植株可以折成 N 形或 V 形再压。

2. 压制植物标本　在野外将植物标本采集好后，如果方便，可就地进行压制，亦可带回室内压制。若将标本带回压制，需注意不要使标本萎蔫卷缩（尤其是草本植物采集后不及时压制，时间稍长就会如此），否则会增加压制时的工作，亦会影响标本质量。

采到的标本要及时压制，对一般植物，采用干压法，就是把标本夹的两块夹板打开，有绳的一块平放作为底部，上面铺上 4～5 张吸水纸，放上一枝标本，盖上 2～3 张纸，再放上一枝标本（放标本时应注意要整齐平坦，不要把上、下两枝标本的顶端放在夹板的同一端；每枝标本都要有 1～2 片叶片背面朝上），等排列到一定的高度后（30～50cm），上面多放几张纸，放上另一块不带绳子的夹板，压标本的人轻轻地跨坐在夹板的一端，用底板的绳子绑住一端，绑的时候要略加一些压力，同时跨坐的一端用同样大的压力顺势压下去，使两端高低一致，然后用手按住夹板来绑另一端，将身体移开，改用一脚踏着，用余下的绳子将它绑好。

在压制中，标本的任何一部分都不要露出纸外，花、果比较大的标本，压制的时候常常因为突起而造成空隙，使一部分叶片卷缩起来，所以，在压这种标本的时候，要将吸水纸折好把空隙填平，让全部枝叶受到同样的压力。新压的标本，经过 0.5～1d 就要更换一次吸水纸，不然标本会腐烂发霉，换下来的湿纸必须晒干或烘干、烤干，以备下次换纸用。换纸时要特别注意把重压的枝条、折叠着的叶和花等小心地张开、整好，如果发现枝叶过密，可以疏剪去一部分。有些叶和花、果脱落了，要把它们装在纸袋里，保存起来，袋上写上原标本的号码。

标本压上以后，通常经过8～9d就会完全干燥，那时把一片叶片折起来就能折断，标本不再有初采时的新鲜颜色。

针叶树标本在压制中，针叶最容易脱落。为了防止发生这种现象，采来以后放在酒精、沸水或稀释过的热胶水溶液里浸一会儿。

多肉植物（如石蒜种、百合种、景天种、天南星科等）标本不容易干燥，通常要1个月以上，有的甚至在压制中还能继续生长。所以，采来以后必须先用沸水或药物处理一下，消灭它的生长能力，然后再压制，但花不能放在沸水里浸。

在压制一些肉质而多髓心的茎和肉质的地下块根、块茎、鳞茎，以及肉质而多汁的花、果时，可以将它们剖开，压其一部分，压的一部分必须具有代表性，同时要把它们的形状、颜色、大小、质地等详细地记录下来。

对于一些珍贵的植物及个别特殊植物，在采集时或压制处理前，除详细记录外，必要的时候可以拍照，以后可将照片附在标本上。

标本压制干燥后，要按照号码顺序把它们整理好，用一张纸把一个号码的正副两个标本隔开，再用一张纸把这个号码的标本夹套成一包，然后在纸包表面右下角写上标本的号码。每20包（可视压制者的意见）依号捆成一包。这样就可以贮存或者运送。

3. 植物标本的制作

（1）上台纸。已压干的植物标本，经消毒处理以后，根据原来登记的号码把标本一枝枝取出来，标本的背面要用毛笔薄薄地涂上一层乳白胶，然后贴在台纸上。台纸是由硬纸做的，长42cm，宽29cm，也可以稍有出入。如果标本比台纸大，可以修剪一下，但是顶部必须保留。每贴好十几份，就捆成一捆，选比较笨重的东西压上，让标本和台纸粘在一起，用重物压过以后取回来，放在玻璃板或木板上，然后在枝叶的主脉左右，顺着枝叶的方向，用小刀在台纸上各切一小长口，把口切好后，用镊子夹一个小白纸插入小长口里，拉紧，涂胶，贴在台纸背面。每一枝标本，最少要贴5～6个小纸条，有时候遇到多花多叶的标本，需要贴30～40个，有的标本枝条很粗，或者果实比较大，不容易贴紧，可以用线缝在台纸上，缝的线在台纸背面要整齐地排列，不要重叠起来，而且最后的线头要拉紧，有些植物标本的叶、花及果实等很容易脱落，要把脱落的叶、花、果实等装在牛皮纸袋内，并且把纸袋贴在标本台纸的左下角。有些珍稀标本，例如原始标本（模式标本）很难获得，应该在台纸上贴一张玻璃纸或透明纸，把标本保护好，防止磨损。

（2）登记和编号。标本上了台纸后，要把已抄好的野外记录表贴在左上角，要注明标本的学名、科名、采集人、采集地点、采集日期等。

每一份标本都要编上号码。野外记录本上、野外记录表上、卡片上、鉴定标签上的同一份标本的号码要相同。

（3）标本鉴定。根据标本、野外记录，认真查找工具书，核对标本的名称、分类地位等，如果已经鉴定好，就要填好鉴定标签并贴在台纸的右下角。

4. 植物标本的保存

（1）腊叶标本的保存。保存植物标本很重要，贮藏标本的地方必须干燥通风，在潮湿而昆虫多的地方，应特别注意。

植物标本容易受虫害（啮虫、甲虫、蛾等幼虫），对于这类虫害，一般用药剂来防除。①在上台纸前，要用升汞酒精溶液消毒。当然具体做法也不一样，有的人把标本浸在里面，有的人是用喷雾器往标本上喷，有的人用笔涂。用升汞消过毒的标本，台纸上要注明“涂毒”等字样。由于升汞水在空气中发散对人是有害的，使用的时候要注意。

②往标本柜里放焦油脑、樟脑丸等有恶臭的药品。

③用二硫化碳熏蒸，这种方法杀虫效果很好，但是时间一长，杀虫效力就消失，所以每次要熏两次才行。

④用氰酸钾消毒，使用这个方法时要把标本室通到室外，门窗的空隙也要用纸条封好，把标本柜的门打开，然后在盆里放上氰酸钾，盆上用铁架放一个分液漏斗，漏斗里盛稀硫酸。布置好以后，其余人退出，留一个人把漏斗的开关转开，然后也要立即退出，尽可能快地把门关紧上锁。经过24h后，在室外打开放气管，向外放散毒气，等毒气散清，就把门窗打开，经过24h，才能到标本室内工作。

⑤在标本橱里放萘粉。把萘粉用软纸包成若干小包（每包100～150g），分别放在标本橱的每个格里，这个方法简便，效果也很好。

（2）使用标本时应注意的事项。对标本尤其是原始标本一定要好好爱护，不让它曲折。在使用标本的时候，顺着次序翻阅以后，要按照相反的次序，一份一份地翻回，同时，看完了的标本尤其是原来收藏在标本橱里的标本，必须立刻放回原处。

阅览标本的时候，如果贴着的纸片脱落了，应该把它照旧贴好。

在查对标本的时候，不要轻易解剖标本。

（四）实训报告

在校园内外选取10种植物，将其制作成植物腊叶标本。

实训四　常见植物的识别与鉴定

（一）实训目标

通过观察不同植物的实物、腊叶标本或图片：

1. 熟悉植物的各种形态术语。

2. 掌握常见植物的主要识别特征。

（二）实训材料与用品

校园或实验基地的各种类型植物、放大镜、刀片、剪枝剪、镊子、照相机、笔记本、笔、检索表及相关工具书。

（三）实训方法与步骤

1. 现场观察与描述　老师在校园进行现场讲解，学生边听边记录下各种植物名称和特性，还要安排学生负责拍摄记录植物的形态和采集植物。老师讲解完后，让学生辨认采集到的植物，加深记忆。

2. 室内观察与描述　剪取校园中5种以上常见的带花、果的植物枝条，带回实验室，用科学的术语对植物枝条的形态结构特征进行描述，并解剖植物的花、果，写出花、果的结构特征，鉴别出胎座类型与果实类型。

3. 植物的检索　采集6～8种植物，利用检索表、植物图鉴、植物志等将植物检索到科、属、种。还可以通过网上搜索扩充对植物的了解。

(四) 实训报告

识别当地常见的园林植物80～120种，要求能说出其主要形态特征和识别要点。

实训五　校园植物类型的调查

(一) 实训目标

1. 通过对校园植物的观察、调查、研究，熟悉观察、研究区域植物及其分类的方法，以便学生以后自主学习和研究。

2. 了解本校园内的植物类型及其科（目）和各种特性。

3. 增长见识，培养对本专业的兴趣，加深对本专业的理解。

(二) 实训材料与用品

照相机、笔记本、笔、检索表及相关工具书、采集袋等。

(三) 实训方法与步骤

1. 在对校园植物识别、统计后，为了全面了解、掌握校园内的植物资源情况，还须进行归纳分类。分类的方式可根据自己的研究兴趣和校园植物具体情况进行选择。对植物进行归纳分类时要学会充分利用有关的工具书。下面是几种常见的校园植物归纳分类方式。

（1）按植物形态特征分类。如木本植物，乔木、灌木、木质藤本；草本植物，一年生草本、二年生草本、多年生草本。

（2）按植物系统分类。苔藓植物、蕨类植物、裸子植物、被子植物（双子叶植物、单子叶植物）。

（3）按经济用途分类。观赏植物、药用植物、食用植物、纤维植物、油料植物、淀粉植物、材用植物、蜜源植物、其他经济植物。

2. 调查校园内常见植物的类型，并做好记录（表4-1）。

3. 应用网络对上述所调查的植物进行搜索，以扩充对植物的了解。

(四) 实训报告

表4-1　校园常见植物类型

序号	植物名称	植物类型	备注

拓展知识

植物进化概述

植物经历了从简单到复杂的长期演化过程，才形成当今世界上形态各异、种类繁多的植物世界。植物界依据进化程度可分为低等植物和高等植物两大类。低等植物不具备多细胞构成的各种器官，通常生活在水中，它们是地球上最早的居民之一，包括藻类植物、菌类植物和地衣植物；高等植物具有由多细胞构成的各种器官，有根、茎、叶的分化，基本上生活在陆地上，包括苔藓植物（泥炭藓）、蕨类植物（卷柏）、裸子植物（银杏）和被子植物（杨、柳）。

植物进化

植物的演化是一个连续发展的过程，即从最简单、最原始的原核生物一直到年轻的被子植物，每一阶段都有化石证据。在漫长的地质历史时期，出现过千姿百态的植物，这些植物有的已经绝灭，成为地史上的过客，有的延续至今，一直为我们的地球披着浓重的绿装。海洋是生命的摇篮，大约在距今38亿年前，地球上出现最原始的生命。从此，漫长的生物进化过程开始了。原始生命经过不断的发展和演化，大约在距今34亿年前，在原始的海洋里已经出现了细菌和真正能够进行光合作用的简单藻类植物——蓝藻。它们在结构上比蛋白质团要完善得多，但是和现在最简单的生物相比却要简单得多，它们没有细胞的结构，连细胞核也没有，被称作原核生物，在古老的地层中还可以找到它们的残余化石。

地球上出现的蓝藻，数量极多，繁殖快，在新陈代谢中释放氧气。它在改造大气成分方面做出了惊人的成绩。在生物进化过程中，逐渐产生能自己利用太阳光和无机物制造有机物质的生物，并且出现了细胞核，如红藻、绿藻等。藻类在地球上曾有过几万世纪的全盛时代，它们的组织逐渐复杂起来，达到了更完善的程度。

由于气候变迁，在距今4亿年前的志留纪末至泥盆纪初，植物开始登陆，它们就是裸蕨植物，这是生物进化史上的伟大事件。植物被迫接触陆地，逐渐演化为蕨类植物，这一时代以后便出现了裸子植物。大约1亿年以前，在地球上爆发了一个植物界最大的家族——被子植物。它们快速发展起来，整个植物面貌与现代植物已非常接近，直到现在，还是被子植物的天下。

就这样，植物在漫长的岁月中，几经巨大而又极其复杂的过程，几经兴衰，由无生命力到有生命力，由低级到高级，由简单到复杂，由水生到陆生，才形成了今日形形色色的植物界。

地球上最早的陆生植物化石出现在志留纪末至泥盆纪初的陆相沉积物中，表明距今4亿年前植物已由海洋推向大陆，实现了登陆的伟大历史进程。植物的登陆，改变了以往大陆一片荒漠的景观，使大陆逐渐披上绿装而富有生机。不仅如此，陆生植物的出现与进化发展，完善了全球生态体系。陆生植物具有更强的生产能力，它不但以海生藻类无法比拟的生产力制造出糖类，而且在光合作用过程中大量吸收大气中的CO_2，排放出大量的游离氧，从而改善了大气圈的成分比，为提高大气中游离氧含量做出了重大贡献。因此，4亿年前的植物登陆是地球发展史上的一个伟大事件，甚至可以说，如果没有植物的成功登陆，就没有今日的世界。

思政园地

我国著名植物学家吴征镒院士：孜孜以求　勤奋用功

吴征镒，江苏省扬州市人，植物学家，中国科学院资深院士。1937年毕业于清华大学生物系，1946年2月加入中国共产党，1955年6月当选为中国科学院院士，2008年1

月8日获得国家最高科学技术奖，2011年12月10日，国际小行星中心将第175718号小行星永久命名为“吴征镒星”。

学界公认吴征镒对中国植物学界的贡献有三方面：基本摸清了中国植物的家底；阐述了中国植物的来龙去脉；回答了中国植物资源有效保护和合理利用的理论问题并用于指导实践。

中国植物到底有多少种？80卷126册的《中国植物志》给出了答案——301科3 409属31 155种植物。《中国植物志》的编撰是高等植物多样性研究的基础科学工程，是目前世界上已出版的植物志中种类最多的一部，而吴征镒完成了全套约2/3的编研任务。吴征镒于1938—1947年经过野外考察、对模式标本照片和文献的比较研究所完成的一套3万多张的中国植物卡片，成为《中国植物志》编著最基础、最重要的材料之一。吴征镒还积极推动了植物学研究国际合作，*Flora of China* 的出版在国际植物学界产生了重要影响，大大提高了我国植物学研究在国际上的学术地位。

吴征镒通过对当时中国种子植物已知约3 300属的分布格局的研究，创造性地将其划分为15个分布区类型和31个变型，结合大陆漂移学说，在进化的背景下，分析了每种分布区类型形成发展的过程和历史渊源，揭示了中国植物的分布规律和中国植物在世界植物区系中的地位、作用。在此基础上，吴征镒首次提出了世界种子植物科分布区类型的划分方案，将其划分为18个大的分布区类型。这是世界上至今为止对植物分布现象和规律最为全面、完整的分析，显示了中国植物区系地理学派的研究特色。1956年，吴征镒和钱崇澍、陈昌笃在区系分析的基础上，提出了“中国植被分区”，该原创性的区划，成为后来全国综合自然区划、农林区划和国土整治的重要科学基础。

研究植物的最终目的是保护和利用植物资源，保护和利用却又是一对很容易矛盾的概念。吴征镒在科研实践过程中，突出了“有效”保护和“合理”利用的科学理念。1956年，吴征镒便前瞻性、战略性地向国家提出在云南建立自然保护区的建议。截至2006年底，全国共建立各种类型、不同级别的自然保护区2 395个，总面积达1 515 350万hm^2。自然保护区的建立对于保护我国生物多样性具有重要意义。

新中国成立初期，橡胶曾是西方国家对我国进行封锁禁运的重点物资。根据国家需求，受周恩来总理的重托，吴征镒多次率队深入云南南部实地考察，和罗宗洛院士、李庆逵院士等一起，从植物地理学、植物生理学和土壤学等角度解决了我国大面积种植橡胶的技术问题，为在北回归线以北山地开辟橡胶宜林区提供了可行性依据，为满足当时国家的战略需求做出了重大贡献，如今海南和西双版纳已经成为我国的橡胶基地，并成为区域经济的重要支柱。

即使是在80多岁高龄的时候，以“吴征镒”为第一作者的论文和著作仍由吴院士亲自执笔。吴院士有个外号——“摔跤冠军”，此摔跤非体育运动的摔跤。长期跟吴院士共事的武素功老先生一提起这个就笑起来，“吴先生是平足，所以他在野外考察时经常摔跟头，即使这样仍没有阻止他坚持野外考察，逢雨季经常摔得浑身是泥，甚至摔伤。”中国科学院昆明植物研究所老所长周俊院士也一直与吴院士共事，“1963年，我和吴先生考察文山西畴植物，一次他在密林中跌了一跤，坐在地上左顾右盼，见到了白色寄生植物，拿在手上一看，就认出了是锡杖兰，这是中国分布的新纪录。”

为了解全国的植物，吴征镒的脚步遍布大江南北，他走遍了全国的大部分省份，年近花甲还入藏两次，主编了《西藏植物志》。吴征镒通过在云南实地考察，历时33年编撰，完成了《云南植物志》……

如果说，吴征镒确有“神奇”的博闻强记，那么，这几十年来他摔过的跟头，或许是这奇迹最好的诠释。

思考与练习

1. 名词解释：人为分类法、自然分类法、种、世代交替、种子植物。

2. 植物的分类单位有哪些？哪个是基本单位？

3. 植物的学名由哪几个部分组成，书写中应注意什么？

4. 低等植物和高等植物的主要区别有哪些？

5. 被子植物和裸子植物的主要区别有哪些？为什么被子植物是地球上最进化最发达的类群？

模块五　植物的水分代谢

学习目标

知识目标：

• 了解植物体内的水分状况及水在植物生命活动中的作用。

• 了解植物细胞吸水的原理，理解水势的概念及细胞水势的组成。

• 了解蒸腾作用的生理意义，掌握影响蒸腾作用的环境因素以及适当降低蒸腾速率的途径。

• 掌握根系吸水的部位、方式，水分在植物体内运输的途径与机理。

• 掌握植物需水规律、合理灌溉的指标及灌溉的方式。

技能目标：

• 能观察植物细胞质壁分离现象。

• 学会用小液流法测定植物组织的水势。

• 能应用称重法测定植物的蒸腾强度。

素养目标：

• 具备认真仔细观察的素养，能够善于总结并勇于探究和探索。

• 理解水对植物生命的意义，提高对生态文明建设的理解和认识。

生命离不开水，没有水就没有生命。植物的一切生命活动只有在含有一定水分的条件下才能进行，否则就会生长不良甚至死亡。农谚说："有收无收在于水，收多收少在于肥"，由此可见，水在植物的生命活动中十分重要。

植物对水分的吸收、运输、利用和散失的整个过程称作植物的水分代谢。植物水分代谢的基本规律是植物栽培中合理灌水的理论依据，合理灌水能为植物提供良好的生长环境，对植物优质、高产具有重要意义。

基础知识

一、水在植物生活中的重要性

（一）植物的含水量

植物的含水量因植物种类、器官和生活环境的不同而有很大差异。如水生植物（浮萍、满江红、轮藻等）的含水量可达鲜重的90%以上，在干旱地区生长的植物（地衣、藓类）含水量仅为6%，草本植物的含水量为其鲜重的70%～80%，木本植物稍低于草本植物。根尖、嫩梢、幼苗和肉质果实（番茄、桃）含水量可达60%～90%，树干的含水量为40%～50%，干燥的谷物种子仅为10%～14%，油料植物种子含水量在10%以下。同一植物生长在荫蔽潮湿环境中比在向阳干燥的环境中含水量要高一些，生长旺盛的器官比衰老的器官含水量高。

（二）水在植物生命活动中的作用

水分在植物生命活动中的作用是多方面的，主要表现如下。

1. 水分是细胞质的主要成分 细胞质的含水量一般在70%～80%，使细胞质呈溶胶状态，有利于新陈代谢正常进行，如根尖、茎尖；在含水量减少的情况下，细胞质变成凝胶状态，生命活动就大大减弱，如休眠的种子。

2. 水分是代谢作用过程的反应物质 在光合作用、呼吸作用、有机物质合成和分解的过程中，都有水分子参与。植物细胞的正常分裂和生长都必须有充足的水分。

3. 水分是植物吸收和运输物质的溶剂 一般来说，植物不能直接吸收固态的无机物质和有机物质，这些物质只有溶解在水中才能被植物吸收。各种物质在植物体内的运输、分解、合成都需水作为介质。

4. 水分可以保持植物的固有姿态 细胞含有大量水分可维持细胞的紧张度（即膨压），使植物枝叶挺立，便于充分接受光照和交换气体，同时，在植物开花时使花瓣展开，有利于传粉和受精。

5. 水分可以调节植物的体温 水分有较高的汽化热，有利于通过蒸腾作用散热，保持植物适当的体温，可以避免在烈日下灼伤。

（三）植物体内水分的存在状态

水在植物生命活动中的作用，不但与数量有关，而且和存在状态有密切关系。植物细胞的原生质、膜系统和细胞壁，由蛋白质、核酸和纤维素等大分子组成，它们有大量的亲水基（如$—NH_2$，—COOH，—OH等），这些亲水基有很大的亲和力，容易发生水合作用。凡是被植物细胞的胶体颗粒或渗透物质吸附、不能自由移动的水分称作束缚水，干燥的种子中含有的水分是束缚水。而不被胶体颗粒或渗透物质所吸引，或吸引力很小、可以自由移动的水分称作自由水。实际上，这两种状态水分的划分也不是绝对的，它们之间的界限有时并不明显。

植物细胞内的水分存在状态经常处在动态变化之中，随着代谢的变化，自由水与束缚水的比值也相应发生变化。自由水可直接参与植物的生理代谢过程。自由水与束缚水的比值高时，植物代谢旺盛，生长速度快，但抗逆性差。反之，生长速度缓慢，其抗逆性强。

二、植物对水分的吸收

植物的生命活动以细胞为基础，一切生命活动都在细胞内进行。细胞对水分的吸收有以下两种方式：渗透性吸水——有液泡的细胞以渗透性吸水为主。吸胀吸水——干燥的种子在未形成液泡之前的吸水方式。在这两种吸水方式中，渗透性吸水是细胞吸水的主要方式。

植物对水分的吸收和运输

（一）植物细胞的吸水

1. 植物细胞的渗透性吸水

（1）水势的概念。根据热力学原理，系统中物质的总能量可分为束缚能和自由能两部分。束缚能是不能转化为用于做功的能量，而自由能是在温度恒定的条件下用于做功的能量。在等温等压条件下，1mol 物质，不论是纯物质或存在于任何一个复杂体系中所具有的自由能，称作该物质的化学势。水势是指每偏摩尔体积水的化学势差，通常用符号Ψ_w表示，其单位为帕斯卡，简称帕（Pa），一般用兆帕（MPa，$1MPa=10^6 Pa$）来表示。过去曾用标准大气压（atm）或巴（bar）作为水势单位，它们之间的换算关系是 $1bar=0.1MPa=0.987atm$，$1atm=1.013\times10^5 Pa=1.013bar$。

植物的水分代谢

水势的绝对值是无法测定的，现在人为规定，在标准情况下，纯水的水势值为零，其他任何体系的水势都是和纯水相比而来的，因此都是相对值。溶液的水势全是负值，溶液浓度愈高，自由能愈少，水势也就愈低，其负值也就越大。例如在 25℃下，纯水的水势为 0MPa，Hoagland 培养液的水势为－0.05MPa，1mol 蔗糖溶液的水势为－2.70MPa。一般正常生长的叶片的水势为－0.8～－0.2MPa。

水分的移动沿着自由能减小的方向，即水分总是由水势高的区域移向水势低的区域。

（2）植物细胞的水势。植物细胞外有细胞壁，对原生质有压力，内有大液泡，液泡中有溶质，细胞中还有多种亲水胶体，都会对细胞水势高低产生影响。因此植物细胞水势比一个溶液的水势要复杂得多。至少要受到三个组分的影响，即溶质势（Ψ_s）、压力势（Ψ_p）、衬质势（Ψ_m），因而植物细胞的水势为上述三组分的代数和：$\Psi_w=\Psi_s+\Psi_p+\Psi_m$。

①渗透势（Ψ_s）。渗透势亦称溶质势，渗透势是由于溶质颗粒的存在降低了水的自由能，因而使水势低于纯水的水势。溶液的渗透势等于溶液的水势，因为溶液的压力势为 0MPa。植物细胞的渗透势值因内外条件不同而异。一般来说，温带生长的大多数作物叶组织的渗透势在－2～－1MPa，而旱生植物叶片的渗透势很低，为－10MPa。

②压力势（Ψ_p）。压力势是指细胞的原生质体吸水膨胀对细胞壁产生一种作用力，于是引起富有弹性的细胞壁产生一种限制原生质体膨胀的反作用力。压力势是由于细胞壁压力的存在而增加的水势，因此是正值。草本植物的细胞压力势，在温暖的午后为 0.3～0.5MPa，晚上则达 1.5MPa，在质壁分离的情况下为零。

③衬质势（Ψ_m）。细胞的衬质势是指细胞胶体物质（蛋白质、淀粉和纤维素等）的亲水性和毛细管对自由水的束缚而引起的水势降低的值，以负值表示。未形成液泡的细胞具有一定的衬质势，干燥种子的衬质势可达－100MPa 左右，但已形成液泡的细胞，其衬质势仅有－0.01MPa 左右，占整个水势的很少一部分，通常可忽略不计。

因此，有液泡的细胞水势的组成公式可简化为：$\Psi_w=\Psi_s+\Psi_p$。

（3）植物细胞的渗透作用。渗透作用是水分进出细胞的基本过程。为了弄清楚什么是渗透作用，我们先做一个试验：把种子的种皮（或猪膀胱等）紧缚在漏斗上，注入蔗糖溶液，然后把整个装置浸入盛有清水的烧杯中，漏斗内外液面相等。由于种皮是半透膜（水分子能通过而蔗糖分子不能透过），所以整个装置就成为一个渗透系统。在一个渗透系统中，水的移动方向决定于半透膜两侧溶液的水势高低。水从水势高的溶液流向水势低的溶液。实质上，半透膜两侧的水分子是可以自由通过的，可是清水的水势高，蔗糖溶液的水势低，从清水到蔗糖溶液的水分子比从蔗糖溶液到清水的水分子多，所以在外观上，烧杯中的水流入漏斗内，漏斗玻璃管内的液面上升，静水压也开始升高。随着水分逐渐进入玻璃管内，液面逐渐上升，静水压力越大，压迫水分从玻璃管内向烧杯移动速度就越快，膜内外水分进出速度越来越接近。最后，液面不再上升，停滞不动，实质是水分进出的速度相等，呈动态平衡（图 5-1）。水分从水势高的一方通过半透膜向水势低的一方移动的现象就称作渗透作用。

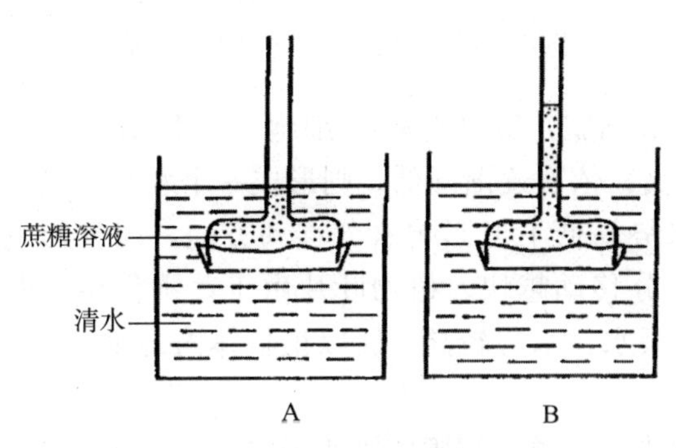

图 5-1 渗透现象

A. 试验开始时 B. 经过一段时间

具有液泡的细胞，主要靠渗透吸水。当与外界溶液接触时，细胞能否吸水取决于两者的水势差，当外界溶液的水势大于植物细胞的水势时，细胞正常吸水；当外界溶液的水势小于植物细胞的水势时，植物细胞失水；当植物细胞和外界溶液的水势相等时，植物细胞不吸水也不失水，暂时达到动态平衡。

当外界溶液的浓度很大，细胞严重失水时，液泡体积变小，原生质和细胞壁跟着收缩，但由于细胞壁的伸缩性有限，当原生质继续收缩而细胞壁已停止收缩时，原生质便慢慢脱离细胞壁，这种现象称作质壁分离（图 5-2）。把发生质壁分离的细胞放在水势较高的清水中，外面的水分便进入细胞，液泡变大，使整个原生质慢慢恢复原来的状态，这种现象称作质壁分离复原。

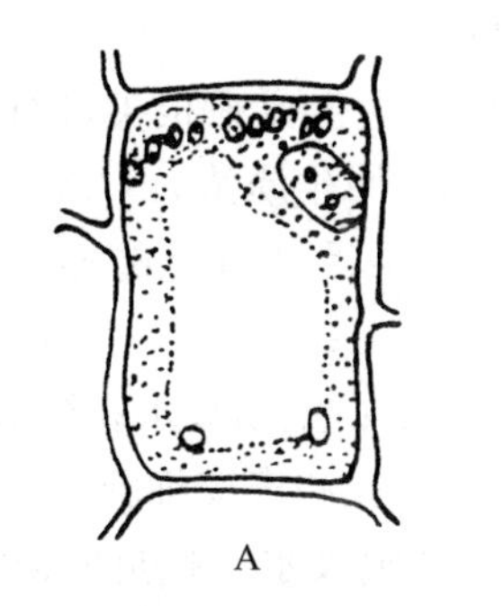

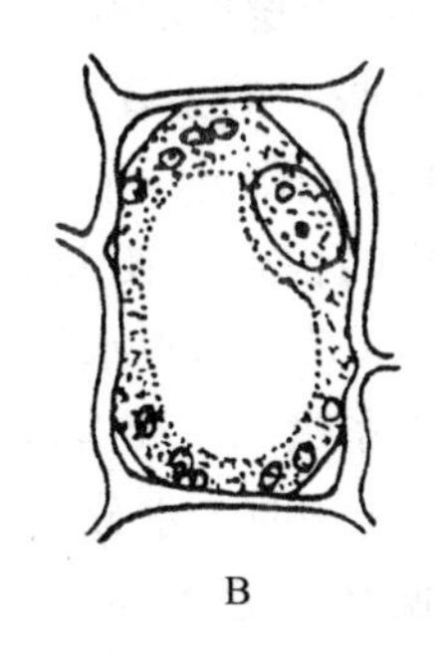

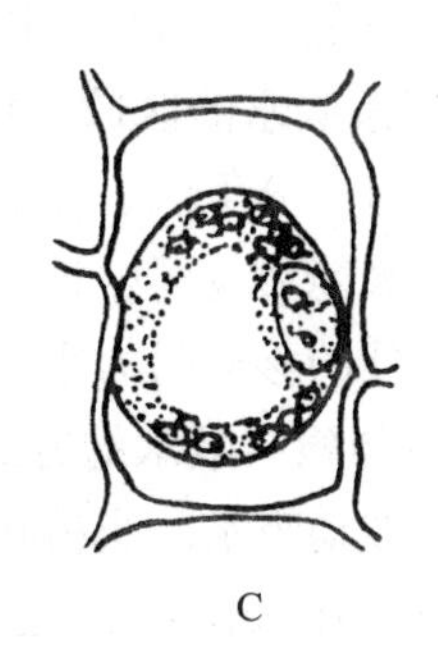

图 5-2 植物细胞的质壁分离现象

A. 正常细胞 B. 初始质壁分离 C. 原生质体与壁完全分离

（4）细胞间的水分移动。植物相邻细胞间水分移动的方向取决于细胞之间的水势差，水总是从水势高的细胞流向水势低的细胞（图 5-3）。

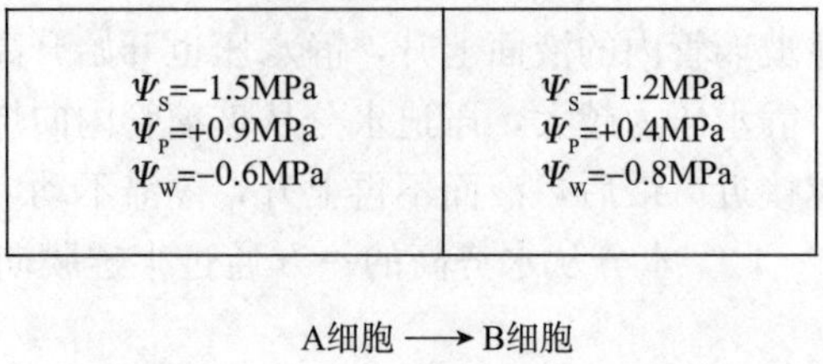

Ψ_S=−1.5MPa Ψ_P=+0.9MPa Ψ_W=−0.6MPa	Ψ_S=−1.2MPa Ψ_P=+0.4MPa Ψ_W=−0.8MPa

A细胞 ⟶ B细胞

图 5－3　相邻两细胞之间水分移动

A 细胞的水势高于 B 细胞，所以水从 A 细胞流向 B 细胞。当多个细胞连在一起时，如果一端的细胞水势较高，依次逐渐降低，则形成一个水势梯度，水便从水势高的一端移向水势低的一端。水势高低不但影响水分移动方向，而且影响水分移动速度。两细胞间水势差异越大，水分移动越快。植物叶片由于蒸腾作用不断散失水分，所以水势较低，根部细胞因不断吸水，水势较高，所以植物体内的水分总是沿着水势梯度从根输送到叶。

2. 植物细胞的吸胀吸水　植物细胞的吸胀吸水就是靠吸胀作用吸水，主要发生在无液泡的细胞。所谓吸胀作用是指细胞原生质及细胞壁的亲水胶体物质吸水膨胀的现象。这是因为细胞内的纤维素、淀粉粒、蛋白质等亲水胶体含有许多亲水基团，特别是干燥种子的细胞中，细胞壁的成分纤维素和原生质成分蛋白质等生物大分子都是亲水性的，它们对水分的吸引力很强，蛋白质类物质亲水性最大，淀粉次之，纤维素较小。因此，大豆及其他富含蛋白质的豆类种子吸胀现象比禾谷类淀粉质种子要显著。

吸胀吸水是未形成液泡的植物细胞吸水的主要方式。果实和种子形成过程的吸水、干燥种子在细胞形成中央液泡之前阶段的吸水、刚分裂完的幼小细胞的吸水等，都属于吸胀吸水。这些细胞吸胀吸水能力的大小，实质上就是衬质势的高低，一般干燥种子衬质势可达－100MPa 左右，远低于外界溶液（或水）的水势，因此很容易发生吸胀吸水。

（二）植物根系对水分的吸收

植物根系吸水是陆生植物吸水的主要途径。根系在地下形成一个庞大的网络结构，在土壤中分布范围比较广，因此，根系在土壤中的吸收能力很强。

1. 根系吸水的区域　根系是植物吸水的主要器官，根系吸水主要在根尖进行。根尖可分为根冠、分生区、伸长区和根毛区四部分，前三个区域细胞原生质浓，对水分移动阻力大，吸水能力较弱。根毛区有密集的根毛，吸水量多，另外根毛区分化的输导组织发达，对水分的移动阻力小，所以根毛区是根系吸水的主要区域。

2. 植物根系吸水的方式　植物根系吸水主要有以下两种方式：主动吸水和被动吸水。

（1）被动吸水。当植物进行蒸腾作用时，水分便从叶片的气孔和表皮细胞表面蒸腾到大气中去，其Ψ_w降低，失水的细胞便从邻近水势较高的叶肉细胞吸水，接近叶脉导管的叶肉细胞从叶脉导管、茎的导管、根的导管和根部吸水，这样便形成了一个由低到高的水势梯度，使根系再从土壤中吸水。这种因蒸腾作用所产生的吸水力量称作“蒸腾拉力”。由于吸水的动力来源于叶的蒸腾作用，故把这种吸水称作根的被动吸水。蒸腾拉力是蒸腾旺盛季节植物吸水的主要动力。

（2）主动吸水。根的主动吸水可由“伤流”和“吐水”现象说明。小麦、油菜等植物在土壤水分充足、土温较高、空气湿度大的早晨，从叶尖或叶缘水孔溢出水珠的现象称作吐水（图 5-4）。在夏天晴天的早晨，经常看到植物叶尖和叶缘有吐水现象，吐水的多少可作为鉴定植物在苗期是否健壮的标志。

葡萄在发芽前有伤流期，表现为有大量的溶液从伤口流出（修剪时留下的剪口、锯口或枝蔓受伤处），这种从受伤或剪断的植物组织茎基部伤口溢出液体的现象称作伤流，流出的汁液称作伤流液。若在切口处连接一压力计，可测出一定的压力，这是由根部活动引起的，与地上部分无关。这种靠根系的生理活动使液流由根部上升的压力称作根压。以根压为动力引起的根系吸水过程称作主动吸水。

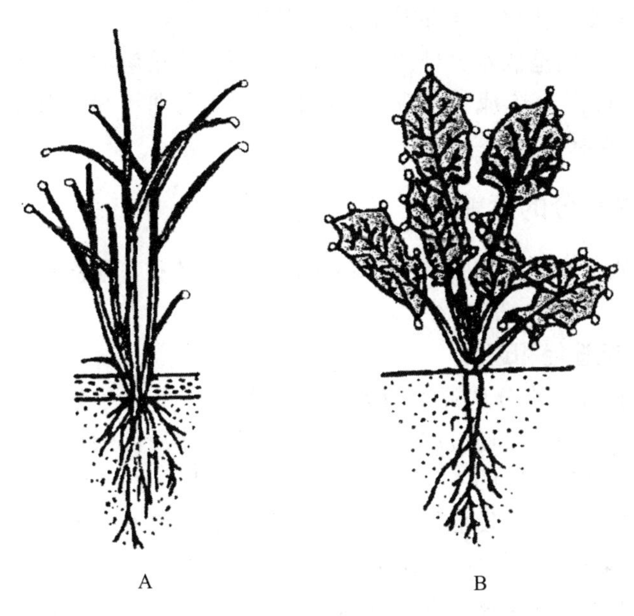

图 5-4 水稻、油菜的吐水现象
A. 水稻 B. 油菜

伤流是由根压引起的。葡萄及葫芦科植物伤流液较多，稻、麦等植物较少。同一种植物，根系生理活动强弱、根系有效吸收面积的大小都直接影响根压和伤流量。因此，根系的伤流量和成分是反映植物根系生理活性强弱的指标之一。

3. 影响根系吸水的因素 根系通常分布在土壤中，所以土壤条件和根系自身因素都影响到植物根系的吸水。

（1）根系自身因素。根系吸水的有效性取决于根系密度及根表面的透性。根系密度通常指 1cm^3 土壤内根长的厘米数（cm/cm^3）。根系密度越大，所占土壤体积越大，吸收的水分就越多。根系的透性也影响到根系对水分的吸收，一般初生根的尖端透水能力强，而次生根失去了表皮和皮层，被一层栓化组织包围，透水能力差。根系遭受土壤干旱时透性降低，供水后透性逐渐恢复。

（2）土壤条件。

①土壤水分状况。土壤中的水分可分为束缚水、毛管水和重力水三种类型。束缚水是吸附在土壤颗粒外围的水，植物不能利用；毛管水是植物能够利用的有效水；重力水在干旱的农田为无效水，在稻田是可以利用的

土壤水分形态

水分。根部有吸水的能力，而土壤也有保水的能力，假如前者大于后者，植物吸水，否则植物失水。

②土壤通气状况。在通气良好的土壤中，根系吸水性很强，若土壤透气性差，则吸水受抑制。试验证明，用CO_2处理根部以降低呼吸代谢，小麦、玉米和水稻幼苗的吸水量降低14%～15%，尤以水稻最为显著；如通以空气，则吸水量增大。

③土壤温度。土壤温度不但影响根系的生理生化活性，而且影响土壤水分的移动。因此在一定的温度范围内，温度升高，根系中水分运输加快，反之则减弱，温度过高或过低，对根系吸水均不利。

④土壤溶液的浓度。土壤溶液浓度过高，其水势降低。若土壤溶液水势低于根系水势，植物不能吸水，反而造成水分外渗。一般情况下，土壤溶液浓度较低，水势较高。盐碱地土壤溶液浓度过高，造成植物吸水困难，导致生理干旱。如果水的含盐量超过0.2%，就不能用于灌溉植物。

三、植物体内水分的运输

陆生植物根系从土壤中吸收的水分，必须运到茎、叶和其他器官，供植物生理活动的需要或蒸腾到体外。

（一）水分运输的途径和速度

1. 水分运输的途径 水分从被植物吸收到蒸腾到体外，大致需要经过下列途径：首先水分从土壤溶液进入根部，通过皮层薄壁细胞，进入木质部的导管和管胞中，然后水分沿着木质部向上运输到茎或叶的木质部（叶脉），接着水分从叶的木质部末端细胞进入气孔下腔附近的叶肉细胞壁的蒸发部位，最后水蒸气就通过气孔蒸腾出去（图5-5）。由此可见，土壤、植物、空气三者之间的水分是具有连续性的。

水分在茎、叶细胞内的运输有以下两种途径。

（1）经过死细胞。导管和管胞都是中空无原生质体的长形死细胞，细胞和细胞之间都有孔，特别是导管细胞的横壁几乎消失殆尽，对水分运输的阻力很小，适于长距离的运输。裸子植物的水分运输途径是管胞，被子植物是导管和管胞，管胞和导管的水分运输距离依植株高度而定，从几厘米到几百米。

（2）经过活细胞。水分由叶脉到气孔下腔附近的叶肉细胞都是经过活细胞。这部分在植物体内的间距不过几毫米，距离很短，因为细胞内有原生质体，以渗透方式运输，所以阻力很大，不适于长距离运输。没有真正输导系统的植物（如苔藓和地衣）生长不高。在进化过程中出现了管胞（蕨类植物和裸子植物）和导管（被子植物），才有可能出现高达几米甚至几百米的植物。

2. 植物体内水分运输的速度 水分通过活细胞的运输主要靠渗透传导，距离虽短，但运输阻力大，运输速度一般只有0.01mm/h。水分通过死细胞的运输是经过维管束中的导管（或管胞）和细胞间隙进行的长距离运输。由于导管是中空的而无原生质体的长形死细胞，阻力小，运输速度快，一般运输速度为3～45m/h。而管胞中由于两管胞分子相连的细胞壁未打通，水分要经过纹孔才能在管胞间移动，所以运输阻力较大，运输速度一般不到0.6m/h，比导管慢得多。水分在木质部导管或管胞中的运输占水分运输全部途径的99.5%以上。

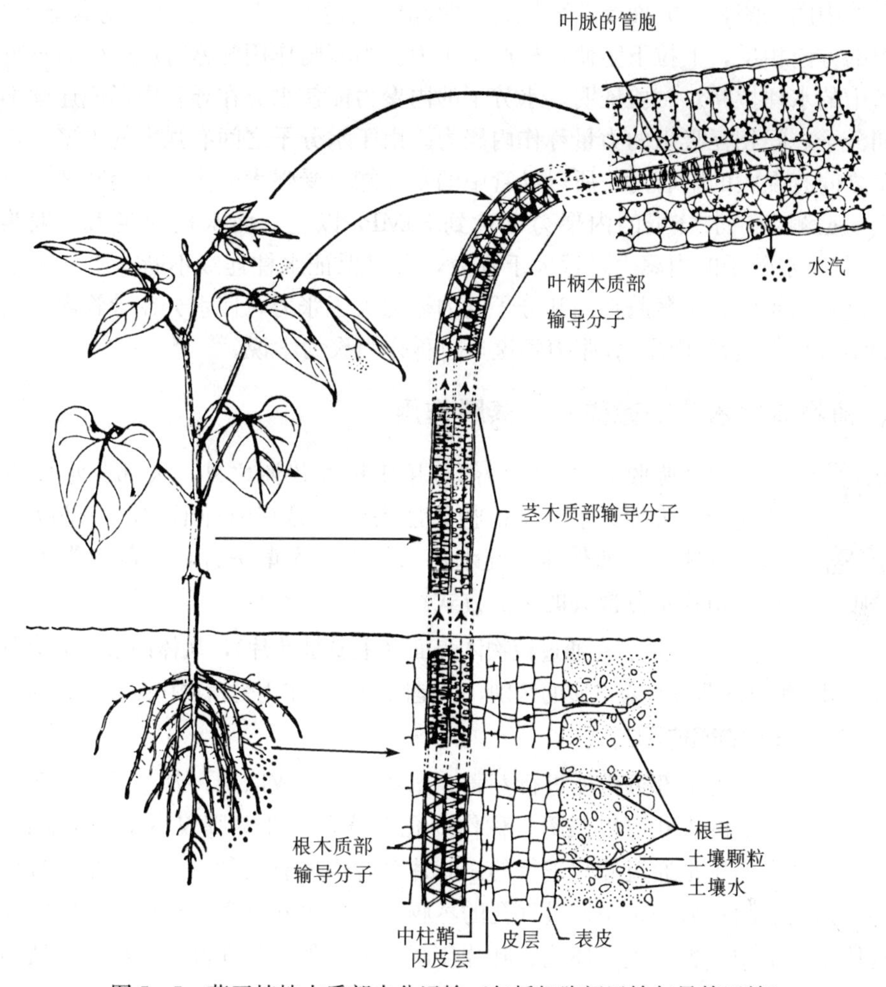

图 5－5 菜豆植株木质部水分运输（包括细胞间运输与导管运输）

（二）水分运输的动力

水分沿导管或管胞上升的动力有两种：一是根压，二是蒸腾拉力。

1. 根压 由于根系的生理活动，使液流从根部上升的压力称作根压。多种植物的根压大小不同，大多数植物的根压一般不超过 0.2MPa，0.2MPa 的根压可使水分沿导管上升到 20.4m 的高度。热带雨林区的乔木能长成参天大树，高度在 50m 以上。在蒸腾作用比较旺盛时根压很小，所以水分上升的动力不是靠根压。只在早春树木刚发芽，叶片尚未展开时，根压对水分上升才起主导作用。

2. 蒸腾拉力 蒸腾拉力是由于叶片的蒸腾失水而使导管中水分上升的力量。对于高大的乔木而言，蒸腾拉力才是水分上升的主要动力。当叶片蒸腾失水后，叶细胞水势降低，于是从叶脉导管中吸水，同时叶脉导管因失水而水势也下降，就从茎导管吸水，由于植物体内导管互相连通，这种吸水力量最后传递到根，根便从土壤中吸水。这种吸水完全是由蒸腾失水而产生的蒸腾拉力所引起的，只要蒸腾作用一停止，根系的这种吸水就会减慢或停止，所以它是一个被动的过程，称作被动吸水。

蒸腾拉力

在导管中的水流，一方面受蒸腾拉力的驱动向上运动，另一方面水流本身具有重力，这两种力的方向相反，上拉下坠使水柱产生张力。当蒸腾作用旺盛时所产生的蒸腾拉力能否将导管中的水柱拉断？试验证明，水分子的内聚力能使水分在导管中形成连续不断的水柱。相同分子之间相互吸引的力量称作内聚力。由于水分子之间有强大的内聚力，水分子与导管壁之间有强大的附着力，所以导管中的水柱能忍受强大的张力不会断裂，也不会与管壁脱离。据测定，水分子的内聚力可达到 30MPa 以上，而水柱的张力一般为 0.5～3.0MPa，可见水分子的内聚力远远大于张力，可以保证水柱连续不断，水分能不断沿导管上升。这种由于水分子蒸腾作用和分子间内聚力大于张力，使水分在导管内连续不断向上运输的学说称作蒸腾-内聚力-张力学说，也称作内聚力学说。

四、植物体内水分的散失——蒸腾作用

植物的蒸腾作用

植物吸收的水分除少部分用于植物代谢之外，大部分水分通过蒸腾作用而散失掉。水分从植物体散失到外界有两种形式，一是以液体形式散失到体外，如伤流、吐水；二是以气态散失掉，即蒸腾作用。蒸腾作用是植物水分散失的主要方式。

蒸腾作用是指水分以气体状态通过植物体表面（主要是叶片），从体内散失到大气中的过程。蒸腾作用和水分的蒸发有着本质的区别，这是因为蒸腾作用受植物代谢和气孔的调节。

（一）蒸腾作用的部位和方式

幼小的植物体，地上部分都能进行蒸腾。木本植物长成以后，其茎干与枝条表面发生栓质化，只有茎枝上的皮孔可以蒸腾，称作皮孔蒸腾，皮孔蒸腾仅占全部蒸腾的 0.1%，因此，植物的蒸腾作用是通过叶片进行的。叶片蒸腾作用有两种方式：一是通过角质层的蒸腾，称作角质蒸腾；另一种是通过气孔的蒸腾，称作气孔蒸腾。这两种蒸腾方式在蒸腾中所占的比重与植物种类、生长环境、叶片年龄有关。如生长在潮湿环境中的植物，其角质蒸腾往往超过气孔蒸腾，幼嫩叶片的角质蒸腾可占总蒸腾量的 1/3～1/2。但一般植物的功能叶片，角质蒸腾量很小，只占总蒸腾量的 5%～10%，因此，气孔蒸腾是一般中生植物和旱生植物叶片蒸腾的主要形式。

（二）蒸腾作用的生理意义

蒸腾作用尽管是散失水分的过程，但它对植物正常的生命活动具有积极的意义。

1. 蒸腾作用是植物吸水和水分运输的主要动力　如果没有蒸腾作用产生的拉力，植物较高部位就得不到水分的供应，矿质盐类也不可能随蒸腾液流而分布到植物体的各个部位，蒸腾拉力对高大乔木尤其重要。

2. 蒸腾作用能降低植物的温度　据测定，夏天在直射光下，叶面温度可达 50～60℃，由于水的汽化热比较高，在蒸腾过程中把大量的热量带走，从而降低了叶面的温度，使植物免受高温的伤害。

3. 蒸腾作用有利于促进木质部汁液中物质的运输　蒸腾作用有助于根部吸收的无机离子以及根中合成的有机物转运到植物体的多个部分，满足植物生命活动的需要。

4. 蒸腾作用使气孔张开，有利于气体交换　气孔张开有利于光合原料二氧化碳的进入和呼吸作用对氧的吸收等生理活动的进行。

（三）蒸腾作用的数量指标

常用的蒸腾作用指标有以下 3 种。

1. 蒸腾速率 植物在一定时间内单位叶面积上散失的水量称作蒸腾速率，又称作蒸腾强度，常用 g/（dm^2·h）来表示。大多数植物通常白天蒸腾速率是 0.15～2.5g/（dm^2·h），晚上在 0.01～0.2g/（dm^2·h）。

2. 蒸腾效率 植物消耗 1kg 水所形成干物质的重量（g），或者说在一定时间内干物质的累积量与同期所消耗的水量之比，称作蒸腾效率或蒸腾比率。野生植物的蒸腾效率是 1～8g/kg，而大部分作物的蒸腾效率是 2～10g/kg。

3. 蒸腾系数 植物制造 1g 干物质所消耗的水量（g）称作蒸腾系数（或需水量）。一般野生植物的蒸腾系数是 125～1 000，而大部分作物的蒸腾系数是 100～500，不同作物蒸腾系数存在着一定差异（表 5－1）。

表 5－1 几种主要农作物的蒸腾系数（需水量）

作物	蒸腾系数	作物	蒸腾系数
水稻	211～300	油菜	277
小麦	257～774	大豆	307～368
大麦	217～755	蚕豆	230
玉米	174～406	马铃薯	167～659
高粱	204～298	甘薯	248～264

植物在不同生育期的蒸腾系数是不同的，在旺盛生长期，由于干重增加快，所以蒸腾系数小，在生长较慢、温度较高时，蒸腾系数变大。研究植物的蒸腾系数或需水量，对如何进行合理灌溉有重要的指导意义。

（四）蒸腾作用的过程和机理

1. 气孔的大小、数目及分布 气孔是植物叶表皮上由保卫细胞所围成的小孔，它是植物叶片与外界进行气体交换的通道，直接影响着光合、呼吸、蒸腾作用等生理过程。不同植物气孔的大小、数目和分布有明显差异（表 5－2）。气孔一般长 7～30μm，宽 1～6μm，1mm^2叶面少则有 100 个气孔，最高可达 2 230 个。大部分植物的叶上下表面都有气孔，但不同植物的叶上下表面气孔数量不同。生态环境不同，气孔的分布也有明显差异。如浮水植物气孔仅分布在上表面，禾谷类作物上下表面气孔数目较为接近，双子叶植物棉花、蚕豆、番茄等，下表面比上表面气孔多。近期研究证明，气孔数目对环境中 CO_2 浓度很敏感，CO_2 浓度高时，气孔密度低。

表 5－2 不同植物气孔的数目、大小和分布

植物种类	1mm^2叶面气孔数		下表皮气孔大小
	上表皮	下表皮	长（μm）×宽（μm）
小麦	33	14	38×7
野燕麦	25	23	38×8
玉米	52	68	19×5
向日葵	58	156	22×8
番茄	12	130	13×6
苹果	0	400	14×12

2. 气孔蒸腾过程 气孔蒸腾分两步进行，第一步是水分在叶肉细胞壁表面进行蒸发，水汽扩散到细胞间隙和气室中；第二步是这些水汽从细胞间隙、气室经气孔扩散到大气中。

叶片上气孔的数目虽然很多，但是所占面积比较小，一般只有叶面积的1%～2%，但蒸腾量比同面积的自由水面高出50倍。气孔的孔隙很小，当完全张开时，长度也只有7～30μm，宽1～6μm，但水分子的直径只有0.000 454μm，比它更小。根据小孔扩散原理，即气体通过小孔扩散的速度不与小孔的面积成正比，而与孔的周长成正比，孔越小，其相对周长越长，水分子扩散速度越快。因为在小孔周缘处扩散出去的水分子相互碰撞的机会少，所以扩散速度就比小孔中央水分子扩散的速度快，这种现象称作边缘效应（图5-6）。

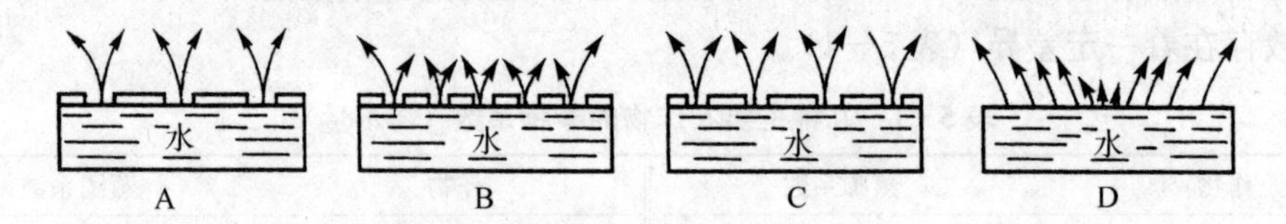

图5-6 水分通过多孔的表面（A～C）和自由水面（D）蒸发情况的比较
A. 小孔分布很稀 B. 小孔分布很密 C. 小孔分布适当 D. 自由水面

另外，小孔间的距离对扩散的影响也很重要，小孔分布太密，边缘扩散出去的水分子彼此碰撞，发生干扰，边缘效应不能充分发挥。据测定，小孔间距离约为小孔直径的10倍，才能充分发挥边缘效应。

3. 气孔开闭的机理 保卫细胞的吸水和失水是什么原因引起的？气孔运动的机理是什么？这一直是植物生理学研究的热点之一，关于气孔开闭的机理主要有以下三种学说。

气孔开闭的原理

（1）淀粉与糖转化学说。在光照下，光合作用消耗了CO_2，于是保卫细胞细胞质pH增高到7，淀粉磷酸化酶催化正向反应，使淀粉水解为糖，引起保卫细胞渗透势下降，从周围细胞吸取水分，保卫细胞膨大，因而气孔张开。在黑暗中，保卫细胞光合作用停止，而呼吸作用仍进行，产生的CO_2积累使保卫细胞pH下降，淀粉磷酸化酶催化逆向反应，使糖转化成淀粉，溶质颗粒数目减少，细胞渗透势亦升高，细胞失去膨压，导致气孔关闭。

$$淀粉 + H_3PO_4 \underset{pH=5}{\overset{pH=7}{\rightleftharpoons}} 葡萄糖\text{-}1\text{-}磷酸$$

该学说可以解释光和CO_2的影响，也符合观察的淀粉白天消失、晚上出现的现象。然而近几年来的研究发现，在一部分植物保卫细胞中并未检测到糖的累积。有些植物的气孔运动不依赖光合作用，可能与CO_2无关。这些研究表明，用这个学说解释气孔运动还有一定的局限性。

（2）K^+积累学说。20世纪70年代，人们观察到当气孔保卫细胞内含有大量的K^+时，气孔张开，气孔关闭后K^+消失。K^+积累学说认为，在光照下，保卫细胞的叶绿体通过光合磷酸化作用合成ATP，活化了质膜H^+-ATP酶，把K^+吸收到保卫细胞中，K^+浓度增高，水势降低，促进保卫细胞吸水，气孔张开。相反，在黑暗条件下，K^+从保卫细胞扩散出去，细胞水势提高，水分流出细胞，气孔关闭。

（3）苹果酸代谢学说。20世纪70年代初，人们发现苹果酸在气孔开闭中起着某种作用，便提出了苹果酸代谢学说。在光照下，保卫细胞内的部分 CO_2 被利用，pH 就上升到 8.0～8.5，从而活化了 PEPC（磷酸烯醇式丙酮酸羧化酶），它可催化由淀粉降解产生的 PEP（磷酸烯醇式丙酮酸）与 HCO_3^- 结合形成草酰乙酸，并进一步被 NADPH（还原型烟酰胺腺嘌呤二核苷酸磷酸）或 NADH（还原型烟酰胺腺嘌呤二核苷酸）还原为苹果酸。

$$\text{PEP} + \text{HCO}_3^- \xrightarrow{\text{PEPC}} \text{草酰乙酸} + \text{磷酸}$$

$$\text{草酰乙酸} + \text{NADPH(或 NADH)} \xrightarrow{\text{苹果酸还原酶}} \text{苹果酸} + \text{NADP}$$

（烟酰胺腺嘌呤二核苷酸磷酸）[或 NAD(烟酰胺腺嘌呤二核苷酸)]

苹果酸解离为 2 个 H^+，与 K^+ 交换，保卫细胞内 K^+ 浓度增加，水势降低；苹果酸根进入液泡和 Cl^- 共同与 K^+ 保持保卫细胞的电中性。同时，苹果酸也可作为渗透物质降低水势，促使保卫细胞吸水，气孔张开（图 5－7），当叶片由光下转入暗处时，该过程逆转。近期研究证明，保卫细胞内淀粉和苹果酸之间存在一定的数量关系，即淀粉、苹果酸与气孔开闭有关。

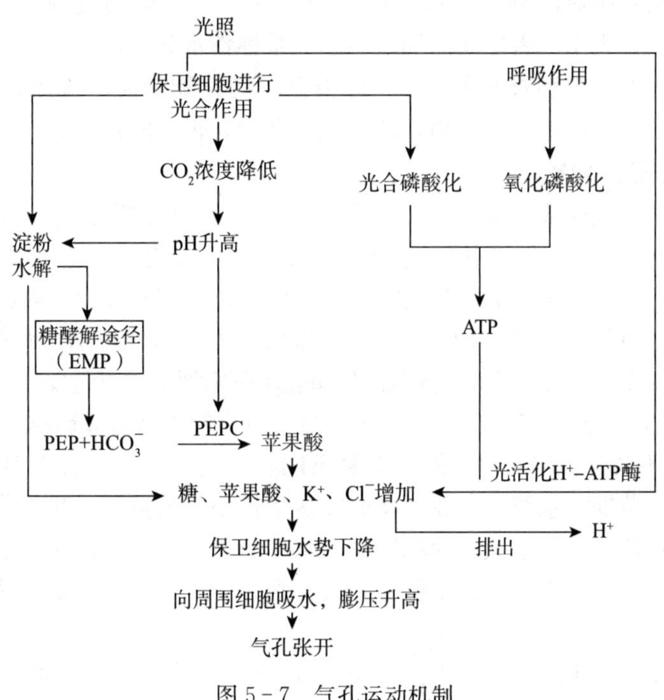

图 5－7　气孔运动机制

（李合生，2002. 现代植物生理学）

（五）影响蒸腾作用的因素

影响蒸腾作用的环境因子主要是温度、大气湿度、光照、风和土壤条件。

1. 温度　在一定范围内温度升高，蒸腾加快，因为在较温暖的环境中，水分子汽化及扩散加快。

2. 大气湿度　大气湿度对蒸腾的强弱影响极大。大气湿度愈小，叶内外蒸汽压差愈大，叶内水分子越容易扩散到大气中去，蒸腾加快。反之，大气湿度大，叶内外蒸汽压差小，蒸腾受抑制。

3. 光照 光照加强，蒸腾加快，因为光可促进气孔的开放，并提高大气与叶面的温度，加速水分的扩散。

4. 风 风对蒸腾的影响比较复杂，微风能把叶面附近的水汽吹散，并摇动枝叶，加快了叶内水分子向外扩散，从而促进了蒸腾作用，但强风会使气孔关闭和降低叶温，减少蒸腾。

5. 土壤条件 因植物地上部的蒸腾与根系吸水有密切关系，因此，各种影响根系吸水的土壤条件，如土壤温度、土壤通气状况、土壤溶液的浓度等，均可间接影响蒸腾作用。

总之，影响蒸腾作用的环境因素是多方面的，且各因素之间还相互制约和相互影响。如光影响温度，温度影响湿度。但在一般自然条件下，光是影响蒸腾作用的主导因子。

五、合理灌溉的生理基础

作物的水分平衡与合理灌溉

植物根系从土壤中不断地吸收水分，叶片通过气孔蒸腾失水，这样就在植物生命活动中形成了吸水与失水的连续运动过程。一般把植物吸水、用水、失水三者之间的和谐动态关系称作水分平衡。

在园艺和农业生产中，应根据不同植物的需水规律合理灌溉，才能保持植物体内的水分平衡，达到植物高产、稳产的目的。

（一）植物的需水规律

1. 不同植物对水分的需求量不同 植物的蒸腾系数就是需水量，植物种类不同，需水量有很大差异（表 5－1）。如小麦和大豆需水量较大，高粱和玉米需水量较少。就生产等量的干物质而言，需水量少的植物比需水量大的植物所需水分少，因此在水分较少的情况下，需水量少的植物能制造较多的干物质，因而受干旱影响比较小。生产上常以植物的生物产量乘以蒸腾系数作为理论最低需水量。但植物实际需要的灌溉量要比理论值大得多，因为土壤保水能力、降水及生态需水的多少等都会对植物的吸水造成影响。

2. 同一植物不同生育期对水分的需求量不同 植物在整个生育期对水分的需求有一定的规律，一般在苗期需水较少，在开花前旺盛生长期需水量大，开花结果后需水量逐渐减少。例如早稻在苗期，由于蒸腾面积较小，水分消耗量不大；进入分蘖期后，蒸腾面积扩大，气温也逐渐转高，水分消耗量明显加大；到孕穗开花期耗水量达最大值；进入成熟期后，叶片逐渐衰老脱落，耗水量又逐渐减少。

3. 植物的水分临界期 植物一生中对水分缺乏最敏感、最易受害的时期称作水分临界期。一般而言，植物水分临界期处于花粉母细胞四分体形成期。这个时期如缺水，就会使性器官发育不正常。禾谷类作物一生中有两个临界期，一是拔节到抽穗期，如缺水可使性器官形成受阻，降低产量；二是灌浆到乳熟末期，这时缺水会阻碍有机物质的运输，导致籽粒干秕，粒重下降。

植物水分临界期的生理特点是原生质的黏性和弹性都显著降低，因此，忍受和抵抗干旱的能力减弱，此时，原生质必须有充足的水分，代谢才能顺利进行。因此，在农业生产上必须采取有效措施，满足作物水分临界期对水分的需求，这是取得高产的关键。

（二）合理灌溉的生理指标

1. 土壤含水量指标 植物灌水一般是根据土壤含水量，即根据土壤墒情决定是否需要灌水。一般作物生长较好的土壤含水量为田间持水量的60%～80%，如果低于此含水量，就应及时进行灌溉。但这个值不固定，常随许多因素的改变而变化。此值在农业生产中有一定的参考意义。

2. 植物形态指标 植物缺水时，其形态表现为幼嫩的茎叶在中午发生暂时萎蔫，导致生长速度下降，茎叶变暗、发红，这是因为干旱时生长缓慢，叶绿素浓度相对增大，使叶色变深，在干旱时糖的分解大于合成，细胞中积累较多的可溶性糖并转化成花青素，花青素在弱酸条件下呈红色，因此茎叶变红。形态指标易于观察，当植物在形态上表现受旱或缺水症状时，其体内的生理生化过程早已受到水分亏缺的危害，这些形态症状不过是生理生化过程改变的结果。因此，更为可靠的灌溉指标是生理指标。

3. 植物生理指标

(1) 叶水势。叶水势是一个灵敏反映植物水分状况的生理指标。当植物缺水时，水势下降。当水势下降到一定程度时，就应及时灌溉。对不同作物，发生干旱危害的叶水势临界值不同，表5-3列出了几种作物光合速率开始下降时的叶水势值。

表5-3 光合速率开始下降时的叶水势

作物	引起光合速率下降的叶水势值（MPa）	气孔开始关闭的叶水势值（MPa）
小麦	−1.25	
高粱	−1.40	
玉米	−0.80	−0.48
豇豆	−0.40	−0.40
旱稻	−1.40	−1.20
棉花	−0.80	−1.20

(2) 植物细胞汁液的浓度。干旱情况下的植物细胞汁液浓度比水分供应正常情况下高，当细胞汁液浓度超过一定值时，就应灌溉，否则会阻碍植株生长。

(3) 气孔开度。水分充足时气孔开度较大，随着水分的减少，气孔开度逐渐缩小；当土壤可利用水耗尽时，气孔完全关闭。因此，气孔开度缩小到一定程度时就要灌溉。

(4) 叶温与气温差。缺水时叶温与气温差加大，可以用红外测温仪测定作物群体温度，计算叶温与气温差，确定灌溉指标。目前已利用红外遥感技术测定作物群体温度，指导大面积作物灌溉。

植物灌溉的生理指标因栽培地区、时间、植物种类、植物生育期的不同而异，甚至同一植株不同部位的叶片也有差异。因此，在实际运用时，应结合当地的情况，测出不同植物的生理指标阈值，以指导合理灌溉。在灌水时尤其要注意看天、看地、看作物苗情，不能生搬硬套某一项生理指标。

（三）合理灌溉增产的原因

合理灌溉对植物的生长发育和生理生化过程有着重要影响，合理灌溉增产的生理原因主要是改善了植物的光合性能，光合性能包括光合面积、光合时间、光合速率、光合产物的消耗、光合产物的分配利用五个方面。从以下几个方面说明合理灌溉增产的原因。

1. 增大了光合面积和光合速率 合理灌溉能显著促进作物生长，尤其是扩大了光合面积，光合面积主要是指叶面积，在生产实际中，作物的实际光合面积要比叶面积大一些，作物的幼茎、果实，如黄瓜、豆角等都能进行光合作用，棉花的苞叶、玉米的苞叶、小麦的穗和穗下节间也能进行光合作用。在一定的范围内，作物的叶面积与光合速率呈正相关。在接近水分饱和状态下，叶片能充分接受光能，气孔张开，有利于CO_2的吸收，促进光合作用。

2. 延长光合时间，减少光合产物消耗　合理灌溉能延长叶片的功能期，延缓衰老，从而延长了光合时间。小麦在灌浆期保证水分供应十分重要，合理灌溉可使叶片落黄好，灌溉可以降低呼吸强度，减少“午休”现象，提高千粒重，同时也为下茬作物的播种奠定了基础。

3. 促进有机物质运输　合理灌溉有利于有机物质的运输，光合作用合成的有机物质都是在水溶状态下运输的，尤其是在作物后期灌溉，能显著促进有机物运向结实器官，提高作物产量和经济系数。

4. 改善生态环境　合理灌溉不但能满足作物各生育期对水分的需求，而且能满足作物需求的农田土壤条件和气候条件，如降低作物株间气温，提高相对湿度等。合理灌溉可以改善农田小气候，对作物的生长发育十分有利，在盐碱地合理灌溉还有洗盐压碱作用。

（四）作物田间灌溉方式

1. 地面灌溉　地面灌溉是目前我国果园里所采用的主要灌溉方式之一。所谓地面灌溉，就是指将水引入果园地表，借助于重力的作用湿润土壤的一种方式，故又称作重力灌溉。地表灌溉通常在果树行间做埂，形成小区，水随地表漫流。根据其灌溉方式，地面灌溉又可分为全园漫灌、细流沟灌、畦灌、盘灌（树盘灌水）和穴灌等。地面灌溉容易受果园地形地貌的限制，且水分浪费严重。

2. 喷灌　喷灌指利用机械和动力设备将水射到空中，形成细小水滴来灌溉果园的技术。喷灌对土壤结构破坏性较小，和地面灌溉相比较，能避免地面径流和水分的深层渗漏，节约用水。采用喷灌技术，能适应地形复杂的地面，水在果园内分布均匀，并能防止因灌溉造成的病害传播，容易实行自动化管理。喷灌属于全园灌溉，喷洒雾化过程中水分损失严重，尤其是在空气湿度低且有微风的情况下更为突出。

3. 滴灌　滴灌是通过管道系统把水输送到每一棵果树的树冠下，由一个或几个滴头（取决于果树栽植密度及树体的大小）将水一滴一滴均匀又缓慢地滴入土中，从而被根系吸收利用。滴灌对水分的利用率高，有利于根系对水分的吸收，并具有水压低和能进行加肥灌溉等优点。

4. 微喷　微喷是利用折射式、旋转式或辐射式微型喷头将水喷洒到作物枝叶等区域的灌水形式，是近几年来国内外在总结喷灌与滴灌的基础上，新近研制和发展起来的一种先进灌溉技术。微喷利用低压水泵和管道系统输水，在低压水泵的作用下，通过特别设计的微型雾化喷头把水喷射到空中，并散成细小雾滴，洒在作物枝叶上或树冠下地面。微喷技术比喷灌更为省水，由于雾滴细小，其适应性比喷灌更大，农作物从苗期到成长收获期全过程都适用。

5. 地下灌溉　地下灌溉是利用埋设在地下的透水管道将灌溉水输送到地下的果树根系分布层，并借助于毛细管作用湿润土壤的一种灌溉方式。地下灌溉系统由水源、输水管道和渗水管道三部分组成。水源和输水管道与地面灌溉系统相同，现在地下灌溉的渗水管道常使用钻有小孔的塑料管，在通常情况下，也可以使用黏土管、瓦管、瓦片、卵砾石等。由于地下灌溉将灌溉水直接送到土壤里，不存在或很少有地表径流和地表蒸发等造成的水分损失，是节水能力很强的一种灌溉方式。

实验实训

实训一 快速称重法测定植物蒸腾速率

（一）实训目标

通过实验操作，学会用快速称重法测定植物蒸腾速率。

（二）实训材料与用品

分析天平、剪刀、秒表、镊子、叶面积仪（或透明方格纸）、白纸及扭力天平等。

不同植物（或同一植物不同部位）的新鲜叶片。

（三）实训方法与步骤

1. 在测定植株上选一枝条（重约20g），剪下后立即放在扭力天平上称重，记录重量及起始时间（表5-4），并把枝条放回到原来环境中。

2. 过3～5min后，取枝条进行第二次称重，准确记录3min或5min内的蒸腾失水量和蒸腾时间（表5-4）。

表5-4 蒸腾速率记录表

植物名称	取材部位	重复	开始时间	叶面积（cm^2）	测定时间（min）	蒸腾失水量（g）	蒸腾速率	当时天气	备注

注意称重要快，要求两次称的质量变化不超过1g，失水量不超过10%。

3. 用叶面积仪（或透明方格纸，质量法）测定枝条上的总叶面积（cm^2），按下式计算蒸腾速率。

$$蒸腾速率[g/(m^2 \cdot h)] = \frac{蒸腾失水量(g)}{叶面积(m^2) \times 测定时间(h)}$$

质量法测定叶面积：选择一张各部分布均匀的白纸（纸的质量与纸的面积成正比），测定其单位面积的质量（m_1/S_1），将枝条上的叶片的实际大小描在白纸上，并沿线剪下来，然后称其总质量（m），则叶的总面积（S）如下。

$$S = \frac{S_1}{m_1} \cdot m$$

4. 不便计算叶面积的针叶树类等植物，能以鲜重为基础计算蒸腾速率。即于第二次称重后摘下针叶，再称枝条重，用第一次称得的重量减去摘叶后的枝条重，即为针叶（蒸腾组织）的原始鲜重，可用下式计算蒸腾速率（1g叶片每小时蒸腾水分的质量）。

$$蒸腾速率[mg/(g \cdot h)] = \frac{蒸腾失水量(mg)}{组织鲜重(g) \times 测定时间(h)}$$

(四) 实训报告

记录实验结果，计算所测植物的蒸腾速率。

实训二　小液流法测定植物组织水势

(一) 实训目标

1. 学会用小液流法测定植物组织水势。
2. 了解水势高低是水分移动方向的决定因素。

(二) 实验原理

水势梯度是植物组织中水分移动的动力，水分总是顺水势梯度移动。当植物组织与外液接触时，如果植物组织的水势低于外液的渗透势（溶质势），组织吸水，重量增大，使外液浓度变大；反之，则组织失水，重量减小，使外液浓度变小；若两者相等，则水分交换保持动态平衡，组织重量及外液保持不变。根据组织重量或外液的变化情况即可确定与植物组织相同水势的溶液浓度，然后根据公式计算出溶液的渗透势（溶质势），即为植物组织的水势。溶液渗透势的计算如下。

$$\Psi_s = -iRTC$$

式中　Ψ_s——溶液的渗透势（MPa）；

R——普适气体常量［（0.008 314L・MPa）/（mol・K）］；

T——热力学温度（K）（即 273+t，t 为实验室温度℃）；

C——溶液的浓度（mol/L）；

i——溶液的等渗系数（具体参见表 5-5）。

表 5-5　不同物质的量浓度（mol/L）下各种盐的等渗系数

电解质	0.02	0.05	0.1	0.2	0.5
$MgCl_2$	2.708*	2.667	2.658	2.679	2.896
$MgSO_4$	1.393*	1.302	1.212	1.125	—
$CaCl_2$	2.673*	2.630	2.601	2.573	2.680
LiCl	1.928	1.912	1.895	1.884	1.927
NaCl	1.921	—	1.872	1.843	—
KCl	1.919	1.885	1.857	1.827	1.784
KNO_3	1.904	1.847	1.748	1.698	1.551

注：* 代表 0.025mol/L 电解质的等渗系数。— 代表未测得数据。

(三) 实训材料与用品

1. 实验试剂　甲烯蓝（亚甲蓝）粉末（装于青霉素小瓶中），1mol/L $CaCl_2$溶液（也可用蔗糖溶液）。

2. 实验器具　10mL 试管（附有软木塞）8 支、指形试管（附有中间插橡皮头弯嘴毛细管的软木塞）8 支、特制试管架 1 个、面积 0.5cm^2 的打孔器 1 个、镊子 1 把、解剖针 1 支、5mL 移液管 8 支、1mL 移液管 8 支及特制木箱 1 个（可将上述用具装箱带到田间应用）等。

3. 实验材料 菠菜、油菜、丁香或其他植物新鲜叶片。

（四）实训方法与步骤

1. 浓度梯度液的配制 取 8 支干洁试管，编号（甲组），按表 5－6 配制 0.05～0.40mol/L 的等差浓度的 $CaCl_2$溶液，必须振荡均匀。

表 5－6 $CaCl_2$浓度梯度液的配制

试管号	1	2	3	4	5	6	7	8
溶液浓度（mol/L）	0.05	0.10	0.15	0.20	0.25	0.30	0.35	0.40
1mol/L $CaCl_2$ 溶液体积（mL）	0.5	1.0	1.5	2.0	2.5	3.0	3.5	4.0
蒸馏水体积（mL）	9.5	9.0	8.5	8.0	7.5	7.0	6.5	6.0

另取 8 支干洁的指形试管（或小瓶），编号（乙组），与甲组各试管对应排列，分别从甲组试管中准确用相应序号的移液管吸取 1mL 溶液，放入相应的乙组指形试管中。

2. 样品水分平衡 选取数片叶子，洗净，擦干，用同一打孔器切取叶圆片若干，混匀，每个指形试管中放 8～10 片，浸入 $CaCl_2$溶液内，塞紧软木塞，平衡 20～30min。其间多次摇动试管，以加速水分平衡。到预定时间后，取出叶圆片，用解剖针蘸取少许甲烯蓝粉末，加入各指形管中，摇匀，溶液变为浅蓝色。

3. 检测 取干洁的毛细管 8 支，编号，分别吸取少量蓝色溶液，插入相应序号的甲组试管中。将滴管先端插至溶液中间，轻轻压出一滴蓝色液，然后小心抽出滴管，观察蓝色液滴移动方向，将结果记录在表 5－7 中，找出等渗浓度。如果找不出等渗浓度，可以寻找一个小液流上升的试管和一个小液流下降的试管，取这两个试管中溶液浓度的平均值。

表 5－7 实验现象观察与分析

试管号	1	2	3	4	5	6	7	8
液流方向（↑或↓）								
原因								

4. 计算 计算被测植物组织水势。

5. 注意事项

（1）加入指形试管的甲烯蓝粉末不宜过多，以免影响相对密度。

（2）移液管、胶头毛细管要各溶液专用。

（3）指形管、试管要干洁，不能沾有水滴。

（4）释放蓝色液滴速率要缓慢，防止冲力过大影响液滴移动方向。

（5）所取材料在植株上部位要一致，打取叶圆片要避开主脉和伤口。

（6）取材以及打取圆片的过程操作要迅速，以免失水。

（五）实训报告

1. 计算所测植物组织的水势。
2. 记录实验结果，分析各种现象发生的原因。

拓展知识

无土栽培技术

凡不用天然土壤而用基质或仅育苗时用基质，在定植以后不用基质而用营养液进行灌溉的栽培方法，统称作“无土栽培”。

无土栽培的主要优点是能避免土壤传染的病虫害及连作障碍，肥料利用效率高，节约用水，可以在海岛、石山、南极、北极以及一切不适宜一般农业生产的地方进行作物生产，同时可以减轻劳动强度，使妇女和老年人也能从事这种生产活动。主要缺点是一次性设备投资大，用电多，肥料费用高，营养液的配制、调整与管理等技术要求较高。无土栽培的类型和方法很多，现就生产及试验中常用的方法简述如下。

一、水培

水培又称作水耕栽培，其显著特征是能够稳定地供给植物根系充足的养分，并能很好地支持、固定根系。水培设施主要有以下三种类型。

（一）营养液膜水培（NFT）

浅液流水培设施

将植物种植于浅的流动营养液中，根系呈悬浮状态以提高其氧气的吸收量。应用长而窄的黑聚乙烯膜，把育成的菜苗连同育苗块按定植距离放置一行，然后将膜的两边翻起，用金属丝折成三角形，上口用回形针或小夹子固定，营养液在塑料槽内流动。目前，该技术主要适用于种植莴苣、草莓、甜椒、番茄、茄子、甜瓜等作物，后经改进发展了一些先进的栽培方法。

（二）深液流水培（DFT）

深液流栽培设施建造

一种水泥砖砌成的种植槽为主体的深液流水培种植系统，具有投资少、管理方便、适种作物广泛、较好地解决根系对氧的需求等特点。利用水泵、定时器、循环管道进行营养液在种植槽和地下贮液池之间的间歇循环，以满足营养液中养分和氧气的供应。这种水培设施适宜种植大株型果菜类蔬菜和小株型叶菜类蔬菜。

（三）浮板毛管水培（FCH）

在世界各国无土栽培设施优点的基础上研制而成的新型水培设备，具有改善水培设施和节省生产成本等特点。其结构由栽培床、贮液池、循环系统和控制系统四大部分组成。栽培床由隔热性能好的聚苯板槽连接而成，床内设有铺湿毡的浮板。营养液由定时器控制，通过管道、空气混合器流经栽培床，到排液口回到贮液池。这种全封闭式营养液循环受外界环境变化影响小，植物根际环境变化小，适合各种植物生长。

二、气雾培

园艺植物气雾栽培

气雾培是无土栽培技术的新发展，它是利用喷雾装置将营养液雾化，直接喷施于植物根系的一种无土栽培形式。气雾培是将作物根系悬在栽培床部，周围空间封闭，使根系生长在充满营养液的气雾环境里，解决了根系从溶液中吸收营养与氧气供应的矛盾。

主要特点是营养液在超声换能器的作用下形成极小的颗粒，为植株的生长提供养分，而且营养液经过超声处理后，实现了超声灭菌，控制了部分叶部病害的发生传播条件。装置为木制栽培床，内铺塑料薄膜，一端放超声气雾机。因设备投资大，生产上很少应用，大多作为展览用。

三、基质栽培

基质栽培在营养液、水分供应及空气的协调上比水培更具有缓冲性能，特别是对生育期较长的作物表现得更为突出。

（一）岩棉培

温室番茄
岩棉栽培

岩棉培自1968年由丹麦岩棉社研究开发以来，世界上已有90%以上的无土栽培用岩棉作为基质培育或固定植株。我国现已能生产农用岩棉，在经过高温熔化制成的纤维中加入黏合剂等材料制成板状、块状或粒状的岩棉。

由于岩棉培氧气供给充足，不需要设置特殊的充氧装置，且岩棉具有较强的缓冲作用，营养液与温度等环境条件变化较平稳，所以在管理上相对较容易。岩棉的设施由营养液槽、栽培床及加液、排液、循环系统五部分组成。

（二）沙培

河沙资源丰富的地方可以用洗净的河沙作为基质，这是一种投资少、效益高的无土栽培形式。沙培的装置一般由栽培床、贮液槽（罐）、水泵和管道等构成。

（三）混合基质培

混合基质培比较常用，是根据当地基质资源选择物理性状不同的基质，按照一定的比例进行混合，综合各自的优点，为作物根系提供一个营养充足、水分适中、空气持有量大的生态环境。栽培方式主要有以下几种。

1. 混合基质沟栽 辽宁省农村日光温室应用较多，该方式植株生长速度快，投资少，经济效益显著。

2. 混合基质袋栽 将一定量的混合基质装入塑料袋中用以培植蔬菜的方法称作袋栽。该法节省投资，对供应营养液浓度的缓冲性较大，是无土栽培生产的一种主要形式。

3. 混合基质槽栽 炉渣加沙的混合基质，槽栽黄瓜、番茄取得了良好效果。混合基质槽栽营养液输送效果好，省工省料，管理方便。

四、立体栽培

近年，应用无土栽培技术进行的立体栽培形式主要有以下四种。

1. 袋式 将塑料薄膜做成一个桶形，用热合机封严，装入岩棉，吊挂在温室或大棚内，定植果菜幼苗。

2. 吊槽式 在温室空间顺畦方向挂木栽培槽种植作物。

3. 三层槽式 将三层木槽按一定距离架于空中，营养液顺槽的方向逆水层流动。

4. 立柱式 固定很多立柱，蔬菜围绕着立柱栽培，营养液从上往下渗透或流动。

五、有机生态型无土栽培

传统的营养液栽培具有一次性投资比较大，运转成本相对偏高，营养液的配制与管理技术较难掌握等限制因素。针对这些情况，中国农业科学院蔬菜花卉研究所开发出了一种低成本、高效益的有机生态型无土栽培技术。该技术利用河沙、煤渣、菇渣和作物秸秆等廉价材料作为栽培基质，利用各地易得到的有机肥和无机肥为肥料，使无土栽培系统的一次性投资较营养液无土栽培降低了80%，肥料成本降低60%，产量提高10%～20%，而且操作管理简单，系统排出液无污染，产品品质好，能达到中国绿色食品发展中心颁布的“AA级绿色食品”的施肥标准。有机生态型无土栽培技术把有机农业融入无土栽培，为无土栽培在我国的推广应用开辟了一条新的途径。

有机生态型无土栽培采用槽式栽培，即把3块砖平地叠起，高15厘米，内径宽48厘米，长5～15米。底部要用塑料薄膜隔离，以防感染土壤病虫害。生产过程全部施用有机肥，以固体肥料施入，灌溉时只灌清水。

（一）应用范围

1. 出现次生盐渍化和土传病害的保护地 可大幅度提高作物产量。

2. 缺水地区 同等产量条件下，无土栽培比土壤栽培节水50%～70%。

3. 传统农业无法耕作地区（荒滩、荒沟、沙荒地、盐碱地、废弃矿区、海岛等） 扩大蔬菜种植面积，减少菜粮争地；市郊区、沿海地区生产精品蔬菜和高档出口蔬菜。

（二）实施基本条件

1. 保护设施 如日光温室、塑料大棚等；水源应充分保证。

2. 资金投入 每亩无土栽培一次性投资需2 500～6 000元，如能充分利用当地资源，投资成本可适当降低。

思政园地

中国水资源

水资源

水是维系生命与健康的基本需求，地球虽然有71%的面积为水所覆盖，但是淡水资源却极其有限。在全部水资源中，97.47%是无法饮用的咸水。在余下的2.53%的淡水中，有87%是人类难以利用的两极冰盖、高山冰川和永冻地带的冰雪。人类真正能够利用的是江河湖泊以及地下水中的一部分，仅占地球总水量的0.26%，而且分布不均。因此，世界上有超过14亿的人口无法获取足量且安全的水来维持他们的基本需求。在许多层面，水资源和健康具有密不可分的关系。我们所做的每项决策事实上都和水以及水对健康所造成的影响有关。

一、中国水资源概况

我国是一个干旱缺水严重的国家。我国的淡水资源总量为28 000亿m^3，占全球水资源的6%，仅次于巴西、俄罗斯和加拿大，名列世界第四位。但是，我国的人均水资源量只有2 300m^3，仅为世界平均水平的1/4，是全球人均水资源最贫乏的国家之一。然而，中国又是世界上用水量最多的国家，仅2002年，全国淡水取用量达到5 497亿m^3，大约占世界年取用量的13%，是美国1995年淡水供应量4 700亿m^3的约1.2倍。

二、中国水资源保护

水是地球生物赖以存在的物质基础，水资源是维系地球生态环境可持续发展的首要条件。因此，保护水资源是人类最伟大、最神圣的天职，应从以下几方面入手。

1. 要全社会动员起来，改变传统的用水观念 要使大家认识到水是宝贵的，每冲一次马桶所用的水，相当于有的发展中国家人均日用水量；夏天冲个凉水澡，使用的水相当于缺水国家几十个人的日用水量。这绝不是耸人听闻，而是联合国有关机构多年调查得出的结果。因此，要在全社会呼吁节约用水，一水多用，充分循环利用水。要树立节水意识，开展珍惜水资源宣传教育。

2. 必须合理开发水资源，避免水资源被破坏 现代水利工程，如防洪、发电、航运、灌溉、养殖供水等在发挥一种或多种经济效益的同时，对工程所在地、上下游、河口乃至整个流域的自然环境和社会环境都会产生一定的负面影响，也可能造成一定范围内水资源被破坏。另外，一些采矿行业对水资源的破坏不容忽视，如煤炭开采中每采1t煤要排漏0.88m^3水，按某省年采煤3亿t计算，每年仅因采煤损失的地下水资源高达2.64亿m^3，并对地下水体地质构造造成极大的破坏。又如，无限度地乱砍滥伐，严重破坏植被，对水土保持及水资源的地表埋藏也会造成一定的影响。

3. 提高水资源利用率，减少水资源浪费 随着社会经济的发展和城市化进程的加快，为了缓解水资源紧张的情况，除了大力抓好节约和保护水资源工作外，跨流域调水已经成为我国北方城市的必然选择。然而，当前我国在水资源的配置上，市场机制通常被管制方法所替代，所以，应当转变观念，认识到水资源的自然属性和商品属性，遵循自然规律和价值规律，确实把水作为一种商品，合理应用市场机制配置水资源，减少水资源浪费。

4. 进行水资源污染防治，实现水资源综合利用 长期以来，由于工业生产污水直接外排而引起的环境事件屡见不鲜，它给人类生产、生活带来极坏影响。因此，应当对生产、生活污水进行有效治理。在城市可采取集中污水处理；工业企业必须执行环保"三同时"制度；生产污水据其性质不同采用相应的污水处理措施。总之，我们必须坚决执行水污染防治的监督管理制度，必须坚持谁污染谁治理的原则，严格执行环保一票否决制度，促进企业污水治理工作开展，最终实现水资源综合利用。

随着科学事业的逐渐发展，厂房高楼的逐渐增多，水资源短缺问题越来越严重。随着人类的破坏，原来那个蔚蓝色的"水晶球"已经不再明澈，不再蔚蓝。地球上可被利用的水并没有人类想象的那么多，如果将地球的水比作一大桶水，那么我们能用的也只有一勺水，而这一勺水中的1/4或更多已经被污染。如果地球继续遭到人类的摧残，早晚有一天，它会消失在茫茫的宇宙中。

如果还不珍惜水资源，最后一滴水就是人类的眼泪。

思考与练习

1. 名词解释：自由水、束缚水、水势、渗透势、压力势、衬质势、渗透作用、吸胀作用、质壁分离、蒸腾速率、蒸腾效率、根压、蒸腾拉力、水分平衡、内聚力学说。

2. 水在植物生活中有哪些作用？

3. 植物体内的水分存在状态有哪两种？不同水分的存在状态对植物代谢和抗性有何影响？

4. 了解质壁分离及复原在农业生产上有何指导意义？

5. 根系吸水和细胞吸水有什么不同？

6. 解释下列现象。

（1）作物在盐碱地生长不好的原因是什么？

(2) 为什么作物苗期化肥施用过多，会产生“烧苗”现象？

(3) 植物为什么会产生根压和蒸腾拉力？

7. 蒸腾作用有哪些方式？蒸腾的数量指标如何表示？

8. 简述水分沿导管上升的动力。

9. 说明水分在植物体内运输的途径和速度。

10. 简述气孔开闭的机理。

11. 何为水分临界期？了解水分临界期在农业生产上有何意义？

12. 合理灌溉的生理指标有哪些？

模块六　植物的矿质营养

学习目标

知识目标：

- 掌握根系吸收矿质元素的特点、过程、运输途径。

技能目标：

- 能进行植物的溶液培养和缺素症状的观察分析。

素养目标：

- 具备团队协作精神，能够与人和睦相处。
- 理解植物生理在农业生产中的应用，感悟大国三农的情怀和使命担当。

基础知识

植物在生长过程中，不仅需要从外界环境中吸收水、光、氧、二氧化碳，还必须从土壤中吸收所需的矿质元素，这样才能维持其正常的生长发育。我们把植物对矿质元素的吸收、运转和同化，称作矿质营养。了解矿质元素的生理作用，植物对矿质元素的吸收、运输以及利用规律，对于指导合理施肥、提高产量、改进品质等具有非常重要的意义。

一、植物体内的必需元素

（一）植物必需元素的标准及种类

植物体内含有许多化合物，同时也含有许多有机离子和无机离子。无论是化合物还是离子，它们都由各种元素组成。在105℃下将植物烘干，即得到占植物体鲜重5%～90%的干物质。再将干物质置于600℃下处理，有机物中的碳、氢、氧和氮便以气态化合物的形式（如CO_2、水蒸气、N_2、NH_3等）散失，硫也有一部分以SO_2或H_2S的形式散失，只剩下少量的灰分。灰分中的元素称作灰分元素或矿质元素。一般灰分中不含有氮，但氮的来源和吸收方式与矿质元素相似，主要以离子状态被植物根系从土壤中吸收，农业上均作为肥料应用。所以，习惯上把氮素归在矿质元素之中。

植物体内的矿质元素种类很多，据分析，地壳中存在的元素几乎都可在不同植物中找到。现在已发现70种以上的元素存在于不同植物中，但并不是每一种元素都是植物必需的。

植物生长必需元素

所谓必需元素是指植物生长发育必不可少的元素。国际植物营养学会规定的鉴定植物必需元素的三条标准如下。

1. 完全缺乏某种元素，植物不能正常生长发育，即不能完成生活史。

2. 完全缺乏某种元素，植物出现的缺素症状是专一的，不能被其他元素替代（即不能由于加入其他元素而消除缺素症状），只有加入该元素之后植物才能恢复正常。

3. 某种元素的功能必须是直接的，绝对不是由于改善土壤或培养基的物理、化学和微生物条件所产生的间接效应。

因此，对于某一种元素来说，如果完全符合上述三条标准，就是植物的必需元素。否则，即使该元素能改善植物的营养，也不能列为必需元素，如硅、硒、钠、钴等。

（二）植物必需元素的确定方法

在研究方法上，为了确定哪些矿质元素是植物的必需元素，必须人为控制植物赖以生存的介质成分。由于土壤条件很复杂，其中所含各种矿质元素很难人为控制，此外，还有微生物的活动，又使土壤养分处于不断的变化中。所以，无法通过土培试验来确定哪些矿质元素是植物必需的。19世纪60年代，植物生理学家萨克斯（J. Sachs）和克诺普（W. Knop）将植物培养在含有适量元素的水溶液中，即溶液培养（无土栽培），结果证明了钾（K）、镁（Mg）、钙（Ca）、铁（Fe）、磷（P）以及硫（S）和氮（N）是植物的必需矿质元素。目前，用来研究与植物营养有关的溶液培养方法有以下几种。

1. 水培法 用含有全部或部分营养元素的溶液栽培植物的方法。适宜植物正常生长发育的培养液称作完全溶液。这种溶液中含有植物所必需的所有矿质元素，且各元素可利用的浓度和元素间的比例以及溶液pH都适宜。下面是几种常用的培养液配方（表6-1、表6-2）。

水培试验时，培养液的成分和状态特别重要。培养液中各种盐类的阴、阳离子总量之间必须平衡。在进行溶液培养时，由于植物对离子的选择吸收以及水分的蒸腾会改变溶液的浓度，导致溶液中离子间的比例失调，引起溶液pH的改变，所以要经常调节溶液的pH和定期更换培养液。由于水溶液的通气较差，因此每天要给溶液通气。这些问题在现代的流动溶液培养中已得到解决。

表6-1 适于培养各种植物的Amon and Hoagland培养液（pH=6.0～7.0）

试剂	浓度（g/L）
$Ca(NO_3)_2 \cdot 4H_2O$	0.95
KNO_3	0.61
$MgSO_4 \cdot 7H_2O$	0.49
$NH_4H_2PO_4$	0.12
酒石酸铁	0.005
H_3BO_3	2.86
$MnCl_2 \cdot 4H_2O$	1.81
$ZnSO_4 \cdot 7H_2O$	0.22
$CuSO_4 \cdot 5H_2O$	0.08
H_2MoO_4	0.02

表 6-2 适于培养水稻的培养液

Espino 培养液		国际水稻研究所配方（贮备液）		
试剂	浓度（g/L）	试剂	浓度（g/L）	
$Ca(NO_3)_2 \cdot 4H_2O$	89	NH_4NO_3	91.4	
$MgSO_4 \cdot 7H_2O$	250	$NaH_2SO_4 \cdot 2H_2O$	40.3	
$(NH_4)_2SO_4$	49	K_2SO_4	71.4	
KH_2PO_4	34	$CaCl_2$	88.6	
$FeCl_2$	0.03	$MgSO_4 \cdot 7H_2O$	324.0	
H_3BO_3	2.86	$MnCl_2 \cdot 4H_2O$	1.50	分别溶解后加 500mL 浓 H_2SO_4，然后再加蒸馏水到 1 000mL
$ZnSO_4 \cdot 7H_2O$	0.22	$(NH_4)_6 \cdot Mo_7O_{24} \cdot 4H_2O$	0.074	
$MnCl_2 \cdot 4H_2O$	1.81	H_3BO_3	0.934	
$CuSO_4 \cdot 5H_2O$	0.08	$ZnSO_4 \cdot 7H_2O$	0.035	
$H_2MoO_4 \cdot H_2O$	0.02	$CuSO_4 \cdot 5H_2O$	0.031	
		$FeCl_2 \cdot 6H_2O$	7.70	
		柠檬酸（水合物）	11.9	

2. 沙培法 用洁净的石英砂、珍珠岩、小玻璃球等作为固定基质，再另加入培养液来栽培植物的方法。实际上沙培法仍属于水培法，沙只起固定植物的作用，植物所需养分仍由溶液提供。

3. 气栽法 将根系悬于培养箱中，定时向根部喷淋营养液。该方法实际上也是一种改良水培法。目前已可以用电脑进行控制，广泛用于蔬菜与花卉的工厂化生产。

借助于营养液培养法及鉴定必需元素的三条标准，现已确定植物必需的矿质元素有 13 种，它们是氮（N）、磷（P）、钾（K）、钙（Ca）、镁（Mg）、硫（S）、铁（Fe）、铜（Cu）、硼（B）、锌（Zn）、锰（Mn）、钼（Mo）、氯（Cl）；加上从空气和水中获得碳（C）、氢（H）、氧（O），植物必需的元素共有 16 种。根据植物对各必需元素的需要量及其在植物体内的含量可将其分为大量元素和微量元素两大类：其中 C、H、O、N、P、K、Ca、Mg、S 等 9 种元素是植物需要量大的元素，称作大量元素，占植物体干重的 0.1%。Fe、Mn、Zn、Cu、B、Mo、Cl 等 7 种元素需要量少，称作微量元素，占干重的 0.01%以下。

除 16 种必需元素外，植物体内还有许多其他元素的含量也较高，例如镍、钠、钴、硒、硅、钒等元素，这些元素对植物的正常生长也有影响。

（三）植物必需元素的生理作用及其缺素症

1. 必需元素的一般生理作用 总的来说，必需元素在植物体内的作用有以下几个方面。

（1）细胞结构物质的组分。例如，碳、氢、氧、氮、磷、硫等是组成糖类、脂类、蛋白质和核酸等有机物的组分。

（2）生命活动的调节者。一方面，许多金属元素参与酶的活动，或者是酶的组分（以螯合的形式并入酶的辅基中），通过自身化合价的变化传递电子，完成植物体内的氧化还原反应（如铁、铜、锌、锰、钼等）；或者是酶的激活剂，提高酶的活性，加快生化反应的速度（如镁）。另一方面，必需元素还是生理活性物质（如内源激素和其他生长调节剂）的组分，调节植物的生长发育。

（3）电化学作用。例如，某些金属元素能维持细胞的渗透势，影响膜的透性，保持离子浓度的平衡和原生质的稳定，以及电荷的中和等，如钾、镁、钙等元素。

2. 大量元素的生理作用及缺素症　多数大量元素都是植物细胞结构物质和生命活动调节物质（酶、激素等）的组成成分。当缺乏某种必需元素时，就会出现特有的病征，称作缺素症。

（1）碳（C）、氢（H）、氧（O）。植物有机体除去水分之后剩下的干物质中，90%是有机化合物，其中C占45%，O占45%，H占6%。碳原子是组成有机化合物的骨架，并与O、N、H等元素以各种各样的方式结合，从而决定了有机化合物的多样性。

植物氮同化

（2）氮（N）。植物主要通过根从土壤中吸收氮素，其中以无机氮为主，即铵态氮（NH_4^+-N）和硝态氮（NO_3^--N），也可吸收一部分有机氮，如尿素等。氮在植物体内所占比例不大，一般只占干重的1%～3%，虽然含量少，但对植物的生命活动起着重要的作用。

氮是蛋白质、核酸、磷脂的主要成分，而这三者又是原生质、细胞核和生物膜的重要组分。氮还是植物激素（如生长素、细胞分裂素）、维生素（维生素B_1、维生素B_2、维生素PP等）、酶及许多辅酶和辅基［如NAD^+（烟酰胺腺嘌呤二核苷酸）、$NADP^+$（烟酰胺腺嘌呤二核苷酸磷酸）、FAD（黄素腺嘌呤二核苷酸）］的成分，它们在生命活动中起调节作用。此外，氮还是叶绿素的组成元素，与光合作用有密切的关系。由此可见，氮在生命活动中占首要地位，所以被称作生命元素。

当氮肥供应充足时，植株高大，分蘖（分枝）能力强，枝繁叶茂，叶大而鲜绿，籽粒中蛋白质含量高。氮过多时，营养体徒长，叶大而深绿，柔软披散，植物体内含糖量相对不足，茎部机械组织不发达，易造成倒伏和被病虫侵害，花、果少，产量低。缺氮时，植物生长黄瘦、矮小、分蘖（分枝）减少，花、果易脱落，导致产量降低。由于氮在体内可以移动，老叶中的氮化物分解后可运到幼嫩组织中重复利用，所以缺氮时的症状通常从老叶开始，逐渐向幼叶扩展，下部叶片黄化后提前脱落（禾本科作物的叶片例外）。

（3）磷（P）。磷在土壤中以$H_2PO_4^-$和HPO_4^{2-}的形式被植物的根所吸收，在植物幼嫩组织和种子、果实中含量较多。

磷是核酸、核蛋白和磷脂的主要成分，它与蛋白质合成、细胞分裂及生长有密切的关系；磷是许多辅酶如NAD^+、$NADP^+$的成分，它们参与光合、呼吸过程；磷是AMP（单磷酸腺苷）、ADP（双磷酸腺苷）和ATP（三磷酸腺苷）的成分，所以与细胞内能量代谢有密切关系；磷还参与碳水化合物、蛋白质及脂肪的代谢和运输。

施磷能使植物生长发育良好，促进早熟，并能提高抗旱性与抗寒性。缺磷时代谢过程受阻，株体矮小，茎叶由暗绿渐变为紫红；分枝或分蘖减少，成熟延迟，果实与种子小且不饱满。施磷过多影响植物对其他元素的吸收，如施磷过多阻碍硅的吸收，使水稻易患稻瘟病；水溶性磷酸盐可与锌结合从而减少土壤中有效锌的含量，故施磷过多植物易产生缺锌症。磷在体内可移动，能重复利用。所以缺磷时，病症首先出现在老叶，并逐渐向上发展。

（4）钾（K）。钾在土壤中以 KCl、K_2SO_4 等盐的形式存在。被植物吸收后，以离子（K^+）状态存在于细胞内。植物体内的钾主要集中在生命活动最旺盛的部位，如生长点、形成层、幼叶等。

钾的生理功能是多方面的。第一，调节水分代谢。钾在细胞中是构成渗透势的主要成分。在根内钾从薄壁细胞运至导管，降低其水势，使水分从根表面沿水势梯度向上运转；钾能影响气孔运动，从而调节蒸腾作用。第二，酶的激活剂。目前已知钾可作为 60 多种酶的激活剂，如谷胱甘肽合成酶、琥珀酰 CoA 合成酶（琥珀酸硫激酶）、淀粉合成酶、琥珀酸脱氢酶、苹果酸脱氢酶、果糖激酶、丙酮酸激酶等，因而在糖类与蛋白质代谢以及呼吸作用中具有重要功能。第三，能量代谢。这是一种间接作用。在线粒体中，K^+ 与 Ca^{2+} 作为 H^+ 的对应离子反向移动，使 H^+ 从衬质（基质）向膜外转移，造成膜内外 H^+ 浓度差，促进氧化磷酸化；在叶绿体中，K^+ 与 Mg^{2+} 作为 H^+ 的对应离子，使 H^+ 从叶绿体间质向类囊体转移，促进光合磷酸化。第四，提高抗性。在钾的作用下，原生质的水合度增加，细胞保水力提高，抗性也提高。第五，参与物质运输。钾不但促进新生的光合产物的运输，而且对贮藏物质（如贮藏于茎叶中的蛋白质）的运转也有影响。

钾供应充足，糖类合成加强，纤维素和木质素含量提高，茎秆坚韧，抗倒伏。由于钾能促进糖分转化和运输，使光合产物迅速运输到块茎、块根或种子，故栽培马铃薯、甘薯、甜菜时增产显著。供钾不足的症状最初是生长速率下降，以后老叶出现缺绿症，叶尖与叶缘先枯黄，继而整个叶片枯黄，即所谓缺钾赤枯病。缺钾时抗逆性降低，易倒伏，严重缺钾时蛋白质代谢失调，导致有毒胺类（腐胺与鲱精胺）生成。供钾过多，果实出现灼伤等，并且在贮藏过程中易腐烂。钾很容易从成熟的器官移向幼嫩器官，因此当植株缺钾时，症状首先出现在老叶上。

由于植物对氮、磷、钾的需求量大，且土壤中通常缺乏这三种元素，所以在农业生产中经常需要补充这三种元素。因此，氮、磷、钾被称作“肥料三要素”。

（5）钙（Ca）。植物从土壤中吸收 $CaCl_2$、$CaSO_4$ 等盐中的 Ca^{2+}。它主要分布在老叶或其他老组织及器官中。

钙是胞间层中果胶酸钙的组分，缺钙时，细胞壁形成受阻，细胞分裂停止或不能正常完成，形成多核细胞。钙能作为磷脂中的磷酸与蛋白质的羧基间连接的桥梁，具有稳定膜结构的作用。钙可提高植物的抗病性，至少有 40 多种水果和蔬菜的生理病害是因低钙引起的。钙还可以与草酸形成草酸钙结晶，消除过多草酸对植物的毒害。钙也是一些酶的活化剂，如由 ATP 水解酶、磷脂水解酶等催化的反应都需要 Ca^{2+} 参与。

钙是一个不易移动的元素，缺乏时，病症首先出现在上部的幼嫩部位，幼叶呈淡绿色，叶尖出现典型的钩状，随后坏死。如大白菜缺钙时，心叶呈褐色。

（6）镁（Mg）。镁主要存在于幼嫩的器官和组织中，成熟时则集中在种子里。

镁是叶绿素的成分，又是 RuBP 羧化酶（核酮糖-1,5-双磷酸羧化酶）、5-磷酸核酮糖激酶等的活化剂，为叶绿素形成及光合作用所必需。镁能活化某些酶，如磷酸激酶等，在碳水化合物的代谢中占有重要地位。此外，镁还能促进氨基酸的活化，有利于蛋白质的合成。

镁是一个可移动的元素，缺乏时，病症首先从下部叶片出现。缺镁时叶片失绿，叶肉变黄，而叶脉仍保持绿色，能见到明显的绿色网状特征，这是与缺氮症状的主要区别。缺镁严重时，可引起叶片的早衰与脱落。

(7) 硫（S）。硫是以 SO_4^{2-} 的形式被植物吸收。硫是含硫氨基酸如胱氨酸、半胱氨酸、蛋氨酸等的组成成分，参与蛋白质的组成。辅酶 A 和一些维生素（如维生素 B_1）中也含有硫，且辅酶 A 的硫氢基（—SH）具有固定能量的作用。硫还是硫氧还蛋白、铁硫蛋白与固氮酶的组分，因而在光合、固氮等反应中起重要作用。

硫不易移动，缺乏时一般在幼叶出现缺绿症状，且新叶均匀失绿，呈黄白色并易脱落。缺硫情况在农业上少见，因土壤中有足够的硫供给植物。

3. 微量元素 主要生理作用及缺素症状详见表 6-3。

表 6-3 微量元素的主要生理作用及缺素症状

元素名称	被根吸收形式	主要生理作用	缺素症状
铁	二价离子螯合形式	促进光合、呼吸作用的电子传递，利于叶绿素的合成	叶脉间失绿黄化，以致整个幼叶黄白色
铜	二价离子	参与植物体内某些氧化还原反应以及光合作用的电子传递	幼叶萎蔫，出现白色叶斑，果、穗发育不正常
锌	二价离子	利于生长素合成，促进光合、呼吸作用的进行	叶小簇生，主脉两侧出现斑点，生育期推迟
锰	二价离子	促进新陈代谢，稳定叶绿体构造，参与光合放氧	脉间失绿，出现细小棕色斑点，组织易坏死
硼	可能是不解离的硼酸	促进花粉管萌发、生长和受精作用，促进碳水化合物运输、代谢	茎叶柄变粗、脆、易开裂，花器官发育不正常，生育期延长
钼	钼酸根	促进豆科植物固氮，参与磷酸代谢	叶片生长畸形，斑点散布在整个叶片
氯	一价氯离子	加速水的光解放氧，影响渗透势并与钾离子一起参与气孔运动	叶片萎蔫，缺绿坏死，根变短粗而肥厚，顶端棒状

二、植物对矿质元素的吸收和运输

（一）根系对矿质元素的吸收

植物对矿质元素的吸收与运输

1. 根系吸收矿质元素的区域 根系是植物吸收矿质元素的主要器官。根尖的根毛区是吸收矿质元素最活跃的区域。这是因为根毛区的吸收面积大，其表皮细胞未被栓质化，透水性好，该区域又有发达的输导组织，吸收的离子积累少，大部分被运走。放射性同位素（如 ^{86}Rb、^{32}P）实验表明，根毛区累积的离子很少，但根毛区吸收 K^+ 的速度高出分生区 80%。

2. 根系吸收矿质元素的特点 植物对矿质元素的吸收是一个复杂的生理过程。它一方面与吸水有关，另一方面又有其独立性，同时对离子的吸收还具有选择性。植物吸收矿质元素的特点有以下几点。

(1) 根系对水和矿质的吸收不成比例。无机盐只有溶于水后才能被根吸收，并随水流一起进入根部的自由空间。吸水主要是因蒸腾而引起的被动过程，而吸收无机盐则主要是经载体运输、消耗能量的主动吸收过程，其吸收离子数量因外界溶液浓度而异，所以吸水量和吸盐量不成比例。

根系吸收水分和无机盐

（2）根对离子的吸收具有选择性。根对离子的吸收具有选择性是指植物对同一溶液中的不同离子或同一盐分中的阴、阳离子吸收的比例不同的现象。如土壤中的硅（Si），水稻较棉花吸收的多；施用（$(NH_4)_2SO_4$）时，因植物对氮的需求量大于硫，所以 NH_4^+ 的吸收量多于 SO_4^{2-}，NH_4^+ 与根细胞表面吸附的 H^+ 交换，从而使土壤中 SO_4^{2-} 和 H^+ 浓度加大，使土壤 pH 下降，故称这类盐为生理酸性盐；施用 $NaNO_3$ 时，根吸收 NO_3^- 多于 Na^+，在吸收 NO_3^- 时，NO_3^- 与根细胞表面的 HCO_3^- 交换，结果使土壤中 OH^- 增多（$HCO_3^- + H_2O = H_2CO_3 + OH^-$），使土壤 pH 升高，因此称这类盐为生理碱性盐；再如多种硝酸盐，施用 NH_4NO_3 时，植物对 NO_3^- 和 NH_4^+ 几乎等量吸收，根部替代下来的 H^+ 与 OH^- 相等，不会使土壤 pH 发生变化，故称这类盐为生理中性盐。可见根对离子的吸收具有选择性，所以，在农业生产中，不宜长期单一在土壤中施用某一类化肥，否则可能使土壤酸化或碱化，从而破坏土壤结构。要科学合理用肥。

任何植物长期培养在单一的盐类溶液中会渐渐死亡的现象称作单盐毒害。即使是需求量大的元素也会如此。如将小麦的根浸入钙、镁、钾等任何一种单盐中，根系都会停止生长，分生区细胞壁黏液化，细胞被破坏，最后死亡。若在单盐中加入少量其他元素，单盐毒害就会减弱或消除，这种离子间能相互消除毒害的现象称作离子拮抗。如在 KCl 溶液中加入少量的 $CaCl_2$，就不会产生毒害（图 6－1）。所以，植物只有在含有适当比例的多盐溶液中才能正常生长，这种溶液称作平衡溶液。对海藻来说，海水就是平衡溶液，对陆生植物来讲，土壤溶液一般也是平衡溶液。

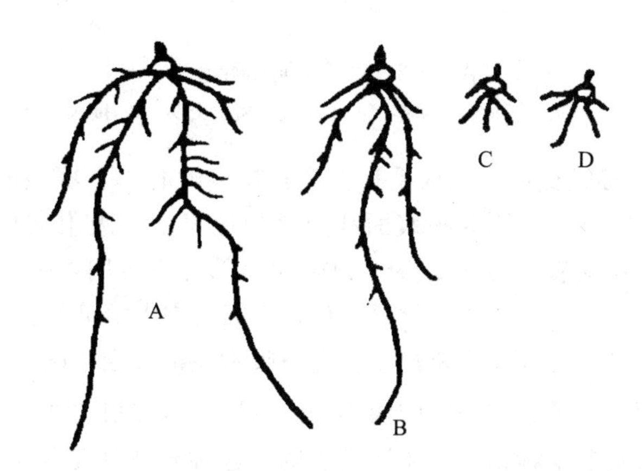

图 6－1　小麦根在单盐溶液和盐混合液中的生长情况

A. $NaCl + KCl + CaCl_2$　B. $NaCl + CaCl_2$　C. $CaCl_2$　D. NaCl

3. 根系吸收矿质元素的过程

（1）根系吸收矿质元素的方式。植物吸收矿质元素主要有两种方式，即被动吸收和主动吸收。

①被动吸收。指植物利用扩散作用或其他物理过程进行的吸收，不需要消耗能量，所以又称作非代谢吸收。当外界溶液中某种离子的浓度大于根细胞内的浓度时，外界溶液中

的离子就会顺着浓度梯度扩散到根细胞内，并迅速使根内外溶液浓度相同。决定吸收的主要因素是根内外离子的浓度差。

②主动吸收。植物利用呼吸作用所提供的能量逆浓度梯度吸收矿质元素的过程称作主动吸收。它是根系吸收矿质元素的主要方式。

植物根系对养分的吸收过程

(2) 根系吸收矿质元素的过程。根系吸收矿质元素的过程分为两步：第一步是土壤胶体颗粒上或土壤溶液中的矿质元素通过某种方式到达根的表面或根皮层的质外体，这是不需消耗能量的物理过程。第二步是矿质元素通过细胞膜进入共质体，这是耗能的主动吸收过程。然后通过内皮层进入中柱的导管进行长距离运输。

①离子的交换吸附。根部细胞呼吸作用放出的 CO_2 和土壤中的 H_2O 生成 H_2CO_3，解离成 H^+ 和 HCO_3^-。这些离子吸附在根系细胞的表面，并和土壤中的无机离子进行"同荷等价"交换。交换的方式有以下两种。

a. 通过土壤溶液进行交换。根表面吸附的 H^+ 和 HCO_3^- 同溶于土壤溶液中的离子如 K^+、Cl^- 等进行交换，结果土壤中的 K^+、Cl^- 离子换到了根表面，而根表面的 H^+ 和 HCO_3^- 则换到了土壤溶液中（图 6-2）。

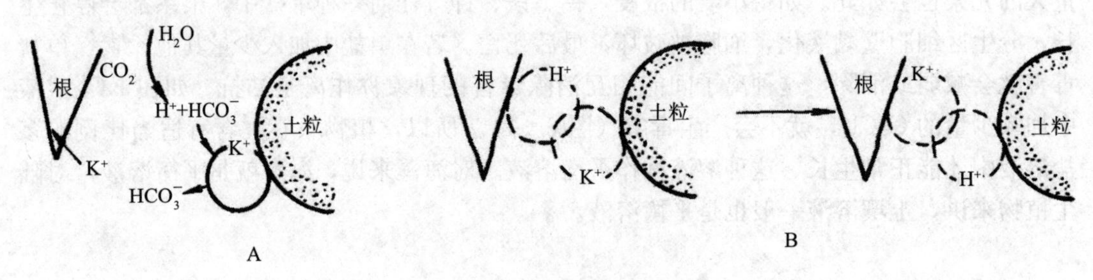

图 6-2 离子交换吸附示意

A. 植物根部通过土壤溶液和土粒进行离子交换 B. 接触交换

土壤胶体

b. 接触交换。当根系和土壤胶粒接触时，土壤表面所吸附的离子与根直接进行交换，因为根表面和土壤颗粒表面所吸附的离子在一定吸附力的范围内振动着，当两个离子的振动面部分重合时，便可相互交换。由于呼吸作用可不断产生 H^+ 和 HCO_3^-，它们与周围溶液和土壤颗粒的阴、阳离子迅速交换，因此，无机离子就会被吸附在根表面（图 6-2）。

②吸附在根表面的离子转移到细胞内部。此过程目前常用"载体学说"来解释。这个理论认为离子是通过膜上某种物质载体运进去的，这种载体就是膜上一些特殊的蛋白质，它们具有专门运输物质的功能，称作运输酶或透过酶。运输酶与物质结合具有专一性，而且结合的专一性很强，一种运输酶常只能与一定的离子结合。它对所结合的离子或分子具有高度的亲和力，因此其吸收是有选择性的。当膜外存在新物质时，质膜上的运输酶能分辨出这种物质并与之结合，形成复合体。然后复合体旋转 180°，从膜外转向膜内，由于消耗能量，运输酶的亲和力变弱就把物质释放到细胞内。当运输酶再次获取能量时，则运输酶恢复原状，亲和力提高，结合位置又转向膜外。如此往复，就把膜外的物质不断运到膜内，积累于细胞内。

进入原生质内的矿质元素，其中少数参与细胞的各种代谢活动或积累到液泡中，大部分则通过胞间连丝在细胞间移动，最后进入导管随蒸腾流上升，运向植物各个部位。

（二）矿质元素在植物体内的运输

1. 矿质元素的运输形式 根吸收的氮素，绝大部分在根内转变成氨基酸和酰胺，如天冬氨酸、天冬酰胺、谷氨酸、谷氨酰胺等，然后再向上运输。磷酸盐主要以无机离子形式运输，但可能有少量先在根内合成磷酰胆碱和 ATP、ADP、AMP、6-磷酸葡萄糖等化合物后再向上运输。金属元素以离子如 K^+、Ca^{2+} 等形态运输，非金属元素既能以离子运输，又能以小分子有机物的形式运输。

2. 矿质元素的运输途径 根吸收的大部分矿质元素，经根系的质外体运至中柱的导管，而后随蒸腾流向上运输。与此同时，也进行横向运输，运向正在生长的幼茎、幼叶和果实等器官。

矿质元素向上运输时，在植物体内积累最多的部位并不是蒸腾最强的部位，而是生长最旺盛的部位——生长中心，如生长点、嫩叶和正在生长的果实等。

3. 矿质元素的利用 矿质元素运到生长部位后，大部分与体内的同化物合成复杂的有机物质，如氮合成氨基酸、蛋白质、核酸、磷脂、叶绿素等；磷合成核苷酸、核酸、磷脂等；硫合成含硫氨基酸、蛋白质、辅酶 A 等；再由上述有机物进一步形成植物的结构物质。未形成有机物的矿质元素，有的作为酶的活化剂，如 Mg^{2+}、Mn^{2+}、Zn^{2+} 等；有的作为渗透物质，调节植物细胞对水分的吸收。

土壤有机质的转化

已参与生命活动的矿质元素，经过一个时期后也可分解并运到其他部位被重复利用。必需元素被重复利用的情况不同，N、P、K、Mg 易重复利用，缺素症状从下部老叶出现。Cu、Zn 有一定程度的重复利用，S、Mn、Mo 较难重复利用，Ca、Fe 不能重复利用，缺素症状首先出现于幼嫩的茎尖和幼叶。N、P 可多次重复利用，能从衰老部位转移到幼嫩的叶、芽、种子、休眠芽或根茎中，待来年再利用。

（三）影响根系吸收矿质元素的外界因素

植物对矿质元素的吸收是一个和呼吸作用密切相关的生理过程，因此，凡是能影响呼吸作用的外界因子，都能影响根对矿质元素的吸收。

1. 土壤温度 在一定范围内，根系吸收矿质元素的速度随土壤温度的升高而增快。因为土温影响根部的呼吸强度，从而影响根的主动吸收，还可影响酶的活性。当土温低时，根系生长缓慢，吸收面积小，酶活性低，呼吸强度下降，各种代谢减弱，矿质的需求量减少，吸收减慢。同时原生质黏滞性加强，膜的透性降低，增加了离子进入根细胞内部的阻力，所以影响根的吸收。当温度过高时，根系易老化，根系吸收面积减少；酶钝化，影响吸收和代谢；同时高温会破坏原生质的结构，使其透性增加，引起物质外漏；温度过高还会加速根的木质化进程，降低根系吸收矿质元素的能力。

2. 土壤通气状况 由于呼吸作用为根系的吸收作用提供能量，所以土壤通气状况直接影响到根系的吸收。通气良好时，有利于根系呼吸、生长，促进根系对离子的主动吸收。如果土壤板结或积水而造成通气性差时，则根系生长缓慢，呼吸减弱，从而影响根对矿质元素的吸收。通气不良，土壤中的还原性物质增多，对根系产生毒害作用。此外，土壤的通气状况还会影响矿质元素的形态和土壤微生物的活动等，从而间接地影响植物对矿质元素的吸收。

3. 土壤溶液浓度 在一定范围内，随着土壤溶液浓度的增加，根部吸收量也增多。但土壤溶液浓度过高时，会引起水分的反渗透，使根细胞脱水甚至产生“烧苗”现象。所以在农业生产上，施肥要采取“勤施薄施”的原则。

4. 土壤 pH 土壤的 pH 影响根对矿质元素的吸收。首先，在酸性条件下，根吸收阴离子多，而在碱性条件下，吸收阳离子多。因为蛋白质为两性电解质，在酸性环境中，氨基酸带正电，所以易吸收外液中的阴离子，反之在碱性条件下，易吸收阳离子。其次，pH 还影响无机盐的溶解度，在碱性条件下，铁、磷、钙、镁、铜、锌易形成不溶性化合物，因而根对这些元素吸收少。盐碱地植物往往缺铁而失绿，就是碱性太大影响对铁吸收的缘故。在酸性环境中，镁、钾、磷、钙等溶解度增加，植物来不及吸收就随水流失，所以在酸性红壤中常缺乏这些元素。当酸性过大时，铁、铝、锰等溶解度加大，植物也会因吸收过量而中毒。因此，土壤过酸或过碱对植物都不利，一般植物生长的最适 pH 为 6～7。但有些植物，如烟草、马铃薯等，喜微酸环境，有些植物，如甜菜喜偏碱性环境等。

5. 土壤水分 土壤水分过少，矿质元素的溶解、释放减少，蒸腾速率降低，养分向上运输受阻。所以，可以通过降低或增加土壤的含水量来控制或促进植物对矿质元素的吸收，从而达到控制或促进植物生长的目的。农业生产上“以水调肥，以水控肥”就是这个道理。

(四) 叶片对矿质元素的吸收

植物除了根系以外，地上部分的茎叶也能吸收矿质元素。生产中常把肥料配成溶液直接喷洒在叶面上以供植物吸收，这种施肥方式称作根外施肥或叶面施肥。

喷洒在叶片上的肥料，可以通过气孔和湿润的角质层进入叶脉韧皮部，也可横向运输到木质部，而后再运往各处。

根外追肥具有肥料用量少、见效快的特点，有利于在不同生育期施用，特别是植物生长后期，根系生活力降低，吸收机能衰退时效果更佳。当土壤缺水，土壤施肥难以发挥效益时，叶面施肥的意义更大，另外根外施肥还可避免肥料（如过磷酸钙）被土壤固定失效和随水流失的弊端。

三、施肥的生理基础

施肥的生理基础

施肥的目的是为了满足植物对矿质元素的需求，要使植物增产，不但要有足够的肥料，而且要合理施用。因此，首先应了解植物的需肥规律，适时、适量按需施肥，才能达到预期的目的。

(一) 植物需肥特点

1. 不同植物或同一植物的不同品种需肥不同 油菜对氮、磷、钾需求量都较大，要充分供给。禾谷类如水稻、玉米等除需氮肥外，还需一定的磷、钾肥。叶菜类如小白菜、大白菜等应多施氮肥，使叶片肥大，质地柔嫩；而豆科作物如大豆，因根瘤能固氮，需磷、钾较多。薯类如马铃薯需磷、钾较多，也需一定的氮。另外，油料作物对镁有特殊需求。

2. 植物不同，需肥形态不同 烟草既需铵态氮，又需硝态氮。因为硝态氮能使烟叶形成较多的有机酸，可提高燃烧性；而铵态氮有利于芳香挥发油的形成，增加香味，所以烟草施用硝酸铵最好。水稻根内一般缺乏硝酸还原酶，所以不能还原硝酸，宜用铵态氮而不适宜施用硝态氮。马铃薯和烟草等忌氯，因氯可降低烟叶的可燃性和马铃薯的淀粉含量，所以用草木灰作为钾肥比氯化钾好。

3. 同一作物不同生育期需肥量不同 植物对矿质元素的需求量与植物生长量有密切关系。萌发期因主要利用种子中贮藏的养分，所以不吸收矿质元素。幼苗期吸收也较少，开花结实期吸收量达到高峰，以后随着植株各部分逐渐衰老，对矿质元素的需求量亦逐渐减少，最后根系完全停止吸收，甚至向外“倒流”。

4. 植物营养临界期需肥特点 植物在生长发育过程中，常有一个时期对某种养分需求的绝对数量虽然不多，但在需要程度上很敏感，此时如果不能满足植物对该种养分的需求，将会严重影响植物的生长发育和产量，也就是说错过这个时期，即使以后再大量补给含有这种养分的肥料，也难以弥补此时由于养分不足所造成的损失，这个时期称作植物的营养临界期。

植物营养临界期一般出现在植物生长的早期阶段。不同养分的临界期不同。大多数植物需磷的临界期都在幼苗期；需氮的临界期稍晚于磷，一般在营养生长转向生殖生长时期；需钾的临界期一般不易判断，因为钾在植物体内流动性大，有高度被再利用的能力。

5. 植物营养最大效率期需肥特点 在植物生长发育过程中，对养分的需求还存在一个不论是在绝对数量上，还是在吸收速率上都最高的时期，此时施用肥料所起的作用最大，增产效率也最显著，这个时期称作植物营养最大效率期。植物营养最大效率期一般在植物营养生长的旺盛期或营养生长与生殖生长并进的时期。此时追肥往往能取得较大的经济效益。如强调施用小麦的拔节肥、水稻的穗肥、玉米的大喇叭口肥等。应当注意的是，同一作物不同营养元素其最大效率期是有差异的。

植物营养临界期和植物营养最大效率期是植物需肥的两个关键时期，保证关键时期有充足的养分供应对提高作物产量有重要的意义。但是，植物需肥的各个阶段是互相联系、彼此影响的，除了上述两个关键时期外，也不可忽视植物吸收养分的连续性，在其发育阶段根据苗情或长势适当供给养分也是必要的。所以，在施用肥料时应根据植物的需肥特性和规律，做到施足基肥，重施种肥，适时追肥。

（二）合理施肥的指标

合理施肥包含两层意思：一是满足作物对必需元素的需求，二是使肥料发挥最大的经济效益。确定作物是否需要施肥，施什么肥，施多少肥，有各种指标。比如，土壤的营养水平、植物的长势、植物体内某些物质的含量，均可作为施肥的指标。

1. 形态指标 能反映植株需肥情况的外部形态（主要是植物的长势、长相）称作追肥的形态指标。

（1）相貌。植物的相貌是指植物的外部形态。如氮肥多，植物生长快，株型松散，叶长而披软；氮不足生长缓慢，株型紧凑，叶短而直。因此，可以把植物的相貌作为追肥的一种指标。

（2）叶色。叶色能灵敏地反映植物体内的营养状况（尤其是氮）。含氮量高时，叶色深绿，反之叶色浅黄。所以生产上常将叶色作为施用氮肥的形态指标。

2. 生理指标 生理指标是指根据植物的生理活动与某些养分之间的关系，确定一些临界值，作为是否追肥的指标。它一般以功能叶为测定对象，其指标主要有以下几种。

(1) 体内营养元素含量。一般通过对叶的营养分析，找出不同组织、不同生育期的不同元素最低临界值用以指导施肥工作。

(2) 叶绿素含量。在植物体内叶绿素含量与含氮量一致，所以可将叶绿素含量作为诊断的指标。

(3) 淀粉含量。水稻体内含氮量与淀粉含量呈负相关，氮不足时，淀粉在叶鞘中积累，所以鞘内淀粉愈多，表示缺氮愈严重。测定时，将叶鞘劈开，浸入碘液中，如被染成蓝黑色，颜色深，且占叶鞘面积比例大，表明缺氮。

植物施肥的生理指标还有很多，如测定酶的活性、植株体内天冬酰胺的含量等，值得注意的是，任何一种生理指标都要因地制宜，多加实践，才具有指导意义。

(三) 发挥肥效的措施

1. 以水调肥，肥水配合 水与矿质的关系很密切。水是矿质的溶剂和向上运输的媒介，对生长具有重要作用。水还能防止肥过多而产生“烧苗”现象。所以水直接或间接地影响着矿质的吸收和利用。施肥时，适量灌水或雨后施肥，能大大提高肥效，这就是以水促肥的道理。相反，如果氮肥过多，往往造成植物徒长，这时可适当减少水分供应，限制植物对矿质的吸收，从而达到以水控肥的效果。

2. 适当深耕，改良土壤环境 适当深耕，使土壤容纳更多的水和肥从而促进根系生长，增大根的吸收面积，有利于根系对矿质的吸收。

3. 改善光照条件，提高光合效率 施肥能改善光合性能，提高植物光合效率。所以，为了发挥肥效，应该合理密植，以利于改善光照条件，增加植物产量，反之，密度太大，田间荫蔽，株间光照不足，肥水虽足，但起不到增产的效果，还会造成植物徒长、倒伏、病虫害增多，最后导致减产。

土壤施肥方式

4. 改变施肥方法，促进作物吸收 改表施为深施。表层施肥时，氧化剧烈，氮、磷、钾易流失，植物的吸收率很低。据测算，水稻对氮、磷、钾的利用率只有一半左右。而深施（根系周围 5～10cm 的土层），肥料挥发、流失少，供肥稳定，由于根的趋肥性，促进了根系的下扎，有利于根的固着和吸收，促进作物增产。另外，根外施肥可起到肥少功效大的作用，是一种非常经济的用肥方法。

实验实训

实训一 植物的溶液培养和缺素症状的观察

(一) 实训目标

学习溶液培养的方法，证实氮、磷、钾、钙、镁、铁等元素对植物生长发育的重要性和观察缺素症状。

(二) 实训材料与用品

培养缸（陶瓷、玻璃、塑料均可）、试剂瓶、烧杯、移液管、量筒、黑纸、塑料纱网、精密 pH 试纸、天平、玻璃管、棉花（或海绵）、通气装置；四水硝酸钙 [$Ca(NO_3)_2 \cdot 4H_2O$]、硝酸钾（KNO_3）、硫酸钾（K_2SO_4）、磷酸二氢钾（KH_2PO_4）、七水硫酸镁（$MgSO_4 \cdot 7H_2O$）、氯化钙（$CaCl_2$）、磷酸二氢钠（NaH_2PO_4）、硝酸钠（$NaNO_3$）、硫酸钠（Na_2SO_4）、乙二胺四乙酸二钠（EDTA-Na_2）、七水硫酸亚铁（$FeSO_4 \cdot 7H_2O$）、硼酸（H_3BO_3）、七水硫酸锌（$ZnSO_4 \cdot 7H_2O$）、四水氯化锰（$MnCl_2 \cdot 4H_2O$）、一水钼酸（$N_2MoO_4 \cdot H_2O$）、五水硫酸铜（$CuSO_4 \cdot 5H_2O$）。

玉米、棉花、番茄、油菜等植物种子。

（三）实训方法与步骤

1. 育苗 选大小一致饱满成熟的植物种子，放在培养皿中萌发。

2. 配制培养液（贮备液） 取分析纯试剂，按表 6-4 用量配制成贮备液（单位 g/L）。

表 6-4 大量元素和微量元素的贮备液配制方法

大量元素及铁元素贮备液		微量元素贮备液	
Ca $(NO_3)_2 \cdot 4H_2O$	236	H_3BO_3	2.86
KNO_3	102	$ZnSO_4 \cdot 7H_2O$	0.22
$MgSO_4 \cdot 7H_2O$	98	$MnCl_2 \cdot 4H_2O$	1.81
KH_2PO_4	27		
K_2SO_4	88	$H_2MoO_4 \cdot H_2O$	0.09
$CaCl_2$	111	$CuSO_4 \cdot 5H_2O$	0.08
NaH_2PO_4	24		
$NaNO_3$	170		
Na_2SO_4	21		
EDTA-Fe { EDTA-Na_2	7.45		
EDTA-Fe { $FeSO_4 \cdot 7H_2O$	5.57		

注：EDTA-Na_2是隐蔽剂，能隐蔽其他元素的干扰。

配好贮备液后，再按要求配制完全液和缺素液。表 6-5 为每 1 000mL 蒸馏水中贮备液用量（mL）。

表 6-5 每 1 000mL 蒸馏水中贮备液用量（mL）

贮备液	完全液	缺氮	缺磷	缺钾	缺钙	缺镁	缺铁
Ca $(NO_3)_2 \cdot 4H_2O$	5	—	5	5	—	5	5
KNO_3	5	—	5	—	5	5	5
$MgSO_4 \cdot 7H_2O$	5	5	5	5	5	—	5
KH_2PO_4	5	5	—	—	5	5	5
K_2SO_4	—	5	—	—	—	—	—
$CaCl_2$	—	5	5	—	—	—	—
NaH_2PO_4	—	—	—	5	—	—	—
$NaNO_3$	—	—	—	5	5	—	—
Na_2SO_4	—	—	—	—	—	5	—
EDTA-Fe	5	5	5	5	5	5	—
微量元素	1	1	1	1	1	1	1

用精密 pH 试纸测定培养液的 pH，根据不同植物的要求，pH 一般控制在 5～6 为宜，如 pH>6，则用 1%盐酸（HCl）调节所需 pH。

3. 水培装置准备 取 1～3L 的培养缸，若缸透明，则在其外壁涂以黑漆或用黑纸套好，使根系处在黑暗环境中，缸盖上应打有数孔，一侧用海绵或棉花固定植物幼苗，再将通气泵连接的橡皮管一端插入营养液面下，用来提供植物根系生长所需氧气。

4. 移植与培养 在以上配制的培养液中各加 1 200mL 蒸馏水，将幼苗根系洗干净，小心穿入孔中，用棉花或海绵固定，使根系全浸入培养液中，放在阳光充沛、温度适宜（2～25℃）的地方。

5. 管理、观察 用精密 pH 试纸检测培养液的 pH，用 1%盐酸调整 pH 至 5～6，每 3d 加蒸馏水一次，以补充瓶内蒸腾损失的水分。培养液 7～10d 更换一次，每天通气 2～3 次或进行连续微量通气，以保证根系有充足的氧气。

实验开始后应随时观察植物生长情况，并做记录，当明显出现缺素症状时，用完全液更换缺素液，观察缺素症是否消失，仍做记录。

6. 结果分析 将幼苗生长情况做记录（表 6-6）。

表 6-6 幼苗生长情况记录

处理	幼苗生长情况
完全液	
缺氮	
缺磷	
缺钾	
缺钙	
缺镁	
缺铁	

（四）实训报告

描述植物缺少矿质元素所表现出的主要症状。

实训二 植物体内硝态氮含量的测定技术

植物体内硝态氮（$NO_3^- - N$）含量可以反映土壤氮素供应情况，常为施肥指标。另外，蔬菜类作物特别是叶菜和根菜中常含有大量硝酸盐，在烹调和腌制过程中可转化为亚硝酸盐而危害健康，因此，硝酸盐含量又成为蔬菜及其加工品的重要品质指标。测定植物体内的硝态氮含量，不但能够反映出植物的氮素营养状况，而且对蔬菜及其加工品的品质有重要意义。

（一）实训目的

学习植物体内硝态氮含量测定的原理与技术。

(二)实训原理

在浓硫酸条件下,NO_3^-与水杨酸反应,生成硝基水杨酸。硝基水杨酸在碱性条件下(pH>12)呈黄色,最大吸收峰的波长为410nm,在一定范围内,其颜色的深浅与含量成正比,可直接用比色法测定。

(三)实训材料与用品

1. 材料与实验试剂

(1)材料。小麦、水稻或其他植物的叶片(或其他组织)。

(2)实验试剂。

①500mg/L NO_3^--N标准溶液。精确称取烘干至恒重的KNO_3 0.722g溶于蒸馏水中,定容至200mL。

②5%水杨酸-硫酸溶液。称取5g水杨酸溶于100mL相对密度为1.84的浓硫酸中,搅拌溶解后,贮于棕色瓶中,置冰箱可保存1周。

③8%氢氧化钠溶液。80g氢氧化钠溶于1L蒸馏水中即可。

2. 实验器具 分光光度计、天平(感量0.1mg)、20mL刻度试管、刻度吸量管(0.1、0.5、5、10mL各1支)、25mL容量瓶、小漏斗(直径5cm)3个、玻棒、吸耳球、电炉、铝锅、7cm定量滤纸若干等。

(四)实训方法与步骤

1. 标准曲线的制作

(1)NO_3^--N系列标准溶液的配制。吸取500mg/L NO_3^--N标准溶液0.5、1.0、1.5、2.0、3.0、4.0、5.0、6.0mL分别放入25mL容量瓶中,用去离子水定容至刻度,使之成为10、20、30、40、60、80、100、120mg/L的系列标准溶液。

(2)反应。吸取上述系列标准溶液0.1mL,分别放入刻度试管中,以0.1mL蒸馏水代替标准溶液作空白,再分别加入0.4mL 5%水杨酸-硫酸溶液,摇匀,在室温下放置20min后,再加入8% NaOH溶液9.5mL,摇匀冷却至室温。显色液总体积10mL。

(3)比色。以空白作参比,在410nm波长下测定光密度。以NO_3^--N质量浓度为横坐标(x),吸光度为纵坐标(y)绘制标准曲线或计算出回归方程。

2. 样品中硝酸盐的测定

(1)样品液的制备。取一定量的植物材料剪碎混匀,用天平精确称取材料2g左右,重复3次,分别放入3支刻度试管中,各加入10mL去离子水,置沸水浴中提取30min后取出,用自来水冷却,将提取液过滤到25mL容量瓶中,并反复冲洗残渣,最后定容至刻度。

(2)样品液的测定。吸取样品液0.1mL,分别放入3支刻度试管中,然后加入5%水杨酸-硫酸溶液0.4mL,混匀后置室温下20min,再慢慢加入9.5mL 8% NaOH溶液,待冷却至室温后,以空白作参比,在410nm波长下测其光密度。在标准曲线上查得或用回归方程计算NO_3^--N质量浓度,计算样品中NO_3^--N含量。

$$NO_3^- - N\text{含量} = \frac{D \times \text{样品液总量}}{\text{样品鲜重}}$$

式中 D——曲线上查得或用回归方程计算得到的NO_3^--N质量浓度。

• **思考与分析**

为什么要测定植物体内硝态氮含量？测定试剂中水杨酸的作用是什么？

• **探索性实验**

比较不同年龄的植物组织中硝态氮的含量，找出诊断氮素营养的敏感部位。

试判断以下植物器官中硝态氮含量的高低，并说明原因。

A. 萝卜的根、叶柄、叶片。

B. 大白菜绿叶、外层包心叶、菜心、菜帮。

（五）实训报告

1. 绘制标准曲线或计算回归方程（表6-7），计算所测样品的NO_3^--N含量（表6-8）。

2. 分析本测试过程中产生误差的可能原因有哪些？

表6-7　NO_3^--N含量测定标准曲线制作

质量浓度（mg/L）	10	20	30	40	60	80	100	120
光密度（A_{410}）								
回归方程								

表6-8　NO_3^--N含量测定记载

材料	重复	鲜重（g）	总体积（mL）	光密度（A_{410}）	测定液质量浓度（mg/L）	样品中NO_3^--N含量（mg/g）
	1					
	2					
	3					
	4					

拓展知识

测土配方施肥

以土壤测试和肥料田间试验为基础，根据作物需肥规律、土壤供肥性能和肥料效应，在合理施用有机肥料的基础上，提出氮、磷、钾及中量、微量元素等肥料的施用数量、施用时期和施用方法。通俗地讲，就是在农业科技人员指导下科学施用配方肥。测土配方施肥技术的核心是调节和解决作物需肥与土壤供肥之间的矛盾。同时有针对性地补充作物所需的营养元素，作物缺什么元素就补充什么元素，需要多少补多少，实现各种养分平衡供应，满足作物的需求；达到提高肥料利用率和减少用量，提高作物产量，改善农产品品质，节省劳力，节支增收的目的。

一、主要原理

测土配方施肥是以养分归还（补偿）学说、最小养分律、同等重要律、不可代替律、肥料效应报酬递减律和因子综合作用律等为理论依据，以确定没养分的施肥总量和配比为主要内容。为了补充发挥肥料的最大增产效益，施肥必须与选用良种、肥水管理、种植密度、耕作制度和气候变化等影响肥效的诸因素结合，形成一套完整的施肥技术体系。

（一）养分归还学说

作物产量的形成有40%～80%的养分来自土壤，但不能把土壤看作一个取之不尽、用之不竭的“养分库”。为保证土壤有足够的养分供应容量和强度，保持土壤养分的携出与输入间的平衡，必须通过施肥这一措施来实现。依靠施肥，可以把作物吸收的养分“归还”土壤，确保土壤肥力。

（二）最小养分律

作物生长发育需要吸收各种养分，但严重影响作物生长、限制作物产量的是土壤中那种相对含量最小的养分，也就是最缺的那种养分（最小养分）。如果忽视这个最小养分，即使继续增加其他养分，作物产量也难以再提高。只有增加最小养分的量，产量才能相应提高。经济合理的施肥方案，是将作物所缺的各种养分同时按作物所需比例相应提高，作物才会高产。

（三）同等重要律

对农作物来讲，不论大量元素或微量元素，都是同样重要、缺一不可的，即缺少某一种微量元素，尽管它的需要量很少，仍会影响某种生理功能而导致减产，如玉米缺锌导致植株矮小而出现花白苗，水稻苗期缺锌造成僵苗，棉花缺硼使得蕾而不花。微量元素与大量元素同等重要，不能因为需要量少而忽略。

（四）不可代替律

作物需要的各营养元素，在作物内都有一定功效，相互之间不能代替。如缺磷不能用氮代替，缺钾不能用氮、磷配合代替。缺少什么营养元素，就必须施用含有该元素的肥料进行补充。

（五）报酬递减律

从一定土地上所得的报酬，随着向该土地投入的劳动和资本量的增加而有所增加，但达到一定水平后，随着投入的单位劳动和资本量的增加，报酬的增加却在逐步减少。当施肥量超过适量时，作物产量与施肥量之间的关系就不再是曲线模式，而呈抛物线模式，单位施肥量的增产会呈递减趋势。

（六）因子综合作用律

作物产量高低是由影响作物生长发育诸因子综合作用的结果，但其中必有一个起主导作用的限制因子，产量在一定程度上受该限制因子的制约。为了充分发挥肥料的增产作用和提高肥料的经济效益，一方面，施肥措施必须与其他农业技术措施密切配合，发挥生产体系的综合功能；另一方面，各种养分之间的配合作用也是提高肥效不可忽视的一个因素。

二、主要方法

各地推广的测土配方施肥方法归纳起来有三大类六种方法：第一类是地力分区法；第二类是目标产量法，包括养分平衡法和地力差减法；第三类是田间试验法，包括肥料效应函数法、养分丰缺指标法、氮磷钾比例法。

（一）地力分区配方法

利用土壤普查、耕地地力调查和当地田间试验资料，把土壤按肥力高低分成若干等级，或划出一个肥力均等的田片作为一个配方区，再应用资料和田间试验成果，结合当地的实践经验，估算出这一配方区内比较适宜的肥料种类及其施用量。这一方法的优点是较为简便，提出的肥料用量和措施接近当地的经验，方法简单，群众易接受。缺点是局限性较大，每种配方只能适应于生产水平差异较小的地区，而且依赖一般经验较多，对具体田块来说针对性不强。

（二）目标产量配方法

根据作物产量的构成，由土壤本身和施肥两个方面供给养分的原理来计算肥料的用量。先确定目标产量以及为达到这个产量所需要的养分数量，再计算作物除土壤所供给的养分外需要补充的养分数量，最后确定施用多少肥料。包括养分平衡法和地力差减法。

（三）田间试验法

通过简单的单一对比，或应用较复杂的正交、回归等试验设计，进行多点田间试验，从而选出最优处理，确定肥料施用量。

田间试验有以下三种方法。

1. 肥料效应函数法 即采用单因素、双因素或多因素的多水平回归设计进行布点试验，将不同处理得到的产量进行数理统计，求得产量与施肥量之间的肥料效应方程式。根据其函数关系式，可直观地看出不同元素肥料的不同增产效果，以及各种肥料配合施用的效果，确定施肥上限和下限，计算出经济施肥量，作为实际施肥量的依据。这一方法的优点是能客观地反映肥料等因素的单一和综合效果，施肥精确度高，符合实际情况。缺点是地区局限性强，不同土壤、气候、耕作、品种等需布置多点不同试验。

2. 养分丰缺指标法 此法利用土壤养分测定值与作物吸收养分之间存在的相关性，对不同作物进行田间试验，根据在不同土壤养分测定值下所得的产量分类，把土壤的测定值按一定的级差分等，制成养分丰缺及应该施肥量对照检索表。在实际应用中，只要测得土壤养分值，就可以从对照检索表中按级确定肥料施用量。

3. 氮磷钾比例法 原理是通过田间试验，在一定地区的土壤上，取得某一作物不同产量情况下各种养分之间的最好比例，然后通过对一种养分的定量，按各种养分之间的比例关系来决定其他养分的肥料用量。

三、实施步骤

测土配方施肥技术包括“测土、配方、配肥、供应、施肥指导”五个核心环节、九项重点内容。

（一）田间试验

田间试验是获得各种作物最佳施肥量、施肥时期、施肥方法的根本途径，也是筛选、验证土壤养分测试技术、建立施肥指标体系的基本环节。通过田间试验，掌握各个施肥单元不同作物优化施肥量，基肥、追肥分配比例，施肥时期和施肥方法；摸清土壤养分校正系数、土壤供肥量、农作物需肥参数和肥料利用率等基本参数；构建作物施肥模型，为施肥分区和肥料配方提供依据。

（二）土壤测试

土壤测试是制订肥料配方的重要依据之一，随着我国种植业结构的不断调整，高产作物品种不断涌现，施肥结构和数量发生了很大的变化，土壤养分库也发生了明显改变。通过开展土壤氮、磷、钾及中量、微量元素养分测试，了解土壤供肥能力状况。

（三）配方设计

肥料配方设计是测土配方施肥工作的核心。通过总结田间试验、土壤养分数据等，划分不同区域施肥分区；同时，根据气候、地貌、土壤、耕作制度等相似性和差异性，结合专家经验，提出不同作物的施肥配方。

（四）校正试验

为保证肥料配方的准确性，最大限度地减少配方肥料批量生产和大面积应用的风险，在每个施肥分区单元设置配方施肥、农户习惯施肥、空白施肥3个处理，以当地主要作物及其主栽品种为研究对象，对比配方施肥的增产效果，校验施肥参数，验证并完善肥料配方，改进测土配方施肥技术参数。

（五）配方加工

配方落实到农户田间是提高和普及测土配方施肥技术的最关键环节。目前不同地区有不同的模式，其中最主要的也是最具有市场前景的运作模式就是市场化运作、工厂化加工、网络化经营。这种模式适应我国农村农民科技素质低、土地经营规模小、技物分离的现状。

（六）示范推广

为促进测土配方施肥技术能够落实到田间，既要解决测土配方施肥技术市场化运作的难题，又要让广大农民亲眼看到实际效果，这是限制测土配方施肥技术推广的“瓶颈”。建立测土配方施肥示范区，为农民创建窗口，树立样板，全面展示测土配方施肥技术效果，是推广前要做的工作。推广“一袋子肥”模式，将测土配方施肥技术物化成产品，也有利于打破技术推广“最后一公里”的“坚冰”。

（七）宣传培训

测土配方施肥技术宣传培训是提高农民科学施肥意识及普及技术的重要手段。农民是测土配方施肥技术的最终使用者，迫切需要向农民传授科学施肥方法和模式；同时还要加强对各级技术人员、肥料生产企业、肥料经销商的系统培训，逐步建立技术人员和肥料商持证上岗制度。

（八）效果评价

农民是测土配方施肥技术的最终执行者和落实者，也是最终受益者。应检验测土配方施肥的实际效果，及时获得农民的反馈信息，不断完善管理体系、技术体系和服务体系。同时，为科学地评价测土配方施肥的实际效果，必须对一定的区域进行动态调查。

（九）技术创新

技术创新是保证测土配方施肥工作长效性的科技支撑。重点开展田间试验方法、土壤养分测试技术、肥料配制方法、数据处理方法等方面的创新研究工作，不断提升测土配方施肥技术水平。

思政园地

我国植物生理学奠基人——汤佩松

汤佩松（1903—2001），湖北浠水人。著名植物生理学家、生物化学家，我国植物生理学的奠基人之一。

1925年汤佩松毕业于清华大学，1930年获美国约翰·霍普金斯大学哲学博士学位，1933年回国后任武汉大学教授、清华大学农学院院长等。新中国成立后，历任中国科学院植物研究所研究员、所长、中国科学院生物学部委员。

汤佩松最初选择的专业是化学，并将其作为主攻方向，后来他又选择了生物学作为赴美学习专攻的方向。1930年，他受哈佛大学普通生理学研究室之聘协助研究工作。1933年，他婉辞了好友的妥帖安排，离美绕道欧洲返国，回国后在武汉大学任教。有人追问他回国的动机，他坦承只是实践一个非常简单的信念，即“我是一个中国人，当然回中国去”，“我的成长教育，是由‘四万万国民’的血汗（庚子赔款）哺育出来的，我对这个‘国恩’一生也报答不完”。他个人认为“生我之乡的山山水水总是最可爱的”。抗日战争全面爆发后，他决心“要在这个后方基地为百孔千疮的祖国做出自己应当做也能做的贡献”，“为战时和战后国家储备及培养一批实验生物学的科学人才”。当时条件非常艰苦，他创办的植物生理研究室数次被炸毁，研究室后来辗转到昆明。研究室每月一次学术沙龙性质的茶馆会晤，常来的有15人左右，这些人后来几乎全都成为院士。更让他高兴的是“这个集体里的物理学成员们的学生中，出了两位比我们成就更高的人物：杨振宁和李政道!”一群富有生机和进取心的爱国学者，使简陋的实验室光华四射，事实证明，并不是所有的成就都来源于金钱的富足。1981年，汤佩松率领代表团参加在澳大利亚悉尼举行的第13届国际植物学会议。这是1935年以后中国首次参加这个国际会议，他是很早即被约定在全体会员大会上发言的特邀代表，按照惯例只有少数极有声望的权威学者才有这种机会。他的发言题目是“中国植物学的某些方面”，发言结束时掌声经久不息，这让他不得不多次“谢幕”。

汤佩松是我国植物生理学奠基人之一，他在植物呼吸代谢和光合作用方面提出了系统的观点，做出了具有开创性的研究，蜚声国际植物生理学界。他首次发现并证明高等植物体内“呼吸酶”即细胞色素氧化酶的存在，他总结的关于氧分压和动植物、微生物组织及细胞呼吸耗氧量间关系的经验公式等常被同行引用。汤佩松坦然面对自己的成就，他说：“在有利条件下，任何人都可以完成这些使命。个人的作用只是偶然的机遇。”面对荣誉和受到的尊敬，他经常说：“这要归功于祖国国际地位的蒸蒸日上。”

思考与练习

1. 名词解释：必需元素、大量元素、微量元素、水培法、生理酸性盐、生理碱性盐、单盐毒害、离子拮抗、平衡溶液。

2. 植物必需元素有哪些？哪些是大量元素？哪些是微量元素？

3. 简述氮、磷、钾的生理功能及缺素症状，为什么说氮是植物的生命元素？

4. 植物缺乏哪些元素病症从幼叶开始显现？缺乏哪些元素病症从下部老叶开始表现？为什么？

5. 植物根系对矿质元素的吸收有哪些特点？

6. 简述植物主动吸收矿质元素的过程。

7. 什么是生理酸性盐？了解这些对农业生产有何指导意义？

8. 合理施肥的形态指标与生理指标有哪些？

9. 从生理角度分析，能否将作物一生中需要的肥料一次施完？为什么？举例说明。

10. 用你学过的理论知识，谈谈如何对作物进行合理施肥。

模块七　植物的光合作用

学习目标

知识目标：

• 了解光合作用的概念和生理意义。理解影响光合作用的因素，认识农业生产中提高光合速率的可行途径。掌握植物体内同化物的分配规律和影响因素。

技能目标：

• 能进行叶绿体色素的提取与分离。

• 能应用改良半叶法进行植物光合速率的测定。

素养目标：

• 具备较强的自主学习意识，能够善于总结经验和自我反思。

• 理解光合作用对人类生存的意义，提高尊重自然、保护自然的意识。

基础知识

绿色植物是地球上分布最广泛的自养植物，它的最基本功能是能够利用光能进行光合作用，制造有机物质。它是地球上最大的有机物质生产者，是人类和其他生物生存的物质基础。

一、光合作用的概念及其生理意义

（一）光合作用的概念

绿色植物吸收太阳光的能量，同化二氧化碳和水，制造有机物质并释放氧气的过程，称作光合作用。光合作用所产生的有机物质主要是糖类，贮藏有能量。光合作用的过程可用以下方程式来表示。

光合作用

$$CO_2 + H_2O \xrightarrow[\text{绿色细胞}]{\text{光能}} (CH_2O) + O_2$$

式中的（CH_2O）代表碳水化合物。光合作用的产物中，有近40%的成分是碳素，因此光合作用也被称作碳素同化作用。

(二) 光合作用的生理意义

由上述方程式可知光合作用的意义主要有以下三个方面。

1. 把无机物变成有机物 植物通过光合作用制造有机物的规模是非常巨大的。据估计，每年光合作用约固定 2×10^{11} t 碳素，合成 5×10^{11} t 有机物质。绿色植物合成的有机物质既满足植物本身生长发育的需要，又为生物界提供食物的来源，人类生活所必需的粮、棉、油、菜、果、茶、药和木材等都是光合作用的产物。

2. 蓄积太阳能量 绿色植物通过光合作用将无机物转变为有机物的同时，将光能转变为贮藏在有机物中的化学能。以上述合成 5×10^{11} t 有机物计算，相当于贮存 3.2×10^{21} J 能量。目前，工农业生产和日常生活所利用的主要能源如煤、石油、天然气、木材等，也都是古代或现代植物光合作用所贮存的能量。

3. 环境保护 微生物、植物和动物等生物种类，在呼吸过程中吸收氧气和放出二氧化碳，工厂中燃烧各种燃料，也大量地消耗氧气排出二氧化碳，这样推算下去，大气中的氧气终有一天会用完。然而，事实上绿色植物广泛分布在地球上，不断地进行光合作用，吸收二氧化碳和放出氧气，使得大气中的氧气和二氧化碳含量比较稳定，因此绿色植物被认为是一个自动的空气净化器。

由此可知，光合作用是地球上一切生命存在、繁荣和发展的根本源泉。对光合作用的研究在理论和生产实践上都具有重要意义。农作物、果树、蔬菜、花卉等农林产品的产量和品质都直接或间接地依赖光合作用。各种农林业生产的耕作制度和栽培措施，都是为了使植物更大限度地进行光合作用，以达到增加产量和改善品质的目的，所以，光合作用是农业生产中技术措施的核心。当今世界范围内迫切需要解决的粮食、能源和环境问题都与光合作用密切相关。

二、叶绿体及其色素

叶片是进行光合作用的主要器官，而叶绿体是进行光合作用的重要细胞器。试验证明，植物对光能的吸收、二氧化碳的固定和还原、同化产物淀粉的合成以及氧气的释放等，都是在叶绿体中进行的。叶绿体具有特殊的结构，并含有多种色素，这和它的光合作用能力相适应。

叶绿体和光合色素

(一) 叶绿体的形态结构

在显微镜下可以看到，高等植物的叶绿体大多呈扁平椭圆形，一般直径为 3～6μm，厚为 2～3μm。据统计，每平方毫米的蓖麻叶就含有 3×10^7～5×10^7 个叶绿体。这样，叶绿体总的表面积就比叶面积大得多，因而对太阳光能、空气中 CO_2 的吸收和利用都有好处。在电子显微镜下，可以看到叶绿体由三部分组成：叶绿体膜、基质和类囊体（图 7-1）。叶绿体膜由两层薄膜构成，分别称作外膜和内膜，内膜具有控制代谢物质进出叶绿体的功能，是叶绿体的选择性屏障。叶绿体内膜以内的基础物质称作基质。基质成分主要是水、可溶性蛋白质（酶）和其他代谢活跃物质，呈高度流动状态。基质中的核酮糖-1,5-双磷酸羧化酶/加氧酶占基质总蛋白质 50%以上，具有固定二氧化碳的能力，所以光合产物淀粉在基质中形成和贮藏。类囊体是由单层膜围成的扁平小囊，囊腔空间约 10nm，类囊体内是水溶液。由 2 个以上的类囊体堆叠在一起（像一叠硬币一样，从上往下看呈小颗粒状）构成的颗粒

叶绿体结构

称作基粒，基粒中的类囊体称作基粒类囊体，又称基粒片层，分布着许多光合作用色素；而连接两个基粒之间的类囊体称作基质类囊体，又称基质片层。由于光合作用的光能吸收和转化主要在基粒类囊体膜上进行，所以类囊体膜亦称作光合膜。一般而言，基粒类囊体数目越多，光合速率越高。一个叶绿体中有 40～80 个基粒。

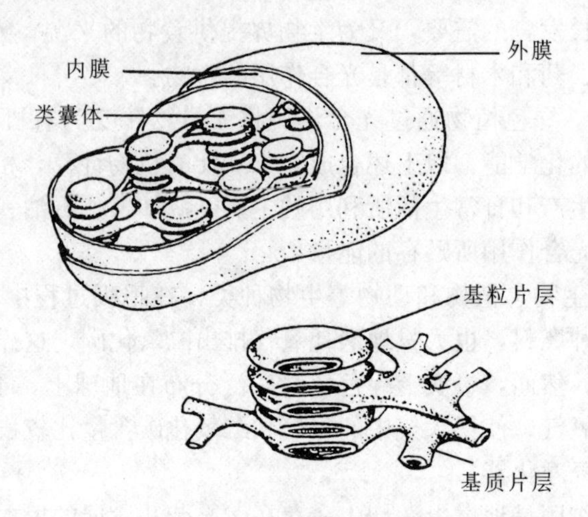

图 7-1　叶绿体结构示意

（二）叶绿体的成分

叶绿体约含 75%的水分。干物质以蛋白质、脂类、色素和无机盐为主。蛋白质是叶绿体的结构和功能基础，一般占叶绿体干重的 30%～45%，蛋白质在叶绿体中有重要的功能：作为代谢过程中的酶；起电子传递作用；所有色素都与蛋白质相结合成为复合体。叶绿体含有占干重 20%～40%的脂类，它是组成膜的主要成分之一。叶绿体的色素占干重 8%左右，参与光能的吸收、传递和转化。

叶绿体中还含有 10%～20%的贮藏物质（糖类等），10%左右的灰分元素（铁、铜、锌、钾、磷、镁等）。

此外，叶绿体还含有辅酶（如 NAD^+ 和 $NADP^+$）和醌（如质体醌），它们在光合过程中起着传递质子（或电子）的作用。

（三）叶绿体色素

1. 叶绿体色素的种类及理化性质　在高等植物的叶绿体中含有两类色素，即绿色的叶绿素和黄色的类胡萝卜素。叶绿素包括叶绿素 a 和叶绿素 b，类胡萝卜素包括胡萝卜素和叶黄素。所有这些色素都不溶于水，而易溶于酒精、丙酮、石油醚等有机溶剂，但在不同的溶剂中，四种色素的溶解度各不相同，利用这一性质可将四种色素从植物中提取出来，并且彼此分开。叶绿体的四种色素及其分子式：叶绿素 a 为 $C_{55}H_{72}MgN_4O_5$，蓝绿色；叶绿素 b 为 $C_{55}H_{70}MgN_4O_6$，黄绿色；胡萝卜素为 $C_{40}H_{56}$，橙黄色；叶黄素为 $C_{40}H_{56}O_2$，黄色。

叶绿素分子中的镁原子不能自由移动，但容易被 H^+、Cu^{2+} 和 Zn^{2+} 等取代，改变叶绿素的颜色和稳定性。如植物叶片受伤后，液泡中的 H^+ 渗入细胞质，取代了叶绿素分子中的镁原子而形成褐色的去镁叶绿素，所以叶片常变成褐色；叶绿素分子中的镁原子被 Cu^{2+} 取代后形成铜代叶绿素，呈鲜亮的绿色且更稳定，根据这一原理用醋酸铜溶液处理绿色组织保存标本或用于食品加工。

2. 叶绿体色素的光学性质 我们知道太阳光不是单一的光，到达地表的光波长从300nm的紫外光到2 600nm的红外光，其中只有波长在390～770nm之间的光是可见光。当光束通过三棱镜后，可把白光分为红、橙、黄、绿、青、蓝、紫7色连续光谱，这就是太阳光的连续光谱（图7-2）。

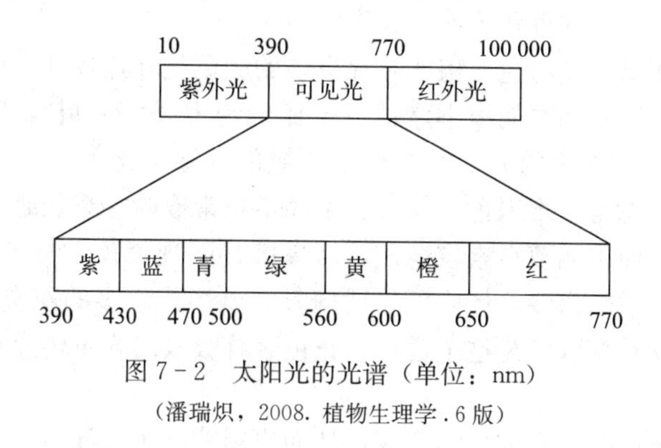

图7-2 太阳光的光谱（单位：nm）
（潘瑞炽，2008. 植物生理学. 6版）

叶绿素吸收光的能力极强。如果把叶绿素溶液放在光源和分光镜的中间，就可以看到光谱中有些波长的光被吸收了，因此在光谱上出现黑线或暗带，这种光谱称作吸收光谱。叶绿素吸收光谱的最强吸收区有两个：一个在波长640～660nm的红光部分，另一个在波长430～450nm的蓝紫光部分。在光谱的橙光、黄光和绿光部分只有不明显的吸收带，其中尤以对绿光的吸收最少。由于叶绿素对绿光吸收最少，所以叶绿素的溶液呈绿色。叶绿素a和叶绿素b的吸收光谱很相似，但略有不同，其中叶绿素a在红光部分的吸收高峰偏向长波光方向，在蓝紫光部分则偏向短波光方向，叶绿素b刚好相反（图7-3）。

胡萝卜素和叶黄素的吸收光谱表明，它们只吸收蓝紫光，吸收带在400～500nm之间，而且在蓝紫光部分吸收的范围比叶绿素宽一些。类胡萝卜素基本不吸收红、橙和黄光，从而呈现橙红色或黄色（图7-3）。

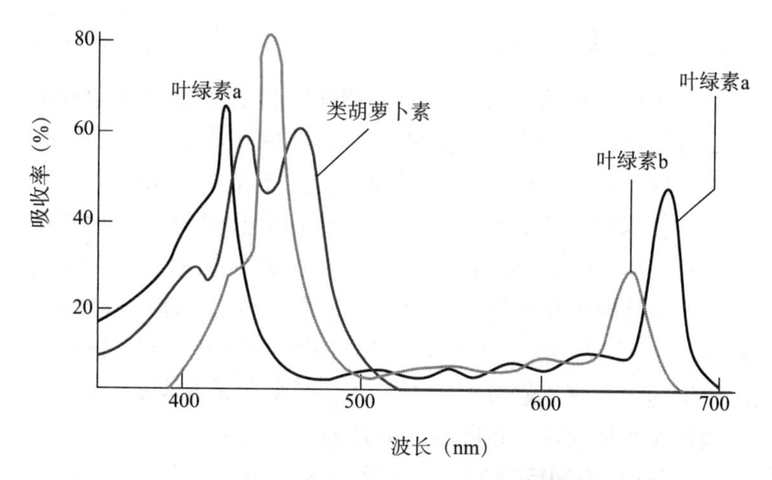

图7-3 主要光合色素的吸收光谱

3. 叶绿素的形成及其条件 叶绿素也和植物体内其他有机物质一样，经常不断更新。据测定，燕麦幼苗72h后，叶绿素几乎全部被更新，而且受环境条件影响很大。

（1）叶绿素的生物合成。叶绿素的生物合成是比较复杂的，其合成过程大致可分两个阶段。第一阶段是合成叶绿素的前身物质原叶绿素酸酯，该过程与光无关，为酶促反应过程。第二阶段是原叶绿素酸酯在叶绿体中与蛋白质结合，通过吸收光能被还原成叶绿素酸酯 a，再与叶绿醇结合生成叶绿素 a。叶绿素 b 是由叶绿素 a 转化而成的。所以，第二阶段是光还原阶段，需要光的催化。

（2）叶绿素形成条件及叶色。植物叶片呈现的颜色是叶片各种色素的综合表现。一般来说，正常叶片的叶绿素和类胡萝卜素的分子比例约为 3∶1，叶绿素 a 和叶绿素 b 也约为 3∶1，叶黄素和胡萝卜素约为 2∶1。由于绿色的叶绿素比黄色的类胡萝卜素多，占优势，所以正常的叶片总是呈现绿色。秋天、条件不正常或叶片衰老时，叶绿素较易被破坏或降解，数量减少，而类胡萝卜素较稳定，所以叶片呈现黄色。至于红叶，因秋天降温，体内积累较多糖分以适应寒冷，体内可溶性糖多，就形成较多的花青素（红色），叶片就呈红色，枫树叶片秋季变红就是这个道理。花色素苷吸收的光不传递到叶绿素，不能用于光合作用。

许多环境条件影响叶绿素的生物合成，从而也影响叶色的深浅。

光是影响叶绿素形成的主要因素。缺光时，原叶绿素酸酯不能转变成叶绿素酸酯 a，故不能合成叶绿素，但类胡萝卜素的合成不受影响，这样植物就表现橙黄色。这种因缺乏某些条件而影响叶绿素形成，使叶片发黄的现象称作黄化现象。光线过弱不利于叶绿素的生物合成，所以，栽培密度过大或由于肥水过多而贪青徒长的植株，上部遮光严重，植株下部叶片叶绿素分解速度大于合成速度，叶片变黄。

叶绿素的生物合成过程，绝大部分都有酶的参与。温度影响酶的活动，也影响叶绿素的合成。一般来说，叶绿素形成的最低温度是 2～4℃，最适温度是 30℃左右，最高温度是 40℃。秋天叶片变黄和早春寒潮过后水稻秧苗变白等现象，都与低温抑制叶绿素形成有关。

矿质元素对叶绿素形成也有很大的影响。植株缺乏氮、镁、铁、锰、铜、锌等元素时，就不能形成叶绿素，呈现缺绿病。

三、光合作用的机理

光合作用的机理

光合作用是自然界中十分特殊又极其重要的生命现象，人类对其的研究已经历两个多世纪，特别是近年来又有新的进展。光合作用是一个极其复杂的生理过程，它至少包含几十个反应步骤，相互交叉错杂在一起。根据现在的资料，整个光合作用大致可分为下列三个步骤：第一是原初反应，包括光能的吸收、传递和转换过程；第二是电子传递和光合磷酸化，即电能转变为活跃的化学能的过程；第三是碳同化，即活跃的化学能转变为稳定的化学能的过程。其中第一、第二个步骤需要在有光的情况下才能进行，所以称作光反应，它们是在叶绿体的光合膜上进行的；第三个步骤则在光下或暗中均可进行，为了和光反应相区别，一般称作暗反应，是在叶绿体的基质中进行的。

光合作用-光反应

（一）原初反应

原初反应是光合作用中最初的反应，是指叶绿体色素分子对光能的吸收、传递与转换过程，是光合作用的第一幕，速度非常快，且与温度无关。叶绿素等分子吸收光能后如何进行光反应的呢？人们通过一系列研究，提出了光合单位的概念。光合单位＝聚光色素系统＋光合反应中心。

1. 光能的吸收与传递 根据功能来区分，叶绿体类囊体上的色素可分为两类：一类是反应中心色素，又称作作用中心色素，少数特殊状态的叶绿素 a 分子属于此类，它具有光化学活性，既是光能的“捕捉器”，又是光能的“转换器”（把光能转换为电能）。另一类是聚光色素，又称作天线色素，它没有光化学活性，只有收集光能的作用，像漏斗一样把光能聚集起来，传到反应中心色素，绝大多数色素（包括大部分的叶绿素 a 和全部的叶绿素 b、胡萝卜素、叶黄素）都属于聚光色素。

2. 光化学反应 能量传递到光合反应中心，即作用中心的色素光系统Ⅱ（需要较短波长的红光，680nm，简称为 PSⅡ）和光系统Ⅰ（需要长波红光，700nm，简称为 PSⅠ）才起光化学反应。反应中心是指在类囊体中进行光合作用原初反应的最基本的色素蛋白复合体，它至少包括 1 个作用中心色素分子（P）、1 个原初电子受体（A）和 1 个原初电子供体（D）（图 7－4）。

当光照射到绿色植物时，聚光色素分子就吸收光量子而被激发，光量子在色素分子之间传递，最后传给反应中心色素分子。这样，聚光色素就像凸透镜把光束集中到焦点一样，把大量的光能吸收、聚集，最后传递到反应中心色素分子。当作用中心色素分子（P）被聚光色素传递的光能激发后，立即放出电子而成氧化态（P^+）；原初电子受体（A）接受电子而被还原；作用中心色素分子（P）又从原初电子供体（D）夺得电子而复原，这样就产生了电子的流动（图 7－4）。

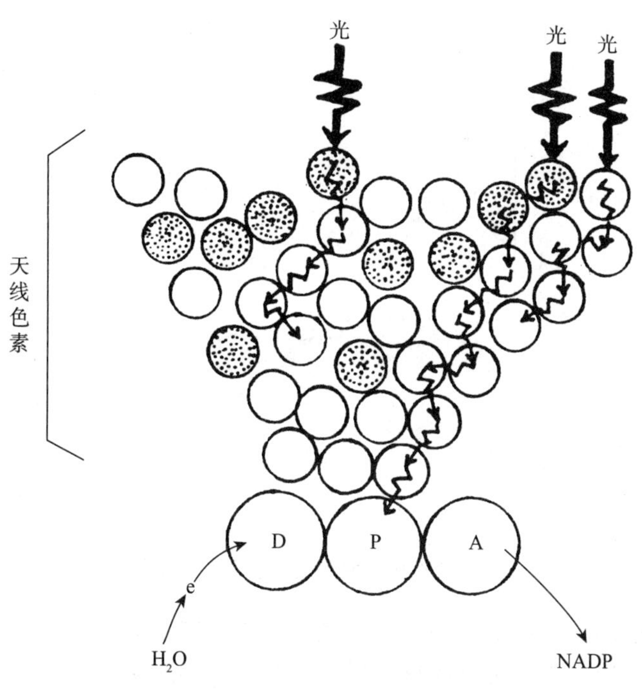

图 7－4 光化学反应阶段

（二）电子传递与光合磷酸化

1. 电子传递系统 针对电子传递系统，当前较公认的是 Z 形光合链（图 7－5）。P700 和 P680 分别是 PSⅠ和 PSⅡ的作用中心色素；Z（成分不清）为 PSⅡ原初电子供体；Pheo（去镁叶绿素）为PSⅡ原初电子受体；Q_A（结合有质体醌的蛋白质）为电子递体；Q_B（结合有质体醌的蛋白质）为双电子递体；PQ（质体醌）为质子（H^+）和电子（e^-）递体；Fe_2S_2（铁硫蛋白）、Cytf（细胞色素f）、PC（质蓝素）均为电子递体，其中PC为PSⅠ的原初电子供体；A_0（一种叶绿素α）为PSⅠ的原初电子受体；A_1（叶绿醌），Fx、F_B、F_A（铁硫中心），Fd（铁氧还蛋白）均为单电子递体；FNR为铁氧还蛋白-NADP＋还原酶。

光合链是由PSⅡ、PSⅠ和若干电子传递体，按一定的氧化还原电位依次排列而成的体系。在两个光系统之间，有一系列的电子递体，如质体醌（PQ）、细胞色素（Cyt）和质体蓝素（PC）形成电子传递链，有的电子递体在接收和送出电子的同时，还接收和释放氢离子（质子，H^+），所以也是质子传递体，如质体醌（$PQ+H^++e^-=PQH$）；在Z链的起点，水是最终的电子供体；在Z链的终点，$NADP^+$是电子的最终受体。在整个链的电子传递中，只有两处［P680→（P680）*、P700→（P700）*］是逆氧化还原电位梯度并需光能推动的需能反应，而其余的电子传递过程都是顺着能量的梯度自发进行的。

2. 光合磷酸化 叶绿体膜在光下，由电子传递放能驱动ADP和Pi（无机磷酸）形成ATP的反应，称作光合磷酸化作用，它是与电子传递偶联起来的。由于电子传递方式的不同，光合磷酸化过程主要有两种（图7-5）。

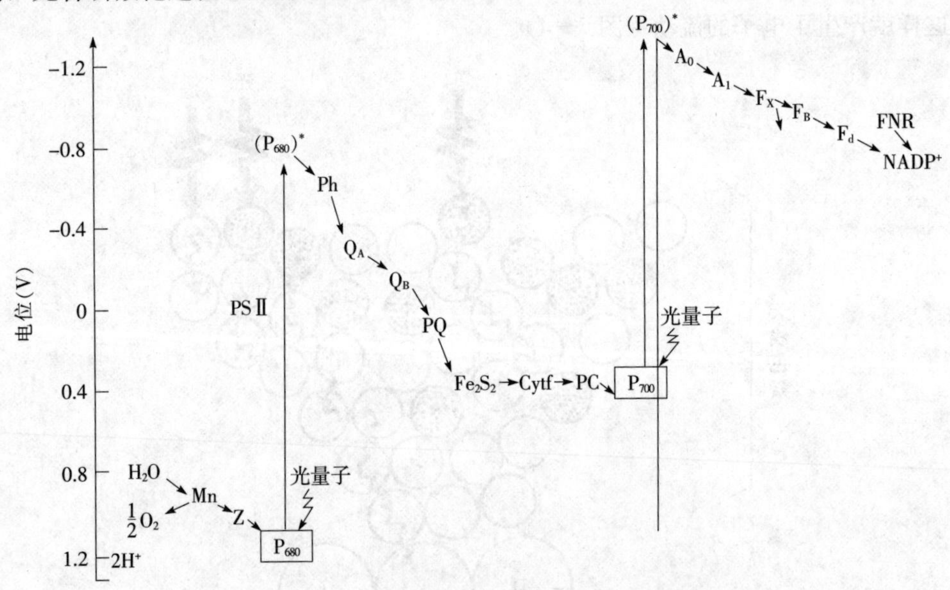

图7-5 光合作用中两个光化学反应及光合磷酸化

（1）非环式的光合磷酸化。与开链式的电子传递方式相偶联的磷酸化过程。水光解产生的电子在PSⅡ、PSⅠ两个光系统中，经光的两次加能推动，沿着Z链途径上的电子传递体，最终到达$NADP^+$，形成NADPH。伴随着这条电子传递途径所偶联的磷酸化作用有ATP的产生、水的光解、氧气的释放和NADPH的形成。它是光合电子传递和产生活化能的主要形式，在通常情况下，它占光合磷酸化总量的70%以上。

（2）环式的光合磷酸化。光合电子只在PSⅠ光系统中，被光能推动，经由若干个电子传递体的传递，最后又回到了PSⅠ光系统中，形成一个循环。伴随着这条环式电子传递途径所偶联的磷酸化作用只产生ATP，无水的光解、氧气的释放和NADPH的形成。它是光合电子传递中产生ATP的补充形式，所以只占总量的30%左右。

在光化学反应和光合磷酸化作用中，形成的还原型辅酶Ⅱ（NADPH）和三磷酸腺苷（ATP）均是高能物质，暂时贮存着活跃的化学能，在二氧化碳还原同化过程中，提供氢和能量，进而驱动碳素同化，所以统称作“同化力”。

（三）碳同化

二氧化碳同化简称碳同化，是指植物利用光反应中形成的同化力（ATP和NADPH），将CO_2转化为糖类的过程。二氧化碳同化是在叶绿体的基质中进行的，有许多种酶参与反应。根据碳同化过程中最初产物所含碳原子的数目以及碳代谢的特点，碳同化途径可分为多条。这里主要介绍普遍存在的C_3和C_4途径。其中，C_3途径是最基本的二氧化碳同化途径，因为只有C_3途径具有合成蔗糖、淀粉、脂肪和蛋白质等光合产物的能力，C_4途径只起固定、转运或暂存二氧化碳的作用，不能单独形成光合产物。

光合作用-暗反应-C_3途径

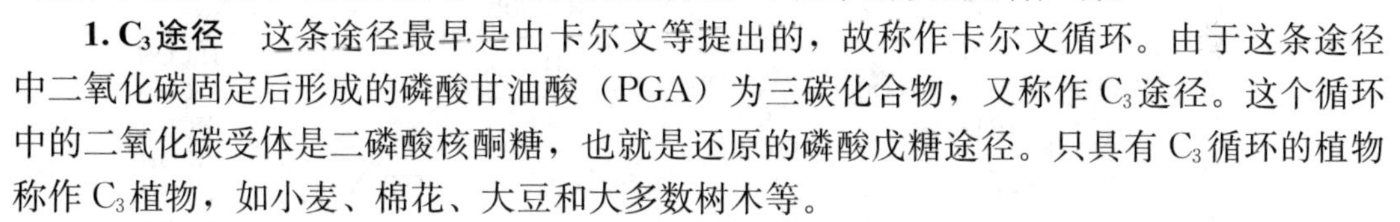

1. C_3途径 这条途径最早是由卡尔文等提出的，故称作卡尔文循环。由于这条途径中二氧化碳固定后形成的磷酸甘油酸（PGA）为三碳化合物，又称作C_3途径。这个循环中的二氧化碳受体是二磷酸核酮糖，也就是还原的磷酸戊糖途径。只具有C_3循环的植物称作C_3植物，如小麦、棉花、大豆和大多数树木等。

C_3途径是光合碳代谢中最基本的循环，是所有放氧光合生物所共有的同化二氧化碳的途径，整个循环见图7-6，由RuBP开始至RuBP再生结束，共有14步反应，均在叶绿体的基质中进行。全过程分为羧化、还原、再生3个阶段。从图7-6可以看出，空气中的二氧化碳在酶的催化下，与受体二磷酸核酮糖作用，生成两个磷酸甘油酸，然后还原为两个磷酸甘油醛，它们经过一系列转酮、转醛、磷酸化等反应，固定一个碳，又重新产生一个二磷酸核酮糖，再去结合二氧化碳，这样需要6次循环，才能形成一个六碳糖。六碳糖再聚合成蔗糖、淀粉等。

（1）羧化阶段。指进入叶绿体的二氧化碳与受体核酮糖-1,5-二磷酸（RuBP）结合，并水解产生3-磷酸甘油酸（3-PGA）的反应过程（图7-6中的反应①）。以固定3个分子的二氧化碳为例：

$$3RuBP+3CO_2+3H_2O \longrightarrow 6\ 3\text{-}PGA+6H^+$$

羧化阶段分两步进行，即羧化和水解，在二磷酸核酮糖羧化酶作用下，RuBP的C_2位置上发生羧化反应形成1,5-二磷酸-2-羧基-3-酮基阿拉伯糖醇，它是一种与酶结合不稳定的中间产物，被水解后产生2mol PGA。

（2）还原阶段。利用同化力将PGA还原为甘油醛-3-磷酸（GAP）的反应过程（图7-6中的反应②和③）：

$$6PGA+6ATP+6NADPH+6H^+ \longrightarrow 6GAP+6ADP+6NADP^+ +6Pi$$

此阶段有两步反应，磷酸化和还原。磷酸化反应由PGA激酶催化，还原反应由NADP-GAP脱氢酶催化。羧化阶段产生的PGA是一种有机酸，要达到糖的能级，必须使用光反应中生成的同化力，ATP与NADPH能使PGA的羧基转变成GAP的醛基。当二氧化碳被还原为GAP时，光合作用的贮能过程便基本完成。

（3）再生阶段。由 GAP 重新形成 RuBP 的过程（图 7-6 中的反应④～⑭）：

$$5GAP+3ATP+2H_2O \longrightarrow 3RuBP+3ADP+2Pi+3H^+$$

这里包括形成磷酸化的 3、4、5、6、7 碳糖的一系列反应。最后由核酮糖-5-磷酸激酶（Ru5PK）催化，消耗 1mol ATP，再形成 RuBP。

由此可见，每同化 1 个二氧化碳需要消耗 3 个 ATP 和 2 个 NADPH，还原 3 个二氧化碳可输出 1 个磷酸丙糖，固定 6 个二氧化碳可形成一个磷酸己糖。形成的磷酸丙糖可运出叶绿体，在细胞质中合成蔗糖或参与其他反应；形成的磷酸己糖则留在叶绿体中转化成淀粉而被临时贮藏。

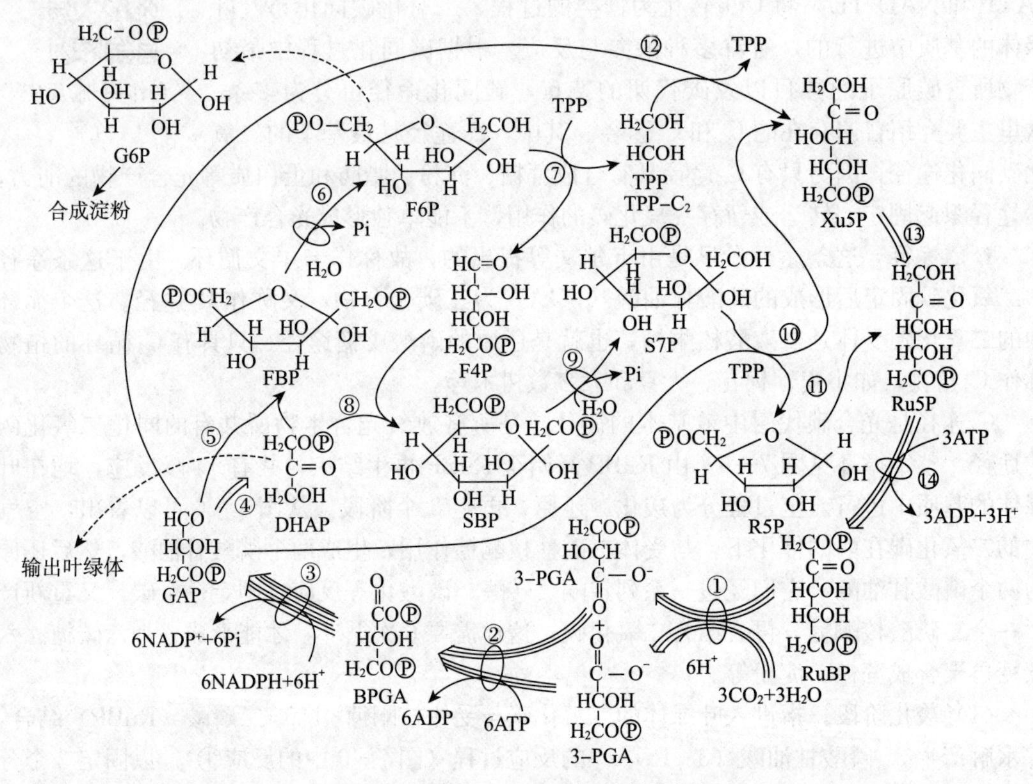

图 7-6　卡尔文循环（光合碳同化）

代谢产物名：RuBP 为核酮糖-1,5-二磷酸　3-PGA 为 3-磷酸甘油酸　BPGA 为 1,3-二磷酸甘油酸　GAP 为甘油醛-3-磷酸　DHAP 为磷酸二羟丙酮　FBP 为果糖-1,6-二磷酸　F6P 为果糖-6-磷酸　E4P 为赤藓糖-4-磷酸　SBP 为景天庚酮糖-1,7-二磷酸　S7P 为景天庚酮糖-7-磷酸　R5P 为核糖-5-磷酸　Xu5P 为木酮糖-5-磷酸　Ru5P 为核酮糖-5-磷酸　G6P 为葡萄糖-6-磷酸　TPP 为硫胺素焦磷酸　TPP-C_2 为 TPP 羟基乙醛

参与反应的酶：①为核酮糖-1,5-二磷酸羧化酶/加氧酶　②为 3-磷酸甘油酸激酶　③为 NADP-甘油醛-3-磷酸脱氢酶　④为磷酸丙糖异构酶　⑤、⑧为醛缩酶　⑥为果糖-1,6-二磷酸（酯）酶　⑦、⑩、⑫为转酮酶　⑨为景天庚酮糖-1,7-二磷酸（酯）酶　⑪为核酮糖-5-磷酸表异构酶　⑬为核糖-5-磷酸异构酶　⑭为核酮糖-5-磷酸激酶

2. C_4 途径

（1）C_4 途径的概念。20 世纪 60 年代中期，哈奇和斯拉克等人发现一些起源于热带的植物，如玉米、高粱、甘蔗等，它们固定二氧化碳的受体是磷酸烯醇式丙酮酸（PEP），

最初产物不是磷酸甘油酸，而是草酰乙酸（OAA）等4个碳的二羧酸，因此把这一固定二氧化碳的途径称作C_4途径。而把通过C_4途径固定二氧化碳的植物称作C_4植物，这类植物大多起源于热带或亚热带，主要集中于禾本科、莎草科、菊科、苋科、藜科等20多个科的1 300多种植物中。其中禾本科占75%，但农作物中却不多，只有玉米、高粱、甘蔗、黍与粟等适合在高温、强光与干旱条件下生长的植物。

（2）C_4植物叶片结构。C_3植物与C_4植物叶片的结构有明显的差异（图7－7）。C_4植物叶片围绕着维管束有两类不同功能的光合细胞紧密排列，内层为维管束鞘细胞，其外为一至数层叶肉细胞，两类细胞之间有许多胞间连丝相连；这些维管束鞘发达并内含大型的叶绿体。而C_3植物却无这种结构，维管束鞘细胞小，周围的叶肉细胞排列较松散；只有叶肉细胞内含有叶绿体，所以维管束鞘细胞不积存淀粉。

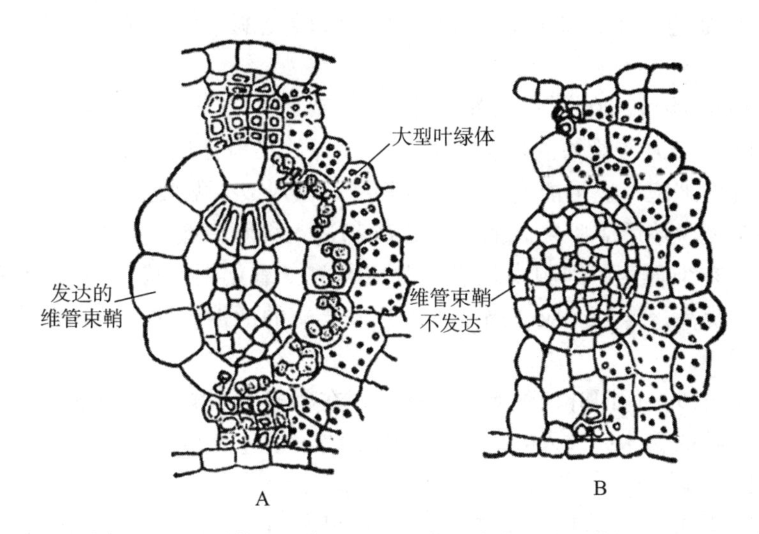

图7－7　C_4植物（玉米）和C_3植物（小麦）叶片结构差异

A. 玉米　B. 小麦

（3）C_4途径的生化过程。C_4途径中的反应虽因植物种类不同而有差异，但基本上可分为羧化、还原（或转氨基化）、脱羧和受体再生4个阶段（图7－8）。

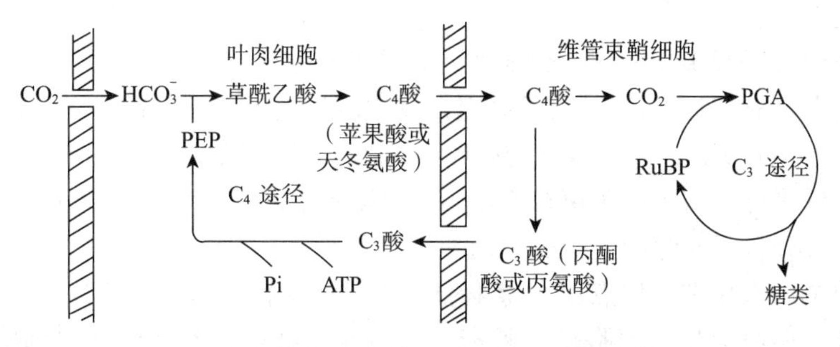

图7－8　C_4植物的基本反应

①羧化（固定）阶段。在叶肉细胞质中，由磷酸烯醇式丙酮酸羧化酶催化，PEP与HCO_3^-结合，生成草酰乙酸（OAA）。

②还原阶段或转氨基化阶段。OAA或者在NADP－苹果酸脱氢酶作用下被还原为苹

果酸（MAL），该反应在叶肉细胞的叶绿体中进行；OAA 或者在谷草转氨酶（天冬氨酸转氨酶）催化下，接受谷氨酸的氨基，生成天冬氨酸（ASP），该反应在叶肉细胞的细胞质中进行。

③脱羧阶段。已形成的 MAL 和 ASP 由叶肉细胞通过胞间连丝进入维管束鞘细胞中脱羧。因植物种类不同，脱羧酶系至少有 3 种类型。

a. NADP-苹果酸酶类型。在维管束鞘的叶绿体内，MAL 脱羧（并释放二氧化碳）生成丙酮酸，丙酮酸由维管束鞘细胞再返回到叶肉细胞。

b. NAD-苹果酸酶类型。进入维管束鞘细胞中的 ASP 先经谷草转氨酶的作用形成 OAA，OAA 再经 NAD-苹果酸脱氢酶的催化生成 MAL，然后 MAL 在此酶的催化下脱羧（并释放二氧化碳）生成丙酮酸。这些过程都在维管束鞘细胞中的线粒体中完成，生成的丙酮酸在细胞质中由谷丙转氨酶（丙氨酸转氨酶）催化形成丙氨酸，然后进入叶肉细胞。

c. PEP 羧激酶类型。在维管束鞘细胞内，ASP 经谷草转氨酶催化转氨基后形成 OAA，OAA 再在 PEP 羧激酶的催化下脱羧（并释放二氧化碳）变成 PEP，生成的 PEP 可能直接进入叶肉细胞，也可能先转变为丙酮酸，再形成丙氨酸进入叶肉细胞。

上述 3 种类型脱羧反应中释放的二氧化碳都进入维管束鞘细胞的叶绿体中，由 C_3 途径同化。C_4 植物在维管束鞘细胞中均发生脱羧释放二氧化碳反应，使维管束鞘细胞内二氧化碳浓度大大提高。这种反应提高了 RuBP 羧化酶的活性，使二氧化碳同化速率提高，进而能抑制光呼吸。

④受体再生阶段。返回叶肉细胞的丙酮酸，在磷酸丙酮酸双激酶催化下再变成 PEP，重新作为二氧化碳的受体；进入叶肉细胞的丙氨酸，经过转氨作用转变为丙酮酸，再续上述反应形成 PEP。

由于 PEP 底物再生需消耗 2 个 ATP，这使得 C_4 植物同化 1 个二氧化碳需消耗 5 个 ATP 与 2 个 NADPH。

C_4 植物同化二氧化碳的方式实际上是在 C_3 途径的基础上，多一个固定二氧化碳途径，叶肉细胞中的 C_4 途径起到了浓缩二氧化碳的作用，它为维管束鞘中进行的 C_3 途径提供较高浓度的二氧化碳，从而使 C_4 植物同化二氧化碳的能力比 C_3 植物强，二氧化碳补偿点低，光合效率也比较高。

（4）C_4 植物光呼吸很低而净光合强度高的原因。

①植物具有 C_3 途径和 C_4 途径两条固定二氧化碳的途径。C_4 途径起二氧化碳泵的作用，使 C_3 途径可在二氧化碳浓度高于大气的微环境中进行，因而提高了合成有机物的速度。

②植物光呼吸低。由于维管束鞘细胞内二氧化碳浓度的提高，抑制了光呼吸基质乙醇酸的形成，因此降低了光呼吸，减少了消耗。

③C_4 植物的二氧化碳补偿点比 C_3 植物低。在维管束鞘细胞内，C_3 途径也进行光呼吸，放出二氧化碳，但由于叶肉细胞排列紧密，放出的二氧化碳容易被叶肉细胞收集重新利用，因而由气孔放出的二氧化碳很少或不放出。

④C_4 植物的耐旱能力比 C_3 植物强。由于 C_4 植物能利用低浓度的二氧化碳，所以，即使在外界干旱、气孔关闭时，仍能利用细胞间隙含量极低的二氧化碳继续生长，而 C_3 植物不行。所以在干旱环境中，C_4 植物生长比 C_3 植物好。

⑤C_4植物固定二氧化碳的能力比C_3植物强。C_4植物的PEP羧化酶对二氧化碳的亲和力较C_3植物的RuBP羧化酶/加氧酶高65倍，因此，C_4植物的净光合速率比C_3植物高得多，尤其是在二氧化碳浓度低的环境下，相差更为悬殊。

应当指出，C_4植物起源于热带，它的高光合效率与高温、高光照强度的生态环境相适应，如果在光照强度较弱和天气温和的条件下，其光合效率就有可能比不上C_3植物。

3. 景天酸代谢途径 景天酸代谢途径又称作CAM途径，指生长在热带和亚热带干旱及半干旱地区的一些肉质植物（最早在景天科植物发现）所具有的一种光合固定二氧化碳的附加途径，其叶片气孔白天关闭，夜间张开。具有这种途径的植物称作CAM植物，其主要代谢过程如下。

光合作用-碳同化-C_4途径和CAM途径

在其所处的自然条件下，气孔白天关闭，夜间张开。此途径既维持水分平衡，又能同化二氧化碳。夜间，细胞中磷酸烯醇式丙酮酸（PEP）作为二氧化碳接受体，在PEP羧化酶催化下形成草酰乙酸，再还原成苹果酸，并贮于液泡中；白天，苹果酸则由液泡转入叶绿体中进行脱羧释放二氧化碳，再通过卡尔文循环转变成糖（图7-9）。所以这类植物的绿色部分有机酸特别是苹果酸有昼夜的变化，夜间积累，白天减少。淀粉则是夜间减少（由于转变为二氧化碳接受体PEP），白天积累（由于进行光合作用）。已发现许多科植物如龙舌兰科、仙人掌科、大戟科、百合科、葫芦科、萝藦科以及凤梨科具有此途径。一般来说，CAM植物是多汁的，但也有不是多汁的。多汁植物也并不都是CAM植物。这类植物通过改变其代谢类型以适应环境，由于该途径的特点造成光合速率很低［3～10mg/（dm^2·h），以CO_2计］，故生长慢，但能在其他植物难以生存的生态条件下生存和生长。

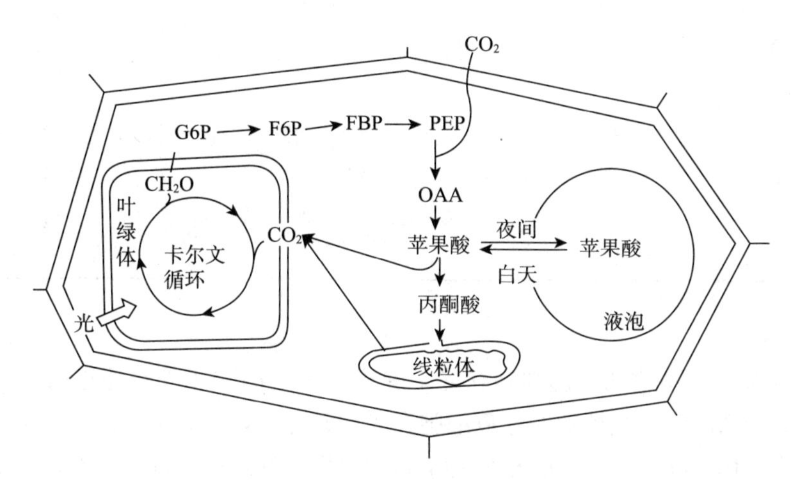

图7-9 肉质植物CAM代谢途径

高等植物光合碳同化的三条途径中，C_3途径存在于所有绿色植物中，是把CO_2同化为糖类物质的主要过程。C_4途径和CAM途径则只能固定CO_2，为一定环境条件下C_3途径的进行提供了保证。其中，C_4途径是在不同细胞（叶肉细胞和维管束鞘细胞）进行CO_2固定和还原；而CAM途径则是在不同时间（夜间和白天）进行CO_2的固定和还原。碳同化的多条途径，增强了植物对环境的适应能力。C_3、C_4植物及CAM植物结构和生理特征比较如表 7-1 所示。

表 7-1　三种光合植物结构及特征比较

特征	C_3植物	C_4植物	CAM 植物
叶结构	维管束鞘不发达，不含叶绿体，其周围叶肉细胞排列疏松，无“花环型”结构	维管束鞘发达，含叶绿体，其周围叶肉细胞排列紧密，有“花环型”结构	维管束鞘不发达，不含叶绿体，较多线粒体，叶肉细胞的液泡大，无“花环型”结构
叶绿体 a/b	2.8±0.4	3.9±0.6	2.5～3.0
CO_2补偿点（μg/L）	＞40	5 左右	光下：0～200 黑暗中：＜5
固定 CO_2的途径	只有 C_3途径	C_4途径和 C_3途径	CAM 途径和 C_3途径
CO_2固定酶	RuBP 羧化酶（叶肉细胞中）	PEPC（叶肉细胞中） RuBP 羧化酶（维管束鞘中）	PEPC，RuBP 羧化酶（叶肉细胞中）
CO_2最初接受体	RuBP	PEP	光下：RuBP 黑暗中：PEP
CO_2固定的最初产物	PGA	OAA	光下：PGA 黑暗中：OAA
PEPC 活性［μmol/（mg·min）］	0.30～0.35	16～18	19.2
最大净光合速率（以 CO_2计）［mol/（dm^2·s）］	10～25	25～50	0.6～2.5
光呼吸（以 CO_2计）［mg/（dm^2·h）］	3.0～3.7	≈0	≈0
同化产物分配	慢	快	不等
蒸腾系数	450～950	250～350	光下：150～600 黑暗中：18～100

（四）光呼吸

1. 光呼吸概念　植物的绿色细胞在光下除进行一般的呼吸外，还进行一种与一般呼吸特性显著不同的呼吸。把植物的绿色细胞在光照条件下，由光引起的吸收氧气并放出二氧化碳的过程称作光呼吸，光呼吸是相对于暗呼吸而言的，一般细胞都有暗呼吸，即通常所说的呼吸作用，它不受光的直接影响，在光下和黑暗中都可进行。但光呼吸只有在光下才能进行，而且光呼吸与光合作用密切相关，它是伴随着光合作用的进行才发生的呼吸。

2. 光呼吸过程

（1）光呼吸基质乙醇酸的产生。光呼吸的呼吸基质是乙醇酸，它是在叶绿体中由二磷酸核酮糖转化而来。RuBP 羧化酶具有双重活性，它既能催化 RuBP 的羧化（即加二氧化碳），又能催化 RuBP 的加氧，也称作 RuBP 羧化酶/加氧酶。它的活性取决于大气中二氧化碳和氧气的相对浓度。在高浓度的二氧化碳及低浓度的氧气条件下，有利于羧化反应，它催化 RuBP 加二氧化碳，产生 2mol 磷酸甘油酸（PGA），参与卡尔文循环，促使光合作用加速，抑制光呼吸；而低浓度的二氧化碳及高浓度的氧气有利于加氧反应，它催化 RuBP 加氧，使 RuBP 裂解产生 1mol 磷酸甘油酸（PGA）和 1mol 磷酸乙醇酸，磷酸乙醇酸加水脱去磷酸便生成光呼吸基质乙醇酸（图 7－10）。

（2）光呼吸基质乙醇酸的氧化。乙醇酸在叶绿体内形成后，就转移到过氧化体中。在乙醇酸氧化酶作用下，乙醇酸被氧化为乙醛酸和过氧化氢。这一反应以及形成乙醇酸时的加氧反应，就是光呼吸中吸收氧气的反应。乙醛酸在转氨酶作用下，从谷氨酸得到氨基而形成甘氨酸转移到线粒体内，由两分子甘氨酸经甘氨酸脱羧酶作用脱氨基、脱羧基和释放二氧化碳后转变为丝氨酸，又转回到过氧化体，这就是光呼吸中放出二氧化碳的过程。丝氨酸又在过氧化体和叶绿体中得到 NADH 和 ATP 的还原供能，最后转变为磷酸甘油酸（PGA），重新参与卡尔文循环（图 7－10）。

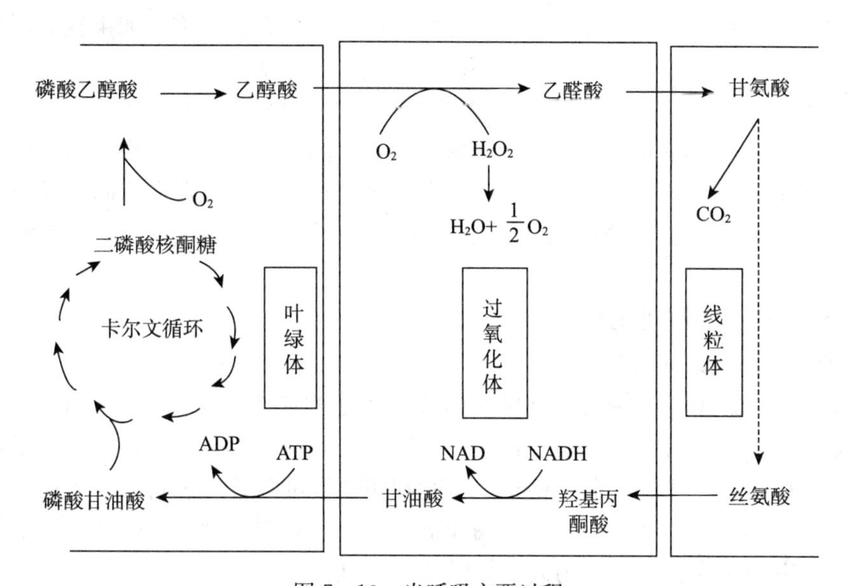

图 7－10 光呼吸主要过程

在整个光呼吸过程中，氧气的吸收发生于叶绿体和过氧化体中，二氧化碳的释放发生于线粒体中。因此，乙醇酸的氧化途径是在叶绿体、过氧化体和线粒体 3 种细胞器的协同作用下完成的，并且是一个循环过程。

3. 光呼吸意义

（1）碳素回收。在有氧条件下，光呼吸发生虽然会损失一部分有机碳，但通过 C_3 循环即光呼吸过程还可回收 75％的碳，避免了碳的过多损失。

（2）消除乙醇酸毒害。乙醇酸的产生在代谢中是不可避免的。光呼吸具有消除乙醇酸的作用，避免了乙醇酸的积累，使细胞免受伤害。

（3）维持 C_3 途径的运转。在干旱和高辐射胁迫下，叶片气孔关闭或外界 CO_2 浓度降低、CO_2 进入受阻时，光呼吸释放的 CO_2 能被 C_3 途径再利用，以维持 C_3 途径的运转。

（4）防止强光对光合机构的破坏。因为光呼吸消耗了多余能量，避免过剩同化力对光合细胞器的损伤，平衡同化力与碳同化之间的需求关系。

但在不影响植物正常生长发育的条件下，控制光呼吸发生，增加光合产物积累，对增加产量和改善品质有一定实践意义。

四、光合速率及影响光合作用的因素

植物光合作用经常受到外部因素和内部因素的影响而发生变化。而要了解这些因素对光合作用影响的大小，首先要了解光合作用的指标。表示光合作用变化的指标有光合速率和光合生产率。

（一）光合速率和光合生产率

光合速率是指单位时间、单位叶面积吸收 CO_2 的量或放出 O_2 的量。采用国际单位制（SI）计量，以μmol CO_2/（m^2·s）表示，1μmol CO_2/（m^2·s）＝1.584mg CO_2/（dm^2·h）。对于叶面积不易测定的植物，可改用叶的干重来代替叶面积。

一般测定光合速率的方法都没有把叶片的呼吸作用考虑在内，所以测定的结果实际上是光合作用减去呼吸作用的差数，称作表观光合速率或净光合速率。如果我们同时测定其呼吸速率，把它和表观光合速率相加，则得到真正光合速率：

真正光合速率＝表观光合速率＋呼吸速率

光合生产率又称作净同化率，是指植物在较长时间（一昼夜或一周）内，单位叶面积生产的干物质量。常用 g/（m^2·d）表示。由于测定时间较长，存在夜间的呼吸作用和光合作用产物从叶片向外运输等的消耗。因此，测得的光合生产率低于短期测得的光合速率。

（二）影响光合作用的因素

1. 影响光合作用的内部因素

（1）不同部位。由于叶绿素具有接受和转换能量的作用，所以，植株中凡是绿色的、具有叶绿素的部位都进行光合作用，在一定范围内，叶绿素含量越多，光合作用越强。如抽穗后的水稻植株，叶片、叶鞘、穗轴、节间和颖壳等部分都能进行光合作用。但一般而言，叶片光合速率最大，叶鞘次之，穗轴和节间很小，颖壳甚微。在生产上尽量保持足够的叶片，能制造更多光合产物，为高产提供物质基础。

就叶片而言，幼嫩的叶片光合速率低，随着叶片成长，光合速率不断加强，达到高峰，之后叶片衰老，光合速率下降。

（2）不同生育期。一株植物不同生育期的光合速率，一般都以营养生长中期最强，到生育末期下降。以水稻为例，分蘖盛期的光合速率最大，以后随生育期的进展而下降，特别在抽穗期以后下降较快。但从群体来看，群体的光合量不但取决于单位叶面积的光合速率，而且很大程度上受总叶面积及群体结构的影响。水稻群体光合量有两个高峰：一个在分蘖盛期，另一个在孕穗期。高峰期以后，下层叶片枯黄，单株叶面积减小，因此光合量急剧下降。

2. 影响光合作用的外部因素

（1）光照。光是光合作用的能源，所以光是光合作用必需的。光的影响包括光质（光谱成分）及光照强度。自然界中太阳光的光质完全可以满足光合作用的需要，而光照强度常常是限制光合速率的因素之一（图 7-11）。

在黑暗时，光合作用停止，而呼吸作用不断释放 CO_2，呼吸速率大于光合速率。随着

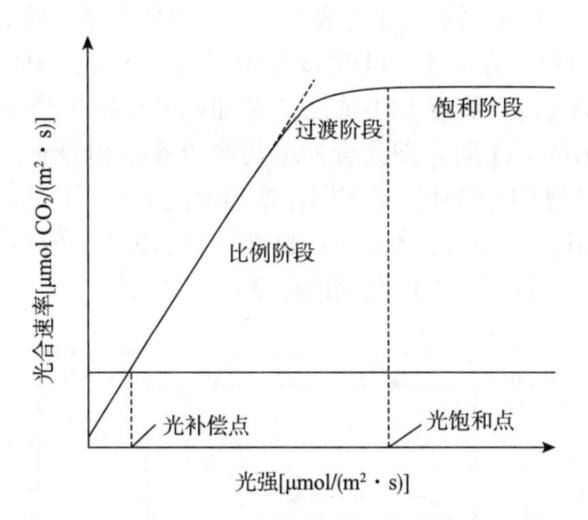

图 7-11 光强-光合速率曲线

光照增强，光合速率逐渐增加，逐渐接近呼吸速率，最后光合速率与呼吸速率达到动态平衡。同一叶片在同一时间内，光合过程中吸收的CO_2和光呼吸与呼吸过程放出的CO_2等量时的光照强度，就称作光补偿点。植物在光补偿点时，有机物的形成和消耗相等，不能积累干物质，而夜间还要消耗干物质，因此从全天来看，植物所需的最低光照强度必须高于光补偿点才能使植物正常生长。一般来说，阳生植物的光补偿点为9～18μmol/（m^2·s），而阴生植物小于9μmol/（m^2·s）。

当光照强度在光补偿点以上继续增加时，光合速率就成比例增加，但超过一定范围之后，光合速率的增加转慢，当达到某一光照强度时，光合速率就不再增加，这种现象称作光饱和现象，刚出现光饱和现象时的光照强度称作光饱和点。此时的光合速率达到最大值。

光补偿点

多数植物的光饱和点为500～1 000μmol/（m^2·s），但不同植物的光饱和点有很大差异，一般阳生植物的光饱和点高于阴生植物，C_4植物的光饱和点高于C_3植物。在一般光照下，C_4植物没有明显的光饱和现象，这是由于C_4植物同化CO_2需要消耗更多的同化力，而且可充分利用较低浓度的CO_2；而C_3植物的光饱和点仅为全光照的1/4～1/2。所以在高温高光强下，C_3植物的光合速率到一定程度后就不再增加，出现光饱和现象，而C_4植物仍保持较高的光合速率。因此，在利用日光能方面，C_4植物优于C_3植物。

掌握植物光补偿点和光饱和点的特性在生产实践中有指导作用。例如，间作与套种时作物种类的搭配，林带树种的选择，合理密植的程度，树木修剪、采伐、定植等，都根据植物光合作用对光强的要求。冬季或早春的光强低，在温室管理上避免高温，则可以降低光补偿点，并且减少夜间呼吸消耗。在大田作物的生长后期，下层叶片的光强往往处于光补偿点以下，生产上除了强调合理密植和调节水肥管理外，整枝、去老叶等措施都能改善下层叶片的通风透光条件。去掉部分处于光补偿点以下的枝叶，有利于增加光合产物的积累。

（2）二氧化碳。二氧化碳是光合作用的原料，对光合速率的影响很大。陆生植物光合所需的二氧化碳主要来源于空气。CO_2通过叶表面的气孔进入叶内，经过细胞间隙到达叶肉细胞的叶绿体。

CO_2浓度与光合速率的关系类似于光强与光合速率的关系，既有CO_2的补偿点，又有CO_2的饱和点（图7－12）。在光下CO_2浓度等于零时，光合作用器官只有呼吸作用释放CO_2（图7－12中的A点）。随着CO_2浓度的增加，光合速率增加，当光合作用吸收的CO_2等于呼吸作用放出的CO_2时，即光合速率与呼吸速率相等时，外界的CO_2浓度称作CO_2的补偿点。各种植物CO_2的补偿点不同。据测定，玉米、高粱、甘蔗等C_4植物CO_2的补偿点很低，为0～10μL/L。小麦、大豆等C_3植物CO_2的补偿点较高，约为50μL/L。植物必须在高于CO_2补偿点的条件下才有同化物的积累，才会生长。

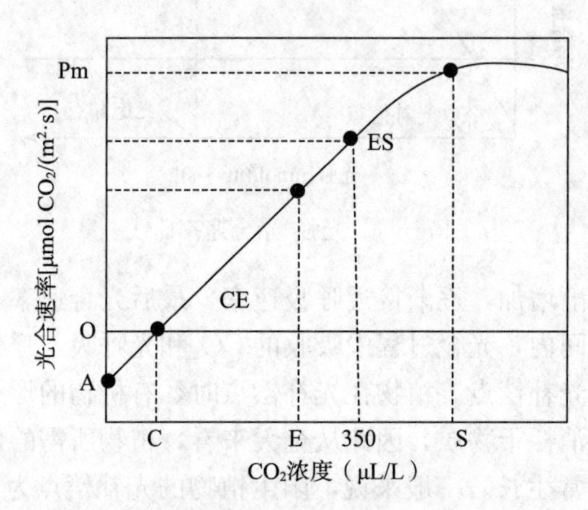

图7－12　CO_2-光合速率曲线

当空气中CO_2浓度超过植物CO_2的补偿点（图7－12中C点）后，随着空气CO_2浓度提高，光合速率直线增加（图7－12中CE段）。但是随着CO_2浓度的进一步增加，光合速率增长变慢（图7－12中ES段），当CO_2浓度达到某一值时，光合速率达到最大值(Pm)，光合速率达到最大值时的CO_2浓度称作CO_2的饱和点（图7－12中S点）。不同植物CO_2的饱和点相差很大，C_3植物CO_2的饱和点较C_4植物高。超过饱和点时再增加CO_2浓度，光合便受抑制。

植物CO_2饱和点也随着光强、温度、水分等条件的配合情况而变化。如光强加强，植物就能吸收利用较高浓度的CO_2，CO_2饱和点提高，光合加快。

大气中CO_2浓度约为350μL/L（即1L空气中含0.69mg CO_2），一般不能满足植物对CO_2的需要。在中午前后光合速率较高时，株间CO_2浓度更低，可能降低至200μL/L，甚至100μL/L。所以，必须有对流性空气，让新鲜空气不断通过叶片，才能满足光合对CO_2的需要。在平静无风的情况下或在密植的田块，空气流动受阻，中午或下午常会出现CO_2的暂时亏缺。因此，作物栽培管理中要求田间通风良好，原因之一就是为了保证CO_2的供应。在温室栽培中，加强通风，增施CO_2可防止出现CO_2“饥饿”；在大田生产中，增施有机肥，经土壤微生物分解释放CO_2，能有效地提高作物的光合效率。

目前，由于人类的活动，空气中的CO_2浓度持续上升，这虽然可能减轻由于CO_2缺乏对植物光合作用的限制，但也导致了温室效应，温度升高会给地球的生态环境及人类活动带来一系列严重的问题。

(3) 温度。光合作用的暗反应是由酶催化的化学反应，而温度直接影响酶的活性，因此，温度对光合作用的影响也很大。除了少数例子外，一般植物可在10～35℃下正常地进行光合作用，其中以25～30℃最适宜，在35℃以上时光合作用就开始下降，40～50℃时即完全停止。植物光合作用温度的三基点因植物种类的不同而不同。一般而言，耐寒植物光合作用的最低和最适温度低于喜温植物，而最高温度相似。

光强不同，温度对光合作用的影响有两种情况。在强光条件下，光合作用受酶促反应限制，温度成为主要影响因素。在弱光条件下，光合作用受光强限制，提高温度无明显效果，甚至促进呼吸而减少有机物积累。如温室栽培管理上，应在夜间或阴雨天气时适当降温，以提高净光合速率。

（4）水分。水分是光合作用原料之一，缺乏时可使光合速率下降。水分在植物体内的功能是多方面的，叶片在含水量较高的条件下才能生存，而光合作用所需的水分只是植物所吸收水分的一小部分（1%以下）。因此，水分缺乏主要是间接地影响光合作用。具体来说，缺水使气孔关闭，影响二氧化碳进入叶内；缺水使叶片淀粉水解加强，糖类堆积，光合产物输出缓慢，这些都会使光合速率下降。试验证明，由于土壤干旱而处于永久萎蔫的甘蔗叶片，其光合速率比正常叶片下降87%。再灌水后，叶片在数小时后可恢复膨胀状态，但净光合速率在几天后仍未恢复正常。由此可见，叶片缺水严重，会严重损害光合进程。水稻烤田，棉花、花生炼苗时，要认真控制烤田（炼苗）程度。

（5）矿质元素。植物生命活动所需的各种矿质元素，对光合作用都有直接或间接的影响。如氮、镁、铁、锰等是叶绿素生物合成所必需的矿质元素；铜、铁、硫和氯等参与光合电子传递和水裂解过程；钾、磷等参与糖类代谢，缺乏时便影响糖类的转变和运输，这样也就间接影响了光合作用；同时，磷也参与光合作用中间产物的转变和能量传递，所以对光合作用影响很大。因此，合理施肥对保证光合作用顺利进行是非常重要的。

（6）光合速率的日变化。影响光合作用的外界条件每天都在时时刻刻变化着，所以光合速率在一天中也有变化。在温暖的天气，如水分供应充足，太阳光照成为主要影响因素，光合过程一般与太阳辐射进程相符合，从早晨开始，光合作用逐渐加强，中午达到高峰，以后逐渐降低，到日落则停止，形成单峰曲线，这是指无云的晴天。如果云量变化不定，则光合速率随着到达地面的光强度的变化而变化，形成不规则曲线。但晴天无云而太阳光照强烈时，光合进程便形成双峰曲线，一个高峰在上午，一个高峰在下午。中午前后光合速率下降，呈现“午休”现象。出现这种现象的原因是水分在中午供给不上，气孔关闭；CO_2供应不足；光呼吸增加。这些都表现为光合速率的下降。

由于光合“午休”造成的损失可达光合生产的30%，所以在生产上应通过适时灌溉、选用抗旱品种等措施增强植株的光合能力，避免或减轻光合“午休”现象，提高产量。

五、同化产物的运输与分配

高等植物的所有个体都是由多种器官（根、茎、叶、花、果实）组成的，这些器官之间分工明确，相互依存。叶片是产生同化物质的主要器官。所合成的同化物质能不断地向根、茎、芽、果实和种子中运输，为器官的生长发育和呼吸消耗提供能量或作为贮藏物质积累。贮藏器官中的同化物也会在某一时期被调运到其他器官，供生长需要。如果某一作物的叶片光

同化产物的运输与分配

合能力很强，能形成大量的同化物质，即生物学产量很高，但由于运输不畅或分配不合理，很少将同化物质运输或转移到种子内部，形成人类所需要的经济产量（通常所说的作物产量），就不可能达到高产，实现人们的预期目的。因此，从农业实践来说，同化物质的运输与分配，无论对植物的生长发育，还是对农作物的产量、品质，都十分重要。

（一）植物体内同化物质的运输系统

植物体内同化物质的运输与分配十分复杂，运输的形式和机理有许多不同。就运输而言，主要有短距离运输和长距离运输两种。

1. 短距离运输

（1）胞内运输。胞内运输主要指细胞内细胞器间的物质交换。有分子扩散推动原生质的环流，细胞器膜内外的物质交换，囊泡的形成与囊泡内含物的释放等。

（2）胞间运输。胞间运输是指细胞间通过质外体、共质体以及质外体与共质体之间的短距离运输。由胞间连丝把原生质体连成一体的体系称作共质体，将细胞壁、质膜与细胞壁间的间隙、细胞间隙等空间称作质外体。

①质外体运输。物质在质外体中的运输称作质外体运输。由于质外体中液流的阻力小，所以物质在质外体中的运输速度较快。但质外体没有外围的保护，运输物质容易流向体外，同时运输速率也受外力的影响。

②共质体运输。物质在共质体中的运输称作共质体运输。与质外体运输相比，共质体中原生质的黏度大，运输阻力大，但共质体中的物质有质膜的保护，不易流失体外。一般而言，细胞间的胞间连丝多，孔径大，存在的浓度梯度大，有利于共质体的运输。

③质外体与共质体间的运输。即物质通过质膜的运输。它包括三种形式：一为顺浓度梯度的被动转运，包括自由扩散和通过信道或载体的协助扩散。二为逆浓度梯度的主动转运，包括一种物质伴随另一种物质进出质膜的伴随运输。三为以小囊泡方式进出质膜的膜动转运，包括内吞、外排等。

2. 长距离运输

（1）同化物运输通道——韧皮部。植物体内的维管束由以导管为中心，富有纤维组织的木质部；以筛管为中心，周围有薄壁组织伴联的韧皮部；穿插与包围木质部和韧皮部的多种细胞；维管束鞘组成。木质部和韧皮部是进行长距离运输的两条途径，试验证明，同化物的运输途径是由韧皮部完成的。

环割试验（图 7－13）：在植物树干上近根部环割一圈，深度至形成层为止。剥去圈内的韧皮部。经过一定时间后，环割上部的树枝照常生长，并在环割的上端切口处聚集许多有机物，形成粗大的愈伤组织，有时形成瘤状物。再过一段时间，地上部分就会慢慢枯萎直至整个植株死亡。该处理主要是切断了叶片形成的光合产物在韧皮部的向下运输通道，导致光合同化物在环割上端切口处积累而引起膨大，而环割下端，尤其是根系的生长得不到同化物质，也包括一些含氮化合物和激素等，时间一久根系就会死亡，这就是所谓的“树怕剥皮”。

环割处理在实际生产中有许多应用。例如对苹果、枣树等果树的旺长枝条进行适度环割，使环割上方枝条积累较多的糖分，提高碳氮比，促进花芽分化，对控制旺长、提高坐果率有一定的作用。再如在进行花卉苗木的高空压条繁殖时，可在想要生根的枝条上环割，在环割处敷上湿土并用塑料纸包裹，由于该处理能使养分和一些激素集中在切口处上

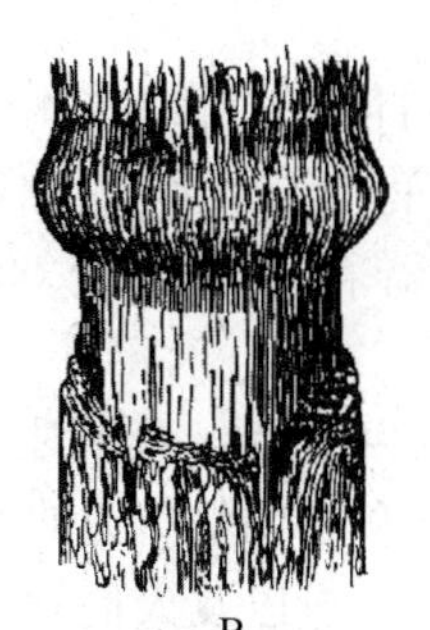
A　　B

图 7-13　木本枝条的环割

A. 刚环割　B. 环割一段时间后形成瘤状

端，再加上有一定水分，故能够在环割处促进生根。

证明有机物质运输途径的更准确的方法是同位素示踪法，目前使用比较多的是在根部标记^{32}P、^{35}S等盐类，以便跟踪根系吸收的无机盐类的运输途径，在叶片上使用$^{14}CO_2$，可追踪光合同化物的运输方向。

（2）韧皮部中运输的主要物质。韧皮部运输的物质因植物的种类、发育阶段、生理生态环境等因素的变化表现出很大的差异。一般来说，典型的韧皮部汁液样品，其干物质含量占10%～25%，其中多数为糖类，其余为蛋白质、氨基酸、无机和有机离子（表 7-2）。

表 7-2　蓖麻幼苗和成年株韧皮部汁液主要成分及含量

化合物	浓度（mmol/L）		化合物	浓度（mmol/L）	
	幼苗	成年株		幼苗	成年株
蔗糖	270	259	中性	119	86.5
葡萄糖	1.8	痕量	碱性	32.4	2.7
果糖	0.6	痕量	酸性	5.9	23.8
氨基酸	158	113	K^+	25	68.1
Na^+	3	3.9	SO_4^{2-}	2.5	25.8
Mg^{2+}	4	4	NO_3^-	0.1	3.6
Ca^{2+}	0.1	3.5	苹果酸	0.5	7
Cl^-	6	6.4	其他有机阴离子	—	13.2
BO_4^{3-}	5	17.8	磷酸糖	3	—

（二）植物体内同化物分配及其控制

1. 源与库的概念　人们在研究有机物分配方面提出了源与库的概念。源（代谢源）是指能制造养料并向其他器官提供营养物质的部位或器官。如绿色植物的功能叶。库（代谢库）指消耗（或贮藏）同化物的部位或器官。如植物的幼叶、茎、根以及花、果、种子等。

2. 源与库的关系　源器官形成和输出同化物的能力称作源强。它与光合速率，丙糖磷酸从叶绿体向细胞质的输出速率以及叶肉细胞蔗糖合成速率有关。源强能为库提供更多的光合产物，所以植物生产上往往把不同时期叶面积指数的大小作为高产栽培、合理施肥的重要指标。

库器官接纳和转化同化物的能力称作库强。根据同化物到达库以后的用途不同，可将库分为代谢库和贮藏库两类。前者指代谢活跃、正在迅速生长的器官或组织。如顶端分生组织、幼叶、花器官。后者指一些同化物贮藏器官，如块根、块茎、果实和种子。

实践证明，源是库的供应者，而库对源具有一定的调节作用，源库两者相互依赖，相互制约。同时认为源强有利于库强潜力的发挥，而库强则有利于源强的维持。在实际生产中，必须根据植物生长的特点以及人们对植物的要求，提出适宜的源、库量。栽培技术上采用去叶、提高二氧化碳浓度、调节光强等处理可以改变源强；而采用去花、疏果、变温、使用呼吸控制剂等处理可以改变库强。

3. 同化物的分配规律 植物体内同化物分配的总规律是由源到库，具体归纳为以下几点。

（1）优先供应生长中心。生长中心是指正在生长的主要器官或部位。其特点是代谢旺盛，生长速度快。各种植物在不同的生育期都有不同的生长中心。这些生长中心既是矿质元素的输入中心，又是同化物质分配中心。如稻、麦类植物前期主要以营养生长为主，因此根、新叶和分蘖是生长中心；孕穗期是营养生长和生殖生长共生阶段，营养器官的茎秆、叶鞘和生殖器官的小穗是生长中心；灌浆结实期，籽粒是生长中心。

不同器官对同化产物的吸收能力有较大的差异。在根、茎、叶营养器官中，茎、叶吸收能力大于根，因此当光照不足、同化产物较少时，优先供应地上部分器官，往往影响根系生长；在生殖器官中，果实吸收养料能力大于花，所以当养分不足，同化产物分配矛盾的情况下，花蕾脱落增多，果树、棉花、豆科植物表现特别明显。因此在农业生产中，人们对植物采取摘心、整枝、修剪等技术，调节有机养分的分配，提高坐果率和果实产量。

（2）就近供应。根据源库单位理论，一个库的同化产物主要依靠附近源的供应，随着库源间距离的加大，相互间的供应能力明显减弱。一般来说，植物上部叶片的同化产物主要供应茎顶端嫩叶的生长，而下部叶的同化产物主要供应根和分蘖的生长，中间叶片的同化产物则向上部和下部输送。例如，大豆、蚕豆在开花结荚时，本节位叶片的同化产物供给本节的花荚，棉花也同样如此，因此，保护果枝上的正常光合作用是防止花荚、蕾铃脱落的方法之一。

（3）纵向同侧供应。纵向同侧供应是指同一方位的叶制造的同化产物主要供应相同方位的幼叶、花序和根。如叶序为1/2的稻、麦等禾本科植物，奇数叶在一侧，偶数叶在另一侧，由于同侧叶间的维管束相通，与侧叶间维管束联系较少，因此幼嫩叶，包括其他的库所需的同化产物主要来源于同侧功能叶。换句话说，第三叶和第一、第五叶联系密切，第四叶与第二、第六叶联系密切。

4. 同化物的再分配与再利用 所有生物在其生命活动中，都存在着合成、分解的代谢过程，该过程循环往复，直至生命终止。植物体除了已经构成植物骨架的细胞壁等成分外，其他的各种细胞内含物在该器官或组织衰老时都有可能被再度利用，即被转移到另外一些器官或组织中去。植物种子在适宜的温度、水分、氧气条件下，就能生根、发芽，这一自养阶段的过程就是同化物再分配与再利用的过程。

许多植物的器官衰老时，大量的糖以及可再度利用的矿质元素如氮、磷、钾都要转移到就近新生器官中去。在生殖生长时期，营养体细胞内的内含物向生殖器官转移的现象尤为突出。小麦籽粒在达到25%的最终饱满度时，植株对氮、磷的吸收已达90%，在籽粒最后充实期，叶片原有的85%的氮和90%的磷将转移到穗部。在生殖器官内部，许多植物的花在完成受精后，花瓣细胞中的内含物也会大量转移到种子中去，以致花瓣迅速凋谢。另外，植物器官在离体后仍能进行同化物的转运。如已收获的洋葱、大蒜、大白菜、萝卜等植物，在贮藏过程中其鳞茎或外叶已枯萎干瘪，而新叶甚至新根照常生长。这种同化物质和矿质元素的再度利用是植物体的营养物质在器官间进行再分配、再利用的普遍现象。

细胞内含物的转移与生产实践密切相关，只要我们明确原理，采取一定的调控手段，就能得到良好的效果。如小麦叶片中细胞内含物过早转移，会引起该叶片的早衰；而过迟转移则会造成贪青迟熟。小麦在灌浆后期，如遇干热风的突然袭击，不仅叶片很快失水枯萎，同时该叶片的大量营养物质不能及时转移到籽粒中去。再如突然的高湿或低温也会发生类似现象。所有这些都与我们所采取的施肥、灌溉、整枝、打顶、抹赘芽、打老叶、疏花疏果等栽培措施及其进行时间的早晚有十分重要的关系。农产品的后熟、催熟、贮藏保鲜等与物质再分配关系同样密切。

生产上应用同化物质的再分配与再利用这一特点的例子很多。例如北方农民为了减少秋霜危害，在严重霜冻来临之际，把玉米连秆带穗一同拔起并堆在一起，大大减轻植株茎、叶的冻害，使茎、叶的有机物继续向籽粒转移，这种被人们称作“蹲棵”的措施一般可增产5%～10%。水稻、小麦、芝麻、油菜等收割后堆在一起，并不马上脱粒，提高粒重效果同样比较明显。

探讨细胞内含物再分配的模式，寻找促控的有效途径，在理论研究方面及生产实践方面都十分重要。

（三）影响与调节同化物运输的因素

同化物质在植株内的运输过程十分复杂，同样受植物体内外因素的影响。

1. 内因

（1）蔗糖浓度和蔗糖裂解酶活力。蔗糖是许多植物光合产物的主要运输形式。叶片光合作用所同化的矿质元素转变为蔗糖的数量调节着蔗糖装载到叶脉韧皮部的速率。叶片蔗糖浓度存在输出阈值，当蔗糖浓度低于阈值时，蔗糖属非运输态，很难输出。因此提高库内蔗糖浓度是提高输出的基础。蔗糖进入库细胞之前必须先转化为已糖磷酸酯，目前已经清楚蔗糖合成酶和转化酶活力往往与库组织输入蔗糖的速率紧密相关。

（2）无机磷。无机磷是调节同化产物向蔗糖与淀粉转化的物质。一般功能叶内无机磷含量高时有利于同化产物的向外运输。

（3）植物激素。吲哚乙酸是具有吸引光合产物输入效应的植物激素。

2. 外因 植物体内同化物质的运输和分配受温度、水分、矿质元素的影响。

（1）温度。温度显著影响同化产物的运输速度。气温与土温的差异对同化产物分配方向有一定的影响。当土温高于气温时，有利于同化产物向根部运输，反之则有利于向地上部运输。因此气温昼夜温差大时有利于块根、块茎的生长。

（2）水分。水分的缺乏将直接影响植物的光合强度，同时对同化物在植物不同库间的分配有明显的影响。

(3) 矿质元素。影响同化物质运输的矿质元素主要有磷、钾、硼。

磷参与同化物的形成，它以高能磷酸键形式贮存和利用能量，广泛参与植物的代谢，促进光合速度，所以磷有促进同化物质运输的作用。因此，在作物产量形成后期，适当追施磷肥有利于同化产物向经济器官内运输，提高产量；在棉花开花期喷施磷肥，也能达到减少蕾铃脱落的目的。钾能促进蔗糖转化为淀粉。因此禾谷类作物在籽粒灌浆期及薯类植物在块根膨大期施用钾肥，有利于籽粒、块根内蔗糖转化成淀粉，同时造成库源间膨压的差异，从而促进叶片内的有机物质不断运输到籽粒和块根中去。硼能和糖结合形成复合物，容易通过质膜，从而促进糖在植物体内的运输。试验证明，棉花花铃期喷施0.01%～0.05%的硼酸溶液，能促使同化物质向幼蕾、幼铃的运输，显著减少蕾铃的脱落。

六、光合作用和植物产量

高等植物一切有机物质的形成最初都源于光合作用。光合作用制造的有机物，占植物总干重的90%～95%。植物产量的形成主要靠叶片的光合作用，因此，如何提高植物的光能利用率，制造更多的光合产物，是农业生产的一个根本性问题。

(一) 植物产量构成因素

光合作用和作物产量

人们栽种不同植物有其不同的经济目的。人们把直接作为收获物的这部分产量称作经济产量。如禾谷类的籽粒、甘薯的块根、棉花的皮棉、叶菜的叶片、果树的果实等。而植物一生中合成并积累下来的全部有机物质的干重，称作生物产量。经济产量与生物产量之比称作经济系数或收获指数。

不同植物的经济系数相差很大，一般禾谷类作物为0.3～0.5，棉花为0.35～0.5，薯类为0.7～0.85，叶菜类近1.0。同一植物的经济系数也随栽培条件而变化，如肥水不足、生长衰弱或过度密植等都会使经济系数变小；肥水过多，发生徒长时，经济系数也会变小。要提高经济系数，首先应使植物生长健壮，在制造较多有机物质的基础上，采取合理的田间管理措施，促进有机物质分配到经济器官中去。在生产上推广矮秆、半矮秆品种可提高经济系数，并且能增加密度，防止倒伏；果树采用矮化砧，还便于果园管理。如果从光合角度来剖析生物产量与经济产量的关系，便可看出：

生物产量＝光合产量－光合产物消耗

光合产量＝光合面积×光合速率×光合时间

经济产量＝生物产量×经济系数

＝（光合面积×光合速率×光合时间－光合产物消耗）×经济系数

可见，构成植物经济产量的因素有五个：光合面积、光合时间、光合速率、光合产物消耗和经济系数。通常把这五个因素又合称作光合性能。光合性能是产量形成的关键。因此，提高光合速率、适当增加光合面积、尽量延长光合时间和减少呼吸消耗、器官脱落及病虫害等以及提高经济系数，是提高植物产量的根本途径。农业生产的一切技术措施，主要是通过改善这几个方面来提高产量和品质。概括起来就是三个方面：开源——增加光合生产；节流——减少光合产物的消耗；控制光合产物的运输和分配——提高经济系数。

（二）植物对光能的利用率

1. 光能利用率的概念 光能利用率是指单位面积植物光合作用形成的有机物中所贮存的化学能与照射到该地面上的太阳能之比，可用以下公式计算。

$$光能利用率=\frac{单位面积作物总干物质重折算含热能}{同面积入射太阳总辐射能}\times 100\%$$

在太阳总辐射中，波长为 390～770nm 的可见光为光合有效辐射，约占 40%。然而，作物对有效辐射也并不能全部利用，因为只有被叶绿体色素吸收的光能，在光合作用中才能转化为化学能。即使是一个非常茂密的作物群体，也不能将照射在它上面的光全部吸收，这里至少包括两方面的损失：一是叶片的反射，二是群体漏光和透射的损失，约占总辐射的 8%。此外，热散失占 8%；其他代谢能耗损失约占 19%，最终只有 5%的光能被光合作用转化贮存在糖类中（图 7－14）。

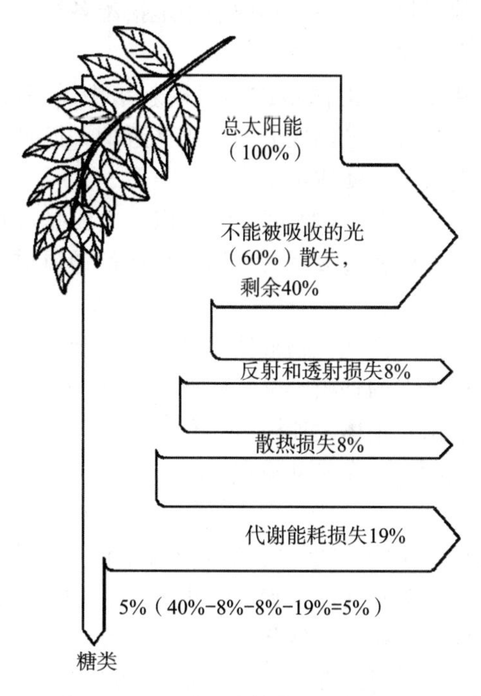

图 7－14 叶片吸收转化太阳能的能力

（张继澍，1999. 植物生理学）

生产中作物光能利用率远低于此值，一般为 1%～2%。如大面积单产超 7 500kg/hm^2 的小麦，在整个生长季节生物产量的光能利用率为 1.46%～1.89%。世界上单产较高的国家如日本（水稻）、丹麦（小麦）光能利用率也只有 2%～2.5%。这说明目前作物生产水平仍然比较低，农业生产还有较大的增产潜力。

2. 光能利用率低的主要原因

（1）漏光损失。植物生长初期，生长缓慢，叶面积小，日光的大部分直接照射到地面上而损失。据估计，一般稻、麦田间平均漏光损失达 50%以上，这是光能利用率低的一个重要原因。

（2）光饱和现象的限制。群体上层叶片虽处于良好的光照条件下，但这些叶片不能利用超过光饱和点的光能来提高光合速率，稻、麦等C_3植物的光饱和点为全日照的1/4～1/2，由于光饱和现象而影响群体光能利用率。

（3）其他因素。如温度过高或过低，水分不足，某些矿质元素的缺乏，二氧化碳供应不足及病虫危害等外因，都限制光合速率。

（三）提高植物光能利用率的途径

要提高光能利用率，主要是通过延长光合时间、增加光合面积和提高光合效率等途径。

1. 延长光合时间 延长光合时间就是最大限度地利用光照时间，提高光能利用率。延长光合时间的措施有以下两种。

（1）提高复种指数。复种指数就是全年内农作物的收获面积与耕地面积之比。提高复种指数就是增加收获面积，延长单位土地面积上作物的光合时间。提高复种指数的措施是通过轮种、间种和套种等栽培技术，在一年内巧妙地搭配各种作物，从时间上和空间上更好地利用光能，缩短田地空闲时间，降低漏光率。

（2）补充人工光照。在小面积的温室或塑料棚栽培中，当阳光不足或日照时间过短时，还可人工补充光照。日光灯的光谱成分与太阳光近似，而且发热微弱，是较理想的人工光源。但是人工光源耗电太多，使成本增加。

2. 增加光合面积 光合面积即植物的绿色面积，主要是叶面积。它是最影响产量、最容易控制的一个因素。但叶面积过大，又会影响群体的通风透光而引起一系列矛盾，所以光合面积要适当。

（1）合理密植。合理密植是指使作物群体得到合理发展、群体具有最适的光合面积和最高的光能利用率，并获得高产的种植密度。因此，合理密植是提高植物光能利用率的主要措施之一。因为，种得过稀，个体发展较好，但群体得不到充分发展，光能利用率低。种得过密，下层叶片接受光照少，在光补偿点以下，变成消费器官，光合生产率降低，也会减产。

（2）改变株型。最近培育出的比较优良的高产新品种（如水稻、小麦和玉米等），株型都具有共同特征，即秆矮，叶直而小、厚，分蘖密集。株型改善，就能增加密植程度，改善群体结构，增大光合面积，耐肥不倒伏，充分利用光能，提高光能利用率。

3. 提高光合效率 光、温、水、肥和二氧化碳等都会影响单位绿叶面积的光合效率。这里重点讲两种主要措施。

（1）增加二氧化碳浓度。空气中的CO_2含量一般占体积的0.035%，即350μL/L，这个浓度与多数作物最适CO_2浓度（1 000～1 500μL/L）相差太远，尤其是随着密植栽培，肥水多，需要的CO_2量就更多，空气中的CO_2量满足不了要求。因此，增加空气中的CO_2量就会显著提高光合速率。在自然条件下增加CO_2浓度是难以控制的。但是，增加室内（如塑料大棚等）环境的CO_2浓度还是易行的，如燃烧液化石油气，用干冰（固体CO_2）等办法。怎样增加大田中的CO_2浓度，目前还在试验阶段。

（2）降低光呼吸。水稻、小麦、大豆等C_3植物的光呼吸很显著，消耗光合新合成的有机物总量的20%～27%。为了提高这些植物的光合能力，要设法降低它们的光呼吸。可以利用光呼吸抑制剂去抑制光呼吸，提高光合效率。例如，用乙醇酸氧化酶抑制剂（α-羟基磺酸盐类化合物）抑制乙醇酸变成乙醛酸。我国也有人试用亚硫酸氢钠于水稻、小麦、棉花等，亦可提高光合效率。

实验实训

实训一 叶绿体色素的提取与分离

（一）实训目标

学习和掌握叶绿体色素的提取与分离技术。

（二）实训材料与用品

新鲜的菠菜（或芹菜、油菜）叶，也可从校园内采集其他植物的新鲜绿叶。

研钵1套、漏斗、滴管、大试管（带软木塞）、大头针、天平、量筒、毛细管、试管架、100mL三角瓶、玻璃棒、剪刀、药匙、定量滤纸等；95%酒精、石英砂、碳酸钙粉、推动剂（按石油醚∶丙酮∶苯为10∶2∶1的比例配制，体积比）等。

（三）实训方法与步骤

1. 叶绿体色素的提取

（1）取菠菜或其他植物新鲜叶片4～5片（2g左右），洗净，擦干，去掉中脉后剪碎，放入研钵中。

（2）研钵中加入少量石英砂及碳酸钙粉（碳酸钙中和细胞中的酸，防止Mg^{2+}从叶绿素中释放），加2～3mL 95%酒精，研磨至糊状，再加10～15mL 95%酒精，提取3～5min，上清液过滤于三角瓶中，残渣用10mL 95%酒精冲洗，一同过滤于三角瓶中。

2. 叶绿体色素的分离

（1）点样。取前端剪成三角形的滤纸条，用毛细管取叶绿体色素提取液进行点样（图7－15），注意每次所点溶液不可过多，点样后晾干，再重复操作数次。

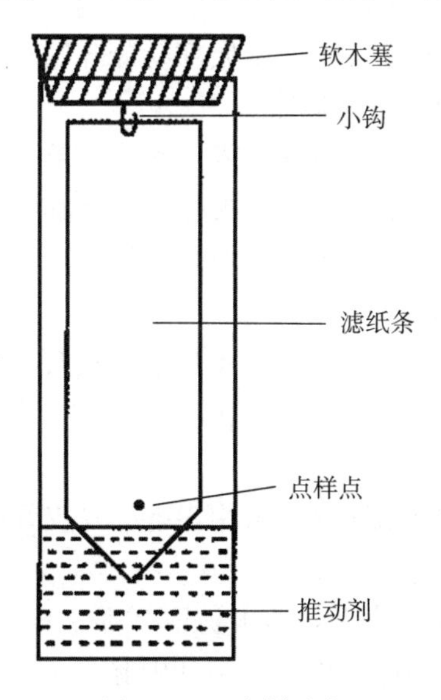

图7－15 点样示意

（2）分离。在大试管中加入推动剂，然后将滤纸固定于软木塞的小钩上，插入试管中，使尖端浸入溶剂内（点样点要高于液面，滤纸条边缘不可碰到试管壁），盖紧软木塞，直立于阴暗处层析。

当推动剂接近滤纸边缘时，取出滤纸，风干，即可看到分离的各种色素。叶绿素 a 为蓝绿色，叶绿素 b 为黄绿色，叶黄素为鲜黄色，胡萝卜素为橙黄色。用铅笔标出各种色素的位置和名称。

（四）实训报告

1. 说明用滤纸分离叶绿体的结果并解释色素分层的原因。
2. 绘制叶绿体色素纸层析分离效果简图，并附原始分离图。

实训二　植物光合速率的测定（改良半叶法）

（一）实训目标

掌握改良半叶法测定叶片净光合速率、总光合速率的原理和方法。

（二）实训材料与用品

生长在植株上的小麦、水稻叶片或棉花、胡桃、柿叶片。

分析天平（感量 0.1mg）1 台、烘箱 1 台、称量皿（或铝盒）2 个（或 20 个）、剪刀 1 把、刀片、金属或有机玻璃模板 1 块、打孔器 1 支、纱布 2 块、热水瓶或其他可携带的加热设备、附有纱布的夹子 2 个、锡纸（或橡皮管、塑料管）、毛笔 2 支、纸牌 20 个、铅笔、5%～10%三氯乙酸、石蜡、有盖搪瓷盘等。

（三）实训方法与步骤

1. 选择叶片　实验可在晴天上午 7—8 时开始。预先在田间选定有代表性的叶片（如叶片在植株上的部位、年龄、受光条件等应尽量一致）10 片，挂牌编号。

2. 叶片基部处理　根据材料的形态解剖特点可任选以下 1 种。

（1）对于叶柄木质化较好且韧皮部和木质部易分开的双子叶植物，可用刀片将叶柄的外皮环割 0.5cm 左右宽，切断韧皮部运输。

（2）对于韧皮部和木质部难以分开的小麦、水稻等单子叶植物，可用刚在热水（水温 90℃以上）中浸过的用纱布包裹的试管夹，夹住叶鞘及其中的茎秆烫 20s 左右，以伤害韧皮部。两个夹子可交替使用。如玉米等叶片中脉较粗壮，开水烫不彻底的，可用毛笔蘸烧至 110～120℃的石蜡烫其叶基部。

（3）对叶柄较细且维管束散生，环剥法不易掌握或环割后叶柄容易折断的一些植物，如棉花可采用化学环割。即用毛笔蘸三氯乙酸（蛋白质沉淀剂）点涂叶柄，以杀伤筛管活细胞。

为了使经以上处理的叶片不致下垂，可用锡纸、橡皮管或塑料管包绕，使叶片保持原来的着生角度。

3. 剪取样品　叶基部处理完毕后，即可剪取样品，记录时间，开始进行光合速率测定。一般按编号顺序分别剪下对称叶片的一半（中脉不剪下），并按编号顺序将叶片夹于湿润的纱布上，放入带盖的搪瓷盘内，保持黑暗，带回室内。带有中脉的另一半叶片则留在植株上进行光合作用。过4～5h后（光照好、叶片大的样品，可缩短处理时间），再依次剪下另一半叶。同样按编号包入湿润纱布中带回。两次剪叶的次序与所花时间应尽量保持一致，使各叶片经历相同的光照时数。

4. 称重比较 将各同号叶片的两半对应部位叠在一起，用适当大小的模板和单面刀片（或打孔器），在半叶的中部切（打）下同样大小的叶面积，将光、暗处理的叶块分别放在105℃下杀青10min，然后在80℃下烘至恒重（约5h），在分析天平上分别称重，将测定的数据填入表7-3中，并计算结果。

表7-3 改良半叶法测定光合速率记载

测定日期： 年 月 日		地点：	
植物材料：		生育期：	
平均光强（klx）：		平均气温：	
第一次取样时间：		第二次取样时间：	
取样面积（dm^2）：		光合作用时间（h）：	
暗处理叶的干重（mg）		光照叶的干重（mg）	
（光一暗）干重增量（mg）			
光合速率［mg/（dm^2·h）］（以干物质计算） 光合速率［mg/（dm^2·h）］（以CO_2同化量计算）			

5. 结果计算

（1）按干物质计算。

$$光合速率 [mg/(dm^2 \cdot h)] = \frac{干重增加总量(mg)}{叶片切块面积总和(dm^2) \times 光合时间(h)}$$

（2）按CO_2同化量计算。由于叶片内光合产物主要为蔗糖与淀粉等碳水化合物，而1mol的CO_2可形成1mol的碳水化合物，故将干物质重量乘系数1.47（44/30＝1.47），便得单位时间内单位叶面积的CO_2同化量［mg/（dm^2·h）］。

上述是总光合速率的测定与计算，如果需要测定净光合速率，只需将前半叶取回后，立即切块，烘干，其他步骤和计算方法同上。

注意事项：

（1）烫伤如不彻底，部分有机物仍可外运，测定结果偏低。凡具有明显的水浸渍状者，表明烫伤完全，这一步骤是该方法能否成功的关键之一。

（2）对于小麦、水稻等禾本科植物，烫伤部位以选在叶鞘上部靠近叶枕5mm处为好，既可避免光合产物向叶鞘中运输，又可避免叶枕处烫伤而使叶片下垂。

（四）实训报告

1. 计算结果，完成实训报告。
2. 比较叶片总光合速率与净光合速率测定时的不同之处，说明原因。

拓展知识

植物对光能的分配和保护

光是自然界中变化最大的环境因素。一天中光强和光质始终处于变化之中，一年中每天的光照长度会发生周期性的变化，气候的变化也会影响光照情况。在正常条件下，植物能够通过各种调节过程精确地控制和调节光能在光系统间的平衡分配，使光合作用高效进行。此外，在许多情况下，光照常超出植物的调节范围，如在夏日的高光照条件下，植物吸收的光能常超出植物所能利用的范围，多余的能量会造成植物光合系统的损伤，因此植物还需要通过一定的方式将多余的能量消耗掉，避免对植物光合系统的损害。

一、光能的分配调节

在高等植物和藻类中，光合作用是通过两个独立的、在空间上分离的光系统进行的。这两个光系统有各自的天线系统，进行光能的吸收和传递，引发光化学反应和电子传递。但是这两个光系统在功能上是相互联系的，电子传递通过两个光系统的串联才得以完成，任何一个光系统效率的降低都会引起整个光合效率的降低。因此，光能在两个光系统间分配的不均衡必然会使光合效率降低。只有当吸收的激发能在两个光系统间平衡时，光能的转化效率才能达到最高。在植物体中，植物吸收的光能在两个光系统间的分配受到有效调节控制，保证了光合作用的高效进行和对环境变化的适应。

除了两个光系统的串联电子传递要求光能在两个系统间平衡外，光系统的调节还要适应不同光强条件及代谢对同化力 NADPH 和 ATP 的不同要求。

（一）光能分配的状态

虽然光系统Ⅱ和光系统Ⅰ具有不同的光吸收特性，但是植物的光合作用在相当宽的光谱范围内，其量子产率和光照的波长无关。这个现象说明，植物具有调节光能在两个光系统间分配比例的能力。

在限制光照条件下，用主要被 PSⅠ吸收的光（>700nm）照射小球藻细胞，发现吸收的激发能向 PSⅡ的分配比例增加；如用主要被 PSⅡ吸收的光（650nm）照射，则激发能向 PSⅠ的分配比例增加。因此将激发能向 PSⅡ分配比例增加的状态称作“状态Ⅰ”（State 1）；而将激发能向 PSⅠ分配比例增加的状态称作“状态Ⅱ”（State 2）。

（二）光能分配的磷酸化调节

完整叶绿体膜在光与 Mg^{2+}、ATP 存在的条件下可诱导捕光色素蛋白复合体 LHCⅡ磷酸化，同时使吸收的激发能向 PSⅠ分配，即诱导状态Ⅱ；而在暗中这一过程可逆转，已磷酸化的 LHCⅡ发生去磷酸化，同时激发能更多地向 PSⅡ分配，即诱导状态Ⅰ。以后又证明 LHCⅡ磷酸化和去磷酸化对光能分配的调节作用取决于与膜结合的 LHCⅡ激酶和 LHCⅡ磷酸酶活性的平衡，以及质体醌（PQ）氧化还原状态的控制。由此提出光能分配的 LHCⅡ磷酸化/去磷酸化调节机制。

当 PSⅡ被光能优先激发时，PQ 被还原，PQ 的还原使 LHCⅡ激酶活化，引起 LHCⅡ磷酸化，磷酸化的 LHCⅡ从 PSⅡ分布的基粒类囊体的垛叠区向 PSⅠ分布的基质类囊体移动，因此扩大了 PSⅠ的捕光面积，使吸收的光能更多地向 PSⅠ分配，导致状态Ⅰ转变为状态Ⅱ；反之，当 PSⅠ被光能优先激发，PQ 被氧化，PQ 的氧化使 LHCⅡ磷酸酶活化，引起 LHCⅡ去磷酸化，去磷酸化的 LHCⅡ则从基质类囊体向基粒类囊体垛叠区移动，其结果是扩大了 PSⅡ的捕光面积，使吸收的光能更多地向 PSⅡ分配，因而导致状态Ⅱ转变为状态Ⅰ。

LHCⅡ磷酸化/去磷酸化调节机制已经被一些实验所证实。当叶绿体膜经蛋白磷酸化后，确实发现有 LHCⅡ由垛叠区向非垛叠区转移。

（三）细胞色素 b_6f 复合体在光能分配中的作用

虽然捕光色素蛋白复合体的磷酸化机制较好地解释了光能在两个光系统间的分配调节问题，但是实验表明，LHCⅡ在光能分配的不同状态下，在类囊体不同区域间的移动量仅为其总量的10%～20%，因此捕光色素蛋白复合体的移动不能完全满足光能分配的需要。用分部分离和免疫细胞化学显微术相结合的研究发现，玉米和衣藻基质片层中细胞色素 b_6f 复合体的数量在“状态Ⅱ”下显著多于“状态Ⅰ”，说明从“状态Ⅰ”转变为“状态Ⅱ”时，往往伴随着细胞色素 b_6f 复合体从基粒膜区域向基质膜区域的迁移，而且这种重新分配的数量为细胞色素 b_6f 复合体总量的30%～40%。

此外，细胞色素 b_6f 复合体对LHCⅡ的磷酸化也是必需的。利用突变体的研究发现，在细胞色素 b_6f 复合体缺失的突变体中，即使类囊体膜结构、PSⅡ和PSⅠ反应中心都正常，质体醌库也正常，无论在光下还是在还原质体醌条件下，都不发生LHCⅡ的磷酸化，而且突变体无光能分配的状态转换。

因此，细胞色素 b_6f 复合体不但可以通过在类囊体不同区域间的移动来协调能量在两个光系统间的分配，而且参与LHCⅡ的磷酸化过程。

二、光抑制与光保护作用

光能是光合作用的基本要素。捕光色素复合体使光能可以更为有效地传递到光系统的反应中心，但又可能使传递到反应中心的激发能超出光系统可以“使用”的能量范围，在高光强下，植物的光合作用会产生光抑制现象。光抑制是指多余光能对光合作用产生抑制作用。光抑制的特性取决于植物所吸收的光能超出其光合作用所需的大小。当超出的光能并不是很多时，虽然光合的量子产率下降，但光合作用的最高速率并不受影响。这种量子产率的下降通常是暂时的，当光强下降到饱和光强以下时可以恢复到原来的水平，这种光抑制反应称作动态光抑制。动态光抑制的量子产率下降是植物将所吸收的多余光能转变为热能而耗散掉的结果。多余的光能不能被完全转化为热能耗散掉时就会对光系统造成伤害，这样的伤害不仅导致量子产率的降低，同时也使光合最高速率下降，而且这种光抑制是较长期的，可以持续数周甚至数月，这种光抑制反应称作长期性光抑制。动态光抑制反映了植物对光能的调控机制，而长期性光抑制则表明多余光能已经超出植物的调节范围而对植物造成了伤害。因此，植物不仅要将多余的光能耗散掉，同时还需要对受损伤的光合系统进行修复。

光合生物在进化的过程中，产生了多层次的光保护机制，以保证植物在多变的光照条件下进行高效光合作用的同时又不受到光的伤害。

（一）通过形态结构方面的改变减少对光能的吸收

植物在进化过程中发展出多方面的防止或减轻光破坏的系统。首先，植物通过各种方式减少光能的吸收，如减小叶面积，在叶表面形成叶毛或表面物质，改变叶与光的角度等都可以减少光能的吸收。在高光照的地区，植物叶片常较小；在干燥、高光照的沙漠地区，一些植物的叶变态为刺（当然这和水分平衡也是有关的）。一些植物叶的表面形成叶毛结构、角质或蜡质层，不仅可以减少水分的散失，还可以减少光的吸收。其次，在许多植物中，叶肉细胞的叶绿体可以随入射光强度改变其在细胞中的分布。在弱光下，叶绿体以其扁平面向着光源并散布开以获得最大的光吸收面积；而在强光下，叶绿体则以其侧面向着光源，并沿光线排列相互遮挡以减小光的吸收面积。

(二) 加强能量耗散过程

当光强增加时，光反应中心复合体的含量、与电子传递链有关的组分和 RuBP 等的含量都增加，因此电子传递速率和 CO_2 固定增加，消耗较多的同化力，减少了激发能的积累。植物也通过环式电子传递、假环式电子传递（梅勒反应）、光呼吸等过程加强对能量的耗散。

思政园地

农业安全

农业安全

农业是第一产业，是人类社会的衣食之源、生存之本，它是支撑整个国民经济不断发展与进步的保障，是工业等其他物质生产部门与一切非物质生产部门存在和发展的必要条件。因此，农业生产关系到社会的安定、人民的切身利益、整个国民经济的稳定发展，还关系到我国在国际竞争中是否可以保持独立自主地位。

一、农业安全概念

农业安全是指采取有效的国家行动，避免内部和外在因素的变化危及我国农业在国民经济中的基础产业地位，确保农业可持续发展。农业安全包括以下几个方面。

(一) 粮食安全

联合国粮食及农业组织将粮食安全定义为所有的人在任何时间都能够买得到和买得起足够、安全和营养的食物，以满足活跃、健康的生活所需的饮食需求和消费偏好。

(二) 农业生产安全

农业生产安全指影响农业生产健康运行的各因素处于良好的状态。农业生产安全包括农业环境安全、农业生物安全、农业资源安全和农业体制安全。

(三) 农产品安全

农产品安全来自食物安全，1992 年国际营养大会上定义食物安全为在任何时候人人都可以获得安全营养的食物来维持健康能动的生活。农产品质量安全含义为食物应当无毒无害，不能对人体造成任何危害。

(四) 农民安全

农民安全主要指农民作为社会生活的主体其发展状态的不稳定，包括农民的生存安全、收入安全和社会地位安全三个方面。

二、我国农业安全面临的挑战

由于影响我国农业安全的内部因素和我国农业发展外部因素的共同作用，我国农业安全呈现出从潜在非安全向显在非安全乃至危机演化的态势。

(一) 农业生态环境仍需进一步改善

据 2021 年我国土壤环境质量报告，虽然全国土壤环境风险得到基本管控，土壤污染加重趋势得到初步遏制，全国受污染耕地安全利用率稳定在 90%以上，全国农用地土壤环境状况总体稳定，但农用地土壤环境现状仍需进一步改善，影响农用地土壤环境质量的主要污染物是重金属，其中镉为首要污染物，全国重点行业企业用地土壤污染风险不容忽视。

（二）粮食生产基本生产要素的供给达到危及粮食安全的警戒线

我国的耕地和水资源的供给难以满足粮食生产的持续增长，我国的耕地总量只有世界耕地总量的7%，近1/3县的人均耕地面积低于联合国粮食及农业组织确定的0.8亩的警戒线。我国淡水资源总量只有世界淡水资源总量的8%，单位耕地面积占有的水资源只有世界平均水平的50%，已被联合国列为全世界人均水资源短缺的贫水国之一。

（三）我国农业生产体系不适应21世纪农产品质量安全的需求

当前，我国农业生产体系的主要特点是采取农户小规模分散经营方式，依靠化肥、农药等现代生产要素的投入，获得和保持较高的土地产出水平。近两年，我国农产品质量安全问题危及人民健康的事件屡屡发生，一个重要的原因就是围绕增产目标建立起来的农业生产体系不适应农产品需求从以追求数量为特点的温饱需求向以追求健康和营养为特点的小康需求结构的升级。在温饱问题解决后，如何发展绿色食品生产，满足人民对农产品质量安全的需求，已经成为我国农业生产体系面临的一个重大挑战。

思考与练习

1. 什么是光合作用？光合作用有什么重要意义？
2. 叶片为什么都是绿色的？
3. 试述叶绿体的结构与功能的关系。
4. 哪些因素影响叶绿素的生物合成？
5. 光合作用的光反应在叶绿体内哪部分进行？分哪几个步骤？产生哪些物质？光合作用的暗反应在叶绿体的哪部分进行？可分几个步骤？产生哪些物质？
6. 环式光合磷酸化与非环式光合磷酸化有哪些主要区别？
7. 光合作用机理可分哪几个阶段？为什么C_3途径是光合同化二氧化碳的最基本途径？
8. 试述C_4植物光合碳代谢与叶片结构的关系。
9. 光呼吸的生理功能是什么？
10. 如何解释C_4植物比C_3植物的光呼吸低？
11. 试述光、温、水、气与氮素对光合作用的影响。
12. 产生光合作用“午休”现象的可能原因有哪些？如何缓和“午休”程度？
13. 什么叫光能利用率，作物光能利用率较低的原因有哪些？
14. 生产上为什么要注意合理密植？
15. 影响光能利用率的因素有哪些？如何提高光能利用率？

模块八　植物的呼吸作用

学习目标

知识目标：

• 了解植物呼吸作用的概念、生理意义和类型。理解主要外界因素对植物呼吸作用的影响。掌握在生产上正确运用呼吸作用知识的方法。

技能目标：

• 能应用小篮子法测定植物的呼吸速率。

• 学会快速测定种子生活力的方法。

素养目标：

• 具备谦虚好学的态度，形成较强的自主学习意识。

• 理解呼吸作用对生命的意义，树立正确的人生观和价值观。

基础知识

呼吸作用是植物的重要生理功能。呼吸作用的停止意味着生物体的死亡。呼吸作用将植物体内的物质不断分解，提供了植物体内各种生命活动所需的能量和合成重要有机物质的原料，还可增强植物的抗病力。呼吸作用是植物体内代谢的中心。植物活细胞无时无刻不在进行呼吸作用，掌握植物呼吸作用的规律，对调节和控制植物的生长发育，提高产量、改善品质具有十分重要的意义。

呼吸作用概述及糖酵解

一、呼吸作用的概念和生理意义

（一）呼吸作用的概念及类型

植物的呼吸作用是指植物的活细胞在一系列酶的作用下，把某些有机物质逐步氧化分解并释放能量的过程。呼吸作用的产物因呼吸类型不同而有差异。依据呼吸过程中是否有氧的参与，可将呼吸作用分为有氧呼吸和无氧呼吸两大类。

1. 有氧呼吸　有氧呼吸是指活细胞利用分子氧（O_2），将某些有机物质彻底氧化分解，形成二氧化碳和水，同时释放能量的过程。呼吸作用中被氧化的有机物称作呼吸底物，碳水化合物、有机酸、蛋白质、脂肪都可以作为呼吸底物。一般来说，淀粉、葡萄糖、果糖、蔗糖等碳水化合物是最常利用的呼吸底物。如以葡萄糖作为呼吸底物，则有氧呼吸的总反应可用下式表示。

$$C_6H_{12}O_6+6O_2 \longrightarrow 6CO_2+6H_2O+2871.6kJ$$

上列总反应式表明，在有氧呼吸时，呼吸底物被彻底氧化分解为二氧化碳和水，氧气被还原为水。有氧呼吸总反应式和燃烧反应式相同，但是在燃烧时底物分子与氧反应迅速激烈，能量以热的形式释放；而在呼吸作用中，氧化作用则分为许多步骤进行，能量是逐步释放的，其中一部分转移到 ATP 和 NADH 中，成为随时可以利用的储备能，另一部分则以热的形式释放。

有氧呼吸是高等植物呼吸的主要形式，通常所说的呼吸作用，主要是指有氧呼吸。

2. 无氧呼吸 无氧呼吸是指活细胞在无氧条件下，把某些有机物分解成为不彻底的氧化产物，同时释放能量的过程。微生物的无氧呼吸通常称作发酵，例如酵母菌，在无氧条件下分解葡萄糖产生酒精，这种作用称作酒精发酵，其反应式如下。

$$C_6H_{12}O_6 \longrightarrow 2\underset{\text{酒精}}{C_2H_5OH}+2CO_2+226kJ$$

高等植物也可发生酒精发酵，例如甘薯、苹果、香蕉贮藏久了，稻种催芽时堆积过厚，都会产生酒精。此外，乳酸菌在无氧条件下产生乳酸，这种作用称作乳酸发酵，其反应式如下。

$$C_6H_{12}O_6 \longrightarrow 2\underset{\text{乳酸}}{CH_3CHOHCOOH}+197kJ$$

高等植物也可以发生乳酸发酵，例如马铃薯块茎、甜菜块根、玉米胚和青贮饲料在进行无氧呼吸时就会产生乳酸。

呼吸作用的进化与地球上大气成分的变化有密切的关系。地球上本来没有游离的氧气，生物只能进行无氧呼吸。由于光合生物的问世，大气中氧含量提高，生物体的有氧呼吸才相伴而生。现今高等植物的呼吸类型主要是有氧呼吸，但仍保留着进行无氧呼吸的能力。如种子吸水萌动，胚根、胚芽等在未突破种皮之前，主要进行无氧呼吸；成苗之后遇到淹水时，可进行短时期的无氧呼吸，以适应缺氧条件。

（二）呼吸作用的生理意义

呼吸作用是植物物质代谢和能量代谢的中心，植物体内进行的物质代谢和能量代谢与呼吸作用密不可分，在植物的生命活动中，呼吸作用具有重要的生理意义。

1. 为植物生命活动提供所需的能量 在呼吸作用过程中，植物通过一系列的生物氧化反应把贮藏在有机物中的能量逐步释放出来，供给植物生命活动的需要。例如，细胞原生质的流动、更新，活细胞对水分和矿质的吸收，有机物质的合成与运输，细胞的分裂，器官的形成，植物的开花与受精等，都需要呼吸作用提供能量。生命活动所需能量都依赖于呼吸作用。呼吸作用将有机物质生物氧化，使其中的化学能以 ATP 的形式贮存起来。当 ATP 在 ATP 酶作用下分解时，再把贮存的能量释放出来，未被利用的能量就转化为热能而散失掉。呼吸放热可以提高植物体温，有利于种子萌发、幼苗生长、开花传粉、受精等。另外，呼吸作用还为植物体内有机物质的生物合成提供还原力（NADPH、

NADH)。任何活细胞都在不停地进行呼吸。一旦呼吸停止，生命也就停止。

2. 为植物体有机物的合成提供原料 呼吸作用的底物氧化分解经历一系列的中间过程，产生许多的中间产物，这些中间产物可以成为合成其他各种重要化合物的原料。例如，有些中间产物可以转化为氨基酸，最后可合成蛋白质；有些中间产物可以转化为脂肪酸和甘油，最后合成脂肪；蛋白质和脂肪也可以通过这些中间产物参与呼吸作用。因此，呼吸作用与植物体各种有机物的合成、转化有着密切的联系，成为物质代谢的中心。活跃的呼吸作用是植物生命活动旺盛的标志。

3. 可以增强植物的抗病能力 植物受伤时，受伤部位的细胞呼吸作用迅速增强，有利于伤口的愈合，防止病菌侵害。植物染病时，病菌分泌毒素危害植物，但染病的组织呼吸作用提高，促使毒素氧化分解，消除毒素。因此，植物受伤或染病部位的呼吸增强是一种保护性反应，对提高植物抗病力有一定作用。

（三）呼吸作用的场所

植物呼吸作用在细胞质内线粒体中进行。由于与能量转换关系更为密切的一些步骤是在线粒体中进行的，因此，常常把线粒体看成是细胞能量供应中心和呼吸作用的主要场所。线粒体普遍存在于植物的活细胞里。

1. 线粒体的形态 线粒体一般呈线状、粒状或杆状。长1～5μm，直径0.5～1.0μm。线粒体的形状和大小受环境条件的影响，pH、渗透压不同均可使其发生改变。一般细胞内线粒体的数量为几十至几千个。如玉米根冠细胞有100～3 000个。细胞生命活动旺盛时，线粒体的数量多，衰老、休眠或病态的细胞，线粒体数量少。

2. 线粒体的结构 在电子显微镜下可见线粒体是由双层膜围成的囊状结构。

（1）外膜。外膜表面光滑，上有小孔，通透性强，有利于线粒体内外物质的交换。

（2）内膜和嵴。线粒体的内膜向内延伸折叠形成片状或管状的嵴（图8-1）。内外两层膜之间的空腔为6～8nm，称作膜间隙（膜间腔）；嵴内的空腔称作嵴内腔。膜间隙和嵴内腔中充满着无定形的液体，其基质液体内含有可溶性的酶、底物和辅助因子。其中的嵴标志酶是腺苷酸激酶。内膜的透性差，对物质的透过具有高度的选择性，可使酶存留于膜内，保证代谢正常进行。嵴的出现增加了内膜的表面积，有效地增大了酶分子附着的表面。内膜的内表面上附着许多排列规则的基粒，它可分为头部、柄部和基片三部分，它是偶联磷酸化的关键装置。

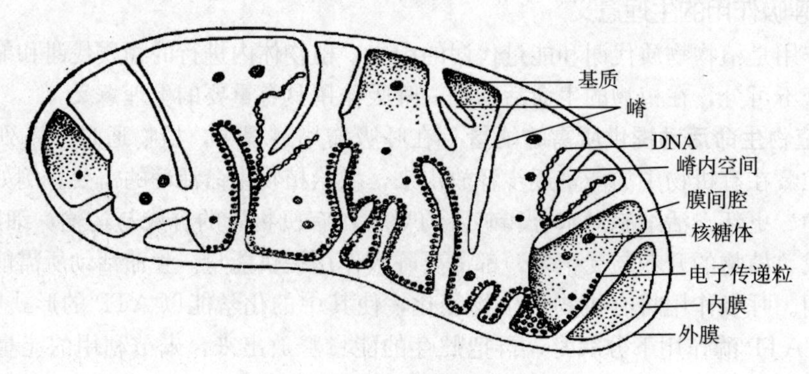

图8-1 线粒体的超微结构

（3）基质（衬质）。线粒体嵴间的空间称作嵴间腔，其内充满了基质。基质内含有脂类、蛋白质、核糖体及三羧酸循环所需要的酶系统。此外，还有 DNA、RNA 及线粒体基因表达的各种酶。基质中的标志酶是苹果酸脱氢酶。

3. 线粒体的功能 植物的各种生命活动需要的能量主要依靠线粒体提供。催化这些供能生化过程所需要的各种酶多分布在线粒体中。细胞内的有机物质在线粒体中释放的能量，一部分（40%～50%）在 ATP 中，随时供生命活动的需要，另一部分以热能的形式散失。

（四）高等植物呼吸代谢的特点

一是复杂性，呼吸作用的整个过程是一系列复杂的酶促反应。二是呼吸作用是物质代谢和能量代谢的中心，它的中间产物又是合成多种重要有机物的原料，起到物质代谢的枢纽作用。三是呼吸代谢的多样性，表现在呼吸途径的多样性。如植物呼吸代谢并不只有一种途径，不同的植物、同一植物的不同器官或组织在不同的生育时期、不同环境条件下，呼吸底物的氧化降解可以走不同的途径。并且当一条代谢途径受阻时，可通过另一条代谢途径继续维持正常的呼吸作用，这是植物长期进化过程中所形成的适应现象。

二、呼吸作用过程

呼吸作用是一个非常复杂的生理过程。在高等植物中存在着多条呼吸代谢的生化途径，当一条途径受阻时，可以通过另一条途径进行呼吸，暂时维持正常的生命活动，这是植物在长期进化过程中所形成的对多变环境条件适应的现象。在缺氧条件下进行酒精发酵和乳酸发酵，在有氧条件下进行三羧酸循环和戊糖磷酸循环途径，还有脂肪酸氧化分解的乙醛酸循环以及乙醇酸氧化途径等。它们之间的关系见图 8-2。

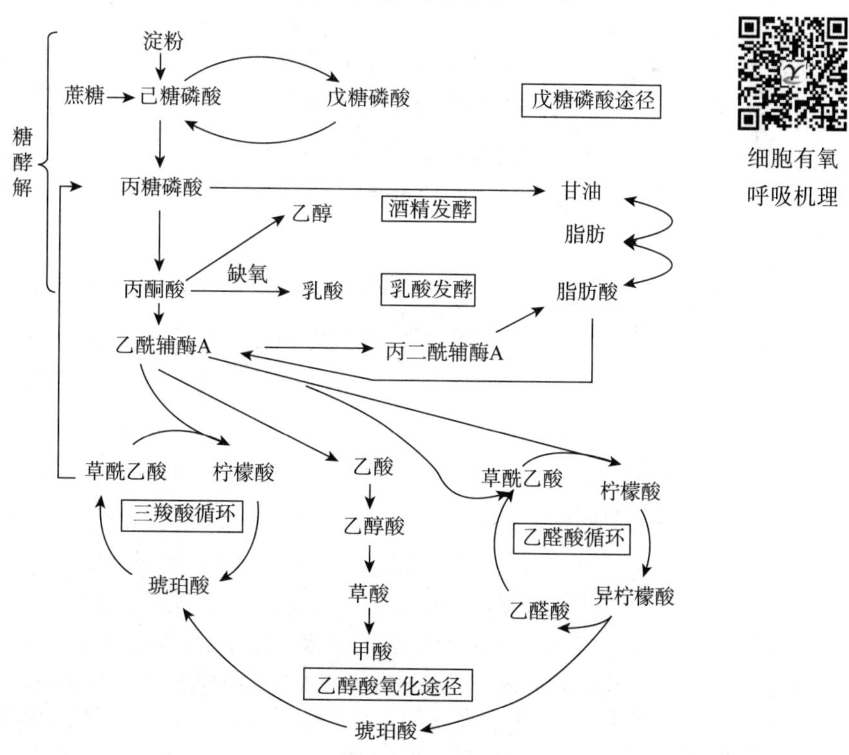

细胞有氧呼吸机理

图 8-2 植物体内主要呼吸代谢途径相互关系

葡萄糖是最主要、最直接的呼吸基质。在此以 1mol 葡萄糖的氧化降解过程为例，简明扼要地介绍这几条途径呼吸降解过程及其相互关系。

(一) 糖酵解及其意义

1. 糖酵解 糖酵解指已糖降解成丙酮酸的过程（简称 EMP 途径）。即呼吸基质葡萄糖在一系列酶的作用下，经过 NAD^+ 脱氢辅酶的脱氢而氧化，逐步转变为 2mol 的丙酮酸，并释放 2mol 底物水平的 ATP，2mol 还原态的辅酶 NADH。这个过程不需要游离氧的参与（图 8-3），其氧化作用所需要的氧来自水分子和被氧化的糖分子。

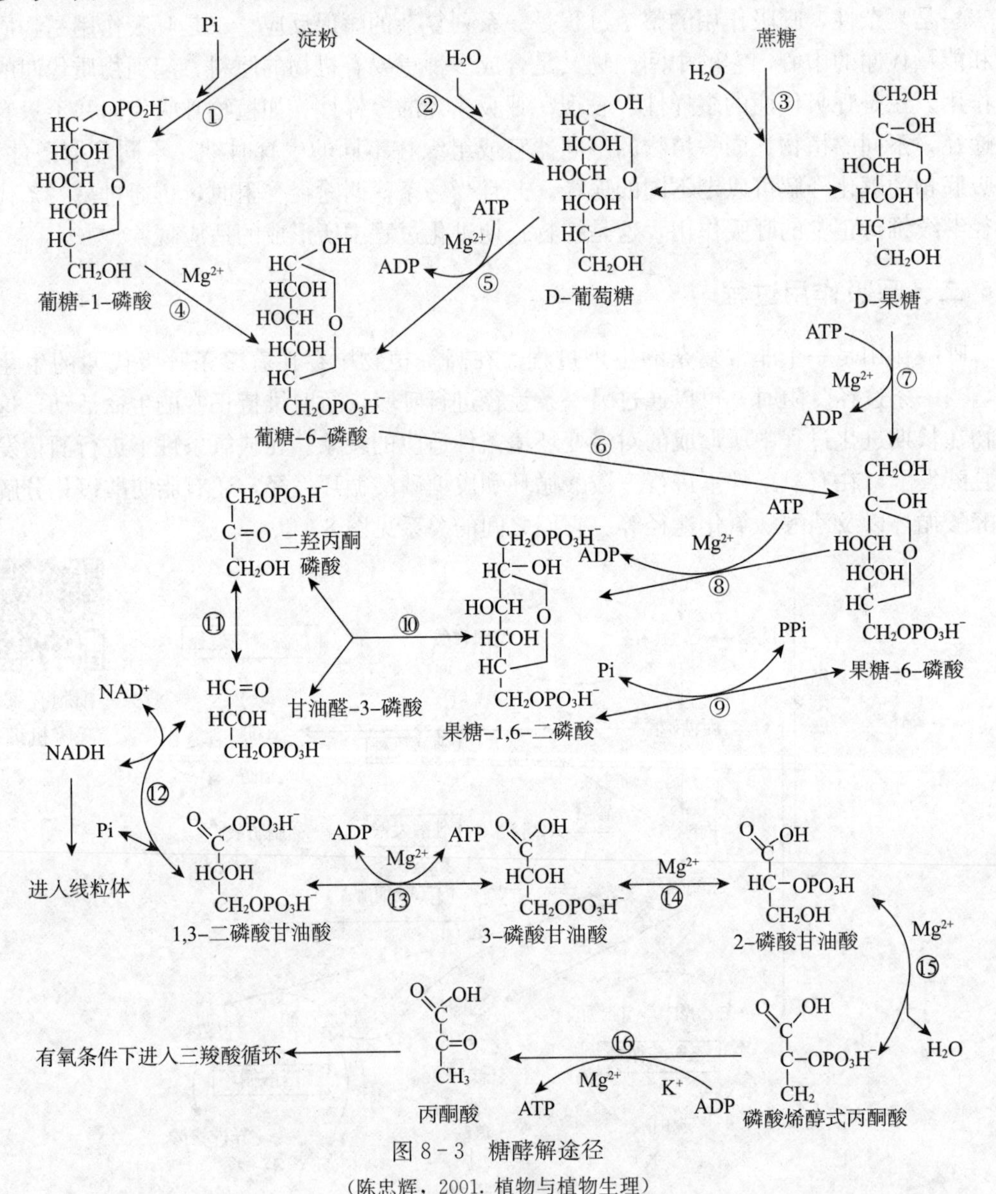

图 8-3 糖酵解途径

（陈忠辉，2001. 植物与植物生理）

参与反应的酶：①为淀粉磷酸化酶 ②为淀粉酶 ③为蔗糖酶 ④为磷酸葡萄糖变位酶 ⑤为己糖激酶 ⑥为磷酸己糖异构酶 ⑦为果糖激酶 ⑧为 ATP-磷酸果糖激酶 ⑨为焦磷酸-磷酸果糖激酶 ⑩为醛缩醛 ⑪为磷酸丙糖异构酶 ⑫为 3-磷酸甘油酸脱氢酶 ⑬为磷酸甘油酸激酶 ⑭为磷酸甘油酸变位酶 ⑮为烯醇化酶 ⑯为丙酮酸激酶（金属离子是各有关酶的促进剂）

糖降解成丙酮酸的总反应式：

$$C_6H_{12}O_6 + 2NAD^+ + 2ADP + 2H_3PO_4 \longrightarrow 2CH_3COCOOH + 2NADH + 2H^+ + 2ATP$$

2. 糖酵解的生理意义

（1）糖酵解存在普遍，产物活跃。糖酵解普遍存在于生物体中，是有氧呼吸和无氧呼吸的共同途径；糖酵解的产物——丙酮酸的化学性质十分活跃，可以通过各种代谢途径生成不同的物质（图 8－4）。

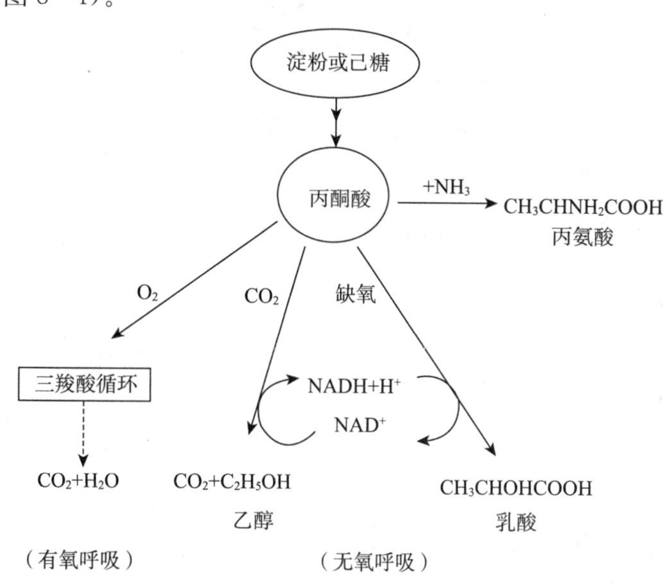

图 8－4 丙酮酸在呼吸代谢和物质转化中的作用

（2）糖酵解是生物体获得能量的主要途径。通过糖酵解，生物体可获得生命活动所需的部分能量。对于厌氧生物来说，糖酵解是糖分解和生物体获得能量的主要方式。

（3）糖酵解多数反应可逆转。糖酵解途径中，除了由己糖激酶、磷酸果糖激酶、丙酮酸激酶等所催化的反应以外，多数反应均可逆转，这为糖异生作用提供了基本途径。

（二）有氧呼吸系统

1. 三羧酸循环

（1）三羧酸循环过程。糖酵解产物丙酮酸，在有氧条件下，经三羧酸和二羧酸的循环反应，逐步脱羧、脱氢被彻底氧化分解成二氧化碳和水，同时释放全部能量的过程，称作三羧酸循环（简称 TCA）。在三羧酸循环过程中，2mol 的丙酮酸在有氧条件下，在一系列酶的作用下，经过 FAD、NAD^+脱氢辅酶的脱氢，进一步氧化脱羧并脱氢，逐步放出二氧化碳，这就是呼吸作用放出的二氧化碳。在此过程中，同时释放 2mol 底物水平的 ATP，8mol 还原态的辅酶 NADH 和 2mol $FADH_2$（图 8－5）。

呼吸作用的生化途径

（2）三羧酸循环的特点和生理意义。

①TCA 循环释放的二氧化碳中的氧来自被氧化的底物和被消耗的水。循环每运行一次，丙酮酸的三个碳原子彻底被氧化，放出 3mol 二氧化碳。由于 1mol 葡萄糖能产生 2mol 丙酮酸，因此两个循环就把葡萄糖的 6 个碳原子全部氧化，放出 6mol 二氧化碳，这就是呼吸作用放出的二氧化碳。当环境中二氧化碳浓度增高时，脱羧反应减慢，呼吸作用

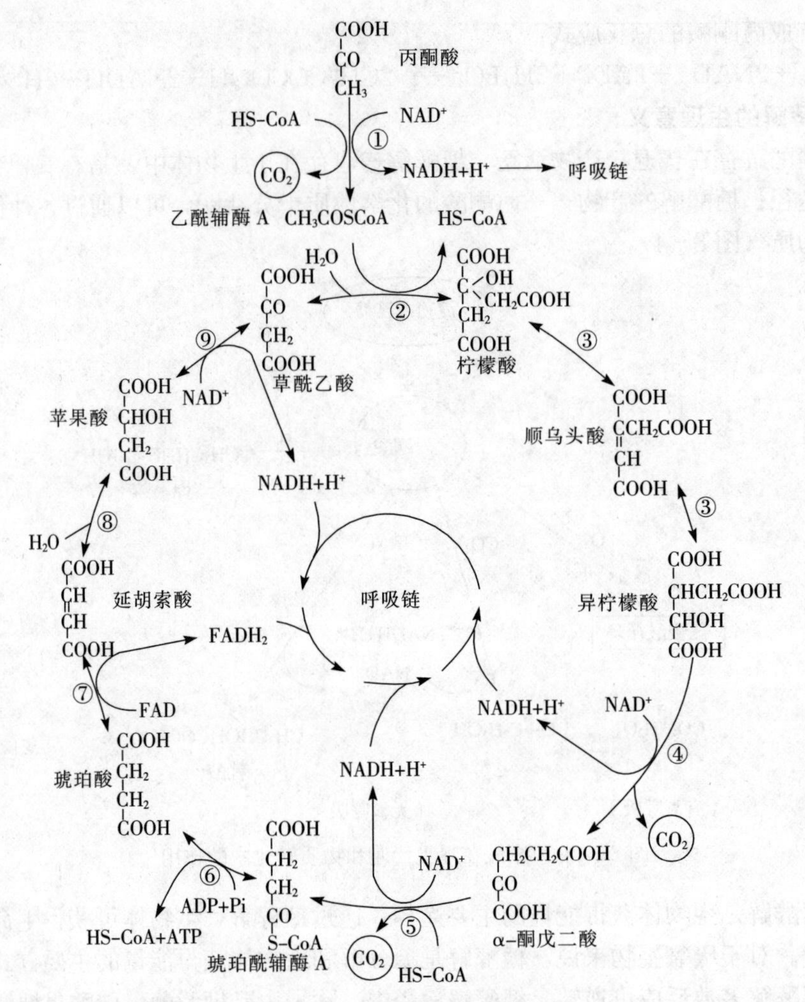

图 8-5　三羧酸循环的反应过程

①丙酮酸脱氢酶复合体　②柠檬酸合成酶或称缩合酶　③顺乌头酸酶　④异柠檬酸脱氢酶　⑤α-酮戊二酸脱氢酶复合体　⑥琥珀酸硫激酶　⑦琥珀酸脱氢酶　⑧延胡索酸酶　⑨苹果酸脱氢酶

（步骤①、④、⑤为不可逆反应，其余为可逆反应）

便受到抑制。

TCA 循环的总反应式：

$$CH_3COCOOH + 4NAD^+ + FAD + ADP + Pi + 2H_2O \longrightarrow 3CO_2 + 4NADH + 4H^+ + FADH_2 + ATP$$

②TCA 循环中水的加入相当于向中间产物注入了氧原子，促进了还原性碳原子的氧化。丙酮酸并不是直接和氧结合而氧化，而是通过逐步脱氢而氧化。一次循环脱下 5 对氢原子，但丙酮酸只含 4 个氢，另外 6 个氢来自每次循环净消耗的 3mol 水，即步骤②、⑥、⑧各加进 1mol 水。若由葡萄糖算起，1mol 葡萄糖通过两次三羧酸循环共脱下 10 对氢。脱下的氢也不能直接和氧结合，其中 8 对被 NAD^+ 所接受，生成 8mol $NADH + H^+$，2 对被 FAD 所接受，生成 2mol $FADH_2$。

③TCA 循环中底物水平磷酸化只发生一步。循环中唯一直接生成 ATP 的部位是步骤

⑦，它属于底物水平磷酸化，1mol 葡萄糖通过三羧酸循环直接生成 2mol ATP。

④TCA 循环是糖、脂肪、蛋白质三大类物质的共同氧化途径。TCA 循环的起始底物乙酰辅酶 A（乙酰 CoA）也是这三大类物质的代谢产物。三羧酸循环中有许多中间产物，可用于合成体内的其他有机物。因此，通过呼吸作用可以把碳水化合物、脂肪、蛋白质的代谢联系起来，呼吸作用成为植物体内物质代谢的中心环节。

2. 磷酸戊糖（戊糖磷酸）循环

（1）磷酸戊糖循环过程。植物在正常生长的条件下，EMP-TCA 循环是主要的呼吸降解途径。这一途径包括糖酵解、三羧酸循环、电子传递与氧化磷酸化三大过程。其中糖酵解是在细胞质中进行的，三羧酸循环、电子传递与氧化磷酸化是在线粒体中进行的。在1954—1955 年，人们研究表明，EMP-TCA 循环途径并不是高等植物有氧呼吸的唯一途径。后经试验发现，与 EMP-TCA 循环途径不一致的是葡萄糖并不预先分解为 2mol 的丙糖分子，而是磷酸化为磷酸葡萄糖后，直接氧化成磷酸葡萄糖酸，再降解为戊糖以至丙糖。由于在这个循环中，葡萄糖被氧化时产生磷酸戊糖，因而称作磷酸戊糖循环。又因为葡萄糖在反应开始时，直接被氧化脱氢，所以也称作葡萄糖的直接氧化途径（简称 HMP 循环）。磷酸戊糖途径所占的比例较小（一般小于 30%）。催化磷酸戊糖途径各反应的酶和催化糖酵解各反应的酶都存在于细胞质中，因此两大途径的各过程进行的部位一样，都是在细胞质中。

具体过程是呼吸基质葡萄糖预先吸收 1mol 的 ATP，磷酸化成磷酸葡萄糖（被活化），再在一系列酶作用下，经脱氢、脱羧转变成磷酸葡萄糖酸及磷酸戊糖。然后，磷酸戊糖经一系列糖分解与重组的循环变化，再一次转化成磷酸葡萄糖。这就完成了一个循环转化，并产生 2mol NADPH 和放出 1mol 二氧化碳。即为呼吸作用放出的二氧化碳。在实际降解过程中，1mol 葡萄糖若彻底氧化分解需要 6mol 葡萄糖同时参加反应，产生 6mol 磷酸戊糖，再转变为 5mol 磷酸葡萄糖，则共产生 12mol NADPH 和 6mol 二氧化碳（图 8－6）。

戊糖磷酸途径的总反应式可写成：

$$6G6P（葡萄糖-6-磷酸）+12NADP^+ +7H_2O \longrightarrow 6CO_2 + 12NADPH+12H^+ +5G6P+Pi$$

（2）磷酸戊糖循环的特点和生理意义。

①该途径有较高的能量转化效率。磷酸戊糖途径不需要经过糖酵解而对葡萄糖直接进行氧化分解，每氧化 1 分子葡萄糖可产生 12 分子 $NADPH+H^+$，因而能量转化效率较高。

磷酸戊糖途径

②该途径中生成的 NADPH 参与一些物质的合成与转化。脂肪酸、固醇等的生物合成，非光合细胞的硝酸盐、亚硝酸盐还原及氮同化，丙酮酸还原生成苹果酸。

③该途径中的一些中间产物是许多重要有机物质生物合成的原料。如 5-磷酸核酮糖（Ru5P）是合成核酸的原料；赤藓糖-4-磷酸（E4P）和磷酸烯醇式丙酮酸（PEP）可以合成莽草酸，进而合成芳香族氨基酸，也可合成与植物生长和抗病性有关的生长素、木质素、绿原酸、咖啡酸等。植物在感病、受伤或处于逆境时，该途径明显加强，可占全部呼吸的 50%以上。

④该途径可以与光合作用联系起来。磷酸戊糖途径中的一些中间产物如丙糖、丁糖、戊糖、己糖和庚糖的磷酸酯及酶类也是卡尔文循环的中间产物，因而磷酸戊糖途径可以将

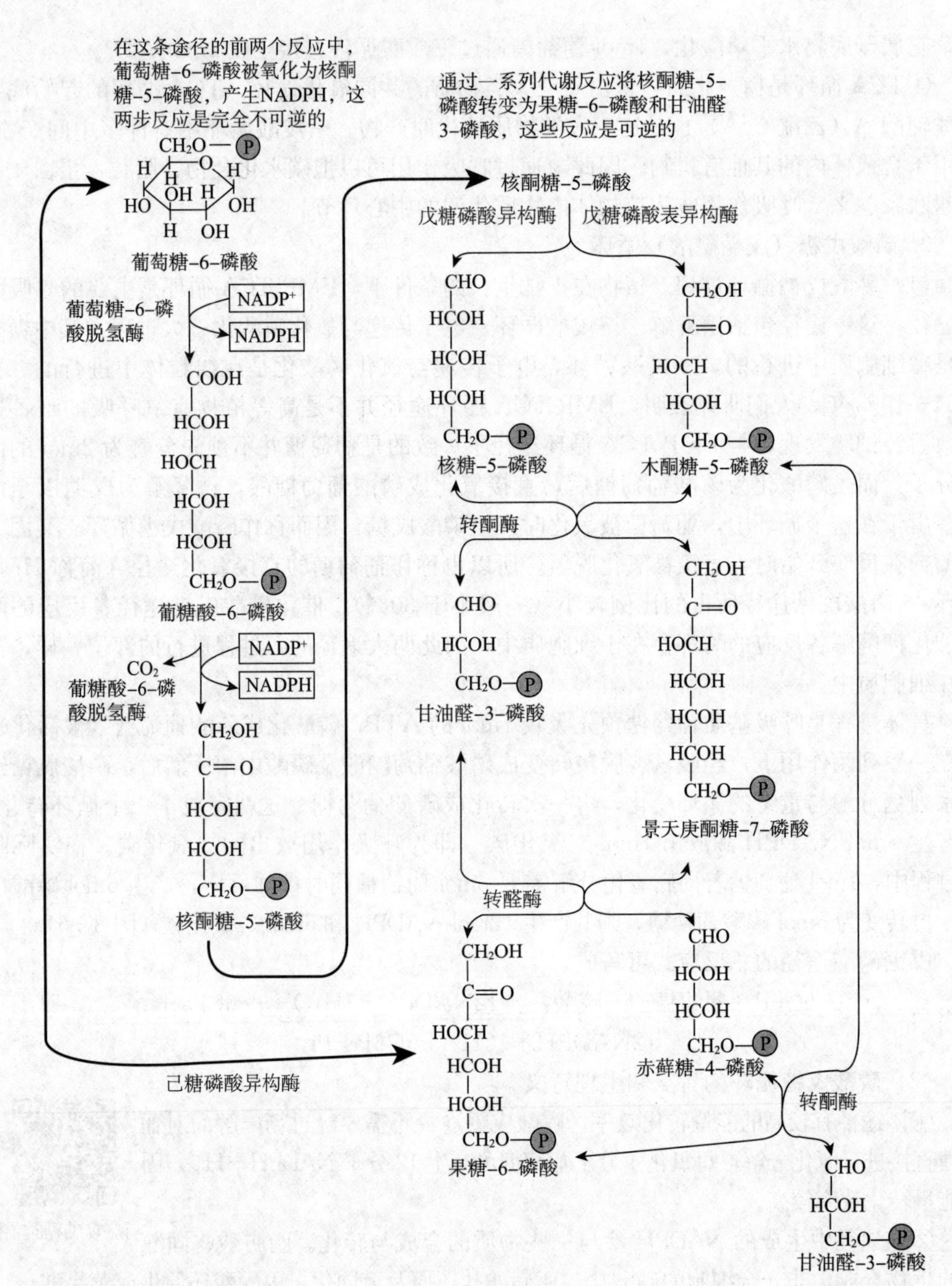

图 8-6　磷酸戊糖途径

呼吸作用与光合作用联系起来。

(三) 无氧呼吸（发酵）

无氧呼吸的最初阶段都要经历糖酵解的过程，即呼吸基质葡萄糖经糖酵解转变成丙酮酸，由丙酮酸开始，再沿不同途径进行分解。

1. 酒精发酵　这是无氧呼吸（发酵）的一条主要途径。水稻浸种催芽时，谷堆内部的谷芽和一般果实所出现的无氧呼吸都属酒精发酵。反应式如下：

$$C_6H_{12}O_6 \longrightarrow 2C_2H_5OH + 2CO_2 + 226kJ$$

具体过程是葡萄糖经糖酵解转变成丙酮酸，丙酮酸脱羧转变成乙醛，乙醛被糖酵解产生的 NADH 还原为酒精。

2. 乳酸发酵 马铃薯块茎、甜菜肉质根内部出现无氧呼吸，产物是乳酸，称作乳酸发酵。反应式如下：

$$C_6H_{12}O_6 \longrightarrow 2C_2H_5OH + 2CO_2 + 197kJ$$

具体过程是葡萄糖经糖酵解转变成丙酮酸后，直接被糖酵解产生的 NADH 还原为乳酸。

无氧呼吸是植物对短暂缺氧的一种适应，但植物不能忍受长期缺氧。因为无氧呼吸释放的能量很少，转换成 ATP 的数量更少，这样，要维持正常生活所需要的能量，就要消耗大量有机物。同时，酒精和乳酸积累过多时，会使细胞中毒甚至死亡。例如，作物淹水后不能正常生活以致死亡，种子播种后久雨不晴发生烂种，种子收获后长期堆放发热、产生酒味、使种子变质等，都是长时间无氧呼吸的结果。

植物处在短暂无氧环境进行无氧呼吸之后，恢复有氧条件时，可恢复正常生长。这是由于各种无氧呼吸的产物在有氧条件时，都可作为有氧呼吸的基质继续氧化分解，最后生成二氧化碳和水。例如，淹水后的作物若能及时排水方可恢复正常生长；种子收获后，必须晒干扬净并要适时翻仓；水稻浸种催芽的种堆内部出现酒味时，及时翻到边缘，使其进行有氧呼吸，可使酒精分解而消除酒味。

三、电子传递与氧化磷酸化

电子传递与氧化磷酸化

（一）生物氧化的概念

在生物体内进行的氧化作用称作生物氧化。也就是在需氧生物中，各种呼吸代谢过程中脱下的氢，最终都传递到氧而被氧化。生物氧化与非生物氧化的化学本质是相同的，都是脱氢、失去电子或与氧直接化合，并释放被氧化物质内部的能量。然而，生物氧化是在活细胞内，在常温、常压、接近中性的酸碱度和有水的环境下，在一系列酶以及中间传递体的共同作用下逐步完成，而且能量按生物体代谢的需要逐步释放，其在生物体的宏观表现是生命的存在，即呼吸现象，这是它与非生物氧化的不同之处。

生物氧化的表现形式之一是电子传递和氧化磷酸化。

（二）电子传递系统——呼吸链的概念和组成

HMP 循环产生的 NADPH，在一定条件下，才经转氢酶催化生成 NADH，这就是 HMP 循环途径形成的 NADH。HMP 循环途径和 EMP-TCA 循环途径中形成的 NADH 或 FADH，还要经过一系列传递，最后才能和游离氧结合生成水，这就是呼吸作用形成的水。由于氢原子包括质子和电子，氢的传递主要是电子的传递，因此这个过程称作电子传递。参加传递的物质，有多种氢传递体和电子传递体，它们按照氧化还原电位高低的一定顺序排列在线粒体内膜上，组成电子传递链，一般称这种电子传递链为呼吸链。

最后的电子传递体是 $Cyta_3$，也称作细胞色素氧化酶，它能把接受的电子直接传给游离氧，使氧激活，1 个氧原子接受 2 个电子后，它就与介质中的 2 个 H^+ 结合生成 1mol H_2O。

呼吸链

（三）氧化磷酸化的概念及类型

1. 氧化磷酸化的概念 在电子传递过程中，有的步骤放出的能量推动 ADP＋Pi 磷酸化为 ATP，从而把有机物中的部分化学能转移到 ATP 中，供生命活动所需。这种伴随由呼吸基质脱下的氢，通过电子传递到达氧的过程所发生的 ADP＋Pi 磷酸化为 ATP 的作用称作氧化磷酸化作用，即呼吸链上电子传递放能与 ADP＋Pi 磷酸化成 ATP 两者为相偶联的反应。据测定，从 NADH 每传递 1 对氢到氧气，能产生 3mol 氧化水平 ATP；FADH 能产生 2mol 氧化水平 ATP。这就是呼吸作用所放出的可利用能。

2. 氧化磷酸化的类型 氧化磷酸化作用是活细胞中形成 ATP 的主要途径之一。根据生物氧化方式不同，可将磷酸化分为底物水平磷酸化和氧化水平磷酸化两种类型。

（1）底物水平磷酸化。底物水平磷酸化即底物被氧化的过程中形成了含高能磷酸键的磷酸化合物，如 X～P。这个高能化合物所含的能量，可使 ADP 磷酸化形成 ATP。此化合物的能量在酶的催化下，经磷酸化转移到 ADP 上，生成 ATP。X～P＋ADP→ATP＋X。

（2）氧化水平磷酸化。电子传递系磷酸化即为通常所称的氧化水平磷酸化。指的是底物脱下的氢，经过呼吸链（细胞色素系统）氧化放能，并伴随着 ADP＋Pi 磷酸化生成 ATP 的过程。

氧化水平磷酸化中氧化放能与磷酸化贮能之间的偶联关系，常用磷氧比（P/O）这一指标来反映。所谓 P/O，是指电子传递链每消耗 1 个氧原子（1/2 氧分子）所用去的无机磷 Pi 或产生的 ATP 的摩尔数。P/O 是线粒体氧化磷酸化活力功能的一个重要指标。在标准图式的呼吸链中，从 NADH 开始氧化到形成水，要经过 3 次 ATP 的形成，所以 P/O 是 3；而 $FADH_2$ 走完呼吸链，只有两次 ATP 的形成，所以 P/O 是 2。

在正常情况下，植物的呼吸作用总是偶联着磷酸化作用。但当植物处于不良的环境如高温、干旱、缺钾等条件下，磷酸化的偶联将被破坏，这时呼吸虽然增强，但不能形成 ATP，放出的能量均以热能释放掉，这种呼吸称作无效呼吸。植物进行无效呼吸时，体内的有机物质将大量消耗，对积累不利。因此，在农业作物栽培过程中，必须加强田间管理，防止出现这种情况。

四、呼吸作用中的能量利用效率

植物在呼吸作用中，葡萄糖被彻底降解为二氧化碳和水，同时释放能量。释放的能量除用于形成 ATP 外，其余以热能的形式释放掉，这种热能不能用于各种生理活动，而 ATP 则是植物体能够直接利用的能量形式。当需要的时候，ATP 水解为 ADP＋Pi，释放的能量便可用于各种需能活动，如原生质的运动，无机盐的吸收，有机物的合成、运输以及生长运动等。因此，ATP 在活细胞中既是贮能物质，又是供能物质，在能量转换中具有特殊而重要的作用。

能量利用效率应该是呼吸基质释放的，用于各种生理活动的，可利用能占其释放的总能量的比值。底物磷酸化形成的 ATP 仅占一小部分，大部分 ATP 是通过氧化磷酸化形成的。若按摩尔数计算，1mol 六碳糖通过 EMP-TCA 循环途径和电子传递链被氧化为二氧化碳和水，在糖酵解过程中可形成 4mol ATP 和 2mol NADH，1mol NADH 进入线粒体后经氧化磷酸化可形成 2mol ATP（因为 NADH 必须借助其他反应系统，消耗 1mol ATP 后，才能往返线粒体，所以生成 2mol ATP）；在 TCA 循环中，可形成 2mol ATP、8mol NADH 和 2mol $FADH_2$。经氧化磷酸化，1mol NADH 可形成 3mol ATP，1mol

$FADH_2$可形成 2mol ATP。这样，减去糖酵解反应中用去的 2mol ATP，那么 1mol 六碳糖通过 EMP-TCA 循环途径和电子传递链被彻底氧化后最终形成 36mol ATP。

1mol 六碳糖在 pH 为 7 条件下被彻底氧化，释放能量为 2 870kJ，1mol ATP 水解为 ADP 释放 31.8kJ，36mol ATP 则为 1 145kJ。能量转换率为 40%（1 145kJ/2 870kJ），其余的 60%以热能形式散失。

五、呼吸作用与光合作用关系

光合作用与呼吸作用既相互独立又相互依存，推动了体内物质和能量代谢的不断进行，光合作用制造有机物，贮藏能量，而呼吸作用则分解有机物，释放能量。光合作用为呼吸作用生产呼吸基质；呼吸作用为光合作用收集能量，保存光合原料（表 8-1）。

表 8-1　光合作用与呼吸作用的主要区别和联系

项目		光合作用	呼吸作用
区别	1. 原料	二氧化碳，水	葡萄糖等有机物，氧气
	2. 产物	有机物（主要为碳水化合物），氧气	二氧化碳，水
	3. 能量变化	把太阳光能转变为化学能，是贮能的过程	把化学能转变为 ATP（另一种化学能）、热能，是放能过程
	4. 磷酸化形式	光合磷酸化	氧化水平磷酸化和底物水平磷酸化
	5. 代谢类型	有机物合成作用	有机物降解作用
	6. 反应类型	水被光解，二氧化碳被还原	呼吸底物被氧化、生成水
	7. 进行部位	绿色细胞的叶绿体中、细胞质	活细胞的细胞质和线粒体中
	8. 需要条件	光照下	光照下或黑暗中均可
联系	1. 光合作用为呼吸作用提供原料，呼吸释放的能量可供绿色细胞用		
	2. 光合释放的氧气可供呼吸利用，呼吸释放的二氧化碳也可作为光合的原料		
	3. 二者有许多共同的中间产物可以交替使用，因而使两个过程有一定联系		

六、影响呼吸作用的因素

呼吸作用是生物有机体内进行的复杂的物质和能量代谢的过程，因而不可避免受到各种各样的因素影响，包括生物体内部因素和外界环境因素的影响，外部因素是通过改变内部因素而发生作用。

（一）呼吸作用的生理指标

1. 呼吸速率　呼吸速率又称作呼吸强度，是最常用的生理指标。通常以单位时间内单位植物材料（鲜重、干重、面积）释放的二氧化碳或吸收氧气的数量（毫升或毫克）来表示。常用单位是放出二氧化碳μmol/（g·h）或吸收氧气μmol/（g·h）。

植物的呼吸速率随植物的种类、年龄、器官和组织的不同有很大的差异。如大麦种子为 0.003μmol/（g·h）（放出二氧化碳），番茄根尖达 300μmol/（g·h）（放出二氧化碳），海芋佛焰花序可高达 2 000μmol/（g·h）（放出二氧化碳）。

在用小篮子法测定植物的呼吸速率时，常用的单位是放出二氧化碳或吸收氧气 mL/（100g·h）（鲜重）。

2. 呼吸商 呼吸商（RQ）又称作呼吸系数，指同一植物组织在一定时间内所释放的二氧化碳量与所吸收的氧气量（体积或摩尔数）的比值。它是表示呼吸底物的性质及氧气供应状态的一种指标。

RQ＝释放的二氧化碳量/吸收的氧气量

呼吸底物不同，RQ不同：糖彻底氧化时 RQ＝1；富含氢的脂肪、蛋白质为呼吸底物时吸收的氧气多，RQ<1；棕榈酸（$C_{16}H_{32}O_2$）转变为蔗糖时 RQ＝0.36；富含氧的有机酸（氧含量高于糖）氧化时，RQ>1；苹果酸（$C_4H_6O_5$）氧化时 RQ＝1.33。

环境的氧气供应对 RQ 影响很大。如糖在无氧时发生酒精发酵，只有二氧化碳产生，无氧气的吸收，则 RQ 远大于1；如不完全氧化时吸收的氧保留在中间产物中，放出的二氧化碳量相对减少，RQ 会小于1。

（二）影响呼吸作用的因素

影响呼吸作用的因素

1. 影响呼吸速率的内部因素 植物种类不同，呼吸速率不同。一般生长快的植物呼吸速率高于生长慢的植物。同一植株不同器官，因代谢不同、非代谢组成成分的相对比重不同等，呼吸速率也有较大差异。如生长旺盛、细嫩部位呼吸速率较高，生殖器官比营养器官呼吸速率高，生殖器官中雌蕊较雄蕊高，雄蕊中花粉的呼吸速率最高。

同一器官不同组织的呼吸速率不同。同一器官在不同的生长发育时期，呼吸速率也不同。呼吸速率也与植物的年龄有关，幼嫩的部位比衰老的部位高。呼吸速率也表现出周期性变化，与外界环境、体内的代谢强度、酶活性、呼吸底物的供应情况等有关。呼吸底物充足时呼吸强度高。水分含量高时呼吸增强。

2. 影响呼吸速率的外部因素 环境对呼吸作用的影响表现在影响酶的活性进而影响呼吸速率；使呼吸途经发生改变；影响呼吸底物，进而影响呼吸商。

（1）温度。温度过高或过低都会影响酶活性，进而影响呼吸速率。

最适温度是指呼吸保持稳态的最高呼吸强度时的温度，一般为 25～35℃（温带植物），稍高于同种植物光合作用的最适温度。

最低温度则因植物种类不同而有很大差异。一般植物在 0℃时呼吸很慢，但冬小麦在－7～0℃仍可进行呼吸。有些多年生越冬植物在－25℃仍呼吸，但在夏天温度低于－5～－4℃时就不能忍受低温而停止呼吸。

最高温度一般为 35～45℃。最高温度在短时间内可使呼吸速率迅速提高，但随时间延长，呼吸迅速下降。

在一定温度范围内，呼吸随温度的升高而增强，达到最大值后，温度继续升高时呼吸则下降。

种子的低温贮藏就是利用低温使呼吸减弱以减少呼吸消耗，但不能低到破坏植物组织的程度。早稻浸种时用温水淋冲翻堆是为了控制温度、通风以利于种子萌发。

（2）氧气。氧气浓度影响着呼吸速率。当浓度低于 20%时，呼吸速率开始下降。

氧气浓度影响着呼吸类型。在低氧气浓度时逐渐增加氧气，无氧呼吸会随之减弱，直至消失；无氧呼吸停止时的组织周围空气中最低氧气含量称作无氧呼吸的消失点。

水稻和小麦的消失点约为 18%，苹果果实的消失点约为 10%。在组织内部，由于细胞色素氧化酶对氧气的亲和力极高，当内部氧气浓度为大气氧气浓度的0.05%时，有氧呼吸仍可进行。

随着氧气浓度的增高，有氧呼吸也增强，此时呼吸速率也增强，但氧气浓度增加到一定程度时，对呼吸作用就没有促进作用。此氧气浓度称作呼吸作用的氧饱和点。在常温下，许多植物在大气氧气浓度（21%）下即表现饱和。一般温度升高，氧饱和点也提高。氧气浓度过高对植物生长不利，这可能与活性氧代谢形成自由基有关。氧气浓度低时，直接影响呼吸速率和呼吸性质，长期处于低氧甚至无氧环境，植物生长会受到伤害甚至死亡，这是因为无氧呼吸增强，产生酒精中毒；过多消耗体内营养，使正常合成代谢缺乏原料和能量；根系缺氧会抑制根系生长，影响对矿质营养和水分的吸收；没有丙酮酸的氧化过程，许多由这个过程的中间产物形成的物质无法继续合成。

（3）二氧化碳。环境中二氧化碳浓度增高时脱羧反应减慢，呼吸作用受抑制。当二氧化碳浓度高于5%，呼吸作用受到明显抑制，达10%时可使植物死亡。因此果蔬贮藏时可适当提高二氧化碳浓度。

（4）水分。植物的呼吸速率一般是随着植物组织含水量的增加而升高。干种子呼吸很微弱，当其吸水后呼吸迅速增强。当植株受干旱接近萎蔫时，呼吸速率有所增强，而萎蔫时间较长时，呼吸速率则会下降。

（5）机械损伤。机械损伤明显促进组织的呼吸作用。在正常情况下，氧化酶与其底物在结构上是隔开的，机械损伤使原来的间隔破坏，如酚在受伤处与酶接触而迅速被氧化；损伤使一些细胞脱分化为分生组织或愈伤组织，比原来休眠或成熟组织的呼吸速率快得多。

七、呼吸作用知识的应用

呼吸作用在农业生产上的应用

（一）呼吸作用与种子成熟、贮藏

呼吸作用影响种子的发芽、幼苗生长。如水稻的浸种催芽、育苗是通过对呼吸作用的控制达到幼苗生长健壮。经常换水和翻动，目的是为了补充氧气，使有氧呼吸正常进行。否则无氧呼吸增加，酒精积累，温度升高，造成酒精中毒，或出现“烧苗”现象。早稻浸种时用温水淋冲以增加温度，保证呼吸作用所需温度条件。

种子形成过程中呼吸速率逐步升高，灌浆期速率达到最大，此后灌浆速率降低，呼吸速率也相应减弱。可能是由于种子内干物质积累增加，含水量下降，线粒体结构受破坏。

种子内部发生的呼吸作用强弱和所发生的物质变化，将直接影响种子的生活力和贮藏寿命。呼吸作用快时，消耗较多的有机物，放出水分，使湿度增加。湿度增加反过来促进呼吸作用。放出的热使温度升高，也促进呼吸和微生物活动，导致种子的霉变和变质。

一般油料种子安全含水量在8%～9%，淀粉种子安全含水量在12%～14%，风干种子内的水都是束缚水，呼吸酶的活性降低到最低，呼吸微弱，可以安全贮藏。种子的含水量偏高时，呼吸作用显著增强。因为含水量增加后，种子内出现自由水，酶活性增强。

种子安全贮藏措施：种子要晒干；防治害虫；仓库要通风以散热散湿；低温或密闭贮藏；可适当增加二氧化碳含量和降低氧气含量（如脱氧保管法、充氮保管法）。

（二）呼吸作用与植物栽培

通过栽培管理措施可以调节植物群体呼吸作用。

1. 改善土壤通气条件 增加氧的供应，分解还原物质，使根系呼吸作用旺盛，生长良好，根系发达。如生产上植物生长过程中的中耕松土，水稻移栽后的露田和晒田等，可改善土壤通气条件；地下水位较高时挖深沟（埋暗管）是为了降低地下水位，以增加土壤中的氧气。

2. 调节温度 寒潮来临时及时灌水保温；早稻灌浆成熟期正处高温季节，可以灌“跑马水”降温，以减少呼吸消耗，有利于种子成熟；蔬菜、花卉保护地栽培时，阴雨天要适当降温，以降低呼吸消耗，保证植物正常生长。

3. 增加植物产量 呼吸作用与产物的关系复杂，关于两者关系的报道不尽相同。一方面呼吸消耗有机物，在玉米、燕麦等作物中观察到降低叶呼吸作用时，其产物增加；但也观察到呼吸下降后产量也下降。因此，生产上只有将呼吸调整到合适的范围，才有利于植物生长，增加产物积累。

（三）呼吸作用与果实、蔬菜贮藏

果实和蔬菜贮藏与种子贮藏不同，需要保持一定的水分，使果实、蔬菜呈新鲜状态。某些果实成熟到一定时期，其呼吸速率会突然升高，然后又突然下降，此时果实成熟。果实成熟前呼吸速率突然升高的现象称作呼吸跃变现象（也称作呼吸高峰）。它与果实内乙烯释放有关，因为乙烯可增加细胞的透性，使氧气进入，加快细胞内有机物的氧化分解，促进果实成熟。呼吸跃变可改善品质，如使果实变软、酸度下降、变甜等。呼吸跃变明显的果实有苹果、梨、香蕉、番茄等，呼吸跃变不明显的有柑橘、葡萄、瓜类、菠萝等。

呼吸跃变的出现与果实中贮藏物质的水解是一致的，达到呼吸跃变时，果实进入完全成熟阶段，此时，果实的色、香、味俱佳，是食用的最好时期。过了此时期，果实将腐烂而失去食用价值。因此，推迟呼吸跃变就能延长果实的贮藏期。肉质果实贮藏保鲜时，可适当降低温度以推迟呼吸跃变的出现，从而推迟成熟，以延长保鲜期。降低氧气浓度和贮藏温度，增加二氧化碳浓度（但不能超过10%，否则果实中毒变质）以减少呼吸作用，可促进果实长期保存。如苹果、梨、柑橘等果实在0～1℃贮藏可达几个月；番茄装箱用塑料膜密封，抽去空气，充以氮气，把氧气浓度降至3%～6%，可贮藏3个月以上。采取“自体保藏法”，在密闭环境中贮藏果蔬，由于其自身不断呼吸放出二氧化碳，使环境中二氧化碳浓度增高，从而抑制呼吸作用，可稍微延长贮藏期。

（四）呼吸作用与植物抗病

一般情况下，寄主植物受到病原微生物侵染后呼吸速率会增强。这是因为：第一，病原菌本身具有强烈的呼吸作用，致使寄主植物表观呼吸作用上升。第二，病原菌侵染后，寄主植物细胞被破坏，导致底物与酶相互接触，呼吸的生化过程加强。第三，寄主植物被感染后，呼吸途径发生变化，糖酵解-三羧酸循环途径减弱，而磷酸戊糖途径加强。此外，含铜氧化酶类活性升高，例如棉花感染黄萎病后多酚氧化酶与过氧化物酶的活性升高，小麦感染锈病后多酚氧化酶和抗坏血酸氧化酶的活性升高。有时氧化与磷酸化解偶联，引起感染部位的温度升高。

植物感病后呼吸加强使植物具有一定的抗病力。植物的抗病力与呼吸上升的幅度大小和持续时间的长短密切相关。凡是抗病力强的植株感病后，呼吸速率上升幅度大，持续时间长，抗病力弱的植株则恰好相反。

呼吸速率上升幅度大，持续时间长有利于：第一，消除毒素。有些病原菌能分泌毒素致使寄主细胞死亡，如番茄枯萎病产生镰刀菌酸，棉花黄萎病产生多酚类物质。寄主植物通过加强呼吸作用，将毒素氧化分解为二氧化碳和水，或转化为无毒物质。第二，促进保护圈的形成。有些病原菌只能在活细胞内寄生，在死细胞内不能生存。抗病力强的植株感病后呼吸加强，细胞衰死加快，致使病原菌不能发展，这些死细胞反而成为活细胞和活组织的保护圈。第三，促进伤口愈合。寄主植物通过提高呼吸速率加快伤口附近形成木栓层，促使伤口愈合，从而限制病情发展。

实验实训

实训一　植物呼吸速率的测定（小篮子法）

（一）实训目标

学会用小篮子法测定植物的呼吸速率，为今后的生产实践和研究打下良好的基础。

（二）实训原理

植物在广口瓶中进行呼吸作用，放出的二氧化碳被瓶内过量的 $Ba(OH)_2$ 溶液吸收，生成不溶性的 $BaCO_3$，剩余的 $Ba(OH)_2$ 溶液用草酸溶液滴定。呼吸作用放出的二氧化碳越多，则剩余的 $Ba(OH)_2$ 溶液越少，消耗草酸溶液的量也越少。因此，用空白和样品消耗草酸溶液的差，即可求得植物材料呼吸放出的二氧化碳量。其反应式如下。

$$Ba(OH)_2 + CO_2 = BaCO_3 \downarrow + H_2O$$

$$Ba(OH)_2\text{（剩余）} + H_2C_2O_4 = BaC_2O_4 \downarrow + 2H_2O$$

（三）实训材料与用品

1. 仪器及用品　500mL 广口瓶（带 3 孔胶塞）、钠石灰管、酸式滴定管（25mL）、滴定架、药物天平、纱布、线、量筒（50mL）、移液管、透明胶带、温度计等。

2. 试剂　1/44（mol/L）草酸溶液［准确称取重结晶草酸（$H_2C_2O_4 \cdot 2H_2O$）1g 溶于蒸馏水中，定容至 1 000mL，每毫升相当于 1mg 二氧化碳］、0.05mol/L $Ba(OH)_2$ 溶液、$Ba(OH)_2$ 8.6g、酚酞指示剂。

3. 植物材料　马铃薯、甘薯的块根、块茎和苹果等大型果实。萌动、发芽的种子或木本植物的茎、叶、花、果等。

（四）实训方法与步骤

1. 呼吸装置的制备　取 500mL 广口瓶（带 3 孔胶塞）一个，一孔插入钠石灰管，使进入瓶内的空气不含二氧化碳，另一孔插入温度计，第三孔用小橡皮塞或胶带临时封闭，供滴定时用。瓶塞下面装上用纱布包好的植物材料（即小篮子），特别注意小篮子挂在瓶中不能接触溶液（图 8－7）。

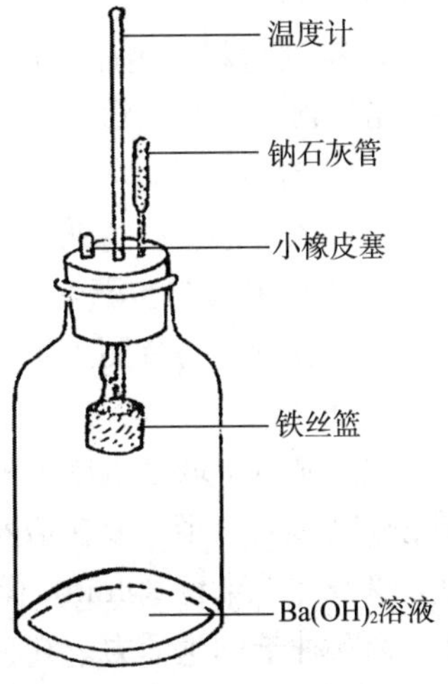

图 8－7　测呼吸作用装置

2. 空白滴定　用移液管准确加入 20mL $Ba(OH)_2$ 溶液到广口瓶中，封口，轻轻摇动，待瓶中的二氧化碳被全部吸收后，从瓶口加入 3 滴酚酞指示剂，此时溶液变成粉红色，然后从瓶口用草酸滴定至无色。记录草酸的用量 V_1。

3. 样品滴定 用移液管准确加入20mL $Ba(OH)_2$溶液到广口瓶中封好。称取10g植物材料，用纱布包好，使袋内保持疏松，用线将口扎好。快速挂在瓶塞下，立即盖紧，并开始计时。经常轻摇广口瓶。30min后，打开瓶盖取出材料，从瓶口加入3滴酚酞指示剂，此时溶液变成粉红色，然后从瓶口用草酸滴定至无色。记录草酸的用量V_2。

4. 实验结果计算和分析 用下列公式计算呼吸速率。

$$R=\frac{C\times(V_1-V_2)}{W\times t}$$

式中 R——呼吸速率［mg CO_2/（g·h）］；

C——1mL草酸相当于二氧化碳的量（mg）；

V_1——空白滴定草酸用量（mL）；

V_2——样品滴定草酸用量（mL）；

W——材料重（g）；

t——测定时间（h）。

（五）实训报告

记录实验结果并计算出所测植物的呼吸速率。

实训二 种子生活力的快速测定

（一）实训目标

了解几种快速测定种子生活力的方法，并能在生产中利用这些方法解决实际问题。

（二）氯化三苯基四氮唑（TTC）法

1. 实训原理 凡有生活力的种胚在呼吸作用过程中都有氧化还原反应，而无生活力的种胚则无此反应。当TTC溶液渗入种胚或细胞内，并作为氢受体被脱氢辅酶还原时，可产生红色的三苯基甲（TTF），胚便染成红色。当种胚生活力下降时，呼吸作用明显减弱，脱氢辅酶的活性大大下降，胚的颜色变化不明显，故可由染色的程度推知种子的生活力强弱。

2. 实训材料与用品 各种植物的种子，如小麦、玉米、菜豆、大豆等；烧杯、恒温箱、培养皿、刀片、镊子、天平、0.5% TTC溶液（称取0.5g TTC放在烧杯中，加入少许95%酒精使其溶解，然后用蒸馏水稀释至100mL，溶液避光保存，最好是随用随配，若放置过久溶液变红色就不能再使用）等。

3. 实训方法与步骤

（1）浸种。将待测玉米或小麦等植物的种子用冷水浸泡12h，或用30～35℃温水浸泡6～8h，以增强种胚的呼吸强度，使显色迅速明显。

（2）显色。取已吸胀的种子100粒，用刀片沿胚的中心纵切为两半，取其中胚的各部分比较完整的一半，放在培养皿内，加入0.5%TTC溶液，浸没种子，放置在40～45℃的黑暗条件下染色20min，倒出TTC溶液，用清水冲洗1～2次，立即观察种胚被染色情况，判断种子的生活力。凡种胚全部染红的为生活力旺盛的种子，死的种胚完全不染色或染成极淡的红色。

（3）计算。计数胚染成粉红色的有生活力的种子数目，计算出百分率（生产上测定要有3次重复)。

(三)红墨水染色法

1. 实训原理 有生活力的种子胚细胞原生质具有半透性，有选择吸收外界物质的能力，某些染料如红墨水中的酸性大红G不能进入细胞内，胚部不染色；而丧失生活力的种子即丧失了对物质选择吸收的能力，染料进入细胞内部使胚染色。所以可根据种子胚部是否染色来判断种子的生活力。

2. 实训材料与用品 红墨水溶液［取市售红墨水稀释20倍（1份红墨水加19份自来水）作为染色剂］，其余同TTC法。

3. 实训方法与步骤

(1) 浸种。同TTC法。

(2) 染色。取已吸胀的种子200粒，沿种子胚的中线切为两半，将其中一半平均分置于两个培养皿中，加入稀释后的红墨水，以浸没种子为度，染色10～20min。倒去红墨水溶液，用水冲洗多次，至冲洗液无色为止。观察染色情况，凡种胚不着色或着色很浅的为活种子；凡种胚与胚乳着色程度深的为死种子。可用沸水杀死另一半种子对照观察。

(3) 计算。计数种胚不着色或着色浅的种子数，算出具生活力的种子所占供试种子总数的百分率。

(四)实训报告

1. 实验结果与实际情况是否相符?

2. TTC法和红墨水法测定种子生活力结果是否相同？为什么?

拓展知识

植物细胞抗氰呼吸

抗氰呼吸是指当植物体内存在与细胞色素氧化酶的铁结合的阴离子（如氰化物、叠氮化物）时，仍能继续进行的呼吸，即不受氰化物抑制的呼吸。大多数生物包括部分植物的有氧呼吸会被一些能与细胞色素氧化酶中的铁原子结合的阴离子强烈地抑制。这些阴离子中以氰化物（CN^-）和叠氮化物（N_3^-）最为有效。此外，一氧化碳（CO）也能与铁原子形成极强的复合物而阻碍电子的传递和毒害呼吸作用。

一、反应原理

抗氰呼吸在许多植物组织中可以进行，一些真菌和绿藻、少数细菌和动物也可进行，但绝大多数动物不能进行。它在呼吸链（电子传递链）上从泛醌（辅酶Q，UQ）分叉，电子不经过细胞色素系统，即不经过磷酸化部位Ⅲ及Ⅳ，直接通过另一种末端氧化酶——交替氧化酶传递到氧气，故形成的ATP少。要与呼吸链的主链产生同样多的ATP，就需消耗较多的底物，这样呼吸作用加速，放出的热能也多。已发现某些植物的花序或花中有这种产热能力，如生长在低寒地带的沼泽植物臭菘，其花序能通过抗氰呼吸产生热，温度可达30℃（当时气温5℃以下），促使挥发物质挥发，吸引昆虫传粉。

当细胞色素氧化酶活性受到抑制时，呼吸作用仍然进行，这是因为抗氰呼吸植物线粒体的电子传递途径中存在一条较短的电子传递支路。这一分支起始于泛醌，经黄素蛋白至末端氧化酶。这个电子传递支路称作交替途径，末端氧化酶称作交替氧化酶。交替氧化酶对氧气的亲和力很高。但相对细胞色素氧化酶来说，交替氧化酶对氧气的亲和力稍低些。抗氰呼吸时很少或无氧化磷酸化作用，即主要是释放热量，而不是产生ATP。这些热量对促进一些植物的授粉作用有一定的生理意义。例如，许多沼泽地带植物如天南星科植物在早春开花时，环境温度较低，通过抗氰呼吸放热，使花器官的温度大大高于环境温度，从而保证了花序的发育和授粉作用的进行。此外，种子萌发初期的抗氰呼吸有促进萌发的作用。

二、生理意义

1. 放热增温，促进开花、授粉、种子萌发等 抗氰呼吸释放大量热量，有助于某些植物花粉的成熟及授粉、受精过程；有利于挥发引诱剂，以吸引昆虫进行传粉。放热增温也有利于种子萌发，种子在萌发早期或吸胀过程中都有抗氰呼吸的存在。

2. 抵御逆境 已知在各种逆境下，交替途径活性提高。例如，甘薯块根组织受到黑斑病菌侵染后，抗氰呼吸成倍增长，抗病品种感染组织的抗氰呼吸总是明显高于感病品种感染组织。抗氰呼吸的强弱与甘薯块根组织对黑斑病菌的抗性有密切关系。一种观点认为，交替氧化酶在结构上比细胞色素呼吸链中的电子传递复合体简单得多，因此在逆境下可能更能维持其功能，维持简单的呼吸。还有一种观点认为交替氧化需从UQ中分流电子，阻止了呼吸链上各种细胞色素成分的过度还原和由此导致的活性氧对细胞造成的伤害。

3. 调节ATP合成和细胞碳骨架物质合成的相对速率 当细胞富含糖，细胞呼吸速率超过了细胞对ATP的需求时，丙酮酸、还原性泛醌、NADPH等积累，交替氧化酶活性提高。因此交替途径的功能之一可能是调节ATP合成和细胞碳骨架物质合成的相对速率。

植物体对这两条电子传递途径（细胞色素途径和交替途径）有协调控制的现象。如用细胞色素途径的专一性抑制剂抗霉素A处理植物材料时，当细胞色素途径受到抑制，交替途径会随细胞色素途径的减弱而逐渐加强，当细胞色素途径逐渐恢复时，交替途径又会随之减弱。

思政园地

全国脱贫攻坚楷模赵亚夫：科技兴农干到老

赵亚夫，男，汉族，中共党员，1941年4月出生，江苏省句容市天王镇戴庄有机农业专业合作社研究员。曾先后荣获全国“时代楷模”“全国道德模范”“全国优秀领导干部”“全国优秀共产党员”“全国扶贫先进人物”“全国先进工作者”等称号，2021年，获“全国脱贫攻坚楷模”荣誉称号。

他55年如一日，扎根茅山老区、传统农区，“把论文写在大地上、把成果留在农民家”，推广农业“三新”面积250多万亩，惠及16万农户，助农增收300多亿元，带领群众走出了一条丘陵山区“以农富农”的小康之路，践行了一名农业科技工作者的历史责任、一名共产党员的使命担当、一名领导干部的赤子情怀。

不忘初心，牢记使命，坚守一生信仰。1958年，赵亚夫考入宜兴农林学院时，立志要让农民吃得饱、过上好日子。1982年，他远赴日本学习水稻、草莓等种植技术，为了

“把技术带回祖国，让农民增加收入”，他每天工作16h。1984年，赵亚夫果断调整研究方向，从稻麦栽培向高效农业转变，创造性提出“水田保粮、岗坡致富”的工作思路，带头到乡村一线推广草莓种植，为茅山老区的农业、农村、农民开辟出了一片新天地。58年间，赵亚夫先后完成了稻麦栽培新技术、草莓良种引进及优质高产栽培技术等15项科研项目，出版了《草莓品种及栽培技术》《无花果栽培新技术》等技术含量高，农民看得懂、学得会的科普手册，达100多万字。

一心为民，助农为乐，圆梦一方百姓。35年来，赵亚夫把农民的梦当作自己的梦，把茅山老区实现全面小康作为自己的人生目标。1984年，赵亚夫在句容白兔镇解塘村推广试种0.9亩露天草莓，当年收益就超出常规农作物的2倍。1987年，白兔镇露天草莓种植达7 000多亩，收入达到了8 000多万元，第一批“草莓楼”拔地而起。为了更好地帮助农民，赵亚夫自己印制了200余张名片发到农民手中，自己也存了200多个农民种植大户的电话号码，提供24h“热线服务”。2008—2010年，年近七旬的赵亚夫先后18次飞往绵竹江苏援川农业示范园，亲自规划选址，亲自优选品种，亲自指导服务，培训农民200多人，增加效益3亿元，成为东部支援西部的成功案例。赵亚夫每年200d以上在田里，其余的100多d也是为农民的事情奔劳，“要致富，找亚夫，找到亚夫准能富”在茅山老区广为流传。

勇攀高峰，创新实践，实现乡村振兴。赵亚夫总是把“三农”问题时刻挂在心头，按照“乡村振兴”重大战略部署，他不断思考、实践、总结，先后进行了三次重大探索，走出了一条适合老区发展的科技兴农、以农富农的共同富裕之路。一是发展高效农业。利用20株草莓苗作为“火种”，建立起上千亩农业示范园，培养了一批种植大户，让一部分农民先富起来。二是指导成立专业协会和专业合作社。抱团取暖，集中经营，市场化运作，带动了一大批农民共同富裕。三是组建综合型有机农业合作社。创建有机农业产业园区，试点生态农业，创造农业经营与农村管理“合二为一”新模式，并以戴庄为中心，向周边辐射。2006年，在赵亚夫的指导下，江苏省第一个综合型社区农业合作社——戴庄有机农业合作社成立，2010年被评为全国农民合作社示范社。2011年，赵亚夫制订了《2011—2015年戴庄村有机农业发展规划》，戴庄村成为一个基本实现农业现代化的范例，“戴庄经验”在全省广泛推广。2018年5月，亚夫团队工作室成立，赵亚夫亲自担任总顾问，33名专家参与，为句容市100多个合作社、45万农民提供技术支持。2018年，戴庄村农民人均纯收入达2.7万元，村集体收入200万元。

淡泊名利，勤廉奉献，永葆党员本色。赵亚夫始终铭记一名党员清正廉明、服务百姓的宗旨，爱岗敬业，不计名利，默默奉献，把全部精力倾注于农业发展事业之中。1993年，赵亚夫当选镇江市人大常委会副主任时，主动提出不驻会，要到农村去指导农民。1999年，组织上推荐赵亚夫任江苏省农科院院长，赵亚夫推辞了，因为他舍不得离开农民、离开农村。2001年，当他从市人大常委会副主任岗位上退下来时，提出的唯一要求就是到茅山老区搞“两个率先”试点。他帮助上百万农民脱贫致富，从没收过农民一分钱。不仅坚持不收指导费用、不搞技术入股、不当技术顾问的“三不”原则，每年还要拿出不少钱给农民送礼。2008年1月，赵亚夫把获评“江苏省科技兴农模范”荣誉称号奖励的30万元奖金，以购买合作社有机大米等方式，分发给了为戴庄有机生态园建设做出贡献的人。

做给农民看，带着农民干，帮助农民销，实现农民富。赵亚夫的事迹先后被新华社、人民日报、光明日报、中央电视台等主流媒体重点报道。

思考与练习

1. 名词解释：呼吸作用、有氧呼吸、无氧呼吸、糖酵解、三羧酸循环、磷酸戊糖循环、氧化磷酸化、呼吸链、底物水平磷酸化、呼吸速率、呼吸商。

2. 说明呼吸作用的生理意义。

3. 植物呼吸为什么要以有氧呼吸为主？无氧呼吸为什么得不到更多的能量来维持生命活动？

4. TCA 循环途径和 HMP 循环途径各发生在细胞的什么部位？各有何意义？

5. EMP 途径产生的丙酮酸可能进入哪些反应途径？

6. 低温导致烂秧的原因是什么？

7. 为什么说长时间的无氧呼吸会使陆生植物受伤甚至死亡？

8. 早稻浸种催芽时，用温水和翻堆的目的是什么？

9. 粮食贮藏时为什么要降低呼吸速率？

10. 如何协调好温度、气体间的关系来做好果蔬的贮藏？

模块九　植物的生长物质

学习目标

知识目标：

• 了解植物激素的种类和生理作用。

• 理解植物生长调节剂在园艺、园林和农业生产上的利用。

技能目标：

• 能利用学到的方法测定激素对植物生长的影响。

• 掌握植物生长的化学调控方法。

素养目标：

• 具备吃苦耐劳的职业精神，养成良好的工作习惯和学习态度。

• 理解植物生长调节对农业生产增收增产的意义，树立农业生产安全意识。

基础知识

一、植物生长物质

植物生长物质是指调节植物生长发育的微量化学物质。包括植物激素和植物生长调节剂两大类。

植物激素是指在植物体内合成的，通常从合成部位运往作用部位，对植物的生长发育具有显著调节作用的微量有机物。

从以上植物激素的定义可知，植物激素是内生的，能在植物体内移动的，低浓度就有调节作用的有机物质。植物激素虽能调节控制个体的生长发育，但本身并非营养物质，也不是植物体的结构物质。

到目前为止，有五大类植物激素受到普遍公认，它们是生长素类、赤霉素类、细胞分裂素类、脱落酸和乙烯。

由于植物激素在植物体内含量很少，难于提取，无法大规模实际应用，人工合成了一些有机物，对植物生长发育有明显的调节控制作用。这些人工合成的具有植物激素活性的有机物质，称作植物生长调节剂。

（一）植物激素

1. 生长素

植物生长激素

（1）生长素的发现。生长素是最早发现的植物激素。19 世纪末，英国的达尔文（Darwin）父子在研究植物的向光性时发现，幼苗茎的尖端是对单向光照最敏感的部位，但发生弯曲的部位却是在尖端下面的伸长区。若把尖端切去或将尖端遮盖起来使其不见光时，在单向光照下，茎尖下部不发生向光性生长。达尔文推测弯曲反应是由于茎尖端产生了某种物质，这种物质传到下部而引起。1928 年，荷兰的温特（F W Went）将处理过的琼脂块放到切去燕麦胚芽鞘顶端的切面的一侧，可以引起胚芽鞘向另一侧弯曲生长（图 9-1），他认为产生这种现象与某种促进生长的化学物质有关，温特将这种物质称作生长素。1934 年，荷兰的科戈（F Kogl）等人从人尿、根霉、麦芽中分离和纯化出一种刺激生长的物质，经鉴定为吲哚乙酸（IAA）。从此，IAA 就成了生长素的代号。

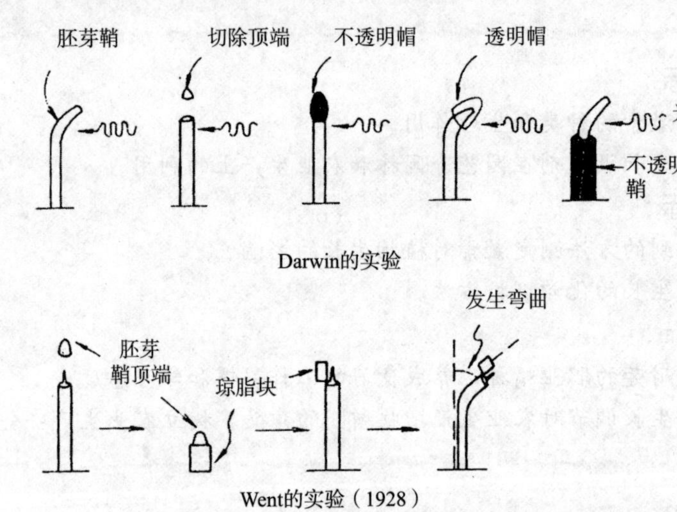

图 9-1　生长素发现的一些关键性试验

（潘瑞炽，2008. 植物生理学. 6 版）

除 IAA 外，还在大麦、番茄、烟草及玉米等植物中先后发现了吲哚-3-乙酸（吲哚乙酸）、4-氯吲哚-3-乙酸、苯乙酸（图 9-2）等天然化合物，它们都具有不同程度类似于生长素的生理活性。

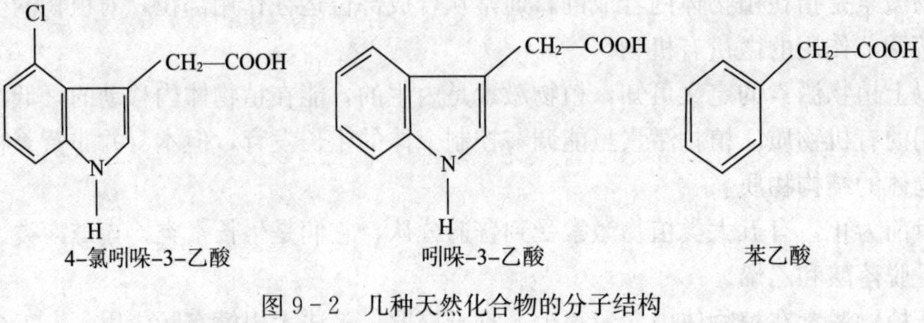

Cl　CH_2—COOH　N　H　4-氯吲哚-3-乙酸

CH_2—COOH　N　H　吲哚-3-乙酸

CH_2—COOH　苯乙酸

图 9-2　几种天然化合物的分子结构

(2) 生长素的分布和运输。植物体内生长素的含量很低，一般每克鲜重含 10～100ng。各种器官中都有生长素的分布，主要集中在生长旺盛的部位，如正在生长的茎尖和根尖，正在展开的叶片、胚、幼嫩的果实和种子，禾谷类植物的居间分生组织等，衰老的组织或器官中生长素的含量很少。

生长素在植物体内的运输有两种形式，一是通过维管束系统的非极性运输，二是短距离的极性运输，即生长素只能从植物的形态学上端向下端运输，而不能向相反的方向运输。极性运输是生长素的特有运输形式，其他植物激素无此现象。

生长素的极性运输与植物的发育有密切的关系，如扦插枝条形成不定根、顶芽产生顶端优势等。对植物茎尖用人工合成的生长素处理时，也表现出极性运输的特点。

(3) 生长素的生理作用。

①促进生长。生长素能促进细胞和器官的伸长，适宜浓度的生长素对芽、茎、根细胞的伸长有明显的促进作用。居间分生组织含有一定量的生长素，它可促进茎秆的拔节和伸长。

生长素在低浓度下促进生长，高浓度时则抑制生长（图 9-3）。生长素对任何一种器官的生长促进作用都有一个最适浓度，低于这个浓度时，生长随浓度的升高而加快；高于这个浓度时，促进生长的效应随浓度的增加而逐渐下降。当浓度高到一定值后则抑制生长。

不同器官对生长素的敏感性不同。根对生长素最为敏感，促进根生长的最适浓度约为 10^{-10}mol/L，茎的最适浓度为 2×10^{-5}mol/L，而芽则处于根与茎之间，最适浓度约为 10^{-8}mol/L。由于根对生长素十分敏感，所以浓度稍高就会起抑制作用。

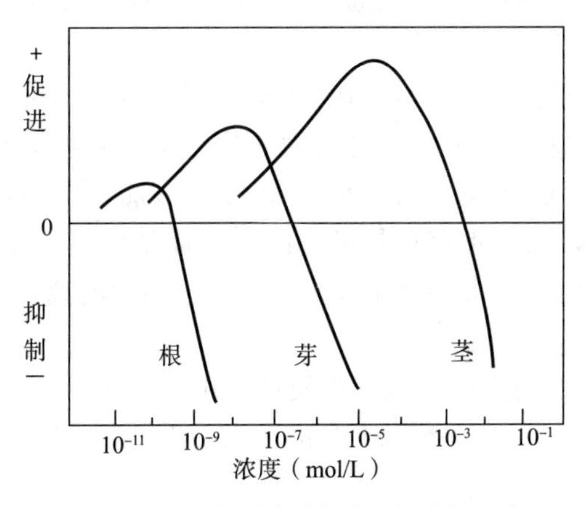

图 9-3 植物不同器官对生长素的反应

②引起顶端优势。在顶芽产生的生长素通过极性运输转移到植株基部，使侧芽附近的生长素浓度升高，抑制侧芽发育。切去顶芽以除去生长素的来源，对侧芽的抑制就会消失。生产上通过摘心、打顶等措施来消除顶端优势，促进侧枝生长；也通过抹芽、修剪等手段以维持顶端优势，促进主茎生长。

③促进插枝生根。生长素可以有效促进插条形成不定根，这一方法已在苗木无性繁殖上广泛应用。用生长素处理插枝基部，其薄壁细胞恢复分裂能力，产生愈伤组织，然后长出不定根。其中吲哚乙酸最有效，诱发的根多而长；萘乙酸诱发的根大而粗。

④调运养分。生长素具有很强的吸引与调运养分的效应，利用这一特性，用 IAA 处理可促进未受精的子房及其周围组织膨大而获得无籽果实。

生长素还可促进形成层细胞向木质部细胞分化、促进光合产物运输、叶片扩大和气孔开放等。此外，生长素还可抑制花朵脱落、叶片老化和块根形成等。

2. 赤霉素

（1）赤霉素的发现与种类。在一块水稻田里，有的秧苗长的高而细，看上去和正常的植株明显不同，这就是常说的水稻恶苗病。1926 年，日本人黑泽经过研究证明，一种名叫赤霉菌的病菌引起水稻恶苗病，并发现是这种菌所产生的化学物质引起的。1935 年，日本人薮田从诱发水稻恶苗病的赤霉菌中分离得到了能促进生长的非结晶固体，并称作赤霉素（GA）。最早从水稻恶苗病菌提取出的是赤霉酸（GA_3）。赤霉素的种类很多，广泛分布于植物界。到 1998 年为止，已发现 121 种赤霉素，赤霉素属双萜类，具有共同的骨架——赤霉烷。按其发现的先后顺序将其写为 GA_1、GA_2、GA_3……GA_{121}。赤霉素是植物激素中种类最多的一种激素，在生产上常用的是 GA_3（图 9－4）。

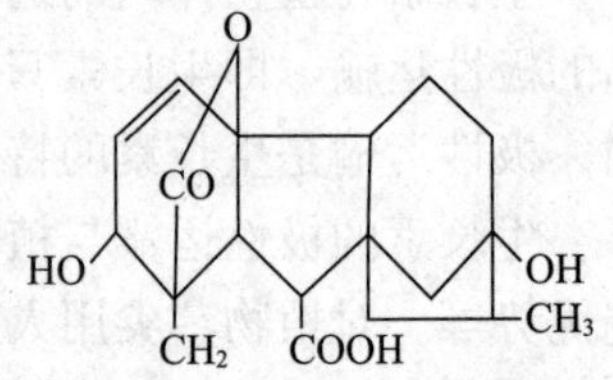

图 9－4　GA_3 的分子结构

（2）赤霉素的合成和运输。赤霉素在植物顶端的幼嫩部分合成，如根尖和茎尖，也包括生长中的种子和果实，其中正在发育中的种子是 GA 的丰富来源。一般生殖器官中所含的 GA 比营养器官高。同一种植物往往含有多种 GA，如南瓜种子至少含有 20 种 GA，菜豆种子至少含有 16 种 GA。

GA 在植物体内的运输没有极性，可以双向运输。根尖合成的 GA 通过木质部和蒸腾流向上运输，而在茎尖合成的 GA 可以通过韧皮部随代谢物质向下运输。

（3）赤霉素的生理作用。

①促进茎的生长。植物的生长是细胞生长的结果，因 GA 能促进细胞的伸长，所以 GA 的显著作用就是促进茎的生长。尤其对矮生突变品种植物效果十分明显（图 9－5）。GA 主要作用于已有节间的伸长，而不促进节数的增加。在生产上常利用 GA 促进蔬菜、花卉等植物的生长，而且不存在超最适浓度的抑制作用，即使 GA 浓度很高，仍可表现出较明显的促进作用（与 IAA 不同）。但 GA 对切断的离体茎的伸长几乎没有促进作用。

②促进抽薹开花。GA 可以代替低温和长日照作用，使某些长日植物在短日照条件下抽薹开花，如只需少量 GA 就可诱导和促进白菜、甘蓝、胡萝卜、萝卜等二年生植物开花。

对于花芽已经分化的植物，GA 对其开花具有显著的促进效应。如 GA 能促进甜叶菊、苏铁（铁树）及柏科、杉科植物的开花。

③打破休眠。当处于休眠状态的马铃薯用 2～3mg/kg 的 GA 处理后，休眠很快解除并开始发芽，从而可满足一年多次种植的需要。对于需光和需低温才能萌发的种子，如莴苣、烟草、紫苏、李和苹果的种子，GA 可代替光照和低温打破休眠。这是因为 GA 可诱导 α-淀粉酶、蛋白酶和许多水解酶的合成，这些酶催化了种子内贮藏物质的降解，使其成为可利用物，以供胚的生长发育所需。

在啤酒制造业中，用 GA 处理萌动而未发芽的大麦种子，可促进 α-淀粉酶的形成，加速酿造时的糖化过程，并降低萌芽的呼吸消耗，从而降低成本，缩短生产期而不影响啤酒的品质。

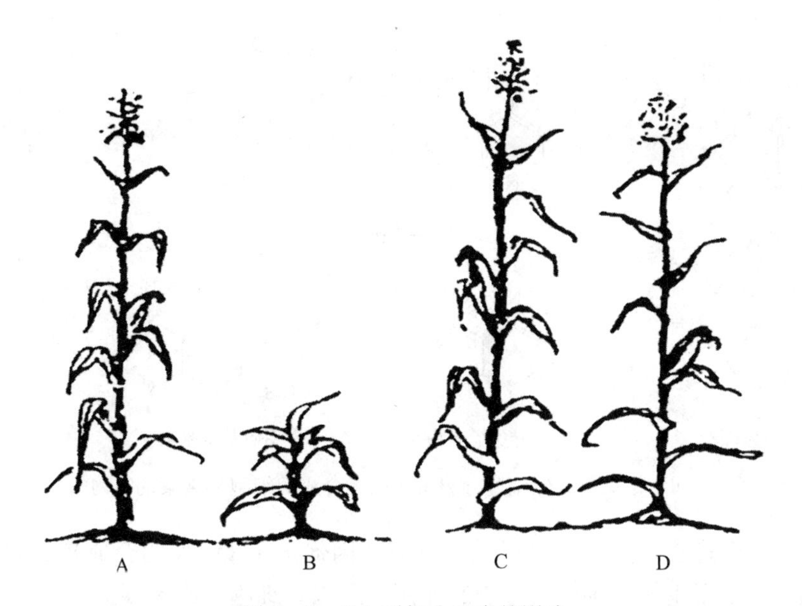

图 9-5 GA_3对矮生玉米的影响

GA_3对正常植株效应较小，但可促进矮生植株长高，达到正常植株的高度

A. 正常玉米，未施 GA_3 B. 矮生玉米，未施 GA_3 C. 正常玉米，施 GA_3 D. 矮生玉米，施 GA_3

④促进雄花分化。对于雌雄同株异花的植物，用 GA 处理后，雄花的比例增加；对于雌雄异株植物的雌株，如用 GA 处理，也会开出雄花。GA 在这方面的效应与生长素和乙烯相反。

⑤其他生理效应。GA 用于诱导形成无籽果实，在葡萄生产上已广泛应用。如在葡萄开花 1 周后喷 GA，可使果实的无籽率达 60%～90%；收获前 1～2 周喷 GA，可提高果实甜度。

此外，GA 也可促进细胞的分裂和分化。GA 促进细胞分裂是由于缩短了 DNA 合成前期（G_1期）和 DNA 合成期（S 期），但 GA 对不定根的形成起抑制作用，这与生长素有所不同。

3. 细胞分裂素

（1）细胞分裂素的发现与种类。细胞分裂素（CTK）是一类促进细胞分裂的植物激素。最早发现的天然细胞分裂素为玉米素，是从未成熟的玉米籽粒中分离出来的。目前在高等植物中已鉴定出 30 多种细胞分裂素，它们都是腺嘌呤的衍生物。根尖是细胞分裂素的合成部位，合成后由木质部导管运输到地上部分。

天然细胞分裂素可分两类：一类是游离态细胞分裂素，如玉米素、玉米素核苷、二氢玉米素、异戊烯基腺嘌呤等；另一类是结合态细胞分裂素，如甲硫基玉米素等。

常见的人工合成的细胞分裂素有激动素（KT）、6-苄基腺嘌呤（6-BA），这两种细胞分裂素在农业和园艺上广泛应用（图 9-6）。

（2）细胞分裂素的生理作用。

①促进细胞分裂。细胞分裂素的主要生理功能就是促进细胞分裂。生长素、赤霉素和细胞分裂素都有促进细胞分裂的效应，但它们各自所起的作用不同。细胞分裂包括核分裂

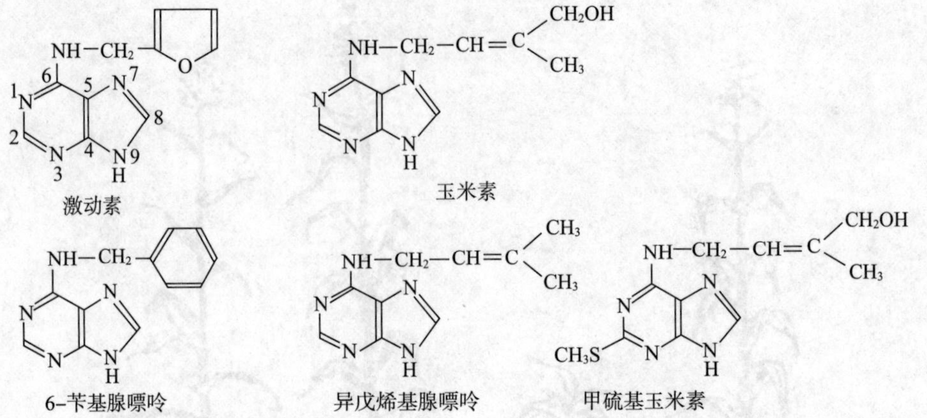

激动素　　玉米素

6-苄基腺嘌呤　　异戊烯基腺嘌呤　　甲硫基玉米素

图 9-6　常见的天然细胞分裂素和人工合成的细胞分裂素的结构式

和细胞质分裂两个过程，生长素只促进核分裂（因促进了 DNA 的合成），而与细胞质分裂无关。细胞分裂素主要对细胞质分裂起作用，所以，细胞分裂素促进细胞分裂的效应只有在生长素存在的前提下才能表现出来。而赤霉素促进细胞分裂主要是缩短了细胞周期的时间，从而加速了细胞的分裂。

②促进芽的分化。促进芽的分化是细胞分裂素最重要的生理效应之一，在植物组织培养中，细胞分裂素的和生长素的相互作用控制着愈伤组织根、芽的形成。当培养基中 CTK/IAA 值高时，愈伤组织形成芽；当 CTK/IAA 值低时，愈伤组织形成根；如二者的浓度相等，则愈伤组织保持生长而不分化。所以，通过调整两者的比值，可诱导愈伤组织形成完整的植株。

③促进细胞扩大。细胞分裂素可促进一些双子叶植物如菜豆、萝卜的子叶或叶圆片扩大，这种扩大主要是因为促进了细胞的横向增粗。

④促进侧芽发育，消除顶端优势。细胞分裂素能解除由生长素引起的顶端优势，刺激侧芽生长。这是由于生长素诱导了乙烯的生成，乙烯抑制了侧芽的生长而表现出顶端优势，而细胞分裂素能抑制乙烯的产生，从而使侧芽解除抑制，消除顶端优势。

⑤延缓叶片衰老。摘下的叶片会很快变黄，细胞分裂素能显著延长它们保持鲜绿的时间，推迟离体叶片的衰老。在离体叶片上局部涂以激动素，可以看到处理部分保持鲜绿（图 9-7）。

由于细胞分裂素具有保绿及延缓衰老的作用，故可用来处理水果和鲜花，达到保鲜、保绿、防止落果的目的。如用细胞分裂素水溶液处理柑橘幼果，可显著减少生理落果，且果柄加粗，果实浓绿。

⑥打破休眠。需光种子，如莴苣和烟草等在黑暗中不能萌发，用细胞分裂素则可代替光照打破这类种子的休眠，促进其萌发。

4. 脱落酸

（1）脱落酸的发现。脱落酸（ABA）是指能引起芽休眠、叶片脱落和抑制生长等生理作用的植物激素。它是人们在研究植物体内与休眠、脱落和种子萌发等生理过程有关的生长抑制物质时发现的。1963 年，由美国科学家从棉铃中分离出来。1967 年，在加拿大

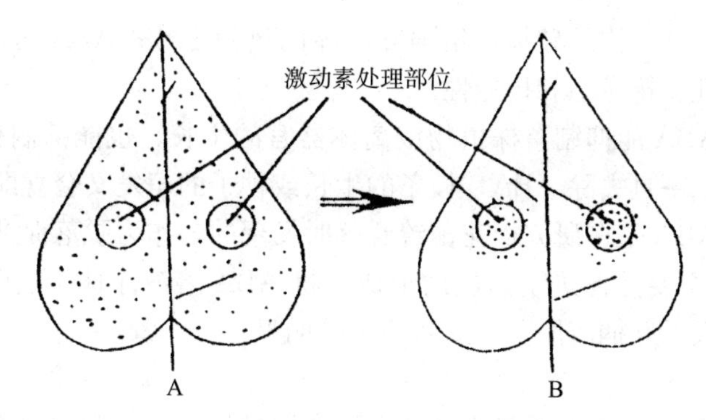

图 9－7 激动素的保绿作用

A. 离体绿色叶片，圆圈部位为激动素处理区

B. 几天后叶片衰老变黄，但激动素处理区仍保持绿色，黑点表示绿色

召开的第六届国际植物生长物质会议上将其命名为脱落酸（图 9－8）。ABA 是一种单一的化合物，其化学合成品价格昂贵，目前在农业生产上使用还不够普遍。

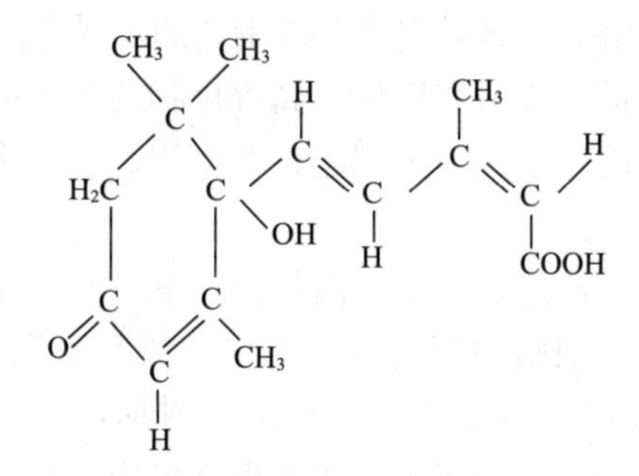

图 9－8 脱落酸的分子结构式

（2）脱落酸的分布和运输。脱落酸主要在衰老的叶片和根冠等部位合成。高等植物各器官和组织中都有脱落酸的存在，其中以将要脱落或进入休眠的器官和组织中较多，在不良环境条件下，ABA 的含量也会迅速增多。一般情况下，陆生植物脱落酸含量高于水生植物。脱落酸主要以游离的形式运输，且运输没有极性，运输速度很快，在茎或叶柄中的运输速度大约是 20mm/h。

（3）脱落酸的生理作用。

①促进休眠。外用 ABA 时，可使旺盛生长的枝条停止生长而进入休眠，这种休眠可用 GA 打破。在秋天的短日条件下，叶片合成 GA 的量减少，而合成 ABA 的量不断增加，使芽进入休眠状态以便越冬。ABA 还是种子萌发的抑制剂，如槭树、桃、蔷薇等种子果皮中含有脱落酸，抑制种子萌发，将这些种子进行层积处理（在低温和湿沙中埋藏几个月）便可降低脱落酸含量，促进种子顺利萌发。

②促进气孔关闭，增强抗逆性。ABA 可促进气孔关闭，降低蒸腾，这是 ABA 最重要的生理效应之一。ABA 促使气孔关闭的原因是它使保卫细胞中的 K^+ 外渗，造成保卫细胞的水势高于周围细胞的水势，使保卫细胞失水。所以 ABA 是植物体内调节蒸腾的激素。

寒冷、高温、水涝等逆境也可使叶内 ABA 增加，同时抗逆性增强。如 ABA 可显著降低高温对叶绿体超微结构的破坏，增强叶绿体的热稳定性；ABA 可诱导某些酶的合成而增强植物的抗冷性、抗涝性和抗盐性。

③抑制生长。ABA 能抑制整株植物或离体器官的生长，也能抑制种子的萌发。这种抑制效应是可逆的，一旦去除 ABA，枝条的生长或种子的萌发又会立即开始。

④促进脱落。ABA 是在研究棉花蕾铃脱落时发现的，作为脱落促进物质被分离出来。ABA 促进器官脱落主要是促进了离层的形成。将 ABA 溶液涂抹于去除叶片的棉花外植体叶柄切口上，几天后叶柄就脱落，此效应十分明显。

5. 乙烯

(1) 乙烯的发现。乙烯是植物激素中分子结构最简单的一种激素，其化学结构式是 $CH_2=CH_2$，在正常生理条件下呈气态。第一个发现植物材料能产生一种气体并对邻近植物的生长产生影响的人是卡曾斯（Cousins），他发现橘子产生的气体能催熟同船混装的香蕉。

虽然 1930 年以前人们就已经认识到乙烯对植物具有多方面的影响，但直到 1934 年，甘恩（Cane）才获得植物组织确实能产生乙烯的化学依据。1959 年，由于气相色谱的应用，伯格（S P Burg）等测出未成熟果实中有极少量的乙烯产生，随着果实的成熟，产生的乙烯量不断增加。此后，进一步研究发现，高等植物的各个部位都能产生乙烯，而且乙烯在从种子萌发到植物衰老的整个过程中都起重要作用。1965 年，在 S P Burg 的提议下，乙烯被公认为植物的天然激素。

(2) 乙烯的合成和运输。乙烯在植物体内如根、茎、叶、花、果实、种子和块茎等组织中普遍存在，在植物所有活细胞中都能合成乙烯。成熟组织释放乙烯量一般为 0.01～10nL/（g・h）（鲜重）。在植物正常生长发育的某些时期，如种子萌发、果实后期、叶的脱落和花的衰老等阶段会诱导乙烯的产生。在不良环境中，植物体各部位大量合成乙烯。

乙烯在植物体内含量非常少，一般情况下，乙烯就在合成部位起作用。

(3) 乙烯的生理作用。

①改变植物生长习性。乙烯对植物生长的典型效应是抑制茎的伸长生长、促进茎或根的横向增粗及茎的横向生长，这就是乙烯所特有的“三重反应”（图 9－9）。

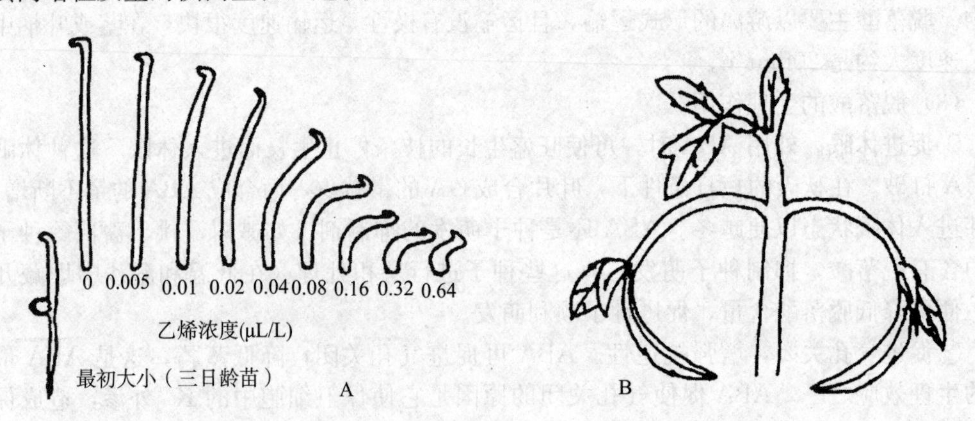

图 9－9　乙烯的“三重反应”（A）和偏上生长（B）

A. 不同乙烯浓度下黄化豌豆幼苗生长的状态

B. 用 10mg/L 乙烯处理 4h 后番茄苗的形态，由于叶柄上侧的细胞伸长大于下侧，使叶片下垂

乙烯促使茎横向生长是由于它引起偏上生长。所谓偏上生长，是指器官的上部生长速度快于下部的现象。乙烯对茎与叶柄都有偏上生长的作用，从而造成了茎横生和叶下垂。

②促进成熟。乙烯最主要和最显著的生理作用就是催熟，因此也称作催熟激素。乙烯对果实成熟、棉铃开裂、水稻的灌浆与成熟都有显著的效果。

通常在一箱苹果里出现了一个烂苹果，如不立即除去，它会很快使一箱苹果都烂掉。这是由于腐烂的苹果产生很多乙烯，触发附近的苹果也大量产生乙烯，使箱内乙烯的浓度在短期内剧增，加快了苹果完熟和贮藏物质消耗。又如柿子，即使在树上已成熟仍很涩口，只有经过后熟才能食用。由于乙烯是气体，易扩散，故散放的柿子后熟过程很慢，若用容器密闭（如用塑料袋封装），可加速后熟过程。南方采摘的青香蕉，用密封的塑料袋包装（使果实产生的乙烯不会扩散到外部空间），可运往各地销售。有的还在密封袋内注入一定量的乙烯，从而加快催熟。

③促进脱落。乙烯可促进器官的脱落，其原因是乙烯能促进细胞壁降解酶的合成，从而促进细胞衰老和细胞壁的分解，产生离层，迫使叶片、花或果实机械脱落。

④促进开花和雌花分化。乙烯可促进菠萝和其他一些植物开花，还可以改变花的性别，促进黄瓜雌花分化，并使雌雄异花同株的雌花着生节位下降。乙烯在这方面的效应与IAA相似，而与GA相反，现在知道IAA增加雌花分化就是由于IAA诱导产生乙烯。

⑤乙烯的其他效应。乙烯还可诱导插枝不定根的形成，促进根的生长和分化，打破种子和芽的休眠，促进植物体内次生物质（如橡胶树的胶乳、漆树的漆等）的排出，增加产量等。

6. 油菜素甾醇

（1）油菜素甾醇的发现。油菜素甾醇（BR）是植物中的甾醇类激素，Michelle等于1970年用有机溶剂从欧洲油菜（*Brassica napus* L.）花粉中提取出一种物质，在利用菜豆第二节间进行的生物试验中表现了极高的生物活性，他们把这种未知物质命名为油菜素。Grove（1979）利用蜜蜂采集的方法收获了227kg的油菜花粉，提纯了10mg的油菜素，通过仪器分析确定了其结构，并定名为油菜素内酯（BL）。

植物体内其他生长物质

BL是生物活性最高的一种甾醇类内酯，根据其结构特征，研究者又从许多植物中分离出多种植物甾醇，统称为油菜素甾醇。后来，研究者又从许多植物中分离出多种油菜素内酯类似物。目前已知的天然油菜素内酯类化合物有60余种。

（2）油菜素甾醇的生理功能。BR生理功能包括促进细胞分裂和细胞伸长、抑制根系生长、促进植物向地性反应、促进木质部导管分化及抑制叶片脱落、调节育性、诱导逆境反应等。

①促进细胞的扩张和分裂。BR促进细胞扩张的机制和生长素促进细胞壁伸展的酸生长机制类似，BR能够刺激质膜上植物氢ATP酶（H^+-ATPase）活性，促进H^+向细胞壁的分泌，增加细胞壁的伸展性，BR引起的质子分泌作用与早期跨膜电势的超极化有关。研究还发现，BR参与了对植物细胞水分吸收的调节，增加细胞的膨压，促进细胞的生长。

②促进导管的分化。BR在维管束分化过程中起着重要的作用，包括促进木质部分化和抑制韧皮部分化两个方面。相对于野生型植株，拟南芥的BR合成突变体的维管束中韧

皮部比例显著增高。相反，如果过量表达 BR 受体，可以增加木质部比例。

③增强植物的抗逆性。BR 不但影响植物的生长发育，而且参与植物对逆境的反应。用 BR 处理逆境条件下的植物，可以减缓植物对多种逆境的反应。BR 可显著提高甘蓝型油菜和番茄的耐热性，且这种反应与 BR 诱导热激蛋白的表达有关。添加外源的 BR 可提高烟草和水稻的抗病能力。BR 还能提高其他方面（如对除草剂等）的抗性。

7. 茉莉素 茉莉素包括茉莉酸（JA）、茉莉酸甲酯（MeJA）、茉莉酸异亮氨酸（JA-Ile）等 20 多种结构类似物（图 9－10），广泛地存在于各种植物中。目前茉莉素在 150 属 206 种植物（包括真菌、苔藓和蕨类）中都有发现，已被公认为植物激素的一种。

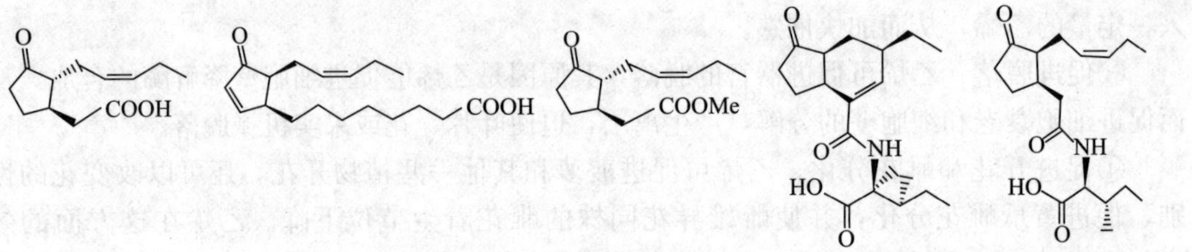

茉莉酸　12-氧-植物二烯酸　茉莉酸甲酯　冠菌素　茉莉酸异亮氨酸

图 9－10 茉莉素及其类似物的化学结构

（1）茉莉素的发现。1962 年，茉莉酸甲酯首先从茉莉属的素馨花中被分离出来，它是花的主要芳香物质，也是香水的重要组成成分。1971 年，茉莉酸作为一种植物生长抑制剂从一种真菌的培养滤液中得到，这是茉莉酸具有生理功能的首次报道。从 1980 年开始，并在之后的 30 多年时间里，对茉莉素生物学功能的研究可以分为两个阶段：一是通过外源施加茉莉素，研究茉莉素对不同植物器官发育及抗性的影响，侧重于生理研究。二是借助于遗传学和分子生物学的发展，通过研究突变体材料，获知茉莉素生物合成途径和信号转导机制。

（2）茉莉素的生理功能。茉莉素有着广泛的生物学功能，包括调控植物的发育、调控植物对昆虫和病原菌的抗性反应、调控植物的次生代谢等。

①调控植物的发育。研究表明，茉莉素可以抑制拟南芥幼苗叶片的生长及主根的伸长，诱导侧根和根毛的产生。茉莉素还通过抑制细胞周期相关蛋白的表达抑制细胞分裂，从而抑制植物叶片的生长。此外，茉莉素促进叶片中叶绿体的降解，进而促进叶片的黄化衰老。

②调控植物对昆虫和病原菌的抗性反应。茉莉素在植物对昆虫和病原菌的抗性反应中起重要的作用。研究表明，昆虫侵害和病原菌侵染都可以迅速诱导植物组织中茉莉素的合成。茉莉素合成缺失突变体和信号转导突变体丧失对昆虫和病原菌的抗性。

表皮毛是植物地上组织表皮细胞分化出的特殊结构，可以作为抵抗昆虫侵害的物理屏障。茉莉素处理可以诱导表皮毛的产生，从而加强植物的抗病虫反应。

③调控植物的次生代谢。次生代谢在植物生长发育、抵抗病虫的侵害及应对逆境胁迫等过程中起重要作用，茉莉酸可以诱导植物次生代谢物的合成。花青素是一种类黄酮次生代谢物，使植物组织或器官呈现亮红、粉或紫等颜色，还有助于植物抵抗紫外线的辐射。

茉莉素可以促进植物花青素的积累。

8. 水杨酸

（1）水杨酸的结构。水杨酸（SA）又称邻羟基苯甲酸，属于一类简单的酚类化合物，其化学结构如图 9－11 所示。

（2）水杨酸的生理功能。SA 在植物抗病反应信号途径中起重要作用。植物与病原菌的相互作用，在某种程度上类似“军备竞赛”，二者在进化过程中产生出不同的进攻与防御的方式和手段。病原菌具有一类特征性分子结构——病原相关分子模式，如脂多糖、几丁质、鞭毛蛋白等，这些分子被植物模式识别受体识别，导致植物早期防御反应机制的激活，从而诱导植物基础防御反应。此外，SA 途径还能与其他植物激素（包括 JA、乙烯、ABA、IAA、GA、BR 和 CTK）途径交叉互作，相互拮抗或相互促进，共同参与植物系统性获得抗病性（SAR）反应。例如，JA 在响应植食性昆虫或损伤时激发类似 SAR 的反应；而用 SA 处理植物，会抑制 JA 诱导的反应；有些假单胞菌诱导激活 SA 和 JA 的反应。除了在植物抗病中的重要作用外，SA 也是植物抗旱、抗盐、开花、种子萌发、生热作用等生理反应的重要信号分子。

COOH
OH

图 9－11　水杨酸结构

（二）植物激素间的相互关系

植物生长发育的调节往往不只是单一激素的作用，而是同时受到多种生长物质的调节，起作用的是几种激素的平衡比例关系。植物激素之间一方面有相互促进或协调作用，另一方面也有相互抵消的拮抗作用。如低浓度生长素与赤霉素对离体器官如胚芽鞘、下胚轴、茎段的生长有促进作用，单独使用赤霉素对离体器官的促进效应不如生长素明显，合用时的生长促进效果比各自单独使用效果更大（这主要是因为赤霉素能够促进生长素合成和抑制分解，从而使生长素含量处于较高水平）。而赤霉素与脱落酸在种子萌发与休眠的关系中作用相反，赤毒素能打破休眠，脱落酸则能抑制萌发，促进休眠，表现为拮抗作用。

在植物生长发育过程中，不同激素的变化规律不同，但与其发育过程一致，从而调控其发育过程。例如种子在休眠时 ABA 含量很高，随着休眠期的延长，成熟过程中的 ABA 含量逐渐下降，后熟作用时，ABA 水平降到最低，而 GA 水平很高，这时种子破除休眠，在适宜的条件下开始萌发，IAA 水平逐渐增加，GA 含量逐渐增加，促进了种子的萌发和幼苗的生长，再随着根系的不断生长，合成的 CTK 运到地上部分，促进茎、叶的生长。因此，植物生长过程往往是在多种植物激素、多种生理功能的综合作用下进行的，诸多激素的各种生理功能经过相互协调，最终起到一种作用（即生长、衰老或脱落）。

二、植物生长调节剂

植物生长调节剂是指人工合成的、生理效应与植物激素相似的有机化合物。由于内源植物激素在植物体内含量极微，提取困难，使得植物生长调节剂在农业上有更实际的意义。目前植物生长调节剂已经广泛应用于大田作物、果树、蔬菜、林木和花卉生产。同内源植物激素相比较，植物生长调节剂具有以下特点：第一，植物生长调节剂都是人工合成的

植物生长调节剂

物质，从外部施加给植物，通过根、茎、叶等的吸收起调节作用。第二，植物生长调节剂不同于化学肥料，它不是植物体的组成部分，只是起调节植物生长发育的作用，且只需很少量就会产生很显著的效应，浓度略高可能会对植物产生抑制或伤害。第三，许多植物生长调节剂有类似于天然植物激素的分子结构和生理效应，也有许多植物生长调节剂分子结构与天然激素完全不同，但调节作用非常明显。第四，许多植物生长调节剂并不直接对植物生长发育起调节作用，而是通过影响植物体内激素的分布与浓度，间接地调节植物生长发育。

按植物生长调节剂对植物生长的作用，可将其分为植物生长促进剂、植物生长抑制剂和植物生长延缓剂等类型。

（一）植物生长促进剂

凡是能够促进细胞分裂、分化和伸长的，可促进植物生长的人工合成的化合物都属于植物生长促进剂。主要包括生长素类、赤霉素类、细胞分裂素类等。

1. 生长素类 人工合成的生长素类植物生长调节剂主要有3种类型。第一种类型是与生长素结构相似的吲哚衍生物，如吲哚丙酸、吲哚丁酸。第二种类型是萘的衍生物，如萘乙酸、萘乙酸钠、萘乙酸胺。第三种类型是卤代苯的衍生物，如2,4-二氯苯氧乙酸（2,4-滴）、2,4,5-三氯苯氧乙酸、4-碘苯氧乙酸等。

生长素类调节剂在农业生产上应用最早。使用浓度和用量不同，对同一种植物可有不同的效果。例如，2,4-滴在低浓度时可促进坐果及果实的发育，浓度高时会引起植物畸形生长，浓度更高时可能严重影响植物的生长与发育，甚至造成植株死亡。因此，高浓度的2,4-滴可作为除草剂使用。

（1）吲哚丁酸。吲哚丁酸主要用于促进插条生根。与吲哚乙酸相比，吲哚丁酸不易被光分解，比较稳定。与萘乙酸相比，吲哚丁酸安全，不易伤害枝条。与2,4-滴相比，吲哚丁酸不易传导，仅停留在处理部位，因此使用较安全。吲哚丁酸对插条生根作用强烈，但不定根长而细，最好与萘乙酸混合使用。

（2）萘乙酸。萘乙酸浓度低时刺激植物生长，浓度高时抑制植物生长。萘乙酸主要用于刺激生长、插条生根、疏花疏果、防止落花落果、诱导开花、抑制抽芽、促进早熟和增产等。萘乙酸性质稳定，吲哚乙酸则易被氧化而失去活性；萘乙酸价格便宜，吲哚乙酸则价格昂贵。因此，萘乙酸在生产上使用较为广泛。

（3）2,4-滴。2,4-滴是2,4-二氯苯氧乙酸的简称，其用途因浓度而异。较低浓度（0.5～1.0mg/L）是进行植物组织培养的培养基成分之一，中等浓度（1～25mg/L）可防止落花落果、诱导产生无籽果实和果实保鲜等，更高浓度（10 000mg/L）可杀死多种阔叶杂草。

（4）防落素。防落素是对氯苯氧乙酸，其主要作用是促进植物生长，防止落花落果，加速果实发育，形成无籽果实，提早成熟，增加产量和改善品质等。

（5）甲萘威。该剂是高效低毒的杀虫剂，同时又是苹果的疏果剂，该剂能干扰生长素等的运输，使生长较弱的幼果得不到充足的养分而脱落。

2. 赤霉素类 生产上应用和研究最多的是GA_3，国外有GA_{4+7}（30%GA_4和70%GA_7的混合物）和GA_{1+2}（GA_1和GA_2的混合物）。

GA_3为固体粉末，难溶于水，而易溶于醇、丙酮、冰醋酸等有机溶剂。配制时可先用少量的乙醇溶解，再加水稀释定容到所需浓度。另外，GA_3在低温和酸性条件下较稳定，遇碱失效，故不能与碱性农药混用。要随配随用，喷施时宜在早晨或傍晚湿度较大时进行。保存在低温、干燥处为宜。

3. 细胞分裂素类 常用6-苄基腺嘌呤、激动素等。主要用于植物组织培养、果树开花、花卉及果蔬保鲜等。

（二）植物生长抑制剂

植物生长抑制剂可使茎端分生组织的核酸和蛋白质的合成受阻，细胞分裂减慢，使植株矮小。同时还可抑制细胞的伸长与分化，植物丧失顶端优势。外施植物生长素可逆转这种抑制作用，但外施赤霉素无此效果。天然抑制剂有脱落酸等，人工合成抑制剂有三碘苯甲酸、抑芽丹和整形醇等。

1. 三碘苯甲酸 三碘苯甲酸（TBA）是一种阻止生长素运输的物质，可抑制顶端分生组织，促进腋芽萌发，因此它可促使植株矮化，增加分枝。在大豆上使用可提高结荚率。

2. 抑芽丹（MH） 又称马来酰肼、青鲜素，化学名称是1，2-二氢-3,6-哒-嗪二酮。其作用正好和IAA相反，由于其结构与RNA的组成成分尿嘧啶非常相似，所以MH进入植物体后可替代尿嘧啶的位置，但不能起代谢作用，破坏了RNA的生物合成，从而抑制细胞生长。MH常用于马铃薯和洋葱的贮藏，可抑制发芽。MH可抑制烟草腋芽生长。据报告，MH可能致癌和使动物染色体畸变，应慎用。

3. 整形醇 又称整形素、氯甲丹等，化学名称是2-氯-9-羟基芴-9-羧酸甲酯，常用于木本植物。它可阻碍生长素极性运输，提高吲哚乙酸氧化酶活性，使生长素含量下降，故抑制茎的伸长，促进腋芽发生，使植株发育成矮小的灌木形状。

（三）植物生长延缓剂

植物生长延缓剂可抑制赤霉素的生物合成，延缓细胞伸长，植物节间缩短。它不影响顶端分生组织生长，所以也不影响细胞数、叶片数和节数，一般也不影响生殖器官发育。外施赤霉素可逆转植物生长延缓剂的效应。常见种类有矮壮素、丁酰肼、多效唑、烯效唑、甲哌鎓等。

1. 矮壮素（CCC） 又称氯化氯代胆碱，是常用的一种生长延缓剂。它的化学名称是2-氯乙基三甲基氯化铵。矮壮素抑制GA的生物合成，因此抑制细胞伸长，抑制茎叶生长，但不影响生殖发育。促使植株矮化，茎秆粗壮，叶色浓绿，提高抗性，抗倒伏。在农业生产上，矮壮素多用于小麦、棉花，防止徒长和倒伏。

2. 丁酰肼 俗称比久，化学名称是N-二甲氨基琥珀酰胺酸。作用机理是抑制GA生物合成，使植株矮化，叶绿且厚，增强植物的抗逆性，促进果实着色和延长贮藏期等。丁酰肼可抑制果树新梢生长，代替人工整枝。此外，丁酰肼还能提高花生、大豆的产量。

3. 多效唑 俗称PP333，也称氯丁唑。可抑制GA的生物合成，减缓细胞的分裂与伸长，使茎秆粗壮，叶色浓绿。多效唑广泛用于果树、花卉、蔬菜和大田作物，效果显著。

4. 烯效唑 又名优康唑、高效唑。能抑制赤霉素的生物合成，有强烈抑制细胞伸长的效果。有矮化植株、抗倒伏、增产、除杂草、杀菌（黑霉菌、青霉菌）等作用。

5. 甲哌鎓 又称缩节胺、助壮素，它与CCC相似。生产上主要用于控制棉花徒长，使其节间缩短，叶片变小，并且减少蕾铃脱落，从而增加棉花产量。

(四) 乙烯释放剂

生产上常用的乙烯释放剂为乙烯利，使用后可在植物体内释放乙烯而起作用。它在常温和 pH 为 3 时较稳定。易溶于水、乙醇和乙醚制剂，一般为强酸性水剂。使用乙烯利时必须注意以下几方面：一是乙烯利酸性强，对皮肤、眼睛、黏膜等有刺激，应避免与皮肤直接接触。二是乙烯利遇碱、金属、盐类即发生分解，因此不能与碱性农药混合。三是稀释后的乙烯利溶液不宜长期保存，尽量随配随用。四是要对准喷施器官或部位，以免对其他部位或器官造成伤害。五是喷施器械要及时清洗，防止发生腐蚀。

三、植物生长调节剂在农业生产中的应用

植物生长调节物质对植物的作用非常复杂，受多种因素影响。如作物的种类、品种、遗传性状不同，作用的器官及发育状况不同等，使作物对生长调节物质的反应表现出较大差异。使用植物生长调节物质时应注意以下几个问题：一是根据生产问题的实质选用适当的生长调节物质种类。二是确定适宜施用生长调节物质的时期、处理部位和施用方式。三是根据处理对象、药剂种类和生产目的选用合适剂型，施用药剂的浓度和施用次数是决定应用成败的关键。四是注意温度、湿度、光照和风雨天气等环境因素对生长物质作用效果的影响。五是防止使用不当发生药害。

随着省工、节本、高产、优质的栽培措施的实施，农作物化学调控工程正在不断普及推广。它是从种子处理开始到下一代新种子形成的不同发育阶段，适时适量采用一系列的生长调节物质来控制作物生长发育的栽培工程，是化学调控与栽培管理、良种繁育推广结合为一体，调动肥水和品种等一切栽培因素的潜力，以获得高产优质，并产生接近于有目标设计和可控生产流程的工程。

合理使用植物生长调节物质，可以对作物的性状进行修饰，如使高秆植物变为矮秆植物。还可以改变栽培措施，如通过使用植物生长调节物质使作物矮化，株型紧凑，控制高肥水情况下的徒长，从而达到密播密植，充分发挥肥水效果，更高产。还可以提高复种指数，如用生长延缓剂培育油菜矮壮苗，解决连作晚稻秧苗差等问题，实现了南方稻—稻—油三熟制高产新技术。此外，生长调节物质能够提高作物的抗逆性，使作物安全度过不良环境或少受伤害。在许多作物上，都有化学调控工程取得成功的实际例子。植物生长调节剂的应用见表 9-1。

表 9-1　植物激素和生长调节剂在生产上的应用

目的	药剂	植物	使用方法
延长休眠	萘乙酸甲酯	马铃薯块茎	0.4%～1%粉剂，混合
破除休眠	GA	马铃薯块茎	0.5～1mg/L，浸泡 10～15min
		桃种子	100～200mg/L，浸 24h
促进营养生长	GA	芹菜	50～100mg/L，采前 10d 喷施
		菠菜	10～30mg/L，采前 10d 喷施
		莴苣	100mg/L，芽叶刚伸展时喷施

（续）

目的	药剂	植物	使用方法
控制营养生长	多效唑 Pix 三碘苯甲酸 矮壮素 丁酰肼 烯效唑	花生	250～300mg/L，始花后25～30d喷施
		水稻	250～300mg/L，一叶一针期喷施
		油菜	100～200mg/L，二叶一心期喷施
		甘薯	30～50mg/L，薯块膨大初期喷施
		棉花	100～200mg/L，始花至初花期喷施
		大豆	200～400mg/L，开花期喷施
		小麦	0.3%～1%，浸种12h
		花生	500～1 000mg/L，始花后30d喷施
		水稻	20～50mg/L，浸种36～48h
		小麦	16mg/L，浸种12h
		大豆	50～70mg/L，始花期喷施
		水仙	100mg/L，浸球茎1～3h
插条生根	IBA NAA	芒果（杧果）	0.5～1mg/L，蘸3s
		葡萄	50mg/L，浸8h
		番茄	1 000mg/L，浸10min
		瓜叶菊	1 000mg/L，浸24h
		锦熟黄杨	1 000mg/L，粉剂或溶液，浸泡枝条基部
		甘薯	500mg/L，粉剂，定植前蘸根
促进分泌胶乳	乙烯利	橡胶树	8%溶液涂于树干割线下
促进开花	乙烯利	菠萝	400～1 000mg/L，营养生长成熟后，从株心灌50mL/株
促进开花	GA	郁金香	400mg/L，筒状叶长10～20cm，灌入1mL/株
促进雌花发育	乙烯利	黄瓜、南瓜	100～200mg/L，1～4叶期喷施
促进雄花发育	GA	黄瓜	100～200mg/L，2～4叶期喷施
促进抽穗	GA	水稻	30mg/L，稻穗破口期喷施
延迟抽穗	多效唑	水稻	100～200mg/L，花粉母细胞形成期喷施
防止落叶	2,4-滴钠盐	大白菜	25～50mg/L，采收前3～5d喷施
		甘蓝	100～500mg/L，采收前喷施
延缓衰老	6-BA	水稻	10～100mg/L，始穗后10d喷施
保花保果	2,4-滴	番茄、茄子	10～30mg/L，花前1～2d喷施
	6-BA	柑橘	200mg/L，第一次生理落果前涂果
疏花疏果	多效唑	桃	500～1 000mg/L，花期喷施
	乙烯利	苹果	300mg/L，花蕾膨大期喷施
果实催熟	乙烯利	香蕉	1 000mg/L，浸果1～2min
		柿子	500mg/L，浸果0.5～1min
促进结实	BR	玉米	0.01mg/L，吐丝前后喷施
	6-BA	苹果	300mg/L，果实膨大期喷施

资料来源：潘瑞炽，2008，植物生理学。6版。

实验实训

实训一　生长素类物质对根和芽生长的影响

(一) 实训目标

生长素及人工合成的类似物质（如萘乙酸等），一般低浓度对植物生长有促进作用，高浓度则起抑制作用。根对生长素较敏感，促进和抑制其生长的浓度均比芽低一些。根据此原理可观测不同浓度的萘乙酸对不同部位生长的促进和抑制作用。

(二) 实训材料与用品

小麦（或水稻等）籽粒。

恒温培养箱、培养皿、移液管、圆形滤纸、10mg/L 萘乙酸（NAA）溶液（称取萘乙酸 10mg，先溶于少量乙醇中，再用蒸馏水定容至 100mL，配成 100mg/L 萘乙酸溶液，将此液贮于冰箱中，用时稀释 10 倍）、漂白粉适量等。

(三) 实训方法与步骤

1. 将培养皿洗净烘干，编号，在 1 号培养皿中加入已配好的 10mg/L NAA 溶液 10mL，在 2～6 号培养皿中各加入 9mL 蒸馏水，然后用移液管从 1 号培养皿中吸取 10mg/L NAA 溶液 1mL 注入 2 号培养皿中，充分混匀后即成 1mg/L NAA 溶液。再从 2 号培养皿中吸取 1mL 注入 3 号培养皿中，混匀即成 0.1mg/L NAA 溶液，如此继续稀释至 6 号培养皿，结果从 1 号到 6 号培养皿 NAA 浓度依次为 10、1、0.1、0.01、0.001、0.000 1mg/L。最后从 6 号培养皿中吸出 1mL 弃去，各培养皿均为 9mL 溶液。7 号培养皿加蒸馏水 9mL 作为对照。

2. 精选小麦（或水稻）籽粒约 200 粒，用饱和漂白粉上清液表面灭菌 20min，取出用自来水冲净，再用蒸馏水冲洗 3 次，用滤纸吸干种子表面水分。在每套培养皿中各放入滤纸一张，上面放 20 粒小麦（或水稻）籽粒。然后盖好培养皿，放在恒温培养箱中培养（小麦 27℃、水稻 32℃）。

3. 10d 后检查各培养皿内小麦（或水稻）生长的情况，测定不同处理已发芽幼苗的平均根数、平均根长和平均芽长，将结果记入表 9-2。

表 9-2　　生长情况

实验组别	1	2	3	4	5	6	7
萘乙酸（mg/L）	10	1	0.1	0.01	0.001	0.0001	对照（CK）
平均根数							
平均根长（cm）							
平均芽长（cm）							

(四) 实训报告

分析实验结果，将小麦（或水稻）籽粒长出的根、芽长度绘图表示，并加以解释。

实训二 生长调节剂对果实发育的调控

(一) 实训目的

1. 了解 2,4 -滴，萘乙酸和赤霉素对无籽果实的诱导作用。

2. 了解乙烯利对果实的催熟作用。

(二) 实训原理

植物生长调节剂 2,4 -滴，萘乙酸（NAA）以及赤霉素（GA_3）等，在适当的浓度下能诱导形成无籽果实。适当浓度的乙烯利能促进果实成熟。

(三) 实训材料与用品

1. 材料 田栽番茄、茄子、辣椒、西瓜和葡萄幼苗，转色期番茄，新采收的青香蕉及成熟涩柿等果实。

2. 实验试剂 20mg/L 2,4 -滴（用少许 1mol/L NaOH 溶解 2,4 -滴，再用蒸馏水定容），500mg/L NAA（用热水或少量 95%酒精溶解 NAA，再用蒸馏水定容），100mg/L GA_3（用 95%酒精配制成母液，再用蒸馏水定容），40%乙烯利等。

3. 实验器具 移液管、容量瓶、烧杯、标签、天平、称量纸、滴管及角匙等。

(四) 实训过程

1. 无籽果实的诱导

(1) 2,4 -滴诱导。在番茄开花授粉前把 20mg/L 2,4 -滴溶液涂在花上，以水处理作为对照。在茄子开花期间，把 20mg/L 2,4 -滴溶液涂在花上，以水处理作为对照。果实成熟时，观察果实内有无籽。

(2) NAA 诱导。在辣椒开花初期，把 2 滴 500mg/L NAA 溶液滴在花朵上（或喷花），以水处理作为对照。在西瓜开花期，用 500mg/L NAA 溶液涂雌花，并以清水处理作为对照。果实成熟时，检查是否有籽。

(3) GA_3诱导。在葡萄开花前 10d，把 2～3 滴 100mg/L GA_3溶液涂在花芽上，以水处理作为对照。成熟时，检查是否有籽。

2. 乙烯利对果实的催熟作用

(1) 处理。采收后的番茄（或香蕉、柿子等）用 40%乙烯利溶液浸泡 5s，以蒸馏水作为对照，取出果实晾干水分后放在箩筐、纸箱或保鲜袋内，室温或置于 25℃培养箱中保存。

(2) 观测记录。5～10d，随时观察结果，比较果皮的颜色和果实的成熟度，并填写表 9 - 3。

表 9 - 3 生长调节剂对果实发育的调控记载

实训小组： 地点： 调查时间：

材料名称	处理		实验观察	
	方法	时间	果皮的颜色	果实的成熟度

注意事项：

用植物生长调节剂处理材料的时期一定要把握好。

可尝试使用不同的激素浓度，筛选出激素的最适作用浓度。

（五）实训报告

以不同浓度的各种生长调节剂进行实验，列表或作图分析实验结果。

实训三　乙烯及脱落酸对植物叶片脱落的效应

（一）实训目标

1. 学习掌握乙烯和脱落酸调控植物叶片脱落原理与技术。
2. 掌握乙烯和脱落酸的生理效应。

（二）实训原理

乙烯能增强果胶酶和纤维素酶的活性，加速果胶质和纤维素水解，使得细胞间结合力减弱，导致离层产生和器官脱落。乙烯对器官的脱落效应一方面取决于乙烯的水平，另一方面取决于组织对它的敏感性。

脱落酸（ABA）加速脱落的效应一方面是由于促进了乙烯合成，另一方面是增加了组织对乙烯的敏感性。乙烯往往可以用乙烯释放剂——乙烯利获得，在 pH＞4.1 的环境下，乙烯利分解释放乙烯而起生理作用。

（三）实训材料与用品

1. 材料　叶片对生的植物。

2. 实验试剂　10mg/L 及 1mg/L 乙烯利，10mg/L 及 1mg/L 脱落酸等。

3. 实验器具　剪刀、镊子、小烧杯及脱脂棉等。

（四）实训过程

1. 乙烯利处理脱落的效果　取叶片对生的植物枝条 2 条，留下 3 个节位，其余剪去。并将 3 个节位上的叶片剪去叶留下叶柄，在中间一对叶柄上包上少许脱脂棉，左边切口滴蒸馏水，右边切口滴乙烯利（10mg/L 及 1mg/L）。将处理材料插在装有蒸馏水的小烧杯中，以后每天用镊子轻碰叶柄看是否脱落，记下各种处理叶柄脱落所需的时间。

2. 脱落酸（ABA）对脱落的效应　实验取材同上，处理（ABA）的浓度为 10mg/L 及 1mg/L，观察生理效应的方法同上。根据实验结果填写表 9-4，并对实验结果进行分析和讨论。

表 9-4　乙烯和脱落酸调控植物叶片脱落效应记载

处理	试材名称	脱落所需时间（d）
对照（CK）		
乙烯利（10mg/L）		
乙烯利（1mg/L）		
ABA（10mg/L）		
ABA（1mg/L）		

注意事项：

取材应尽量选用发育一致的枝条。

ABA 在水中较难溶解，可先用少量碳酸氢钠溶解，再用水稀释。

（五）实训报告

乙烯利和 ABA 都能促进叶片脱落，其作用机制是否相同？

实训四 生长调节剂调节菊花的株高技术

菊花是我国的传统名花，但由于需求不同，人们对其植株高度的要求也不同。作为切花的菊花希望植株较高，盆栽的希望植株矮小紧凑。促进茎的伸长是赤霉素生理作用之一，而丁酰肼能够抑制植物体内赤霉素的生物合成。合理地利用这两种生长调节剂，就能够有效地控制株高，满足需求。

（一）实训目标

学习掌握植物生长调节剂调节植物株高的原理与技术。

（二）实训原理

促进茎的伸长是赤霉素生理作用之一，而丁酰肼能抑制植物体内赤霉素的生物合成。合理地利用这两种生长调节剂，就能够有效地控制株高，满足需求。

（三）实训材料与用品

1. 材料 菊花苗或将要现蕾的盆栽菊花。

2. 实验试剂 6mg/L 或 150mg/L 的赤霉素溶液、150mg/L 的丁酰肼溶液及洗洁精等。

3. 实验器具 花盆、喷壶、烧杯及容量瓶等。

（四）实训过程

1. 材料处理 上盆后的菊花苗分成三组，第一组在上盆后的 1～3d 及 3 周后各喷施 6mg/L 的赤霉素溶液 1 次；第二组于上盆后第 10 天起，每 10d 喷 1 次 150mg/L 的丁酰肼，一共喷 4 次；第三组喷清水作为对照。

2. 观测记录 在菊花开花后，测量株高，记录数据于表 9－5。

表 9－5 植物生长调节剂调节菊花株高观测记录

实训班级： 材料名称：

组别	处理		株高（cm）					观测时间	观测人
	方法	时间	单株高度				平均		
一									
二									
三									

（五）实训报告

比较两种处理效果的不同，解释赤霉素促进株高及丁酰肼抑制株高的原因。

拓展知识

多胺和多肽类物质

一、多胺

多胺（polyamine）是植物体内一类具生物活性的低分子质量脂肪族含氮碱，含一个或多个氨基。植物体内含量最丰富的多胺有腐胺（putrescine）、精胺（spermine）、亚精胺（spermidine）（图 9-12）。多胺分布具有组织和器官特异性，主要分布于植物细胞分裂比较旺盛的组织，如分生组织。在植物细胞发育不同阶段，多胺在细胞器中的分布也有差异。作为一类新的植物生长物质，多胺参与植物各种生长发育过程，如形态建成、生长发育、休眠等，也参与植物对逆境的反应。

$$H_2N-(CH_2)_4-NH_2$$

腐胺

$$H_2N-(CH_2)_3-NH-(CH_2)_4-NH_2$$

亚精胺

$$H_2N-(CH_2)_3-NH-(CH_2)_4-NH-(CH_2)_3-NH_2$$

精胺

图 9-12　三种主要多胺的结构示意

对多胺在植物生长和发育中的作用，大部分来源于外源施加多胺或其合成抑制剂，观察其对植物影响的研究。多胺的作用机制尚不清楚，有待于进一步的探索。

二、多肽类的生物活性物质

自 1991 年在番茄叶片中发现植物第一个多肽类的生物活性物质系统素（systemin，SYS）以来，越来越多的植物多肽类生物活性物质被分离鉴定，它们在植物生长发育及逆境应答中的作用也逐渐被阐释。例如，系统素是由 18 个氨基酸残基组成的多肽分子，是植物感受创伤的信号分子，在植物防御反应中起重要的作用。CLV3 最早在研究与茎顶端分生组织（SAM）大小相关的拟南芥突变体时被发现。CLV3 多肽是由 96 个氨基酸残基的前体蛋白经剪切、羟基化和糖基化修饰产生，在干细胞维持和分化调控中发挥重要作用，有的 CLV3 家族成员也被证明具有类似的功能。Flg22 是来自于烟草野火病菌（*Pseudomonas syringae* pv. *tabaci*）鞭毛蛋白 N 端一段具有 22 个氨基酸残基的多肽，能够引起植物抗病反应。研究发现，以上三种多肽的受体均为类受体蛋白激酶。多肽与受体在细胞表面结合后，启动下游一系列信号级联反应。

植物体内可能存在诸多参与信号转导的小分子多肽，如何有效鉴定这些小分子多肽，以及寻找这些小分子多肽相应的受体是目前研究的热点。

思政园地

农业“工匠精神”

农业工匠精神

工匠精神是一种职业精神，它是职业道德、职业能力、职业品质的体现，是从业者的一种职业价值取向和行为表现。李克强总理在政府工作报告中指出，培育精益求精的工匠精神，增品种、提品质、创品牌，对我国制造业提升消费品品质提出了殷殷希望，工匠精神再次得到推动。

工匠精神是工业经济时代的产物。加工一个零件，要做到丝毫不差，千万个零件组装成一台机器，更要做到一丝不苟。所以提到工匠精神，很多人潜意识里还是认为跟工业生产有关；而农业生产属于“粗活”“笨活”，不用做到精益求精，也就无需工匠精神，其实这是对当前农业发展趋势的片面认识。

中国自古以农立国，刀耕火种历史悠久。经过不断努力，目前我国现代农业建设取得重大进展，农业生产正向高效和智慧方向发展，农业质量效益和竞争力明显提升。我国现代农业取得的成就，离不开政策的支持和万千农民的辛勤劳动，更离不开诸多像袁隆平、赵亚夫、李振声、田纪春这样的农业“大国工匠”，以及诸多具有工匠精神的科技人员与从业者的强力助推。

2021年中央一号文件《中共中央 国务院关于全面推进乡村振兴加快农业农村现代化的意见》正式发布。文件明确提出，要加快推进农业现代化，打好种业翻身仗，要推动农产品品种培优、品质提升等。而农业现代化，种子是基础，良种培育不仅需要一丝不苟，还需要专注的工匠精神。

发展现代农业，首先需要创业者能够静下心来，克服浮躁心态和急功近利的心理。这是因为农业是一个有着自身独特规律的产业，它既需要人们付出劳动，又需要遵循生长的自然规律，更需要认识到农业本身是关系国计民生、具有公共属性的产业。要想做好农业，就必须摒弃追求“短、平、快”的心理和“一夜暴富”的幻想，沉下心来，眼光放长远，这才是做农业之道。发展现代农业，还需要培养耐心专注、严谨求实的专业精神。农业发展始终面临着自然风险、市场风险的挑战，解决这些问题，越来越依靠专业化人才，农业将越来越成为科技和知识密集型产业。这就需要农业工作者不断提高自身的科技和知识水平，提高自身在农业方面的专业性，需要对农业这个产业长期耐心关注和全身心投入，通过提升自身的专业化水平来抵御各种风险。

推进农业供给侧结构性改革，提升农产品质量，也必须有精益求精的工匠精神。我国农业大而不强、竞争力弱的现状与一些生产者只注重产量、不注重品质的态度有关。在农产品生产中，尤其需要发挥工匠精神，对每一粒粮食、每一棵蔬菜、每一瓶牛奶、每一块肉等都要不断“打磨”，精益求精、日臻完善，这才是提高我国农业竞争力的重要落脚点。

“十四五”期间，发展现代农业、提高农业竞争力是时代的重大课题。工匠精神正是我们推动农业转型升级所需要的精神。让我们把工匠精神注入农业发展创新的实践中，用工匠精神“为国铸犁”，发展现代农业，创造更美好的明天。

思考与练习

1. 名词解释：植物激素、植物生长调节剂、极性运输。
2. 五大类激素的主要生理作用各是什么？
3. 生产上常用的植物生长调节剂有哪些？在植物生产上有何应用？
4. 哪些激素与瓜类的性别分化有关？
5. 为什么有的生长素类物质可用作除草剂？
6. 什么是乙烯释放剂？作用是什么？

模块十　植物的生长生理

学习目标

知识目标：

- 了解植物的生长、发育和分化的概念。
- 了解植物休眠的概念及休眠的原因。
- 理解植物生长的基本特性。
- 掌握春化和光周期现象及在生产实际中的应用。
- 了解果实及种子成熟时的生理变化及影响因素。
- 理解植物衰老时的生理生化变化和引起衰老的原因。
- 了解器官脱落的过程。

技能目标：

- 掌握植物生长的化学调控方法。
- 掌握打破种子休眠的方法。
- 能正确对植物进行春化处理，确保完成花芽分化。
- 能快速简易测定花粉的生活力，为生产奠定基础。

素养目标：

- 具备优良的工作作风和严谨的科学态度，能够善于发现问题、解决问题。
- 理解生长、发育和分化的辩证关系，树立正确的人生观和价值观。

基础知识

一、生长、发育和分化

（一）生长、发育和分化概念

1. 生长　在生命周期中，生物的细胞、组织和器官的数目、体积或干重的不可逆增加的过程称作生长，它通过原生质的增加、细胞分裂和细胞体积的扩大来实现。例如根、茎、叶、花、果实和种子的体积扩大或干重的增加都是典型的生长现象。通常将营养器官根、茎、叶的生长称作营养生长，生殖器官花、果实、种子的生长称作生殖生长。

2. 分化 分化是指来自同一合子或遗传方面相同的细胞转变成为形态、功能、化学组成方面不同细胞的过程。分化是一切生物所具有的特性。植物的分化可以在不同水平上表现，即细胞水平、组织水平和器官水平。比如薄壁细胞分化成厚壁细胞、木质部、韧皮部等；在植物的茎上分化出叶及侧芽、侧枝，在根上分化出侧根、根毛等；植株的上下两端也有不同的分化，上端分化出芽，下端分化出根。所有这些不同水平的分化，使植物的各部分细胞具不同的结构和功能。

3. 发育 在生命周期中，生物的组织、器官或整体在形态和功能上的有序变化过程称作发育。例如，从叶原基的分化到长成一片成熟叶片的过程是叶的发育；从根原基的发生到形成完整的根系是根的发育；由茎尖的分生组织形成花原基，再由花原基转变成花蕾，以及花蕾长大开花，这是花的发育；而受精的子房膨大，果实形成和成熟则是果实的发育。上述发育的概念是从广义上讲，它泛指生物的发生和发展。狭义的发育概念，通常是指生物由营养生长向生殖生长的有序变化过程，其中包括性细胞的出现、受精、胚胎形成以及新的生殖器官的产生等。

发育通常包括生长和分化两个方面，也就是说，生长和分化贯穿在整个发育过程中。例如花的发育，包括花原基的分化和花器官各部分的生长；果实的发育包括果实各部分的生长和分化等。

（二）植物生长的基本特性

1. 植物生长周期性

（1）植物生长大周期。在植物的生长过程中，细胞、器官及整个植株的生长速率都表现出慢—快—慢的基本规律，即开始时生长缓慢，以后逐渐加快至最高点，再逐渐减慢，至停止生长。我们把生长的这三个阶段一起称作生长大周期。测定整个生长大周期的生长量，得到一条S形曲线（图10-1、图10-2），这称作生长曲线。生长曲线反映了植物生长大周期的特征。因器官或整个植株的生长都是细胞生长的结果，而细胞生长的三个时期，即分裂期、伸长期、成熟期呈现出慢—快—慢的规律。在植物生长过程中，初期植株幼小，合成干物质少，生长缓慢；中期产生大量绿叶，使光合能力增强，制造大量有机物，干重急剧增加，生长加快；后期因植物衰老，光合作用速度减慢，有机物积累减少，再加上呼吸消耗，干重增加不多，表现为生长转慢或停止。

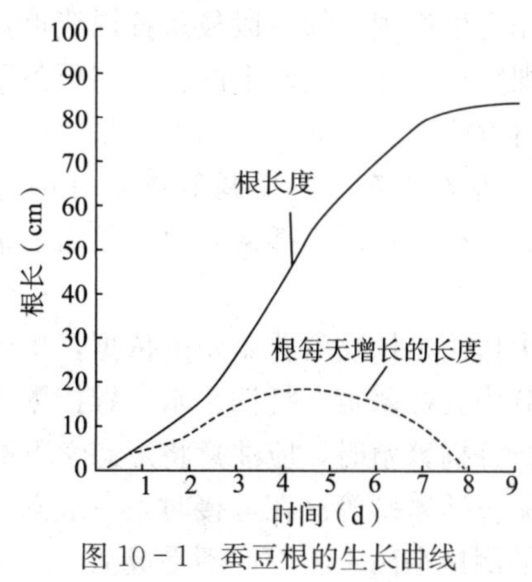

图10-1 蚕豆根的生长曲线

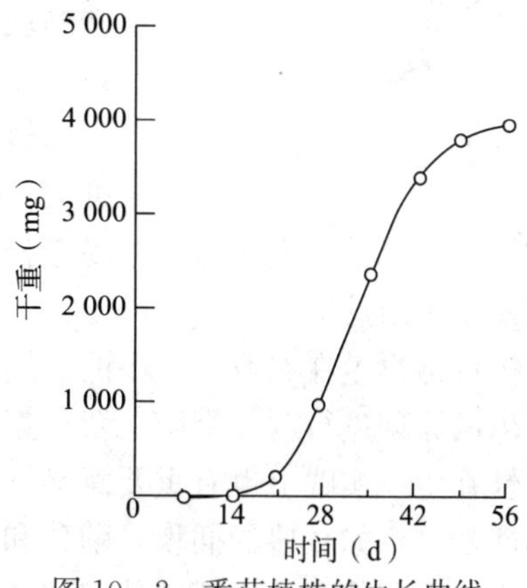

图10-2 番茄植株的生长曲线

研究和了解植株或器官的生长周期，在生产实践中有一定的意义。根据生产需要，可以在植株或器官生长之前，及时采取措施加以促进或抑制，以控制植株或器官的大小。如在果树、茶树育苗时，要使树苗生长健壮，必须在其生长前期加强水肥管理，使它早生快发，形成较多枝叶，积累大量光合产物，使树苗生长良好；如果在树苗生长后期才给以大量的水肥条件，不但效果差，而且会使生长期延长，茎枝幼嫩，树苗抗寒力差，易遭受冻害。

(2) 植物生长的季节周期性。季节周期性是指植物生长随季节变化而表现出的快慢节奏。如温带的多年生木本植物，春季萌发，夏季茂盛生长，秋季落叶，生长逐渐停止，冬季处于休眠状态，次年又周而复始，年复一年。季节周期性的形成是植物长期适应季节环境变化的结果，并已成为遗传性的组成部分。

(3) 生长的昼夜周期性。植物的生长随昼夜变化而表现快慢节奏的现象称作昼夜周期性。昼夜周期性的产生是昼夜环境条件不同所致。在水分适宜的情况下，生长速度与温度关系最为密切，一般白天的生长快于夜晚。当白天的光照增强，气温升高，导致植物体内水分过度蒸腾引起水分亏缺时，植物的生长就会受到抑制。这时，如果夜间温度较高，生长高峰就会出现在夜间。

2. 植物的极性与再生

(1) 极性。一株植物总是形态学上端长芽，下端长根，就是植物体的一部分也是如此，如一段柳树枝条，形态学上端总是长芽，下端长根，即使将枝条颠倒过来，原来的上端还是长芽，下端仍然长根（图 10-3）。植物的这种形态学两端在生理上具有的差异性就称作极性。极性产生的原因，大多数人认为主要与生长素在茎内的极性运输有关。因为较高浓度的生长素有利于根的形成，极性运输使得枝条基部积累较多的生长素而刺激切口生根，枝条上端生长素含量较少则生出不定芽。极性在生产上有实际意义，在扦插或嫁接繁殖时，必须注意枝条两端生理上的差异，不可颠倒，否则将影响其成活。

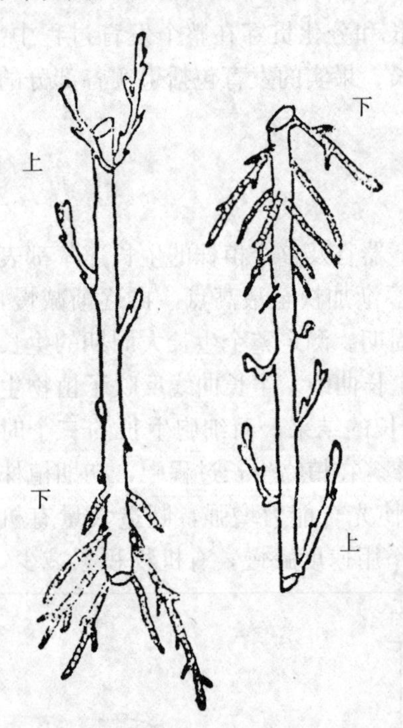

图 10-3　柳枝的极性生长

(2) 再生。植物体的离体器官（根、茎、叶等）在适宜的环境条件下能恢复缺损的部分，重新形成完整植株的现象称作再生作用。如一段枝条扦插能重新形成根系，成为一棵完整植株。生产上的扦插与压条繁殖就是利用植物的再生能力。扦插再生的关键是生根，植物的种类、插枝贮备的营养、生长调节物质等都与生根有关。如柳树、甘薯的再生能力强，易于扦插成活；松、柏用扦插繁殖时，就需要采取适当措施以促进不定根的形成。

(3) 极性与再生在农业生产中的应用。再生作用是植物营养繁殖的依据，生产上可利用植物再生的原理进行营养繁殖。营养繁殖可分为分株繁殖、扦插繁殖、嫁接繁殖和压条繁殖。极性在生产实践上也有重要意义。在进行扦插繁殖时，应注意将形态学下端插入土壤中，不能颠倒，如甘薯的插秧，葡萄和杨、柳扦插繁殖等。在嫁接时，一般砧木和接穗在同一个方向上相接容易成活，若将接穗上下颠倒接在砧木上，便不易成活。

3. 植物生长的相关性 植物的各部分既有一定的独立性，又是一个统一的整体。植物体各个部分的生长并不是孤立的，而是密切联系的，既相互促进，又相互制约，植物各部分间相互制约与促进的现象称作相关性。

（1）地上部和地下部的相关性。植物地上部分生长和根系生长常表现为根系发达，树冠也相应高大，即根系生长良好，枝叶生长也好，反之根系生长不良，树冠也相应矮小。因为植物地上部分生长所需要的水分和矿质主要由根系供应，根系还能合成氨基酸、植物碱（如烟草中的烟碱）、细胞分裂素、赤霉素等微量活性物质，输送到地上部。同时，植物地上部可以向根系提供有机养分。人们在生产实践中总结出的"根深叶茂""本固枝荣""育苗先育根"的宝贵经验，就是正确概括了植物地上部分和地下部分生长的相关性。

在农业生产上，常通过肥水来调控根冠比，对甘薯、胡萝卜、甜菜、马铃薯等这类以收获地下部分为主的植物，在生长前期应注意氮肥和水分的供应，以增加光合面积，多制造光合产物，中后期则要施用磷钾肥，控制氮肥和水分的供应，以促进光合产物向地下部分的运输和积累。

（2）主茎与侧枝的相关性。植物的顶芽长出主茎，侧芽长出侧枝，通常主茎生长很快，而侧枝或侧芽则生长较慢或潜伏不长。这种由于植物的顶芽生长占优势而抑制侧芽生长的现象称作顶端优势。除顶芽外，生长中的幼叶、节间、花序等都能抑制其下面侧芽的生长，根尖也能抑制侧根的发生和生长。

关于顶端优势产生的原因，一般认为与内源激素有关。植物顶端形成的生长素，通过极性运输向下运到侧芽，使侧芽的生长素浓度增大，侧芽对生长素比顶芽敏感，浓度稍大生长便受抑制。另外，由于顶端有生长素，成为有机物积累的"库"，夺取侧芽的营养，促使顶芽生长加快。

生产上有时需要利用和保持顶端优势，控制侧枝生长。如麻类、向日葵、烟草、玉米、高粱等植物以及用材树木。有时则需消除顶端优势，促进分枝生长。如水肥充足，植株生长健壮，则有利于侧芽发枝、分蘖成穗；棉花打顶和整枝、瓜类掐蔓、果树修剪等可调节营养生长，合理分配养分；花卉打顶去蕾，可控制花的数量和大小；苗木移栽时的伤根或断根，可促进侧根生长。

（3）营养生长与生殖生长的相关性。营养生长和生殖生长是植物生长周期中的两个不同阶段，通常以花芽分化作为进入生殖生长的标志。只有健壮的植物体，才能结出丰硕的果实。所以良好的营养器官是生殖器官生长的基础。在水分和氮肥缺乏的情况下，由于营养器官提前衰老，从而生殖器官不正常成熟，致使果实少而小。相反，营养器官生长过旺，也会影响生殖器官的形成和发育，如稻、麦生长前期肥水过多，茎、叶徒长，就会延迟穗分化过程；后期肥水过多，则会造成贪青晚熟，影响产量。

在协调营养生长和生殖生长的关系方面，生产上积累了很多经验。例如，加强肥水管理，既可防止营养器官的早衰，又可使营养器官不生长过旺；在果树生产中，适当疏花、疏果，以使营养收支平衡并有积累，以便年年丰产，消除大小年。对于以营养器官为收获物的植物，如茶树、桑树、麻类及叶菜类，则可通过供应充足的水分、增施氮肥、摘除花芽等措施来促进营养器官的生长，抑制生殖器官的生长。

4. 植物生长的区域性

（1）茎的顶端生长。茎顶端的生长锥是高等植物营养器官和生殖器官的发源地。它产生许多侧生结构，如叶原基、芽原基等，植物由营养生长向生殖生长的转变也在这里发生。外界条件变化对生长锥的生长状态影响很大，如春天快速生长，秋天进入休眠状态。顶端生长锥进行营养生长具有无限生长的特性，只要环境条件许可，便可不断分化产生叶片、腋芽和茎节。完成成花诱导转变为成花分生组织后，只能进行有限生长。

（2）根的顶端生长。根的顶端生长不同于茎的顶端生长，它不形成任何侧生器官，但也具有顶端生长优势，可以控制侧根的形成。当根尖折断后，则可从生长部位发展出更多的不定根。由于根受到土壤的阻碍，因而它的生长区要比茎的短得多。

（3）其他生长区。除顶端生长外，植物其他部分还分布着一些生长区。这些生长区经常处于潜伏或抑制状态，只有在适当时候或受到一定的刺激后才活跃起来。它们不仅发源于顶端生长，同时它们的活动也受到顶端生长的控制。

5. 植物的向性生长　植物在外界环境中生长，感受到单方向的外界环境刺激后，植物体上某些部位会发生运动。虽然这些运动不像动物那么明显，只是在空间位置上有限度的移动，但有些还是能看到的。如向日葵顶盘随阳光的移动，合欢树叶、花的闭合等。这些运动实际上都是以不均匀的生长来实现的，这就是所谓的向性生长（向性运动）。

（1）向光性。向光性是指植物的生长随光的方向发生弯曲的现象，如果把盆栽的植物放在窗边，这些植物的顶端就会全部（特别是叶片）朝向光源，这就是向光性的表现。

植物向光性产生的原因是单向光引起的器官内生长素不均匀分布。向光性对植物的生长有重要的意义，向光性使茎朝着光源的方向生长，可以让叶片充分地接受阳光进行光合作用，制造有机物。

（2）向重力性。植物在重力的影响下，保持一定方向生长的特性称作向重力性。根顺着重力方向向下生长，称作正向重力性；茎背离重力方向生长，称作负向重力性；地下茎以垂直于重力的方向水平生长，称作横向重力性。植物的向重力性有重要的生物学意义。当种子播种到土中，不管胚方位如何，总是根向下长，茎向上长，这样一方面可以使根牢牢固定在土壤中，另一方面可以使根从土壤中吸收水分、养分等。

（3）向水性。当土壤中的水分分布不均匀时，植物的根总是向着潮湿的方向生长，这一特性称作向水性。植物具有这个特性是为了保证根系在土壤中获得较多的水分，维持整个植物体的生长。生产上常用控制水分供应的方法来促进根的生长，如“蹲苗”就是利用根的向水性所采取的一项壮苗、壮根措施。

（4）向化性。植物根系总是朝着土壤中肥料较多的地方生长，花粉管的伸长生长总是朝着胚珠的方向，是由于受到胚珠细胞分泌的化学物质的引导。这种由于化学物质分布不均匀而引起的向性生长称作向化性。向化性在指导植物栽培中具有重要意义。生产上采用深耕施肥就是为了使根向深处生长，吸收更多营养。在种植香蕉时，可以采用以肥引芽的措施，把香蕉引到人们希望它生长的地方出芽生长。

6. 环境因素对植物生长的影响

（1）温度。由于温度能影响光合、呼吸、矿质与水分的吸收、物质合成与运输等代谢，所以也影响细胞的分裂、伸长、分化以及植物的生长。植物只有在一定的温度范围内才能生长，在一般情况下，低于0℃时，高等植物不能生长；高于0℃时，生长开始缓慢进行，随着温度的升高，生长逐渐加快，一直到20～30℃，生长最快；温度再升高，生长反而缓慢下来；如果温度更高，生长将会停止。温度对植物生长的影响也具有最低温度、最适温度和最高温度的三基点（表 10-1）。

生长温度的最低点要高于生存温度最低点，生长温度最高点要低于生存温度的最高点。生长的最适温度一般是指生长最快时的温度，而不是生长最健壮的温度。能使植株生长最健壮的温度称作协调最适温度，通常要比生长最适温度低。这是因为细胞伸长过快时，物质消耗也快，其他代谢如细胞壁的纤维素沉积、细胞内含物的积累等就不能与细胞伸长协调进行。

表 10-1　几种农作物生长温度的三基点

作物	最低温度（℃）	最适温度（℃）	最高温度（℃）	作物	最低温度（℃）	最适温度（℃）	最高温度（℃）
水稻	10～12	30～32	40～44	玉米	5～10	27～33	40～50
小麦	0～5	25～30	31～37	大豆	10～12	27～33	33～40
大麦	0～5	25～30	31～37	南瓜	10～15	37～40	44～50
向日葵	5～10	31～35	37～44	棉花	10～18	25～30	31～38

（2）光。光是植物正常生长所必需的条件。一方面有光时才能进行光合作用，而光合产物是生长所必需的有机养料来源，并且光也是叶绿素形成的必需条件；另一方面光能抑制细胞的伸长，促进细胞的成熟和分化。在充足的阳光下，植株虽然较矮小，但生长健壮，茎、叶较发达，干重也较大，且光照强时，能促进根的生长，故根冠比也较大。

光对细胞生长的抑制作用，主要是蓝紫光，特别是紫外光效果更明显。高山空气稀薄，短波光容易透过，紫外光尤为丰富，这是高山植物矮小的原因之一。农业生产中，在低温情况下，利用蓝色塑料薄膜覆盖既能吸收大量红橙光，使膜内温度升高，又能透过 400～500nm 的蓝紫光，抑制秧苗生长，使植株矮壮。

如果把栽培植物放在黑暗中，就会表现出不正常的外貌。由于细胞伸长不受抑制，因而茎部细长，机械组织和输导组织很不发达，根系生长不好，叶细小，因不能形成叶绿素而呈现黄色，称作黄化现象。在黑暗中和阳光下分别培养的马铃薯幼苗，两者生长状态显然不同（图 10-4）。在蔬菜栽培上，可遮光使植物黄化，以提高食用价值。如韭黄、蒜黄及豆芽，用培土方法使大葱葱白增多等。

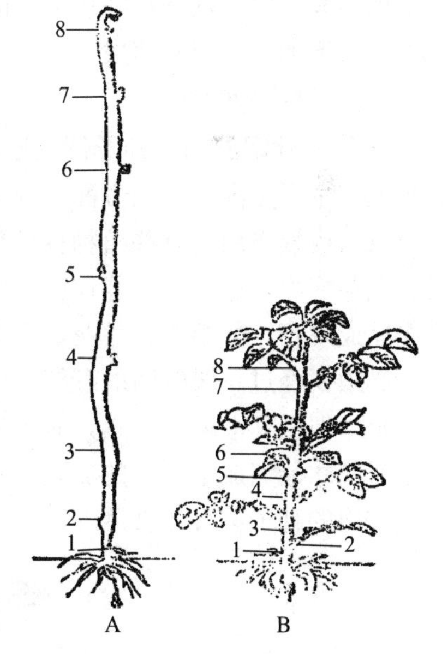

图 10-4　光对马铃薯生长的影响
（数字表示节数）
A. 缺光或弱光下生长　B. 正常光照下生长

光能抑制植物的生长，使得植物的生长具有显著的昼夜周期性。虽然夜间温度比较低，但生长仍较快，夜间温度如较高，生长就更快。

（3）水分。植物的生长对水分供应最为敏感。原生质的代谢活动，细胞的分裂、生长与分化等都必须在细胞水分接近饱和的情况下才能进行。由于细胞的扩大生长较细胞分裂更易受细胞含水量的影响，在相对含水量稍低于饱和含水量时就不能进行。因此，供水不足，植株的体积增长会提早停止。在生产上，为使稻、麦抗倒伏，最基本的措施就是控制第一、第二节间伸长期的水分供应，以防止基部节间的过度伸长。水分亏缺还会影响呼吸作用、光合作用等。

二、植物休眠

植物休眠及种子萌发

（一）休眠的概念及意义

植物的整体或某一部分在某一时期内生长停顿的现象称作休眠。植物并不是一年四季都能生长，它们的生长有周期性的变化。一般生长在温带的植物在春季开始生长，夏季生长旺盛，到秋季生长又逐渐缓慢，而冬季一到，叶甚至幼嫩的枝脱落，生长停止，这时树木就进入休眠状态，以度过严寒的冬天。一年生植物在春夏两季生长，到了秋季形成种子后，植株便枯萎死亡，成熟的种子进入休眠状态而越冬。有些植物是以贮藏器官休眠，例如马铃薯以块茎休眠，大蒜、百合以鳞茎休眠，萝卜、甜菜以肉质直根休眠。休眠的器官虽然生长停止，但仍有微弱的呼吸作用来维持生命。

通常把由不利于生长的环境条件引起的植物休眠称作强迫休眠，如许多种子在贮藏期间处于休眠状态是因为缺乏水分，如把种子放在潮湿的环境中，吸收水分就可萌发。把在适宜的环境条件下，因植物本身内部原因造成的休眠称作生理休眠，也称作熟休眠。一般所说的休眠主要是指生理休眠。如刚收获的许多种种子和马铃薯块茎，即使放在适宜的条件下也不能萌发。秋季落叶后剪下的枝条，放在温暖的房间内，其上的芽并不立即生长，但春季剪下的就很容易萌发。

（二）种子的休眠

1. 种子休眠原因 种子休眠通常是指植物种子处在适宜的外界条件下仍然不能萌发的现象。主要是由以下三方面原因引起的。

（1）后熟作用。有些植物种子采收后还需要一段继续发育的过程才能达到真正成熟，具备发芽能力，这个过程称作种子的后熟作用。后熟作用可分为两种情况，一种情况是胚尚未完成发育，如银杏、兰花、人参、冬青、白蜡树等的种子胚体积都很小，黏液层不完善，必须要经过一段时间的继续发育才达到可萌发状态。另一种情况是胚在形态上似已发育完全，但生理上还未成熟，必须要通过后熟作用才能萌发，例如苹果、桃等种子须经过一定时间才能完成生理上的成熟，欧梣（欧洲白蜡树）的种子后熟之后才能萌发，未通过后熟作用的种子不宜作种用（图 10－5）。

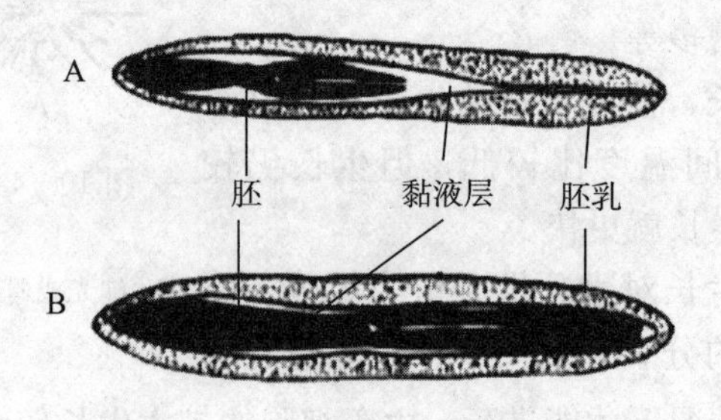

图 10－5 欧洲白蜡树的种子

A. 刚收获的种子 B. 在湿土中贮藏 6 个月的种子

（2）种皮透性差。豆科、锦葵科、藜科、樟科等植物种子，有坚厚的种皮或种皮上附有致密的角质，被称作硬实种子或石种子。这类种子往往由于种壳的机械压制或由于种皮不透水、不透气使种子处于休眠状态，如莲、椰子、合欢、刺槐等。

（3）抑制发芽物质的存在。有些种子不能萌发是由于果实或种子内有萌发抑制物质的存在，如脱落酸、芥子油、水杨酸、醛类、酚类等化合物。这些物质存在于果肉（苹果、梨、番茄、西瓜）、种皮（苍耳、甘蓝）、胚乳（鸢尾）、子叶（菜豆）等处，能使种子潜伏不动。西瓜、番茄的果实中有抑制萌发的物质，只有将种子取出或等瓜果烂掉后，种子才能萌发。

2. 种子休眠调控 生产上有时需要解除种子的休眠，有时则需要延长种子的休眠，解除种子的休眠可采用以下方法。

（1）机械破损。适用于有坚硬种皮的种子。可用沙子与种子摩擦、划伤种皮等方法促进萌发。如紫云英种子加沙和石子各 1 倍进行摩擦处理，能有效促进种子萌发。

（2）清水漂洗。西瓜、甜瓜、番茄、辣椒等种子的种皮及果肉含有萌发抑制物，播种前将种子浸泡在水中，反复漂洗，流水冲刷更佳，让抑制物渗透出来，能提高发芽率。

（3）层积处理。已知有 100 多种植物，特别是一些木本植物的种子，如苹果、梨、水青冈、白桦等要求低温、湿润的条件来解除休眠。通常用层积处理，即将种子埋在湿沙中置 1～10℃温度下，经 1～3 个月就能有效解除休眠，促进种子萌发。

（4）温水处理。有些种子经日晒和用 35～40℃温水处理，可促进萌发。如油松、沙棘种子用 70℃水浸种 24h，可增加透性，促进萌发。

（5）化学药剂处理。刺槐、皂荚、合欢等种子用浓硫酸处理（1～2h 后立即用水漂清），均可增加种皮透性。用 0.1%～2%过氧化氢溶液浸泡棉籽 24h，能显著提高发芽率。

（6）生长调节剂处理。多种植物生长物质能打破种子休眠，促进萌发。其中赤霉素效果最为显著。樟子松、鱼鳞云杉和红皮云杉是北方优良树种，把它们的种子浸在 100mg/kg 的赤霉素溶液中一昼夜，不仅可提高发芽率，还促进种苗初期生长。黄连的种子由于胚未分化成熟，需要低温下 90d 才能完成分化过程，如果同时用 5℃低温和 10～100mg/kg 的赤霉素溶液处理，只需要 48h 便可打破休眠而发芽。

（7）其他方法。用 X 射线、超声波、高低频电流等处理种子也有破除休眠的作用。

（三）芽的休眠

1. 树木的休眠

（1）休眠的原因。树木的冬季休眠是度过寒冷的一种适应性，但休眠并不是由低温直接引起的，而是与秋季的日照长度缩短密切相关。因为在秋天，温度并没有降低到影响生长的程度，而树木停止生长。

落叶树在秋季的短日照影响下便进入越冬准备。体内含水量逐渐下降，营养物质不断积累，细胞原生质的胶体特性也发生改变，叶片变黄并脱落，生长停止并形成冬眠芽，树木进入休眠状态。这时如果给树木长日照条件，就能继续生长。例如，处在路灯旁的行道树，由于灯光延长了光照时数，往往落叶较晚，进入休眠较迟。因此，长日照能使许多种树木保持连续生长而不进入休眠，而短日照是诱导许多树木停止生长进入休眠的主要原因。因为短日照促进了植物体内脱落酸含量的增加。促进休眠的物质中最主要的是脱落酸，其次是乙烯、氰化氢、氨、芥子油和多种有机酸等。多年生草本植物的休眠形式与木本植物基本相同。

（2）打破芽休眠的方法。在自然条件下，芽进入深休眠以后，休眠芽须经过冬季一段时间的低温才能打破休眠。低温是打破植物芽休眠的重要条件。解除芽休眠的有效温度在0～5℃，但0℃以下的低温可能更有效。植物对低温的感应通常定位在芽中而不向植物体其他部位传递。如将休眠的紫丁香的一个枝条从窗口伸出，以接受低温，则这一个枝条可打破休眠，而生长在温暖的室内的其他枝条依然处于休眠状态（图10-6）。一些落叶树种的休眠可被长日照打破；有些植物则要求低温后再接受长日照才能打破休眠。低温处理打破休眠的作用可用高温刺激或化学药剂处理来代替，如将紫丁香枝条在30～35℃温水中浸泡9～12h，可使花芽打破休眠在冬天开放，还可用2-氯乙醇等化学药剂和赤霉素等进行处理，也能打破芽休眠。

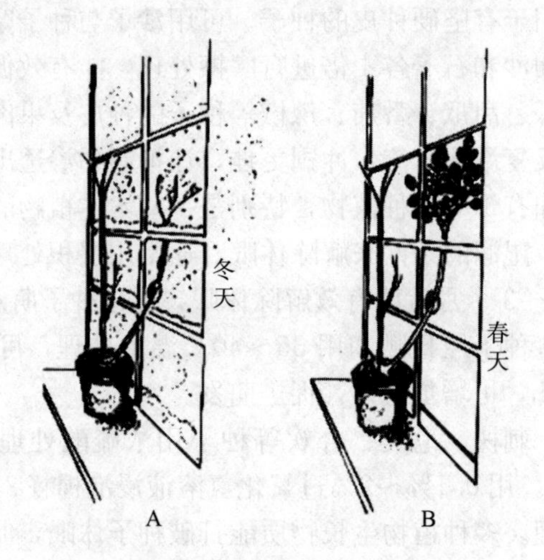

图10-6　低温解除休眠的试验

A. 紫丁香的一个枝条在温室中，另一枝条穿过小洞于室外

B. 经过寒冷的冬季，室外枝条解除休眠抽发枝条，而室内枝条仍处于休眠状态

2. 地下贮藏器官的休眠　许多多年生草本植物在不适于生长的条件下，受外界环境的诱导形成地下变态器官作为休眠器官，以度过高温、低温或干旱时期。鳞茎或球茎等，这些器官含有休眠的芽，同时贮存大量营养，影响其休眠的主要因素是温度，有些植物也受日照长度的影响。对其休眠的控制有重要经济价值。例如在低温下贮存百合鳞茎，然后分批分期取出栽种，可控制开花时间，从而实现常年供应。

三、种子的萌发

种子是种子植物特有的延存器官。虽然在植物的有性生殖过程中，卵细胞受精即是新一代生命的开始，但习惯上常以种子的萌发作为个体发育的起始。人们常常把胚根突破种皮作为种子萌发的标志。种子在适宜条件下，在新陈代谢的基础上，从萌动到逐渐形成幼苗的这一过程称作种子的萌发。种子萌发除了种子自身已经完成休眠和具有生活力外，还要具备适当的外界条件，如水、温、光、气等。

（一）种子萌发过程

1. 阶段Ⅰ　吸水萌动。当生活的种子吸水膨胀后，其含水量不断增加，这就是种子的吸水萌动，即种子萌发的第一阶段。

2. 阶段Ⅱ 物质与能量的转化。种子吸水后，酶的活性与呼吸作用显著增强，物质代谢大大加快。同时种子内贮藏的淀粉、脂肪和蛋白质等大部分化合物在各种水解酶的作用下分解为简单的小分子化合物，由原来的不可溶解状态转变为可溶解状态。其中淀粉转化为蔗糖，蛋白质转化为氨基酸和酰胺。这些有机物质经过运输转移到胚以后，很快转入合成过程。蔗糖降解为葡萄糖后，一部分用于呼吸作用供给能量，另一部分用于原生质和细胞壁的形成。氨基酸再分解成氨和有机酸，氨又可和其他有机酸合成新的氨基酸。这些氨基酸用于合成原生质的结构蛋白质，组建新的细胞，使胚生长。因此种子萌发的第二阶段主要是物质与能量的转化，它经历了降解、运输和重建 3 个环节。

3. 阶段Ⅲ 胚根突破种皮。由于幼胚不断吸收营养，细胞的数目和体积不断增大，达到一定限度时，胚根首先突破种皮，胚根与种子等长时即完成种子萌发的第三阶段。生产上常把胚根的长度与种子长度相等，胚芽长度达到种子长度一半时，定为种子发芽标准（图 10－7）。

种子萌发过程中最明显的变化是从种子到幼苗所发生的形态上的变化，胚根向地下延伸，随后长出胚芽伸出地面，展开幼叶，再不断形成新的根系和茎叶等，这样就形成了一个新的独立生活的幼苗。

发芽的种子在胚的生长初期利用种子中贮藏的营养进行呼吸作用。直到胚芽出土形成绿色的幼苗后，才开始进行光合作用，自己制造有机物。因此，种子贮藏的营养物质多则出苗快，且整齐健壮，反之则迟迟不能出苗，成长为瘦苗、弱苗，易遭受病虫害。生产上选择大粒饱满的种子播种，这是获得壮苗的基础。

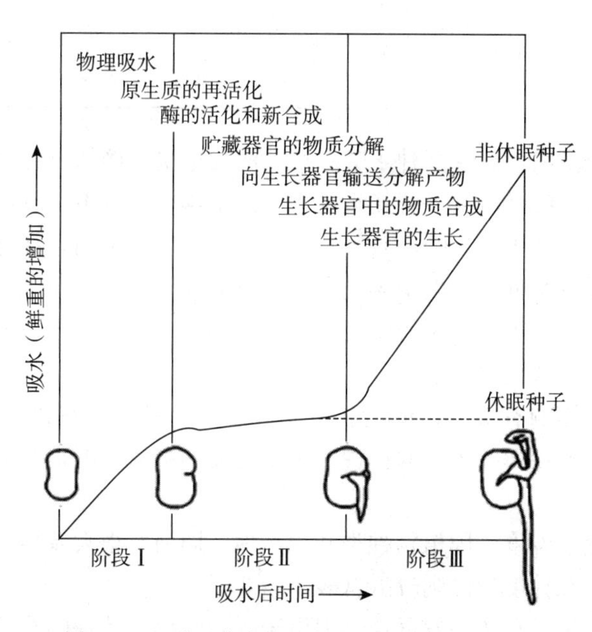

图 10－7　种子萌发的三个阶段及生理变化示意

（二）影响种子萌发的因素

1. 影响种子萌发的内部因素 种子健全、饱满、生活力强、无病虫是种子萌发的基础条件。

2. 影响种子萌发的外部因素 影响种子萌发的外部因素主要有水分、温度、氧气等，有些植物种子的萌发还会受光的影响。

（1）水分。水分是种子萌发的首要条件。种子只有吸收了足够的水分才能萌发。种子吸水后，种子中的原生质胶体才能由凝胶转变为溶胶，酶活性增强，促进物质转化，使种子呼吸作用增强，代谢活动加强，这样就促进了胚的发育。另外，吸水后可使种皮软化，一方面有利于种子内外气体交换，增强胚的呼吸作用；另一方面也有利于胚根、胚芽突破种皮。

种子萌发时吸水的多少与种子类型有密切关系。一般含淀粉多的种子，萌发时需水较少，这是因为淀粉亲水性较小。如禾谷类作物种子一般吸水量达到种子干重的30%～50%时就能萌发。蛋白质含量高的种子吸水量较多，一般要超过种子干重才能发芽，这是因为蛋白质有较大的亲水性。而油料作物种子除含较多的脂肪外，往往也含较多的蛋白质，油料作物种子吸水量通常介于淀粉种子和蛋白质种子之间（表10－2）。

表10－2 几种主要作物种子萌发时的吸水率（占种子风干重的百分率）

单位：%

作物种类	吸水率	作物种类	吸水率
水稻	35	豌豆	186
油菜	48	蚕豆	157
小麦	60	大豆	120
玉米	40	棉花	60

在一定的温度范围内，温度高种子吸水快，萌发也快。例如早春水温低，早稻浸种要3～4d，夏天水温高，晚稻浸种1d就能吸足水分。土壤中水分不足时，种子不能萌发，但土壤中水分过多，则会使土温下降，氧气缺乏，对种子萌发不利，甚至引起烂种。一般种子在土壤中萌发所需的水分条件以土壤饱和含水量的60%～70%为宜。

（2）温度。种子萌发需要一定的温度条件，这是因为温度主要影响酶的活性；其次，温度还可影响种子吸水和气体交换。

温度对酶活性的影响有最低、最适和最高温度3个基点。在最低温度时，种子能萌发，但所需时间长，发芽不整齐，易烂种。种子萌发的最适温度是指最短的时间内萌发率最高的温度。

种子萌发的三基点温度，因植物种类和原产地不同而有很大差异，低纬度地区原产植物温度三基点较高，高纬度地区则较低（表10－3）。

虽然在最适温度下，种子萌发最快，但由于呼吸旺盛，消耗的有机物较多，供给胚的养料相应减少，结果幼苗生长细长柔弱，对不良条件的抵抗力差。因此，种子的适宜播种期温度应稍低于最适温度。生产上为了早出苗，早稻可采取薄膜育秧，其他作物则可利用温室、温床、阳畦、风障等设施来提早播期。

表 10-3 作物种子萌发时对温度的要求

单位：℃

作物种类	最低温度	最适温度	最高温度
小麦	0～5	20～28	30～43
大麦	0～5	20～28	30～40
高粱	6～7	30～33	40～45
大豆	6～8	25～30	39～40
粟（谷子）	6～8	30～33	40～45
玉米	8～10	32～35	40～44
水稻	10～12	30～37	40～42
烟草	10～12	25～28	35～40
棉花	10～13	25～32	38～40
花生	12～15	25～37	41～46
番茄	15～18	25～30	34～39

（3）氧气。氧气对种子萌发极为重要。种子萌发中胚生长是活跃的生命活动，需要旺盛的呼吸作用供应能量，因而需要足够的氧气。一般作物种子需氧气含量在10%以上才能正常萌发，当氧气浓度低于5%时，很多作物的种子不能萌发。油料作物种子萌发时耗氧量大，如花生、大豆和棉花等。因此，这类种子宜浅播。但也有些种子在2%的含氧条件下仍可萌发，如马齿苋、黄瓜等。种子萌发所需的氧气大多来自土壤空隙中。如土壤板结或水分过多，则会造成氧气不足，种子只能进行无氧呼吸，产生酒精，从而影响种子萌发，甚至造成烂种。通过精整土地、使土壤上虚下实，能显著改善土壤通气条件，有利于种子萌发，达到苗齐苗壮的目的。

水稻对缺氧的忍受能力较强，其种子在淹水进行无氧呼吸的情况下仍可萌发，但幼苗生长不正常，只长芽鞘，不长根，即俗话说的“水长芽，旱长根”。这是由于胚芽鞘的生长只是细胞的伸长，无氧呼吸产生的能量就可满足。胚根、胚芽的生长对能量和物质的需求量较高，因此，必须依赖有氧呼吸。此外，无氧呼吸还会产生对种子萌发和幼苗生长有害的酒精等物质。因而在水稻催芽时，要注意经常翻种，以防缺氧。播种后，注意秧田排水，保证氧气的供应，促进发根。

（4）光照。大多数作物种子的萌发，只要水、温、氧气条件满足就能够萌发，不受光的影响，这类种子称作中光种子，如水稻、小麦、大豆、棉花等。有些植物如莴苣、紫苏、胡萝卜等种子，在有光的条件下萌发良好，在黑暗中则不能发芽或发芽不好，这类种子称作需光种子。还有些植物如葱、韭菜、苋菜等种子在光照下萌发不好，而在黑暗中发芽很好，称作嫌光种子。总之，要获得全苗壮苗，首先要有健全、饱满和生活力强的种子，其次要有适宜的环境条件，即充足的水分、适宜的温度和足够的氧气。只有适期播种，播种前充分整地并注意播种深度和播种方法，才能获得水、温、气、光协调的萌发环境，达到一播全苗、培育壮苗的目的。

（三）种子的寿命

种子的寿命是指种子保持发芽力的年限，它与植物种类、种子成熟度、种子含水量以及贮藏条件有密切关系。

一般农作物种子的寿命只有3～5年，通常以保持50%～60%的发芽率作为种子有实用价值的标准，当发芽率低于此值时，生产上就不宜使用（表10-4）。

种子寿命与贮藏条件关系密切，一般来说，干燥、低温、缺氧的条件有利于延长种子寿命。在高温、多湿条件下，种子呼吸强度剧增，消耗贮藏养料较多，呼吸释放能量产生的高温使原生质和酶受到破坏，种子将很快丧失生活力。

表10-4 常见作物种子的寿命及使用年限

单位：年

作物种类	寿命	使用年限	作物种类	寿命	使用年限
向日葵	3	1	绿豆	8	5
花生	1～2	1	菜豆	2～3	2
水稻	3	3	番茄	3	2
高粱	2～3	2	黄瓜	5	3
小麦	2～3	2	西瓜	3～5	3
棉花	3	2	白菜	4～6	4
玉米	>3	3	茄子	5	4
大豆	2～3	2	萝卜	5	4

四、植物的成花生理

植物经过一定时期的营养生长后，就能感受外界信号（低温和光周期）产生成花刺激物。成花刺激物被运输到茎端分生组织，然后发生一系列诱导反应，使分生组织进入一个相对稳定的状态，即成花决定态。进入成花决定态的植物就具备了分化花或花序的能力，在适宜的条件下就可以启动花的发生，进而开始花的发育过程。

（一）光周期现象

植物的光周期现象

一天中白天黑夜的相对长短称作光周期。植物通过感受昼夜长短变化而控制开花的现象称作光周期现象。光周期现象是美国科学家加纳（W W Garner）和阿拉德（H A Allard）发现的。1920年，他们发现烟草的一个品种在夏季株高可达3～5m，但是不开花，如果在冬季的温室里，株高不到1m就可以开花；另外发现某个大豆品种在从春到夏的不同时间进行播种，尽管植株生长期不同，营养体大小不同，但都在夏季的同一时间开花。植物为什么在特定季节开花呢？一定有某个环境因子在控制开花。随季节变化的植物生长环境主要是温度和光照长度。因此，他们检验了日照长度对烟草开花的影响，结果发现，只有当日照长度小于14h，烟草才开花，否则就不开花。后来又发现许多植物开花需要一定的日照长度，如水稻、冬小麦、菠菜、豌豆、天仙子等。光周期现象的发现使人们认识到光是植物生长发育中的一个重要环境因子，它不但提供光合作用所需要的能量，而且提供植物用于适应周围环境进行正常生长发育尤其是开花所需要的信息。

1. 植物光周期反应的类型 不同植物开花对光周期的要求不同，即光周期反应不同，根据植物对光周期的反应，可将植物分为三大类。

(1) 短日植物（SDP)。这类植物在日照长度小于某一定临界值（临界日长）时才能够开花，对于这种植物适当缩短光照，延长黑暗，可提早开花。在临界日长内，延长光照，就延迟开花，如果光照时数大于临界日长，就不进行花芽分化，不开花。短日植物有大豆、玉米、高粱、紫苏、晚稻、苍耳、菊、烟草、一品红、黄麻、秋海棠、蜡梅、落地生根等。

(2) 长日植物（LDP)。这种植物在日照长度大于某一临界值（临界日长）时才能开花。在临界日长以上，延长日照，缩短黑暗，可提早开花。如果日照长度小于临界日长，就不进行花芽分化，不开花。长日植物包括小麦、白菜、甘蓝、芹菜、菠菜、萝卜、胡萝卜、甜菜、豌豆、油菜、山茶、杜鹃、木樨（桂花）等。

(3) 日中性植物（DNP)。指植物开花对日照长度没有特殊的要求，在任何日照长度下均能开花，因此可四季种植，这种植物开花主要受自身发育状态的控制。日中性植物包括番茄、菜豆、黄瓜、辣椒、月季、君子兰、向日葵等。

植物光周期反应除上述三种主要类型外，还有要求双重日照条件的反应类型：长短日植物和短长日植物，如大叶落地生根、芦荟、茉莉，开花要求夏季长日照和秋季短日照，而风铃草、白花草木樨开花要求先短日照后长日照。

我国地处北半球，北半球不同纬度地区昼夜长度的季节变化如图10-8所示。从图中可以看出，在北半球不同纬度地区，一年中昼最长、夜最短的一天是夏至，而且纬度愈高，白昼愈长，黑夜愈短；相反，冬至是一年中白昼最短、黑夜最长的一天，纬度愈高，白昼愈短，黑夜愈长；春分和秋分的昼夜长度相等，各为12h。生长在地球上不同地区的植物，在长期适应和进化过程中表现出生长发育的周期性变化。植物光周期现象的形成，是植物长期适应该地区自然光周期的结果。纬度不同，不同光周期类型的植物分布亦不同。在低纬度地区，因为没有长日照条件，所以只有短日植物。在高纬度地区，如我国东北地区，由于短日时期温度过低，只有在长日照时，才有适合植物生长的气候条件，因此适于长日植物生长，这里分布着长日植物。在中纬度地区（如我国北方)，夏季有长日照，秋季有短日照，因此长日植物与短日植物均有分布。所有这些都与原产地生长季节的日照条件相适应。

长期以来，由于自然选择和人工培育，同一种植物可以在不同纬度地区分布。例如短日植物大豆，从中国的东北到海南岛都有当地育成的品种，它们各自具有适应本地区日照长度的光周期特性。如果将中国不同纬度地区的大豆品种均在北京地区栽培，则因日照条件的改变会引起它们的生育期随其原有的光周期特性而呈现出规律性的变化：南方的品种由于得不到短日条件，致使开花推迟；相反，北方的品种因较早获得短日条件而使花期提前（表10-5)。这反映了植物与原产地光周期相适应的特点。

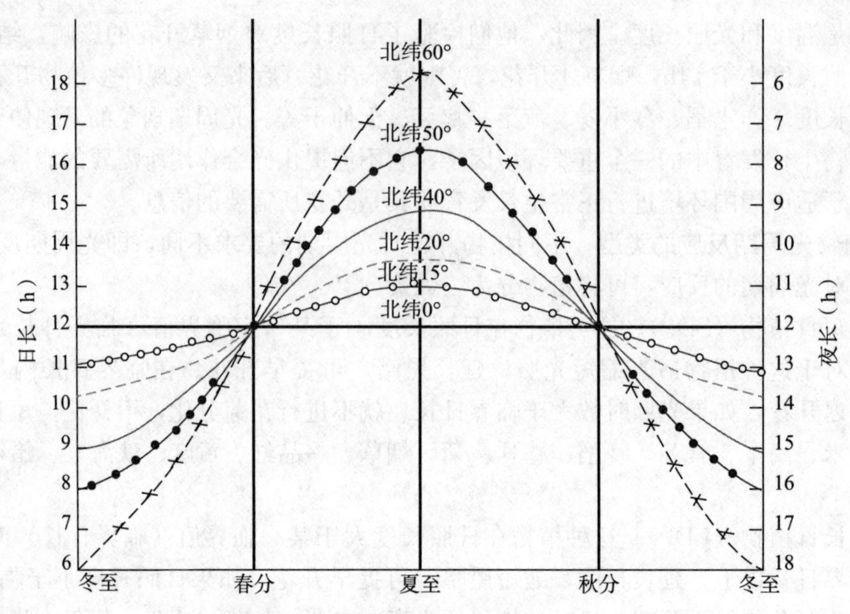

图 10-8　北半球不同地区昼夜长度的季节变化

表 10-5　中国南北各地大豆在北京种植时开花的情况

原产地及大约纬度（北纬）	品种名称	原产地播种到开花日数（d）	北京地区播种到开花日数（d）
广州 23°	番禺豆	—	168
南京 32°	金大 532	90	124
北京 40°	本地大豆	80	80
锦州 41°	平顶香	71	63
佳木斯 47°	满仓金	55	36

植物感受光周期诱导的季节：以春季播种为例，长日植物感受光周期诱导的时间在夏至之前，日照逐渐变长的时候；短日植物感受光周期诱导的时间大多在夏至之后，日照逐渐变短的时候。

短日植物和长日植物的划分是根据它们开花要求的日照长度是大于临界日长，还是小于临界日长，不是日照长度的绝对值。如短日植物大豆变种 Biloxi，临界日长为 14h，长日植物冬小麦临界长为 12h，日照长度为 13h，两种植物都能开花。一些长日植物和短日植物的临界日长见表 10-6，所列举的都是一些典型的长日植物和短日植物，它们对一定的日照长度的要求是绝对的，而且都有明确的临界日长。

表 10-6　一些长日植物和短日植物的临界日长

	植物名称	24h 周期中的临界日长（h）		植物名称	24h 周期中的临界日长（h）
长日植物	天仙子	11.5	短日植物	菊花	15
	菠菜	13		苍耳	15.5
	小麦	12 以上		烟草	14
	大麦	10～14		一品红	12.5
	木槿	12		晚稻	12

（续）

	植物名称	24h周期中的临界日长（h）		植物名称	24h周期中的临界日长（h）
长日植物	甜菜	13～14	短日植物	红叶紫苏	约14
	拟南芥	13		牵牛	14～15
	红车轴草	12		甘蔗	12.5
	毒麦	11		落地生根	12以下
	燕麦	9		草莓	10～11

2. 光周期诱导的机理

（1）光周期的感受部位。植物感受光周期的部位是叶片。1936年，柴拉轩（Chailakhyan）首次进行了这方面的试验，菊花是短日植物，在长日照条件下不开花，柴拉轩将菊花的顶端用长日照处理，叶片用短日照处理，菊花开花。反过来将顶端用短日照处理，叶片用长日照处理，菊花不开花。由此证明，菊花感受短日照的部位是叶片（图10－9）。后来有人用短日植物苍耳做试验，也表明叶片是感受短日照的部位，将生长在长日照下的苍耳的一片叶用短日照处理，就可诱导产生花原基，只留一片叶，将苍耳剩余叶片去除，也可进行光周期诱导，如将全部叶片去除，就不能感受短日照。

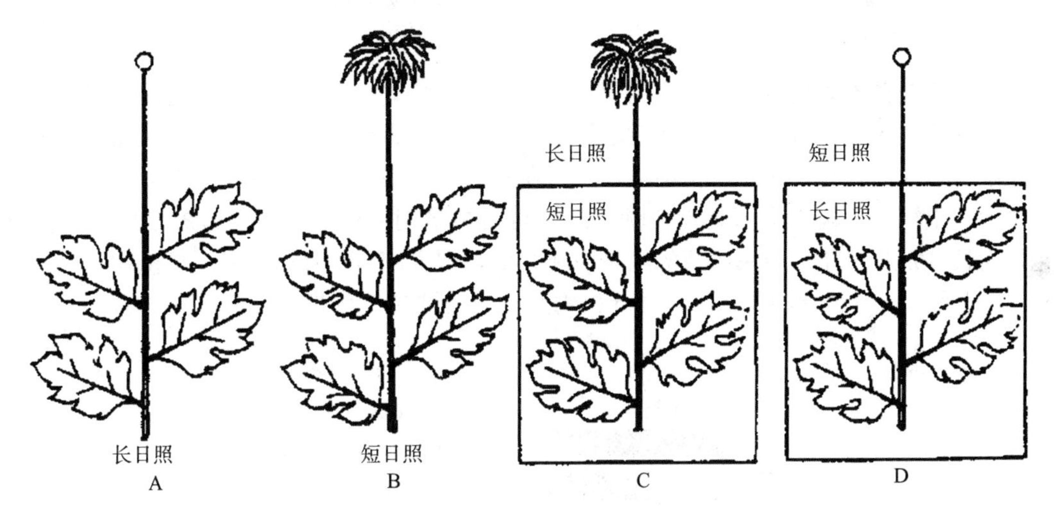

图10－9　叶片和营养芽的光周期处理对菊花开花的影响

A. 菊花整株用长日照处理，不开花　B. 菊花整株用短日照处理，开花

C. 菊花顶端用长日照处理，叶片用短日照处理，开花

D. 菊花顶端用短日照处理，叶片用长日照处理，不开花

叶片感受光周期的能力与叶龄和叶的发育阶段有关。叶龄指叶片形成顺序，例如，第四片叶片叶龄为四，只有一定叶龄的叶片才能感受光周期，也就是植株要具有一定的生理年龄才能感受日照，如大豆是在子叶伸展期，苍耳在叶龄为四或五期，水稻在七叶期左右，红麻在六叶期。一般植株年龄越大，光周期诱导的时间越短。从叶的发育阶段看，一般幼小或衰老叶片的敏感性差，而叶片伸展至最大时敏感性最高。

多数植物需要几天、十几天、二十几天的光周期诱导，但有的植物所需时间较短，如短日植物的苍耳，只需 1d。长日植物白芥、毒麦也只需 1d，就可完成诱导，进行花芽分化。植物完成光周期诱导后，再放入不适合光周期下也能开花。

在某些条件下，植物其他部分也可感受光周期。例如，一种藜科植物去叶后仍可感受短日照，有些植物不带芽的茎切段在短日照下 4 个星期，可诱导花芽分化。

(2) 光周期刺激的传递。植物感受光周期的部位是叶片，而对光周期进行反应的部位是生长点，由于光周期的感受部位与反应部位存在距离，在两个部位之间必然存在着某种物质传递，嫁接试验也表明存在这种传递。柴拉轩将 5 株苍耳串联嫁接，对其中一端植株的一片叶进行短日照处理，其他叶片都处于长日照下，但 5 株都能开花（图 10－10）。将短日植物假升麻（高凉菜）和长日植物八宝嫁接在一起，不管在长日照下，还是短日照下，两种植物都能开花。这表明叶片在感受光周期刺激后，产生开花刺激物，而且长日植物和短日植物所产生的开花刺激物质相同。人们把它称作开花素。

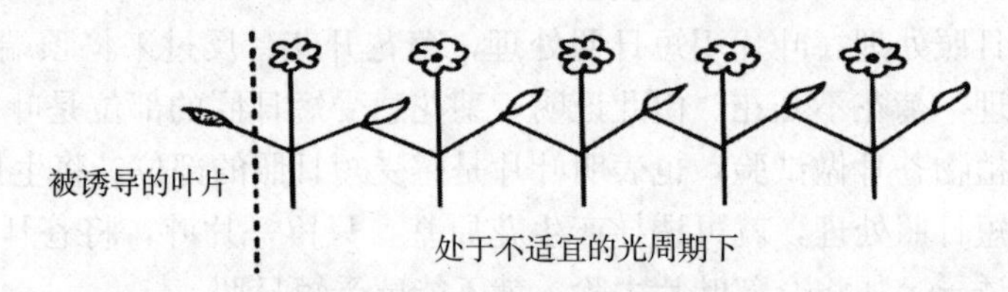

图 10－10　苍耳叶片中产生的开花刺激物的传递

第一株左边叶片在短日照下，其余在长日照下，因嫁接传递开花刺激物，所以都开花

(3) 暗期在光周期诱导中的作用。在光周期诱导中，中断光期和中断暗期试验表明，不论长日植物还是短日植物，暗期对植物通过光周期更为重要。长日植物必须在暗期短于一定限度时才能开花，而短日植物必须在暗期超过一定限度时才能开花。但如果在长暗期的中途，用短暂的闪光中断暗期，就会产生与缩短暗期一样的效果，即短日植物不能开花，而长日植物开花。若用短暂的黑暗中断光期，则不论对长日植物或短日植物开花都没有影响（图 10－11）。因此认为，诱导植物开花的关键在于暗期。

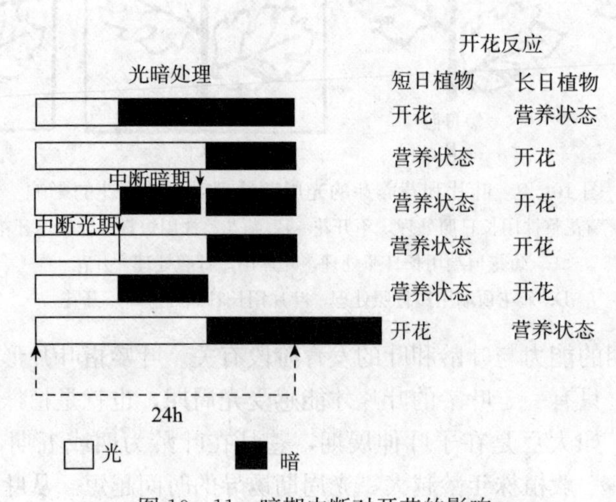

图 10－11　暗期中断对开花的影响

暗期中断所需的光照时间因植物不同而异，长日植物需要相对较长的照光中断暗期，

对促进开花的效果明显，而短日植物如大豆、苍耳等对暗期中的光非常敏感，闪光的光照度不需要很强，在50～100lx，照光几分钟就可阻止开花（月光的2～10倍，一般情况下，日出、日落时的光照度可达到200lx），菊花需要大于1h的照光才能生效，或高强度的荧光灯照光几分钟也能抑制成花。中断暗期以红光最有效，蓝光效果很差，绿光几乎无效。

从试验中可以看到，在光周期诱导中，暗期长度比光期长度更重要，所以长日植物实际上是一个短夜植物，而短日植物是长夜植物。试验证明暗期长度决定花原基的发生，而光期长度决定花原基的数量，光期的光合作用主要为花发育提供营养物质。短日照促进短日植物多开雌花，长日植物多开雄花，而长日照则促使长日植物多开雌花，短日植物多开雄花。

3. 光敏素在成花诱导中的作用 将吸足水分的莴苣种子放在白光下，促进其萌发；用波长660nm的红光照射时，也可促进萌发；若用波长730nm的远红光照射种子，则抑制种子萌发；红光照射后，如再用远红光处理，萌发也受到抑制，即红光作用被远红光消除了；如果红光和远红光交替多次处理，则种子发芽状况取决于最后一次处理的波长。短日植物苍耳闪光试验证明：在苍耳生长的暗期中间若用660nm的红光进行闪光处理不开花，而用730nm的远红光照射可使其开花，反复用这两种波长的光交替照射时，相互可抵消彼此的效应，且最后的效应取决于最后一次所用光的波长（图10-12）。

光敏素

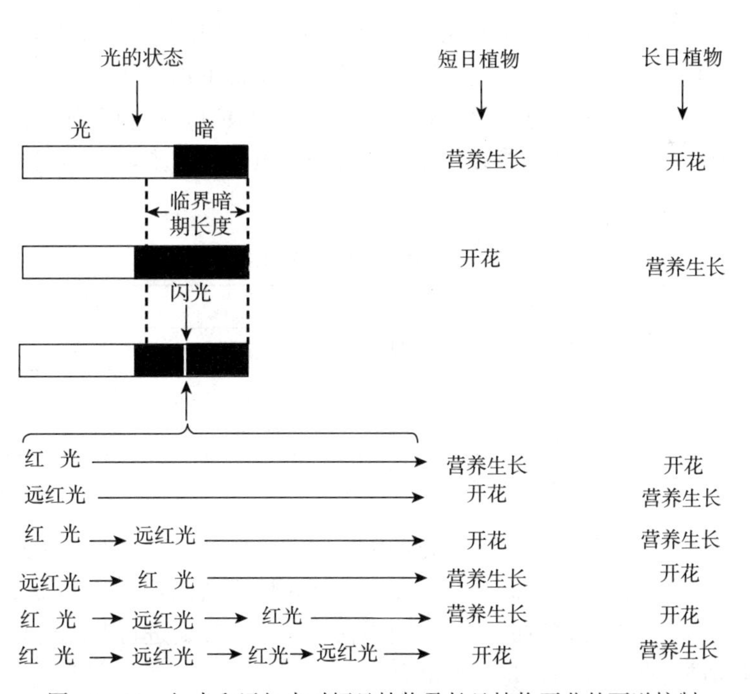

图10-12 红光和远红光对短日植物及长日植物开花的可逆控制

根据光化学原理，说明莴苣种子体内和苍耳体内存在有吸收红光和远红光并进行可逆转换的光受体——光敏色素。光敏色素是植物体内存在的重要光受体，能吸收红光及远红光并进行可逆的转换反应。它有两种类型：一种是红光吸收型，最大吸收波长在660nm，以 Pr 表示；另一种是远红光吸收型，最大吸收波长在 730nm，以 Pfr 表示。Pfr 具生理活性。两种状态随光照条件变化而相互转变（图 10－13）。

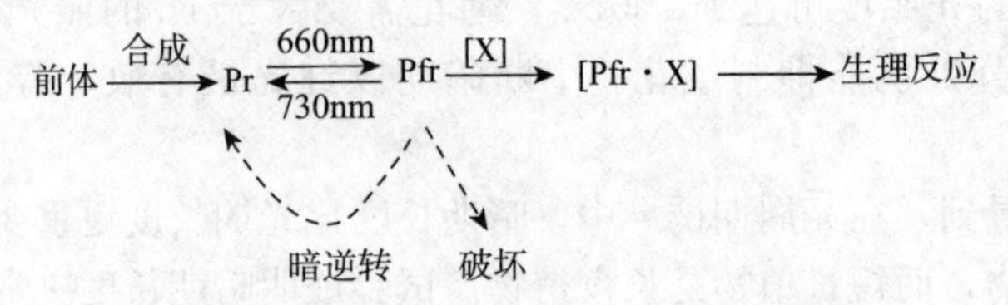

图 10－13 两种类型光敏色素的转换关系

光敏色素在白天吸光（照光），大部分转变为 Pfr，在短时间内 Pfr/Pr 大，这个过程进行很快，生成的 Pfr 与日照长短关系很小。在夜晚，Pfr 转变为 Pr 或分解，Pfr/Pr 变小速度非常慢，这样在黑夜 Pfr 的数量和 Pfr/Pr 就取决于黑夜的长短，黑夜长，Pfr 数量低，Pfr/Pr 小，黑夜短，Pfr 的数量就高，Pfr/Pr 大。在光期中断和暗期中断试验中，中断光期对 Pfr/Pr 没有多大影响，因此不影响开花，而中断暗期会使 Pfr/Pr 迅速升高，因为 Pr 吸光转变为 Pfr 是个非常迅速的过程。中断暗期 Pfr/Pr 升高，抑制短日植物开花，促进长日植物开花。也有人认为植物能否开花不取决于 Pfr 数量，而取决于 Pfr/Pr。短日植物是长夜植物，因此，Pfr/Pr 低有利于短日植物开花，而长日植物是短夜植物，Pfr/Pr 高有利于长日植物开花。

4. 光周期现象的应用

（1）指导调种引种。在生产上经常需要从外地引进优良品种，引种时应注意三个问题：首先了解所引品种的光周期反应特性，是长日、短日植物，还是日中性植物；其次了解原产地和引种地的光周期差异，即日照条件的差异；最后，明确引种的目的，是为了收获生殖器官，还是为了收获营养器官，如果以收获生殖器官为主，在不同纬度地区引种时应遵循以下原则（表 10－7）。

表 10－7 不同地区植物引种的生长反应

引种方向	长日植物			短日植物		
	生育期	开花反应	应引品种	生育期	开花反应	应引品种
南种北引	缩短	提前	晚熟	延长	延迟	早熟
北种南引	延长	延迟	早熟	缩短	提前	晚熟

（2）控制开花期。

①在育种方面，调节开花期，解决花期不遇问题。在杂交育种时，特别是不同光周期反应（地理远缘）特性的品种之间杂交，经常遇到花期不遇问题，这可通过改变日照长短来调节。如早稻和晚稻杂交育种时，可在晚稻秧苗四至七叶期进行遮光处理，促使其提早开花以便和早稻进行杂交授粉，培育新品种。

②控制花卉开花时间。在花卉生产中，可通过控制日照长度来调节开花期。如菊花是短日植物，一般在秋季开花，如果人工短日照处理，10d 内就可引起花芽分化；用延长光照的方法也可延迟菊花开花，或进行暗期中断，在 15h 暗期（黑暗）条件下，在黑暗开始后的 6～9h，用 6 000lx 的荧光灯照射 1min，就可抑制开花。对于长日性的花卉，如杜

鹃、山茶花等，人工延长光照或暗期中断，可提早开花。

③促进营养生长。对以收获营养体为主的作物，可通过控制光周期来抑制其开花，延长营养生长。如甘蔗是短日植物，临界日长为10h，在短日照来临时，在午夜用闪光处理，可维持营养生长，不开花，提高蔗糖产量。短日植物烟草，原产热带或亚热带，引种至温带时，可提前至春季播种，利用夏季的长日照及高温多雨的气候条件，促进营养生长，提高烟叶产量。短日植物麻类，南种北引可推迟开花，使麻秆生长较长，提高纤维产量和质量，但种子不能及时成熟，可在留种地采用苗期短日处理方法，解决种子问题。在蔬菜栽培上种植叶菜、根菜类，不满足其对光周期的要求则抑制开花；若收获的是花菜、果菜类，尽量满足其对日照的要求，促进开花，从而提高产量。

④在育种、制种方面，利用植物的光周期反应特性，高纬度地区的短日植物，在冬季可到低纬度地区种植，进行南繁（北育），增加世代。如短日植物水稻和玉米可在海南岛加快繁育种子或及时完成制种鉴定；长日植物小麦夏季在黑龙江种植、冬季在云南种植，可以满足作物发育对光照和温度的要求，一年内可繁殖2～3代，加速了育种进程，缩短育种年限。另外，育种中应选育对光周期不敏感的品种，便于扩大推广面积。

（二）春化现象

1. 春化作用的概念及条件

（1）春化作用的概念和反应类型。低温是诱导植物进行花芽分化的重要环境因素。一些植物必须经历一定的低温才能形成花原基，进行花芽分化。这种低温诱导促使植物开花的作用称作春化作用。

植物的春化作用

春化作用的概念来自对小麦开花特性的研究。在1918年，德国加斯纳（Gassner）研究了小麦的发育特性后，把小麦分为两大类，一类为秋季播种的冬性品种，另一类为春季播种的春性品种。将冬性品种春播，植株就只进行营养生长，不开花结实。但他又发现，在冬性小麦种子萌发时，用1～2℃的低温处理，再春播，就可以开花结实。这说明冬性小麦开花需要一定的低温（图10－14）。1928年，苏联的李森科（Lysenko）把加斯纳的研究成果应用于农业生产，他将冬性小麦种子用低温处理，然后春播，以解决某些地区冬小麦不能越冬问题，他把这种低温处理措施称作春化，目的就是把冬性小麦转化为春性小麦。

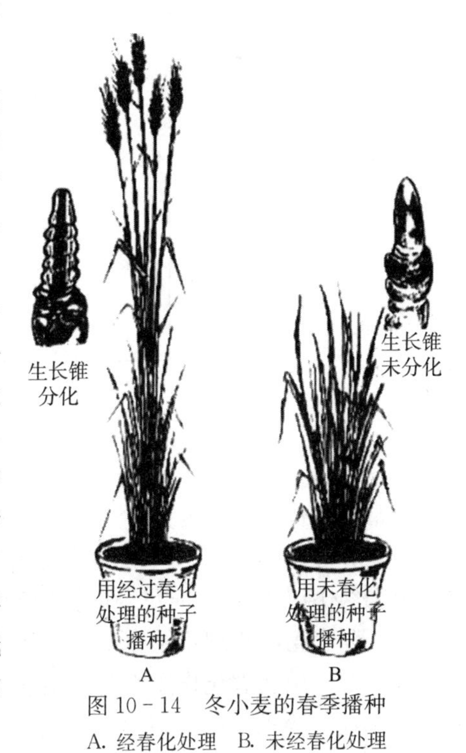

图10－14　冬小麦的春季播种
A. 经春化处理　B. 未经春化处理

根据原产地的不同，冬小麦可分为冬性、半冬性和春性三种类型。不同类型所要求的春化低温范围和春化天数不同。一般冬性愈强，要求的春化温度愈低，春化的天数也愈长（表10－8）。

表 10-8 各种类型的小麦完成春化作用所需要的温度和时间

类型	春化温度范围（℃）	春化天数（d）
冬性	0～3	40～45
半冬性	3～6	10～15
春性	8～15	5～8

冬性一年生植物（如冬小麦）对低温是一种相对需要，一般适当降低温度或延长春化作用时间，可缩短种子萌发至开花的时间。如不经历低温，则延迟开花。而一些二年生植物对低温的要求是绝对的，不经历低温就不能开花，如甜菜。有一些多年生植物春季开花也需要低温，但这不是为了诱导成花，而是为了打破休眠。

（2）春化作用的条件及春化解除作用。低温是春化作用的主要条件，此外还需要适量的水分、充足的氧气和作为呼吸底物的营养物质糖类及适宜长度的日照诱导。

①适宜的低温和一定的持续时间。各种植物春化所要求的温度范围及持续时间有所不同。冬黑麦在春化处理时间延长时，从播种到开花时间就缩短；当春化处理时间缩短时，从播种到开花时间就会延长（图 10-15）。

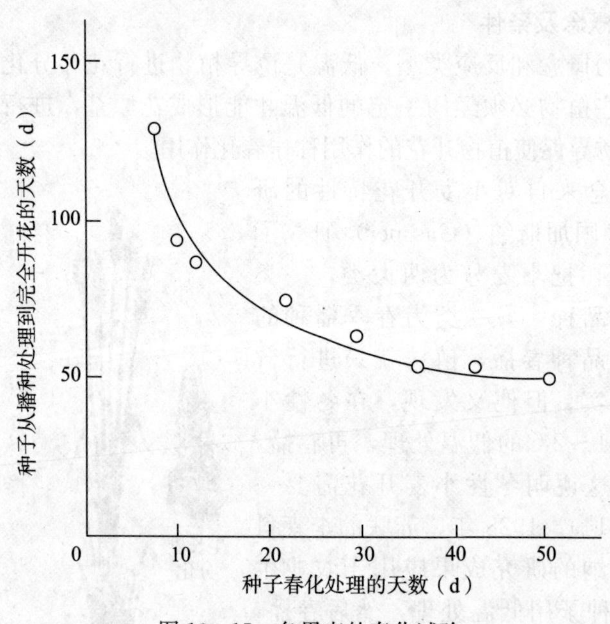

图 10-15 冬黑麦的春化试验

通常春化作用的温度为 0～15℃，并需要持续一定时间，最适温度为 0～2℃。如冬小麦、萝卜、油菜等为 0～5℃，春小麦为 5～15℃。有些原产于温带的植物如油橄榄，最适温度范围为 10～13℃。棉花、瓜类的春化温度要求更高些。一般春化温度的上限为 9～17℃，下限为植物组织不结冰。春化作用进行的时间，长的可达 1～3 个月，短的有几天至 2 周不等。植物春化作用需要的温度越低，需要的时间也越长。例如我国北纬 33°以北的冬性小麦，要求 0～7℃的低温，持续 36～51d，才能通过春化，而北纬 33°以南的品种，在 0～12℃，经过 12～26d，就可通过春化。

②水分。植物以萌动的种子形式通过春化作用，需要一定的含水量，如冬小麦已萌动的种子，含水量低于40%就不能通过春化作用。所以在春化处理时，为了控制芽的长度，而又处于萌动的状态，可采用控制水分的吸收量来控制萌动状态。干种子对低温没有反应，因此，植物不能以干种子形式通过春化。

③氧气。充足的氧气是萌动种子通过春化作用的必需条件。在缺氧条件下，即使水分充足，萌动的种子也不能通过春化。春化期间，细胞内某些酶活性提高，氧化作用增强，充足的氧气是进行生理生化活动的必要条件，缺氧严重时可解除春化的效果。

④养分及日照诱导。春化作用需要足够的养分，将冬小麦种子的胚取出，培养在含蔗糖的培养基上，可通过春化作用，如果培养基中不含蔗糖，则不能通过春化。有些植物在感受低温后，还需要长日照诱导才能开花。如天仙子植株，经低温春化后放在短日照下不开花，只有经低温春化后处于长日照条件下才能抽薹开花。

在春化过程完成之前，若将正在进行春化的植物放到较高的温度下生长，低温的效果就会被减弱或解除，这种高温解除春化的现象称作去春化或春化作用的解除。一般春化的解除温度为25～40℃。如冬小麦在30℃以上3～5d即可解除春化。春化过程已经完成，春化效应则很稳定，高温不能将其解除。被解除了春化效应的植物再返回到低温时，植物重新获得低温的诱导效应，又可重新进行春化，这种现象称作再春化现象。完成春化以后，植物能稳定保持春化刺激的效果，直至开花。

2. 春化作用的时期及感受部位 多数一年生植物在种子吸胀后萌发期间就可以感受低温通过春化作用，如萝卜、白菜、小麦等，称作种子春化型。种子中感受低温的部位是胚。例如将冬黑麦的胚培养在含蔗糖的培养基上，用低温处理，就可通过春化。有些植物感受低温的时期比较严格。多数二年生或多年生植物只有当营养体长到一定大小时，形成一定的绿体（一定大小的绿色营养体）后，才能感受低温完成春化，称作绿体春化型。例如甘蓝、洋葱、胡萝卜、月见草等。一般甘蓝茎粗要长到0.6cm，叶宽5cm以上才能通过春化。月见草要在长出6～7片叶后，才能感受低温。以绿体通过春化作用的植物，感受低温的部位大多为茎尖生长点，如芹菜、菊花等。种植在温室中的芹菜，茎尖用低温（3℃）处理，其他部位用高温处理，芹菜可通过春化作用；反过来茎尖用高温处理，其他部位用低温处理，芹菜就不能够通过春化作用。总的来看，植物感受低温的部位是植物细胞分裂旺盛的部位。

春化作用需要的是低温条件，这与一般的生化反应不同。用冬小麦进行的研究表明，在低温处理的初期，呼吸作用以强烈的氧化磷酸化为特征，也就是主要合成ATP，随后，呼吸代谢逐渐转变为以形成脱氧酶为主，这说明随着低温的延续，植物体内在进行物质的转化和合成。在小麦、燕麦、菊花和油菜春化时，赤霉素（GA）含量升高，因此可用赤霉素代替低温诱导植株开花，有些植物如胡萝卜、甜菜、甘蓝、天仙子的低温效应在植物体内可以传递，可能是赤霉素在低温春化的前期使植物获得形成花原基的能力，这种能力可通过嫁接传递。中国科学院上海生命科学研究院植物生理生态研究所，将已春化的天仙子枝条分别与未春化的烟草和碧冬茄（矮牵牛）嫁接，可使后两者开花。这说明在春化过程中产生某种开花刺激物，这种物质可通过嫁接传递，但至今还未分离出诱导开花的物质。

3. 春化作用在生产中的应用

（1）用春化作用理论指导调种引种，提高产量。我国南北不同地区温度差异悬殊，北方纬度高、温度低，南方则相反。因此在南北地区引种时首先要考虑两地温度条件；其次要考虑所引品种的春化特性，了解不同品种在成花诱导中对低温需求的差异，考虑所引品种在引种地能否顺利通过春化。例如北方冬性强的品种引种到南方，由于南方气温高，可能不能满足春化的低温要求，植物只进行营养生长，不开花结实；而南方品种引种到北方，会使南方早春开花或晚秋开花的植物受低温伤害而败育，造成损失。

（2）调整播种期和成熟期。在播种前对具有春化特性的种子进行春化处理，可调整开花期和成熟期。例如春小麦在播种前进行春化处理，可提前5～10d开花和成熟，从而避开干热风的危害。我国农民用“闷麦”或“七九麦”处理冬小麦种子，可促使其完成春化作用而用于春播或春天补苗。“七九麦”指将小麦种子于冬至浸入水中，第2天取出阴干，每9天1次，共7次，以完成春化作用。为了避免倒春寒对春小麦的低温伤害，对种子进行人工春化处理后可适当晚播，使之在缩短生育期的情况下正常成熟。

（3）控制开花期。在制种方面和花卉栽培方面，用低温预先处理，可使秋播的一、二年生植物改为春播，当年开花。例如，用0～5℃低温处理石竹可促进开花。对以营养器官为收获对象的植物，如洋葱、当归等，可用高温处理解除春化，抑制开花，延长营养生长，从而增加产量和提高品质。

（4）缩短育种年限。在育种工作中利用春化处理缩短生育时期，从而可以在一年中培育3～4代冬性作物，加速育种过程。

（三）花芽分化

1. 花芽分化的概念 植物经过营养生长后，在适宜的外界条件下，就能分化出生殖器官（花），最后结出果实。尽管植物有一年生、二年生和多年生之分，但它们的共同特点是在开花之前都要达到一定的生理状态，然后才可感受外界条件进行花芽分化。花原基形成、花芽各部分分化与成熟的过程，就称作花器官的形成或花芽分化。花芽分化是植物由营养生长过渡到生殖生长的标志。在花芽分化期间，茎端生长点的形态发生了显著变化，即生长锥伸长和表面积增大。另外，花芽开始分化后，生理生化方面也发生显著变化，如细胞代谢水平提高，有机物剧烈转化等。图10－16是短日植物苍耳在接受短日照诱导后，生长锥由营养状态转变为生殖状态的变化过程。苍耳接受短日照诱导后，先是生长锥膨大，然后自基部周围形成球状突起并逐步向上推移，形成一朵朵小花。

2. 花芽分化的原理 花芽分化的变化规律与各种植物品种的特性及其活动状况有关，还与外界环境条件以及农业技术措施有密切的关系。因此，掌握其规律，并在适当的农业技术措施下，充分满足花芽分化对内外条件的要求，使每年有数量足够和质量好的花芽形成，对提高产量具有重要的意义。花芽分化分为生理分化期和形态分化期。生理分化期先于形态分化期1个月左右。花芽生理分化主要是积累组建花芽的营养物质以及激素调节物质、遗传物质等共同协调作用的过程和结果，是各种物质在生长点细胞群中从量变到质变的过程，这是为形态分化奠定的物质基础。但是这时的叶芽生长点组织尚未发生形态变化。

生理分化完成后，在植株体内的激素和外界条件调节影响下，叶原基的物质代谢及生长点组织形态开始发生变化，逐渐可区分出花芽和叶芽，这就进入花芽的形态分化期，并

图 10-16 苍耳接受短日照诱导后生长锥的变化示意
（图中字母为发育阶段，0 阶段为营养生长阶段）

逐渐发育形成花萼、花瓣、雄蕊、雌蕊，直到开花前才完成整个花器的发育。

花芽分化首先取决于植物体内的营养水平，具体来说就是取决于芽生长点细胞液的浓度，细胞液浓度又取决于体内物质的代谢过程，同时又受体内内源调节物质（如脱落酸、赤霉素、细胞激动素等）和外源调节物质（如多效唑、丁酰肼、乙烯利、矮壮素等）的制约。相反，激素的多少与运转方向又受体内物质代谢、营养水平及外界自然条件、栽培技术措施的影响。任何单一的因素都不能全面地反映幼树花芽形成的本质。

3. 花芽分化的类型 由于花芽开始分化的时间及完成分化全过程所需时间的长短不同（因花卉种类、品种、地区、年份及多变的外界环境条件而异），可分为以下几个类型。

（1）夏秋分化类型。如牡丹、丁香、蜡梅、榆叶梅等。花芽分化一年一次，于 6—9 月高温季节进行，至秋末花器的主要部分已完成，第二年早春或春天开花。但其性细胞的形成必须经过低温。球根类花卉也在夏季较高温度下进行花芽分化，秋植球根在进入夏季后，地上部分全部枯死，进入休眠状态停止生长，花芽分化却在夏季休眠期间进行，此时温度不宜过高，超过 20℃，花芽分化则受阻，通常最适温度为 17～18℃，但也视种类而异，春植球根则在夏季生长期进行分化。

（2）冬春分化类型。原产温暖地区的某些木本花卉及一些园林树种，如柑橘类从 12 月至翌年 3 月完成分化，特点是分化时间短并连续进行。一些二年生花卉和春季开花的宿根花卉仅在春季温度较低时期进行分化。

（3）当年一次分化的开花类型。一些当年夏秋开花的种类，在当年枝的新梢上或花茎顶端形成花芽，如紫薇、木槿、木芙蓉等以及夏秋开花的宿根花卉（如萱草、菊花、芙蓉葵等），基本属此类型。

（4）多次分化类型。一年中多次发枝，每次枝顶均能形成花芽并开花。如茉莉、月季、倒挂金钟、香石竹、四季桂、月季石榴（四季石榴）等四季性开花的花木及宿根花卉，在一年中都可继续分化花芽，当主茎生长达一定高度时，顶端营养生长停止，花芽逐渐形成，养分即集中于顶花芽。在顶花芽形成过程中，其他花芽又继续在基部生出的侧枝上形成，如此在四季可以开花不绝。这些花卉通常在花芽分化和开花过程中，其营养生长仍继续进行。一年生花卉的花芽分化时期较长，只要营养生长达到一定大小，即可分化花芽而开花，并且在整个夏秋季节气温较高时期，继续形成花蕾而开花。开花的早晚依播种出苗时期和以后生长的速度而定。

（5）不定期分化类型。每年只分化一次花芽，但无一定时期，只要达到一定的叶面积就能开花，主要因植物体自身养分的积累程度而异，如凤梨科和芭蕉科的某些种类。

4. 影响花芽分化的因素

（1）营养状况。营养是花芽分化及花器官形成与生长的物质基础，其中碳水化合物对花芽分化的形成尤为重要。花器官形成需要大量的蛋白质，氮素营养不足，花芽分化慢且开花少；但氮素过多，碳氮比（C/N）失调，植株贪青徒长，花反而发育不好。也有报道称，精氨酸和精胺对花芽分化有利，磷的化合物和核酸也参与了花芽分化的过程。

（2）内源激素对花芽分化的调控。细胞分裂素（CTK）、脱落酸（ABA）和乙烯可促进果树的花芽分化。赤霉素（GA）可抑制各种果树的花芽分化。生长素（IAA）的作用较复杂，低浓度的IAA对花芽分化起促进作用，而高浓度起抑制作用。GA可提高淀粉酶活性，促进淀粉水解，而ABA和GA则有拮抗作用，有利于淀粉积累。在夏季对果树新梢进行摘心，GA和IAA含量减少，CTK含量增加，这样能促进营养物质的分配，促进花芽分化。

此外，花芽分化还受植物体内营养状况与激素间平衡状况的影响。在一定的营养水平条件下，内源激素的平衡对成花起主导作用。在营养缺乏时，花芽分化则受营养状况影响。当植物体内营养物质丰富，CTK和ABA含量高而GA含量低时，则有利于花芽分化。

（3）环境因素。主要包括光照、温度、水分和矿质营养等。其中光对花芽分化影响最大。光照充足时，有机物合成多，有利于花芽分化；反之则花芽分化受阻。农业生产上果树整形修剪、棉花整枝打杈即是改善光照条件，以利于花芽分化。

一般情况下，一定范围内，植物的花芽分化随温度升高而加快，温度主要通过影响光合作用、呼吸作用和物质转化运输等过程，从而间接影响花芽的分化。如水稻减数分裂期间，若遇上17℃以下的低温就形成不育花粉。低于10℃时，苹果的花芽分化则处于停滞状态。

不同植物的花芽分化对水分需求不同，稻、麦等作物孕穗期对水分相当敏感，此时若水分不足会导致颖花退化。而夏季适度干旱可提高果树C/N，有利于花芽分化。

氮肥过少不能形成花芽，氮肥过多枝叶旺长，花芽分化受阻；增施磷肥，可增加花数，缺磷则抑制花芽分化。因此，在施肥中应注意合理配施氮、磷、钾肥，并注意补充锰、钼等微量元素，以利于花芽分化。

促进草莓花芽分化的措施

5. 促进花芽分化措施　影响花芽分化最主要的因素是低温、短日照、氮素和激素。针对这些因素，促进花芽分化一般采用如下措施。

（1）高地或高纬度育苗。高地和高纬度地区，低温和短日照来得早，能比较早地满足花芽分化所需要的条件。如低纬度的南方栽种草莓，低温、短日照来得晚，往往是在北方育苗，运至南方栽培。即使在北方，为了满足某种栽培方式需要提早育苗，有时要在高山或高原地区育苗，由于高海拔地区比低海拔地区气候冷凉，有利于花芽提早分化。

（2）控制植物体内的氮素水平。花芽分化前应严格控制氮肥的施用。除此之外，可采用断根或假植的方法。试验证明，断根（或假植）可在短期内阻止根系对氮素的吸收，使植物体内氮素水平下降（图 10－17）。由图 10－17 可以看出，断根后氮素水平急剧下降，15d 后下降到最低水平，以后又开始急剧上升，第 25 天又达到断根前的水平。由此可见，选择最适宜的时期断根或移栽，对控制植物体内氮素，促进花芽分化是大有益处的。因此确定断根或移栽的时期就显得特别重要。北京一般在 8 月下旬、9 月上旬断根比较合适，断根过早，气温高，日照长，尽管氮素水平低，但仍不能分化花芽；断根过晚，秧苗生长期和花芽分化期短，不能形成大量花芽，也会影响产量。如果采用花芽分化前移栽的方法，则可在 8 月中下旬进行，给秧苗缓苗的时间。

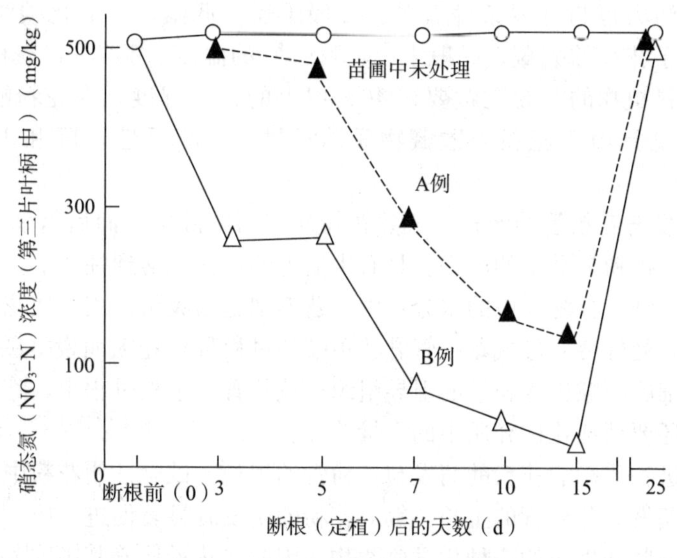

图 10－17　草莓断根后体内氮素水平

（3）摘叶。摘叶可控制植物体内抑制花芽形成的物质，汤姆逊研究了在长日照下摘叶对花芽分化的影响。结果表明，摘除成叶比摘除幼叶更有利于花芽分化，摘除全部叶效果更好，即使在 16h 的长日照下也能分化花芽。说明成叶在长日照下形成抑制成花物质。但摘除全部叶植物难以长期存活，因而实用价值不大。

（4）赤霉素的施用。赤霉素可促进草莓匍匐茎的发生和生长，但抑制花芽的形成。因此，在育苗的前期喷赤霉素可加速秧苗繁殖，但后期一定要控制施用，以保证花芽的顺利分化。

五、植物的生殖、衰老和脱落

（一）授粉与受精

1. 花粉的生理特点　花粉是花粉粒的总称，花粉粒是由小孢子发育

油菜的开花与受精

而成的雄配子体。经分析证明，花粉的化学组成极为丰富，含有碳水化合物、油脂、蛋白质、各类大量元素和微量元素。花粉中还含有合成蛋白质的各种氨基酸，其中游离脯氨酸含量特别高，脯氨酸的存在对维持花粉育性有重要作用，如不育的小麦中就不含脯氨酸。花粉中还含有丰富的维生素 E、维生素 C、维生素 B_1、维生素 B_2 等及生长素、赤霉素、细胞分裂素与乙烯等植物激素。这些激素对花粉的萌发、花粉管的伸长及受精、结实都起着重要调节作用。成熟的花粉具有颜色，这是因为花粉外壁中含有色素，如类胡萝卜素和花色素苷等色素具有招引昆虫传粉的作用。据试验统计表明，在花粉中已鉴定出 80 多种酶。正因为花粉中维生素含量高，又富含蛋白质和糖类，所以花粉制品已成为保健食品。

2. 花粉的生活力与贮藏 由于植物种类不同，成熟的花粉离开花药以后生活力差异较大。禾谷类作物的花粉生活力较弱，水稻花药裂开 5min 后，花粉生活力便下降 50%以上；玉米花粉生活力较强，能维持 1d；果树的花粉则可维持几周到几个月。所以，延长花粉生活力，贮藏花粉，以克服杂交亲本花期不遇已成为生产上的一个亟待解决的问题。花粉生活力也与外界条件有关，一般干燥、低温、二氧化碳浓度高和氧气浓度低时，最有利于花粉的贮藏。一般来说，1～5℃的温度、6%～40%相对湿度贮藏花粉最好。但禾本科植物的花粉贮藏要求 40%以上的相对湿度。在花粉贮藏期间，花粉生活力的逐渐降低是由于花粉内贮藏物质消耗过多、酶活性下降和水分过度缺乏造成的。

3. 花粉的萌发与花粉管的伸长 成熟花粉从花药中散出，而后借助外力落到柱头上的过程称作授粉。授粉是受精的前提。具有生活力的花粉粒落到柱头上，被柱头表皮细胞吸附后，吸收表皮细胞分泌物中的水分，由于营养细胞的吸胀作用，使花粉内壁及营养细胞的质膜在萌发孔处外突，形成花粉管乳状顶端的过程称作花粉萌发（图 10-18）。随后花粉管侵入柱头细胞间隙进入花柱的引导组织。花粉管在生长过程中，除消耗花粉粒本身的贮藏物质外，还要消耗花柱介质中的大量营养。

许多生长促进物质影响花粉的萌发与花粉管的生长。试验证明花粉中的生长素、赤霉素可促进花粉的萌发和花粉管的生长。硼对花粉的萌发有显著促进效应，子房中的钙可能是引导花粉管向着胚珠生长的一种化学刺激物。因此在花粉培养基中加入硼和钙有利于花粉的萌发和花粉管的生长。

花粉的萌发和花粉管的生长表现出集体效应，即在一定的面积内，花粉的数量越多，萌发和生长的效果越好。人工辅助授粉增加了柱头上的花粉密度，有利于花粉萌发的集体效应的发挥，因而提高了受精率。

4. 外界条件对授粉的影响 授粉是受精结实的先决条件，如果不能正常授粉，就谈不上受精结实。因此，了解外界条件对授粉的影响具有重要的实践意义。

（1）温度。温度对各种植物授粉的影响很大。一般来说，授粉的最适温度在 20～30℃。如水稻抽穗开花期的最适温度为 25～30℃，当温度低于 15℃时，花药就不能开裂，授粉极难进行；当温度超过 40～45℃时，花药开裂后会干枯死亡。番茄花粉管生长速度在 21℃时最快，低于或高于这个温度时，花粉管的生长都逐渐减慢。

（2）湿度。湿度对授粉的影响是多方面的。例如，玉米开花时若遇上阴雨天气，雨水洗去柱头上的分泌物，花粉吸水过多膨胀破裂，影响授粉。在相对湿度低于 30%或有干

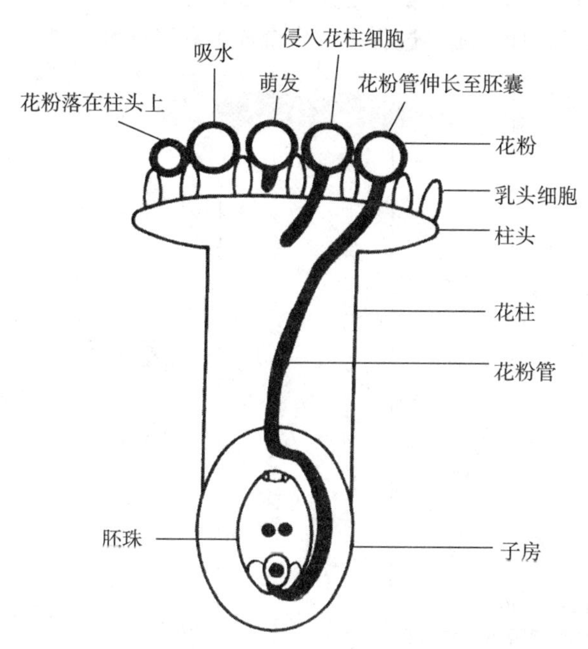

图 10-18 雌蕊的结构模式及其花粉的萌发过程

热风的情况下，如果此时温度又超过 32～35℃，则花粉在 1～2h 内就会失去生活力，也会影响授粉。

(3) pH。花粉萌发和花粉管伸长对 pH 相当敏感，不同植物种类或同一植物不同品种最适合的 pH 不同，少数植物的花粉在 pH 为 6.5 时才能萌发。

5. 受精过程 在花粉粒与柱头具有亲和力的情况下，花粉粒萌发穿入柱头，沿着花柱进入胚囊后就可受精。花粉管靠尖端的区域伸长生长一直到达子房，随着花粉管的破裂，释放出两个精细胞，其中一个精细胞与卵细胞结合形成合子，另一个精细胞与胚囊中部的两个极核融合形成初生胚乳核，被子植物的这种受精方式又称作双受精。

双受精

(二) 果实与种子的成熟

1. 种子和果实成熟时的生理变化

(1) 种子成熟过程中的生理生化变化。在种子的形成过程，植物其他部分的有机物质向种子运输，并在种子中转化为贮存物质。因此，在种子形成过程中，干物质含量不断增加，当种子成熟后，干物质的积累结束。

淀粉类（糖类物质）种子的贮存物质主要是淀粉，淀粉是由外部运输来的可溶性糖转化的。因此，在种子形成过程中，可溶性糖含量在种子形成初期升高，然后随淀粉的合成而下降，淀粉含量不断升高，到种子成熟时，淀粉含量达到最高水平（图 10-19）。淀粉的积累，以乳熟期和糊熟期最快。在形成淀粉的同时，还形成构成细胞壁的不溶性物质，如纤维素和半纤维素。大豆、花生、油菜、蓖麻、向日葵等种子含有大量的脂肪，称作脂肪类种子。脂肪类种子在成熟过程中，物质含量变化有以下特点：第一，脂肪是由碳水化合物转化而来的，因此，伴随着种子的成熟，脂肪含量不断升高，碳水化合物含量相应降低。第二，在种子成熟初期形成大量的游离脂肪酸，随着种子成熟，游离脂肪酸转化为脂肪，其含量下降。第三，种子成熟过程中，先合成饱和脂肪酸，然后再转化为不饱和脂肪酸（图 10－20）。

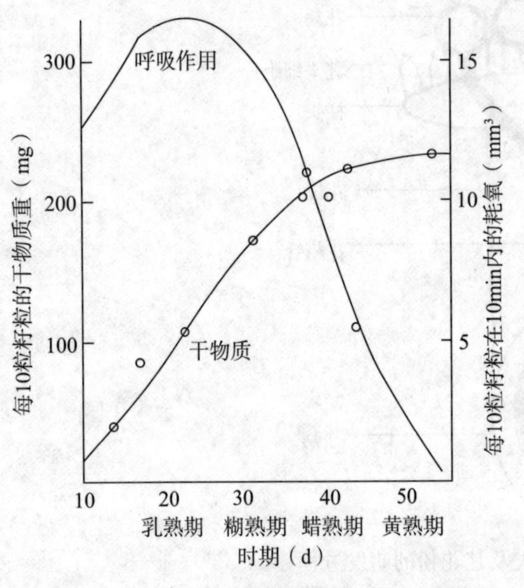

图 10－19　水稻籽粒成熟过程中干物质及呼吸作用的变化

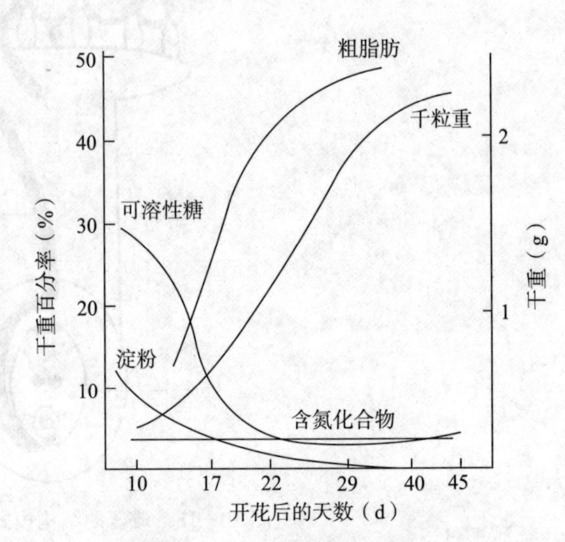

图 10－20　油料种子在成熟过程中干物质的积累情况

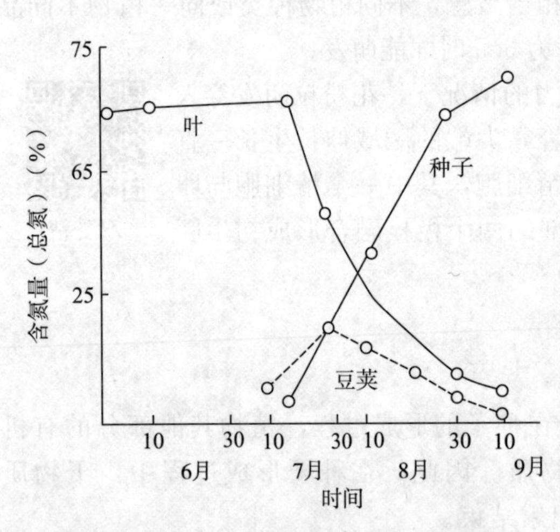

图 10－21　蚕豆中含氮物质由叶运到豆荚，然后又由豆荚运到种子的情况

许多豆科植物种子含有大量蛋白质，因此称作蛋白类种子，这类种子在成熟过程中，蛋白质代谢有以下特点：第一，叶片或其他营养器官的氮素以氨基酸或酰胺的形式运至豆荚，在豆荚皮中氨基酸或酰胺合成蛋白质，暂时贮存起来。第二，随着种子的成熟，豆荚中暂时贮存的蛋白质分解转化为酰胺，运入种子再转化为氨基酸，最后合成蛋白质（图 10－21）。种子贮藏蛋白的生物合成开始于种子发育的中后期，至种子干燥成熟阶段终止。

种子成熟过程中，水分含量逐渐降低，随着种子的成熟，有机物合成增加（图 10－22），而有机物合成过程是个脱水过程。随着种子成熟脱水，种皮角质化，木栓化程度增高，种子变硬，代谢活动缓慢下来，走向休眠。呼吸速率与有机物质积累速率具有平行关系，在干物质积累快时，呼吸速率高，随着干物质积累速率较慢，呼吸速率逐渐降低。在种子形成过程中，各种激素含量发生剧烈变化，以小麦为例，细胞分裂素、赤霉素、生长素含量早期增加，然后下降；脱落酸含量逐渐升高，在种子接近最大鲜重时迅速升高，种子成熟时达到最大值。

（2）果实的生长和成熟时的生理变化。果实成熟是果实充分成长以后到衰老的一个发育阶段。而果实的完熟则指成熟的果实经过一系列的质变，达到最佳食用的阶段。通常所说的成熟往往包含了完熟过程。

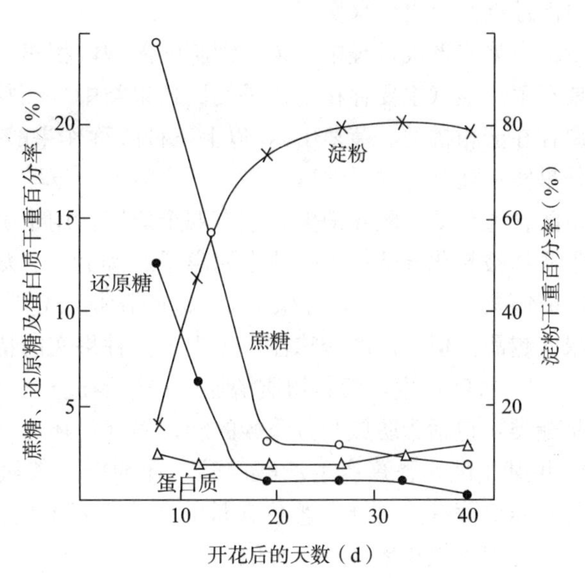

图 10-22　正在发育的小麦籽粒胚乳中几种有机物的变化

①果实的生长。果实也有生长大周期。苹果、梨、香蕉、茄子等肉质果实生长曲线呈单S形，这一类型的果实在开始生长时速度较慢，以后逐渐加快，直至急速生长，达到高峰后又渐变慢，最后停止生长。这种慢—快—慢生长节奏的表现与果实中细胞分裂、膨大、分化以及成熟的节奏相一致。而桃、杏、李、樱桃、柿子等一些核果和葡萄等某些非核果果实的生长曲线呈双S形，这一类型的果实在生长中期出现一个缓慢生长期，表现出慢—快—慢—快—慢的生长节奏。这个缓慢生长期是果肉暂时停止生长，而内果皮木质化、果核变硬和胚迅速发育的时期。果实第二次迅速增长的时期，主要是中果皮细胞的膨大和营养物质的大量积累（图 10-23）。

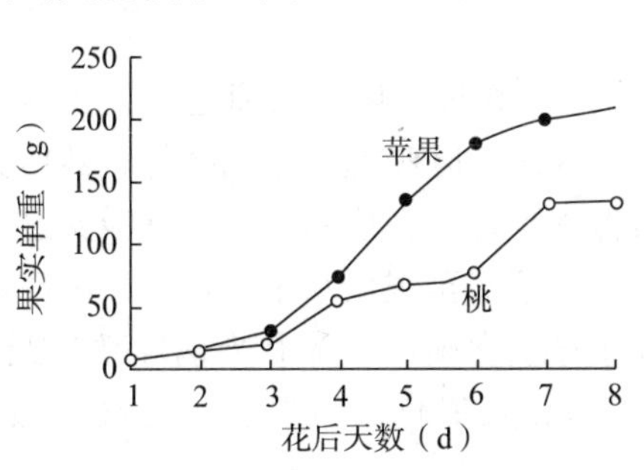

图 10-23　果实的生长曲线模式

苹果为单S形，桃为双S形

果实成熟机理

②果实成熟时的生理变化。在成熟过程中，果实从外观到内部发生了一系列变化，如呼吸速率的变化、乙烯的生成、贮藏物质的转化、色泽和风味的变化等，表现出特有的色、香、味，使果实达到最适于食用的状态。

a. 由硬变软，由酸变甜，涩味消失。果实成熟时的一个明显变化是组织软化，返“沙”发绵。果肉细胞具有由纤维素等组成的坚硬细胞壁，初生细胞壁中不断沉积不溶于水的原果胶，细胞之间的胞间层由不溶于水的果胶酸钙构成，使细胞间紧密结合，果肉组织机械强度高，质地坚硬。成熟时水解酶类形成，原果胶酶和果胶酶活性增强，将原果胶分解为可溶性果胶、果胶酸和半乳糖醛酸，同时胞间层的果胶酸钙也分解，使果肉细胞相互分离，果实变软。细胞壁中纤维素水解，果实内含物由不溶态变为可溶态（淀粉转变为可溶性糖）等也使果实变软。

在果实形成过程中，果肉细胞的液泡内积累大量的有机酸，因而具有酸味。果实中主要有苹果酸（主要存在于仁果类、核果类中），酒石酸（主要存在于葡萄中），柠檬酸（主要存在于柑橘类、菠萝中），以上三种酸称作果酸。番茄中含柠檬酸、苹果酸均较多。此外果实中还含有少量的琥珀酸、延胡索酸、草酸、苯甲酸和水杨酸等。随着果实成熟，有机酸含量降低，酸味消失，这有四个原因：用于供给结构物质的合成；转化为糖；作为呼吸底物被氧化分解；被一些金属离子中和为盐，如 Ca^{2+}、K^{+} 等。一般苹果含酸 0.2%～0.6%，杏 1%～2%，柠檬 7%。糖酸比是决定果实品质的一个重要因素。糖酸比越高，果实越甜。但一定的酸味往往体现了一种果实的特色。

b. 香味产生，营养物质增加。在果实成熟过程中，产生一些具有香味的物质，主要是酯类，包括脂肪族和芳香族的酯；另外，还有一些醛类和酮类物质。如苹果产生乙基-2-甲基丁酯，香蕉产生乙酸戊酯，葡萄产生邻氨基苯甲酸，柠檬、柑橘产生柠檬醛等。与营养价值有关的维生素C含量的变化在不同的果实中亦不同。苹果中维生素C含量的变化有利于提高果实营养价值，幼果期含量较低，成熟期达到最高。而欧洲甜樱桃及枣的某些品种的果实，幼果维生素C含量很高，以后却逐渐下降。

c. 色泽变化。一些果实在成熟过程中，果皮颜色由绿色逐渐转化为黄色或橙色。这一方面是由于叶绿素分解，使类胡萝卜素的颜色显现出来；另一方面是由于合成了花青素，呈现出不同颜色。花青素属于类黄酮，其颜色与pH有关。当pH为酸性时，花青素呈红色，pH升高，花青素则转为紫色和蓝色。苹果、草莓、李子、葡萄和红萝卜的颜色主要是因为花青素的存在。较高的温度和充足的氧气有利于花青素的形成，因此，果实向阳的一面往往着色较好。

d. 乙烯的产生及果实呼吸速率的变化。在细胞分裂迅速的幼果期，呼吸速率很高，当细胞分裂停止，果实体积增大时，呼吸速率逐渐降低，然后急剧升高，最后又下降。当果实采收后，呼吸即降到最低水平，但在成熟之前，呼吸又进入一次高峰，几天之内达到最高峰，称作呼吸高峰；然后又下降至很低水平。这个呼吸高峰便称作呼吸跃变。呼吸跃变与乙烯的产生有关，因此生产上常施用乙烯利来诱导呼吸跃变期的到来，以催熟果实。通过降低空气中氧气浓度或提高二氧化碳浓度，可延缓呼吸高峰的出现，延长果实贮藏期。

果实呼吸跃变与内源乙烯释放的增加相伴随。乙烯产生与呼吸高峰的关系有两种情况：一种是乙烯产生的顶点出现在呼吸高峰之前，如香蕉；另一种是乙烯产生的顶点与呼吸高峰同时出现，如芒果。这两种情况都说明了跃变的发生与乙烯产生之间的密切关系。通过促进或抑制果实内乙烯的合成，会相应地促进或延迟果实呼吸高峰的出现。乙烯影响呼吸的原因是乙烯与细胞膜结合，改变了膜的透性，气体交换加速；乙烯使呼吸酶活化；乙烯诱导与呼吸酶有关的信使RNA（mRNA）的合成，形成新的有关呼吸酶；乙烯与氰化物一样，都可以刺激抗氰呼吸途径的参与和呼吸速率升高。因此，控制气体成分（降低氧气的含量，提高二氧化碳浓度或充氮气）延缓呼吸高峰的出现，就可以延长果实贮藏期。

2. 外界条件对种子和果实成熟的影响

（1）光照。光照强度直接影响肉质果实果肉和种子内有机物质的积累。在夏凉多雨的条件下，果实中酸含量较多，糖分则相对减少；而在阳光充足、气温较高及昼夜温差较大的条件下，果实中酸含量少，糖分含量大。小麦灌浆期遇到连阴天，千粒重减小，会造成减产。此外，光照也影响籽粒的蛋白质含量和含油率。花色素苷的形成需要光，黑色和红色的葡萄只有在阳光照射下，果粒才能显色。有些苹果要在阳光直射光下才能着色，所以树冠外围果色泽鲜红，而内膛果为绿色。

（2）温度。温度适宜有利于物质的积累，促进成熟。昼夜温差大有利于种子成熟，并能增产。我国小麦单产最高地区在青海，青海高原除日照充足外，昼夜温差也大。温度还影响种子化学成分的含量（表10－9）。油料作物种子在成熟过程中，温度对含油量和油分性质的影响较大，成熟期适当的低温有利于油脂的积累。在油脂品质上，亚麻种子成熟时温度较低而昼夜温差大，有利于不饱和脂肪酸的形成，在相反的情形下，则利于饱和脂肪酸的形成。所以最好的干性油是从纬度较高或海拔较高地区的种子中得到的。

表10－9　不同地区大豆的品质

不同地区品种	蛋白质含量（%）	含油量（%）
北方春大豆	39.9	20.8
黄淮海夏大豆	41.7	18.0
长江流域春夏秋大豆	42.5	16.7

（3）水分。空气相对湿度高，会延迟种子成熟；空气湿度较低，则加速成熟。但如空气湿度太低会出现干旱，破坏作物体内水分平衡，不但阻碍物质运输，而且合成酶活性降低，水解酶活性增高，干物质积累减少，严重影响灌浆，造成籽粒不饱满，导致减产。干旱也使籽粒的化学成分发生变化，在较早时期缺水干缩会使合成过程受阻，可溶性糖来不及转变为淀粉即被糊精黏结在一起，形成玻璃状而不呈粉状的籽粒，而此时蛋白质的积累过程所受的阻碍较淀粉小。因此，风旱不实的种子蛋白质的相对含量较高。小麦种子成熟时，北方雨量及土壤水分比南方少，易受干热风危害，这些条件都使其蛋白质含量相对较高。

（4）矿质营养。氮是蛋白质组分之一，适当施氮肥能提高淀粉类种子的蛋白质含量。但氮肥过多（尤其是生育后期）使大量光合产物流向茎、叶，会引起贪青晚熟而导致减产，油料种子则降低含油率。适当增施磷钾肥可促进糖分向种子运输，增加淀粉含量，也有利于脂肪的合成和累积。钾肥能加速糖类由叶、茎运向籽粒或其他贮存器官（块根、块茎），增加淀粉含量。

（三）衰老与脱落

1. 植物的衰老　植物的衰老通常指植物的器官或整个植株的生理功能的衰退。衰老是植物发育的正常过程，可以发生在分子、细胞、组织、器官以及整体水平上。衰老是植物生命周期的最后阶段，是成熟细胞、组织、器官或整个生物体自然终止生命活动的一系列过程。衰老的结果是导致死亡，这是自然界生命发展的必然规律。衰老不同于老化，老化是指有机体发育进程中，在结构和生理功能方面出现衰退变化，其特点是机体对环境的适应能力逐渐减弱，但不立即死亡。

（1）植物衰老的类型及意义。根据植株与器官死亡的情况将植物衰老分为四种类型。

①整体衰老。一年生植物或二年生植物在开花结实后出现整株衰老死亡。

②地上部衰老。多年生草本植物地上部随着生长季节的结束每年死亡，而根仍可以继续生存多年。

③脱落衰老。由于气候因子导致的叶片季节性衰老，如北方的多年生落叶木本植物的茎和根能生活多年，而叶片每年衰老死亡和脱落。

④渐近衰老。大多数多年生木本植物，较老的器官和组织衰老退化，并被新生组织或器官替换，随着时间的推移，植株的衰老逐渐加深。

衰老是植物适应季节变化保持种族延续的手段，不但能使植物适应不良环境条件，而且对物种进化起重要作用。通常植物通过根、茎、叶的衰老，将其营养器官中的物质降解并将营养物质再分配，转移到种子、块根、块茎和球茎等新生器官中，以利于新器官的生长发育。

（2）植物衰老的机理。植物衰老的最基本特征是生活力下降，叶片或果实褪绿，器官脱落。叶片衰老时，总的表现是光合功能及光合速率下降，呼吸、运输、分泌等生理机能减退，但呼吸速率下降速度较光合速率慢，有些叶片衰老时，有呼吸跃变现象。蛋白质、核酸含量显著下降，生物膜结构选择透性功能丧失，透性加大，对环境的适应性和对逆境的抵抗力下降。植物内源激素有明显变化，一般吲哚乙酸（IAA）、赤霉素（GA）和细胞分裂素（CTK）含量在植株或器官的衰老过程中逐步下降，而脱落酸（ABA）和乙烯（ETH）含量逐步增加。脱落酸和乙烯对衰老有明显的促进作用。脱落酸在植物体内含量的增加是引起叶片衰老的重要原因。乙烯不但能促进果实呼吸跃变，提早果实成熟，而且可以促进叶片衰老。

（3）环境条件对植物衰老的调节。植物或器官的衰老受遗传基因的支配、激素综合平衡的调节，同时也受环境条件的一定调节。

①温度。低温和高温均能诱发自由基的产生，引起生物膜相变和膜脂过氧化，加速植物衰老。

②光照。强光与紫外光能促进自由基生成，诱发衰老。适度光照能延缓植物衰老，可抑制叶片中RNA的水解，在光下，乙烯的转化受到阻碍。黑暗会加速衰老，通过气孔运动起作用，进而影响气体交换（O_2、CO_2）、蒸腾、光合、呼吸、物质吸收与运转。红光可阻止叶绿素和蛋白质含量下降，延迟衰老；远红光则能消除红光的作用，加速衰老。蓝光可显著地延缓绿豆幼苗叶绿素和蛋白质的减少，延缓叶片衰老。长日照促进GA合成，利于生长，延缓衰老；短日照促进ABA合成，利于脱落，加速衰老。

③气体。O_2浓度过高加速自由基的形成，引起衰老；O_3污染环境，可加速植物的衰老过程；高浓度的CO_2可抑制乙烯生成和降低呼吸速率，对衰老有一定的抑制作用。

④水分。干旱和水涝都能促进衰老。在水分胁迫下促进ETH和ABA形成，加速蛋白质和叶绿素的降解，提高呼吸速率；自由基产生增多，加速植物的衰老。

⑤矿质营养。营养（如N、P、K、Ca、Mg）亏缺也会促进衰老。氮肥不足，叶片易衰老；增施氮肥，能延缓叶片衰老。钙处理果实有稳定膜的作用，减少乙烯的释放，能延迟果实成熟。银离子（Ag^{+}）、钴离子（Co^{2+}）、镍离子（Ni^{2+}）等可抑制乙烯的产生，延缓水稻叶片的衰老，常用于延长切花寿命。

另外，大气污染、病虫害等都不同程度地促进植物或器官的衰老。

2. 器官的脱落 植物器官（叶、果实等）自然离开母体的现象称作脱落。脱落可分为三种：一是由于衰老或成熟引起的脱落，称作正常脱落，比如果实和种子的成熟脱落。二是因植物自身的生理活动而引起的生理脱落，例如营养生长与生殖生长的竞争，源与库不协调等引起的脱落。三是因逆境条件（水涝、干旱、高温、低温、盐渍、病害、虫害、大气污染等）引起的胁迫脱落。生理脱落和胁迫脱落都属于异常脱落。在生产上，有时需要减少器官脱落，有时需要促进器官脱落，因此采取必要措施控制器官脱落具有重要意义。

脱落有其特定的生物学意义，即利于植物种的保存，尤其是在不适宜生长的条件下。如种子、果实的脱落，可以保存植物种子以及繁殖它的后代。部分器官的脱落有利于留存下来的器官发育成熟，例如脱落一部分花和幼果，可以让剩下的果实更好地发育。然而异常脱落也常常给农业生产带来重大损失，如棉花蕾铃的脱落率可达70%左右，大豆花荚脱落率也很高。

实验实训

实训一　春化处理及其效应观察

（一）实训目标

1. 了解春化作用的过程及所需条件。

2. 掌握冬性作物春化处理过程，学会鉴定是否已通过春化，从而为生产和科研中的应用奠定基础。

（二）实训材料与用品

1. 实验器具　冰箱、解剖镜、镊子、解剖针、载玻片、培养皿等。

2. 实验材料　冬小麦种子、大白菜种子。南方地区可用油菜、莴苣作为材料。

（三）实训方法与步骤

1. 选取一定数量的吸水萌动的冬小麦、大白菜种子（最好用强冬性品种），当有1/3～1/2的种子露白时，置培养皿内，培养皿内垫吸水纸，放在0～5℃的冰箱中进行春化处理。春化期间要维持种子含水量达到干种子重量的80%～90%，加盖，以减少水分蒸发。处理可分为播种前50、40、30、20、10d和对照6种，对照为已萌动但未低温处理的种子。

2. 于春季从冰箱中取出经不同天数处理的冬小麦、大白菜种子和未经低温处理的对照种子，同时播种于花盆或实验地。

3. 幼苗生长期间，各处理进行同样肥水管理，随时观察植株生长情况。当春化处理天数最多的麦苗出现拔节或大白菜抽薹时，在各处理中分别取一株幼苗，用解剖针剥出生长锥，并将其切下，放在载玻片上，加1滴水，然后在解剖镜下观察，并画简图。比较不同处理的生长锥有何区别。

4. 继续观察植株生长情况，直到处理天数最多的植株开花时，将观察情况记入表10-10。

表10-10　植物生长情况记载

材料名称：　　品种：　　春化温度：　　播种时间：

观察日期	不同春化天数植株生育情况（cm）					
	50d	40d	30d	20d	10d	CK（未春化）

(四) 实训报告

1. 春化处理天数多与处理天数少的冬小麦抽穗及大白菜抽薹时间有无差别？为什么？

2. 春化现象的研究在农业生产中有何意义？举例说明。

3. 幼苗经不同处理后，花期有的较对照提前，有的与对照相当，应如何解释？

实训二　花粉生活力的观察

(一) 实训目标

掌握花粉生活力的快速测定方法，为进行雄性不育株的选育、杂交技术的改良以及揭示内外因素对花粉育性和结实率的影响奠定基础。

(二) 花粉萌发法测定花粉生活力

1. 实验原理　在植物杂交育种、植物结实机理和花粉生理的研究中，常涉及花粉生活力的鉴定。正常的成熟花粉粒具有较强的生活力，在适宜的培养条件下便能萌发和生长，在显微镜下可直接观察计算其萌发率，以确定其生活力。

2. 实训材料与用品

(1) 实验器具。载玻片、显微镜、玻璃棒、恒温箱、培养皿、滤纸等。

(2) 实验试剂。培养基（10％蔗糖，10mg/L 硼酸，0.5％的琼脂）：称 10g 蔗糖、1mg 硼酸、0.5g 琼脂与 90mL 水放入烧杯中，在 100℃水浴中熔化，冷却后加水至 100mL 备用。

(3) 实验材料。丝瓜、南瓜或葫芦科其他植物的成熟花药。

3. 实训方法与步骤　将培养基熔化后，用玻璃棒蘸少许，涂布在载玻片上，放入垫有湿润滤纸的培养皿中，保湿备用。

采集丝瓜、南瓜或葫芦科其他植物刚开放或将要开放的成熟花朵，将花粉洒落在涂有培养基的载玻片上，然后将载玻片放置于垫有湿润滤纸的培养皿中，在 25℃左右的恒温箱（或室温 20℃条件下）中培养，5～10min 后在显微镜下检查 5 个视野，统计其萌发率。

注意事项：

(1) 不同种类植物的花粉萌发所需温度、蔗糖和硼酸浓度不同，应依植物种类而改变培养条件。

(2) 此法也可用于观察花粉管在培养基上的生长速度以及不同蔗糖浓度、离体时间、环境条件等因素对花粉生活力的影响。

(3) 不是所有植物的花粉都能在此培养基上萌发，本法适用于易于萌发的葫芦科等植物花粉生活力的测定。

(三) TTC 法测定花粉生活力

1. 实验原理　具有生活力的花粉呼吸作用较强，其产生的 $NADH_2$（$NADH+H^+$）或 $NADPH_2$（$NADPH+H^+$）可将无色的 TTC（2,3,5-氯化三苯基四氮唑）还原成红色的 TTF（三苯基甲）而使花粉着色，无生活力的花粉呼吸作用较弱，TTC 的颜色变化不明显，故可根据花粉吸收 TTC 后的颜色变化判断花粉的生活力。

2. 实训材料与用品

(1) 实验器具。显微镜、载玻片、盖玻片、镊子、恒温箱、棕色试剂瓶、烧杯、量筒、天平等。

(2) 实验试剂。0.5% TTC 溶液：称取 0.5g TTC 放入烧杯中，加入少许 95%酒精使其溶解，然后用蒸馏水稀释至 100mL。溶液避光保存，若发红时，则不能再用。

(3) 实验材料。百合、君子兰或南瓜等植物的成熟花药。

3. 实训方法与步骤

(1) 花粉采集。采集百合、君子兰或南瓜等植物的花粉。

(2) 镜检。取少数花粉于干洁的载玻片上，加 1～2 滴 0.5% TTC 溶液，搅匀后盖上盖玻片。将制片置于 35℃恒温箱中，放置 10～15min 后置于低倍显微镜下观察。凡被染为红色的花粉生活力强，淡红的次之，无色者为没有生活力的花粉或不育花粉。

(3) 统计。观察 2～3 个制片，每片取 5 个视野，统计花粉的染色率，统计 100 粒，以染色率表示花粉的生活力百分率。

(4) 计算。根据统计结果计算花粉的生活力百分率。

(四) I_2-KI 染色法测定花粉生活力

1. 实验原理 多数植物正常的成熟花粉粒呈圆球形，积累较多的淀粉，I_2-KI 溶液可将其染成蓝色。发育不良的花粉常呈畸形，往往不含淀粉或积累淀粉较少，I_2-KI 溶液染色不呈蓝色，而呈黄褐色。因此，可用 I_2-KI 溶液染色来测定花粉生活力。

2. 实训材料与用品

(1) 实验器具。显微镜、载玻片、盖玻片、镊子、棕色试剂瓶、烧杯、量筒、天平等。

(1) 实验试剂。I_2-KI 溶液：取 2g 的碘化钾 (KI) 溶于 5～10mL 蒸馏水中，加入 1g 碘 (I_2)，待完全溶解后，再加蒸馏水至 300mL。贮于棕色瓶中备用。

(3) 实验材料。成熟花药、植物花粉。

3. 实训方法与步骤

(1) 花粉采集。取充分成熟将要开花的花朵带回室内。采集水稻、小麦或玉米可育和不育植株的成熟花药。

(2) 镜检。取一花药置载玻片上，加 1 滴蒸馏水，用镊子将花药充分捣碎，使花粉粒释放，再加 1～2 滴 I_2-KI 溶液，盖上盖玻片，置低倍显微镜下观察。凡被染成蓝色的为含有淀粉的生活力较强的花粉粒，呈黄褐色的为发育不良的花粉粒。观察 2～3 张片子，每片取 5 个视野，统计花粉的染色率，以染色率表示花粉的育性。

注意事项：此法不能准确表示花粉的生活力，也不适用于研究某一处理对花粉生活力的影响。因为三核期退化的花粉已有淀粉积累，遇 I_2-KI 呈蓝色反应。另外，含有淀粉无生活力的花粉遇 I_2-KI 也呈蓝色。

(五) 实训报告

1. 记录实验结果。
2. 哪一种方法更能准确反映花粉的生活力？
3. 每一种方法是否适合于所有植物花粉生活力的测定？

拓展知识

植物感性运动

植物感性运动也是对环境刺激的反应，与向性运动不同的是与刺激的方向无关，多数在特殊结构部位，细胞膨压发生变化，属于膨压运动，但也有生长运动。按照刺激的性质可分为感震性、感夜性和感温性。

一、感震性

感震性是由机械刺激引起的运动。最常见的是含羞草叶片的运动，在感受轻微刺激的几秒钟内，叶枕和小叶基部细胞膨压变化，使叶柄下垂，小叶依次闭合。刺激含羞草的小叶时，发生动作的部位是叶柄基部的叶枕，显然刺激须经过一段距离的信号传递。可能的信号传递过程是感受刺激的细胞兴奋，引发动作电位，经维管束传递，传递速度可达2cm/s，信号到达叶枕细胞，H^+的快速吸收导致膜的去极化而调节离子通道状态，细胞内的K^+和糖快速流出到质外体，水分流出，细胞膨压变化而萎缩，叶柄和小叶下垂闭合。植物的感震性刺激传导和动物的神经传导类似，可能是通过动作电波从刺激部位传递兴奋性。同样是快速反应，如食虫植物捕蝇草的动作电波传递在1s内即完成。也可能是经化学物质传递信号，从含羞草、合欢等植物中提取出一类物质，能改变含羞草叶枕细胞的膨压，使叶片发生运动，目前将这类物质称作膨压素。但通过化学物质的信号传递似乎不能解释如含羞草叶片的快速运动。

二、感夜性

感夜性是指植物接受光暗变化信号，引起叶片的开合运动。例如，大豆、花生、菜豆、合欢等豆科植物的叶片，白天呈水平展开，夜间合拢或下垂。这是通过环境信号和植物内源的生物钟相互作用而控制的现象。这类植物叶柄基部的叶枕有10～20层皮层薄壁细胞，这些细胞发生可逆的膨压变化时，体积和形状发生变化，这些细胞被称作运动细胞。叶柄腹侧是可屈曲的区域，而背侧是可伸展的区域。在叶片平展时背侧细胞膨压增加，而叶片闭合时膨压下降；腹侧细胞正相反，在叶片平展时膨压下降，而闭合时膨压上升。细胞的体积变化是由渗透性吸水或失水引起的，观察到伴随细胞膨胀有H^+的分泌，质外体pH下降，K^+和Cl^-进入细胞。目前提出的可能机制是细胞受光的刺激而使质子泵活化，背侧的运动细胞泵出H^+，建立跨膜的电化学势梯度，驱动对K^+和Cl^-的吸收，并产生部分有机酸来平衡电荷，细胞渗透势下降，使水分流入，运动细胞膨胀而叶片展开；K^+在背、腹两侧细胞之间再分配，因而另一侧运动细胞K^+流出，水分丢失而曲缩。在白天，蓝光和远红光能使闭合的叶片展开，由光敏色素和蓝光受体接受光变化的信号。由于是近似24h的周期，因此必然也有生物钟参加控制。

三、感温性

由温度变化引起器官两侧不均匀生长的运动称作感温性。例如，郁金香和番红花的花，在白天温度升高时，适于花瓣的内侧生长，而外侧生长很少，花朵开放；夜晚温度降低时，花瓣外侧生长而使花闭合。花朵随每天内、外侧的昼夜生长而逐渐增大。合适的温差约10℃。光对其影响很小，主要是花瓣上、下表面对温度的反应不同而引起的差异生长。

思政园地

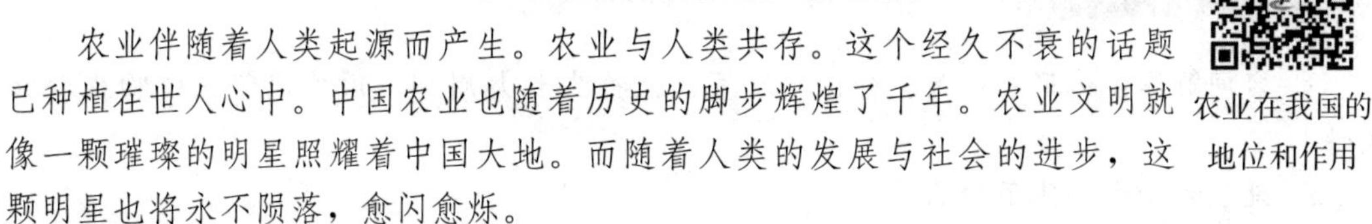

农业在我国的地位和作用

农业在我国的地位和作用

农业伴随着人类起源而产生。农业与人类共存。这个经久不衰的话题已种植在世人心中。中国农业也随着历史的脚步辉煌了千年。农业文明就像一颗璀璨的明星照耀着中国大地。而随着人类的发展与社会的进步，这颗明星也将永不陨落，愈闪愈烁。

中国是农业大国，重农固本是安民之基、治国之要。党的十八大以来，习近平同志反复强调，农业强不强、农村美不美、农民富不富，决定着亿万农民的获得感和幸福感，决定着我国全面小康社会的成色和社会主义现代化的质量。可以说，农业是我国的立国之本，是关乎国计民生的战略产业。

第一，从经济角度看，农业是国民经济的基础，是经济发展的基础。农业是人类的衣食之源、生存之本。农业的发展状况直接影响着、左右着国民经济全局的发展，农业是国民经济中最基本的物质生产部门，农业是工业等其他物质生产部门与一切非物质生产部门存在及发展的必要条件，农业是工业特别是轻工业原料的主要来源。农业为工业的发展提供广阔的市场，农村既是重工业商品的广阔市场，又是轻工业商品的广阔市场，农业能为国民经济其他部门提供劳动力。农业也是出口物资的重要来源，在出口商品构成上，工业品出口的比重逐年上升，但农副产品及其加工品仍占重要地位，农业在商品出口创汇方面仍起着十分重要的作用。因此，农业是支撑整个国民经济不断发展与进步的保障。

第二，从社会角度看，农业是社会安定的基础，是安定天下的产业。“民以食为天”，粮食是人类最基本的生存资料，农业在国民经济中的基础地位，突出表现在粮食的生产上。如果农业不能提供粮食和必需的食品，那么，人民的生活就不会安定，生产就不能发展，国家将失去自立的基础。从这个意义上讲，农业是安定天下的产业。

第三，从政治角度看，农业是国家自立的基础。我国的自立能力相当程度上取决于农业的发展。如果农副产品不能保持自给，过多依赖进口，必将受制于人。一旦国际政局变化，势必陷入被动，甚至危及国家安全。因此，农业的基础地位是否牢固，关系到人民的切身利益、社会的安定和整个国民经济的发展，也关系到我国在国际竞争中能否坚持独立自主地位。

第四，从我国社会发展来看，没有农业的现代化，就不可能有整个国民经济的现代化。中国作为一个农业大国，农业不兴，无从谈百业之兴，农民不富，难保国泰民安。我国农业生产技术装备水平与劳动生产率水平均较低，农业基础设施薄弱，抗灾害能力差。我国农产品供给尤其是粮食供给始终处于基本平衡但偏紧的状态。我国农业生产面临着可耕地少、人口多的具体国情，农业资源人均占有量在世界上属低水平，这是我国农业发展的最大制约因素。中央农村工作会议又进一步指出，全面建设小康社会，加快推进社会主义现代化，必须统筹城乡经济社会发展，更多地关注农村，关心农民，支持农业，把解决好农业、农村和农民问题作为全党工作的重中之重，放在更加突出的位置，努力开创农业和农村工作的新局面。农业发展顺利，增长速度加快，整个国民经济发展速度也快；农业生产倒退，发展速度减慢，就会给整个国民经济发展带来损害。农业发展制约着国民经济其他部门的发展。我国必须将农业放在整个经济工作首位，高度重视农业生产，在经济发展的任何阶段，农业基础地位都不能削弱，只能加强。

思考与练习

1. 名词解释：休眠、生长、分化、发育、植物生长大周期、顶端优势、植物生长相关性。

2. 说明种子和芽休眠的原因。

3. 说明植物生长的相关性。试述产生顶端优势的原因及其在农业生产上的应用。

4. 阐述在生产实际中采用哪些方法延长或打破植物的休眠?

5. 试述春化作用在农业生产实践中的应用价值。

6. 举例说明常见植物的主要光周期类型。

7. 举例说明光周期知识在农业实践上的应用。

8. 根据所学知识，说明从异地引种应考虑哪些因素?

9. 哪些因素影响花器官的形成?

10. 果实在成熟过程中有哪些生理生化变化?

11. 实践中如何调控器官的衰老与脱落?

模块十一　植物的抗逆生理

学习目标

知识目标：

- 了解逆境的种类。
- 理解逆境对植物的影响。
- 掌握提高植物抗逆性的途径。

技能目标：

- 能测定寒害对植物的影响（电导法）。

素养目标：

- 理解植物抗逆生理过程，塑造坚韧不拔的性格。
- 具备精益求精的工匠精神，形成一丝不苟的工作作风。

基础知识

在自然界中，植物并非总是生活在适宜的条件下。经常会遇到或大或小的自然灾害，如冷、热、旱、涝等不良环境，造成植物生长不良。通常将对植物生长不利的各种环境因素称作逆境。逆境的种类很多，包括物理、化学和生物因素（图 11－1）。

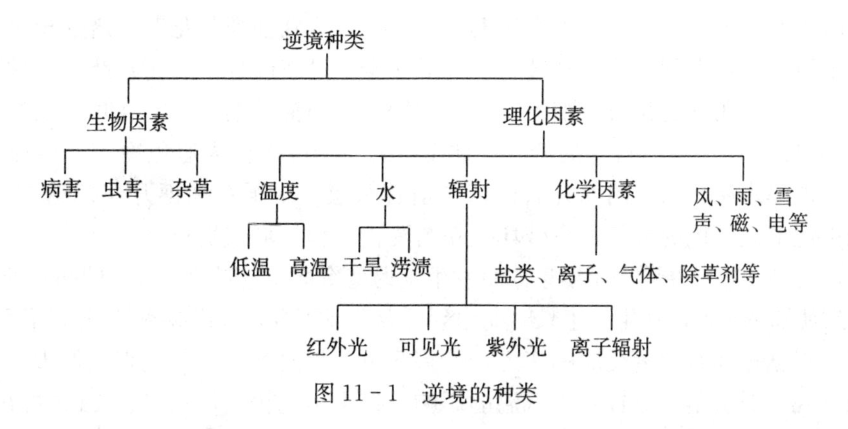

图 11－1　逆境的种类

在正常的情况下，植物对各种不利的环境因子都有一定的抵抗或忍耐能力，通常把植物对逆境的抵抗和忍耐能力称作植物的抗逆性，简称抗性。这种抗性随着植物的种类、生长发育的过程与环境条件的变化而变化。植物对逆境的抵抗主要有避逆性、御逆性、耐逆性。其中避逆性是植物通过对生育周期的调整，以避开逆境对植物的伤害；御逆性是指植物通过营造适宜的生活环境，以避免逆境对它的伤害；耐逆性是指植物通过自身的代谢来阻止、降低、修复由逆境造成的伤害。

抗性是植物对环境的适应性反应，是逐步形成的，这个逐步适应的过程称作抗性锻炼。例如越冬树木或草本植物在严冬来临之前，如温度逐步降低，经过渐变的低温锻炼，植物就可忍受冬季严寒，否则寒流突然降临，由于植物未经锻炼，很易遭受冻害。一般来说，在可忍耐范围内，逆境所造成的损伤是可逆的，即植物可恢复正常生长，如超出可忍耐范围，损伤是不可逆的，完全失去自身修复能力，植物将会受害死亡。

一、植物的抗寒性

植物的抗寒性和抗热性

低温对植物造成的伤害称作寒害。按照低温程度的不同和植物受害情况，可分为冷害和冻害两大类。植物对低温的适应和抵抗能力称作抗寒性，同样抗寒性也可分为抗冷性和抗冻性。

（一）冷害生理

1. 冷害概述 0℃以上的低温对植物造成的伤害称作冷害。冷害是一种全球性的自然灾害，无论是北方的寒冷国家，还是南方的热带国家均有发生。日本是发生冷害次数较多的国家，每隔3～5年便发生一次，有时连年发生。我国北方地区冷害也较频繁，新中国成立以来东北地区发生过9次冷害，经常发生于早春和晚秋。冷害是限制农业生产的主要因素之一，严重地威胁着主要作物的生长发育，常常造成严重的减产，如水稻减产10%～50%，高粱减产10%～30%，玉米减产10%～20%，大豆减产20%。

2. 冷害类型 根据植物不同生育期遭受低温伤害的情况，把冷害分为三种类型。

（1）延迟型冷害。植物在营养生长期遇到低温，使生育期延迟的一种冷害。其特点是植物在营养生长期内遭受低温危害，使生长、抽穗、开花延迟，虽能正常受精，但由于不能充分灌浆与成熟，使水稻青米粒多、高粱秕粒多、大豆青豆多、玉米含水量高，不但产量降低，而且品质明显下降。我国的水稻、大豆、玉米、高粱等作物都遭受过这种冷害。

（2）障碍型冷害。植物在生殖生长期间（花芽分化到抽穗开花期）遭受短时间的异常低温，使生殖器官的生理功能受到破坏，造成完全不育或部分不育而减产的一种冷害。例如水稻在孕穗期，尤其是花粉母细胞减数分裂期（大约抽穗前15d）对低温极为敏感，如遇到持续3d日平均气温为17℃的低温，便发生障碍型冷害。为避免冷害，可在寒潮来临之前深灌，加厚水层，当气温回升后再恢复适宜水层。水稻在抽穗开花期遇20℃以下低温，如阴雨连绵温度低的天气，会破坏授粉与受精过程，形成秕粒。

（3）混合型冷害。在同一年度里同时发生延迟型冷害和障碍型冷害，即在营养生长时期遇到低温致使抽穗延迟，在生殖生长时期遇到低温造成不育，最终导致产量大幅度下降。

另外，根据植物对冷害反应的速度，冷害又可分为两类：一种是直接伤害，即植物在短时间内（几小时甚至几分钟）受低温的影响，伤害出现较快，最多在1d内即出现伤斑，说明这种影响已侵入胞间，直接破坏原生质活性。另一种是间接伤害，即植物受到缓慢的降温影响，植株形态上表现正常，至少要在几天甚至几周后才出现组织柔软、萎蔫等症状，这是因低温引起代谢失调而造成对细胞的伤害，并不是低温直接造成的损伤，这种伤害现象极普遍，称作次级伤害，即某一器官因低温胁迫使其主要的功能减弱甚至丧失后而引起的伤害。

3. 冷害症状 植物遭受冷害之后，最明显的症状是生长速度变慢，叶片变色，有时出现色斑。例如水稻遇到低温后，幼苗叶片从尖端开始变黄，严重时全叶变为白色，幼叶生长极为缓慢或者不生长，称作“僵苗”和“小老苗”。作物遭受冷害后籽粒灌浆不足引起空壳和秕粒，产量明显下降。

4. 冷害机理 低温冷害的主要原因是导致生物膜的透性改变。首先，低温引起膜脂的物相发生变化，使膜脂由正常的液晶态变为凝胶态。如果温度降低缓慢，膜脂逐渐固化而使膜结构紧缩，降低了膜对水分和矿物质的吸收；如果温度突然下降，由于膜脂的不对称性，膜脂紧缩不均匀出现断裂，使膜透性增加，细胞内可溶物质外渗，引起代谢失调。

膜脂的相变温度与膜脂的成分有关，膜脂相变温度随脂肪酸链的增长而升高，抗冷性减弱；随不饱和脂肪酸比例的增大而降低，抗冷性增强。

5. 抗冷性及其提高途径 抗冷性是指植物对0℃以上低温的抵抗和适应能力。在农业生产中，一般采用以下几个途径提高作物的抗冷性。

（1）低温锻炼。低温锻炼是提高抗冷性的有效途径，因为植物对低温的抵抗是一个适应锻炼的过程，经过锻炼的幼苗，细胞膜内不饱和脂肪酸含量提高，膜结构和功能稳定。因此许多植物如果预先给予适当的低温处理，以后即可经受更低温度不致受害。例如黄瓜、茄子等幼苗由温室移栽大田前若先经过2～3d 10℃的低温处理，则移栽后可抵抗3～5℃的低温。春播的玉米种子，播前浸种并经过适当的低温处理，也可提高苗期的抗寒力。由此可见低温锻炼对提高抗寒性具有重要意义。

（2）化学药剂处理。使用化学药剂可以提高植物的抗冷性。如玉米、棉花的种子播种前用福美双处理，可提高植株的抗冷性；水稻、玉米苗期喷施矮壮素、抗坏血酸也可提高抗冷性。此外一些植物生长物质如细胞分裂素、脱落酸等也能提高植物的抗冷性。

（3）培育抗寒早熟品种。培育抗寒早熟品种是提高植物抗冷性的根本办法，通过遗传育种，选育出具有抗寒特性或开花期能够避开冷害季节的作物品种，可减轻低温对植物的伤害。

此外，营造防护林，增施有机肥，增加磷钾肥的比重也能明显地提高植物的抗冷性。

（二）冻害生理

1. 冻害概述 0℃以下的低温使植物组织内结冰而引起的伤害称作冻害。冰冻有时伴随霜降，因此也称作霜冻。冻害在我国南方和北方均有发生，以西北、东北的早春和晚秋以及江淮地区的冬季与早春危害严重。

引起冻害的温度因植物种类、器官、生育时期和生理状态而异。通常，越冬作物可忍受－12～－7℃低温；种子的抗冻性最强，短期内可经受－100℃以下冰冻而仍保持发芽能力；植物的愈伤组织在液氮中于－196℃下保存4个月仍有生活力。植物受冻害的程度主要取决于降温的幅度、降温持续时间、化冻速度等因素。当降温幅度大、霜冻时间长、化冻速度快时，植物受害严重；如果缓慢结冻并缓慢化冻，植物受害则较轻。植物冻害的症状是叶片犹如烫伤，细胞失去膨压，组织疲软，叶色变褐，最终干枯死亡。

2. 冻害机理　冻害对植物的影响主要是由于结冰而引起的，结冰伤害有细胞间结冰和细胞内结冰两种类型。细胞间结冰是当温度缓慢下降时，细胞间的水分首先形成冰晶，导致细胞间隙的蒸汽压下降，而细胞内的蒸汽压仍然较大，使细胞内水分向胞间外渗，胞间冰晶体积逐渐加大。细胞间结冰受害的原因：第一，细胞质过度脱水而使蛋白质凝固变性。第二，冰晶体积膨大对细胞造成机械损伤。第三，温度回升，冰晶体迅速融化，细胞壁易恢复原状，而细胞质却来不及吸水膨胀，有可能被撕破。细胞间结冰并不一定使植物死亡。细胞内结冰是当温度迅速下降时，除了在细胞间隙结冰外，细胞内的水分也形成冰晶，包括质膜、细胞质和液泡内部都出现冰晶。细胞内结冰破坏了细胞质的结构，常给植物带来致命的损伤，甚至死亡。

膜透性的增大是膜结构受破坏的比较典型的特征。当膜结构脱水时，蛋白质分子彼此靠近，当靠近到一定程度时，即形成二硫键（—S—S—）。二硫键的形成，可以通过相邻肽键外部的—SH 基彼此靠近，2 个—SH 基经氧化形成分子间的二硫键；或是由 1 个分子外部的—SH 基与另 1 个分子内部的—SH 基作用，形成分子间的二硫键。经过这种变化，蛋白质分子凝聚，当解冻再度吸水时，氢键断裂，肽键松散，二硫键还保存，肽键的空间位置发生变化，蛋白质分子的空间构象就发生改变，使膜的结构发生变化，透性增加，使细胞内外物质自由进出，细胞膜失去半透膜作用（图 11－2）。

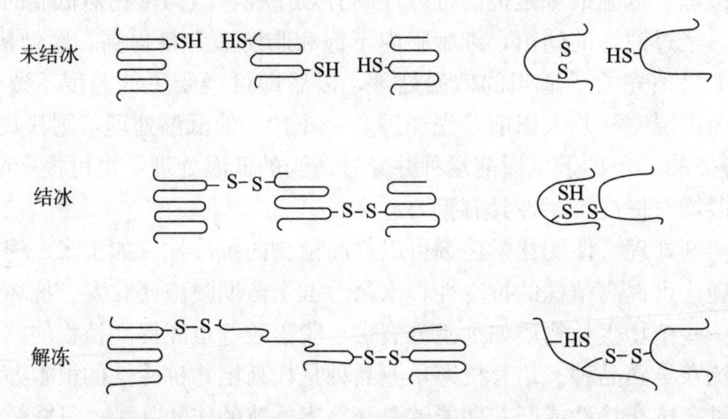

图 11－2　结冰时由于分子间二硫键形成而使蛋白质分子不折叠的可能机理

3. 抗冻性及其提高途径　植物对冻害的抵抗和适应能力称作植物的抗冻性。不论哪种植物，抗冻性都不是固定的性状，而是在一定的环境条件下经过一定的锻炼才能形成。因此，抗冻锻炼是提高植物抗冻性的主要途径。经过抗冻锻炼的植物会发生下列变化：一是呼吸作用减弱，当呼吸作用随温度下降而下降到能够维持生命最低限度时，其作物的抗冻性最强。二是植物内源激素的水平发生变化，吲哚乙酸和赤霉素含量下降，脱落酸含量上升，从而抑制生长，促进脱落和休眠，有利于提高抗冻能力。三是根系吸水减少，含水量下降，减轻了胞内结冰的伤害。四是细胞内束缚水含量相对增加，而束缚水不易结冰，提高了植物的抗冻性。秋天，植物光合产物的总量虽然减少，但由于生长停止，呼吸速率下降，光合产物主要用于积累，同时昼夜温差大，落叶前叶内的有机物质向茎转移，因此越冬的植物器官的细胞内积累了较多的脂肪、蛋白质和糖，防止细胞脱水。此外，当气温下降时，淀粉转化为糖的速率加快，体内可溶性糖含量增加，使细胞的结冰点降低，细胞不易结冰，提高了植物的抗冻能力。

一些植物生长调节物质也可以提高植物的抗冻性。如用矮壮素与其他生长延缓剂可提高小麦抗冻性。脱落酸、细胞分裂素等也能够增强玉米、梨树、甘蓝的抗冻能力。

另外，作物抗冻性的形成是对各种环境条件的综合反应。因此，在农业生产中应采取有效的农业措施，加强田间管理来防止冻害的发生。例如及时播种、培土、控肥、通气来促进幼苗健壮生长；寒流霜冻来临前实施冬灌、烟熏、覆草以抵御寒流；进行合理施肥，提高钾肥比例，用厩肥和绿肥压青，可以提高越冬或早春作物的抗冻能力。选育抗冻性强的优良品种是提高抗冻性的根本措施。

二、植物的抗热性

温度过高对植物生长发育的影响称作高温胁迫，高温胁迫下植物的生长发育会受到不同程度的影响，致使植物体内因温度过高而引起生理性的变化。高温灼伤是一种普遍的自然灾害，研究高温胁迫对植物的伤害及提高抗热性具有重要的现实意义。

（一）高温对植物的影响

由于植物体所处的环境温度超过最高温度，引起植物遭受生理性伤害的现象称作热害。例如，玉米在抽穗开花期，处在32～35℃以上高温及空气相对湿度为30%左右时，散粉后1～2h花粉因失水迅速干枯，花丝枯萎、不易授粉，影响结实；花生开花期超过适宜日平均温度22～28℃时，则花粉粒不发芽，影响植株受精，造成空壳；番茄开花初期遭遇持续40℃以上高温，会使花朵脱落等。

高温对植物的伤害在外部形态结构上表现为叶片出现明显死斑，叶色变褐、变黄，叶尖坏死；树皮干燥、裂开；花朵出现雄性不育，花序或子房等器官脱落；鲜果（如葡萄、番茄等）灼伤甚至死亡脱落。同时高温的发生也导致内部生理生化发生变化，从生理机制上可分为直接伤害与间接伤害两类（图11-3）。

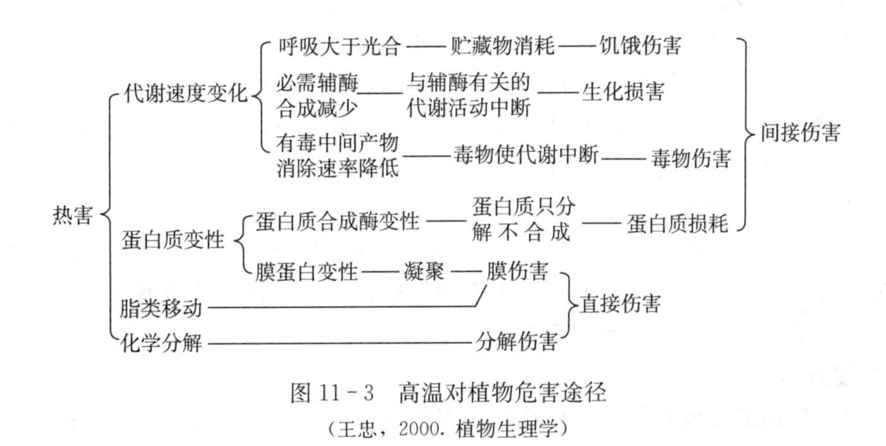

图11-3 高温对植物危害途径

（王忠，2000. 植物生理学）

1. 直接伤害 指高温直接影响细胞质的结构，在短期（几秒至几十秒）高温后出现症状，并可从受热部位向非受热部位传递蔓延。高温对植物的直接伤害有以下几种。

（1）膜蛋白变性。高温使蛋白质空间构型被直接破坏，膜蛋白变性、分解；高温使得维持蛋白质空间构型的氢键和疏水键键能较低，蛋白质失去二级与三级结构，蛋白质分子展开，失去原有生物学特性。蛋白质变性最初是可逆的，在持续高温下，很快转变成不可逆的凝聚状态。

（2）脂类液化。生物膜的主要成分是蛋白质和脂类。二者在膜中靠静电或疏水键相连接。高温使得生物膜中的功能键断裂，促使膜中的脂类释放出来，形成一些液化的小囊泡，膜结构破坏，膜透性增大，丧失主动吸收特性，生理过程不能正常进行，导致细胞受伤甚至死亡。

2. 间接伤害 指长时间高温促使植物蒸腾速率提高，引起植物过度失水，导致代谢异常，逐渐使植物受到伤害的过程，其过程是缓慢的。温度越高，持续时间越长，植物受到伤害的程度越严重。间接伤害主要表现在以下几个方面。

（1）代谢性饥饿。植物光合作用的最适温度一般低于呼吸作用的最适温度。生理学上将呼吸速率与光合速率相等时的温度称作温度补偿点。当植株处于温度补偿点以上的温度时，呼吸作用大于光合作用，消耗体内贮存的养料，淀粉与蛋白质等含量显著减少，光合产物积累少于呼吸消耗，若高温时间长，植物体就会呈现饥饿状态，甚至导致死亡。

（2）毒性物质增加。高温使氧气的溶解度减小，抑制植物的有氧呼吸，同时积累无氧呼吸所产生的有毒物质（如乙醇、乙醛等）而毒害细胞。氨毒害也是高温影响的常见现象，高温抑制含氨化合物的合成，促进蛋白质的降解，使体内氨的积累过量而毒害细胞。

（3）蛋白质合成下降。一方面高温可促使细胞产生自溶的水解酶类，或溶酶体破裂释放出水解酶导致蛋白质降解；另一方面高温破坏了氧化磷酸化的偶联，丧失了为蛋白质生物合成提供能量的能力。此外，高温破坏核糖体和核酸的生物活性，从根本上降低了蛋白质的合成能力。

（4）缺乏某些代谢物质。高温使某些生化环节发生障碍，从而使得植物生长所必需的活性物，如糖类、脂类等受到影响。

（二）植物的抗热性

将植物对高温逆境的忍耐和抵抗能力统称作抗热性。同一种植物的不同发育阶段或不同植物耐热性不同，在不同生态环境下生长，植物对高温的抵抗能力也不一样。植物抗高温的能力主要来自植物的生态适应性，即从形态和生理两方面对高温的适应。耐热性强的植物在高温下能够维持正常的生理代谢，对异常代谢也有较大的忍耐力。

1. 形态方面 耐热性强的植物一般叶片较薄，蒸腾作用较快，有利于降低叶温，减少热害。叶片多为垂直排列，比平展排列少受阳光照射。叶片表面发白，有利于反射光线，降低热能，避免叶片灼伤。此外，大多数抗热性强的植物体外被覆茸毛、鳞片或较厚的栓皮，起到遮阳的作用，以保护活细胞。

2. 生理方面

（1）具有较高的温度补偿点。植物对高温的适应能力首先取决于生长习性及其对生态的适应性，通常生长在干燥和炎热环境的植物，其耐热性高于生长在潮湿和阴凉环境的植物。如 C_3 和 C_4 植物比较，C_4 植物起源于热带或亚热带，C_4 植物光合作用最适温度（40～45℃）高于 C_3 植物（20～25℃），C_4 植物耐热性一般高于 C_3 植物。因此，抗热性较强的植物温度补偿点也较高，在≥45℃的高温时仍具有一定的净光合速率。番茄与南瓜最适温度相同，但南瓜在高温下光合速率下降速度慢于番茄，因而比番茄抗热。所以，凡是温度补偿点高的，或高温下光合速率下降速度慢的植物，抵抗高温的能力均较强。

不同的植物部位与不同的生育期，抗热性也有差异。成熟叶片的抗热性＞嫩叶＞衰老叶；休眠种子的抗热性强，随种子吸水萌发，抗热性随之下降，油料种子抗热性＞淀粉种子；果实越成熟，抗热性越强；细胞内自由水/束缚水越低，抗热性越强。

（2）形成较多的有机酸。植物的抗热性与有机酸的代谢强度有关。有机酸是很好的抗毒物质，在高温下植物体内产生较多的有机酸，其和高温影响下产生的氨结合从而消除氨的毒害，有利于增强植物的耐热性。此外，RNA 与蛋白质的合成有密切的正相关性，凡是 RNA 含量多的植物品种，其抗热性必然强。

（3）具有稳定的蛋白质结构。植物抗热性最重要的生理基础是蛋白质的热稳定性。蛋白质的热稳定性主要取决于内部化学键的牢固程度和键能大小，凡疏水键、二硫键越多的蛋白质在高温下越不易发生不可逆的变性与凝聚，其抗热性就越强，同时加快蛋白质的合成速度，及时补偿蛋白质的损耗，保证蛋白质的代谢与更新。

（三）提高植物抗热性的途径

1. 高温锻炼 高温锻炼是指植物在高温条件下经过一定时间的耐热适应以提高植物抗热性的过程，如鸭跖草分别种植在 28℃和 20℃环境下持续 5 周，前者叶片耐热性从 28℃提高到 51℃，比后者由 20℃提高到 47℃提高了 4℃；对组织培养的试管苗进行高温锻炼，能够提高其抗热性，这与作用时间及温度强度密切相关。此外，高温锻炼提高植物的抗热性与高温诱导植物形成热激蛋白有关。

2. 选择培育适宜的耐热作物及品种 培育、引用或选择耐热作物或品种是目前防止和减轻作物热害的最经济最有效的方法。例如，选育生育期短的作物或品种，可避开后期不利的干热条件。

3. 改进栽培措施 采用灌溉改善小气候，促进蒸腾，有利于降温；高秆与矮秆作物、耐热作物与不耐热作物进行间作套种；对经济作物可人工遮阳、树干涂白，可防止日灼等，这些都是行之有效的方法。

4. 化学药剂处理 于植物表面喷施 $CaCl_2$、$ZnSO_4$、KH_2PO_4 等，可增加生物膜的热稳定性，给植物施入维生素、核酸、生物素、酵母提取液等生理活性物质，能弥补高温造成的这些物质的匮乏，但因价格偏高，尚不适合用于农业生产。

三、植物的抗旱性和抗涝性

（一）植物的抗旱性

1. 旱害对植物的影响

（1）旱害及其类型。土壤水分缺乏或大气相对湿度过低对植物造成的伤害称作旱害或干旱。旱害可分为土壤干旱和大气干旱两种。大气干旱的特点是土壤水分不缺，但由于温度高而相对湿度过低（10%～20%），常伴随高温，叶蒸腾量超过吸水量，破坏了植物体内的水分平衡，植物体表现出暂时萎蔫甚至叶枝干枯等危害。大气干旱常表现为干热风，在我国西北、华北地区时有发生。如果长期存在大气干旱，便会引起土壤干旱。土壤干旱是指土壤中可利用的水分缺乏或不足，植物根系吸水满足不了叶片蒸腾失水，植物组织处于缺水状态，不能维持生理活动，受到伤害，严重缺水引起植物干枯死亡。

(2) 干旱对植物的影响。

①暂时萎蔫和永久萎蔫。植物在水分亏缺严重时，细胞失水，叶片和茎的幼嫩部分即下垂，这种现象称作萎蔫。萎蔫可分为暂时萎蔫和永久萎蔫两种。在夏季炎热的中午，蒸腾强烈，水分暂时供应不上，叶片与嫩茎萎蔫，到了夜晚蒸腾减弱，根系又继续供水，萎蔫消失，植物恢复挺立状态，这称作暂时萎蔫。当土壤已无可供植物利用的水分，引起植物整体缺水，根毛死亡，即使经过夜晚萎蔫也不会恢复，这称作永久萎蔫。永久萎蔫持续过久会导致植物死亡。

②干旱时植物的生理变化。第一，水分重新分配。因干旱造成水分缺少时，植物水势低的部位会从水势高的部位夺水，加速器官的衰老，地上部分从根系夺水，造成根毛死亡。干旱时一般受害较大的部位是幼嫩的胚胎组织以及幼小器官，因其内部的水分分配到成熟部位的细胞中去。所以，禾谷类作物幼穗分化时遇到干旱，小穗数和小花数减少，灌浆期缺水，籽粒不饱满，严重影响产量。第二，光合作用下降。由于叶片干旱缺水，气孔关闭，CO_2的供应减少；缺水抑制了光合产物的运输；同时还导致蒸腾减弱，叶面温度升高，叶绿素被破坏等，从而导致光合作用显著下降。第三，体内蛋白质含量降低。由于干旱使 RNA 酶活性加强，导致多聚核糖体缺乏以及 RNA 合成被抑制，从而影响蛋白质合成。同时干旱时，根系合成细胞分裂素的量减少，也降低了核酸和蛋白质的合成，而使分解加强，这样将引起叶片发黄。蛋白质分解形成的氨基酸主要是脯氨酸，其累积量的多少是植物缺水程度的一个标志。萎蔫时，游离脯氨酸增多，有利于贮存氨以减少毒害。第四，呼吸作用异常。干旱导致水解加强，细胞内积累许多可溶性呼吸基质，呼吸速率随之升高；但氧化磷酸化解偶联，P/O 值下降，因此呼吸时产生的能量多半以热的形式散失，ATP 合成减少，从而影响多种代谢过程和生物合成的进行。第五，矿质营养缺乏。水分缺乏时根系吸收矿质元素困难，且在植物体内运输受阻。第六，内源激素水平发生变化。干旱能改变内源激素的平衡，CTK 合成受到抑制，而 ABA 与 ETH 合成加强。

2. 植物的抗旱性 植物对干旱的适应能力称作抗旱性。由于地理位置、气候条件、生态因子等，使植物形成了对水分需求的不同类型，即水生植物[不能在水势（-10×10^5）～（-5×10^5）Pa 以下环境中生长的植物]，中生植物（不能在水势-20×10^5 Pa 以下环境中生长的植物）和旱生植物（不能在水势-40×10^5 Pa 以下环境中生长的植物）。作物多属中生植物。

一般抗旱性较强的植物，在形态特征上表现为根系发达，根冠比较大，能有效地利用土壤水分，特别是土壤深处的水分。叶片的细胞体积小，可以减少细胞膨缩时产生的细胞损伤。叶片上的气孔多，蒸腾的加强有利于吸水，叶脉较密，即输导组织发达，茸毛多，角质化程度高或蜡质厚，这样的结构有利于对水分的贮藏和供应。

从生理上来看，抗旱性强的植物，干旱时细胞内会迅速积累脯氨酸等渗透调节物质，使细胞液的渗透势降低，保持细胞的亲水能力，防止细胞严重脱水；另外，植物体内的水解酶如 RNA 酶、蛋白酶等活性稳定，减少了生物大分子物质的降解，这样既保持了质膜结构不受破坏，又可使原生质有较大的弹性与黏性，提高细胞的保水能力和抗机械损伤能力，使细胞代谢稳定。

3. 提高植物抗旱性的途径

（1）抗旱锻炼。创造不同程度的干旱条件，提高作物对干旱的适应能力。如播种前对萌动种子给予干旱锻炼，可以提高抗旱能力。其方法是使吸水24h的种子在20℃条件下萌动，刚刚露出胚根时放在阴处风干，然后再吸水，再风干，如此反复进行三次后播种，抗旱能力明显增强。经过干旱锻炼的植株，原生质的亲水性、黏性及弹性均有提高，在干旱时能保持较高的合成水平，抗旱性增强。在幼苗期减少水分供应，使之经受适当缺水的锻炼，也可以提高对干旱的抵抗能力。例如"蹲苗"就是使作物在一定时期内处于比较干旱的条件下，经过这样锻炼的作物，往往根系较发达，体内干物质积累较多，叶片保水力强，从而增加了抗旱能力。但是"蹲苗"要适度，不能过度缺水，以免营养器官生长受到严重的限制。

（2）合理施肥。氮肥过多，枝叶徒长，蒸腾过强；氮肥少，植株生长瘦弱，根系吸水慢，抗旱能力低，因此氮肥施用要适量。磷钾肥均能提高植物抗旱性，因为磷能促进蛋白质的合成，提高原生质胶体的水合程度，增强抗旱能力。钾能改善糖类代谢和增加原生质的束缚水含量，还能增加气孔保卫细胞的紧张度，使气孔张开有利于光合作用。此外，硼和铜也有助于植物抗旱性的提高。

（3）化学药剂处理。利用矮壮素适当抑制地上部分的生长，增大根冠比，以减少蒸腾量，有利于作物抗旱。此外，还可利用蒸腾抑制剂来减少蒸腾失水，从而提高作物的抗旱能力。

除了上述提高抗旱性的途径以外，通过系统选育、杂交、诱导等方法，选育新的抗旱品种是提高作物抗旱性的根本途径。

（二）植物的抗涝性

土壤积水或土壤过湿对植物造成的伤害称作涝害。水分过多之所以对植物有害，并不在于水分本身，而是由于水分过多导致缺氧，从而引起一系列的危害。如果排除了这些间接的原因，植物即使在水溶液中培养也能正常生长。

1. 水涝对植物的危害

（1）湿害。土壤含水量超过田间最大持水量，根系完全生长在沼泽化的泥浆中，这种涝害称作湿害。湿害常常使植物生长发育不良，根系生长受抑，甚至腐烂死亡；地上部分叶片萎蔫，严重时整个植株死亡。原因：一是土壤全部空隙充满水分，土壤缺乏氧气，根部呼吸困难，导致吸水和吸肥都受到阻碍。二是由于土壤缺乏氧气，使土壤中的好气性细菌（如氨化细菌、硝化细菌和硫细菌等）的正常活动受阻，影响矿质的供应；嫌气性细菌（如丁酸细菌等）特别活跃，增大土壤溶液酸度，影响植物对矿质的吸收，与此同时，还产生一些有毒的还原产物，例如，硫化氢和氨等能直接毒害根部。

（2）涝害。陆地植物的地上部分如果全部或局部被水淹没，即发生涝害。涝害使植物生长发育不良，甚至导致死亡。主要原因：由于淹水而缺氧，抑制有氧呼吸，致使无氧呼吸代替有氧呼吸，使贮藏物质大量消耗，同时积累酒精使植物中毒；无氧呼吸使根系缺乏能量，从而降低根系对水分和矿质的吸收，使正常代谢不能进行。此时，地上部分光合作用下降或停止，使分解大于合成，引起植物的生长受到抑制，发育不良，轻者导致产量下降，重者引起植株死亡，颗粒无收。

生产上借鉴上述原理进行"淹水杀稗"，因为稗籽的胚乳营养很少（约为稻的1/5），在幼苗二叶末期就消耗殆尽，此时不定根正处于始发期，抗涝能力最弱，故为淹死稗草的最好时期。而二叶期的水稻幼苗，胚乳养料只消耗一半左右，此时淹水，胚乳还可继续供给养分，不定根仍可继续发生，抗涝能力较强，所以淹水杀稗不伤稻秧。

2. 植物抗涝性及抗涝措施

（1）植物的抗涝性。植物对水分过多的适应能力或抵抗能力称作抗涝性。不同植物忍受涝害的程度不同，如油菜比番茄、马铃薯耐涝，柳树比杨树耐涝。植物在不同的发育时期，抗涝能力不同，如水稻在孕穗期遇涝灾受害严重，拔节抽穗期次之，分蘖期和乳熟期受害较轻。

另外，涝害与环境条件有关。静水受害大，流动水受害小；污水受害大，清水受害小；高温受害大，低温受害小。

不同植物耐涝程度之所以不同，一方面在于各种植物忍受缺氧的能力不同，另一方面在于地上部向地下部输送氧气的能力大小与植物的耐涝性关系很大。例如水稻耐涝性之所以较强，是由于地上部所吸收的氧气有相当大的一部分能输送到根系，在二叶期和三叶期的幼苗，其叶鞘、茎和叶所吸收氧气有50%以上向下运输到淹在水中的根系，最多可达70%。而小麦在同样生育期向根输送氧气只有30%。由此可见，水稻比小麦耐涝。

植物地上部向地下部运送氧气的通道主要是皮层中的细胞间隙系统，皮层的活细胞及维管束几乎不起作用。这种通气组织从叶片一直连贯到根。

水稻与小麦的根，在通气结构上差别很大。水稻幼根的皮层细胞间隙要比小麦大得多，且成长以后根皮层细胞大多崩溃，形成特殊的通气组织（图11-4），而小麦根在结构上没有变化。水稻通过通气组织能把氧气顺利地运输到根部。

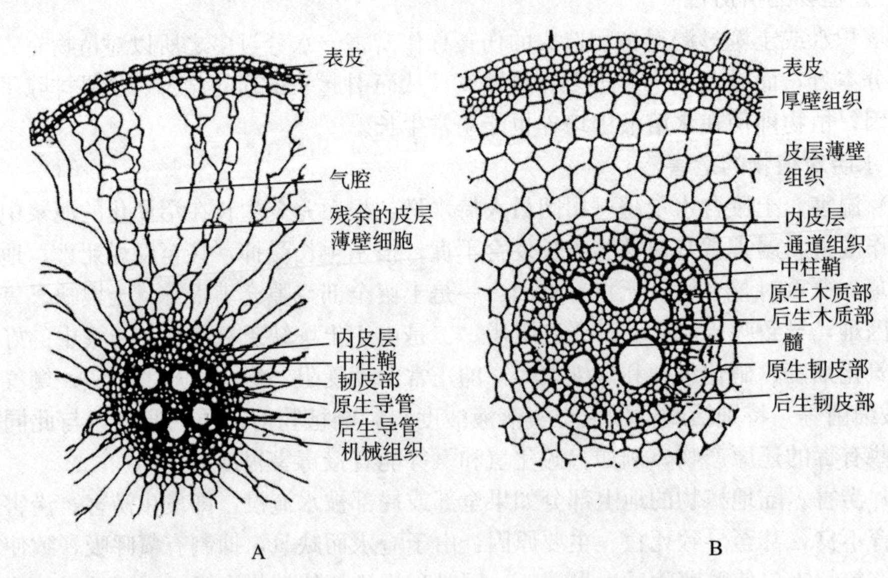

图11-4　水稻（A）与小麦（B）的老根结构比较

有些生长在非常潮湿土壤中的植物，能够逐渐在体内出现通气组织，以保证根部得到充足的氧气供应。大豆就是这样一种植物。从生理特点看，抗涝植物在淹水时，不发生无氧呼吸，而是通过其他呼吸途径，如形成苹果酸、莽草酸，从而避免根细胞中毒。

(2) 抗涝措施。防治涝害的根本措施是搞好水利建设。一旦涝害发生，应及时排涝。排涝结合洗苗，除去堵塞气孔、粘贴在叶面上的泥沙，以加强呼吸作用和光合作用。此时，还应适时施用速效肥料（如喷施叶面肥），使植物迅速恢复生机。

四、植物的抗盐性

某些干旱或半干旱地区由于降水量小，蒸发强烈，促使地下水位上升，盐分不断积累于土壤表层，形成盐碱土。当土壤中盐类以碳酸钠和碳酸氢钠等为主要成分时称作碱土；以氯化钠和硫酸钠等为主要成分时称作盐土。但因盐土和碱土常混合在一起，盐土中常有一定的碱，所以习惯上称作盐碱土。这类土壤中盐分含量过高，引起土壤水势下降，严重地阻碍了植物正常的生长发育。

世界上盐碱土面积很大，达 4 亿 hm^2，约占灌溉农田的 1/3。我国盐碱土主要分布在西北、华北、东北和滨海地区，约 2 000hm^2，另外还有 700 万 hm^2的盐化土壤。一般盐土含盐量在 0.2%～0.5%时就已对植物生长不利，而盐土表层含盐量往往可达 0.6%～10%。这些地区多为平原，土层深厚，如能改造开发，发展农业有巨大的潜力。

（一）土壤盐分过多对植物的危害

土壤中盐分过多对植物生长发育产生的危害称作盐害。盐害主要表现在以下几个方面。

1. 生理干旱 土壤中可溶性盐分过多使土壤溶液水势降低，导致植物吸水困难，甚至体内水分有外渗的危险，造成生理干旱。当土壤含盐量超过 0.2%～0.25%时，作物生长就会受到影响，高于 0.4%时，生长受到严重抑制，细胞外渗脱水。所以，盐碱土中的种子萌发延迟或不能萌发，植株矮小，叶小呈暗绿色，表现出干旱的症状。

2. 单盐毒害 作物正常的生长发育需要一定的无机盐作为营养。但当某种离子存在量过剩时，作物会发生单盐毒害作用。土壤中虽然有各种盐类，但在一定的盐碱土中，往往又以某种盐为主，形成不平衡的土壤溶液，使植物细胞原生质中过多地积累某一盐类离子，发生盐害，轻者抑制植物正常生长，重者造成死亡。

3. 生理代谢紊乱 土壤中的盐分可导致作物呼吸作用不稳定。其对呼吸的影响主要与盐的浓度有关，盐浓度低时促进呼吸，盐浓度高时抑制呼吸。

盐分过多会降低作物蛋白质合成，相对加速贮藏蛋白质的水解，所以，体内的氨积累过多，植株含氨量增加，从而产生氨害。同时，盐分过多使核酸的分解大于合成，从根本上抑制了蛋白质的合成。

盐分过多也抑制植物的光合作用，因而受盐害的植物叶绿体趋向分解，叶绿素被破坏，叶绿素和胡萝卜素的生物合成受干扰，同时还会关闭气孔。高浓度的盐分使细胞原生质膜的透性加大，从而干扰代谢的调控系统，使整个代谢紊乱。

（二）植物的抗盐性及其提高途径

1. 植物的抗盐性 植物对土壤盐分过多的适应能力或抵抗能力称作抗盐性。植物抗盐碱的机理可分为两种类型。

(1) 避盐。有些植物以某种途径或方式来避免盐分过多的伤害，称作避盐。避盐又可分为聚盐、泌盐、稀盐和拒盐。

①聚盐。植物细胞能将根吸收的盐排入液泡，并抑制外出。一方面可减轻毒害，另一方面由于细胞内积累大量盐分，提高了细胞浓度，降低水势，促进吸水。因此能在盐碱土

上生长，如盐角草、碱蓬等。

②泌盐。植物吸收盐分后不存留在体内，而是通过植物茎叶表面的盐腺分泌到体外，可被风吹落或雨淋洗，因此不易受害。如柽柳、匙叶草、大米草等。此外有些盐生植物将吸收的盐转运到老叶中，最后脱落，避免了盐分的过度积累。

③稀盐。植物代谢旺盛时生长快，根系吸水也快，植物组织含水量高，能将根系吸收的盐分稀释，从而降低细胞内盐浓度以减轻危害。

④拒盐。植物的细胞原生质选择透性强，不让外界的盐分进入植物体内，从而避免盐害。如碱地风毛菊等。

（2）耐盐。有些植物通过生理或代谢的适应来耐受已进入细胞内的盐分。有以下几种方式。

①耐渗透胁迫。通过细胞的渗透调节以适应由盐分过多而产生的水分胁迫。例如，小麦等作物在盐胁迫时将吸收的盐离子积累于液泡中，提高其溶质含量，使水势降低以防止细胞脱水；有些植物则是通过积累蔗糖、脯氨酸、甜菜碱等有机质来调节渗透势，提高细胞的保水力。

②耐营养缺乏。有些盐生植物在盐分过多的条件下能吸收较多的 K^+；某些蓝藻在吸收 Na^+ 的同时增加对氮素的吸收。这样，能较好地防止单盐毒害，维持元素平衡，耐营养缺乏。

③代谢稳定性。耐盐植物在代谢上具有一定的稳定性，这种稳定性与某些酶类的稳定性密切相关。例如，大麦幼苗在盐渍时仍保持丙酮酸激酶的活性。

2. 提高作物抗盐性的途径

（1）选育抗盐品种。采用组织培养等新技术选择抗盐突变体，培育抗盐新品种，成效显著。

（2）抗盐锻炼。播前用一定浓度的盐溶液处理种子，其方法是先让种子吸水膨胀，然后放在适宜浓度的盐溶液中浸泡一段时间，如玉米用 3% NaCl 浸种 1h，抗盐性明显提高。

（3）使用植物生长调节剂。利用生长调节剂促进作物生长，稀释其体内盐分。例如，在含 0.15% Na_2SO_4 土壤中的小麦生长不良，但在播前用 IAA 浸种，小麦生长良好。

（4）改造盐碱土。其措施有合理灌溉、泡田洗盐、增施有机肥、种植耐盐绿肥（田菁）、种植耐盐树种（沙枣、紫穗槐）、种植耐盐碱植物（向日葵、甜菜）等。

五、植物的抗病性

病害引起植物伤亡，对产量影响很大。病原微生物（病原菌）如细菌、真菌和病毒等寄生在植物体内，对植物产生危害称作病害。植物对病原菌侵染的抵抗力称作植物的抗病性。作物是否患病，取决于作物与病原微生物之间的斗争情况，作物取胜则不发病，作物失败则发病。了解植物的抗病生理对防治植物病害有重要作用。

（一）病害发生对植物生理生化的影响

植物感染病害后，其代谢过程发生一系列的生理生化变化。

1. 水分平衡失调 植物受病原菌侵染后，首先表现出水分平衡失调，以萎蔫或猝倒表现出来。造成水分失调的原因很多，主要是根被病菌损坏，不能正常吸水；维管束被堵塞，水分向上运输中断，有些是细菌或真菌本身堵塞茎部，有些是微生物或作物产生胶质或黏液沉积在导管，有些是导管形成胼胝体而使导管不通；病原菌破坏了原生质结构，透性加大，蒸腾失水过多。上述三个原因中的任何一个，都可以引起植物萎蔫。

2. 呼吸作用增强 植物受病原菌侵染后，呼吸作用往往比健康植株高 10 倍。呼吸加强的原因，一方面是病原菌本身具有强烈的呼吸作用，另一方面是寄主呼吸速度加快。因为健康组织的酶与底物在细胞里是被分区隔开的，病原菌侵染后间隔被打开，酶与底物直接接触，呼吸作用就加强；与此同时，染病部位附近的糖类都集中到染病部位，呼吸底物增多，也使呼吸作用加强。

3. 光合作用下降 植物感病后，光合作用开始下降。染病组织的叶绿体被破坏，叶绿素含量减少，光合速率减慢。随着感染的加重，光合作用更弱，甚至完全失去同化二氧化碳的能力。

4. 同化物运输受干扰 植物感病后，大量的碳同化物运向病区，糖输入增加和病区组织呼吸提高是一致的。水稻、小麦的功能叶感病后，严重妨碍光合产物的输出，影响籽粒饱满。例如，对大麦黄矮病敏感的小麦品种感病后，其叶片光合作用降低 72%，呼吸作用提高 36%，但病叶内干物质反而增加 42%。

（二）植物的抗病机理

植物对病原菌侵染有多方面的抵抗能力，这种抗病机理主要表现在下列几点。

1. 加强氧化酶活性 当病原菌侵入植物体时，该部分组织的氧化酶活性加强，以抵抗病原菌。凡是叶片呼吸旺盛、氧化酶活性高的马铃薯品种，对晚疫病的抗性较大；凡是过氧化酶、抗坏血酸氧化酶活性高的甘蓝品种，对真菌病害的抵抗能力较强。这就是说，植物呼吸作用提高，其抗病能力也增强。呼吸能减轻病害的原因有以下几点。

（1）分解毒素。病原菌侵入植物体后，会产生毒素，把细胞毒死。旺盛的呼吸作用能把这些毒素氧化分解为二氧化碳和水，或转化为无毒物质。

（2）促进伤口愈合。有的病原菌侵入植物体后，植株表面可能出现伤口。呼吸能促进伤口附近形成木栓层，伤口愈合快，把健康组织和受害部分隔开，不让伤口发展。

（3）抑制病原菌水解酶活性。病原菌靠本身水解酶的作用把寄主的有机物分解，供它本身生活之需。寄主呼吸旺盛，就抑制病原菌的水解酶活性，因而防止寄主体内有机物分解，病原菌得不到充分养料，病情扩展就受到抑制。

2. 促进组织坏死 有些病原真菌只能寄生在活的细胞里，在死细胞里不能生存。抗病品种细胞与这类病原菌接触时，受感染的细胞或组织很迅速地坏死，使病原菌得不到合适的环境而死亡。病害就被局限于某个范围而不能发展。因此组织坏死是一个保护性反应。

3. 病原菌抑制物的存在 植物本身含有的一些物质对病原菌有抑制作用，使病原菌无法在寄主中生长。如儿茶酚对洋葱鳞茎炭疽病菌具有抑制作用，绿原酸对马铃薯疮痂病、晚疫病和黄萎病的抑制等。

4. 产生植保素 植保素是指寄主被病原菌侵染后才产生的一类起防卫作用的物质。最早发现的植保素是从豌豆荚内果皮中分离出来的避杀酊，不久又在蚕豆中分离出非小灵，后来又在马铃薯中分离出逆杀酊。以后又在豆科、茄科及禾本科等多种植物中陆续分离出一些具有杀菌作用的物质。

（三）植物的抗病措施

1. 避病 指由于病原菌的侵染期和寄主的感病期相互错开，寄主避免受害。如雨季葡萄炭疽病孢子大量产生时，早熟葡萄已经采收或接近采收，因而避开危害。

2. 抗侵入 指由于寄主具有形态、解剖及生理生化的某些特点，可阻止或削弱某些病原菌的侵染。如植物叶表皮的茸毛、刺、蜡质和角质层等。

3. 抗扩展 由于寄主的某些组织结构或生理生化特征，使侵入寄主的病原菌的进一步扩展受阻或被限制。如厚壁、木栓及角质组织均可限制扩展。

4. 过敏性反应 又称保护性坏死反应，即病原菌侵染后，侵染点及附近的寄主细胞和组织很快死亡，使病原菌不能进一步扩展的现象。

实验实训

实训 寒害对植物的影响（电导法）

（一）实训目标

掌握根据低温环境伤害的植物细胞浸液的电导率变化来测定细胞受害程度的方法。

（二）实训材料与用品

1. 实验器具 冰箱、烧杯、天平、剪刀、电导率仪、真空泵、量筒、镊子、干燥器、塑料小袋、打孔器等。

2. 实验材料 柳树、杨树枝条（或其他植物组织）。

3. 实验试剂 蒸馏水（或去离子水）等。

（三）实训方法与步骤

1. 材料的处理

（1）取材。称取事先洗净的植物材料两份。若是枝条每份称取 3g，并剪成 1cm 左右长的小段；如用叶片每份为 2g，并用打孔器取等面积的小片，与打孔下来的残体一并放在一起备用。

（2）漂洗。将（1）的两份材料各放入烧杯中，先用自来水冲洗 3～4 次，然后再用蒸馏水或去离子水冲洗 3～4 次，备用。

（3）处理材料。将（2）的两份材料各放入塑料小袋内，封口；其中一袋放入冰箱内 2～24h，另一袋放入温室的干燥器内 2～24h。备用。

（4）测前准备。取 200mL 的烧杯两个，编号，用量筒各注入 100mL 蒸馏水或去离子水；将（3）的冰箱内的材料放入 1 号烧杯内，将（3）的温室下干燥器内的材料放入 2 号烧杯内；将 1 号、2 号烧杯一并放入干燥器内并用真空泵减压，直至材料全部浸到溶液内为止；浸泡 1h，备用。

2. 电导率的测定

（1）电导率仪的测定。测试电导率仪，使其单位为μS/cm。

（2）电导率值的测定。将上述（4）的 1 号、2 号烧杯内的浸泡液各取出 50mL 作为测定液，置于电导率仪上测定电导率值，受冻的为 A，未受冻的为 B；将测定液倒回原烧杯内并置于同温度下，煮沸同一个时间（1～2min），静置 1h 后再测定其电导率值，此时，受冻的为C，未受冻的为D。

(四) 实训报告

1. 计算结果

(1) 受冻材料的相对电导率=A/C×100%。

(2) 未受冻材料的相对电导率=B/D×100%。

(3) 植物受害的百分率=（A−B）/（C−D）×100%。

2. 讨论 当测定出的电导率C与D的值相差较大时，说明了什么问题?

拓展知识

环境污染对植物的影响

现代工业迅速发展，厂矿、居民区、现代交通工具等所排放的废渣、废水和废气越来越多，扩散范围越来越大，再加上现代农业大量施用农药化肥所残留的有害物质远远超过环境的自然净化能力，造成环境污染。就污染的因素而言，可分为大气污染、水体污染、土壤污染。

一、大气污染对植物的影响

造成大气污染的因素很多，硫化物、氧化物、氯化物、氮氧化物、粉尘、有毒气体和带有金属元素的气体，都是大气污染的有害成分。这些有害气体通过气孔进入植物叶片，破坏叶肉细胞的同化机能和其他生理过程。重者导致急性危害，使植物组织在短时间内坏死；轻者导致慢性伤害，致使叶片缺绿，叶片变小、畸形或快速衰老；此外还可导致隐性伤害，植物外表症状不明显，生长正常，但由于有害物质的积累影响代谢，使作物的品质和产量下降。

1. 二氧化硫（SO_2） 二氧化硫是一种无色、具有强烈窒息性臭味的气体。它的排放量大，分布面积广，对农作物的影响和危害极大。二氧化硫进入植物组织后可形成亚硫酸，使叶绿素变成去镁叶绿素而丧失光合功能。二氧化硫危害的典型症状是受害的伤斑与健康的组织边界十分明显。

小麦受二氧化硫危害后，典型症状是麦芒变成白色。一般在很低的浓度下症状即表现，说明麦芒对二氧化硫非常敏感。因此，白色麦芒可以作为鉴定有少量二氧化硫存在的标志。水稻受二氧化硫危害时，叶片变成淡绿或黄绿色，上面有小白斑，随后全叶变白，叶尖卷缩萎蔫，茎秆、稻粒也变白，枯萎甚至全株死亡。

蔬菜受害叶片上呈现的颜色因种类不同而有差异。叶片上出现白斑的有萝卜、白菜、菠菜、番茄、葱、辣椒和黄瓜；出现褐斑的有茄子、胡萝卜、马铃薯、南瓜和甘薯；出现黑斑的有蚕豆。果树叶片受害时多呈白色或褐色。另外，同一种植物，嫩叶最易受害，老叶次之，未充分展开的幼叶最不易受害。

2. 氯气（Cl_2） 氯气是一种具有强烈臭味、令人窒息的黄绿色气体。化工厂、农药厂、冶炼厂等在偶然情况下会逸出大量氯气。据观测，氯气对植物的伤害比二氧化硫大。在同样浓度下，氯气对植物的伤害程度比二氧化硫重3～5倍。氯气进入叶片后，很快使叶绿素破坏，形成褐色伤斑，严重时全叶漂白、枯卷甚至脱落。

对氯气敏感的植物有大白菜、向日葵、烟草、芝麻、洋葱等；抗性中等的作物有马铃薯、黄瓜、番茄、辣椒等；抗性比较强的作物有粟、玉米、高粱、茄子、甘蓝、韭菜等。在容易发生氯气危害的地方，可以考虑种植抗性强的作物。

氯气在空气中和细小水滴结合在一起形成盐酸雾，也对植物造成相当大的危害。

3. 氟化物 氟化物包括氟化氢（HF）、四氟化硅（SiF_4）、氟硅酸（H_2SiF_6）及氟化钙颗粒物等。氟化物主要来自电解铝、磷肥、陶瓷及铜、铁等生产过程。大气中的氟化物污染以氟化氢为主，它是一种积累性中毒的大气污染物，可通过植物吸收积累进入食物链，在人和动物体内蓄积达到中毒浓度，从而使人畜受害。

氟化氢可随上升的气流扩散到很远的地方。在氟污染区里，常常见到果树不结果，粮食作物、蔬菜生长不良，耕牛生病甚至死亡。氟化氢进入叶片后，便使叶肉细胞发生质壁分离而死亡。氟化氢引起的危害，先在叶尖和叶边出现受害症状，然后逐渐向内发展。受害严重时会使整个叶片枯焦脱落。

4. 臭氧（O_3） 臭氧是光化学烟雾中的主要成分之一，所占比例最大，氧化能力较强。烟草、菜豆、洋葱等是对臭氧敏感的植物。臭氧从叶片的气孔进入，通过周边细胞与海绵组织细胞间隙到达栅栏组织后停止移动，并使栅栏组织细胞和上表皮细胞受害，然后再侵害海绵组织细胞，形成透过叶片的坏死斑点。禾本科植物因无明显的栅栏组织，因此叶片两面都褪绿变白。受害严重时，全叶都受到伤害，坏死的组织呈白色或棕色；叶片明显变薄，看起来好像仅存叶脉。

5. 过氧乙酰硝酸酯 过氧乙酰硝酸酯也是光化学烟雾的主要成分之一。植物受到危害时，叶片背面变成银白色、棕色、古铜色或玻璃状。受害严重时，可达叶的上表面，叶片正面常常出现一道横贯全叶的坏死带。

6. 煤烟粉尘 污染空气的物质除气体外，还有大量的固体或液体的微细颗粒成分，统称作粉尘，约占整个空气污染物的1/6。煤烟粉尘是空气中粉尘的主要成分。

当煤烟粉尘覆盖在各种植物的嫩叶、新梢、果实等柔嫩组织上，便会引起斑点。果实在幼小时期受害以后，污染的部分组织发生木栓化，果皮变得很粗糙，使商品价值下降；成熟期受害，容易引起腐烂，损失更大。另外叶片常因为粉尘积累过多或积聚时间太长，影响植物吸收作用和光合作用，叶色失绿，生长不良，严重的甚至死亡。烟尘危害范围常以污染源为中心向外扩大，或随风向发展。

二、水体污染对植物的影响

水体一般是指水的积聚体，通常指地表水体，如溪流、江河、池塘、湖泊、水库、海洋等，广义的水体也包括地下水体。水体污染是当进入水体的污染物质超过了水体的环境容量或水体的自净能力，使水质变坏，从而破坏了水体的原有价值和作用的现象。

随着工农业生产的发展和城镇人口的集中，含有各种污染物质的工业废水和生产污水大量排入水系，再加上大气污染物质、矿山残渣、残留化肥农药等被雨水淋溶，以致各种水体受到不同程度的污染，使水质显著变劣。污染水体的物质主要有重金属、洗涤剂、氰化物、有机酸、含氮化合物、漂白粉、酚类、油脂、染料等。水体污染不但危害人类健康，而且危害水生生物资源，影响植物的生长发育。

1. 酚类化合物 酚类属于可分解有机物，包括一元酚、二元酚和多元酚。主要来源于冶金、煤气、炼焦、石油化工和塑料等工业的排放物。城市生活污水也含酚，这主要来自粪便和含氮有机物的分解。

经过回收处理后的废水含酚量一般不高。可用于农田灌溉，对农作物和蔬菜生长不但没有危害，反而还能促进小麦、水稻、玉米植株健壮生长，叶色浓绿，产量高。但利用含酚量过高的废水灌溉时，对农作物的生长发育是有害的。表现出植株矮小，根系发黑，叶片窄小，叶色灰暗；阻碍作物对水分和养分的吸收及光合作用的进行，使结实率下降，产量降低，严重时植株会干枯以致造成颗粒无收。水中酚类化合物含量超过50μg/L时，就会使水稻等生长受抑制，叶色变黄。当含量再增高，叶片会失水、内卷，根系变褐，逐渐腐烂。

2. 氰化物 水体中的氰化物主要来自工业企业排放的含氰废水，如电镀废水、焦炉和高炉的煤气洗涤废水和冷却水、选矿废水等。电镀废水一般含氰20～70mg/L，化肥厂煤气洗涤冷却水含氰约180mg/L。

氰化物为剧毒物质，人口服后0.1s左右立刻死亡，水中含氰达0.3～0.5mg/L时鱼便会死亡。

用含氰的污水灌溉农田时，在一定的浓度范围内，氰对农作物有明显刺激生长的作用，用含氰30mg/L的废水浇灌水稻、油菜时，能使茎挺立，长势旺盛，生长健壮，水稻籽粒饱满。当废水含氰达到50mg/L时，水稻、油菜等的生长就会明显受到抑制，致使稻低矮，分蘖少，根短稀疏，叶鞘和茎秆有褐色斑纹，水稻成熟期推迟，千粒重下降，秕粒多，产量降低20%左右。当废水含氰达到100mg/L时，水稻就会完全停止生长，稻苗逐渐干枯死亡。

氰化物在作物不同生育期累积情况不同，如在水稻、小麦分蘖期灌溉，氰化物多集中于叶片，在籽粒中积累的可能性小；若在灌浆期灌溉，氰化物直接转移到生长最旺盛的部位或籽粒中的可能性较大，并在这些部位形成各种衍生物而被贮藏起来。因此，在生产上利用含氰污水灌溉水稻、小麦宜在生长前期进行。

反复实践证明：在灌溉水里只要含氰不超过0.5mg/L，就是绝对安全的。能保证多数庄稼生长健壮，不会造成对环境和人畜的污染。

3. 三氯乙醛 三氯乙醛又称作水合氯醛。在生产敌百虫、敌敌畏的农药厂、化工厂的废水中常含有三氯乙醛。用这种污水灌田，常使作物发生急性中毒，造成严重减产。

单子叶植物对三氯乙醛的耐受能力较低，其中以小麦最敏感，种子受害萌发时第一片叶不能伸长；苗期受害叶色深绿，植株丛生，新叶卷皱弯曲，不发新根，严重时全株枯死；孕穗期与抽穗期受害时旗叶不能展开，紧包麦穗，致使抽穗困难。三氯乙醛浓度愈高，作物受害愈重。

4. 酸雨和酸雾 酸雨和酸雾也会对植物造成非常严重的伤害，酸性雨水或雾、露附着于叶面，然后随雨点蒸发和浓缩，pH下降，最初损坏叶表皮，进而进入栅栏组织和海绵组织，成为细小的坏死斑（直径约0.25cm）。由于酸雨的侵蚀，在叶表面生成一个个凹陷的洼坑，后来的酸雨容易沉积于此，所以，随着降雨次数增加，进入叶肉的酸雨越多，引起原生质分离，被害部分扩大。酸雾的pH有时可达2.0，酸雾中的各种离子浓度比酸雨高10～100倍。酸雾对叶片作用的时间长，风力较小时不易在短时间内散去，对叶的上下两面都可产生影响，因此酸雾对植物的危害更大。

5. 洗涤剂 随着工业的发展，洗涤剂的用量与日俱增。目前洗涤剂的主要成分是烷基苯磺酸钠。洗涤剂与其他污水一起流入农田或其他水体，影响植物的生长和土壤性质。

三、土壤污染对植物的影响

人类活动产生的污染物进入土壤并积累到一定程度，超过土壤的自净能力，引起土壤恶化的现象，称作土壤污染。

随着工业的发展、乡镇企业和农业集约化程度的增加，大量的工业“三废”和生活废弃物，以及农药残留等越来越多地污染土壤，使土质变坏，造成作物减产，更为严重的是土壤中的污染物质通过食物链在人和畜禽体内积累，直接危害人体健康和畜禽的生存与繁衍。

1. 土壤污染的主要来源

(1) 工业“三废”对土壤的污染。工业“三废”即废气、废水、废渣，通过灌溉等途径进入土壤，对于土壤结构和土壤酸碱度都有很大影响，加上一些有毒物质（苯、苯酚、汞等）的积累，使土壤生产力下降或完全丧失利用价值。

(2) 农药、化肥对土壤的污染。农药中的有机氯化合物易在土壤中残留，大量或长期施用可污染土壤；化肥生产中，由于矿源不清洁，也可带来少量的矿质元素。如磷肥生产中往往伴随砷、氟等矿质元素的存在，在土壤中残留，造成土壤严重污染。

施用石灰氮肥料（氰氨基化钙），可造成土壤中双氰胺、氰酸等有毒物质的暂时残留，对农作物的生长及土壤的硝化过程有害。

2. 土壤污染的毒害

(1) 重金属污染的毒害。重金属化合物对土壤污染是半永久性的。土壤中所沉积的重金属离子，不论其来源如何，即使是植物生活所必需的微量元素（如铜、锰等），当浓度超过一定限度时，就能直接影响植物的生长，甚至造成植物的死亡。

(2) 土壤中农药的残留及危害。田间施用的农药能够渗透到植物的根、茎、叶和籽粒中，植物对农药的吸收与农药特性和土壤性质有关。

多数有机磷农药由于水溶性强，比较容易被植物吸收。一般来说，农药的溶解度越大，越易被作物吸收。作物种类不同，其吸收率也不同。豆类吸收率较高，块根类比茎叶类植物吸收率高，油料植物对脂溶性农药吸收率高。

土壤性质不同，对农药的吸收率也不同。沙土中农药最易被植物吸收，而有机质含量高的土壤，农药不易被植物吸收。

由于长期大量地施用同一种农药，使害虫对药剂的抵抗能力增强，产生新的抗药品种。另外，由于药剂杀死了害虫的天敌，使自然界害虫与天敌之间的平衡打破。如蚜虫与瓢虫，原来保持一种生态平衡，由于大量施用农药，使天敌大量死亡，结果害虫更加猖獗。田间施用的农药经雨水或灌溉水冲进养鱼池，造成对鱼类的污染。农药对食品的污染，主要是有机氯农药由于残留期长，可进入植物体及食物链中，由此引起粮、菜、水果、肉、蛋、奶、水产品等污染。20 世纪 80 年代，某些欧洲国家就因我国蛋、奶和冻肉中农药残留量超过国际标准而禁止进口，使我国外贸出口受到很大损失。

我国农业生态文明建设

思政园地

我国农业生态文明建设

众所周知，我国是传统的农业大国，耕地面积排在世界前列。因此，党和国家历来重视农业的发展。现代农业发展不仅关系社会的稳定，还关系国家的安全，与此同时，我们也逐渐认清了传统的耕种模式已经逐渐被时代所淘汰，但化肥农药的施用还极大地影响当前的生态环境保护工作。因此，我们应该加快农业生态文明建设，只有这样才能够从整体上提升我国的环境保护工作。

党的十九大报告明确指出，我国经济已由高速增长阶段转向高质量发展阶段。这是对我国经济发展阶段做出的重大判断，意味着以“质量变革、效率变革、动力变革”驱动经济向高质量发展成为今后经济工作的主线。农业是立国之本，担负着粮食安全、就业保障、环境保护、社会稳定的重任，农业高质量不仅是经济高质量的基础，还是经济高质量的关键。

农业生态文明建设应该体现在多方面，无论是播种还是收割或者是施肥，这一系列环节都应该与生态文明建设息息相关。我们知道，以前在广大农村地区，农业灌溉的方式都是大水漫灌，而这种方式会极大地浪费水资源。随着灌溉技术的不断发展，我们开始有了滴灌技术，这种浇灌方式能够极大地节省农业用水量，进而更好地节约水资源。

事实上，农业生态文明建设伴随的是农业高科技成果的应用，在以前，无论每家耕地面积有多少，最终只是靠人力进行收割，但是今天，随着大型农业机具的应用，无论是播种还是收获，基本靠机械进行，这在一定程度上减少了人力，不仅如此，大型农业机具的使用还提升了作业效率，而这也在一定程度上减少了对能源资源的消耗。

目前来看，农业生态文明建设最应该体现在化肥农药的施用上。因为我们知道，大多数农药都会残留在果蔬上，而这些农药不仅对人体造成伤害，同时还能够随着雨水流到地下，对地表土壤以及地下水资源造成污染。近些年来，国家已经不提倡施用农药化肥，可是在一些偏远农村地区，由于落后的生产技术，当地的农业依旧大量施用化肥农药，这就需要我们不断加大对农业的扶持力度，不断将新型的农业播种技术进行大范围的普及，只有这样才能够在提升我国粮食产量的同时，对生态环境进行保护。

当前，随着我国生态文明建设工作的不断深入发展，农业生态文明建设也已经取得了阶段性的成就，但是我们应该明白，农业发展对于我国国民经济发展来说至关重要，无论到了什么时候，我们都应该不断加大对农业的投入力度。

思考与练习

1. 名词解释：逆境、抗逆性、冷害、冻害、萎蔫、大气干旱、土壤干旱。
2. 说明涝害及对植物的影响。
3. 说明旱害对植物的影响及抗旱锻炼的措施。
4. 说明冻害机理的细胞间结冰和细胞内结冰。
5. 简述植物的抗盐性及提高途径。

参 考 文 献

卞勇，杜广平，2007. 植物与植物生理［M］. 北京：中国农业大学出版社.
陈忠辉，2001. 植物与植物生理［M］. 北京：中国农业出版社.
关雪莲，王丽，2002. 植物学实验指导［M］. 北京：中国农业大学出版社.
韩锦峰，1991. 植物生理生化［M］. 北京：高等教育出版社.
何凤仙，2000. 植物学实验［M］. 北京：高等教育出版社.
胡宝忠，张友民，2012. 植物学［M］. 2版. 北京：中国农业出版社.
李合生，2002. 现代植物生理学［M］. 北京：高等教育出版社.
李扬汉，2015. 植物学［M］. 3版. 上海：上海科学技术出版社.
陆时万，徐祥生，沈敏健，1991. 植物学（上册）［M］. 北京：高等教育出版社.
潘瑞炽，2008. 植物生理学［M］. 6版. 北京：高等教育出版社.
秦静远，2006. 植物及植物生理［M］. 北京：化学工业出版社.
王全喜，张小平，2004. 植物学［M］. 北京：科学出版社.
王三根，2001. 植物生理生化［M］. 北京：中国农业出版社.
王忠，2000. 植物生理学［M］. 北京：中国农业出版社.
吴万春，1991. 植物学［M］. 北京：高等教育出版社.
徐汉卿，1994. 植物学［M］. 北京：中国农业大学出版社.
张继澍，1999. 植物生理学［M］. 北京：世界图书出版公司.
张乃群，朱自学，2006. 植物学实验及实习指导［M］. 北京：化学工业出版社.
郑湘如，王丽，2001. 植物学［M］. 北京：中国农业大学出版社.
邹琦，2000. 植物生理学实验指导［M］. 北京：中国农业出版社.

1. 植物细胞结构
2. 植物细胞膜结构
3. 植物细胞有丝分裂
4. 植物细胞减数分裂
5. 导管和筛管
6. 双子叶植物根的初生结构
7. 水稻根的结构
8. 双子叶植物根的次生结构
9. 植物根系
10. 双子叶植物茎的初生结构
11. 双子叶植物茎的次生生长及次生结构
12. 玉米茎的结构
13. 双子叶植物叶的结构
14. 禾本科植物叶的结构
15. 油菜的花器结构
16. 油菜角果的结构
17. 细胞全能性
18. 油菜的开花与受精
19. 水稻种子萌发与幼苗生长过程
20. 双受精
21. 植物胚珠及胚囊的发育
22. 花药及花粉的发育
23. 茎的形态
24. 中国传统文化植物
25. 中国农耕文明
26. 气孔关闭的原理
27. 光合作用
28. 细胞有氧呼吸机理
29. 农业工匠精神
30. 植物营养繁殖
31. 作物的水分平衡与合理灌溉
32. 植物的蒸腾作用
33. 果实成熟机理
34. 电子传递与氧化磷酸化
35. 植物对水分的吸收和运输
36. 果树传粉受精
37. 呼吸作用概述及糖酵解
38. 光合作用-暗反应-C_3 途径
39. 光合作用和作物产量
40. 植物的光周期现象

图书在版编目（CIP）数据

植物与植物生理 / 郭正兵，顾立新主编．—北京：中国农业出版社，2022.12

职业教育农业农村部“十四五”规划教材　江苏省高等学校重点教材

ISBN 978-7-109-30258-7

Ⅰ.①植…　Ⅱ.①郭…②顾…　Ⅲ.①植物学—高等职业教育—教材②植物生理学—高等职业教育—教材　Ⅳ.①Q94

中国版本图书馆CIP数据核字（2022）第223679号

植物与植物生理
ZHIWU YU ZHIWU SHENGLI

中国农业出版社出版
地址：北京市朝阳区麦子店街18号楼
邮编：100125
策划编辑：王　斌　　责任编辑：王　斌　　文字编辑：李瑞婷
版式设计：杨　婧　　责任校对：吴丽婷　　责任印制：王　宏
印刷：中农印务有限公司
版次：2022年12月第1版
印次：2022年12月北京第1次印刷
发行：新华书店北京发行所
开本：787mm×1092mm　1/16
印张：22.25
字数：600千字（含数字资源63千字）
定价：63.00元
